現代天文縱橫談

王綬琯

# 献给北京大学天文学科六十华诞！

　　六十年的风雨兼程，北京大学天文专业经历了创业、停办、坚守、重建和发展的难忘历程，赢得了今天北大天文学系和科维理天文与天体物理研究所融为一体的大好局面。看桃李满园，英才辈出，硕果累累，正朝气蓬勃谱写新篇。作为北大天文的学子，我们无比兴奋，热烈祝贺。

　　我与吴鑫基教授的相识始自我国射电天文学草创时期，到现在将及半个世纪。特别是近十余年里他卓有成效地帮助乌鲁木齐天文站创建脉冲星实测研究，使我深刻感受到他处理难题的战略思维和严谨缜密的学术风格，这样的思维和风格同样表现在他近期的科普创作中。温学诗同志长期参与主持《天文爱好者》的编务，她天文科普工作的业绩素为业内同仁所赞赏。近年来他们两人联手的创作与时俱增。我殷切希望这本新作的问世，将成为他们加速进入科普远航的一个新的起点。

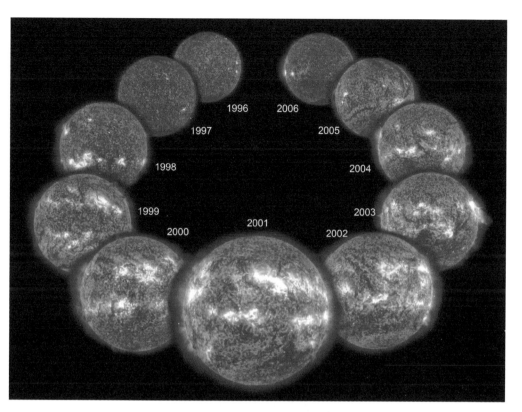

1996
2006
1997
2005
1998
2004
1999
2003
2000 2001 2002

图 1　SOHO 卫星拍摄的太阳低日冕图像，显示太阳第 23 周活动由弱到强又到弱的变化情况。

图 2　SOHO 卫星拍摄的 2003 年 12 月 2 日发生的一次极为壮观的日冕物质抛射事件。红色的挡板遮住了太阳。图中挡板上的太阳影像是资料处理时叠加上的。

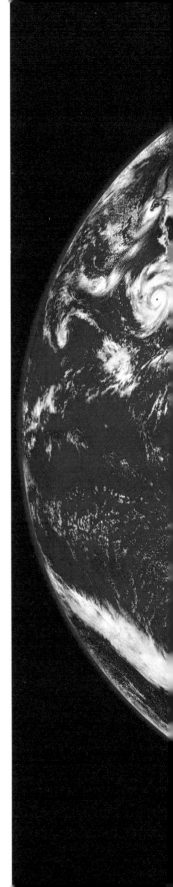

图 3 "信使号" 2008 年 1 月拍摄的水星卡路里盆地（右上黄色区域），直径 1550 千米，是太阳系中最大的撞击坑之一。

图 4 对地观测卫星（Terra）距地面
35,000 千米处拍摄的地球高清晰图像。

图 5 2004 年 3 月 28 日"哈勃"拍摄到的罕见的木星三重食伪彩色图像。3 个黑色小斑，由左向右分别是木卫三、木卫一和木卫四的影子。中心上方的小白斑是木卫一，右上方的蓝色小斑是木卫三。

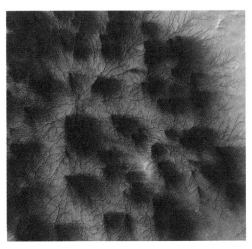

图 6 火星侦察轨道器 2009 年拍摄的火星南极冰帽，涵盖面积约 1 平方千米。每年春季有干冰升华为气体，将干冰层侵蚀成蜘蛛网状的沟槽，同时还将干冰下面的尘土裹携着从缝隙中溢出，形成了这神奇的地貌。

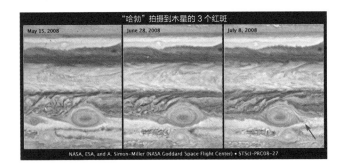

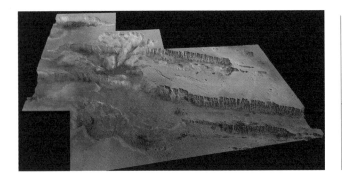

图 7 2008 年 5 月"哈勃"拍摄到木星的 3 个红斑，其中左侧的小红斑是新发现的。该红斑运动速度非常快，到 6 月就十分靠近大红斑了，如中图所示，之后与大红斑并合。7 月该红斑超出大红斑显露出来，如右图箭头所示。

图 8 2012 年 10 月公布的"火星快车号"拍摄的火星水手谷高清晰图像（由多幅图像拼接）。全长近 4000 千米，宽 200 多千米，深 7 千米，是太阳系行星上最雄伟的大峡谷。

图 9 2012 年 10 月 17 日 "卡西尼号" 拍摄到的土星夜景，由红光、红外和紫外波段图像合成。太阳几乎位于土星的正后方， "卡西尼号" 位于土星环面下方，距土星 80 万千米。

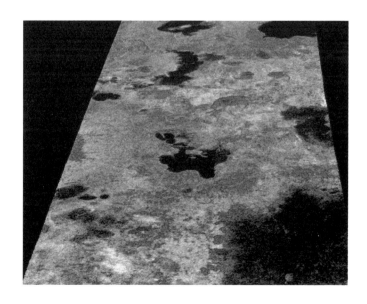

图 10 2006 年 "卡西尼号" 拍摄的土卫六表面湖泊图像（蓝色区域），里面不是水，而是液态的甲烷和乙烷。

图 11　2007 年出现的麦克诺特彗星，其彗尾异乎寻常地宏伟壮观。

图 12　2009 年出现的鹿林彗星。在彗头前方有一个奇妙的反向彗尾，主彗尾还出现了断裂现象。

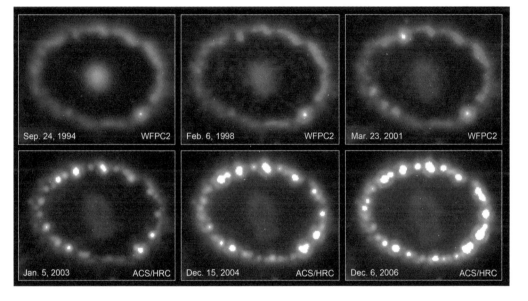

| | | |
|---|---|---|
| Sep. 24, 1994 WFPC2 | Feb. 6, 1998 WFPC2 | Mar. 23, 2001 WFPC2 |
| Jan. 5, 2003 ACS/HRC | Dec. 15, 2004 ACS/HRC | Dec. 6, 2006 ACS/HRC |

图 13 美丽的发射星云 NGC 6164，中心的亮星云和外围昏暗的外晕分别由显示炽热气体的窄带图像数据和显示周围星场的宽带数据合成。

图 14 宝瓶座行星状星云 NGC 7293 的伪彩色图像，红外波段数据由"斯皮策"获得，紫外波段数据由"星系演化探测器"获得。

图 15 "哈勃"跟踪拍摄的超新星 1987A 图像，记录了其内环逐渐变亮的过程。超新星爆发时产生的冲击波使气体环变热发光，形成了由一个个光斑组成的美丽的"钻石"项链。

图 16　银河系内最年轻的超新星遗迹仙后座 A 的多波段合成图像。红色是"斯皮策"红外观测数据，黄色是"哈勃"的光学观测数据，绿色和蓝色是"钱德拉"X射线观测数据。

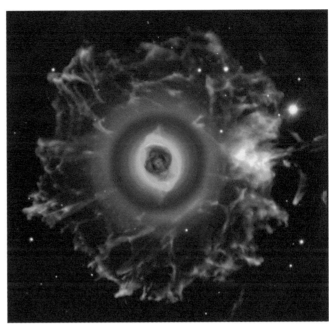

图 17　行星状星云 NGC 6543 及其周围的气晕。图像经过处理，中间明亮部分是星云。氮原子所发出的辐射以红色表示，氧原子的辐射用绿色和蓝色来表示。

图 18　天箭座超新星遗迹 G54.1+0.3 图像，蓝色区域是围绕脉冲星的牛眼风云，其中心是脉冲星。"钱德拉" X 射线观测数据用蓝色表示，"斯皮策"近红外观测数据为绿色，远红外数据为红黄色。

图19 "斯皮策"红外波段观测获得的鹿豹座漩涡星系 IC432 精彩图像。由于它位于银盘方向，受尘埃和气体的遮挡，光学波段无法观测。

图20 哈勃太空望远镜观测到的小麦云中的带有星云的年轻星团 NGC 346，包含了大量的婴儿期的恒星，以及一些发出非常强烈辐射的大质量恒星。这张彩色图像中，可见光和近红外光用蓝色和绿色表示，红色是氢原子辐射的光。

图 21　活动星系武仙座 A 的图像，由"哈勃"拍摄的可见光图像与甚大阵获得的射电波段影像叠加而成。在射电波段有非常强的等离子体喷流，长度超过 100 万光年。

图 22　哈勃空间望远镜拍摄的"斯蒂芬"五重星系图像，四个黄色的星系彼此由引力维系着，处在中间的两个星系由于碰撞基本合为一体。左下蓝色星系仅是一个"前景星系"，所以应是一个四重星系。

图 23 "哈勃"拍摄的蝌蚪星系 Arp188 的高清晰图像。"蝌蚪"的长尾巴长达 28 万光年，由许多巨大明亮的蓝色星团组成。

图 24 2006 年 8 月"哈勃"拍摄的星系团"ZwCl 0024+1652"图像。星系团中有一个明显的暗黑色的环，被确认是由暗物质组成的。

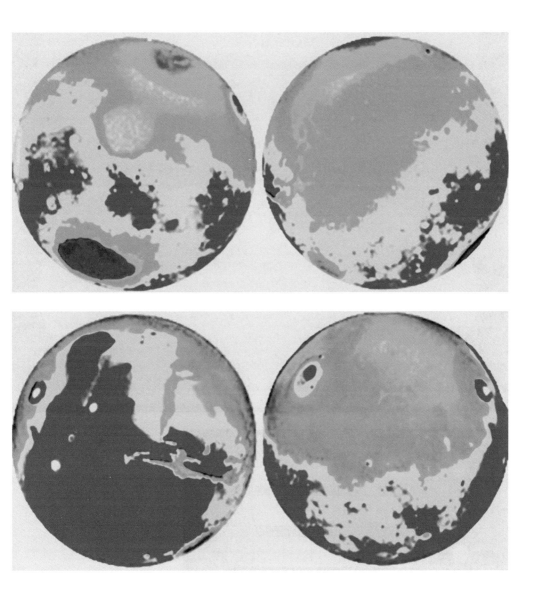

图 25 "火星环球勘测者"测得的火星的三维图像：高山、平原、峡谷、盆地等。
其中红色和白色代表地势比较高的地区，绿色和蓝色代表低洼地。

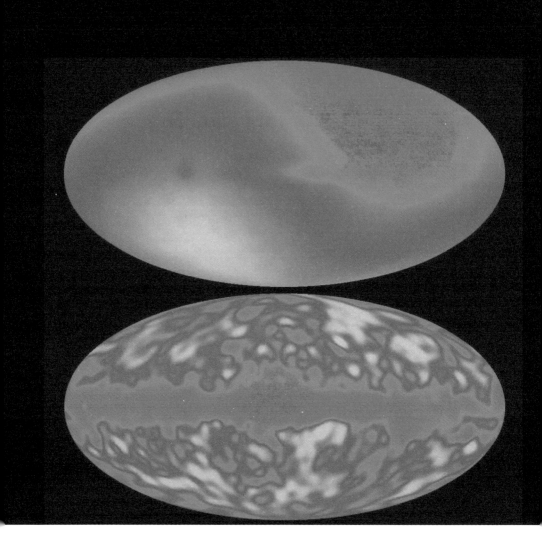

图 26 COBE 卫星获得的宇宙微波背景辐射的偶极各向异性现象（上图）和银河系微波辐射图（下图）。

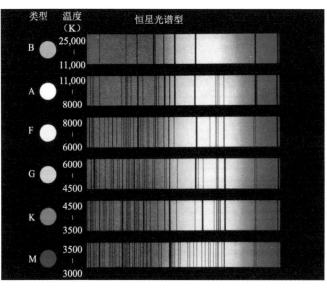

图 27 恒星光谱型

# 现代天文纵横谈

吴鑫基 温学诗 著

上册

名师讲堂

创于1897
商务印书馆
The Commercial Press

Preface 前言

灿烂星空，浩瀚宇宙，最神秘，最引人入胜；

从古至今，不断探索，最持久，最永无止境。

天文学是自然科学六大基础学科之一，它的研究内容是探索宇宙及其所包含的所有天体的本质。当今的天文学成就越来越为世界瞩目，已经成为科学前沿的一个新的亮点。天文学的每一次重大突破，都对整个基础学科，乃至文明的进程带来巨大的震撼。

## 一、现代天文学的发展和特点

在天文学的悠久历史中，随着研究课题、研究方法和理论基础的变迁和发展，先后创立了天体测量学、天体力学和天体物理学三大分支学科。发展最快的是天体物理学，已成为现代天文学的主体。20世纪初，物理学完成了从经典物理学到现代物理学的过渡，天体物理学也从经典的以牛顿力学为基础的近代天文学，发展到以现代物理学为基础的现代天文学。这个转变是极其深刻的。

　　根据现代物理学理论，科学家曾提出了一系列的预言，但是物理学本身却不能验证它们，只能求助于天文学的观测，这样的例子很多，如朗道（L. D. Landau）在研究生期间的论文预言"存在完全由中子组成的、半径仅 10 千米、质量却与太阳相当的中子星"，30 多年后天文学家休伊什（A. Hewish）和研究生贝尔（J. Bell）发现了这种奇特的天体。天文学家在证实这些预言的过程中曾走过艰难的历程甚至弯路，但是在验证这些伟大预言的同时，发展了一个个天文学新的分支学科。随着天文学的发展，宇宙及各种天体成为理想的空间物理学实验室。在宇宙中所发生的种种物理过程比地球上所能发生的多得多，规模大得多。在地球上做不了的物理实验，却可以观测到宇宙中发生这样的物理过程，并找到相应的答案。

　　观测是天文学研究的主要实验方法。人类基本上只能被动地接收来自天体的电磁波、高能粒子和引力波。不仅被动，而且特别困难。这是由于绝大多数天体离我们特别遥远，到达地球的能量非常微弱。浩瀚的宇宙所包含的天体数目数也数不清，物理过程极其丰富，规模极其宏大，地球上所有实验室都无法相比。来自宇宙的信息永远是人类取之不尽的知识源泉。观测手段越多、越好，所能得到的信息就越丰富。正因为如此，天文观测技术伴随着天文学始终没有停止前进的步伐，一浪超过一浪，不断进步。20 世纪以来天文学的发展极为迅速，天体和天体物理过程的信息来自它们发出的电磁波、高能粒子和引力波。在之前的几千年，观测手段仅仅是肉眼和光学望远镜。然而，20 世纪中，现代天文学已经发展为全波段观测。虽然在 19 世纪已经发现天体的红外和紫外波段辐射，但是直到 20 世纪 60 年代以后才开始对天体进行有效的观测。20 世纪中陆续发现天体的射电和 X 射线、伽马射线三大波段的辐射，观测设备获得迅速发展。20 世纪中发展起来的宇宙线天文学和中微子天文学，都是探测天体发出的高能粒子。20 世纪科学家开始进行天体引力波的直接探测，终于在 2015 年开花结果，直接探测到来自双黑洞系统和双中子星系统的碰撞并合事件所发出的引力波。21 世纪天文学已进入电磁波、引力波和高能粒子多个信使的阶段。

　　太阳系行星、卫星和太阳的观测研究历史最悠久，公众最熟悉、参与最多。空间探测使人类对它们的认识得到了巨大飞跃，形成当今最热门的天文研究领域之一。地面上的大型望远镜很难看清行星及其卫星的细节，更不能看到诸如月球背面的情况。空间探测弥补了这个缺陷。不同系列的宇宙飞船从各大行星的近处飞过或围绕行星飞行，对行星及其卫星进行近距离的拍摄和探测，甚至将探测器送上了火星、金星、土卫六的表面进行实地考察。最令人心动的是宇航员登月考察。空间太阳观测已实现多方位、24 小时不间断的监测。国内外媒体对太阳系空间探测的情况和成就倍加关注，跟踪报道，成为广大公众喜闻乐见的科技新闻。太阳系天体空间探测的重要目标之一是人们希望能在其他行星或卫星上发现生命的存在。但是探测的结果令人失望，天文学家不得不转向太阳系外去寻找。

宇宙中有着数以千亿计的恒星，有单星、双星和聚星。任何恒星都有一个诞生、成长、衰老和死亡的演化过程。从星云形成的原始恒星，发展到主序星，演变为不稳定的红巨星、变星，当核燃料耗尽后便通过核心区域的塌缩形成致密的白矮星、中子星或黑洞。有关恒星及其演化的观测和理论研究非常扎实。

银河系和河外星系是星系层次的天体，类星体则被认为是活动星系的致密核心。由于地球处在银河系中，我们只能从银河系的内部观测银河系，弄清楚银河系的形状和结构非常困难。英国天文学家赫歇尔（F.W. Herschel）发现银河系，把人们的认识从太阳系延伸到广阔的银河系，成为人类认识宇宙历史中的一个重要里程碑。美国天文学家哈勃（E. P. Hubble）确认仙女座大星云是银河系之外的天体系统，发现了河外星系。人们的认识又从银河系扩展到广阔无垠的宇宙空间，实现了又一次飞跃。已知亮于视星等 20 等的河外星系有 2000 万个。庞大的星系和星系团构成了我们的宇宙。生活在宇宙中的人们都想知道宇宙是什么，宇宙是如何形成和演化的。哈勃发现宇宙在膨胀之中以后，大爆炸宇宙学应运而生，由于得到比较多的观测事实支持，成为当今最为流行的理论。

诺贝尔奖是在 20 世纪的第一年创立的，由于没有设立单独的天文奖项，20 世纪的前几十年，不少天文学的重大发现都无缘诺贝尔奖。然而，天文学的重大成就不仅发展了天文学，也推动了物理学的发展，对诺贝尔物理学奖的评奖委员会和评判规则造成了强大的冲击。终于在 1970 年获得突破，天文学成果堂而皇之地走进诺贝尔物理学奖的殿堂。到 2019 年，有 13 个年度，17 项物理学奖项授予 27 位天文学家。

### 二、我国天文学长足的发展和天文科普活动的蓬勃展开

我国古代天文学成就辉煌，但到了 1609 年（即明末）伽利略发明天文望远镜以后，

国际上天文学得到突飞猛进的发展，我国天文学发生了断崖式的衰落。新中国成立以后，天文学研究和天文学教育才走上正轨，但是与国际上的差距非常之大，在追赶的过程中，达到中等水平。个别项目达到国际领先水平，如国家天文台拥有的太阳磁场望远镜等。

到了 21 世纪，我国天文学研究追赶国际先进水平的努力加快步伐，开始取得突破性进展，国家重视、投入加大，天文学家敢想敢干，达到或超过当今国际水平的项目陆续提出、立项和完成。其中最令人鼓舞的是 2016 年建成的贵州 500 米口径球面望远镜（FAST），远远超过雄踞世界第一半个多世纪的美国阿雷西博 300 米口径球面望远镜。2008 年建成的郭守敬光学望远镜，成为世界上光谱获取率最高的望远镜和重要的巡天观测望远镜之一。2015 年我国发射上天的首颗暗物质探测卫星（DAMPE），简称"悟空卫星"，在探测正负电子方面具有独特的能力，已经有不少观测发现。2017 年发射上天的"硬 X 射线调制望远镜"（HXMT），简称"慧眼卫星"，实际上包括了高能、中能和低能等三台 X 射线望远镜，覆盖了整个 X 射线波段，在"硬 X 射线"观测方面具有领先优势。正在筹建的国家立项项目也是很有显示度的，如新疆天文台的"110 米口径射电望远镜（奇台射电望远镜）"将赶超当前世界上口径最大可动天线的美国绿岸 100 米口径射电望远镜。国家天文台的"12 米口径光学—红外望远镜"对我国来说是一个巨大的跃进。嫦娥探月是仅次于美国阿波罗探月的宏伟项目，它进行的每一步都牵动着中国人的心，"嫦娥四号"已实现人类首次在月球背面登陆。

21 世纪我国天文学的大发展，需要大批的天文人才，来推动我国天文教育的发展，大学设置天文系或天文研究中心与日俱增。天文科学的普及也更加活跃起来，大学开设天文学通识课，中学开展天文研究小组活动，小学的天文科普报告活动也在持续展开。本书作者吴鑫基是北大天文学系教授，热衷天文科普教育，在北京大学和北京外国语大学开设"现代天文学"通选课，曾经应邀在全国各地的 8 所大学、9 所中学、9 所小学、天文夏令营、天文馆、科技馆做了 30 多次天文科普报告。其中两次是由湖北省云梦县和安徽省黟县县政府组织的天文科普报告，县领导亲自主持报告会。吴鑫基曾作为新疆电视台《直击日全食》节目的特约嘉宾参加了 2008 年新疆日全食观测科普活动，还以黟县特约嘉宾的身份参加了 2009 年的长江流域日全食黟县观测点的科普活动。这两次日全食观测活动达到全民参与的程度。本书的第二作者温学诗为北京天文馆的副编审，曾长期担任《天文爱好者》期刊的常务副主编，退休后应邀担任

《中国国家天文》期刊的副总编多年。这两本期刊的读者群更是遍布全国各地。可以说她从事天文科普工作一辈子。作者参与的这些天文科学普及工作，成为撰写这部《现代天文纵横谈》强大的动力。

在现代天文学的研究和活动中，公众可以参与观测和研究的天文现象和课题越来越多。广大公众参与日月食、流星雨、彗星的观测可谓声势浩大，参与者多达几万、几十万，甚至上亿。还有像水星和金星凌日、金星合月、木星合月、行星连珠等天象也是天文爱好者积极参与的科普活动。最使我们激动的是已经有一支天文爱好者组成的天文观测和资料处理的研究队伍。天文爱好者发现的彗星、近地小行星、新星和超新星的数目已经很多了。1968 年江西农村小学教师段元星发现的一颗新星开创了我国业余天文爱好者天文发现的先河。之后有河南工人张大庆发现彗星，其被命名为池谷·张彗星。杭州高二女生丁舒珊发现近地小行星 2005QQ87，成为全球第一位发现小行星的女天文爱好者。乌鲁木齐第一中学物理老师高兴和他的合作者因发现彗星两次获得国际天文学会埃德加·威尔逊奖。广州叶泉志因为在近地天体搜寻方面做出的突出贡献，获得美国行星协会颁发的"苏梅克近地天体奖"，成为亚洲获得该奖的第一人。新疆的气象工作者周兴明是我国业余天文爱好者发现彗星的第一人。2004 年因车祸去世，为了纪念他，国际小行星中心批准将我国紫金山天文台发现的 4730 号小行星命名为"周兴明星"。此外，陕西省兴平市天文爱好者周波被誉为 SOHO 彗星的猎手，共发现 256 颗 SOHO 彗星，2011 年世界排名第一。这样的例子很多，不胜枚举。

我国天文学长足的发展和天文科普活动的蓬勃展开的大好形势激励我们写出更好的天文科普图书。这是我们的责任，也是我们的追求。

### 三、《现代天文纵横谈》的特点

《现代天文纵横谈》是应商务印书馆之约而编写的。虽然其定位是"面向大学以上文化程度的中青年读者的知识性、学习型丛书"，但我们在编写这上下两册的《现代天文纵横谈》的时候，充分考虑到当前广大中学生对天文的爱好和对天文科普的需要。我们把这部书定位于"适合大学生、中学生和更为广大的社会公众阅读"。

我们曾于 2005 年出版《现代天文学十五讲》一书。这是北京大学出版社出版的"名家通识讲座书系"中的一本，是为在北大开设"现代天文学"通选课而写的。从 2005

年第一次出版以来，现在已是第 5 次印刷，目前正在编写新版。作者曾在北京大学和北京外国语大学讲授 10 次，同学们对这本书非常喜爱。北京大学哲学系于茗同学写道："这不仅是一本很好的教材和科学读物，更是一本有意义的人生励志书。这本教材突出了榜样的力量、人格的魅力、历程的感悟和对真理的追求。"

中国科普研究所的李正伟女士写了一篇题为"就这样，天文学诞生了——读《现代天文学十五讲》"的书评。她指出："《现代天文学十五讲》也许是沾了北大'人文十五讲'的灵气，而同时自身又具备了自然科学的特点"，"使得它具有与一般科普图书不同的特点，甚至与这一套丛书的其他图书也是不同的。通过十五个讲座，娓娓讲述了天文学各个领域的基础知识、新发现和其中透露出来的哲理性的历史性的思考"，"对于这本书，笔者赞美有加。不过绝无吹捧之意。笔者真的是非常喜欢这本书，也许源于自己非常喜欢天文学的缘故。也或许是反过来，因为这本书让我喜欢上了天文学，让我重新看到了满天的繁星。"

既然《现代天文学十五讲》得到好评，很受欢迎，为什么又接受邀请撰写这部《现代天文纵横谈》呢？

北大选修"现代天文学"这门课的同学来自十几个系科，文科和理科的学生数参半。北京外国语大学都是学语言的，选修天文学课也很踊跃。有低年级的同学，也有高年级学生。除极少数天文爱好者外，绝大多数同学都是初次接触天文学，缺乏必要的天文知识。文、理科学生对于理解现代天文学知识和新成就所具备的物理学基础差别相当大。《现代天文学十五讲》在内容的选择上，偏理性了一些，对一些同学能参与观测研究的天体和天文现象介绍得不够充分。文科同学和理科同学的知识结构差别比较大，对这门课的期望也是很不一样的。当然，在教学中我们也发现有些文科同学数理基础不错，喜欢进行理论性探讨，对《现代天文学十五讲》的阅读并不感到任何困难。

"众口难调"使我们产生了一个想法：撰写一本适合大多数大学文科同学和具有高中数学物理基础的读者阅读的现代天文学，作为《现代天文学十五讲》的姐妹篇。《现代天文学十五讲》新版将适当增加一些理论难度，加强对引力波天文学、宇宙线天文学、中微子天文学和恒星能源与元素合成等的介绍，写得更适合大学理科同学或对天文学的物理内涵感兴趣的读者。而《现代天文纵横谈》在全面介绍现代天文学的时候，降低一些理论难度，加重那些公众特别关注、喜爱和能够参与其中的太阳系天体及其研究成果的分量。

恰好，商务印书馆余节弘编辑登门拜访，约我们为他们的"名师讲堂"系列写《现代天文纵横谈》一书，双方的理念非常一致，当时就敲定了。《现代天文纵横谈》将从科学、历史、人文的三维视角来写。既要讲天文学具体的规律和成就，也要讲历史背景和发展历程，还要介绍做出重要贡献的天文学大师的科学态度和治学方法，从多个侧面把"现代天文学"的科学理性和人文价值挖掘出来。这一特点与《现代天文学十五讲》是共同的。

我们把《现代天文纵横谈》的读者范围定位于大学文科同学和毕业人士，并扩大到高中学生。大学文科同学在大学阶段基本上没有物理学的课程，虽然比中学生能力要高、视野要广，但所具有的物理知识水平情况差不多。实际上，作为了解天文学基本情况和最新成就的入门书，也适合文化程度更高一些的非天文专业的人群阅读，那些对天文科学、天文学发展史、天文学的人文和美学特点感兴趣的人群也是可以读一读的。

我们曾撰写了上海科技教育出版社出版的《诺贝尔奖百年鉴》书系中的《宇宙佳音——天体物理学》一书。著名化学家、2008年度国家最高科技奖得主徐光宪院士曾对这套书以及《宇宙佳音》给予比较高的评价。他认为，"《诺贝尔奖百年鉴》这套书不但对于大学生、研究生、中学教师、优秀高中学生和社会人士是很好的科普读物，而且对于包括我在内的大学教师和专业科研人员也很有用。"也就是说，一本好的科普读物的读者群的文化程度可以非常广泛，从具有高中文化水平，一直到学识渊博的院士。但是起点应该是具有高中文化水平。我们将按照徐光宪院士的要求来撰写这部书。

全书分上下两册，上册将介绍：天文学的发展；我国古代天文学；光学和射电天文望远镜；太阳系的行星、矮行星和彗星等小天体；宇航和太阳系天体的空间探测。下册将介绍：太阳和太阳活动；多彩的恒星世界，包括恒星的诞生与演化、白矮星、中子星、超新星和黑洞；银河系的发现、结构、星际介质、星云和分子谱线；河外星系、类星体和引力透镜；宇宙线、X射线和γ射线天文学；膨胀中的宇宙及微波背景辐射；地外生命和文明的探索。

全书上下册共20讲。彼此之间有一定的关系，但基本上是各自独立、自成系统的。这将方便教师选择其中的一部分作为课程的要求，而把其他内容作为同学的选读。这种写法也有利于读者自学，每一讲介绍一个比较完整的专题。

天文学在历史上一直与人们的日常生活密切关联，同样也比较容易为广大的普通民众所接受。发展到现代，天文科学，特别是那些重大研究课题，已远远超出了人们日常的生活范围和青少年的知识水平。这部书追求比较全面地介绍现代天文学的知识，不会回避现代天文学发展中的那些最新、最重要的成就，更不会置 17 项诺贝尔物理学奖中的天文奖项和 27 位获奖的天文学家于不顾。将比较全面地介绍现代天文学的方方面面，但是在内容选择上、难度的掌握上，考虑读者的接受能力和喜爱，努力把那些比较难懂的问题写得更加深入浅出和通俗易懂。

天文的诗情画意让天文学在自然科学中与众不同。天文学家利用现代大型天文望远镜和空间观测设备所获得的天体或天文现象照片数以百万计，仅哈勃空间望远镜就对 2.9 万个宇宙天体拍摄了 57 万多张照片。我们将其中意义深刻、美妙绝伦的天体和天象彩图以专题的形式奉献给大家，请参阅上册的 27 张彩图。

在北大和北京外国语大学的教学实践中体会到教学相长的重要性。学生的体会和意见对教好这门课和写好这部书都非常重要。我们对千余北大和北外学生选修现代天文学所付出的热情永远不会忘怀，从他们写出的感情凝重的学习心得就可以看出他们是多么地热爱"星空"。

我们很欣赏这些文章，其独特的构思、恰当的切入点、高尚的情操和丰富的感情，还有流畅优美的文笔，使我们爱不释手。这些文章也受到《中国国家天文》总编辑刘晓群的赞赏，有 17 篇发表在《中国国家天文》2008 年第 5 期上。本书的附录 1 选了 6 篇文科同学写的学习心得文章推荐给读者。为了介绍世界和中国天文学发展的脉络，附录 2 给出天文学大事记。

Contents **目录**

# 第一讲　天文学的发展

一、流行了 1500 年的托勒密"地心说"　　　　　　002

二、哥白尼的"日心说"成为近代天文学的起点和基石　007

三、"日心说"的进一步验证　　　　　　　　　　013

四、牛顿和万有引力定律　　　　　　　　　　　017

五、从经典天文学到现代天文学的转变　　　　　019

# 第二讲　中国古代天文学

一、天球坐标系、星座、星表和星图　　　　　028

二、丰富翔实的天象记录　　　　　　　　　　037

三、先进的历法　　　　　　　　　　　　　041

四、享誉世界的天文观测仪器　　　　　　　　044

五、中国古代天文学从辉煌走向衰落　　　　　050

# 第三讲 光学天文望远镜的发展

一、伽利略发明天文望远镜，开创天文学新天地　　056

二、牛顿发明反射望远镜，拨正天文望远镜发展方向　　062

三、光学望远镜的结构和重要参数　　067

四、当代大型光学望远镜　　069

五、我国的光学望远镜　　076

六、下一代光学天文望远镜　　084

# 第四讲 射电天文望远镜的发展

一、射电天文学的诞生和射电望远镜的基本原理　　090

二、单天线射电望远镜的发展　　096

三、口径超大的固定式射电望远镜　　103

四、综合孔径射电望远镜　　107

五、甚长基线干涉仪网　　117

# 第五讲 宇宙航行的梦想和实现

一、航天事业发展的前奏　　124

二、宇航事业伟大的突破——卫星满天飞　　127

三、宇宙飞船、航天飞机和载人航天　　131

四、中国和华裔宇航员在太空中英姿焕发　　140

五、空间站的建造和太空行走、交会对接技术的发展　　144

# 第六讲 月球和月球的空间探测

一、作为地球唯一卫星的月球　　158

二、月面地形地貌　　166

三、月球空间探测回顾　　　　　　　　　171

四、我国月球探测的"嫦娥工程"　　　　180


# 第七讲　地球和类地行星

一、既普通又特殊的地球　　　　　　　　192

二、难得一见的水星　　　　　　　　　　199

三、最明亮的金星　　　　　　　　　　　204

四、最受关注的火星　　　　　　　　　　209


# 第八讲　木星、类木行星和矮行星

一、太阳系行星之王的木星　　　　　　　226

二、最美丽的土星　　　　　　　　　　　234

三、遥远的天王星和海王星　　　　　　　243

四、行星大十字和行星连珠　　　　　　　247

五、冥王星和矮行星　　　　　　　　　　248

六、神秘的柯伊伯带天体　　　　　　　　254


# 第九讲　小行星、彗星和流星

一、备受重视的小行星　　　　　　　　　258

二、长尾游子彗星　　　　　　　　　　　268

三、流星、流星雨和陨星　　　　　　　　277

四、天文爱好者已成为发现小天体的生力军　285

第一讲

# 天文学的发展

天文学是一门具有悠久历史的古老学科，可以追溯到 5000 余年前。在漫长的岁月里，积累了十分丰富的资料。但由于科学技术落后、宗教势力压制和封建迷信盛行，天文学的发展非常缓慢。近代天文学以哥白尼提出"日心说"为起点，首先是批判和否定托勒密的"地心说"，但是也继承了前人，包括托勒密发展的天文学理论和观测方法。从哥白尼提出"日心说"到牛顿发现万有引力定律，天文学从单纯描述天体的几何关系，推进到研究天体之间的相互作用的新阶段，从而导致天文学新的分支学科的建立。18 和 19 两个世纪是近代天文学的发展时期。由于物理学的发展和技术的进步，天文望远镜及其终端设备、附属配件的性能越来越先进，使天体测量、天体力学和天体物理学得到较快的发展。19 世纪末和 20 世纪初，物理学经历了从经典物理到现代物理过渡的发展阶段，天体物理学也从经典天文学发展到现代天文学阶段。在天文学发展的漫长岁月中，各个历史阶段都涌现出一批著名的天文学家，他们的成就代表了当时天文学的最高水平。

## 流行了 1500 年的托勒密"地心说"

托勒密和哥白尼是两个不同时代的天文学家，从年代上讲相差 1500 多年。但是他们的天文学研究工作却关系密切，不仅研究的是同一个问题，连研究方法也非常相似。他们都把注意力集中在研究行星、太阳和月球在天球上的视运动，所得出的结论却完全相反，对世界天文学的发展产生了极大的影响。在介绍哥白尼的"日心说"时必然要涉及托勒密的"地心说"。

### 1. 活跃的古希腊天文学

古希腊的天文学很发达,对于宇宙的结构早就有了比较理性的研究。在托勒密之前,通过观测已经对太阳、月亮以及水、金、火、木、土五大行星在天球上的视运动规律有比较好的了解。天文学家已经发现行星在众多的恒星中游走,以及行星视运动的轨迹有顺行、逆行和停留不动的几种情况。还发现太阳和月亮始终自西向东穿行,时快时慢。面对这些观测结果,古希腊的天文学家自然要回答,行星视运动复杂的轨迹是怎样形成的?如何预报行星未来的走向?

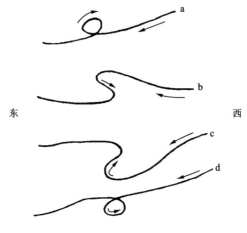

图 1-1 行星视运动的几种路径

在托勒密以前的 800 年间,希腊天文学先后形成四大学派,提出了多种理论来解释宇宙的结构。那个时期人们心目中的宇宙就是今天的太阳系。这些理论可分为两大类:一类认为,地球是宇宙的中心,五大行星、太阳、月亮都围绕地球运行,也就是"地心说"。持这种看法的天文学家居多。还有一类理论认为太阳是宇宙的中心,行星绕太阳运行。古希腊学者菲洛劳斯(Philolaus)在公元前 5 世纪提出,地球并不是宇宙的中心,而是不停地在绕"中央火"转动。虽然所说的"中央火"并不是指太阳,但至少表明地球是在运动中。甚至有的学者正确地提出地球每天绕轴自转一周,每年绕太阳公转

图1-2 古希腊天文学家托勒密
（90—168）

一周的看法。由于当时缺乏精确的观测依据，相信这种看法的人很少。

### 2. 托勒密发展了"地心说"

到了托勒密（Claudius Ptolemaeus）所处的时代，"地心说"更为流行。他于公元140年提出了改良版"地心说"，与其他"地心说"理论相比，改良版中的论证最充分、计算最精确，成为与观测符合得最好的一种理论模型。

托勒密的"地心说"提出的宇宙结构是：地球位于宇宙中央静止不动，行星、月亮、太阳和恒星每天绕地球自东向西转一周。离地球最近的第一圈轨道上是月亮，然后依次为水星、金星、太阳、火星、木星和土星，最外的一层是恒星天。

这样的理论模型能不能解释观测到的太阳、月亮和恒星的东升西落以及行星的顺行、逆行和停留不动的现象呢？这成为托勒密"地心说"的关键。最困难的是解释行星的顺行、逆行和停留不动的现象。因为，行星既然是绕地球运行，怎么还会发生停留不动，甚至逆行呢？托勒密等煞费苦心，想出一个办法。他们认为行星具有两个轨道运动，一个轨道是行星绕一个名叫本轮的小圆轨道运动，另一个轨道是本轮中心围绕地球运转的大圆轨道，称之为均轮。我们观测到的行星的运动轨迹是这两种轨道运动的综合结果。图1-3为托勒密的"地心说"的宇宙结构示意图。图1-4是行星运动的合成轨迹，可以说明行星的顺行和逆行。

托勒密建造的理论模型能够定量地解释行星、

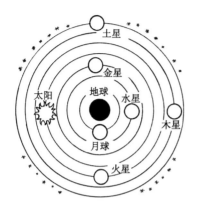

图 1-3 托勒密"地心说"的宇宙结构示意图

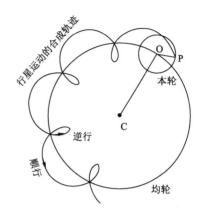

图 1-4 "地心说"给出的行星运动的合成轨迹，
可以解释顺行、逆行

月亮和太阳的视运动轨迹，还能预报行星运行的走向。如果发现理论计算结果
与观测不符合，就调整本轮和均轮的角速度和半径，使合成轨迹与观测结果基
本一致。虽然当时的观测精度不高，还是发现了一种难以解释的误差。为了解
决由于行星视运动速度不均匀导致的误差，托勒密改变了地球处在各均轮中心
的假设，而改为"均轮相对于地球都是偏心圆"的假定，因此在地球上看行星，
它们运行就不是等速了，如图 1-5 所示。

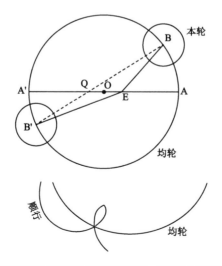

图 1-5 为解释行星视运动速度不均匀的观测结果，把地球放在偏离均轮中心的地方

托勒密的地心体系不是一个定性的、描述性的体系，而是一个定量的、可以预报行星未来位置的体系。这个地心体系比较符合人们的直观感觉，天体的周日运动就给人们一个天体围绕地球运动的错觉。当时较低的观测精度，暂时掩盖了托勒密"地心说"的错误。还有当时的天文学家并没有认识到地球在自转，不能用地球自西向东的绕轴自转运动来解释天体东升西落的周日视运动，导致走入歧途。

托勒密研究天文学的方法在当时是先进的，也是科学的。他从研究观测现象出发，建立天体运动的几何图像（理论模型），使之能够解释观测到的复杂现象，预知天体未来的视位置，并用新的观测资料来加以检验。这种研究方法至今仍不失为一种好的科学方法。在 1800 多年前，托勒密就有这样的成就，不愧为一位杰出的天文学家。

### 3. 错误的"地心说"长期占据统治地位

托勒密的"地心说"是一个错误的理论，但是它在当时的观测精度范围内能够解释行星视运动的各种现象。从托勒密开始到伽利略（Galileo Galilei）发明天文望远镜之前的 1400 多年，观测能力的提高很有限。后人的观测并没有发现托勒密的理论与观测有巨大矛盾。因此，托勒密的"地心说"成为那个时期最好的理论模型。

"地心说"占据统治地位还有政治方面的原因。当时欧洲的教会势力太大，政教合一，科学的事情也是教会说了算。天文学变成为宗教服务的工具。"地心说"与《圣经》中关于天堂、人间、地狱的说法刚好互相吻合。因此教廷便竭力支持地心学说，把"地心说"和上帝创造世界融为一体，用来愚弄人们，维护自己的统治。"地心说"被教会奉为和《圣经》一样的经典，长期居于统治地位。教会把"地心说"钦定为"真理"的同时，残酷迫害与"地心说"观点不同的各种学说的传播者。最典型的例子就是：哥白尼被认为是"叛教者"一直受到监视，花了 40 年心血写成的《天体运行论》，好几年都不敢送去出版；布鲁诺因坚持"日心说"被罗马教会法庭判处火刑，被活活烧死；发明天文望远镜的伽利略因宣传"日心说"被判终身监禁，狱外执行，度过凄惨的后半生。"地心说"长期占据统治地位，严重地阻碍了天文学的发展。这不是托勒密的过错，罪魁祸首是中世纪欧洲的宗教势力。

## 哥白尼的"日心说"成为近代天文学的起点和基石

15世纪以后，欧洲资本主义开始兴起，航海事业对天文学提出很多的要求，引起了天文学大发展。研究天文学的人越来越多。天文观测精度的提高使得人们发现托勒密地心体系所推算的日、月和行星的位置存在比较大的偏差。"地心说"处在被动挨打的地位。"地心说"的支持者采用本轮套本轮的几何图像来缩小理论计算与观测数据之间的差别，也无济于事。叠加的本轮和均轮的数目总和已经达到80个之多，依然不能使理论计算与越来越精确的观测结果相符合。从科学上来说，这时的"地心说"已经破产了。然而，由于教会的支持，"地心说"一直还是不许人们怀疑。

### 1．伟大的天文学家哥白尼

波兰天文学家哥白尼（Nicolaus Copernicus，拉丁语名）经过近40年的潜心观测和研究，终于断定托勒密的地心体系是错误的。他在16世纪30年代后期建立的日心体系，成为近代天文学的奠基石，使天文学首先跨入了近代科学的大门。

哥白尼1473年2月19日在维斯杜拉河畔托伦市的一个富人家庭出生。10岁失去了父亲，由舅父抚养长大。18岁时进入克拉科夫大学就读，当时主修医学，受到数学教授布鲁楚斯基（W. Brudzewski）的熏陶，热爱起天文学来。1496年，哥白尼来到了文艺复兴的策源地意大利，在博洛尼亚大学攻读法律、医学和神学。博洛尼亚大学的天文学家达·诺瓦拉（D. M. da Novara）对哥白尼影响极大，哥白尼在他那里学到了天文观测技术以及希腊的天文学理论。在意大利的时候，哥白尼因其舅父的推荐得到了弗龙堡大教堂的一个职位。1501年回国

图1-6 波兰天文学家哥白尼的画像

后，他正式宣誓加入神父团体，但随即又请假再次去意大利，在帕多瓦大学研究法律和医学。1503年，在费拉拉大学获得教会法博士学位。1506年再次回国时，他的舅父已经是弗龙堡大教堂的主教，哥白尼成为他的秘书兼私人医生，并且住在舅父的私人官邸。1512年，舅父去世了，哥白尼干脆搬到教堂里。神父的工作比较轻松，他把大部分的时间和精力都用在了天文学的研究上。严格来说，哥白尼并不是一位职业天文学家，他的成名巨著也是在业余时间完成的。

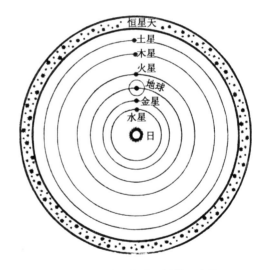

图1-7 哥白尼的"日心说"示意图

## 2．《天体运行论》巨著和"日心说"

他将教堂西北角的一座箭楼买下来，辟为自己的宿舍兼工作室，在旁边设置了一个简陋的小天文台，配置了一些简陋的天文观测仪器。这座箭楼后被人们叫作哥白尼塔。他经常整夜地在那里观测星星。花费了近40年的心血，到了16世纪30年代后期，终于完成了他的科学巨著《天体运行论》。这本具有划时代意义的书共分为六卷：第一卷鸟瞰式地介绍了宇宙的结构；第二卷介绍了有关的数学原理，其中平面三角和球面三角的演算方法都是哥白尼首创的；第三卷是恒星星表；第四卷介绍地球的自转和公转；第五卷论述了地球的卫星——月球；最后一卷是关于行星运行的理论。

在书中，他描绘出了一幅宇宙结构的示意图，中心为静止不动的太阳；最外层天球为恒星天，也安然不动；在恒星天之内按土星、木星、火星、携带着月球的地球、金星、水星分为六层。这一宇宙结构明确地把地球看成一颗普通的行星，正确地描述了 6 个行星绕太阳的轨道运动。地球不仅公转，而且还绕轴自转。对于行星运行的轨道周期的估计基本上是对的。

对于恒星和太阳的东升西落现象，哥白尼用了一个非常贴切的比喻来说明。他说，我们看到的恒星、太阳、行星等各种天体的东升西落现象，就好比是"我们离开港口向前远航，看到陆地和城市悄悄退向后方"。是地球在自转，才使我们看到天体在围绕我们运行。

行星的顺行、逆行和留的现象也得到满意的解释。根据哥白尼给出的太阳系结构，火星的轨道在地球之外，地球跑里圈，跑得快，火星跑外圈，跑得慢，常会出现地球超过火星的情况。因此在地球上看火星在天球上的视运动就出现顺行、逆行和留的情况。如图 1-8 所示。

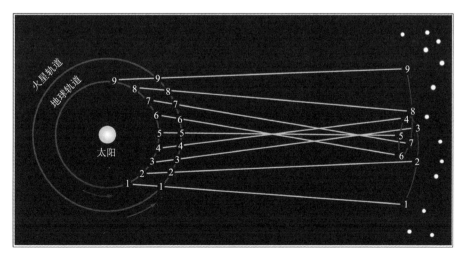

图 1-8　在地球上观测火星的视运动的顺行、逆行和留的轨迹示意图

哥白尼的日心体系建立在精确的观测数据和严谨的计算基础上，真实地反映了太阳系的构成和行星运行的情况，不仅成功地解释了行星的视运动轨道，还可以预测这些天体在未来某时刻的视位置。很多朋友都催促他尽快发表《天体运行论》，但他总是下不了决心，原因是他亲眼看到教会太多的迫害和镇压活动。早在哥白尼旅居意大利的时候，教皇亚历山大六世就重新颁布"圣谕"，禁止印行未经教会审查的书籍，可疑的书籍一律焚毁。1506 年哥白尼从意大利回国时，波兰教会的迫害活动更加血腥。哥白尼自己也经常受到威胁和迫害，在他任职的弗龙堡大教堂的瓦尔米亚教区，他的舅父去世后，几个继任的大主教都三令五申地"查禁邪教"，并认为哥白尼是个"叛教者"，直到哥白尼临终时，身边还有上司所布置的密探和奸细。

尽管环境很险恶，哥白尼最后还是下决心将他的著作委托他的朋友帮助联系出版。书稿经多位朋友帮忙送到了出版商那里。为了迁就当时社会的旧有认识，出版商删除了哥白尼学说的一些内容，一些地方甚至篡改了原稿。1543 年5 月 24 日，当这部巨著印好并送到弗龙堡时，久病的哥白尼已危在旦夕。哥白尼的手抚摸着这本书与世长辞了。

这本巨著虽然出版，但被教会宣布为禁书。《天体运行论》偷偷摸摸地在民间流传，直到 19 世纪中叶，其原稿才在布拉格一家私人图书馆里被发现。1873 年，出版了增补哥白尼原序的《天体运行论》，1953 年，《天体运行论》出第四版时，才全部补足原有的章节。这时哥白尼已经逝世了 410 年。

哥白尼用科学的"日心说"，推翻了在天文学上统治了近 1500 年的地球中心说，彻底颠覆了宗教的宇宙观。这是天文学上一次重大的革命，引起了人类宇宙观的全面革新。哥白尼的日心体系奠定了近代天文学的基石，使天文学首先跨入了近代科学的大门。哥白尼成为近代天文学当之无愧的奠基人。

### 3．为捍卫"日心说"而英勇牺牲的布鲁诺

《天体运行论》的出版并不意味着"日心说"已经确立。教会把这本书列为禁书达 200 年之久，对任何宣扬"日心说"的天文学家都要给以严酷的惩罚。这个时代铸造了一批坚毅、无畏的天文学家。乔尔达诺·布鲁诺（Giordano Bruno）

就是最典型的一位。

布鲁诺自幼家境贫寒，15岁时就被父母送到多米尼修道院混口饭吃。聪明好学的布鲁诺，十年后获得神学博士学位。这位神学博士却为哥白尼的《天体运行论》所折服，学习和研究起天文学来。他不仅大力宣扬哥白尼的"日心说"，还发展了这种学说。他明确指出：宇宙是无限的，在太阳以外，还有无数个类似的恒星系统。太阳不过是一个天体系统的中心，而不是整个宇宙的中心。他的一系列行为触怒了罗马教廷，不得不逃离意大利。布鲁诺辗转于欧洲各地，他每到一个地方都积极宣传他的新宇宙观，反对被教会奉为绝对权威的亚里士多德（Aristotélēs）和托勒密。他的行为进一步引起了罗马教廷的恐惧和仇恨。1592年，罗马教廷利用阴谋将他诱骗回国，逮捕入狱。在宗教裁判所里，当权者们软硬兼施，使尽了种种威胁利诱手段和各种各样惨无人道的酷刑，声言"只要公开宣布放弃'日心说'，可免一死，并给足够生活费安度晚年"。然而布鲁诺却没有丝毫的屈服与退让。最后，罗马教会宣布将布鲁诺判处火刑，于1600年2月17日凌晨执行。面对行刑的刽子手，不屈的布鲁诺高喊："火，不能征服我！未来的世界会了解我，会知道我的价值！"正如他的预言，这位为科学献身的勇士最终被深深地铭记在了人们的心中。1889年，人们在布鲁诺殉难的罗马鲜花广场上竖立起他的铜像来纪念他。英国《不列颠百科全书》称布鲁诺为："西方思想史上重要人物之一，也是现代文化的先驱者。"

图1-9 意大利罗马鲜花广场上的布鲁诺铜像

图1-10 意大利科学家伽利略

### 4．伽利略因宣传"日心说"被判终身监禁

伽利略于1564年生于意大利比萨城，从青年时代起就对哥白尼的"日心说"钦佩不已。他于1609年5月制造了世界上第一台光学天文望远镜，成为现代科学萌芽时期的第一个重大发明。这一划时代的创举使天文学研究发生了根本性的变化。天文望远镜的发明及其发展，使人类的视野从太阳系走向广阔无比的银河系和银河系以外的宇宙空间，从此人类踏上了探索宇宙的新征程。

伽利略用望远镜观天，短时间内就有一系列重大的发现。其中有很多观测结果是对"日心说"直接的支持。1610年1月，伽利略发现围绕木星运行的4个卫星，这说明宇宙中还有其他的"中心"。同年8月，伽利略看到金星不是金光灿灿的圆面，而是闪着金光的一钩"弯月"，说明金星有着与月亮类似的位相变化。他指出，金星和地球一样自身不发光，都在围绕太阳转动。这是对哥白尼"日心说"的最有力的支持。年底，伽利略又发现太阳表面上有黑子，并且根据黑子在日面的移动情况，证明太阳本身也在自转。这一切观测发现都与地球中心论相违背，成为"日心说"的有力证据。

伽利略的成就当时就征服了世界。这位已经名扬四海的天文学家由于支持哥白尼"日心说"，于1633年被宗教裁判所判处终身监禁。后改判狱外软禁，在教会法庭官员的监视下度过余生。他被迫当众忏悔，表示放弃哥白尼的学说，但暗地里写出了《关于托勒密和哥白尼两个世界体系的对话》等宣扬"日心说"的论文。

1637 年，伽利略那双曾经发现前人从未见过的星空的眼睛失明了，但他仍希望能够更多地探索和理解这个很多未知领域的世界。1642 年 1 月 8 日，这位终身为科学真理而奋斗的伟大科学家含冤离开了人世。300 多年以后，1979 年，梵蒂冈教皇保罗二世代表罗马教廷为伽利略公开平反昭雪。这迟到的"平反"已毫无意义，伽利略早已被人们誉为"近代科学之父"。

## "日心说"的进一步验证

哥白尼的"日心说"在理论上认为行星绕太阳运行的轨道是圆的这一缺陷导致后来的观测与理论不一致。地球绕太阳运行的看法是正确的，应该能够观测到周年视差现象，当时却没有观测到，被反对者作为一个重要的论据提出，使哥白尼很难堪。第谷、开普勒、贝塞尔和布拉德雷陆续解决了上述问题，解决了"日心说"的不足和困难。特别是开普勒得出的行星运动的三大定律是对"日心说"最有力的支持。

### 1. 观测天文学大师第谷·布拉赫

第谷·布拉赫（Tycho Brahe）对行星视运动进行了长期的观测，新积累的观测资料导致开普勒发现行星运动定律，对"日心说"的确立做出重大贡献。有趣的是他本人却并不赞成"日心说"。他认为所有行星都绕太阳运动，而太阳则率领众行星绕地球运动，他的体系虽然与托勒密的不完全相同，但仍然属于"地心说"的范畴。

第谷 1546 年生于北欧丹麦一个贵族家庭中，1559 年进入哥本哈根大学后首次接触到天文学就爱上了这一学科。20 岁时到德国罗斯托克大学攻读天文学，从此他开始了毕生的天文观测和研究工作。26 岁时发现"第谷新星"并因此出了名。

丹麦国王腓特烈二世很器重第谷，为阻止他移居到当时的天文研究中心德国去，国王将丹麦与瑞典之间的厄勒海峡中景色旖旎的汶岛赏赐给他，并且出巨资为 34 岁的第谷修建了天文台。天文台于 1580 年竣工，十分讲究，装备了当时最好的仪器设备，计耗约合当今的 150 万美元，运转经费充足。国王腓特烈二世于 1588 年逝世，新国王大大削减了第谷的经费，天文台的运转遇到困难。1597 年，第谷应波希米亚王国（今捷克共和国中西部地区）皇帝鲁道夫二世的邀请，移居布拉格，后来就在那里定居，继续从事天文研究。

第谷是一位出色的观测家，用肉眼观测天体获得的位置精度达到前无古人后无来者的境地，比托勒密观测天体的精度高出 5 倍，这大概是用肉眼观察在理论上所能达到的极限。他对彗星的观测差一点使他从"地心说"思想的桎梏下醒悟过来。他发现，1577 年出现的彗星的距离要比月亮远，并推测彗星的轨道不可能是圆的。这两点都背离他所主张的"地心说"。

德国青年开普勒（J. Kepler）有幸成为他的助手。第谷以前所未有的准确度观测恒星并监测行星的运动，积累了一大批宝贵的观测资料。他把这些资料全部交给了开普勒，让他着手编制《鲁道夫星表》，继续研究行星的运行轨道。第谷 1601 年病逝，开普勒利用第谷的观测资料，经过多年的分析和研究，发现了行星运动三大定律。这虽然是开普勒的创造，但第谷的观测功不可没。第谷坚持不懈，一丝不苟地进行科学观察的精神，永远载入了科学史册。他在世时取得的巨大成就和留给开普勒的大量资料，推动了天文学向近代科学发展。

图 1-11　第谷（右）和开普勒（左）的雕塑

**2. 开普勒和他的行星运动三大定律**

开普勒是德国著名的天文学家，1571 年生于德国西南部的威尔市，是哥白尼发表《天体运行论》后的第 28 年。当时只有少数天文学家相信"日心说"，开普勒似乎是肩负着发展"日心说"的重任来到人间的。他 18 岁进入图宾根大学后就对天文学产生了浓厚的兴趣，成为哥白尼学说的忠实维护者。1596 年，他出版了《宇宙的神秘》一书，引起了著名天文学家第谷的注意，第谷邀请开普勒到布拉格天文台做他的助手。开普勒接受了这一邀请，于 1600 年 1 月来到第谷的身边。第谷把自己多年观测的行星视运动的资料全部交给开普勒。第二年，第谷逝世，开普勒接替了第谷的职位，任布拉格天文台台长兼皇家数学家。

开普勒应用第谷观测数据来考察各种理论：古老的托勒密"地心说"、哥白尼"日心说"和第谷本人提出的第三种学说。开普勒发现，用这三种理论计算的行星视运动轨迹都和第谷的观测结果不相符合。比对的结果发现火星的黄经误差约为 8 分，不能忽略。他坚信第谷的观测是正确的，认定只能是理论模型出了问题。

这三种理论有共同的特点，它们都认为行星运动轨道是圆的，以及行星运动的角速度是匀速的。在 1609 年，开普勒发现火星"是沿椭圆轨道绕太阳运行的，太阳处于椭圆的一个焦点上"，由这发展成行星运动第一定律。就凭这 8 分差异，引起了天文学的革新。不久之后开普勒又发现，尽管火星在近日点附近时运行得快一些，在远日点附近时运行得慢一些，但是不论从任何一点开始，在相同的时间内扫过的面积都是相同的。这就是行星运动的第二条定律。第一和第二定律如图 1-12 所示。在 1619 年他又发现了行星运动的第三条定律："行星公转周期的平方与轨道半长轴的立方成正比。"用公式表示为：$a^3/T^2=K$，$a$ 为行星公转轨道半长轴，$T$ 为行星公转周期，$K$ 为常数。

有关行星运动的三条定律成为经典天文学的奠基石，后人将开普勒尊称为"天空立法者"。开普勒三大定律的发现，更直接地证明"日心说"的正确性，再要怀疑也困难了。

**3. 周年视差和光行差的发现**

"日心说"遇到的一个困难是没有观测到周年视差现象和光行差现象。如图

1-13 所示，地球绕太阳（S）运行，观测者在地球运行到 A 点和 B 点时，看到天体（M）在天球上的位置应该是 A′ 和 B′，这两点的位置是不同的。所以应该能观测到周年视差，也就是 π 角。但是哥白尼怎么努力也没有观测到。还有一些天文学家，包括观测最精细的天文学家第谷都在努力测量恒星的周年视差，都没有成功。

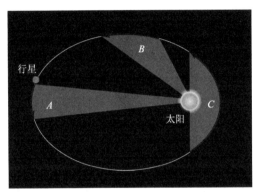

图 1–12　开普勒行星运动第一和第二定律示意图　　图 1–13　周年视差示意图

实际上，周年视差是存在的，只是太小了，当时的观测水平测不出来。这个难题迟至 1838 年，才由德国天文学家贝塞尔（F. W. Bessel）测量出天鹅座 61 星的周年视差，视差为 0.31 角秒，距离约 11 光年。这样小的周年视差相当于把一枚 5 分硬币放在 16 千米远处观看时的视角。不久，英国天文学家亨德森（T. Henderson）测出半人马座 α 星的视差为 0.75 角秒，距离地球只有 4.3 光年。到 1900 年，约有 70 颗恒星的距离已经用视差法测定出来。

英国格林尼治天文台的第三任台长詹姆斯·布拉德雷（James Bradley）曾经致力于恒星周年视差的测量，虽然没有成功，但却发现了光行差现象。我们可能观察过"雨行差"的现象：在火车静止的时候，窗外的雨滴垂直向下。当火车以速度 $V_c$ 前进，雨滴就不是垂直向下，而是与垂直方向有一个夹角，如图 1–14 所示。火车的速度越快，这个夹角会越大。这就是"雨行差"现象。"日心说"认为地球绕太阳运行，就好像我们坐在火车里看窗外的雨滴一样，观测到的星光也会有光行差现象（图 1–15）。

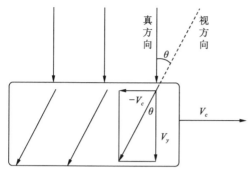
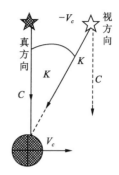

图 1-14　从火车窗口看到的"雨行差"　　　图 1-15　恒星的光行差现象

从 1725 年开始，布拉德雷测量天龙座 γ 星的视差时发现，这颗星对天球上的坐标真的有一种移动，但与出现视差的规律不同，百思不得其解。到 1728 年才弄清楚，这是一种光行差现象。这无疑又一次证明了地球确实在绕太阳运动。从此知道，我们测量天体的周年视差时需要消除光行差位移，才能获得真正的视差。

# 牛顿和万有引力定律

开普勒从观测数据中发现了行星运动三大定律，但他却不知道其物理原因。英国物理学家牛顿追本穷源，建立起一套能解释这些关系的物理理论。

牛顿（Isaac Newton）1642 年生于英格兰东部的一个小村庄，家境贫寒，多灾多难。1661 年，牛顿 18 岁的时候进入剑桥大学攻读数学。1665 年初，年仅 22 岁，尚未大学毕业的牛顿就实现了自己科学生涯中的第一个重大突破——发现了数学中重要的二项式定理。接着，在 1665 年夏天，伦敦因遭遇一场可怕的瘟疫，死了许多人，剑桥大学决定全校停课，迅速疏散。牛顿在他回到家乡的 18 个月中，发明了微积分，发现了白光的组成，并且开始研究引力问题。地球引力的现象是很多的，他细心观察各种现象，其中最为著名的是"苹果熟了为什么往地上掉？"的思考。他提出著名的万有引力定律，即任何物体之间都会互相吸引。若两物体的质量分别为 $M_1$ 及 $M_2$，而它们之间的距离为 $r$，那么它们之间

图 1-16　英国科学家牛顿

的吸引力 $F$ 为

$$F = \frac{GM_1M_2}{r^2}$$

公式中的 $G$ 为引力常数，是一个非常小的数，所以当物体质量很小时，它们之间的引力便微不足道，我们看不到日常的物件会互相吸引，便是这个原因。天体的质量很大，引力就非常明显了，由牛顿的万有引力定律很容易推导出开普勒的行星运动三大定律，建立在牛顿力学基础上的天体力学迅速发展起来。牛顿的引力理论也无孔不入地渗透到天文学研究的各个领域。

　　从哥白尼发表阐述"日心说"的巨著《天体运行论》到牛顿出版阐述万有引力理论的巨著《自然哲学的数学原理》的 150 年当中，相继出现了第谷、伽利略和开普勒这样的开创天文学历史的天文学家。牛顿通过论证开普勒行星运动定律与他的引力理论间的一致性，展示了地面物体与天体的运动都遵循着相同的自然定律，从而消除了对"日心说"的最后一丝疑虑。

　　牛顿自认是"站在巨人的肩膀上"，因此比别人看得远些。他提出的万有引力和三大运动定律成为天文学的理论基础，渗透到天文学领域的各个方面，成为天体测量学和天体力学的理论基础。18 世纪，天体测量学和天体力学密切配合，相互促进，天文学家们组织了精密的子午线观测、月球运动的观测和日地距离的测定等，这些都是天体测量学的范畴，主要是满足航海的需要。到了 18 世纪末，天体力学取得了与天体测量学比肩的地位。

# 从经典天文学到现代天文学的转变

19 世纪是近代天文学迅速发展的时期，除了天体测量和天体力学得到进一步发展以外，天体物理学的兴起是最重要的发展。天体物理学就是用物理学的基本原理来解释天体的形态、结构、物理状态、化学组成，以及天体产生和演化的科学。夫琅和费发现太阳谱线揭开了天体物理学的序幕，光谱研究成为 20 世纪天文学的主流。以爱因斯坦为代表的新一代物理学家，创立了相对论和量子力学，使天体物理学发展产生了巨大的飞跃，开始了现代天文学的进程。

## 1. 夫琅和费发现太阳谱线揭开了天体物理学的序幕

随着 19 世纪中叶物理学的发展，人们逐步地揭开了太阳和恒星光谱的秘密。与赫歇尔同时代，德国有一位英年早逝的传奇人物，夫琅和费（Joseph von Fraunhofer），在研制望远镜的终端设备分光镜方面取得了永载史册的光辉业绩。对太阳光谱有所了解的人都知道，光谱中的暗线就叫作夫琅和费线。1817 年，夫琅和费在他自己研制的直径 24 厘米折射式望远镜上配上了他自己发明的分光镜。通过分光镜他发现了太阳和恒星连续光谱上的暗黑的吸收线，因此也叫夫琅和费线。另外在连续光谱上还有一些明亮的谱线，叫发射谱线。当时，人们还不清楚太阳和恒星连续光谱上的谱线产生的机理。直到半个世纪之后，1870 年，德国物理学家基尔霍夫（G. R. Kirchhoff）经过反复实验和研究后才揭开了这里面的奥秘。他总结出关于连续光谱、发射线和吸收线的三条定律：①类似太阳这样的炽热物体发出连续光谱；②低压稀薄炽热气体发出某些单独的明亮谱线；③连续光谱通过较冷的气体会产生吸收谱线。

根据这个原理，很容易理解太阳光谱中的吸收线和发射线。由于光球的温度决定了辐射主要在可见光波段，光球温度是向外逐渐降低的，因此容易产生吸收线。较外层的大气（如色球）的温度高于光球，而且越向外，温度越高，因此容易出现发射线。

观测研究天体的光谱能够获得天体的温度、压力、磁场、电场、速度，以及天体的化学成分的信息。夫琅和费成为天文学史上第一位发现太阳和恒星光谱的天文学家，这一标志性事件宣告了天体物理学的诞生。在他之后，光谱观测成为每台光学望远镜最重要的研究，光谱仪也得到迅速的发展。

### 2. 现代天体物理学的发展

到 19 世纪末 20 世纪初，以爱因斯坦（Albert Einstein）为代表的新一代物理学家，进行了物理学的第三次革命，创立了相对论和量子力学。物理学经历了从经典物理到现代物理过渡的发展阶段，天体物理学也受到巨大的刺激。天文学特别是天体物理学也随着物理学的发展产生了巨大的飞跃，在 20 世纪初开始了现代天文学的进程。物理学的几乎所有分支学科，如原子物理学、原子核物理学、量子力学、狭义相对论、广义相对论、等离子体物理学、固态物理学、致密态物理学、高能物理学等，很快就成为天体物理学新的理论基础，并逐步形成相对论天体物理学、等离子体天体物理学、高能天体物理学、宇宙磁流体力学、核天体物理学等分支学科。天体物理学也成为物理学的一个重要分支。1984 年，国际纯粹及应用物理联合会设立了天体物理学委员会。

随着物理学的发展，物理学家必然要把宇宙及各种天体作为物理学的实验室，比如，中子星提供了超高密、超强磁场和超强压力的空间实验室。类似的例子很多。在宇宙中所发生的种种物理过程比地球上所能发生的多得多。在地球上做不到的物理实验，在宇宙中可以找到。物理学家涉足天文学领域的研究成为必然。天文学家也密切注视物理学的发展，希望能够用物理学的原理来解释宇宙的过去、现在并预测未来。

天文学观测和理论研究也给物理学以巨大的刺激和挑战。如氦元素首先是在太阳光谱观测中发现的，然后再在地球的实验室中找到；对太阳及恒星内部结构和能量来源的研究获得了热核聚变反应的概念；对星云谱线的分析提供了原子禁线理论的线索；从恒星演化理论发展出元素综合理论等。白矮星的发现曾使物理学家手足无措，因为那时还没有物理理论能解释白矮星的致密态。视超光速现象的发现需要物理学家认真考虑是否存在超过光速的运动。高能天体类星体、星系核、γ射线暴等的能量来源还不能从现有的物理学规律中找到答案，等等。

**3. 广义相对论的三大天文学验证**

2005 年"国际物理年"是为纪念爱因斯坦具有划时代意义的论文发表 100 周年而设立。美籍德裔科学家爱因斯坦是世界公认的 20 世纪最伟大的自然科学家。1879 年出生，1900 年 8 月在苏黎世工业大学毕业后找到了一份瑞士专利局的工作。他没有受过名师的教诲，没有从事科学研究的条件，可是，1905 年他在物理学三个未知领域里齐头并进，成果都是惊世之作。一篇论文是讨论布朗运动的，用最有力的证据证明了分子的存在；一篇论文发展了普朗克（Max Planck）的量子论，提出了光量子假设，他因此于 1921 年获得诺贝尔物理学奖；还有一篇论文是《论动体的电动力学》，宣告了相对论的诞生，开创了物理学的新纪元。

1915 年爱因斯坦发表了当今最重要的物理学和天文学的基础理论——广义相对论。但是，刚问世时这一理论并不被物理学家接受，而是被斥为"数学游戏"。为了验证广义相对论的理论，爱因斯坦提出了三个可以用天文学观测来验证的广义相对论效应，希望得到天文观测的支持。果然，经过努力，他们共同验证了这三个效应。

第一个效应是水星近日点附加的进动。这是一个历史上遗留下来的难题。水星是距太阳最近的一颗行星。按照牛顿的引力理论，在太阳的引力作用下，水星的运动轨道将是一个封闭的椭圆形。但是，天文学家早就发现水星的轨道并不是严格的椭圆，而是每转一圈它的长轴略有转动，称为进动。后来，天文学家认为，进动是由其他行星的引力所引起，按照牛顿力学计算得到了进动的数值，但与观测得到的数值有些差别，一百年差了 43″，这已经超出观测精度的范围，成为一个难以解释的问题。爱因斯坦应用广义相对论的一个近似解找到了 43″／百年的出处，亲自解决了这个天文学上的历史难题。

第二个效应是光线在太阳引力场中弯曲。爱因斯坦根据广义相对论指出，恒星发出的光线在太阳近旁掠过时稍有弯曲。可是大白天看不到恒星，怎样能

图 1-17 美籍德裔科学家
爱因斯坦

检验星光经过太阳附近时会发生偏转呢？日全食提供了这个机会，1919 年英国天文学家爱丁顿率队到非洲西岸的普林西比进行日全食观测，在月球完全把太阳遮挡的几分钟时间里，拍摄下出现在太阳附近的恒星，测出它们的视位置。发现星光确实偏转了，其偏转角度与广义相对论理论的计算值符合得比较好。消息传到英国，引起轰动，伦敦《泰晤士报》头版头条新闻："科学革命，牛顿的思想被推翻。"

第三个效应是引力红移。按照广义相对论，时空弯曲的地方，钟走得慢，即时间会变慢。时空弯曲得越厉害，钟走得越慢。设想，原来谱线的频率是 100MHz，也就是每秒钟振动 1 亿次，时钟走得慢了，振动 1 亿次需时超过 1 秒，这样频率就下降了，也就是向红端移动了。这就是爱因斯坦预言的引力红移。太阳表面引力比地球表面上的引力大 28 倍，应该能观测到引力红移现象，但那个年代观测设备比较差，难以发现太阳附近的引力红移现象。爱丁顿建议他的学生亚当斯观测白矮星来验证引力红移。果然，亚当斯于 1925 年测出了引力红移，而且红移量与用爱因斯坦理论计算得到的结果完全一样。

另外，爱因斯坦根据广义相对论还预言宇宙中引力透镜的存在，也得到天文观测的验证。1979 年亚利桑那大学天文学家探测到两个观测特性一模一样的类星体，被证实为第一个引力透镜。后来，哈勃空间望远镜又发现了一批引力透镜，最有名的如爱因斯坦十字、爱因斯坦环。

#### 4．天文学与诺贝尔物理学奖

闻名于世的"诺贝尔奖"，每年一次授予在物理学、化学、生物学、医学等自然科学领域及为人类和平事业做出卓越贡献的人们，至今已超过 100 年了。20 世纪以来，天文观测和物理实验、天体物理学与物理学各个分支之间的渗透逐步加强，天文观测发现的天体物理过程已是物理学实验所无法实现的，宇宙及各种天体已成为物理学的巨大天然实验室。天体物理学的一些突出成果大大推进了物理学的发展，取得杰出成就的天文学家获得"诺贝尔物理学奖"就是很自然的事情了。

由于诺贝尔没有设立天文学奖项，导致在 20 世纪前 70 多年，诺贝尔奖委员会主观上就排斥天文学成就参与诺奖的竞争。哈勃发现河外星系和宇宙膨胀等重大成就可以说是天文学和物理学最伟大的成就之一，然而被排斥在诺奖之外。这期间，赫斯发现宇宙线、贝克创建恒星能源理论和阿尔文创建宇宙磁流体力学分别获得诺贝尔物理学奖。之所以能获奖，主要是因为这些成就是物理学家根据物理学的理论或实验方法所获得的与物理学关系十分密切的发现和理论成果。实际上，这三项研究都是把宇宙和天体作为研究对象，当然也属于天文学的成就。天文学成就堂而皇之地走进诺贝尔奖的殿堂是 1974 年赖尔因发明综合孔径射电望远镜和休伊什因发现脉冲星而获奖，这是很纯粹的天文学成就，是著名天文学家用天文学方法和理论所创造的成就。也就是从这个时候开始，诺贝尔物理学奖评审委员会才完全承认必须把天文学的伟大成就纳入诺贝尔物理学奖的评奖范围。

从 1936 年赫斯发现宇宙线而获诺贝尔物理学奖开始到 2019 年，有 13 个年度，17 项物理学奖项授予 27 位天文学家。表 1-1 给出了荣获诺贝尔物理学奖的项目和天文学家。可以看出：全部 17 个获奖项目中与射电天文学直接有关的多达 5 项共 8 人，来自宇宙线、中微子和 X 射线等高能天体的发现和研究的有 4 项共 6 人，反映了新兴学科领域的强大生命力。这 17 个获奖项目与物理学理论和观测研究相关的程度非常紧密。当代天体物理学在整个物理学中已具有举足轻重的地位，也表明物理学家对天体物理学的重要性之认识也已大为深化。

纵观诺贝尔奖历史，诺贝尔奖颁给的科学发现和成果一般都会经过十几年甚至几十年时间，这是因为任何一样新的理论、新的观测发现和实验结果都需要经过许多研究结果的验证。但是，为何引力波一经发现，就在两年后获得了诺贝尔物理学奖呢？这与当时科学界和诺奖评委对这一项目比较了解和信任有关，科学家们对探测一百年前爱因斯坦预言的引力波抱有极大的期望，也相信改进后的激光干涉探测器的威力，特别关注这方面的研究进展。当然，也与LIGO 团队多次成功探测到引力波事件有关。时间第二短的是休伊什发现脉冲星的奖项，是在发现的 7 年之后。从脉冲星的发现到完全相信它们就是中子星，再到脉冲星辐射模型的建立，科学界才放心给予诺贝尔物理学奖。脉冲星发现后，不仅是休伊什和贝尔在证实脉冲星为中子星问题上有重要贡献，其他天文学家也做出了很重要的贡献。脉冲星的发现开辟了一个崭新的学科领域，把许许多多的天文学家和物理学家吸引来从事脉冲星的研究，这也是该发现所具有的划时代意义的表现。钱德拉塞卡在 73 岁高龄时获奖，是对他几十年的研究工作总的评价，但他最重要的成就"白矮星质量上限"则是在 24 岁研究生阶段取得的，时隔 49 年才获得诺奖。获诺贝尔物理学奖最年长的是雷蒙德·戴维斯，他 1968 年探测到太阳中微子，一直坚持观测 30 多年，发现 2000 多个太阳中微子及太阳中微子丢失之谜。2002 年获诺奖时已经 89 岁。取得诺奖成就最晚的要数雷纳·韦斯，他研究引力波超过半个世纪，到 83 岁才获得成功。所幸，两年后就获得诺贝尔物理学奖。

表 1-1　诺贝尔物理学奖天文奖项情况

| 获奖年份 | 国籍 | 获奖者 | 获奖成果 | 备注 | 本书介绍 |
|---|---|---|---|---|---|
| （1）1936 | 奥地利 | 赫斯（Victor F. Hess） | 发现宇宙线 | 与另一项目分享 | 下册第九讲 |
| （2）1967 | 美国 | 贝特（Hans Bethe） | 提出太阳和恒星能源机制 | | 下册第一讲 |
| （3）1970 | 瑞典 | 阿尔文（H.O.G.Alfven） | 创建太阳和宇宙磁流体力学 | 与另一项目分享 | 下册第一讲 |
| （4）1974 | 英国 | 赖尔（M. Ryle） | 发明综合孔径射电望远镜 | 与项目（5）分享 | 上册第四讲 |
| （5）1974 | 英国 | 休伊什（A. Hewish） | 发现脉冲星，并证认为中子星 | 与项目（4）分享 | 下册第三讲 |
| （6）1978 | 美国美国 | 威尔逊（R.W.Wilson）彭齐亚斯（A.A.Penzias） | 发现宇宙微波背景辐射 | 与另一项目分享 | 下册第十讲 |

续表

| 获奖年份 | 国籍 | 获奖者 | 获奖成果 | 备注 | 本书介绍 |
|---|---|---|---|---|---|
| （7）1983 | 美国 | 钱德拉塞卡（S.Chandrasckhar） | 研究恒星结构和演化理论，确认白矮星质量上限 | 与项目（8）共享 | 下册第三讲 |
| （8）1983 | 美国 | 福勒（W.A. Fowler） | 创建恒星演化过程中的化学元素形成的理论 | 与项目（7）共享 | 下册第四讲 |
| （9）1993 | 美国 美国 | 赫尔斯（R.A.Hulse） 泰勒（J.H.Taylor） | 发现第一个射电脉冲双星和间接验证引力辐射 | | 下册第三讲 |
| （10）2002 | 美国 | 里卡多·贾科尼（Riccardo Giacconi） | X 射线天文学 | 与项目（11）共享 | 下册第九讲 |
| （11）2002 | 日本 美国 | 小柴昌俊（Masatoshi Koshiba） 雷蒙德·戴维斯（Raymond Davis Jr.） | 发现超新星中微子 发现太阳中微子 | 与项目（10）共享 | 下册第一讲 |
| （12）2006 | 美国 美国 | 约翰·马瑟（John C. Mather） 乔治·斯穆特（George Smoot） | 宇宙微波背景辐射的黑体形式和各向异性的观测发现 | | 下册第十讲 |
| （13）2011 | 美国 美国／澳大利亚 美国 | 萨尔·波尔马特（Saul Perlmutter） 布莱恩·施密特（Brian P. Schmidt） 亚当·里斯（Adam G. Riess） | Ia 型超新星的观测和发现宇宙加速膨胀 | | 下册第十讲 |
| （14）2015 | 日本 加拿大 | 梶田隆章（Takaaki Kajita） 阿瑟－麦克唐纳（Arthur B. McDonald） | 发现大气中微子振荡 发现太阳中微子振荡 | | 下册第一讲 |
| （15）2017 | 美国 | 雷纳·韦斯（Rainer Weiss） 巴里·巴里什（Barry C. Barish） 基普·索恩（Kip Stephen Thorne） | 激光干涉引力波探测器的研制和直接探测到引力波 | | 下册第三讲 |
| （16）2019 | 加拿大 | 吉姆·皮布尔斯（James Peebles） | 宇宙起源和演化的理论阐述 | 与项目（17）共享 | 下册第十讲 |
| （17）2019 | 瑞士 瑞士 | 米歇尔·麦耶（Michel Mayor） 迪迪埃·奎洛兹（Didier Queloz） | 发现太阳系外行星飞马座 51b | 与项目（16）共享 | 下册第十一讲 |

第二讲

# 中国古代天文学

天文学历史悠久，早在 1 万多年前的新石器时代，由于原始牧业和农业生产的需要，天文学便开始发展起来。中国、埃及、印度、巴比伦、希腊和罗马等文明古国是世界上天文学发展最早的国家，我国古代天文学的发展可以追溯到原始社会。在托勒密提出"地心说"以后，从 2 世纪到 16 世纪的一千多年中，欧洲天文学的发展几乎处于停滞状态。在此期间，我国天文学得到了稳步的发展。发明了世界上第一台水力推动的天文仪器"浑天仪"、首次把岁差计算在内的历法、首次发现恒星移动、第一次测量地球子午线长度、最早制成的大赤道仪、第一幅全天性星图……这些前所未有的天文学成就比西方早上几十甚至上千年。东汉的张衡、南北朝的祖冲之、唐朝和尚一行、元代的郭守敬，这些耀眼的天文学家名字在历史长河中熠熠生辉。本讲从天球坐标系、天象观察、历法编制和仪器制作等四个方面介绍我国古代天文学成就。在介绍古代天文学辉煌成就的同时，我们也不会忘记 17 世纪到 20 世纪初我国天文学迅速衰落的难堪。

## 天球坐标系、星座、星表和星图

我们认识星空、研究天文现象，离不开天球、天球坐标系、星座、星图和星表等最基本的概念和定义。了解古代天文学的成就也离不开这些最基本的知识。实际上，古代天文学家就已经熟练地应用这些基本概念和方法来研究天文现象了。

### 1．天球

在晴朗的夜空，繁星点点，分不清它们的远近，所有星星都好像是镶嵌在无穷远处的球面上。这是一种错觉，却给了我们一个虚拟的天球，给天文学研究带来了方便。天文学家就把以地球为中心、以无限大为半径的球面定义为天球。真实的天体都投影到这个天球上。我们通过观测研究天体在天球上的视位置和视运动来了解天体的真实情况和相互之间的关系。虽然恒星也在运动，但短时期不会明显看出恒星在天球上的相对位置发生变化，因此可以认为恒星固定在天球上。我们看到的天球在绕地球不停地转动，但真正转动着的是地球。古代天文学家利用天球来研究天体在空间的视位置和视运动的方法一直延续到今天。

### 2．天赤道和黄道

如图 2-1 所示，天赤道是把地球赤道无限向外扩大与天球相交的大圆。把地球的自转轴无限地延长与天球相交的两个点就是北天极和南天极。地球从西往东自转，太阳和星空都东升西落，只有北天极固定不变。小熊座 α 星距北天极很近，取名北极星。群星绕北极星做周日运动。望远镜对准北天极方向，长时间曝光便可以记录下恒星绕天极运动所画出的一个个半径不等的弧，如图 2-2 所示。

黄道是地球绕太阳运动的轨道，从地球上看则是太阳视运动的轨道，也就是太阳在天球上的视位置一年中的变化在天球上所构成的轨迹，如图 2-3 所示。黄道所在的平面称为黄道面，在天球中心作

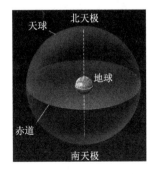

图 2-1　天球的天赤道和北天极、南天极

图 2-2　照相机或望远镜拍摄的星迹图及北天极位置的确定

垂直黄道面的垂线，无限延长与天球相交的两个点
就是北黄极和南黄极。

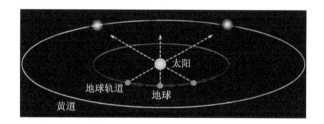

图 2-3　地球轨道与黄道关系图

### 3. 春分点和秋分点

黄道和天赤道在两个不同的平面里，交角为
23.5 度。黄道和天赤道有两个交点，即春分点和秋
分点。春分点为太阳的升交点，即太阳从天赤道面
南面升到北面的转折点。太阳总是在黄道上，所以
太阳的黄纬总是 0°。太阳的黄经每日递增 59′，春

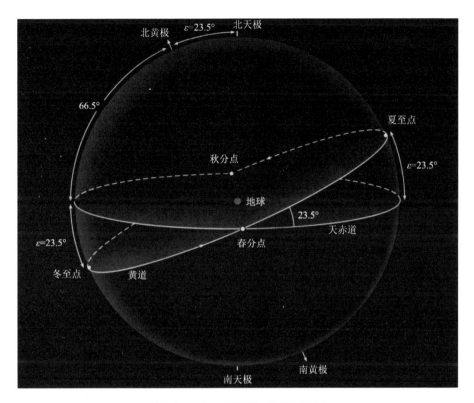

图 2-4 天球上的天赤道、黄道和春分点

分、夏至、秋分、冬至太阳的黄经分别为 0°、90°、180°、270°。

### 4. 天球坐标系

古代天文学推出三种天球坐标系：中国的赤道坐标系统、希腊的黄道坐标系统和阿拉伯的地平坐标系统。英国著名科学家李约瑟（J. T. M. Needham）评价说："现代天文学采用的显然是中国式的赤道坐标系。""如果我们现代的天空在命名方面是希腊式的话，那么在计量恒星精确位置这一同样重要方面却完全是中国式的。"

赤道坐标系：在中国很早就使用赤道坐标系。1987 年，河南濮阳西水坡仰韶文化遗址发现的 45 号墓中的天文图，包括北斗、苍龙、白虎的星象，证实了在距今 6460±135 年以前就有了赤道坐标系。

赤道坐标系与地球上惯用的经纬度坐标系十分相似。赤纬的算法是从天赤道开始至两极，向北由 0 度到 90 度，向南由 0 度到 -90 度。赤经的起始点则与地球地理坐标系不同，地理坐标定义英国格林尼治天文台处的经圈为本初经圈，其经度为 0 度。赤经计算的起始点则是春分点，自西向东由 0 小时到 24 小时。构成赤道坐标系的有一个基本圈（赤道）、两个基本点（北天极和南天极）和一个赤经的起始点（春分点）。天球上的天体的位置就可以用它们的赤经和赤纬来表示。

图 2-5 中 M 点是待测天体，其位置用赤经（α）和赤纬（δ）表示。通过北天极 P 和 M 点作大圆相交于天赤道的 M' 点，弧长 MM' 称为 M 点的赤纬，春分点到 M' 的弧长称为 M 点的赤经。

利用赤道坐标系测量恒星的位置很方便，因为所有恒星每天东升西落都是平行于赤道面的。和恒星一样，春分点在天球上的视位置也做周日运动，它与恒星的距离不变。坐标值不随时间变化，与观测地的位置无关。这个优越性是其他坐标系所没有的。国际同行公认我国古代赤道坐标系是最先进的，现在仍被广泛应用。

黄道坐标系：是希腊天文学家最先使用的。这种坐标系的基本圈是黄道，两个基本点是北黄极和南黄极，黄经的起点也是春分点。用黄经和黄纬来表示天体在天球上的位置。由于行星的视运动基本上在黄道面附近，因此观测研究太阳系的天体，使用黄道坐标系比较方便。

地平坐标系：这是一种最直观的天球坐标系。

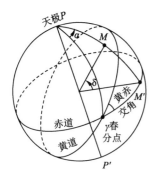

图 2-5 天球赤道坐标系

地平坐标系中的基本圈是地平圈，基本点是天顶和天底。地平圈就是观测者所在的地平面无限扩展与天球相交的大圆。从观测者所在的地点，作垂直于地平面的直线并无限延长，在地平面以上与天球相交的点，称为天顶；在地平面以下与天球相交的点，称为天底。通过天顶和天底可以作无数个与地平圈相垂直的大圆，称为地平经圈；也可以作无数个与地平圈平行的小圆，称为地平纬圈。地平经圈与地平纬圈是构成地平坐标系的基本要素。地平坐标系也有不方便的地方，观测者所在位置不同，同一天体的地平坐标是不相同的，需要换算，比较麻烦。

银道坐标系：这是近代天文学研究发展起来的一种坐标系。银河系的结构像一个体育用的大铁饼，天体主要集中在一个扁平状的圆盘上，也就是夏季夜空中展现出来的银河。天文学家把银道面作为基本圈，以及北银极和南银极作为基本点，银经从中心起算。银道坐标系对观测研究银河系天体比较方便。

这四种天球坐标系用途有些不同，彼此之间可以进行转换。但还是赤道坐标系用得最广泛。

### 5．星座和恒星命名法

星座就是把天球上的星空人为地划分的若干区域。公元前 3000 年左右，古巴比伦人把星空中亮星连起来，勾画成牛、羊、蝎子等形象，称之为星座。古希腊人用希腊神话中的人物或动物来为星座命名，共 40 多个。中国古代则把星空分为三垣和二十八宿，共 31 个区域。

1928 年，国际天文学联合会以古希腊的星座体系为基础，补充了近代对南天星空观测所划分的一系列南天星座，作适当调整以后，定出 88 个星座，作为国际通用。表 2-1 为 88 个星座名称和有关情况。其中有些星座在我国基本看不见或完全看不见的，以星号 * 标注。上中天（月日）是指晚 8 时该星座的中央运转至上中天的那一天。

表 2-1　全天 88 个星座

| 星座名 | 上中天（月日） | 星座位置 | 星座名 | 上中天（月日） | 星座位置 |
|---|---|---|---|---|---|
| 仙女座 | 11 月 27 日 | 北天 | 长蛇座 | 4 月 25 日 | 赤道 |
| 唧筒座 | 4 月 17 日 | 南天 | *水蛇座 | 12 月 27 日 | 南天 |

| 星座名 | 上中天（月日） | 星座位置 | 星座名 | 上中天（月日） | 星座位置 |
|---|---|---|---|---|---|
| *天燕座 | 7月18日 | 南天 | 印第安座 | 10月7日 | 南天 |
| 天鹰座 | 9月10日 | 赤道 | 狮子座 | 4月25日 | 赤道 |
| 宝瓶座 | 10月22日 | 赤道 | 天兔座 | 2月6日 | 赤道 |
| 天坛座 | 8月5日 | 南天 | 小狮座 | 4月22日 | 赤道 |
| 白羊座 | 12月25日 | 赤道 | 豺狼座 | 7月3日 | 南天 |
| 御夫座 | 2月15日 | 北天 | 天琴座 | 8月29日 | 北天 |
| 牧夫座 | 6月26日 | 赤道 | *山案座 | 2月10日 | 南天 |
| 雕具座 | 1月29日 | 南天 | 显微镜座 | 9月30日 | 南天 |
| 鹿豹座 | 2月10日 | 北天 | 麒麟座 | 3月3日 | 南天 |
| 摩羯座 | 9月30日 | 赤道 | *苍蝇座 | 5月26日 | 南天 |
| 船底座 | 8月2日 | 南天 | 矩尺座 | 7月18日 | 南天 |
| 仙后座 | 12月2日 | 北天 | *南极座 | 10月2日 | 南天 |
| 半人马座 | 6月7日 | 南天 | 蛇夫座 | 8月5日 | 赤道 |
| 仙王座 | 10月17日 | 北天 | 猎户座 | 2月5日 | 赤道 |
| 鲸鱼座 | 12月13日 | 赤道 | *孔雀座 | 9月5日 | 南天 |
| *蝘蜓座 | 4月28日 | 南天 | 飞马座 | 10月25日 | 赤道 |
| 猎犬座 | 8月2日 | 北天 | 英仙座 | 1月6日 | 北天 |
| 圆规座 | 6月30日 | 南天 | 凤凰座 | 12月2日 | 南天 |
| 大犬座 | 2月26日 | 赤道 | 绘架座 | 2月8日 | 南天 |
| 小犬座 | 3月11日 | 赤道 | 南鱼座 | 10月17日 | 赤道 |
| 巨蟹座 | 3月26日 | 赤道 | 双鱼座 | 11月22日 | 赤道 |
| 天鸽座 | 2月10日 | 南天 | 船尾座 | 3月13日 | 赤道 |
| 后发座 | 5月28日 | 赤道 | 罗盘座 | 3月31日 | 赤道 |
| 南冕座 | 8月25日 | 南天 | *网罟座 | 1月14日 | 南天 |
| 北冕座 | 7月13日 | 赤道 | 玉夫座 | 11月25日 | 南天 |
| 乌鸦座 | 5月23日 | 赤道 | 天蝎座 | 7月23日 | 赤道 |
| 巨爵座 | 5月8日 | 赤道 | 盾牌座 | 8月25日 | 赤道 |
| *南十字座 | 5月23日 | 南天 | 巨蛇座 | 7月8日 | 赤道 |
| 天鹅座 | 9月25日 | 北天 | 六分仪座 | 4月20日 | 赤道 |
| 海豚座 | 9月26日 | 赤道 | 天箭座 | 9月12日 | 赤道 |
| *剑鱼座 | 1月31日 | 南天 | 人马座 | 9月2日 | 赤道 |
| 天龙座 | 3月28日 | 北天 | 金牛座 | 1月24日 | 赤道 |
| 小马座 | 10月5日 | 赤道 | 望远镜座 | 9月2日 | 南天 |

| 星座名 | 上中天（月日） | 星座位置 | 星座名 | 上中天（月日） | 星座位置 |
|---|---|---|---|---|---|
| 波江座 | 1月14日 | 赤道 | *南三角座 | 7月13日 | 南天 |
| 天炉座 | 12月23日 | 赤道 | 三角座 | 12月17日 | 赤道 |
| 双子座 | 3月3日 | 赤道 | *杜鹃座 | 11月13日 | 南天 |
| 天鹤座 | 10月22日 | 南天 | 大熊座 | 5月3日 | 北天 |
| 蝎虎座 | 10月24日 | 北天 | 小熊座 | 7月13日 | 北天 |
| 天秤座 | 7月6日 | 赤道 | 船帆座 | 4月10日 | 南天 |
| 天猫座 | 3月16日 | 北天 | 室女座 | 6月7日 | 赤道 |
| 武仙座 | 8月5日 | 赤道 | *飞鱼座 | 3月13日 | 南天 |
| 时钟座 | 1月6日 | 南天 | 狐狸座 | 9月20日 | 赤道 |

　　我国古代创造的星座体系是在研究月球、太阳和五大行星的视位置和视运动的过程中逐渐发展起来的。我国古代不叫星座而叫天官和星宿。把星空区分为中、东、西、南、北五大天官。中官分为紫微垣、太微垣和天市垣等三个垣。紫微垣位居北天中央位置，包含了现今国际通用的小熊、大熊、天龙、猎犬、牧夫、武仙、仙王、仙后、英仙等星座。太微垣位于北斗七星的南方，包括室女、后发、狮子等星座。天市垣包括天鹰、武仙、巨蛇等星座。东西南北四官又叫四象，分别称为东方苍龙、北方玄武、西方白虎和南方朱雀。每一象中又分为七个星宿，共二十八星宿。为了观测行星和月球有参照物，把黄道和天赤道附近的天区分为二十八个星宿，月球每28天绕地球一周，每天经过一个星宿。我国古代对星空的划分和定义与现代88星座的划分方法完全不一样。

表2-2　四象及二十八宿

| 东方青龙 | 角木蛟 | 亢金龙 | 氐土貉 | 房日兔 | 心月狐 | 尾火虎 | 箕水豹 |
|---|---|---|---|---|---|---|---|
| 北方玄武 | 斗木獬 | 牛金牛 | 女土蝠 | 虚日鼠 | 危月燕 | 室火猪 | 壁水貐 |
| 西方白虎 | 奎木狼 | 娄金狗 | 胃土雉 | 昴日鸡 | 毕月乌 | 觜火猴 | 参水猿 |
| 南方朱雀 | 井木犴 | 鬼金羊 | 柳土獐 | 星日马 | 张月鹿 | 翼火蛇 | 轸水蚓 |

　　为了测量天体位置的需要，在每一宿中都要选取一颗星作为定标星，称为"距星"。当时确定距星的位置用的是天球赤道坐标系，这是我国独创的坐标系，也是现代天文学研究中应用最普遍的天球坐标系。

恒星的命名有多种方法。常用的是星座名字后用希腊字母来代表其中的星，最亮的恒星一般定为"α"星，第二亮的定为"β"星，以此类推。如天狼星是大犬座 α 星，心宿二是天蝎座 α 星。希腊字母一共 24 个，希腊字母用完了以后，这个星座中其余的恒星就接着用阿拉伯数字来表示。如大熊座 6 号星，飞马座 15 号星，等等。这样，星座中有多少颗恒星都没有关系了。另外，恒星命名也有不用星座而用各个星表名称和序数来表示的。我国古代天文则用在星官名后加顺序号，如参宿四、毕宿五、心宿二、角宿一，这些名字现在仍在使用。

### 6．星表和星图

编制星表和绘制星图是天文观测的一项基本任务，最主要的是要把恒星在天球上的位置测量出来。公元前 4 世纪，我国天文学家石申与甘德所测定的黄道附近恒星位置及其与北天极的距离是世界上最古的恒星表。虽然《石氏星经》已经失传，但可以从唐代的天文学著作《开元占经》中看到《石氏星经》中的片段，得到关于二十八宿距星和其他恒星等一百余颗恒星的赤道坐标位置。

星图是天文学家观测天体的记录，也是认星和测星的重要工具。现在已经

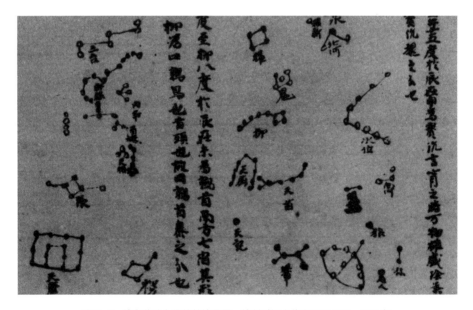

图 2-6　绘有北斗七星的敦煌星图，绘制时间大约在公元 705—710 年

发现不少有价值的历史星图，如苏州石刻天文图、唐代敦煌星图、宋代苏颂星图、洛阳北魏星图、宣化辽代星图、新疆吐鲁番天文图、傣文石刻天文图等。

唐代敦煌星图原属于莫高窟，后来被外国人盗走，现在保存在伦敦大英博物馆内。该星图绘于公元 8 世纪初，是世界上现存星图中星数最多的一个古老星图，共有 1350 颗左右。苏州石刻天文图刻在苏州文庙里的一块石碑上，现在已移到苏州博物馆内。天文图刻于 1247 年，依据的是 1078—1085 年的观测结果。图上共有星 1440 颗左右。欧洲在 1609 年发明天文望远镜之前的星图最多是 1022 颗星。

## 丰富翔实的天象记录

我国的天象观察历史悠久，可以追溯到好几千年以前，留有文字记载的包括太阳、月亮、行星、彗星、新星、恒星等天体和日食、月食、太阳黑子、日珥、流星雨等特殊天象。这些文字记载观察之仔细、记录之精确、描述之详尽，至今都仍然具有很高的科学价值。我国古代观测天象的台址不少，但现今保存完好的并不多见，以河南登封观星台和北京古观象台最为有名。英国专家李约瑟评价说："中国是文艺复兴以前所有文明中对天象观测得最系统、最精密的国家。"

### 1．太阳黑子

太阳黑子是太阳活动最重要的现象之一，依然是当今太阳物理学观测研究的重要对象。早在公元前 140 年前后成书的《淮南子》中就有关于太阳黑子的观测记录。在《汉书·五行志》中对公元前 28 年出现的太阳黑子描写为"日出黄，有黑气大如钱，居日中央"。是世界公认的最早文献记载。实际上，早在殷商甲骨文中就有太阳黑子的有关记载。欧洲关于太阳黑子的最早记录是在公元807 年，比中国晚了近千年。遗憾的是，我们并没有从丰富的资料中发现太阳活动 11 年周期这一重要的规律。

### 2．日食

古代日食的观测记录就更多了。古人不懂日全食发生的原理，把日食看作灾难即将来临的先兆。把日食作为天文灾变之一，司马迁说得最有代表性："日变修德，月变省刑，星变结和。"

公元前178年（汉文帝二年）发生日食，文帝检讨自己说："人主不德，布政不均，则天示之菑以戒不治。"皇帝问罪自己，并表示要改过。也有借此追究大臣的记载，1361年四月初一的日全食，古书上有"日无光，臣有阴谋"，就是将矛头指向了大臣。到了唐代，对日食的预报已经比较准确了。当时的著名天文学家李淳风，甘用自己的生命担保他的预报的准确性。这位当时任专管天文的太史丞，有一年计算出某月初一将出现日食，但是当时的历书中这天没有日食。太宗皇帝李世民半信半疑，他告诉李淳风，如果没有出现日食，是欺君之罪，要杀头的。他威胁道："日或不蚀，卿将何以自处？"李淳风拿自己的脑袋担保，说："有如不蚀，则臣请死之。"到了那天，太宗"候日于庭"，专门等着看。结果是日全食准时发生，"如言而蚀，不差毫发"。

我国最早的一次日食记录，是《书经》中详细记录的发生在约4000年前的夏代仲康元年的一次日食。从2700多年前的春秋战国时期起，古书记载的日食观测记录越来越多，到元朝末年的1368年已共有650次。

### 3．彗星

"星孛"是我国古代对彗星的称呼。观测记录历史之久远、描述之详尽在世界上都是首屈一指的。至清末，共有彗星记录500余次。最有名的是关于哈雷彗星的记载。公元前613年，古书《春秋》记载："秋七月，有星孛入于北斗。"这是哈雷彗星最早的记载，从这次开始到公元1910年，共记录到哈雷彗星31次。可惜，没有人研究这些彗星出现的规律，把这个发现机会留给了英国天文学家哈雷（E. Halley）。哈雷于1682年观测到这颗彗星，他考察这颗彗星与1531年和1607年的彗星轨道相同，确认这是一颗周期彗星，每75～76年回归一次。由此他预言：这颗彗星将于1758年再次出现在天空。结果1757年底归来，哈雷因此名扬四海。

长沙马王堆三号墓出土的帛书绘有 29 幅彗星图像，形态各异，不仅画出了三尾彗、四尾彗，还都有明显的彗头和彗尾。这是战国时代的记录，和当代的观测结果很符合。我国古代关于彗星的记录有 500 多次。现代天文学家在研究彗星的周期等问题时还在利用这些古代观测资料。唐代天文学家李淳风在《晋书·天文志》中写道："史臣案，彗体无光，傅日而为光，故夕见而东指，晨见而西指，皆随日光而指。"他已经认识到彗星因太阳照耀而发光，发现彗尾总是朝着太阳方向。

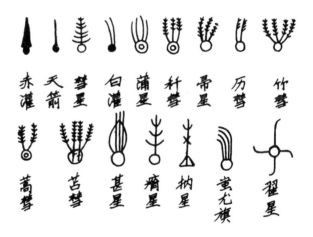

图 2-7 马王堆三号汉墓出土的彗星图（摹本）

### 4.流星和陨星

我国古代关于流星、流星雨和陨星的观测记录早于其他国家，不仅多而且十分精彩。我国古代的流星雨记录多达 180 次。其中天琴座流星雨约 10 次，英仙座流星雨 12 次，狮子座流星雨 7 次。古书《春秋》记载："鲁庄公七年（公元前 687 年）四月辛卯夜，恒星不见，夜中星陨如雨。"《宋书·天文志》

记载的公元 461 年一次天琴座流星雨："有流星数千万，或长或短，或大或小，并西行，至晚而止。"而对一次英仙座的流星雨，《新唐书·天文志》中写道："有星西北流，或如瓮，或如斗，贯北极，小者不可胜数，天星尽摇，至曙乃止。"

流星体进入地球大气后，与大气摩擦生热、燃烧、发光。体积比较大的，燃烧不完坠落到地面成为陨石。这一事实，我国古书的记载很多，都称为陨石。如《史记·天官书》称："星坠至地，则石也。"到了宋代，著名天文学家沈括发现陨石中有以铁为主的铁质陨石，称为陨铁。

### 5．新星和超新星

宇宙中最为壮观和激烈的天象莫过于天体的爆炸或碰撞，如超新星爆发、恒星或星系碰撞。在没有望远镜的年代，只能用肉眼观测，当然只能局限于银河系内的现象。中国、日本、阿拉伯及欧洲都有记载。自古代到 17 世纪末，我国古籍记载的包括新星和超新星在内的"客星"约有 90 颗，其中包括 8 颗超新星。世界上最早的超新星记录可能是公元前 48 年中国记录到的"客星"，2005 年发现的脉冲星 PSRJ1833-1034 和超新星遗迹 SNRG21.5-0.9 就是这颗超新星的遗留物。最著名的是发生在 1054 年的"客星"。宋朝的《宋会要》记载表明，这颗超新星在白天都能看见，像金星一样芒角四射。经国际天文学界证认，当今被誉为"全波段天文学实验室"的蟹状星云，就是我国古籍记载的 1054 年这颗"客星"的遗迹。1572 年的"阁道客星"和 1604 年的"尾分客星"也是难得的超新星记录。

### 6．"夏商周断代工程"与古天文研究

20 世纪 90 年代启动的"夏商周断代工程"是国家的重点研究项目。其任务是要弄清楚西周共和元年（即公元前 841 年）之前的历朝历代的确切年份。这是因为在这之前的夏、商以及西周这几代都没有确切的时间记载。"工程"组织了历史学、考古学、文字学和天文学等学科的专家，采用多种方法进行研究。天文学是其中一个重要方法，这是因为有些历史事件没有确切的时间，但伴有发生天象记载。只要天象具有周期性，就可以应用现代天文学的方法进行计算，

推算出历史上某些天象发生的确切日期。

　　已经知道彗星、日月食等天象具有周期性。根据历史记载：在"武王伐纣"时发生一次日食，还记录了一次彗星的出现。天文学家应用现代天文方法推算出这次日食发生的时间是公元前1057—前1056年。这就给出了"武王伐纣"事件发生的确切年份。关于彗星出现年份的考察，已故紫金山天文台台长张钰哲先生认为，这颗彗星很可能是哈雷彗星，按照彗星周期进行推算，结果计算给出哈雷彗星出现的时间是公元前1057或前1056年。古代日食和彗星记录的推算结果非常一致。

　　西周时期曾发生的一次日食，记载为"懿王元年再旦于郑"。旦是天亮的意思，再旦被认为是发生在凌晨的日食，即黎明时天黑了，又亮了。郑是现在的陕西省。因为日全食的发生有严格的规律，几位天文学家根据这一事例推算懿王元年的确切年份是公元前899年。1997年3月9日，我国境内发生20世纪最后一次日全食，在新疆北部的发生时间正好是天亮之际。陕西天文台刘次沅先生的课题组专门前往观测以亲身的感受和科学数据来确认"天再旦"是否就是凌晨的日食。观测报告写道："日出前，天已大亮，这时日全食发生，天黑下来，星星重现；几分钟后，日全食结束，天又一次放明。"

　　还有一种"五星联珠"天文现象，是指五颗行星（金、木、水、火、土）集聚在30度角的范围内。根据史书记载，"殷纣之时，五星聚于房"，即发生了一次五星联珠的天象。天文学家计算得出，从公元前2000年到公元后2000年的四千年中共发生107次，而这次五星联珠可能是发生在公元前1576年11月至12月间。

# （三）
## 先进的历法

　　历法是社会生产和人类生活需要的产物。天文学把日、月、年、世纪的时间计量划为历法要解决的问题。远古时期，人们已经从地球自转导致的日夜交替，产生了"日"的概念；从地球绕太阳运转导致的春夏秋冬四季变化，产生了"年"（回归年）的概念；从月球绕地球运动导致的月相朔望变化，产生了"月"（朔望月）的概念。历法就是要研究回归年、朔望月和日之间的关系和协调问题。

### 1．我国古代历法

我国古代历法起源很早，从黄帝到太平天国，共有 102 种历法。周代末期的《四分历》是目前可见的最早的成文历法。这部历法明确以回归年日数为 365 日又四分之一日，故称《四分历》，可上溯到公元前 370 年前后。

2000 多年前古人是如何发现一个回归年等于 365 日又四分之一日的？这是我们的祖先精细测量日影长短的变化规律后确认的，在第四节的"圭表和日晷"中将给予介绍。汉武帝太初元年（公元前 104 年）实施《太初历》，规定一回归年为 365.25016 日，一朔望月为 29.5309 日，并将二十四节气首次订入历法。《太初历》的主要创立者是西汉时期的天文学家落下闳（前 156—前 87 年）。祖冲之（429—500）的《大明历》是中国古代最具创新内容的历法之一，在世界上首先解决了岁差引起的误差，提高了历法的精度。郭守敬（1231—1316）编制的《授时历》可以说是中国人最值得骄傲的精准历法，确定回归年的长度是 365.2425 日，与当今世界通用的公历相同，但是比公历早三个世纪。他在编制新历法期间，组织了全国规模的天文观测，得到精确的数据。这部历法在国际上很有影响。

为什么历法要一改再改？这是因为要获得精确的历法困难多多。第一个困难是回归年、朔望月和日三者之间没有公约数，一个回归年不是恰好等于 365 日，一个朔望月也不恰好等于 29 日，一个回归年不恰好等于 12 个朔望月。要精确地测定出它们之间的关系很难。现在国际通用的阳历一个回归年是 365.2425 日，现代测定的朔望月等于 29.530588 日。第二个困难是地球自转在逐渐变慢，日的长度缓慢地增加，三者的关系出现相应的变化，精确测定地球自转变慢又成为一个难题。第三个困难是必须考虑岁差的影响。岁差是指太阳和月球的引力对地球的作用导致地球自转轴的长期运动。由于地球是一个赤道部分较为突出、两极部分呈扁平形状的椭球体，太阳和月球的引力对地球赤道部分的吸引力更大一些，使得地轴绕黄极作缓慢移动，黄道上的春分点和冬至点以每年 50.24 角秒速度西移，25,800 年移动一周，每年引起的回归年长度的变化约 0.014 天。若不修正就会造成误差，多年积累的误差就会变得非常显著。

### 2．阳历和农历

阳历即公历，是世界上多数国家通用的历法，由古罗马的《儒略历》修订而成。阳历是以地球绕太阳运动作为根据的历法。它以地球绕太阳一周（一回归年）为一年，规定每年都是 12 个月，月份的大小完全是人为的规定。前面已经说明，一回归年的长度是 365.2422 日，也就是 365 天 5 小时 48 分 46 秒。若取 365 日为一年，剩下的零头积累 4 年共有 23 小时 15 分 4 秒，大约等于一天，所以每 4 年增加 1 天，加在 2 月的末尾，得 366 天，就是闰年。但是 4 年的积累不足 1 天，还欠 44 分 56 秒。128 年左右就多算了一天，也就是在 400 年中约多算了 3 天，所以阳历要设法在 400 年中减去 3 天。

中国的农历实际上是一种典型的阴阳历，是兼顾了月亮绕地球的运动周期和地球绕太阳的运动周期。农历的历月以朔望月为依据，一个朔望月的时间是 29 日 12 小时 44 分 3 秒（即 29.5366 日），因此农历是大月 30 天，小月 29 天。农历每一个月初一都正好是"朔"（即月亮处在太阳、地球之间，且以黑着的半面对着地球的时候）。农历以 12 个月作为一年，但 12 个朔望月的时间是 354.3667 日，和回归年比起来少了 11 天左右。这样每隔 3 年就要多出 33 天，即多出一个多月。为了要把多余的日数消除，每隔 3 年就要加一个月，这就是农历的闰月。有闰月的一年也叫闰年，闰年就有 13 个月了。至于闰哪个月是由节气情况决定的。

我国农历把节气分得很细，定出了二十四节气，它们的名称大都反映物候、农时或季节的起点与终点。节气实际反映太阳运行所引起的气候变化。二十四节气中以立春、春分、立夏、夏至、立秋、秋分、立冬和冬至等 8 个节气最为重要。它们之间大约相隔 46 天。一年分为四季，"立"表示四季中每一个季节的开始，而"分"与"至"表示正处于这季节的中间。

# 享誉世界的天文观测仪器

古代天文学仪器的研制和天体的观测主要是围绕历法的修订进行的。为了测定二十四节气，特别是冬至和夏至的确切时刻，发展了圭表类的仪器。为了测定天体在天球上的位置，发展了浑仪、简仪等一类观天设备。天文仪器的创造充分体现了我国古代天文学家高超的智慧。张衡的水动浑天仪、唐朝的六合仪和四游仪、苏颂等人的水运仪象台、郭守敬的简仪和仰仪、圭表、日晷、漏刻、擒纵器等，不仅发明年代早，而且构思之精巧令人惊叹。

## 1．圭表和日晷

我国最古老、最简单的天文仪器是土圭，也叫圭表。它是用来度量日影长短的。圭表很简单，由竖直安放的表及在表足南北方向水平安置的圭组成。图 2-8 是圭表测量太阳影子示意图。

图 2-8　圭表测量太阳影子示意图，冬季最长，夏季最短。具有明确的周年变化，可以据此确定回归年的长度

圭表测定正午的日影长度以定节令，定回归年或阳历年。我们的祖先早就发现冬至日正午日影最长，夏至日正午日影最短。甲骨文中就有记载。大约在春秋中期，利用圭表测量日影已成为历法工作中的重要手段。

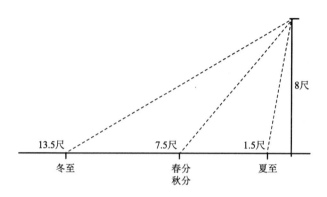

图2-9　由圭表测量得到的冬至、夏至、春分、秋分时的太阳影长示例（1尺约等于0.333米）

当然，这种方法也有误差，以测冬至日的日影为例，正午时刻太阳并不会恰好处在冬至点。误差还来自表影边缘不清晰，难以判断什么地方才是影子的尽头。还有就是测量表影长度的精度不够，至少造成一个或半个时辰的出入。

最早的圭表可能是三千多年前西周丞相周公旦在河南登封县设置的测日影的仪器，这也是世界上最早的计时仪器了。唐玄宗开元十一年（723）仿周公土圭旧制，换以石圭、石表。元代郭守敬于1279年在周公测景台附近建造了永久性的登封观星台（图2-10）。这是我国现存最早的古代天文台。整个观星台相当于一个测量日影的圭表。9.46米高的城楼平台，连台顶小屋总高度为12.26米，两间小屋之间还有一根横梁。地上的量天尺长31.19米，位于正北方向。每天正午，太阳光照在横梁上的影子投射在量天尺上。通过测量一年当中影子长度的变化，可以确定一年的长度。

观测发现，如果一年按365天计算，每年冬至日的日影长度不同，但是经过1461日，即4年多一日，影长就相同了。把1461日除以4得到了回归年的长度是365.25日。公元前4世纪的《四分历》就是采用这个数据。在很长一段历史时期内，我国所测定的回归年数值的准确度居世界第一。

通过进一步研究，古代学者还掌握了二十四节气的圭表日影长度。这样，

图 2-10　河南登封观星台，整个观星台相当于一个测量日影的圭表

圭表不仅可以用来制定节令，而且还可以用来在历书中排出未来的阳历年以及二十四个节令的日期。

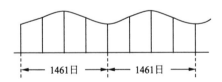

图 2-11　冬至日日影长度的变化的测量，经过 1461 日影长相同了

日晷是在圭表的基础上发展起来的，是利用太阳投射的影子来测定时刻的装置。通常由铜制的指针（晷针）和石制的圆盘（晷面）组成。当太阳光照在日晷上时，晷针的影子就会投向晷面，太阳由东向西移动，投向晷面的晷针影子也慢慢地由西向东

图 2-12 日晷

移动。晷面有刻度，移动着的晷针影子好像是现代钟表的指针，晷面则是钟表的表面，以此来显示时刻。用日晷测时的最大缺点是依赖晴天，晚上和阴雨天都不能使用。我国古代发明的漏刻，则克服了这个缺点。

## 2. 浑仪

浑仪是古代天文学家使用最广泛的一种观天仪器，是天文学家测定天体方位时必不可少的仪器。浑仪的发明已有2000多年的历史，不仅我们中国有，外国也有。不过中国的浑仪和古希腊的有所不同。我国浑仪的发明大约是公元前4世纪到公元前

1 世纪之间，即战国中期至秦汉时代。浑仪的"浑"字，意思是圆球。比较原始的浑仪由两个环圈组成，一个是固定不动的赤道环，环面上刻有 365.25 度，一个是能够绕极轴旋转的赤经环（又称四游环）。赤经环上有观测用的窥管（又称望筒），窥管可绕赤经环中心旋转。我国古代的浑仪经过几次大的改革以后日臻完善。

第一次改革是在东汉中期，傅安和贾逵（30—101）给浑仪增加了黄道环。这对观测太阳、月球及五大行星比较方便。后来有人又加上了地平环和子午环。这样，浑仪就有赤道坐标系、黄道坐标系和地平坐标系的基本圈，方便观测各种天体。

第二次改革在唐代初年，李淳风把浑仪由两重改为三重。原来的浑仪分为两层：外面的一层叫作六合仪，由地平环、子午环和赤道环组成，是固定的；里面的一层叫作四游仪，由赤经环和窥管组成，能够旋转，以便对准观测目标。李淳风在这两层之间又增加了三辰仪，它由三个相交的圆环构成，这三个圆环分别是黄道环、白道环和赤道环。黄道环用来表示太阳的位置，白道环用来表示月亮的位置，赤道环用来表示恒星的位置。中国古代将日、月、星叫作三辰，所以新增加的这一层叫三辰仪。三辰仪可以绕着极轴在六合仪里旋转，而四游仪又可以在三辰仪里旋转。

第三次重大的改革由沈括完成。沈括与李淳风是同时代的人，他取消了三辰仪中的白道环。仪器简化了一些。在沈括以前，每增加一个新的重要的天文概念，就要在浑仪上增加一个环圈来表现这个概念，从而使得仪器上的环越来越多，仪器越来越复杂化。这样一来，环圈相互交错，遮掩了很大天区，缩小了观测范围，使用起来很不方便。为了克服这个缺点，沈括不光取消了白道环，而且还对一些环的位置做了改变，使它们不会遮挡住观察者的视线。

现在保存在南京紫金山天文台的浑仪，是明代正统二年到七年（1437—1442）间复制的，基本上是按照李淳风的办法做的，但把三辰仪中的白道环取消了，另外根据宋代苏颂的设计增加了二分圈（过春分点和秋分点的赤经圈）和二至圈（过冬至点和夏至点的赤经圈）。

图 2-13 陈列在南京紫金山天文台的浑仪（1437 年仿制）

### 3．郭守敬和简仪

元代天文学家郭守敬一生最大的贡献是《授时历》的制定和简仪的研制。他总共制造了 20 多种天文观测仪器，以简仪最为重要。浑仪从简单到复杂，越来越复杂，环圈相互交错，遮掩了很大天区，缩小了观测范围。郭守敬化繁为简，在沈括改进的基础上，不但取消了白道环，而且又取消了黄道环，并把地平坐标装置（由地平圈和地平经圈组成）和赤道坐标装置（由赤道圈和赤经圈组成）分别安装在两处，使得除了北天极附近以外，全部天空一览无余，不再有妨碍视线的圆环。

简仪的设计和制造水平，只有 300 多年后丹麦天文学家第谷（Tycho Brahe）发明的仪器才能与之媲美。现代大型天文望远镜的赤道式装置与简仪的

图 2-14 著名天文学家郭守敬
（邢台郭守敬纪念馆前）

赤道装置的原理完全一样。英国著名科学史专家李约瑟对简仪的评价非常高，他说："对于现代望远镜广泛使用的赤道装置来说，郭守敬的做法实在是很早的先驱。"鉴于郭守敬在天文仪器制造和天文观测方面的伟大成就，西方的许多学者称呼郭守敬为"东方的第谷"，但事实上郭守敬比第谷早了300多年。因此，从这一点来讲，我们认为将第谷称作"西方的郭守敬"应该更恰当一些。

图 2-15　陈列在南京紫金山天文台的简仪（1437 年仿制）

# 中国古代天文学从辉煌走向衰落

　　说到中国古代天文学的成就，我们感到无比自豪。我国古天文在很多方面都曾经在世界上领先。然而，进入 17 世纪以后，我们的天文学落后了，衰落了，被蓬勃发展的世界潮流远远地抛在后面。

**1. 与世隔绝，自外于世界天文学的发展**

从 17 世纪初开始世界天文学发生了翻天覆地的变化：第一件事是 1609 年伽利略发明天文望远镜，把观测的聚光能力比以往用肉眼观测一下子就提高了 100 倍，成为天文学史上划时代的创举。伽利略用他研制的望远镜，在很短时间里取得了一系列突破性的天文发现。 第二件事是赫歇尔发现银河系。1789 年赫歇尔研制完成 1.22 米反射式望远镜，观测了近 12 万颗恒星，最后发现银河系结构，成为人类认识宇宙历史上一个重要的里程碑。第三件事是哈勃发现河外星系。1918 年底，海尔研制完成 2.54 米口径的反射望远镜，观测能力比肉眼提高 26 万倍，哈勃用这台望远镜发现河外星系，成为人类认识宇宙历史上又一个里程碑。

我国古代天文学家凭肉眼观测取得的成就是如此的辉煌，非常不容易。相对于天文望远镜观测所取得的研究成果，我国古代天文学的成就有非常大的局限性。古代天文仪器只能观测到非常亮的天体或天文现象，研究对象主要局限在太阳系中的太阳、月球和五大行星，以及一些亮的恒星。古代天文研究成果与光学望远镜发明以后的观测成果相比，就是小巫见大巫了。关键的问题是伽利略发明天文望远镜以后，我国仍然陶醉于古代的成就，不思进取，被历史的潮流所抛弃是必然的。

从天文观测设备来说，从 1609 年发明天文望远镜后，明清期间没有引进也没有研制过光学望远镜。清代康熙八年至十二年（1669—1673），北京观象台请比利时传教士南怀仁（F. Verbiest）设计监制了天体仪、赤道经纬仪、黄道经纬仪、地平经仪、象限仪、纪限仪等六件大型铜仪，但这些仍然是古代天文观测仪器。一直到 1949 年，北京观象台没有过一台现代的天文望远镜。

在 17—19 世纪中，我国最有名的天文学家要数徐光启（1562—1633）了。他与第谷、开普勒和伽利略是同一时代的人。他的功绩是学习和介绍西方天文学，功不可没。在天文学概念上，他引进了圆形地球、星等、经度和纬度等天文学新概念。在计算方法上，他引进了球面和平面三角学的准确公式，并对由于视差、时差和地球大气折射引起的蒙气差进行了订正。他在研究方面的贡献主要还是在天文历法方面。不是说历法不重要，天文学要研究的问题太多了。

在天文望远镜发明后的 300 年，中国还没有人在引进或研制光学望远镜方面有建树。在国际天文学界把目光转向更加广阔的银河系和河外星系的时候，在天体物理学蓬勃发展的时候，没有看到中国天文学家做出这方面的努力和贡献。

我国近代天文学的发端，可能要以 1926 年中山大学设立数学天文系和 1928 年中央研究院天文研究所的成立，以及 1934 年紫金山天文台的建成为标志。这只能说是刚刚起步。虽然在这以前，1899 年由法国传教士所建立的佘山天文台配备有 40 厘米双筒折射望远镜，还有 1898 年由德国人始建的青岛观象台也有一些天文观测。从零开始和先天不足是我国近代天文学发展的特点。

### 2. 古代天文学发展的动力所在

"观象授时"为农业服务是我国古代天文学发展的主要动力。但是，我国古代天文学与政治关系密切，为统治者所掌控，这是造成古代天文学衰落的主因。《汉书·艺文志》中说："天文者，序二十八宿，步五星日月，以纪吉凶之象，圣王所以参政也。"这种看法在中国延续了两千多年，成为一种正统，为中国古代天文学奠定了基调——天文最大的功能是为政治服务。从秦汉时代开始，历朝历代都设有专门掌管天文的部门和官职，如秦汉的太史令、宋元的司天监、明清的钦天监等等。

天文学家的聪明智慧、勤奋刻苦，推动着历法革新、仪器研制和天象观测的不断创新，推动着我国古代天文学的发展。虽然天文学的发展在中国一直得到政府的大力支持而没有中断过，但是，帝王关心和支持的天文学内容比较狭窄。在伽利略发明天文望远镜以前，天文学基本上是为农业服务，中国天文学家研究的天文课题和领域与世界各国没有大的差别，各有所长。但是，当国际上的天文学已经走出太阳系，去研究银河系、河外星系，中国封建帝王政府还把制定历法作为重中之重，还锁定在太阳系里。当国际上已经从天体测量学发展到天体力学和天体物理阶段，我们还在研究测量太阳系里的五大行星、太阳和月亮。发展空间的有限，禁锢了它的活力，压缩了自由思考的余地，也拒绝了外来的新信息和新观念。以至于，面对世界天文学翻天覆地的发展和变化，中国却无动于衷。从 17 世纪到 20 世纪初，我国天文学几乎没有发展。总之，国际上在阔步前进，而我们则停步不前。中国天文学与世界天文学的距离越来越远了。

天文学是一门自然科学，但历代政府从来没有把天文学当成一门科学来发展。"私习天文"被看作是对皇权的侵犯，历朝历代对民间的天文学活动都有着严厉的禁令，因此民间不可能涌现出天文学家和天文爱好者群体。文士治国和科举制度鼓励人们苦读圣贤书，阻碍社会人才去研究包括天文学在内的自然科学。这也是导致中国天文学长期落后的原因之一。

1949 年新中国成立以后，我国天文学得到比较大的发展。由于现代天文学需要高精尖的现代技术、设备和非常多的经费，我国现代天文学的大发展则是改革开放以后，国力有很大增强以后的二十几年。

第三讲

# 光学天文望远镜的发展

1609 年，伽利略制造了人类历史上第一台天文望远镜，成为天文学史上划时代的创举。为纪念天文望远镜发明 400 周年，2007 年底，由国际天文学会和联合国教科文组织共同提议，第 62 届联合国大会正式决定 2009 年为国际天文年。观测是天文学研究的主要实验方法。人类基本上只能被动地接收来自宇宙空间天体发来的电磁波、高能粒子和引力波。浩瀚的宇宙所包含的天体数目数也数不清，物理过程极其丰富，规模极其宏大，来自宇宙的信息永远是人类取之不尽的知识源泉。今天我们已经观测到的只是其中极小的一部分。观测手段越多、越好，能洞察的宇宙奥秘越多，所能得到的信息就越丰富。正因为如此，天文观测技术伴随着天文学的发展始终没有停止前进的步伐，一浪超过一浪，不断进步。

图 3-1　伽利略制造的两架
望远镜

## 伽利略发明天文望远镜，
## 开创天文学新天地

在没有望远镜的年代，人们只能凭借自己的双眼观察天体。人眼相当于一架口径为 6 毫米的光学望远镜，聚光能力和分辨能力都很差。虽然几千年来凭肉眼的观测已经取得了很多值得骄傲的成就，但局限性非常大。伽利略发明光学望远镜并用来观测天体，开创了天文学的新天地。

### 1. 伽利略望远镜

伽利略（G. Galileo）1564 年 2 月 15 日生于意大利比萨城。他从青年时代起就对哥白尼的日心学说钦佩不已，努力寻找支持"日心说"的证据。从 1592 年下半年开始，伽利略被世界著名的帕多瓦大学聘为数学教授。他在这里度过了他一生中成果最丰硕的、生活最愉快的 18 年时光。1609 年他受荷兰眼镜商发明望远镜的启示，制造了一架口径 3.6 厘米的折射式望远镜。紧接着又做了 4 架望远镜。

伽利略光学望远镜中的主要部件是凸透镜，玻璃凸透镜中间厚边上薄。镜片的两个表面至少有一个是球面。凸透镜的两个球面的球心的连线为主光轴，主轴上有一个特殊点，即光心 $O$，凡是通过光心的光，其传播方向不变。凸透镜能使平行于主光轴的光会聚于它的焦点 $F$ 上。焦点到光心的距离称为焦距 $f$。这种利用凸透镜聚集原理制成的望远镜称为折射式，它所成的像是倒像。

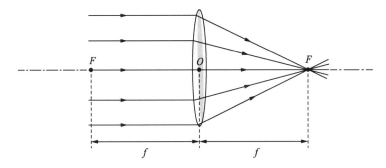

图 3-2　入射的平行于透镜光轴的光经透镜折射会聚在焦点 $F$ 处

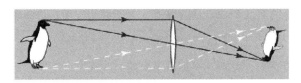

图 3-3　透镜成像为倒像的说明

　　伽利略用望远镜观测宇宙：瞄准月亮，发现月亮上的环形山；对向木星，发现它的 4 颗卫星；对向金星，发现位相变化；对向太阳，发现太阳黑子和太阳的自转；对向银河，发现"多如牛毛的星星"。历史上至今还没有任何人能在这么短的时间里获得如此多的成果，开辟出这么多的研究领域！

　　由于支持"日心说"，伽利略于 1633 年被宗教法庭判处终身监禁，晚年生活非常凄凉，1642 年 1 月 8 日含冤离开了人世。三百多年以后，1979 年，梵蒂冈教皇保罗二世代表罗马教廷为伽利略公开平反昭雪。这迟到的"平反"已毫无意义，伽利略早已被人们誉为"近代科学之父"。

### 2. 伽利略光学望远镜的缺点

　　折射望远镜的透镜起到收集光线并将光线折射到焦点上的作用。早期用单透镜作物镜，其缺点是色差大。色差是由于透镜对不同颜色的光的折射率不同导致的，不同颜色的光不能会聚到一点，在焦点附近形成色彩斑斓的像。如图 3-4 所示，蓝光和红光聚焦在不同的地方。解决色差的办法是改用折射率不同的多块透镜组成复合透镜。反射镜则不存在色差问题，后来的望远镜基本上都用反射镜作物镜。

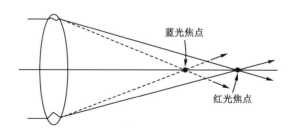

图 3-4　透镜产生色差的原因，不同颜色的光的焦点不同

　　折射望远镜的第二个缺点是有球差。由于磨制方便，透镜表面往往是球面而不是抛物面，因而产生了球差。球面透镜与抛物面透镜不同，对单色光来说，光线通过抛物面透镜会聚到一个焦点上，而光线通过球面透镜则聚焦在一条线上，导致所成的像发生变化。

### 3. 折射望远镜的改进和发展

开普勒（J. Kepler）率先进行改善折射望远镜球差的实验。从理论上知道，球面透镜的球半径越小，球差越大。凸透镜的表面平一些，也就是球半径大一些，球差就会比较小一些。这样一来，望远镜的焦距就变得很长，望远镜的镜筒当然也变得很长。实验证明，长镜筒望远镜的球差比较小。后来开普勒制作的望远镜个个都是又细又长，看起来像个电线杆。

1655 年，荷兰天文学家惠更斯（Christiaan Huygens）造出口径 5 厘米的折射式望远镜。他用这架望远镜发现了土星有一颗非常特殊的卫星，取名为泰坦（土卫六）。泰坦卫星上有大气层、山脉、湖泊和河流，一直以来被视作太阳系中与地球最相似的星体。1997 年发射的"卡西尼号"土星探测器所携带的降落泰坦卫星上的着陆器被命名为"惠更斯号"。探测发现泰坦上存在着生命的迹象。惠更斯一生中制造了很多望远镜，透镜越做越大，镜筒越做越长。他的最后一架望远镜的镜筒长达 37 米。

长筒镜作为天文观测研究的主要工具长达数十年之久。赫维留斯（Johannes Hevelius）在 1673 年制造了一架焦距长达 45 米的望远镜，它没有像样的镜筒，物镜和目镜使用金属和木杆固定住，这个简易的透空镜筒可能是最长的了。天文学家应用傻大笨拙的长镜筒望远镜获得了许多重大的天文发现。采用长镜筒虽然能够减小球差，但带来的麻烦很多。现代的折射望远镜都采用凹、凸透镜的组合的方法来消除或减小球差。

美国克拉克（A. G. Clark）和他的儿子是制作望远镜的能工巧匠，

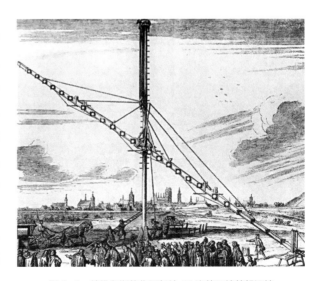

图 3-5 赫维留斯的焦距长达 45 米的无镜筒望远镜

他们使折射望远镜的研制达到顶峰。1888 年，他们制成了口径 91 厘米的折射望远镜，以资助者里克的名字命名。1897 年，102 厘米口径的叶凯士望远镜正式投入使用。这两台望远镜成为当时世界上最大口径的折射望远镜，直到 21 世纪初瑞典太阳望远镜建成，其口径为 1 米，成为全球第二大口径的折射望远镜。而冠军的宝座仍由克拉克研制的叶凯士望远镜保持。

### 4．夫琅和费研制的折射望远镜和分光镜

1806 年，19 岁的夫琅和费（Joseph von Fraunhofer）来到慕尼黑一个光学研究所工作。他得到研究所技术权威路易斯·吉南德的调教，理论水平和操作技艺提高很快，1817 年，30 岁的夫琅和费磨成了一块质量非常好的直径达 24 厘米的玻璃透镜。这么大口径玻璃透镜是史无前例的，很快他就研制完成口径 24 厘米的折射望远镜，这成为当时世界上最好的天文望远镜。夫琅和费为这架望远镜装上了自动跟踪系统，这是现代望远镜上用来跟踪天体周日运动的机械装置转仪钟的雏形。这架望远镜被俄国买走，后来安装在圣彼得堡以南 10 多千米的普尔科沃天文台。俄籍

图 3-6　克拉克制造的口径 102 厘米的叶凯士望远镜

德裔天文学家斯特鲁维（F. G. Struve）曾经使用这架
望远镜发现了一大批新的双星。

　　夫琅和费发明的分光镜意义更大。分光镜是观
测天体光谱的仪器。牛顿利用棱镜发现太阳的连续
光谱，得知太阳发出的白光实际上是由红、橙、黄、
绿、青、蓝、紫七种颜色混合组成的。1814 年，夫
琅和费仔细琢磨牛顿的分光实验之后，设计了一台
分光仪，主要的部件是分光用的棱镜，还有一个狭
缝和一架可把来自天体的光线聚焦在狭缝上的小望
远镜，以及一个可以精确测量光线折射角度的装置。
从狭缝射入的光线经过一个透镜，折射后变成平行
光线射到三棱镜上。不同颜色的光经过三棱镜沿不
同的折射方向射出，这样不同频率的光就散开了。色
散后的光线在第二个透镜后方的焦平面上分别会聚成
不同颜色的像（谱线）。通过望远镜筒的目镜，就看
到了放大的光谱像。如果在焦平面上放上照相底片，
就可以摄下光谱的像。图 3-8 是物端棱镜分光仪原
理图。当今的分光镜的分光元件已不用棱镜，而是
分光能力更强的光栅，这种设备称为光栅摄谱仪。

　　夫琅和费用装上分光镜的望远镜观测太阳，发
现在彩色连续光谱上有许多粗细不同、分布不均匀
的暗黑线，大约有 570 多条。他又对月球和一些行
星进行分光观测，发现这些天体光谱上的暗黑线的
位置等特征与太阳光谱是一样的。这是因为月亮和
行星都是靠反射太阳光才发亮的。夫琅和费又观测
了一些较亮的恒星，发现这些恒星的光谱各不相同，
有的与太阳相似，有的则相差甚远。

图 3-7　夫琅和费画像

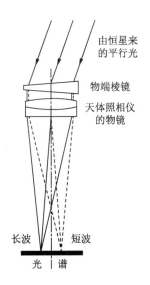

图 3-8　物端棱镜分光仪
原理图

由恒星来
的平行光

物端棱镜
天体照相仪
的物镜

长波　　短波

光　谱

当时夫琅和费并不知道这些暗线是什么，其他科学家也说不出个所以然来。这个悬而未决的问题自然会推动后来的科学家去研究。半个世纪后，德国物理学家基尔霍夫（Gustav Robert Kirchhoff）揭开了这里面的奥秘，弄清楚了夫琅和费发现的太阳和恒星光谱中的暗线就是他揭示的吸收线。根据它们的连续光谱和谱线的特征，天文学家可以分析得到天体的化学成分、物态、结构等各种信息。光谱分析成为现代天体物理学最基本最重要的武器。19世纪末期，天文学家用大型的光栅光谱仪观测发现2万多条吸收线。为了纪念夫琅和费开拓性和先驱性的工作，人们将天体连续光谱上的暗黑线（吸收谱线）叫作"夫琅和费线"。

图 3-9　牛顿发明的反射望远镜

## 牛顿发明反射望远镜，拨正天文望远镜发展方向

反射镜与透镜一样，也具有聚光的本领，这是古人早已知道的事实。在长镜筒折射望远镜的发展走进死胡同以后，人们自然想到了反射镜。17世纪中叶已经有几位科学家从理论上提出用反射镜做望远镜的建议，并进行了实验，但没有成功。获得成功的是与他们同时代的科学巨人牛顿。

### 1．牛顿发明反射望远镜

牛顿最先发现白色光是由七种颜色的光组成的，

最先弄清楚色差产生的原因，以及知道反射镜没有色差的问题。1668 年，牛顿发明了反射望远镜，成为光学望远镜发展历史上的一个转折点。牛顿的第一架小型反射望远镜的物镜是用青铜磨制的凹面反射镜，直径只有 2.54 厘米。镜筒长度 15 厘米，放大倍率为 40 倍。1672 年 1 月，牛顿又做了一架物镜为 5.1 厘米的反射望远镜。他在物镜的前面装上一小块倾斜 45 度的平面反射镜，当光线射到物镜上以后先被反射到平面镜上，又被平面镜反射到镜筒一侧的目镜前聚焦，通过目镜即可看到被放大的像。

他的反射望远镜不仅彻底消除了令人厌恶的色差，而且制作起来比较容易，使用起来更方便。这之后反射望远镜飞快发展，成为光学望远镜的主流。目前世界上最大型、最优秀的望远镜都是反射望远镜。

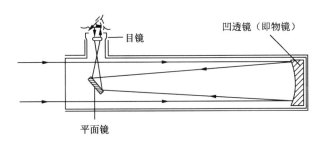

图 3-10　牛顿反射望远镜光路图。反射镜焦点处另装一块平面反射镜，改变光线行进方向，聚焦到容易接收的地方

## 2. 赫歇尔的反射望远镜

英国天文学家赫歇尔（F. W. Herschel）一生亲自制造了许多台反射望远镜，口径从十几厘米到 1.22 米不等。1789 年底，口径 122 厘米的巨大的反射镜面镶嵌在 12.2 米长的镜筒中，依靠一个 15 米高的木质构架竖立起来了。远远看上去它就像是一尊指向天空的巨型大炮，人们干脆戏称它为"赫歇尔的大炮"。这是赫歇尔一生中制造的最大的望远镜，也是当时世界上最大的天文望远镜。

1781 年 3 月，他用自己制造的望远镜发现了天王星，轰动了整个世界。后来他把观测重点转到恒星世界，发现了 800 多对双星，3000 多个星团、星云，涉及恒星天文学的各个方面。连续 10 多年，观测了 117,600 颗恒星，建构了一

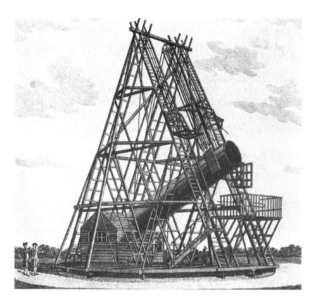

图 3-11　赫歇尔制造的口径 122 厘米的反射望远镜

图 3-12　口径 5 米的反射望远镜落成时的照片

种银河系结构模型，被公认为发现银河系的天文学家。

### 3．制造天文望远镜的奇才海耳

在赫歇尔之后，对光学望远镜发展贡献最大的非海耳（G. E. Hale）莫属了。他可以说是研制光学望远镜的奇才。海耳接连研制了口径1.53 米、2.54 米和 5.08 米三架大型反射望远镜，远远超过了赫歇尔、罗斯（W. P. Rosse）等人的反射镜。他弃用金属反射面，改用玻璃材料镀银或镀铝制成的反射面，既避免了金属镜生锈的缺点，又提高了镜面的反射率。海耳望远镜整体的现代化程度很高，操作起来非常方便灵活。直至今日，它们仍然在为天文学的科研工作中发挥着作用。

海耳上中学的时候，就下决心将来要做一个天文学家。1886 年，他进入美国著名的麻省理工学院主攻物理学。上大学期间，他自己动手建立了一个太阳光谱实验室，自己设计出太阳单色光照相仪，在非日全食期间就能观测日珥，这是一项重要的发明。1892 年海耳大学毕业后即受聘为芝加哥大学天体物理学副教授，并承担了叶凯士天文台的筹建工作。

1908 年 12 月，他研制完成的 1.53 米口径的反射望远镜，被放置在威尔逊山天文台上。这台望远镜可以观测到暗至 20 等的恒星。1915 年美国天文学家亚当斯用它首次拍到白矮星的光谱，并证实了爱因斯坦关于引力红移的预言。

1918 年底，2.54 米口径的反射望远镜研制完成，也放置在威尔逊山天文台，被命名为胡克望远镜。天文学家哈勃（E. P. Hubbard）使用它获得了 20 世纪最伟大的天文发现，确认了河外星系的存在。

1948 年初，海耳研制完成的口径 5.08 米的反射望远镜被放置在帕洛马山天文台上，得名"海耳望远镜"。这台望远镜有六七层楼那么高，整个装置可动部分的总重量达 500 多吨，然而它动作起来却很灵活。它能拍摄到 23 等的暗弱天体，能探测到距离我们几亿光年的遥远星系，观测能力大幅度提高。海耳望远镜代表了当时最高的天文光学和精密机械水平，带动了 20 世纪下半叶一批"5 米级"望远镜的建设，在国际上独领风骚四十年。

### 4．施密特望远镜

不论是折射镜还是反射镜，都有自己的优缺点。折射镜视场大，每次可以观测较大范围的天区。反射镜的视场小，但清晰度高。如果用反射镜做巡天观测的话，由于视场小，需要非常长的时间才能完成一块天区的观测，时间和精力都耗费不起。怎样才能把这两者的优点集于一身呢？ 20 世纪 30 年代，德国光学专家施密特（B. V. Schmidt）的巧妙设计使天文学家的这一愿望变成了现实。

施密特是德籍俄裔人，1901 年 22 岁的施密特从俄国来到德国，在米特韦达学习工程技术。在一次做火药实验的时候，施密特的右臂被炸掉，从此成为

"独臂将军"。随后改学光学，凭着他超人的智慧和毅力，很快就成为光学专家。1926 年，47 岁的施密特来到欧洲著名的汉堡天文台工作，立即投入折反式望远镜的研制，并于 1930 年完成。这架折反式望远镜的主镜是口径为 48 厘米的球面反射镜，改正镜是口径为 36 厘米的透镜。

这架望远镜的特点是，经反射镜反射的光要求聚焦在一个曲面上。因此作为改正镜的透镜要磨制为波浪形。施密特由笔算设计出透镜的形状，用一只左手手工制作了这块波浪形的透镜。后来，人们将这种类型的天文望远镜统称为施密特望远镜。1935 年 12 月 1 日，年仅 56 岁的施密特就去世了。他终生未娶，悄无声息地与世长辞。

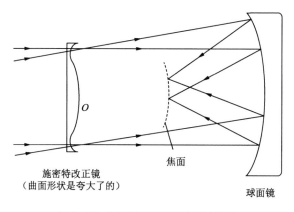

图 3-13　施密特折反射望远镜的光路图

世界上最著名的光学望远镜巡天是 1950 年开始的帕洛马巡天计划，至今仍旧在覆盖天区面积上占据优势。帕洛马巡天并没有使用海耳 5 米反射望远镜，而是专门研制了一台口径 1.2 米的施密特望远镜。这是因为，巡天要求大视场的望远镜，这台施密特望远镜的视场达 42 平方度，平均极限星等约为 22 等。这是世界上第一台参与重大课题的施密特望远镜，为海耳望远镜提供详细观测的对象。帕洛马巡天的观测结果风靡世界，几乎成了各国专业天文观测的标准工具。2008 年我国自主研制的"大天区面积多目标光纤光谱望远镜"（LAMOST）建成，有效口径 4 米，视场 21 平方度，可以对较大的天区范围内的 4000 个目标的光谱进行跟踪观测，成为世界上最大的施密特型望远镜。

# 光学望远镜的结构和重要参数

　　光学望远镜的种类很多，有伽利略发明的折射式光学望远镜，牛顿发明的反射式光学望远镜，还有施密特发明的折反式望远镜。当代各国建造的大型光学望远镜更是各具特色。然而，不管怎么变，各种光学望远镜的结构是基本相同的，都可以用几个参数来表征它们的主要性能。

## 1．光学望远镜的结构

　　望远镜主体由物镜、目镜和镜筒组成。终端系统多种多样，人眼观看、照相底片或采用电荷耦合器（简称 CCD）记录。附属设备有照相机、光度计、偏振计和光谱仪。

　　望远镜还要有支撑和转动系统，以保证望远镜运转自如，快速准确地指向将要观测的天体，并能进行跟踪。主要有两种装置：地平装置和赤道装置。地平装置的望远镜可以进行水平和垂直方向转动，有两个轴。赤道装置也有两个轴，极轴与地球的自转轴平行，以一定的速度绕极轴转动，可以使望远镜始终对准所观测的天体。极轴又称赤经轴，能够调整望远镜的赤经指向。另一个轴是赤纬轴，镜筒同赤纬轴相连，绕轴转动可以调整望远镜的赤纬指向。

　　大一些的望远镜都要有圆顶，望远镜置于其中。目的是防风、减小室温变化和大气扰动对观测的影响。

## 2．望远镜的重要参数

　　光学望远镜口径大小不一、种类繁多，其观测性能可以用几个参数来表征。有些参数，如空间分辨率、灵敏度、视场等，对其他波段的望远镜，如射电望远镜、紫外望远镜、红外望远镜、X 射线望远镜和 $\gamma$ 射线望远镜都是适用的。

　　（1）分辨角和分辨率

　　分辨角是指望远镜观测能分辨开的天球上两个发光点之间的角距，用 $\theta$（弧度）表示，$\theta=1.2\lambda/D$，D 为物镜的有效口径，$\lambda$ 为入射光的波长。分辨角越小，分辨率越高。为了获得高分辨率，需要把望远镜口径做得很大。虽然波长越短分辨率越高，但波长的选择主要由研究课题的需要决定。

（2）极限星等（灵敏度）

恒星按亮度分为不同的星等，星等越大，越暗。极限星等是指望远镜指向天顶区域时能观测到最暗的恒星的星等。极限星等是表征望远镜灵敏度的参数。口径越大，灵敏度越高。正常视力的人，在黑暗、空气透明的场合最暗可看到 6 等星。70 毫米口径望远镜的集光力是肉眼的 100 倍，能看到比 6 等星更暗的 11 等星。物镜的有效口径决定望远镜的性能。口径越大，聚光本领越强，灵敏度越高，分辨率也越高。

表 3-1　光学望远镜口径与极限星等及分辨率的关系

| 望远镜口径 | 极限星等 | 分辨角 | 能分辨 10 厘米的距离 |
|---|---|---|---|
| 6 毫米（人眼） | 6.5 | 23 角秒 | 0.9 千米 |
| 2.16 米 | 22.5 | 0.5 角秒 | 40 千米 |
| 5 米 | 26 | 0.2 角秒 | 100 千米 |
| 10 米 | 28 | 0.1 角秒 | 200 千米 |

（3）视场

视场是望远镜固定时能很好观测到的天空区域的张角。分辨率越高，视场越小，因此口径越大，视场越小。还有就是放大率越大，视场也越小。巡天要求望远镜的视场比较大，不能一味追求大口径，口径适中的折反式望远镜的视场最大。

（4）放大率

放大率也就是放大倍数，等于物镜焦距与目镜焦距的比值，而与透镜的口径无关。口径不同，放大率却可以相同。放大倍数越大，看到的像也越大，但放大了的像不一定清楚。所以不能单纯地追求放大倍数。最大可用放大倍数以口径毫米数的 1.5 倍为上限，超过这个上限，像是变大了，但清晰度却变差了，得不偿失。

068

# 四

# 当代大型光学望远镜

海耳光学望远镜建成后，在 40 年内没有出现比它的口径更大的光学望远镜，望远镜的发展停顿了下来。当几个技术瓶颈被突破后，更大型的光学望远镜的研制成为一个不可阻挡的世界潮流。10 余台口径 8 米以上的大型望远镜成为地面光学望远镜的主旋律。光学和红外空间望远镜则把望远镜的观测能力推向高峰。

**1. 新技术催生当代大型光学望远镜**

建造比 5 米口径更大的光学望远镜遇到了两大难题：一是大口径光学玻璃的制造困难，巨大自重和温度变化带来的镜面变形导致聚焦不好；二是大气抖动引起天体辐射波前扭曲导致图像模糊。必须发展新的技术和新材料，才有可能把望远镜做得更大。

（1）镜面拼接技术和薄镜面技术

海耳 5 米望远镜的反射面自重是 14.5 吨，如果沿用这样的技术，口径为 8 米或 10 米的反射面，自重必然增加非常多。重力造成的镜面变形将导致望远镜无法观测。为了解决这个问题，发展了由许多小镜面拼接成大反射面的技术，已经在很多大型望远镜上应用。还有就是薄镜面技术，做到反射面又大又薄，镜面自重比较小，不容易变形。凯克望远镜的主镜口径为 10 米，由 36 块小镜面拼接而成，每块小镜面都为六角形，口径 1.8 米，厚 7.6 厘米，重 400 千克。这样，整个主镜重不到 18 吨。

（2）主动光学技术

传统的望远镜通过提高机械强度、改善镜面材料等方法被动地克服重力和温度变化的不利影响。主动光学系统则是在望远镜镜面后面设置一套驱动系统，运行中，监测器监测反射面的形变并通过计算机控制驱动系统使变形抵消，始终使望远镜主镜时刻保持最佳状态。

（3）自适应光学技术

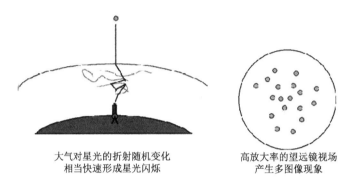

大气对星光的折射随机变化　　　　　　高放大率的望远镜视场
相当快速形成星光闪烁　　　　　　　　　产生多图像现象

图 3-14　地球大气抖动导致天体图像失真示意图

遥远恒星发出的光经过地球大气到达望远镜反射面。由于天体离地球非常遥远，它发出的球面波形式的辐射，到达望远镜时已经是平行光了，应该能会聚到望远镜反射面的焦点处。但由于地球大气的湍流作用使到达望远镜前的光波的波前发生了变化，不能聚焦到焦点，像发生了畸变。

自适应光学系统是一种具有自动调节功能的装置，首先测出到达望远镜的球面波波前发生变化的信息，然后根据测到的信息调整改正镜的形状，以恢复波前的原来形状，这样就消除了大气湍流的影响。

## 2．20 世纪最大口径的凯克望远镜

由美国加州理工学院建造、安装在夏威夷岛上的凯克 I 号镜和凯克 II 号镜，是一对一模一样的巨型天文望远镜。这对巨型望远镜的主镜口径均为 10 米，是目前世界上最大的一对望远镜。它们的主镜都不是一个完整的镜面，而是由 36 块口径为 1.8 米的六角形小镜子组合而成的。

采用主动光学方法，在每一个小镜面之后配备了高精度的传感器，可以自动调整它们的位置，以保证望远镜转动起来以后始终保持为一个完整的理想镜面。凯克 I 号和 II 号还能组成一个光学干涉仪，其分辨率达到一面 85 米主镜的效果。这两台望远镜都安装在夏威夷岛上的莫纳克亚火山天文观测站。这里海

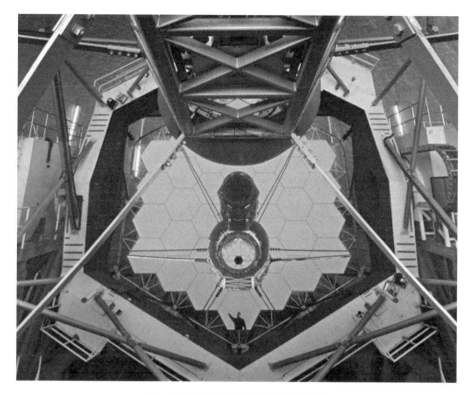

图 3-15　采用拼接技术的凯克望远镜主镜

拔高达 4205 米，特别适合红外天文观测，是全世界海拔最高的，光学、红外并举的重要天文观测基地。

　　1984 年，正当加州理工学院的天文学家为制镜经费大伤脑筋的时候，凯克基金会表示愿意出资 7000 万美元帮助他们建造 10 米望远镜，条件是要以凯克的名字命名这架望远镜。

### 3．欧南台的甚大光学望远镜

　　欧洲是天文望远镜的发祥地。但从 19 世纪中叶以后的 100 多年，美国人基本上处于领导世界潮流的地位。欧洲不甘落后，决心联合起来，再攀高峰。1962 年 10 月 5 日建立了欧洲南方天文台（简称欧南台），选择智利圣地亚哥以北约 600 千米阿塔卡马沙漠中的拉西亚山作为欧南台台址。这座山海拔 2400 米，山

图 3-16 凯克望远镜 I 和 II 分别安装在这两个大油罐形的圆顶里

顶上的气象条件很适合天文观测。

　　1987 年 12 月欧南台决定建造其大光学望远镜（VLT）。它由 4 台口径 8.2 米的光学望远镜组成。VLT 的 4 面主镜，是人类曾经磨制过的最大的镜片，直径为 8.2 米，但厚度只有 18 厘米。从侧面看它们的形状呈新月形，像一个蛋壳的一小片。第一台 VLT（VLT I）从 1998 年 5 月份开始试观测。另 3 台望远镜也随后陆续投入观测。采用主动光学系统和自适应光学系统，保证了成像质量。VLT 的 4 个望远镜，既可单独使用又能组合起来作为光学干涉仪使用。

图 3-17 欧洲南方天文台的 VLT

为了提高分辨率和成像质量，欧南台为 VLT 建造了 4 台口径 1.8 米的辅助望远镜。辅助望远镜可以移动，安置在附近的 30 个不同地方。当干涉仪使用时，最多有 8 台望远镜参与，基线长度为 200 米，分辨率相当于口径 200 米的望远镜，达到 0.0005 角秒，比哈勃空间望远镜高 50 倍。聚光面积则等于一台口径 16 米的望远镜，比凯克望远镜高 2.5 倍。VLT 已成为当今世界上聚光能力最强、分辨率最高的光学望远镜。

**4．日本的昴星团望远镜**

昴星团是夜空中最美丽的一个疏散星团。日本天文学家用美丽的天体名字来命名自己最珍贵的望远镜。它的主镜是整块的直径 8.3 米的反射镜。该望远镜有 3 个副镜和 4 个不同的焦点，还有 7 个附属仪器，具有多种用途。既适于做可见光观测，又适于做红外观测。望远镜配备了主动光学系统和自适应光学系统。为了让昴星团望远镜能够最充分地发挥出它的作用，它离开国土，在夏威夷的莫纳克亚山上安家。

**5．七国联合制造的双子望远镜**

美国、英国、加拿大、澳大利亚、智利、巴西和阿根廷等七个国家共同出资研制了两架完全一样的口径为 8.1 米的望远镜，并将它们命名为双子望远镜。这两架望远镜中的一架安装在夏威夷莫纳克亚，称作北双子，1998 年完工；另一架安装在智利中部海拔 2950 米的色洛·帕洛洛，称作南双子，于 2000 年投入观测。双子望远镜虽然也配备了可见光照相机和摄谱仪，但是它的主要功能还是用于红外波段的观测。红外光的波长较长，对大气扰动的敏感程度比可见光低，因此在红外波段获得的图像必然比同样口径望远镜的光学波段的图像更为清晰。口径 8.1 米的双子主镜，厚度仅有 20 厘米，做到这样薄是为了减轻重量。

**6．哈勃空间望远镜**

浓密的大气层是天文学家观测的一大障碍。在地面上观测恒星就像从湖底去看飞鸟一样困难。空间观测设备与地面观测设备相比，有极大的优势：光学望远镜可以接收到宽得多的波段，短波甚至可以延伸远红外线的 100 纳米。没有大气抖动后，分辨本领可以得到很大的提高；没有重力，仪器就不会因自重而变形。天文学家做梦都想把望远镜送到太空中去观察宇宙。

　　1990 年 4 月 24 日，天文学家的这一梦想终于变成了现实。"发现号"航天飞机成功地将一架主镜口径 2.4 米的望远镜送入太空的近地轨道。这架空间望远镜从开始到发射历时将近 30 年，耗资 20 多亿美元。哈勃空间望远镜是迄今为止被送入轨道的最大的天文望远镜。它全长 12.8 米，镜筒直径 4.27 米，重 11 吨，由三大部分组成。第一部分是光学望远镜主体部分，第二部分是终端设备及相关的科学仪器，第三部分是电源、通信等辅助系统。

　　哈勃空间望远镜最大的优点是分辨率高、图像清晰，能观测到 29 等的天体。分辨率可达 0.1 角秒，比地面望远镜高出一个数量级。迄今为止，哈勃空间望远镜已经在太空中度过了 30 年。它获得了海量的精彩图像和激动人心的新发现，观测成果极其丰硕。然而使用寿命有限，原定 2005 年退役，由于 5 次派航天飞机送航天员去维修和更新设备，至今工作状态仍然良好。

　　美国国家航空航天局正在为"哈勃"退休研制接班的韦伯空间望远镜

图 3-18　在航天飞机上拍摄的哈勃空间望远镜

（JWST）。预计在 2021 年升空接班。该望远镜以国家航空航天局前局长韦伯（J. E.Webb）的名字命名。望远镜口径为 6.5 米，比"哈勃"大 2.7 倍。主要在红外波段进行观测，配备了近红外、中红外和可见光波段的终端设备。观测能力比"哈勃"强很多。其强大的观测能力体现在光学、近红外和中红外波段的观测方面。这台空间望远镜由美国、欧洲和加拿大航空机构合作完成，耗资 45 亿美元。设计寿命为 10 年。

望远镜将停留在太阳和地球组成的系统的第二拉格朗日点上，这个点位于日地延长线的地球外侧，离地球的距离约为 150 万千米。望远镜所受到的万有引力是太阳和地球引力之和，恰好与轨道运动的离心力相等。因此，韦伯空间望远镜所受的力为零，基本上就停留在这个点上。

### 7. 能与"哈勃"媲美的"斯皮策"

斯皮策空间红外望远镜（SST）是美国国家航空航天局 2003 年发射的一颗红外天文卫星，耗资 8 亿美元，原名为空间红外望远镜设备，2003 年 12 月，经过公众评选，以空间望远镜概念的提出者、美国天文学家莱曼·斯皮策

图 3-19　斯皮策空间望远镜艺术画

（L. S. Spitzer, Jr.）的名字命名。由于翻译的问题，有些文献中写为斯必泽空间红外望远镜。望远镜镜身长 4.45 米，直径约 2 米，主镜是一个直径 85 厘米的透镜，配有红外阵列照相机、红外摄谱仪和多波段成像光度计，能够接收宇宙天体 3～180 微米波段的红外辐射。这是迄今为止世界上最大、观测能力最强的空间红外望远镜。哈勃空间望远镜在红外波段也有一定的观测能力，但与"斯皮策"相比则要逊色得多。接收天体红外辐射的望远镜必须在大约 -273℃的超低温条件下才能正常工作，必须用液体氦或液氢冷却。"斯皮策"是第一台与地球同步运行的太空望远镜，位于太阳—地球系统的第二拉格朗日点上，与地球一起绕太阳运行，总是背着地球和太阳进行观测，可以有效防止太阳光的直接照射，保持非常低的环境温度，只需携带少量的液氢。"斯皮策"设计的最短寿命为 2.5 年，目标寿命在 5 年以上。实际上，它一直健康地在太空运行着，早已超额完成预定的任务。美国国家航空航天局陆续向公众公布了"斯皮策"获取的大量图像，使我们耳目一新，大大地丰富了人类对宇宙的认识。

# 五

# 我国的光学望远镜

由于历史原因，我国的光学望远镜与国际先进水平存在较大的差距。令我们感到欣慰的是，在最近的十几年中我国的天文事业有了较大的发展，与国际先进水平的差距正在逐步缩小，特别是郭守敬光学望远镜的投入观测使我们在当今世界林林总总的大型光学望远镜舞台上有了一席之地。

## 1．我国光学望远镜观测台站的分布

我国历史最悠久的台站要数上海天文台的佘山观测站。其前身是法国天主教耶稣会于 1900 年建造的佘山天文台。当年装备了"远东第一"的 40 厘米双筒折射望远镜。现在的上海天文台佘山站以射电观测为主，但也拥有 1.56 米光学望远镜、60 厘米人造卫星激光测距仪和 40 厘米双筒折射望远镜等光学望远镜。

我国自己创建的首座天文台是建成于 1934 年的南京紫金山天文台。由于城市的发展，近年来南京的灯光污染严重，不得不另外选择新的观测基地。其中，位于盱眙县铁山寺国家森林保护区跑马山的盱眙观测站规模最大，山清水秀，装备了口径 105/120 厘米的近地天体探测望远镜。在赣榆的观测站拥有一台 26 厘米的太阳精细结构望远镜，能观测太阳色球和光球。

国家天文台在河北的兴隆观测站是我国最大的光学望远镜基地。六台光学望远镜的白色的圆顶，透过层层叠叠的绿树，隐隐约约地呈现在人们的眼前。其中有 2008 年建成的郭守敬光学望远镜、2.16 米口径天文望远镜、1.26 米口径红外望远镜、60/90 厘米口径施密特望远镜、85 厘米和 80 厘米口径反射望远镜等。位于怀柔水库北岸的太阳观测站拥有的太阳磁场望远镜很有特色。

云南天文台于 1972 年成立。前身是抗日战争期间中央研究院天文研究所内迁到昆明后成立的凤凰山天文台。现在凤凰山上有口径 1 米的反射望远镜、太阳精细结构望远镜、口径 60 厘米的反射望远镜等。观测条件因靠近市区变得不够理想。丽江高美古成为新的观测站，这里的海拔在 3000 米以上，观测条件达到世界优良台址的水平。口径 2.4 米的光学天文望远镜在这里落户。还有观测太阳的抚仙湖观测站，1 米口径红外望远镜已经投入观测。

新疆天文台南山观测站位于天然风景区南山牧场的菊花台高地，四周环山，雪峰插云，不仅景色迷人，还是一个天文观测不可多得的地方。这是一个以射电观测研究为特点的观测站，但是光学观测设备也陆续在这里落户，已经成为空间目标碎片的观测研究的重要基地之一。1 米口径大视场望远镜、空间多目标观测光电阵、1.2 米口径光学望远镜、1 米口径空间目标碎片望远镜和 80 厘米口径高轨望远镜将陆续在这里建成。

## 2. 郭守敬光学望远镜

这台望远镜原名是"大天区面积多目标光纤光谱望远镜"（LAMOST）。这是中国天文界第一次得到国家高达 2.3 亿元的经费支持，成为国家大科学工程的第一个天文项目。1997 年 4 月立项，2001 年开工，2008 年 10 月在兴隆观测基地落成。

　　这一望远镜的原理设计和项目的提出凝聚了老一辈天文学家的心血。王绶琯、苏定强和陈建生三位院士多次学术讨论，几易蓝图，前后十多年，才提出最后的 LAMOST 方案，突破了不能兼备大口径和大视场的难关。利用多光纤光谱测量技术，可以同时观测许多目标。

　　经典施密特望远镜的改正镜是透镜，很难做大。后来发现反射镜也可以做改正镜，可以做得很大，但是随之而来的困难是镜筒要很长，长到无法安装到机械跟踪装置上。LAMOST 主镜的曲率半径就达 40 米，镜筒比 40 米还要长。采用"卧式子午仪"装置，解决了这个困难。"子午仪"是把望远镜固定在南北方向上，天体因地球的周日运动扫过望远镜的视场范围时进行观测。这样并不需要镜筒，无需转动镜筒进行跟踪。

　　主镜口径很大，为 6.5 米 ×6 米球面镜。采用拼接技术，由 37 块 1.1 米对角径的六边形球面镜拼接而成。改正镜是由 24 块对角径 1.1 米的六边形非球面镜拼接而成，尺度为 5.7 米 ×4.4 米。它的支撑为地平装置，通过调整改正镜的指向来选择待观测的天区，可跟踪观测 1.5 小时。在跟踪过程中，通过主动光学系统控制以保持所需的非球面形状并消去球差。这是导致大视场和大口径相结合的关键技术，是中国天文学家的创造。在焦面板上分 4000 个小区放置光纤，观测时可以并行控制 4000 根光纤对准各自的观测目标进行光谱观测，成为世界

图 3-20　郭守敬光学望远镜

上光谱获取率最高的望远镜。

### 3. 2.16 米口径光学望远镜

1958 年开始建造，十年动乱期间被迫停顿。"文化大革命"结束以后重新启动，历经十年的努力，终于在 1988 年自主研制完成，当时是国内最大、远东最大的光学望远镜。它的成功，被誉为中国天文学发展史上的一个里程碑。望远镜的主镜为一整块光学玻璃研磨而成，直径 2.16 米，厚 30 厘米，重 3 吨。整个望远镜由一个巨大的马蹄形钢座支撑着，可以向各个方向灵活转动。驱动部分采用自动化装置，使望远镜精确地跟踪天体的东升西落。

2.16 米口径望远镜可以在光学波段和红外波段工作。配备了先进的 CCD 照相机和光导纤维摄谱仪，可以同时拍摄 20 个天体的光谱。

### 4. 云南天文台 2.4 米口径光学天文望远镜

2.4 米口径望远镜是由英国的望远镜技术有限公司制造的。采用了若干新技术，综合性能在同级望远镜当中处于国际中上水平。终端配有超过 3000 万像素的拼接 CCD 相机，还配有暗弱天体光谱仪照相机，主要对恒星和星系进行观测。这是一台地平式望远镜。它的最大特点是能够支持远程操作和自动操作。天文学家不

图 3-21 云南天文台 2.4 米口径光学望远镜

一定要守候在望远镜旁进行观测。

　　望远镜镜身高 8 米，重 40 多吨，是东亚地区最大口径的通用光学天文望远镜之一。2007 年 5 月 12 日投入使用后，丽江天文观测站已成为我国南方最重要的天文观测基地。

### 5．怀柔观测站的太阳多通道望远镜

　　国家天文台怀柔太阳观测基地始建于 1984 年，现已发展成为国际著名的太阳磁场观测台站之一。其主要观测设备是艾国祥院士主持研制的太阳多通道望远镜。该望远镜由五个不同功能的子望远镜组成：35 厘米口径太阳磁场望远镜；10 厘米口径全日面矢量磁场和视线速度场望远镜；14 厘米口径色球望远镜；8 厘米口径全日面单色像望远镜；60 厘米口径多通道太阳望远镜主镜。这五个不同功能的子望远镜组装成一个整体，配有光电导行的跟踪系统，接收终端 14 个 CCD。CCD 为电荷耦合器件，替代以前常用的照相底片，它们记录光源亮度的准确度比照相底片大得多，是现代天文望远镜理想的终端设备，这个太阳望远镜可以同时测量太阳大气的九个不同层次上的磁场和速度场。开创了世界一流的太阳观测研究。

图 3-22　坐落在怀柔水库北岸的太阳塔

### 6. 云南天文台 1 米红外太阳塔

云南天文台抚仙湖太阳观测基地是亚洲最大的太阳观测基地。1 米红外太阳塔是望远镜、终端设备和附属建筑的总称。它配备了 1 米口径红外太阳望远镜、立式旋转光谱仪、高分辨 $H_a$ 望远镜等设备。这是一架口径为 98 厘米的地平式望远镜，有效焦距约 45 米，真空镜筒。主要的科学目标在 0.3～2.5 微米波段对太阳进行高分辨率成像和光谱观测，可以同时探测太阳光球、色球矢量磁场及其动力学特征。

### 7. 云南光学及近红外太阳爆发探测望远镜

安装在云南澄江抚仙湖太阳观测基地的光学—近红外太阳爆发探测仪（ONSET）是南京天文光学技术研究所为南京大学研制的专业太阳望远镜。该望远镜由四个镜筒组成：口径 275 毫米，观测波段 1083 纳米红外镜筒；口径 275 毫米，观测波段 656.28 纳米色球镜筒；口径 200 毫米，观测波段 360 纳米、425 纳米白光镜筒；口径 140 毫米的导星镜筒。主要用于太阳耀斑、色球、日冕的观测，研究从光球经色球到日冕的整个太阳大气层内的爆发现象。这是我国第一台能对太阳从光球、色球到日冕进行多波段、高分辨率观测的专业仪器。2004年启动，已经投入观测，获得的太阳图像品质优异。

### 8. 中国南极光学望远镜

2006 年 12 月我国成立南极天文中心，开展南极的天文观测的设备研制，成绩喜人。2008 年初在冰穹 A 成功安装中国首套南极光学小望远镜阵 "中国之星"。冰穹 A 海拔 4093 米，最低气温 -83℃。这里可能是地球上天文观测条件最好的地点。在 2011 年 11 月开始的中国第 28 次南极科考中，又在冰穹 A 地区安装了名为 AST3-1 的南极巡天望远镜，这是我国自主研发的首台全自动无人值守望远镜，主镜直径 68 厘米，有效观测口径 50 厘米，分辨率为 1 角秒，装备有目前世界上最大的单片电荷耦合器件，可一次观测 9 个太阳大小的天区，24 小时即可覆盖整个天空，观测数据现场储存，部分实时传回国内。

计划还要在这里安装另外两台巡天望远镜，组成一个望远镜阵。主要观测

图 3-23　南极巡天望远镜 AST3-1

目标是超新星和太阳系系外行星。

　　为什么要在南极进行天文观测？这是因为南极得天独厚的环境。这里是大气抖动最小的地方，而且基本集中在地面以上十几米内的空间，只要把天文望远镜架设在距地面十几米高的地方，就基本可摆脱大气抖动的干扰。特别是冰穹 A 的海拔 4093 米，是南极内陆冰盖最高点，那里 90% 以上是晴天，冬季全是黑夜，可以对天空进行连续 4 个多月的观测，大气透明度高，视宁度好，没有人工光源干扰，特别适合光学观测。这里环境异常干燥，也是进行亚毫米波观测的好地方，我国也将把亚毫米波望远镜放置到这里。总之，南极的环境接近空间观测的条件，被天文界广泛誉为"地面上最好的天文台址"。

### 9．正在研制中的大型光学望远镜

　　面对国际上 14 台口径为 8 ～ 10 米的光学红外望远镜和在太空中翱翔的以

哈勃空间望远镜为代表的众多光学、红外望远镜，我国的光学红外望远镜落后了不少，差距很大。步入 21 世纪以来，我国光学望远镜增添不少家底，但总的集光面积仅占全世界 2%。现有光学红外望远镜在对天体进行高分辨精细观测上远不能满足我国天文学家的要求。

不过，我国将迎来一个光学红外望远镜比较大的发展时期。陆续传来三个好消息：

第一个好消息是地面 12 米口径的光学红外望远镜项目已被列入我国"十三五"规划。这台光学红外望远镜的口径将比世界上现有的大型光学—红外望远镜的口径都大，应该是世界第一。当然与欧美正在建造的光学红外望远镜相比，差距还是很大。但是就我国的现状来说已经是一个大跃进了。

第二个好消息是我国第一台空间太阳望远镜预计于 2020 年后发射升空。卫星总重量达两吨，望远镜口径 1 米，望远镜及其配件为 1.2 吨。将在距地面 750 千米的太阳同步圆形极轨上以始终指向太阳的姿态运行，设计寿命为 3 年。早在 20 世纪 90 年代初，国家天文台即已开始了空间太阳望远镜先期技术研究，已在关键技术上取得系列突破。据首席科学家艾国祥介绍，空间太阳望远镜主要观测太阳活动，对太阳活动实行全波段和 24 小时连续观测。研究太阳活动区磁场变化、太阳耀斑的积蓄和爆发过程、日冕物质抛射、太阳风形成等多种太阳物理现象，并为空间天气预报积累数据。我国太阳物理的地面观测研究属于世界一流水平，空间太阳望远镜的上天，将会进一步提高我国太阳物理研究在国际上的地位。

第三个好消息是我国空间站将携带 2 米口径的光学望远镜上天。计划在建造我国空间站的同时发射一个单独的光学舱，舱内架设一套口径两米的光学巡天望远镜，具备巡天观测和对地观测的功能，可以说这是中国版的"哈勃空间望远镜"，分辨率上与哈勃太空望远镜相当，视场角是"哈勃"的 300 多倍。这个巡天望远镜，计划在 2022 年前后发射入轨，与空间站共轨飞行，需要时可与空间站主体对接，开展推进剂补加、设备维护和载荷设备升级等维护与升级活动。与此相关的消息是中国科学院长春光学精密机械与物理研究所已经完成 2 米量级碳化硅反射镜的研制，技术已经过关，口径还能做得更大。可以期望未来的中国空间光学红外望远镜的口径还能增大一些，进而使我国空间望远镜性能进入世界前列。

# 下一代光学天文望远镜

当前光学物镜已经是口径 10 米的量级，是不是需要更大口径的光学望远镜？能不能建造出口径更大的光学望远镜？第一个问题是肯定的，天文世界里看不见的范围太大了，绝大多数天体和天体现象仍然看不见或看不清楚，如宇宙的结构和演化，暗物质和暗能量的本质，星系、恒星和行星的形成和演化，地外生命和地外文明的探索等。尽其所能地提高各类望远镜的效能成为天文学永远迫切的课题。对于第二个问题的回答也是肯定的，目前已提出建造

图 3-24　巨型麦哲伦望远镜（GMT）艺术图

30 ～ 100 米级光学望远镜计划。其中，口径 24.5 米的巨型麦哲伦光学望远镜（GMT）、30 米口径光学望远镜（TMT）和口径 42 米的欧洲超级大望远镜（E-ELT）都已得到部分经费，甚至正式开始建造。

**1．巨型麦哲伦望远镜（GMT）**

GMT 将是世界上第一台新一代的天文望远镜。由美国和澳大利亚合作，由于美国自然科学基金会拒绝资助，美国的 8 家研究机构和大学专门组建了一个财团，自筹经费。后来韩国以承担 10% 的经费的条件加入合作。

望远镜的口径 24.5 米，由 7 面 8.4 米口径反射镜片组成。镜片像一朵菊花，1 面居中，另外 6 面则环绕在其周围。8.4 米的口径是当前已有单一镜片望远镜中直径最大的。它的第一片镜片由美国亚利桑那州立大学的"史都华天文台镜子实验室"设计和制造。

GMT 将放置在智利的拉斯康帕纳斯天文台，台址海拔 2516 米，已经破土动工。GMT 配备了自适应系统，它的图像清晰度将超过"哈勃"10 倍，接收面积超过"哈勃"100 倍以上，将能够在可见光和红外波段进行观测研究。该望远镜的建成有助天文学家们研究暗物质、暗能量和黑洞的形成过程，以及寻找银河系中环绕其他恒星运行的行星。

**2．30 米口径光学望远镜（TMT）**

由美国加州大学、加州理工学院和加拿大大学天文学研究协会联合建造的 30 米口径望远镜是在 2004 年开始筹划的。2008 年，日本国立天文台（NAOJ）作为合作者之一加入了 TMT 项目。2009 年我国中科院国家天文台以观察员身份加入了 TMT 项目。2013 年正式签订国际合作协议，成为该项目的主要成员之一。

直径 30 米的主镜面由 492 块直径为 1.4 米的六边形镜片拼合而成。它安装有自适应光学感应系统，能克服地球大气抖动造成的影响，保证图像的清晰。其有效接收面积很大，比当今已有的大型望远镜要高一个数量级，使天文学家们将能够观测研究远在 130 亿光年的天体。这意味着能够观测到宇宙中首批诞生的恒星，还能够直接观测某些太阳系外的行星系统。

图 3-25　TMT 效果图

　　已确定将 30 米口径望远镜放置在夏威夷的莫纳克亚山山顶上。这是天文观测极好的台址，海拔高达 4205 米，一年中超过 300 个晴朗的夜晚，空气污染小，没有大城市的灯光干扰。

　　这一计划预计耗资 10 亿美元，联盟目前已收到的资助和承诺的资助共 3 亿美元，其中英特尔创始人戈登·摩尔提供部分经费。由于美国自然科学基金会已经拒绝资助，经费还有缺口。目前，TMT 已经开始了对构成主镜的 1.4 米子镜面的抛光工作。同时 TMT 也已经开发出了望远镜许多关键的组件的雏形，包括关键的自适应光学技术和 492 面子镜的支撑与控制系统。有了两台 10 米口径的凯克望远镜的成功经验，研制 30 米口径的拼接镜面主镜在技术上是有把握的。

### 3. 欧洲超级大望远镜（E-ELT）

　　欧南台计划建造的"欧洲超级大望远镜"，其镜面直径将达到 42 米，有 3 个篮球场大，21 层楼高。这将是有史以来最大的光学望远镜，耗资巨大，仅设计费用就花掉了 8130 万美元，制造成本高达 11 亿美元。但是，钱不会白花，该望远镜功能特别强大，分辨率将达到"哈勃"的 10 至 15 倍，将帮助天文学家在约 100 个星系中寻找类地行星，可以看清 100 多亿光年以外星系的细节。

望远镜主镜采用拼接技术，共由 984 块六边形小镜子组成。为了使镜面保持理想抛物面形状，采用主动光学系统，在每块小镜子下面安装 3 个调节器，调节器每秒可屈伸 10 次。为了克服地球大气抖动使图像发生的畸变，采用自适应光学系统，重新校正被大气扭曲的光线，使之构成清晰的图像。

2017 年 5 月欧南台和智利政府为"E-ELT"举行了盛大的奠基仪式。

图 3-26　E-ELT 效果图

第四讲

# 射电天文望远镜的发展

20 世纪 30 年代，一位不懂天文的美国工程师央斯基（K. G. Jansky）无意中发现来自银河系中心的无线电波，从此射电天文学诞生了。与光学望远镜 400 多年的历史相比，射电望远镜出现仅有 80 多年，但很快就步入了鼎盛时期。20 世纪 60 年代射电天文学的"四大发现"，即脉冲星、星际分子、微波背景辐射和类星体的发现，成为 20 世纪中最为耀眼的天文学成就。射电天文已成为重大天文发现的发祥地和天文项目诺贝尔奖的摇篮，至今天文项目获得的 15 个诺贝尔物理学奖项中，射电天文占了 5 项。

## 射电天文学的诞生和射电望远镜的基本原理

　　央斯基无意中发现来自银河系中心的无线电波，敲开了宇宙射电天文世界的大门。天文学家把这一新学科称为射电天文学，央斯基成为射电天文学的开创者。雷伯紧跟研制了世界上第一台射电望远镜，并进行宇宙射电源的观测研究。

### 1．央斯基和射电天文学的诞生

　　射电天文学的建立与无线电通信的发展关系密切。意大利工程师、企业家马可尼在 1895 年成功地把无线电信号发送到了 2.4 千米之外，成了世界上第一台实用的无线电报系统的发明者和实用无线电报通信的创始人。之后越过海峡的英法无线电通信成功建立，以及实现横跨大西洋的英国与纽芬兰之间的无线电通信，使无线电达到实用阶段。因此马可尼获得了 1909 年的诺贝尔物理学奖。

央斯基于 1905 年 10 月出生在美国，1927 年到贝尔电话实验室工作。当时，无线电电话刚刚开始运营，通话质量不高，常常受天电干扰，而电话费却很贵，从伦敦打电话到纽约 3 分钟时间要 75 美元，引起公众不满。于是他被派去研究短波无线电通信中的天电干扰问题。

1931 年 12 月，他研制了一台由天线和接收机组成的设备，天线可以旋转，被称为"旋转木马"。1932 年 1 月央斯基发现一种十分微弱而又十分稳定的干扰信号，引起了他的关注。干扰信号来自何方？起初，他判断信号来自太阳的，经过多次观测才确认它来自银河系中心的人马座方向，正式宣告银河系中心的射电辐射的发现。

央斯基发现银河系的射电辐射虽属偶然，但这是在无线电通信发展到一定程度的产物，是偶然中的必然。当然，这与他个人丰富的学识、敏锐的思想和对新现象非要弄个水落石出的精神和品质密不可分。

## 2. 雷伯和世界上第一台射电望远镜

雷伯（G. Reber）在少年时代就对无线电技术产生浓厚兴趣，是一位业余无

图 4-1 央斯基"旋转木马"的复制品，放置在美国国家射电天文台的大门口

线电通信的爱好者。他亲手制作无线电发报机，奔赴多个国家进行过多次无线
电短波远距离通信实验。大学毕业后先后在几家无线电厂工作。当他得知央斯
基发现宇宙射电后，十分兴奋，立即向贝尔实验室提出调职申请，希望能与央
斯基一起研究射电天文学，但未能如愿。

图 4-2　雷伯和他研制的世界上第一台射电望远镜

雷伯并没有就此作罢，决定自己研制一台比央斯基的"旋转木马"更好的观测设备。下这个决心很不容易，他一无经费来源，二无研究时间，三无车间厂房。当时，他正在芝加哥的一家公司工作，而研制望远镜只能在业余时间回到伊利诺伊州惠顿的家中进行。一切费用只能花自己的工资。经过几年的努力，到 1937 年终于制成了世界上第一台射电望远镜。射电望远镜采用抛物面天线，底盘是木制的，表面是镀锌的铁皮，直径为 9.6 米。最初的观测波长为 1.87 米，后来又改为 60 厘米。1941 年他用这台望远镜进行人类第一次射电巡天，发现天鹅座、仙后座和人马座中的 3 个很强的射电源，获得了人类历史上第一幅银河系射电天图。直到第二次世界大战结束，它仍是世界上唯一的一台射电天文望远镜。

现在，央斯基"旋转木马"的复制品和雷伯的射电望远镜已经被作为文物放置在美国国立射电天文台。为了纪念卡尔·央斯基的贡献，自 1973 年起国际天文学会决定使用"央斯基（jansky）"作为天体射电流量密度的单位，简写作"央（Jy）"，1 央 $=10^{-26}$ 瓦 /（米 $^2$·赫兹）。

### 3．第二次世界大战后射电望远镜的大发展

雷达的概念形成于 20 世纪初。英国是研制雷达的先行者：1935 年，沃森-瓦特（Robert Watson-Watt）研制成第一台对空警戒雷达；1937 年，鲍恩（E. G. Bowen）研制出一部可安装在飞机上的小型雷达。到 1942 年，英国研制的雷达可以工作在厘米波波段，体积小了，重量轻了，探测距离则更远了。

在二战期间，雷达意外地发现太阳射电爆发和流星的回波，开创了太阳射电和流星射电天文学。战后由雷达的接收机和天线改装的射电望远镜遍地开花。瞬时间，英国、澳大利亚、法国、荷兰、美国和加拿大等国都有了雷达改装的射电望远镜，并迅速取得观测研究成果。

利用雷达改装的射电望远镜的天线口径都在 10 米以下。那时天文学家也研制了一些直径 20 ～ 30 米的抛物面天线望远镜。由于观测波段已达到分米波和厘米波段，空间分辨率有了较大的提高。在当时，射电天文是一块刚刚被开垦的处女地，遍地都是宝，这些小型射电望远镜都有不俗的观测成果。

### 4．射电望远镜的基本原理和结构

射电望远镜是专门用来观测天体无线电波段辐射的，其原理与无线电通信接收机、收音机、电视机、雷达的接收机都是相同的，都具备接收射电波的功能。有两点不同：一是天体离我们非常远，要求射电望远镜能够接收极其微弱的射电波；二是天体的射电辐射波段很宽，一台射电望远镜只能接收一定波段的射电辐射，所以要研制不同波段的射电望远镜，如米波、分米波、厘米波、毫米波和亚毫米波射电望远镜。与光学望远镜相比，射电望远镜基本上是一种"全天候"望远镜，白天、黑夜、晴天、阴天都可以进行观测。

射电望远镜发展到今天，大大小小、形形色色，多种多样。但是基本结构没有变，都是由天线、接收机、数据采集、支撑结构和驱动系统组成。关键部件则是天线和接收机。

图 4-3 是射电望远镜系统框图。天线起着收集无线电波的作用，接收机担当放大天体射电波的作用。接收机的前置部分放置在天线上靠近馈源处，把接收到的信号频率变低后由馈线传输到放置在观测室的接收机后端。观测数据由数据终端和数据服务器收集和处理。望远镜的观测由计算机控制。

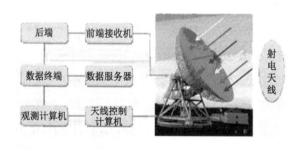

图 4-3　射电望远镜系统框图

射电望远镜最常用天线是抛物面天线，它的第一个功能是收集能量，天线的面积越大，会聚的能量越多，灵敏度越高。灵敏度还与接收放大系统的品质有关。灵敏度用望远镜能够观测到的最小流量密度来表示，越小则表示灵敏度越高。

灵敏度公式如下：

$$S_{\min} \propto \frac{T_{sys}}{A\sqrt{\tau \Delta f}} \qquad (4\text{-}1)$$

其中 $A$ 是天线有效面积，$T_{SYS}$ 是接收系统的噪声温度，$\Delta f$ 是接收机的频带宽度，$\tau$ 是观测时间。这个公式告诉我们，天线口径越大、噪声温度越低、频带越宽、观测时间越长，射电望远镜的灵敏度就越高。流量密度单位是央斯基。目前能观测到的弱射电源的流量密度约为 0.05 毫央斯基。

天线的第二个功能是它的方向性。如图 4-4 所示，对于与主轴平行的光，经反射后会聚到焦点 $F$，每道光的路程都相等，即 $ABF = CDF = EGF = HKF$。如果射来的光偏离主轴，就不能会聚到焦点上，望远镜就观测不到。所以天线具有方向性。和光学望远镜一样，用分辨角来表示望远镜的分辨率。分辨角越小，分辨率越高。

分辨率高的射电望远镜能够分辨射电源的细节，当然是天文学家所追求的。

天线的方向图直观地表现了它的分辨能力。图 4-5 是一种天线的方向图，有主瓣、旁瓣和后瓣，代表只能接收某些方向来的电磁波。方向图的主瓣宽度就是公式 4-2 中分辨角。

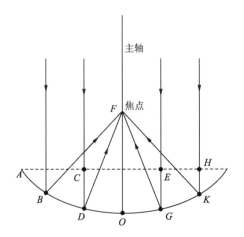

图 4-4　抛物面天线聚集天体辐射的原理

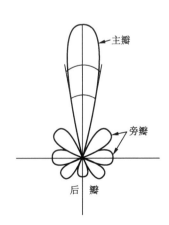

图 4-5　天线方向性的示意图

分辨角公式是：

$$\theta(\text{弧度}) = 1.22\frac{\lambda}{D}$$

（4-2）

其中 $D$ 为天线的直径，$\lambda$ 为观测波长。

# 单天线射电望远镜的发展

建造大型射电望远镜，面临巨大的技术困难。要使硕大的天线运转自如、准确地指向天空中任意一个方向并对射电源进行跟踪观测实属不易。射电望远镜能够正常观测首先要求天线表面基本上是理想的抛物面。如果抛物的精度偏离波长的 1/20，就会使天线反射的大部分信号不能会聚到焦点，灵敏度必然下降。这要求天线表面加工精度非常高，而且要求天线在运转过程中，在不同气温、不同风力、不同位置的情况下，天线表面不会变形。射电望远镜就是在不断解决这些技术困难的过程中发展着的。

## 1．世界上首台大型射电望远镜——英国洛弗尔 76 米射电望远镜

二战以后，英国曼彻斯特大学利用雷达研究宇宙射线的过程中，意外地发现流星的回波和仙女星系的射电辐射，从而改变主意，转向宇宙射电源的观测研究。当时各国的射电望远镜口径都很小，最大的仅 30 米。1950 年，他们开始建造口径为 76 米的可跟踪射电望远镜，可谓雄心勃勃。原来计划最短观测波长是 1 米，这是当时的技术水平可以做到的。1951 年美国天文学家发现银河系中的 21 厘米氢原子谱线，很快成为各国天文学家追逐的热门，这对正在建造 76 米射电望远镜的天文学家来说是一个巨大的冲击。这台世界最大射电望远镜如果不能观测 21 厘米氢线，将成为一个天大的笑话。他们当机立断改变设计，难度陡然增加。

经过 7 年的艰苦奋斗，完成望远镜的建造，于 1958 年投入观测。图 4-6 是望远镜的全景。望远镜总重量 3200 吨，可以灵活地改变方位角和俯仰角。在天

图 4-6　英国洛弗尔 76 米射电望远镜

线中心竖立的铁塔的顶端恰好在抛物面的焦点处，在那里放置了馈源和部分接收系统。后来经过多次技术改造，现在可以观测的最短波长是 3 厘米。洛弗尔（Lovell，Sir Alfred Charles Bernard）是英国著名天文学家，他主持建造了这台射电望远镜。为了纪念他，这台望远镜后来改称为洛弗尔射电望远镜。

### 2. 南半球最大的帕克斯 64 米口径射电望远镜

澳大利亚 64 米射电望远镜于 1958 年动工，1961 年建成，用望远镜所在的小镇命名，称帕克斯射电望远镜。图 4-7 是 64 米射电望远镜的全景。馈源和前置放大系统放置在由铁塔支撑的小屋中。经过几次技术改造，观测波长已短到1.3 厘米。这台南半球最大的射电望远镜管了半边天，对高南纬的射电源的观测成为它的专利。虽然天线口径比不上欧美的射电望远镜，但其观测贡献却非常大，成为澳大利亚的骄傲。帕克斯射电望远镜、脉冲星观测记录和观测者的头像赫然印在 50 澳元面额的纸币上。

### 3．德国埃费尔斯贝格 100 米口径射电望远镜

20 世纪 60 年代末，德国提出建造口径 100 米的可跟踪射电望远镜的计划，不仅口径大，而且还想尽量把观测波段扩展至毫米波段，使工程上的困难发生了质的变化。1968 年开始建造，1972 年 8 月建成。望远镜位于波恩市附近的埃费尔斯贝格的一个山谷中，故称埃费尔斯贝格射电望远镜。100 米口径的大天线是由 2372 块金属板拼成。在每块金属板下面安装一种特殊的可调整的支撑结构，根据测出的天线表面变形的数据控制机械装置进行面板的调整，使之保持抛物面的形状。这是射电望远镜历史上首次采用的主动反射面技术。

观测波段很宽，从 90 厘米到 3 毫米，共分成了 22 个不同波段。每一波段都有自己的馈源和接收机，太多、太重，必须分散放置。为此设计了两个焦点。在主反射面焦点后面增加了一面口径 6.5 米的凹椭球反射面，凹椭球面有两个焦点 $F_1$ 和 $F_2$，让 $F_1$ 与主反射面的焦点重合，第二焦点 $F_2$ 接近主反射面中心。因此，有两个馈源屋，一个位于抛物面焦点处，由 4 个支架支撑，另一个放置在天线表面中央处，如图 4-8 所示。

### 4．美国格林班克 110 米 ×100 米口径射电望远镜（GBT）

美国国家射电天文台 1972 年建成的 91.5 米的中星仪式射电望远镜于 1988 年倒塌。坏事变好事，他们决定建造一台世界上最大、最好的可跟踪射电望远镜。第一个特点是有效天线面积很大。天线截面是一个 110 米 ×100 米的椭圆，抛物面的焦点处在天线的一个边缘的上方，成为歪脖子。其好处是天线表面上方空无一物，没有遮挡相当于增加了有效面积。第二个特点是采用自动化非常高的主动反射面系统。天线由 2004 块金属板拼成，每块板都可用小型马达驱动进行调整，以保持表面的形状与理想形状相差不超过 0.22 毫米。应用激光测距技术快速测出天线表面由于重力、强风和温度变化引起的形变，然后发出指令通过马达把主反射面和副反射面调整好。这个了不起的技术，使得观测波段达到 3 毫米。在这个波段上的天线效率比德国 100 米射电望远镜的要高很多。

项目 1991 年 5 月动工，2000 年 8 月基本完成。整个射电望远镜重达 7300 吨，放置在直径为 64 米的轨道上，可以进行水平方向的运转。仰角方面的运转

图 4-7　澳大利亚帕克斯射电望远镜

图 4-8　德国埃费尔斯贝格
100 米口径射电望远镜

图 4-9　美国格林班克 100 米口径射电望远镜，也被称为绿岸望远镜

由一个巨大的齿轮来实现。

### 5. 毫米波和亚毫米波专用射电望远镜

　　星际分子是 20 世纪 60 年代天文学的四大发现之一，很快就形成了一门崭新的学科——分子天文学。由于绝大部分星际分子谱线都处在毫米波和亚毫米波波段，这促进了毫米波和亚毫米波射电望远镜的发展。毫米波的波长范围在 1 毫米到 10 毫米之间，亚毫米波的波长范围为 0.35～1 毫米。由于氧和水汽对这个波段中某些波长辐射的吸收很厉害，地球大气只开了一些小窗口。而且这些小窗口的透明度随地球对流层水汽含量而异，水汽越多，透明度越差。所以毫米波天文台都建在海拔 2000 米以上，而亚毫米波天文台则应设在海拔 4000 米以上。

　　（1）日本 45 米口径毫米波射电望远镜

　　早期的毫米波射电望远镜的口径都很小，几米到十几米。日本这台放置在野边山的毫米波射电望远镜口径为 45 米，工作波长在 1 毫米到 1 厘米范围。主反射面由 600 块面板拼成，每块面板的加工精度达到 60 微米，整个天线表面与理想抛物面相差约为 90 微米。采用主动反射面系统。在主反射面的焦点处放置一个直径 4 米的凸形双曲面，作为第二反射面。它的作用是将来自主反射面射电波反射，并聚焦到望远镜天线中心下面的接收机系统。调整第二反射面的位置可以改善因主反射面变形造成的影响。

（2）亚毫米波射电望远镜

亚毫米波射电望远镜的建造更困难，因此天线口径都比较小。最小的要属我国紫金山天文台 30 厘米口径的亚毫米波射电望远镜，"麻雀虽小，五脏俱全"，接收机还是很先进的。

世界上口径最大的亚毫米波射电望远镜是在 1983 年开始建造，于 1987 年完成。天线口径为 15 米，放置在美国夏威夷莫纳克亚天文台。这台望远镜以著名物理学家麦克斯韦尔（James Clerk Maxwell）的名字命名，简称 JCMT。

抛物面天线由 276 块金属面板组成，面板表面精度优于 50 微米。每一块面板都可以调整。固定和支撑天线面的结构十分坚固，重达 70 吨。为防止温度的变化导致反射面变形，把望远镜放置在一个天文圆顶中，保持和控制天线周围环境温度。观测时可以打开门和屋顶。为了阻挡风、尘埃以及阳光的影响，天线前面还加上一片可以让亚毫米波辐射基本透过的保护层。

### 6. 中国单天线射电望远镜

我国单天线射电望远镜数目不断增加，天线口径越来越大。这些望远镜分别是：北京怀柔和昆明的太阳射电频谱仪；青海德令哈 13.7 米口径毫米波射电望远镜和最近在海拔 4300 米的西藏羊八井落户的中德合作 3 米口径亚毫米波射电望远镜。厘米波射电望远镜有上海天文台佘山站 25 米口径射电望远镜、新疆天文台南山站的 25 米口径射电望远镜、国家天文台密云 50 米口径射电望远镜和云南天文台凤凰山站的 40 米口径射电望远镜。2012 年 10 月建成的上海天文台 65 米口径射电望远镜是我国当前口径最大的可动天线射电望远镜，采用主动反射面结构，在 5GHz 及以上的高频观测的功能上超过著名的澳大利亚帕克斯 64 米口径射电望远镜。

　　由新疆天文台负责建造的"110 米口径全向可动射电望远镜"是新疆维吾尔自治区和中国科学院联合推进的项目。2011 年成立了前期工作领导小组，并投入资金用于项目前期预研和前期建设。科技部也通过"973"项目支持开展关键技术研究。2017 年 12 月获得国家发改委的批准，已经开始建造。

　　110 米口径全向可动射电望远镜的台址选择在奇台县的一个封闭的小盆地中，四面环山，能屏蔽外界的无线电干扰，是一个十分优秀的射电望远镜台址。落户奇台，故又称"奇台射电望远镜（QTT）"。

　　这台射电望远镜的开建是我国天文学发展中的又一件大事。贵州 500 米口径射电望远镜（FAST）已经创下了"世界第一"，超过了美国的阿雷西博射电望远镜。而奇台射电望远镜赶超的是当前世界第一的美国绿岸 100 米口径射电望远镜，不仅是天线口径超"绿岸"，其各项指标也不能低于"绿岸"，最关键、最难的是观测波段要达到毫米波，"奇台"的观测波长范围为 2 米至 2.7 毫米。这

图 4-10　2012 年 10 月建成的上海天文台 65 米口径射电望远镜

是经过反复论证后确定的指标。奇台射电望远镜建成后将是世界最大口径全向可转动射电望远镜，可以高灵敏度观测到四分之三的天空，包括银河系中心和以南 12° 的天区。

由紫金山天文台负责研制的口径 5 米的亚毫米波射电望远镜（DATE5）将安装在南极冰穹 A。自 2007 年起，我国天文学家就开始跟随南极科考队奔赴南极，在冰穹 A 进行科学考察、安装平台、天文观测等多项活动。这里是南极内陆最高点，海拔 4000 多米。虽然平均气温达 −58.7℃，条件异常艰苦，但却拥有地球大气扰动小、大气透明度高的独特优势，称得上是目前全球地面上最好的天文台址之一。我国口径 5 米的亚毫米波射电望远镜将工作在 0.35 毫米和 0.2 毫米两个地球大气窗口的波段。制造这样的望远镜技术难度非常大，因为要求天线的加工精度，包括制造和调整误差，以及各种因素引起的变形误差要小于观测波长的 1/20，也就是要求达到 10 微米的精度。南极地区其他国家没有这样的亚毫米波射电望远镜，建成后将是独此一家。望远镜可以自动遥控运行，不需要科学家赴南极日夜监守。

# 口径超大的固定式射电望远镜

由于技术上的困难，目前没有办法建造口径比 100 米大很多的可跟踪射电望远镜。采用固定式球面天线，不仅天线可以做得很大，而且通过移动馈源也可以观测比较大的天区范围。美国阿雷西博 305 米球面天线射电望远镜很成功。我国贵州口径 500 米的固定式射电望远镜，不仅口径比阿雷西博的大，而且还有多项创新。

### 1. 阿雷西博雷达射电望远镜

阿雷西博天文台是美国国家天文和电离层中心的一部分，属于康奈尔大学。

图 4-11　美国阿雷西博 305 米球面天线射电望远镜

1960 年葛登（William E. Gordon）教授提出在阿雷西博建造一台大型雷达研究电离层的计划，得到支持，3 年后就建成了。1963 年 11 月 1 日举行了正式的开幕典礼。

　　波多黎各的阿雷西博是石灰岩构成的喀斯特地形，到处都是碗状的大坑。他们从中找到一个尺度合适、比较对称的碗形大坑作为底座，天线由固定在石灰岩上的钢索网支撑。最初的天线是金属网的，最短只能工作在 50 厘米波段。1972—1974 年改建为全金属面，观测波段达到 5 厘米。1997 年再次改造使观测波段扩展到 3 厘米。

　　与一般射电望远镜不同的是，它采用球面天线，而不是通常的抛物面天线。这是因为如此巨大的抛物面天线的视场很小，天线又不能动，能观测的天区范围非常小了。采用球面天线，情况得到了改善。如图 4-12 所示，球面天线没有主光轴，也没有焦点。来自某个方向的射电波将被所照射到的部分球面反射到一条焦线上。不同的方向有不同的焦线，因此可以观测不同方向上的射电源。

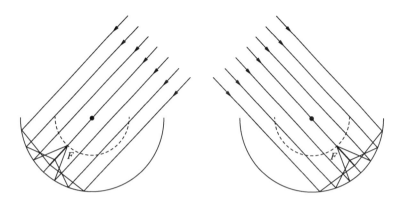

图 4-12 球面的不同部分可接收不同方向射电源的辐射，聚焦在一条线上

天线表面固定不动，但要求馈源平台能灵活、快速、准确地移动，以观测不同方向的射电源，还要能作缓慢的跟踪观测。所以馈源平台很复杂，技术难度大。平台上要放置不同波段的接收机、发射机和相应的馈源。平台重约 900 吨，悬挂在球面反射面上空 137 米处，由拴在三座高约 100 米的铁塔的 18 根钢索牵引。最初采用长约 28 米的线性馈源，1997 年改用改正镜来收集天体射来的射电波。改正镜放在悬挂在平台下方的一个圆屋中。

阿雷西博雷达射电望远镜的 80% 时间是射电天文观测，大气的研究占 15%，5% 是雷达天文学的研究。天文学研究后来居上，成果最多，尤其在脉冲星的观测研究有不少激动人心的成果：如 1968 年发现蟹状星云脉冲星；1974 年发现射电脉冲双星系统 PSR1913+16，并于 1993 年荣获诺贝尔物理学奖；1982 年发现毫秒脉冲星；1992 年发现毫秒脉冲星的行星系统等；这些都成为阿雷西博射电望远镜的骄傲。

## 2．中国的 500 米口径球面射电望远镜（FAST）

1997 年 7 月，当时的北京天文台提出建造世界最大口径球面望远镜的计划，受到中国天文界的强烈支持和国际同行的特别关注。这是一项激动人心的计划，是中国提出的第一项超越世界水平的射电望远镜计划。500 米的口径比当今世界上最大的美国阿雷西博 305 米球面望远镜口径大得多、技术更先进。经过 10 年的预研究，确认关键技术过关后，在 2007 年成为"十一五"国家十二个大科学工程建设之一，于 2016 年 9 月 25 日建成启用。

这台射电望远镜具有如下几个特点：第一是利用独一无二的贵州天然喀斯特洼地台址，找到一个极端安静的电波环境、开口有 500 米的碗形山谷，依托地形建设巨型射电望远镜天线，成为世界上口径最大、灵敏度最高的射电望远镜。第二是采用主动反射面技术，使反射面的形状可以变化，观测时将使用的部分天线表面变为抛物面形状。馈源平台比阿雷西博的平台简单，灵活、轻便和有效。第三是采用光机电一体化的馈源柔性支撑系统，平台仅有几十吨，而阿雷西博射电望远镜的平台重约 900 吨。

这台射电望远镜将在中性氢巡查、脉冲星观测、星际分子探测和星际通信信号的搜寻方面发挥强有力的作用，并将成为国际 VLBI 网中的射电望远镜主导单元。这台射电望远镜的建成将掀开中国射电天文学发展的崭新的一页。

图 4-13　贵州 500 米口径球面射电望远镜

# 综合孔径射电望远镜

射电望远镜的单天线越做越大，但其分辨率还是远远比不上业余爱好者用的光学望远镜，而且成像能力极差。为了使射电天文观测在分辨率和成像能力两个方面赶上或超过光学望远镜，射电天文学家进行了不懈的努力。英国天文学家赖尔发明的综合孔径射电望远镜是实现了这个目标的标志性事件，他为此荣获 1974 年诺贝尔物理学奖。

## 1. 双天线射电干涉仪

为了提高射电望远镜的分辨率，英国天文学家赖尔（M. Ryle）开始研制射电干涉仪。如图 4-14 所示，干涉仪由两面天线构成，两面天线之间的距离为 $D$，放置在东西方向的基线上，用长度相等的传输线把各自收到的信号送到接收机进行相加。一般情况下，来自"射电点源"的单频信号不能同时到达两面天线，射电波到达 $B$ 天线比到达 $A$ 天线要多走一段路径 $BC$。$BC=D\sin\theta$，$\theta$ 是入射射电波与垂线方向的夹角。若这段路程差正好是半波长的偶数倍，两面天线接收到的信号相加是同相相加，信号增强。若路程差为半波长的奇数倍，信号相互抵消达到极小。天体的周日运动使 $\theta$ 不断变化，也就导致到达两面天线的路程差在不断变化，接收机的输出呈现强弱相间的周期性变化，形成干涉图形。

干涉图形的一个方向瓣的宽度由公式 $\theta=1.22\lambda/D$ 决定，这与单天线射电望远镜的分辨率公式形式是相同的，只是这里的 $D$ 是两面天线的距离。由于 $D$ 可以很大，如 5 千米，那么这台双天线干涉仪的分辨率就要比口径为 100 米的单天线射电望远镜的分辨率提高 50 倍。射电干涉仪的发明是射电望远镜技术的一次突破性的进展，为射电望远镜的发展开辟了新的途径。双天线干涉仪有一个缺点，就是只能获得一个方向上的高分辨率，它的方向图的主瓣像一把扇子，东西向很窄，但南北向比较宽，还是与单天线的分辨率相同。因此需要进一步发展。

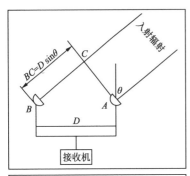

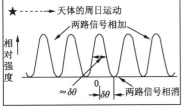

图 4-14　双天线干涉仪原理图

图 4-15　英国天文学家赖尔

### 2．赖尔发明综合孔径射电望远镜

赖尔在第二次世界大战前是英国卡文迪什实验室的工程师，从事雷达天线的研制。第二次世界大战期间，应征入伍，先加入英国空军部研究所，后转电信研究所，曾从事研制军用雷达的工作，立下了赫赫战功。二战结束后，赖尔回到剑桥大学卡文迪什实验室，领导射电天文的研究工作，使英国成为全球射电天文研究的中心，引领世界潮流。他的最出色的成就就是发明综合孔径射电望远镜。

赖尔提出"孔径综合"的概念和技术，可以概括为八个字："化整为零"和"聚零为整"。一面大型天线可以分解为许多小天线，每两面小天线都可以组成双天线干涉仪。在数学上可以证明，用大天线观测和用许多小的干涉仪观测的综合效果是一样的。因此可以用许多小天线代替一面大天线。这就是"化整为零"的办法，解决特大口径天线制造困难的办法。由于有非常多的小天线组成的双天线干涉仪，各个方向的基线都有，使得各个方向上的分辨率都比较高，方向图的主瓣不再是扇形了。

如图 4-16 所显示，抛物面天线把来自天体的辐射反射到馈源，相当于许多小面积天线反射的辐射分别到达馈源。可以把大抛物面天线拆分为许多小天线，两两组成干涉仪，对射电源进行观测。然后把观测资料进行综合处理，得到与大天线一样的观测效果。资料处理过程就是"聚零为整"的过程。当然，观测数据增加许多倍。数据处理的麻烦增加了，但解决了制造特大口径天线的困难。

实际上，由大天线拆分的小天线组成的许多干涉仪中有些间距和方向都相同，它们的观测数据是一样的。所以只需要选择一部分有代表性的不同基线长度和不同方向的小天线干涉仪就行了。这样一来，所需的小天线数目可以大大减少。

如果射电源辐射是稳定的不变的，可以用不同时间的观测数据进行综合处理。还可以利用地球的自转来获得两个小天线组成的干涉仪基线的不同的取向。这样又可以大大简化。最简单的综合孔径射电望远镜可以由两面小天线组成。图 4-17 是由两面天线（A 和 B）组成的综合孔径射电望远镜原理图。上图显示地球自转的作用，小天线 A 和 B 组成的干涉仪对射电源观测一天，从天体上看 AB 天线的基线取向不断变化，旋转了 360 度，因此各种取向都有了。下图是由天线 A 和 B 组成的干涉仪，A 天线固定，B 天线可以在 AB 连线方向上的铁轨上移动，从里到外有 10 个位置。B 天线所在的半个环是地球自转 12 小时导致的取向的变化。由于系统的对称性，只需要观测 12 小时就可以获得各种不同的基线取向。B 天线需要移动 10 次，在每个地方观测 12小时，也就是需要观测 10 天，才能得到一张射电天

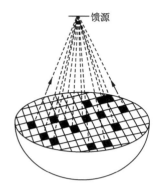

图 4-16　综合孔径射电望远镜的原理图：一面特大口径的天线可分解为许许多多小天线组成的双天线干涉仪，观测效果一样

图。相当于图 4-17 的下图所画的"大天线"的观测效果。当然，如果使用天线多一些，观测次数就要少一些。如果图 4-17 的下图布置 11 面小天线的话，观测12 小时就可以获得一张射电源的图像。

1963 年剑桥大学建成的 1.6 千米基线射电望远镜由 3 面口径 18 米的天线组成，其中两面相距 0.8 千米，是固定的。另一面天线放在 0.8 千米长的铁轨上，可以移动。结果得到了 4.5 角分的预期的高分辨率。这个实验的成功证明利用地球自转进行综合的方法是可行的。

1971 年剑桥大学建成的等效直径 5 千米综合孔径射电望远镜，代表了当时最先进的设计。由 8 面口径为 13 米的抛物面天线组成，它们排列在 5 千米长的东西基线上，4 面天线固定，4 面可沿铁轨移动。每观测 12 小时后，移动天线到预先计算好的位置上再观测 12 小时，以获得各种不同的天线间距。资料经过计算机处理后得到一幅观测天区的射电图。最短的观测波长为 2 厘米，结果得到的角分辨率约为 1 角秒，已经可以和大型光学望远镜媲美了。

综合孔径是赖尔对射电天文观测技术的重大突破，使分辨率和成像能力很差的射电天文观测，变为可以与光学望远镜比肩了。赖尔因为发明综合孔径射电望远镜而荣获 1974 年诺贝尔物理学奖。

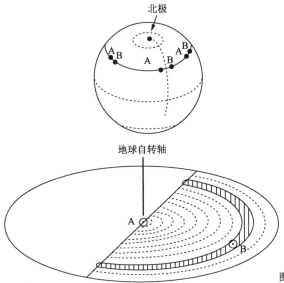

图 4-17　综合孔径射电望远镜原理图

剑桥大学综合孔径射电望远镜观测研究课题非常广泛，最有显示度的观测是发现了一批河外射电星系，历史性地给出一批延展射电源的结构图。天鹅座射电源的图像是它的经典之作，这个射电源有两个遥遥相对的射电展源，在它们之间有一个致密的点源是星系核。这类源称为射电双源。图像的细节表明是星系核连续地向两个展源提供能量。

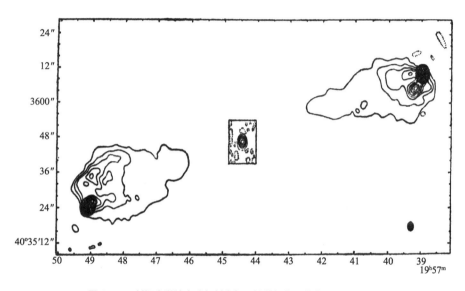

图 4-18　剑桥大学综合孔径射电望远镜获得的天鹅座射电源的图像

### 3．综合孔径射电望远镜蓬勃发展

赖尔的成功在天文界引起了巨大的反响。荷兰、美国、加拿大、澳大利亚、印度、日本、苏联和我国相继建成综合孔径射电望远镜系统。不仅有以观测研究银河系和河外射电源为主的综合孔径望远镜，还有观测太阳的日象仪。从波段上来说，有厘米波、分米波、米波、毫米波和亚毫米波的综合孔径望远镜。

（1）美国甚大阵综合口径射电望远镜（VLA）

美国是射电天文的发源地，但后来英国成为引领世界射电望远镜发展的旗手。美国学者曾计划建造口径 183 米的特大型射电望远镜，以取得领先地位。但是，综合孔径望远镜问世以后，美国天文学家改变初衷，转而决定建造综合孔径望远镜。

从 1961 年开始筹划、设计，经过 20 年的努力，终于在新墨西哥州的一片荒原上出现了一个巨大的天线阵，巍巍壮观，简称甚大阵。望远镜由 27 面直径 25 米的可移动的抛物面天线组成，分别安置在三个铺有铁轨的臂上，呈 Y 形。两个臂长是 21 千米，另一个臂长为 20 千米。每个臂上放置 9 面天线。VLA 在灵敏度、分辨率、成像速度和频率覆盖四个方面全面超过英国赖尔综合口径射电望远镜。

望远镜的总接收面积达到 5.3 万平方米，灵敏度比赖尔望远镜高出 12.5 倍。甚大阵的最大基线是 36 千米，在相同的波段上的空间分辨率比赖尔望远镜高 7 倍多，由于 VLA 最短工作波长可达 0.7 厘米，因此最高分辨率要比赖尔综合孔径望远镜高 20 倍，达到 0.05 角秒，已经优于地面上的大型光学望远镜了。由于基线数目很多，观测图像的品质非常高。

图 4-19　美国甚大阵综合口径射电望远镜（VLA）

（2）澳大利亚综合孔径射电望远镜（ATCA）

1983 年联邦政府拨款 5000 万澳元研制综合孔径射电望远镜，作为庆祝建国 200 周年献礼项目之一。1984 年开始兴建，1988 年如期完成投入使用。全名为澳大利亚望远镜致密阵（ATCA）。由 6 面直径 22 米的天线组成，东西向一字排开。一面天线固定，5 面可移动天线放置在铁轨上。最长基线为 6 千米。观测波段为 21 厘米到 3 毫米范围。其中 3 毫米、6 毫米和 12 毫米 3 个波段的观测项目最多，成为目前国际上特有的主要用于毫米波观测的最大综合孔径望远镜，也是独霸南半球的射电望远镜。

（3）印度米波综合孔径射电望远镜（GMRT）

印度米波综合孔径射电望远镜是当今世界上米波段灵敏度最高的望远镜。1994 年建成，位于德干高原上的普纳市以北 80 千米处。由 30 台可操纵的直径

图 4-20　放置在夏威夷岛上的莫纳克亚的 SMA，世界上第一个亚毫米波成像望远镜

45 米的抛物面天线组成。其中 14 面集中在大约 1 平方千米的范围内，其他 16 面天线沿 3 个臂分布，形成 Y 形。最长的基线是 25 千米，总接收面积比美国甚大阵大 3 倍。

望远镜处在赤道附近，既可以观测北天的天体，也可以观测南天的天体。这里最大的优点是电磁干扰很小，非常适宜米波的射电观测。设计上最大的突破是天线，45 米直径的大天线的重量，与常规设计的 22 米直径的天线相当，节省了大量的经费。天线表面采用网状结构，更使造价便宜得多。

（4）世界上第一个亚毫米波阵（SMA）

建造亚毫米波综合孔径系统难度非常大，不仅天线表面的加工精度极高，而且还在于连接天线的馈线长度要求做到丝毫不差，不能容忍馈线长度的细小的变化。1984 年美国史密松天文台提出建造亚毫米波阵（SMA）的计划，1991 年开始建造。亚毫米波阵由 8 面口径为 6 米的天线组成。最长基线为 509 米，8 面天线可以在 24 个基座上移动，以获得更多的基线，提高成像质量。SMA 放置在夏威夷岛上的莫纳克亚，于 2003 年底正式启用，成为世界上第一个亚毫米波成像望远镜。

正在建造的阿塔卡马大型毫米波 / 亚毫米波阵（ALAM）规模更大。第一步是由 64 面 12 米口径天线组成，第二步再增加 12 面天线。观测波长从 1 厘米到 0.3 毫米，分为 10 个波段，由 10 台接收机分别接收。采用噪声水平最低的超导接收机。空间分辨率达到 10 毫角秒，比美国甚大阵和哈勃空间望远镜好 10 倍。

（5）微波连接干涉仪网（MERLIN）

综合孔径射电望远镜必须用馈线把各个天线连接起来，形成一个复杂的系统。基线越长，天线越多，系统越复杂，建造起来也越困难。英国天文学家改用微波接力的方法，取消了馈线。1980 年，他们研制完成最长基线达 217 千米的"多天线微波连接干涉仪网"（MERLIN）。

MERLIN 是当今基线最长的干涉仪系统，也是英国国内最高分辨率的射电望远镜系统。观测时使用 7 台射电望远镜。总部设在卓瑞尔河岸天文台本部，那里有两台射电望远镜。一台是口径 76 米的洛弗尔射电望远镜，另一台是口径为 25 米 ×38 米的椭圆形天线的射电望远镜，但观测时只用其中之一。还有 5 台口径 25 米的射电望远镜和一台口径 32 米的射电望远镜。有 5 台射电望远镜的观测波长都达到了 13 毫米，在这个波段上，分辨率达到 0.01 角秒，比哈勃空间望远镜的分辨率高出 5 倍。由于微波接力只能发送一小部分观测信息，现在已改用光纤连接，观测质量有很大提高。

### 4. 中国的综合孔径射电望远镜

20 世纪 60 年代初，我国就启动了综合孔径射电望远镜的研究。1984 年建成密云综合孔径射电望远镜，21 世纪初建成的 21 厘米射电阵和厘米波日象仪是综合孔径射电望远镜系统。

（1）密云米波综合孔径射电望远镜

赖尔发明的综合孔径技术影响着国际射电天文的发展。这个时期中国射电天文学正处在起步阶段，当时密云观测站的米波射电干涉仪已初步建成，正在策划发展成为综合孔径望远镜。米波是当时国际上射电成像观测被忽略的一个波段，特别是 232MHz 频段上是个空白。当然，米波段的技术难度不大，造价比较便宜也是原因之一。很快"文化大革命"开始了，十年浩劫，使研制中断数年，最后于 1985 年建成。

密云综合孔径望远镜由 28 面口径为 9 米的网状天线组成，在优美的密云水库旁边，东西方向一字排开，总长 1160 米。工作频率是 232MHz 和 327MHz。在 232MHz 上的分辨率约 4 角分。由于采用 28 面天线，天线数目足够多，不需要移动天线来获得不同的天线间距，效率很高。虽然晚了一些时间，它的观测结果在国际上还是占有一席之地。在获得丰富的巡天观测资料以后已于 21 世纪初退役。

（2）探索第一缕曙光的 21 厘米射电阵

大爆炸宇宙学理论认为，在第一代恒星诞生以前，宇宙曾处于黑暗时代。冲破黎明前黑暗的是第一批诞生的恒星。第一代恒星发出的光，使中性氢再次电离，导致氢原子发射波长为 21 厘米的谱线。由于当时宇宙膨胀速度很快，红移值约为 6 到 20 之间，因此波长为 21 厘米的谱线变长为 1.5 ～ 6 米之间。2006

图 4-21　新疆 21 厘米阵，由 10,287 个单元天线组成

年国家天文台建造完成的"21 厘米天线阵"希图发现 1.5 ～ 6 米波段上的谱线，寻找到宇宙的第一缕曙光。

采用波段比较宽的对数周期振子天线组成天线阵，东西基线长 6 千米。南北基线长 4.1 千米，共有 10,287 个单元天线，等效接收面积达 4 万平方米。整个天线阵的分辨率约为 2 角分。固定在地面上的天线阵方向图主瓣始终对准北极 100 平方度的天区。观测时间可以很长，这样有助于灵敏度的提高。这类观测最怕低频段电磁干扰，观测站必须远离城市。在新疆天山山脉的乌拉斯台山谷中找到了一个理想的台址。那里群山环抱，远离城市、荒无人烟，是一个几乎没有无线电干扰的地方。

（3）厘米—分米波段射电日象仪（CSRH）

太阳是离我们最近的恒星，射电辐射很强，小型射电望远镜就能观测。但是太阳射电剧烈活动都是发生在局部区域，它们的形态多样、变化无常、高速运动，只能应用综合孔径望远镜原理研制成的日象仪，才能实现高空间分辨率、高频率分辨率、高时间分辨率与高灵敏度于一身的成像观测。2003 年，我国开始研制"新一代厘米—分米波射电日象仪"，其性能将超过世界上已有的日象仪，频带很宽，从 0.4GHz 到 15GHz；成像频率点数很多，达到 100 个。日象仪有两个天线阵，由 40 面口径 4.5 米天线组成低频阵（0.4～2GHz）和由 60 面口径 2 米天线组成高频阵（2～15GHz）。最长基线达到 3 千米，最高分辨率为1.4 角秒。台址选在内蒙古正镶白旗。100 个频率点上的成图观测将把太阳大气从里到外看个够。2016 年建成投入观测，这样的技术指标代表了当今世界最高水平。

# 五

# 甚长基线干涉仪网

综合孔径射电望远镜需要馈线把各个天线连接起来。太长的馈线可能因为漫长路途上的环境差异而产生诸如热胀冷缩等变化，导致天体信号的相位发生变化，致使望远镜失灵。只有取消馈线才可能把基线加长到几千千米。天文学家在综合孔径射电望远镜的基础上，发明了甚长基线干涉仪（VLBI），使分辨率大大超过光学望远镜。

## 1．甚长基线干涉仪原理

顾名思义，这种干涉仪的基线特别长，可以获得非常高的空间分辨率。既不要馈线传输，也不要微波接力，天线间没有任何方式的连接。这可能吗？

综合孔径射电望远镜之所以要用馈线连接起来，是要把各个天线接收到同一个射电源的信号进行相位比较和相加。取消馈线，各个天线对着同一个射电源同时进行观测，把观测数据记录在磁带或光盘上，观测完后再进行相位比较和相加的处理。这两种方式应该是等同的。当然，取消馈线带来的困难也是很大的。两台相距几千千米的射电望远镜，如何保证同时观测同一个射电源？如何保证各台射电望远镜接收到的辐射的中心频率和频带宽度完全相同？

我们知道，原子钟非常精准，可以达到每 100 万年才误差 1 秒的精度，两地都用原子钟计时，就能在观测记录上确定同时观测的起点。射电望远镜接收机都是超外差式，要把观测到的射电源辐射的高频降到中频，因此需要有本机振荡信号与之差频。如果两地的射电望远镜各自用一般的本机振荡器，频率不够稳定，漂移规律不同，势必导致观测的波段有差别。使用频率特别稳定的原子钟作为本振频率就不会出现这个问题了。

### 2．欧洲甚长基线干涉网

欧洲地区射电天文学发达，1980 年由德国、意大利、荷兰、瑞典和英国联合建立欧洲地区的甚长基线干涉观测网（EVN），总部设在荷兰。很快就扩展至欧洲各国。

欧洲网所覆盖的地区还不够大，基线不够长，分辨率不高。因此对我国上海和乌鲁木齐的 25 米口径射电望远镜特别感兴趣，力邀我们参加。欧洲网扩大到了亚洲的中国，后来又扩大至南非的约翰内斯堡和美国阿雷西博 305 米口径射电望远镜，成为世界上分辨率和灵敏度最高的 VLBI 网。欧洲网涉及 11 个国家、18 台射电望远镜。虽然各台射电望远镜的情况很不相同，但进行甚长基线观测时，使用的接收系统和记录终端是相同的，要升级，大家一起升级。记录的观测数据要送到国际联测的数据处理中心去统一处理。

### 3．中国甚长基线干涉仪网（CVN）

为了"嫦娥"探月工程的测轨任务，我国于 2006 年建立了自己的甚长基线干涉观测系统，由上海天文台和新疆天文台的 2 台 25 米口径射电望远镜、北京国家天文台的 50 米口径射电望远镜和云南天文台的 40 米口径射电望远镜组成，并在上海天文台建立数据资料中心。最短基线是上海到北京的 1114 千米，最长基线是上海与乌鲁木齐之间的 3249 千米。这是一个令人羡慕的数字。在 3.2 厘米波长上的分辨率达到 2.5 毫角秒。与通常的天文观测不同，进行"嫦娥一号""嫦娥二号"和"嫦娥三号"的测轨，必须在 5 分钟以内得到结果。这是一个新的挑战，但完满地解决了，4 台望远镜应用网络实时传送观测数据到上海天文台的数据资料中心，经过处理后迅速传送到"嫦娥探月"指挥中心。

我国甚长基线干涉观测系统成功地完成了测轨和接收探测数据的任务，测轨误差只有万分之三，非常准确。这一干涉网已经开始进行天体物理的观测研究。

图 4-22　我国甚长基线干涉观测系统的上海天文台 25 米（左上）、新疆天文台 25 米（右上）、北京国家天文台 50 米（左下）和云南天文台 40 米（右下）射电望远镜

## 4．美国甚长基线干涉阵（VLBA）

美国 VLBA 由 10 台 25 米口径射电望远镜组成，跨度从美国东部加勒比的维尔京岛到西部的夏威夷，基线长达 8600 千米，最短基线 200 千米。1986 年开始建造，1993 年 5 月最后完成。天线的运转由设在新墨西哥州的 Socorro 的望远镜阵工作中心控制。10 台射电望远镜的天线和接收机系统一模一样，它们的分布是按照甚长基线干涉观测的要求来安排的。这个世界上最大的 VLBI 观测的专用设备，分辨率高，观测资料处理方便，图像质量很高。观测波长从 90 厘米到 3.5 毫米。

毫米波观测对天气条件的要求非常苛刻，有雨或有云的天气都不能进行观测。VLBA 的 10 台射电望远镜分布在 8600 千米的广阔地带，1 年中 10 个台站同时处在适合毫米波观测天气条件的时候很少。有限的时间只能分给一些特殊的观测课题。

## 5．日本甚长基线干涉空间观测站（VSOP）

天文观测对分辨率的要求是无止境的，宇宙有探之不尽的奥秘，细节之下，还有细节，突破地球大小的限制，发展空间 VLBI 技术，进一步提高空间分辨率成为天文学家的追求。1987 年 3 月日本科学家提出"VLBI 空间天文台计划"（VSOP），于 1989 年正式开始研制。1997 年初采用日本的三级全固体新型 M5 运载火箭，把专用的口径为 8 米的射电望远镜卫星发射到太空中，成为第一个空间 VLBI 卫星。观测频段在 1.6GHz（18 厘米）、5GHz（6 厘米）和 22GHz（1.3 厘米）。卫星轨道周期约 6 小时，近地点为 560 千米，远地点为 21,000 千米。

空间射电望远镜与地面射电望远镜组成的 VLBI 系统的基线超过地球赤道处直径的 2.5 倍，是地面上那些已利用的基线长度的 3 倍，角分辨率可达 60 微角秒，成为当今空间分辨率最高的天文望远镜。卫星的预期寿命是 3 年，但天文观测一直进行到了 2003 年 10 月，实际寿命为 6 年半多，现在卫星还在轨道上运行，但已经无法控制卫星姿态，失去进行天文观测的能力。

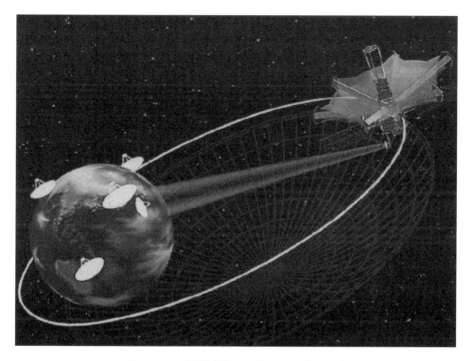

图 4-23 日本甚长基线干涉空间观测站（VSOP）

第五讲

# 宇宙航行的梦想和实现

自古以来，人们总幻想着飞上太空探索宇宙的奥秘。很多古代绘画、雕塑等艺术作品中，不乏美丽的飞天佳作。嫦娥奔月的故事在我国家喻户晓。现在，人们遨游太空的梦想已经逐步实现，从 1957 年苏联的第一颗人造卫星上天，到今天由各种人造卫星、航天飞机、宇宙飞船和空间站构成空间一族，载人或不载人的航天器在地球大气层以外频繁地进行探测活动。在世界航天事业中，中国航天占有一席之地，在短短的几十年中已经取得举世瞩目的成就。

# 航天事业发展的前奏

从风筝到气球、飞艇，再到飞机，人类实现了像雄鹰一样在天空中翱翔的美好愿望。然而，它们只能飞离地面，飞上蓝天，却不能逃脱地球的引力，飞向太空。怎样才能挣脱地球的引力，冲出地球的大气层，飞到宇宙太空中去遨游？

## 1.古代火箭的启示

根据牛顿万有引力定律可以推算出，物体的运动速度如果达到 7.9 千米/秒，它就可以挣脱地球的吸引力环绕地球飞行，而不再落到地面上。人们把 7.9 千米/秒叫作第一宇宙速度。如果达到 11.2 千米/秒，就可以飞出地球环绕太阳飞行，叫作第二宇宙速度。如果达到 16.6 千米/秒，就可以逃脱太阳的引力飞出太阳系，叫作第三宇宙速度。

　　我们都知道，用火箭可以把人造卫星发射到太空中去。最先发明火箭的是我们的祖先，据史书记载，汉朝末年诸葛亮攻打郝昭，用的就是"火箭"。大约800多年前，即我国南宋时期，民间开始用火药制造各种爆竹。爆竹中有一种称为"窜天猴"的，点燃后火药燃烧产生的热气向下喷发，产生了反推力，爆竹一下子就腾空而起了。爆竹是靠自身喷气推进而升到空中，与现代火箭的原理是一样的。明代的火箭"火龙出水"是一种串联式二级火箭，点燃第一级后使龙体在水面飞行，火药燃尽时便引燃龙腹中的火箭，从龙嘴中吐出去攻击敌人。

　　据记载，我国明朝有一个叫万户的人，他把47枚火箭捆绑在一把"飞天椅"的后面，自己手拿两个大风筝坐在椅子上让别人点燃火箭，想用火箭的推力把他送上天。在一声巨响之后，飞天椅被炸烂了，万户牺牲了。万户虽然没能飞上天，但是他想借助火箭的推力飞上天空的想法和实践是可贵的。现在世界公认他是人类航天事业真正的始祖。国际天文学联合会把月球背面的一个火山口命名为"万户火山口"。

图 5-1　中国古代的二级火箭"火龙出水"

### 2．宇宙旅行的先驱者——齐奥尔科夫斯基

20世纪初期，科学技术的飞速发展以及炼钢、合金、电焊等各种工业水平的大幅度提高，给那些致力于宇宙航行研究的人们带来了希望的曙光。这时候，俄国一位杰出的科学家，后被人们誉为宇宙航行之父的齐奥尔科夫斯基（K. Tsiolkovsky）脱颖而出。

**图 5-2　齐奥尔科夫斯基**

1909年，他发表了一篇题为《利用喷气装置探索宇宙空间》的著名论文，为人类的航天事业奠定了科学理论基础。他指出，"只有火箭才能冲出地球大气层到达宇宙空间"。他通过计算还得出一个结论："实现宇宙航行要有多级火箭，逐级加速，速度越来越快，最后挣脱地球引力，进入宇宙空间。"他为人类实现飞天梦想指出了一条光明大道。然而，齐奥尔科夫斯基的英明预见在当时并未引起人们足够的重视，他始终未能实际制造一枚他自己设计的火箭。

1926年3月16日是人类航天史上一个划时代的日子，这天下午美国科学家戈达德（R. H. Goddard）在实验场点燃了世界上第一枚液体火箭的燃料，火箭一下子蹿到十几米高的空中，然后又水平飞行了几十米后落下地来。戈达德把齐奥尔科夫斯基的理论付诸了实践，被后人誉为火箭之父。

### 3．冯·布劳恩和 V-2 火箭

戈达德的液体火箭在美国未引起人们的注意，却在德国受到了重视。1929年德国科学家奥伯特（H. Oberth）在布劳恩（W. von Braun）等助手的帮助

下，开始做液体火箭的实验。1931 年，他们的火箭垂直上升高度达到了 91 米。后来军方挤了进来，要求它们研制军用火箭。1933 年到 1942 年间，布劳恩等研制出各种型号的液体火箭，最高的飞行速度接近 2 千米 / 秒。1944 年德国纳粹头子希特勒看中了 A-4 火箭，下令将它改进后装上炸药用于战争，进攻英国，并更名为 V-2 火箭。尽管 V-2 火箭在战争中充当了希特勒滥杀无辜的工具，但是它成功的制造技术已经让人们看到人类挣脱地球引力、冲出大气层的日子不会太遥远了。V-2 火箭是人类航天史上一个重要的里程碑。1945 年 5 月 7 日德国宣布无条件投降以后，布劳恩等一批火箭专家到了美国，还有一些火箭专家到了苏联，他们的才华和技术在那里都得到了应用和发展。布劳恩到美国后成为美国第一颗人造卫星上天和阿波罗登月计划的重要人物。

# 宇航事业伟大的突破——卫星满天飞

在 1954 年召开的国际地球物理学会议上，有人建议美国和苏联研制和发射人造卫星，美苏两国欣然接受。苏联走在了前面，美国紧追其后，迅速超越。其他国家也不甘落后，陆续把人造卫星放上了天。一时间，卫星满天飞。

## 1．伟大的突破——人造卫星上天

1957 年 10 月 4 日，苏联的第一颗人造卫星上天，揭开了人类进入空间时代的序幕。这是一个直径 58 厘米、重 83.6 千克的银色铝合金空心球，里面装着电源和发报机。卫星沿着椭圆形的轨道围绕地球飞行。它距地面最近时 215 千米，最远 947 千米，每 96.2 分钟绕地球一圈。当天午夜，莫斯科广播电台向全世界宣布了这一重大新闻。全世界都可以接收到 1 号卫星发出的嘀嘀嘀的信号，在日出日没的时候，用小望远镜就能看到。全世界都为之沸腾了。同年 11 月 3 日，苏联又将载有一只名叫"莱伊卡"的小狗的 2 号卫星送上了太空。苏联第一颗人造地球卫星在太空中运行了 93 天，围绕地球转了 1400 圈之后坠落下来。它的发射成功实现了人类飞向太空的伟大突破，也是人类进入宇宙航行时代的开端。从此以后，人类的航天活动便开始热闹起来。

美国 1958 年 2 月 1 日发射的第一颗人造卫星"探险者 1 号"，绕地球工作了将近 4 个月的时间，首次发现了围绕地球周围的范艾伦辐射带，立了大功。法国的第一颗人造卫星是 1965 年 11 月 26 日发射的"试验卫星 1 号"。日本的第一颗人造卫星是 1970 年 2 月 11 日发射的"大隅号"。中国是世界上第五个依靠自己的力量成功地发射人造卫星的国家。中国的第一颗人造卫星是 1970 年 4 月 24 日发射的"东方红一号"。它的外形是个近似球形的多面体，直径约 1 米，最大特点是携带了一台音乐发生器，能够演奏出《东方红》乐曲的声音。到了 1980 年代以后，又有英国、印度、欧洲空间局等的卫星上天了。种类繁多的人造卫星形成了一个大家族。

早期的运载火箭尺寸比较小，卫星多数采用球形或接近球形的多面体，这种形状容积最大，允许安装比较多的仪器设备。卫星的个头不大，但技术特别复杂：外壳材料要耐得住宇宙空间高能粒子的侵袭；骨架要足够坚固，足以抵抗起飞时的火箭推力和超重现象；卫星内部要维持一定的温度和气压，使卫星上携带的各种仪表都能正常地发挥作用；能源要持久和稳定；要保证卫星保持与地面的联系，随时接受地面的遥控并将探测到的资料发送回地面。返回式卫星的设计还要考虑返回地面过程中穿过稠密大气层时温度急剧升高的问题，要求材料能耐高温，还要有回收系统。

按照用途来分，人造卫星可以分为三大类：第一类是科学卫星，包括空间物理探测卫星和天文卫星等；第二类是试验卫星，包括进行航天新技术试验或者是为应用类卫星进行试验的卫星；第三类是应用卫星，包括通信卫星、气象卫星、地球资源卫星、侦察卫星、导航卫星等等。

### 2．运载火箭的功劳

在航天飞机出现之前，运载火箭是发射人造卫星上天唯一的运输工具。然而，要把人造卫星准确地运送到预定的轨道上，谈何容易。

V-2 火箭的速度最高约为 5.7 千米 / 秒，距离第一宇宙速度 7.9 千米 / 秒还有差距。提高速度的途径只有采用多级火箭这一种办法。多级火箭大致分为三种形式：串联式、并联式和串联并联式。串联式是由两个以上的火箭装在一起，最下边的是第一级，往上是第二级，再上是第三级。工作时，第一级先点火燃烧后脱落，接着二级点火，燃烧后脱落……一级一级地加速，最后把人造卫星送入轨道。并联式是以一个主火箭为中心，周围再捆绑几个小火箭。工作时，周围火箭先点火燃烧加速，然后中心火箭再点火继续加速。串联并联式是先把几个火箭叠装在一起，相当于并联式中的主火箭，然后在它的周围再捆绑几个火箭。

各个国家都用不同的命名来区分各种型号的运载火箭。苏联的运载火箭有"卫星号""东方号""闪电号""联盟号""能源号""质子号"。美国的运载火箭有"雷神""宇宙神""德尔塔""大力神""土星号"。欧洲空间局的运载火箭被命名为"阿丽亚娜"。日本的运载火箭有 M 系列、N 系列和 H 系列。中国则是"长征"系列运载火箭。

中国自 1956 年开始现代火箭的研制工作，"东方红一号"卫星是由"长征一号"运载火箭发射上天的。目前，中国的长征系列运载火箭共有 17 个型号。运载火箭技术水平已经达到世界先进水平，但比美、俄的运载火箭还有差距。正在研制的长征五号、六号、七号和八号运载火箭，能力有较大的提升。形成了系列，具备发射近地轨道卫星、太阳同步轨道卫星、地球静止轨道卫星的能力。

在长征一号至四号中，地球同步轨道运载能力最大的是长征三号乙运载火箭，运载量为 5 吨左右；近地轨道运载能力最大的是长征二号 F 运载火箭，运载量 9 吨左右。

中国新一代运载火箭由芯级直径 5 米的长征五号系列大型运载火箭、芯级直径 3.35 米的长征七号系列中型运载火箭和长征六号小型运载火箭组成。可以说是大、中、小三个型号。这三款运载火箭采用基本相同的动力系统和电气系统，模块式组合，采用无毒推进剂，推动多星发射装置的系列化、标准化发展。

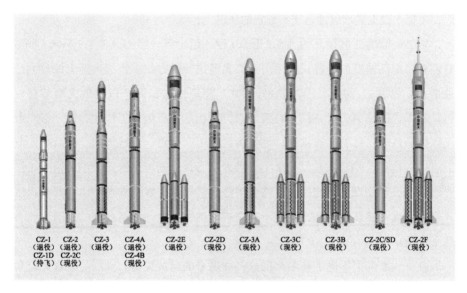

图 5-3　我国长征系列火箭

　　这个系列中运载能力最强的是长征五号（图 5-3 中未展示），是为发射超重型应用卫星、空间站、返回式月球探测器、深空探测器等而设计的。长征五号高度达到了 57 米，箭体直径达 5 米，近地轨道的运载能力 25 吨、地球同步转移轨道运载能力 14 吨。这个庞然大物无法用火车运送，只能用轮船运到海南文昌发射场。2016 年 11 月 3 日成功发射。但是 2017 年 7 月 2 日，长征五号遥二火箭发射失利。这次发射失败对有关空间探测设备的发射上天产生影响。不过，已经找到失败原因，不久将会再次发射。

　　长征六号运载火箭于 2015 年 9 月 19 日成功发射。2017 年 11 月 21 日长征六号再次升空，一箭三星，成功发射吉林一号视频 04、05、06 星。长征六号成本低，可靠性高，适应性强，安全性好。这两次都是在太原卫星发射中心发射。

　　长征七号属于新一代中型运载火箭，采用"两级半"构型，箭体总长 53.1 米，芯级直径 3.35 米，捆绑 4 个直径 2.25 米的助推器。近地轨道运载能力不低于 14 吨，700 千米太阳同步轨道运载能力达 5.5 吨。2016 年 6 月 25 日长征七号从中国文昌航天发射场首次成功发射。

## 宇宙飞船、航天飞机和载人航天

太空的神奇吸引着古今中外的人们。20 世纪 60 年代，航天技术的发展让人类千年的飞天幻想变成现实。从苏联宇航员加加林上天到美国阿姆斯特朗登月，只用了 8 年时间。宇航员如何上天，如何在太空遨游或登陆星球，又如何安全回到地面？这一切都取决于多级火箭、宇宙飞船和航天飞机的强大功能和安全可靠。苏联是载人航天的先锋，美国后来居上创造了宇航员登月的奇迹。我国急起猛追，成为世界上第三个载人航天的国家。

### 1．苏联先声夺人，成为载人航天的先行者

1961 年 4 月 12 日，是人类值得纪念的一天。苏联宇航员尤里·加加林（Yuri A. Gagarin）乘坐的"东方一号"宇宙飞船发射升空，进入预定的围绕地球运行的轨道。他坐在座椅上，透过面前的舷窗，看到了外面的景色，向地面报告："我看见了地球上的陆地、森林、海洋和白云。太空显得非常黑暗，而地球是蔚蓝色的，太美了。"加加林胜利完成人类第一次航天飞行，成为第一个从太空中看到地球全貌的人。

载人飞船面临三大任务，当然也是三大难题：上得去、待得住和回得来。上得去，首先要求火箭有足够大的推力和极高的安全性。一枚火箭由几十万个零件组成，坏了一个都可能造成安全问题。待得住，要求摸清空间环境可能对人体造成什么样的危害和采取有效的保护措施。太空中高度真空、温差极大、失重状态、充满了有害的宇宙辐射、越来越多的太空垃圾等都可能对人体造成伤害。回得来更关键，这是载人飞船的最后一环，也是成败的最终标志。飞船的返回舱进入稠密大气时，就像飞机撞山一样，产生巨大的冲击过载，可能对宇航员造成伤害。返回舱与大气摩擦，会产生几千度的高温，没有很好的防护，就是钢筋铁骨也会熔化掉。最后，返回舱着陆前要打开降落伞降速，能否顺利打开，关系着宇航员的生命安全。

图 5-4　人类第一位太空使者，
苏联宇航员加加林

　　加加林乘坐的飞船是人类第一艘载人飞船，它由球形的密封舱和圆柱形的设备舱组成。密封舱是宇航员的座舱，直径 2.3 米，外表覆盖了一层耐高温材料，能承受 550℃ 的高温。舱内备有食品、氧气、饮用水等生活必需品。密封舱内还有返回系统、遥测系统、姿态控制系统。设备舱位于密封舱的后面，里面装有飞船的动力系统及服务保障系统。"东方号"飞船只能乘坐 1 人，属于第一代飞船。虽然比较小，也比较简单，但它却是经过了多次不载人飞船飞行实践后改进完善的结果，安全可靠。

　　第二代飞船"上升号"，可乘坐 2～3 人，增加了出舱的设施，让宇航员可以走出飞船到太空行走。扩容的改进引发了问题，除了拆掉一些仪器设备，还要求宇航员在舱内不穿宇航服，留下了重大隐患。

　　第三代叫"联盟号"，非常成功。它是一种多座位飞船，内有 1 个指挥舱和 1 个供科学实验和宇航员休息的舱房，还增加了能与别的飞船或空间站进行空间对接的装置。它既能自主长期飞行，为空间站接送宇航员和物资等，还能与空间站组成一个新的飞行器。为了实施把宇航员送上月球的计划，从 1967 年的"联盟一号"到 1970 年的"联盟九号"都进行了交会对接的实验。美国"阿波罗"登月成功迫使苏联取消登月计划，改为发展空间站。"联盟"十号到四十号的任务就是为"礼炮号"和"和平号"空间站运送宇航员和物资。"联盟号"除了最初发生 2 起事故外，安全性一直很好。美国航天飞机停飞以后，"联盟号"飞船成为国际空间站接送宇航员的唯一飞船。2012 年美国私人公司的"龙"飞船上天，开始了向国际空间站运送人员和物资的任务。

　　在回顾苏联宇航成就时，科罗廖夫的事迹是需要大书特书的。他是第一颗人造卫星的设计者，为他的国家赢得了一系列世界第一：第一颗人造卫星；第一艘载人飞船；第一个月球探测器；第一个金星探测器；第一个火星探测器和第一次太空行走等。科罗廖夫不愧是人类航天事业的开拓者。不幸的是，1966年，正处于事业巅峰的科罗廖夫死于一起医疗事故。科罗廖夫1907年生于乌克兰，一生坎坷。大学毕业后从事飞机设计工作。1933年担任苏联国立喷气推进研究所副所长。但是，1938年受苏联肃反运动波及被逮捕入狱。在监狱工厂仍然研制了著名的"喀秋莎大炮"。1944年出狱后负责研制本国的弹道导弹工作。他主动请缨，希望政府允许他发射一颗卫星，1957年1月获得批准后，以最快的速度设计了一个简易卫星，并用他主持设计的第一枚洲际弹道导弹P-7在当年10月4日把卫星发射升空，引起全球的轰动。当时的领导人赫鲁晓夫要求他在11月7日"十月革命"纪念日前再发射一颗卫星。不到一个月时间里他们又造了一颗卫星，并在11月3日将其发射升空。这一次，一只名叫莱伊卡的狗上

**图5-5　俄罗斯联盟"TMA-7号"飞船**

了太空。1994 年发表的科罗廖夫的传记，全面介绍了他对航天事业的巨大贡献。

### 2．载人航天美国后来居上

美国的宇宙飞船也经历了三代的发展过程：第一代是"水星号"；第二代是"双子星座号"；第三代就是著名的登月飞船"阿波罗号"。从 1975 年开始，美国淘汰了飞船，用航天飞机进行了替代。

1958 年美国实施水星计划。"水星号"是美国研制的第一代载人飞船。由圆锥形的座舱和圆柱形的伞舱组成，总长度 2.9 米。伞舱上面还有一个 5 米多高的救生塔。1962 年 2 月 20 日，40 岁的美国宇航员约翰·格伦（John Glenn）驾驶"水星六号"飞船，进入距离地球约 260 千米的太空。他用 4 小时 55 分钟围绕地球飞行 3 圈后安全返回地球。格伦成为美国家喻户晓的英雄。时任美国总统肯尼迪亲自迎接他的凯旋归来，首都华盛顿为他举行了盛大的游行。1998 年 10 月 29 日，77 岁高龄的格伦在时隔 36 年后，搭乘"发现号"航天飞机再次进入太空，在太空逗留了 10 天，与队友们一起完成了 83 项太空实验的任务后，安全返回。

美国"水星号"载人上天的成功为美国挽回了一些面子，但是这时苏联的航天技术和航天成就依然处于领先地位。美国决心要在登月探险方面打一个漂亮仗，进行了周密细致的准备和实验。登月要解决的技术问题很多，最重要的是要实现多名宇航员共同飞行、两艘航天器的对接和宇航员出舱活动。为此，专门研制了可以乘坐 2 名宇航员并能与其他

图 5-6　1962 年遨游太空的第一个美国人格伦，36 年后以 77 岁高龄再上太空

航天器交会、对接的第二代飞船"双子星座号"。"双子星座"1号和2号作不载人飞行，目的是试验飞船的性能。接着在1965年连续发射3～7号5艘飞船，载两位宇航员飞行。其目的是为了试验宇航员能否经受住前往月球长时间的飞行。5艘飞船的飞行时间一艘比一艘长：4号是4天，5号是8天，7号是13天18小时，都很成功。

1966年，美国又发射了5艘"双子星座号"飞船，主要是试验对接技术、宇航服的可靠性和宇航员操纵飞船的能力。"双子星座号"共发射12艘，2艘不载人，10艘载人，全部成功地完成预期的任务。到此为止，探月的准备工作全部完成。

美国的第三代飞船是"阿波罗号"。其任务是把宇航员送到月球上去。从1969年到1972年底，共发射7艘"阿波罗号"载人飞船登月，十一至十七号，除十三号半路因发生故障返回外，其余6艘全部成功，12名宇航员踏上了月球。谱写了一部人类登月的壮丽诗篇。详情将在第五讲月球探测中介绍。

### 3．沉重的代价——缅怀为宇航事业牺牲的烈士

近50年来，人类的载人航天事业取得了辉煌的成就，这些成就是宇航员冒着极大的风险去完成的。到目前为止，宇宙飞船和航天飞机失事事件共发生5次，21位宇航员献身，他们不愧为人类航天事业的英雄。正像"阿波罗一号"飞船的指令长格斯·格里索姆（Gus Grissom）生前所说的："我们从事的是一种冒险的事业。如果我们死了，我们希望我们的人民能接受它，万一发生意外，不要耽搁航天计划的进展。征服太空是值得冒险的。"今天当我们为人类探索太空事业的成就而感到骄傲时，千万不要忘记这些为航天事业奉献出宝贵生命的人们。

1967年1月，"阿波罗一号"的指令长格里索姆、宇航员怀特（Edward White）和查菲（Roger B. Chaffee），登上飞船指令舱内进行训练，飞船内用100%的氧气加压，所有舱门都被关闭。在模拟训练进行了五个半小时以后，不幸驾驶舱突然着火，迅速蔓延，三位宇航员壮烈牺牲。为纪念他们，"阿波罗"登月成功后，"阿波罗一号"徽章的复制品被放在月球静海的尘土之中。

1967 年 4 月 23 日，苏联"联盟一号"载人飞船发射上天。上天后不久就出了故障，不得不提前返航。沉着冷静的科马罗夫（Vladimir Komarov）虽然把飞船驶进了返航轨道，然而当飞船降落至离地面 10 千米高度时，降落伞却打不开，飞船以每秒 100 多米的速度冲向地面，科马罗夫壮烈牺牲。

1971 年 6 月 6 日，苏联"联盟十一号"宇宙飞船在轨道上与"礼炮一号"对接成功，三名宇航员在太空站里度过了 23 个昼夜后，乘飞船离开空间站，安然着陆。当人们打开舱门时，却发现他们都安详地死在自己的座位上。原因是

图 5-7　苏联"联盟十一号"三位宇航员返回时牺牲

图 5-8　"挑战者号"在空中爆炸的惨烈景象

飞船降落地面之前飞船的密封性受到破坏，气压迅速下降，三人都因座舱拥挤不能穿航天服，导致突然死亡。

1986 年 1 月 28 日，"挑战者号"升空，送行者中有 19 名中学生代表，是来欢送老师麦考利夫（Christa McAuliffe）。按计划，这位老师要在太空中讲课。然而，在升空仅仅 70 秒钟之后，航天飞机就发生了爆炸，机身变成了一团橘红色的火球。机上 7 名航天员全部遇难。

2003 年 1 月 16 日，是"哥伦比亚号"航天飞机的第 28 次飞行。当"哥伦比亚号"航天飞机完成 16 天的飞行返回地球即将着陆时，"哥伦比亚号"在高空分裂解体了，变成碎片划破天空。机长里克·哈斯本德（Rick D. Husband）等 7 名宇航员全部遇难。

在美国阿灵顿国家公墓里，"挑战者号"和"哥伦比亚号"的墓碑成为人们瞻仰、怀念英雄的地方。

### 4．美国航天飞机的崛起、弃用和新型宇宙飞船的试验

航天飞机兼有运载火箭、载人飞船和普通飞机所具有的性能。当它在升空阶段，如同火箭；当它在轨道上飞行，就是载人飞船；当它要返回地球时，还能像飞机一样再入大气层滑翔着陆。它是现代火箭技术和现代飞机技术综合的结晶，经过多次试验，1981 年 4 月 12 日，第一架航天飞机"哥伦比亚号"正式发射起航。它的总长约 56 米，翼展约 24 米，起飞重量约 2040 吨，起飞总推力达 2800 吨，最大有效载荷 29.5 吨。与宇宙飞船相比，航天飞机最大的优势是容积大，可乘载多人，并能携带较多的仪器设备，便于在太空进行科学实验和研究工作。还能放送人造卫星，以及运送技术人员去无人航天器上修理、更换失效或损坏的仪器设备。航天飞机开创了人类航天史上的新纪元。

航天飞机投入使用后，其优越性得到充分展现。执行了 100 多次太空探索任务，取得辉煌的成果。但是，缺点也逐渐暴露，第一个缺点是成本太高，每架研发费用高达 20 亿美元不说，每次飞行的花费还要 5 亿美元，而且返回后要进行大量费时费力的检修，财政不堪重负。原来以为这种可以重复利用的航天飞机能够大大降低运转成本的期望落空。第二个缺点是安全性能比较差，发

生过两架航天飞机在飞行中爆炸、14 名宇航员牺牲的惨痛事故。这两个缺陷使决策层的领导毅然决定放弃航天飞机，让其退役。美国共建造了 6 架航天飞机，其中"企业号"为样机，其他 5 架分别是："哥伦比亚号""挑战者号""发现号""亚特兰蒂斯号"和"奋进号"。除了发生空中爆炸的"挑战者号"和"哥伦比亚号"外，其余 4 架航天飞机分别安放在 4 座博物馆里，供国内外公众参观，展示一个航天阶段的辉煌和结束。

尽管宇宙飞船仅能往返使用一次，但总体来说费用比航天飞机便宜，也比较安全。航天又回到宇宙飞船的时代。作为过渡，美国不得不依靠俄罗斯的宇宙飞船往返国际空间站。在此同时，美国加紧研制新型宇宙飞船，多管齐下进行多项研制。

其一是美国私营太空探索技术公司的"龙"飞船（Dragon，又译"天龙号"飞船）。这个名字中国人听起来很亲切，但它是取自于美国民谣曲《神龙帕夫》。飞船采取 7 人座和宽货舱设计，整体外形呈"子弹"状，高约 6.1 米，直径约 3.7 米。2012 年 5 月 22 日成功试飞，首次向国际空间站运送物资，并成功返回地球。

图 5-9 "奋进号"航天飞机在轨飞行

2013 年"龙"飞船再次成功完成向国际空间站运送补给的任务，平安落入太平洋回家。这是有史以来首艘造访空间站的商业飞船。2020 年 5 月 30 日，"龙"飞船首次载人发射成功，将两名宇航员送到国际空间站。

其二是美国麦克唐纳 - 戴特维尔联合有限公司的"天鹅座"货运飞船。2013 年 9 月首飞，成功地与国际空间站对接和分离。2014 年 1 月正式为国际空间站运送物资，送去约 1.26 吨的食品、备用零部件和科学实验设备，装满国际空间站的垃圾之后与空间站分离。垃圾随"天鹅座"飞船一起在返回大气层中焚毁。当年 7 月又成功地把 1.5 吨食品送到空间站。当在 10 月 29 日再次执行任务时，飞船升空 6 秒钟后发生了爆炸。

其三是波音公司的"CST-100"载人飞船。2014 年 7 月首次公开了试验机。这种飞船呈一个直径约 3 米、高约 4.5 米的圆锥形。可以搭载 7 名宇航员，由火箭发射升空，返回时以降落伞配合气囊进行。

其四是"猎户座"飞船的改良版，将是美国新一代宇宙飞船，承担未来登月、登陆火星及小行星的任务。"猎户座"飞船原是小布什政府"星座计划"的一部分，是作为美国宇航员重返月球使用的飞船。时任美国总统奥巴马终止了"星座计划"，但保留下其中的一些重要项目，"猎户座"飞船就是其中之一。这种飞船的许多功能与成功实施登月的"阿波罗"飞船相同，外观也很像，但比"阿波罗"大得多，可以运送 6 ～ 7 名宇航员去国际空间站，而"阿波罗"飞船只能乘坐 3 名宇航员。在结构设计、电子技术、计算机技术及通信技术方面将远远超出"阿波罗"飞船的水平。新飞船可以自动与其他航天器对接，能够在无人操作的情况下绕月飞行 6 个月，并且有望多次重复使用。在安全性上也有很大的提高，如果发射时遇到紧急情况，强大的逃逸火箭会迅速将宇航员带离危险境地。在升空和重返阶段比航天飞机"安全 10 倍"。美国国家航空航天局为打造"猎户座"飞船已花费了 90 亿美元。与飞船同时研发的还有一款新的威力更强大的"SLS"火箭推进器。2014 年 12 月 5 日，美国用"战神"运载火箭把"猎户座"飞船送上太空，进行不载人的试飞。飞行高度达到 5800 千米，比国际空间站飞行高度高出 15 倍，飞船绕地球飞行了两圈，然后安全返回，落在太平洋海域。飞船返回时进入大气层的速度达到 3.2 万千米 / 小时，飞船隔热罩经受住约 2200 摄氏度的高温考验。此后，由于大气摩擦力，飞船减速到 480 千米 / 小时，然后开启降落伞系统，使飞船最终减速至每小时 32 千米，保证飞船平稳地落在海面上，试飞完全成功。载人登陆小行星和火星将要等到 2030 年。

# 四

# 中国和华裔宇航员在太空中英姿焕发

半个世纪以来，已经陆续有数百名航天员飞上太空。载人航天技术十分复杂，可以说是集当今最尖端科学技术的大成。虽然以美国为首的宇航项目的国际合作比比皆是，但却一律拒绝中国参与，对我们是防之又防。我国自力更生、奋发图强，成为世界上第三个能独立地将航天员送上太空的国家。已有 9 名宇航员遨游太空。他们与美国华裔宇航员一起构成宇航员中的中华一族。

## 1. 载人航天，中国急起直追

从 1970 年发射第一颗人造卫星上天，到现在我国已经实现载人航天飞行的目标。在成功地进行了四次无人飞行试验以后，2003 年 10 月 15 日，酒泉卫星发射中心的"长征二号 F"火箭在震天撼地的轰鸣声中腾空而起，将我国第一艘载人宇宙飞船"神舟五号"送上太空，航天员杨利伟成为进入浩瀚太空的中国第一位航天英雄。"神舟五号"围绕地球飞行到第七圈时，杨利伟在太空中展示了中国国旗和联合国旗。"神舟五号"绕地球飞行 14 圈后，平安地降落在内蒙古阿木古朗草原地区。

2005 年 10 月 12 日，航天员费俊龙和聂海胜乘坐"神舟六号"升空，于 10 月 17 日早晨顺利返回。2008 年 9 月 25 日，航天员翟志刚、刘伯明、景海鹏乘坐"神舟七号"载人航天飞船成功进入太空，于 9 月 28 日安全返回地面。这次载人航天飞行圆满成功，使我国成为世界上第三个独立掌握空间出舱关键技术的国家。

2012 年 6 月 16 日，"神舟九号"飞船载着三名宇航员——刘旺、景海鹏和女宇航员刘洋飞上太空。18 日 14 时左右"神舟九号"与"天宫一号"实施自动交会对接，这是中国实施的首次载人空间交会对接。

2013 年 6 月 11 日，我国第五艘载人飞船"神舟十号"搭载聂海胜、张晓光和女航天员王亚平飞向太空，在轨飞行 15 天，航天员在"天宫一号"里开

图 5-10　我国第一位太空使者杨利伟

图 5-11　我国"长征二号丙"火箭发射升空的场面

展的科普教育实验和太空邮局两项公益活动，深深地吸引了航天迷的目光。航天员通过质量测量、单摆运动、陀螺运动、水膜和水球等 5 个基础物理实验，展示了失重环境下物体运动特性、液体表面张力特性等物理现象，特别精彩。"神舟十号"的主要任务是进行载人天地往返运输系统的首次应用性飞行，还与"天宫一号"进行空间交会对接等任务，均完成得非常完满。

2016 年 10 月 17 日 7 时 30 分，我国第六艘载人飞船"神舟十一号"上天，航天员为景海鹏、陈冬。驻留时间首次长达 30 天。19 日凌晨，"神舟十一号"飞船与"天宫二号"自动交会对接成功。两位航天员顺利进入"天宫二号"空间实验室。

我国现有酒泉、太原、西昌和海南文昌四个航天发射场，其中酒泉卫星发射中心是我国唯一的载人航天发射场。该地区地势平坦，人烟稀少。内陆及沙漠性的气候，非常适宜航天发射。

### 2. 活跃在美国宇航事业的华裔科学家

在美国有不少华裔科学家热心宇航事业，成为宇航员的就有好几位。这里仅介绍 4 位，3 位是物理学博士，1 位是化学工程学博士。在太空中进行科学实验是他们的主要任务。

王赣骏 1940 年出生于江西赣县，加利福尼亚大学物理学博士，在喷气推进实验室工作，后考上宇航员，1985 年成为"挑战者号"航天飞机 7 名宇航员中的一员，也是第一个进入太空的华人。他在太空中从事的实验项目是"无重力状态下液滴状况的研究"。1986 年 7 月，王赣骏访问中国时，将他带上太空的五星红旗赠给中国有关方面，以表达他的深情。

张福林祖籍广东，1950 年出生在哥斯达黎加，拥有 1/4 的华人血统。1968 年到美国留学，获得麻省理工学院的物理学博士学位，从事有关火箭方面的研究工作。1980 年被美国国家航空航天局选中，当上宇航员。他创造了 7 次上太空的世界纪录。多次获得美国国家航空航天局太空飞行奖章。他表示："希望我迈出的这一步，可以鼓励中国国内的青少年研究太空科学。"

焦立中祖籍山东，1960 年出生在美国。在加州大学获得化学工程学博士后

图 5-12 第一位华裔宇航员、物理学家王赣骏在航天飞机上（后排左二）

被选入美国国家航空航天局，成为一名宇航员。1994 年 7 月 8 日他随"哥伦比亚号"航天飞机第一次进入太空，随身携带了一面小的中国国旗。曾出任国际空间站的第 10 任站长，把"山东"作为自己的呼号。有 4 次太空飞行、6 次太空行走的经历。

卢杰祖籍广东，1963 年在美国出生，毕业于康奈尔大学，获得斯坦福大学物理学博士学位，是一位颇有成就的天文学家。1995 年成为宇航员，曾乘"亚特兰蒂斯号"两次进入太空，前往国际空间站执行装配任务。还曾乘俄罗斯"联盟 -TMA-2 号"载人飞船发射升空。在国际空间站工作了 185 天。当他得知中国的第一艘载人飞船"神舟五号"发射上天，立即向美国地面指挥中心发信息，向中国第一位航天员杨利伟表示祝贺。他告诉大家："杨利伟上天的时候，在天上的宇航员中 2/3 是中国人。"

# 空间站的建造和太空行走、交会对接技术的发展

空间站又称轨道站、航天站，是建造在太空中的科学实验室和以开发空间资源为目的的基地。经过 40 年的发展，空间站已经从单个轨道舱发展成为由基础舱和多个功能舱组成的轨道联合体。由于空间站规模大，不可能在地面建造好后发射上天，只能在地面制造部件，分次送到太空进行组装，依赖对接技术，并需要航天员出舱工作和进行维修。对已在太空中运行的设备进行维修也需要把航天员和设备运送上天，同样需要对接，航天员也需要出舱工作。

## 1. 太空行走

太空行走是载人航天中一项必不可少的活动。其实太空行走只是一种俗称，应该叫"出舱活动"。在太空中无路可走，航天员在太空处于失重状态，飘来飘去也没法用腿行走。太空中的环境恶劣，宇航员要出舱工作谈何容易。首先是要保障宇航员出舱活动安全。基本上采用"脐带"式太空行走和"自主"式太空行走两种方式。

（1）太空行走第一人：列昂诺夫

1965 年 3 月 18 日，苏联"上升二号"宇宙飞船载着两位宇航员从拜科努尔发射场升上太空。在这次飞行中，宇航员阿列克谢·列昂诺夫（Alexey Leonov）完成了一次史无前例的、震惊世界的太空行走。他在同伴的帮助下，换上舱外宇航服，腰间系上 5 米长的"脐带"，打开飞船的密封舱进入闸门舱。他轻轻地推了一下舱盖，整个身体呼地一下就弹出去了，完全不由自主，就像暖水瓶上的软木塞一样冲出了舱口，分不清东西南北、上下左右，在飞船和自身旋转力的影响下拼命地翻跟斗。所谓的"脐带"，是一根与航天器相连接的绳索状的管子，航天员在舱外所需要的氧气、压力、电源和通信等都可以通过"脐带"由航天器提供。"脐带"中有一根细而结实的钢索，防止航天员飘离载人航天器太远。当然，"脐带"不可能过长，这就限制了航天员的活动范围。

列昂诺夫在太空中活动了 12 分钟，准备返回飞船时，当他的双脚进入闸门舱的一瞬间，发生了险情。他的宇航服发生故障突然迅速膨胀起来，将他卡在闸门舱口。挣扎了 10 来分钟，他才想起宇航服的腰部的四个按钮功能，每一个按钮都可以释放掉宇航服内 1/4 的气体，放掉一部分气体后，才安全回到飞船里。

（2）无绳太空行走的实现

1984 年 2 月 3 日，"挑战者号"航天飞机执行了它的第四次飞行任务。7日，宇航员布鲁斯·麦坎德利斯（Bruce McCandless）和罗伯特·李·斯图尔特（Robert Lee Stewart）首次不系安全绳离开航天飞机。麦坎德利斯首先背着"喷气背包"离开了机舱。喷气背包，也叫载人机动装置，其实是一个很小的宇宙飞行器，它能够给宇航员提供氧气、温度、湿度等生命保障条件，还装有一个专门设备，能够使宇航员与航天飞机保持在同一轨道上。宇航员操纵喷气背包上的手控器，能够改变自己行进的方向、速度和姿态，可以上下、左右和前后移动，使他们能够安全返回航天飞机。

麦坎德利斯像一颗人造卫星一样在空中自由地飞翔。从喷气背包里喷发出的氮气，推动着他走出了 100 米远的距离，在太空逗留了 90 分钟后，返回到机舱。接着，斯图尔特又背着喷气背包走出航天飞机，来到距离航天飞机 92 米的地方，65 分钟后回舱。两人在太空漫步过程中修理了一个科学实验装置、一架照相机和有些松动了的绝热层。他们以每秒 0.30 ～ 0.60 米的速度相对于航天飞机移动，感觉相当费力气，尽管 160 千克重的喷气背包在太空中并没有重力。这是第一次不系安全绳的太空行走，而这第一次就创造了太空行走距离最远的世界纪录。

喷气背包价值 3000 万美元，太昂贵，也太笨重。后来，美国又研制出"舱外活动救生辅助装置"。体积比较小，价值 700 万美元，装有 24 个喷气装置，它们喷气时能产生 15 厘米 / 秒的移动速度，最大移动速度为 3 米 / 秒。该装置安放在出舱活动航天服的背包下方，航天员通过开关控制喷气，实现各个方向的移动。航天员在进行国际空间站的组装和维修的工作中使用这种装备。俄罗斯也有类似的装置，其有喷嘴 16 个，速度可达 3.6 米 / 秒。

图 5-13　美国宇航员麦坎德利斯在太空中自由飞翔

（3）中国航天员首次太空漫步——"神舟七号"

翟志刚

　　2008 年 9 月 25 日，我国第三艘载人飞船"神舟七号"从酒泉卫星发射中心升空。这一次共有三名航天员：翟志刚（指令长）、景海鹏和刘伯明。翟志刚穿上中国制造的"飞天"舱外航天服，刘伯明穿上俄罗斯制造的"海鹰"舱外航天服，二人进入轨道舱。景海鹏留守返回舱。翟志刚在刘伯明的协助

图 5-14　翟志刚出舱行走

下，顺利出舱。出舱后的翟志刚取下轨道舱外事先安置在那里的试验样品，然后挥动鲜艳的五星红旗。最后回到轨道舱，关闭轨道舱舱门，完成了这次历史性的出舱活动，历时 30 分钟。

时任国家主席胡锦涛在地面飞行控制中心与航天员亲切通话，询问"太空漫步"的感觉。翟志刚回答道："感觉很好，'飞天'舱外服穿着舒适，置身茫茫太空，更为我们伟大的祖国感到骄傲。"

（4）哈勃空间望远镜的 5 次维修

1990 年，"发现号"航天飞机将"哈勃"送入太空。30 年来，"哈勃"的天文观测成果成为这个时代最高水平的代表。"哈勃"能在太空工作至今与 5 次太空维修分不开。每一次在轨维修，都需要有多名宇航员多次出舱作业才能完成。前 4 次分别于 1993 年、1997 年、1999 年和 2002 年完成。每一次维修，都给"哈勃"更换了新的仪器和设备，使它的观测能力得到提高，寿命也得到延续。

2009 年 5 月 11 日"亚特兰蒂斯号"航天飞机发射升空，执行第五次维修哈勃空间望远镜的任务。"哈勃"的轨道距离地球 560 千米，这一区域充斥着卫星碎片和废弃的火箭等太空垃圾，存在一定的危险性。

图 5-15 第五次维修哈勃空间望远镜

为此，"奋进号"航天飞机被安排在发射架上待命，一旦"亚特兰蒂斯号"发生危险，"奋进号"可以立即前往救援。5月13日，航天飞机的机械臂将"哈勃"抓住后，把它固定在航天飞机上。然后，宇航员们进行了5次太空行走，每次两名，每次工作大约7个小时。宇航员为它更换新的电池、隔热膜和陀螺仪等，并安装一台新的大视场照相机。7名机组成员中的约翰·格伦斯菲尔德（John Grunsfeld）经验最丰富，他在当航天员以前是加州理工大学的高级研究员、天文学家。在1999年和2002年两次维修"哈勃"的任务中，他都是主力队员。

### 2．航天器太空交会对接

太空对接，是指在太空飞行中的两个或两个以上的飞船连接起来，组成一个更大的飞船结合体。当代的大型空间站，就是这样的结合体。它的体积庞大，人类不可能造出那么巨大的火箭一次就将它送上太空，而是通过一次又一次的发射，一部分一部分地送上太空。然后在太空将它们一一对接起来。太空对接也是实现宇航员登月必不可少的技术。飞船在登月过程中，登月舱与指令舱分离后实施登月，完成任务后，登月舱要回来与指挥舱对接。如果不能对接，宇航员将无法返回地球。太空对接技术复杂，如同体育或杂技中的高难度动作，稍有失误就会导致太空撞船、船毁人亡等重大事故。

（1）首次太空对接："双子座八号"飞船

1965年12月先后升空的"双子座"七号和六号，在轨飞行期间实现了近距离交会，这是太空对接的准备动作。两飞船最近时的间距不到1米，驾驶员透过窗口可以看清对方的脸孔。这两艘飞船保持几米间距编队飞行，围绕地球转了4圈。

1966年3月16日，"双子座八号"飞船升空，准备与已经升空的无人飞船"阿金纳号"实现对接。宇航员尼尔·阿姆斯特朗（Neil Armstrong）和大卫·斯科特（David Randolph Scott）驾驶"双子座八号"逐步靠近"阿金纳号"，然后操纵飞船，让它突出的嘴部准确地插入了"阿金纳号"的槽口，成功地在太空进行了对接。可惜对接状态仅仅维持了35分钟，由于"双子座八号"飞船的一个推进器失灵，宇航员不得不马上将"双子座八号"与"阿金纳号"分离，并紧急返回地球。

（2）首次美苏太空特技秀："阿波罗十八号"和"联盟十九号"对接

1975 年 7 月 15 日，苏联的"联盟十九号"飞船上天要与美国的"阿波罗十八号"实行对接试验。这是国家间飞船的首次对接。"阿波罗号"和"联盟号"的差别很大，为这次对接试验专门研制出一种环—瓣结构的特殊装置。

两艘飞船在太空各自飞行了两天后，"阿波罗十八号"和"联盟十九号"缓缓地接近，然后成功地对接在一起。当对接舱的舱门打开，两位飞船指令长——列昂诺夫（Алексей Архипович Леонов）和斯坦福德（Thomas Patten Stafford）的手紧紧地握在一起，这成为国际太空合作的一个闪光的起点。

两艘飞船还曾暂时分离，互换位置后再次对接成功，连在一起的两艘飞船飞行了约 2 天，7 月 19 日难分难舍地离开了。

### 3. 苏联率先建造空间站

1971 年苏联发射了第一个小型空间站"礼炮一号"，看起来像一个粗壮的大

图 5-16　对接成功后美苏宇航员在对接口会合

炮筒，总长约 12.5 米，粗细不等约为 1.8 ～ 4 米，重约 18.5 吨。空间站由轨道舱、服务舱和对接舱三大部分组成：轨道舱里有各种实验设备、照相摄影器材和科学仪器；服务舱里装有发动机、推进剂等；对接舱是专门为在太空中与其他宇宙飞船对接用的。

"联盟号"飞船负责与"礼炮号"对接，它的载重量达 2.3 吨，承担运送宇航员和给养的任务。"礼炮号"与"联盟号"对接后可以组成一个容积达 100 立方米的居住舱，最多可容纳 6 名宇航员。"礼炮一号"之后，苏联又陆续发射了"礼炮"二至七号空间站。"礼炮"六号和七号有较大改进，增加一个对接口。这两个空间站，共接待 27 批 61 名宇航员前来工作。

1973 年，美国第一座空间站"天空实验室"建成，结构与"礼炮号"空间站类似，但它的规模要大得多。由轨道舱、过渡舱和对接舱三大部分组成。轨道舱内有 360 立方米的活动空间。"天空实验室"升空后出了事故，不得不派载有 3 名宇航员的"阿波罗"飞船去营救。他们作为空间站的第一批工作人员，逗

图 5-17　苏联的"和平号"空间站

留了 28 天，使"天空实验室"恢复了正常工作。陆续到达的研究人员在实验室进行了诸如生物医学、空间物理、天文观测等方面的实验，拍摄了大量太阳活动和地球表面照片等等，取得了极为丰硕的成果。1979 年 7 月 12 日在南印度洋上空坠入大气层结束了它战功显赫的一生。

1986 年，苏联建造了比"礼炮号"更先进的空间站"和平号"，它全长 87 米，最大直径 4.2 米，质量达 123 吨，有效容积 470 立方米，是世界上第一个长期载人空间站。它有 6 个对接口，不仅可以分别和载人飞船、货运飞船对接，还可以再与 4 个工艺专用舱对接。这样既扩大了科学实验范围，又提高了生命保障系统功能。"和平号"空间站于 1986 年 2 月 20 日发射上天，超期服役，曾创造两名宇航员在太空飞行整整一年的世界纪录。后因财政困难于 2001 年 3 月 23 日告别太空。

### 4．国际空间站

国际空间站由美国、俄罗斯、欧洲宇航局成员国以及日本和加拿大等 16 个

图 5-18　2011 年 3 月拍摄的国际空间站

成员国参与。它是人类有史以来规模最大的宇宙空间探索行动。空间站于 1998 年开始建造，但是这一规模宏大的设备，难度太大，用钱太多，拖了很长时间才建成，到 2001 年能允许 6～7 人在轨工作。

国际空间站 108 米长、88 米宽，约 470 吨重，供宇航员生活区相当于一架波音 747 喷气式客机的容量。可以进行多种科学和技术实验。2011 年 5 月 16 日，高精度粒子探测器——"阿尔法磁谱仪 2 号"搭乘美国"奋进号"航天飞机到达国际空间站，其目的是要在太空中寻找反物质和暗物质。丁肇中曾多次坦言，磁谱仪项目是他 40 多年科研生涯中"难度最大"的实验，他和来自全球 16 个国家和地区的 56 个科研机构组成的国际团队奋斗了整整 17 年。"阿尔法磁谱仪 2 号"体内巨大的环形永磁铁是核心部件，由于是由中国科学家和技术人员设计、研制、测试和进行空间环境模拟实验，被称为磁谱仪的"中国心"。

### 5．正在建造的中国空间站

国际空间站由美国牵头，共有 16 个国家合作，但拒绝中国加入，这迫使我们提出中国的空间站建设计划。差距虽大，但我们正在有条不紊地迈开坚实的第一步，到 2022 年前后建成时，国际空间站快要退役，中国空间站正好接班。

（1）空间站的优越性

空间站能在轨道上长期停留，寿命基本上都能达到十年，能保证航天员在太空中停留比较长的时间，因此可以完成大量人造卫星和载人飞船所不能完成的任务。这个在太空中运行的科学实验室，能进行很多地面实验室无法完成的实验。由于它具备失重状态，并且清洁度极高，生命科学、生物科学、物理学和空间科学的一些实验研究只能在这样的条件下进行。由于容积比较大，可同时进行多方面的科学实验。天文学家也希望能在空间站进行天文观测。载人空间站还可以执行军事侦察、预警、导航、通信等多种任务。这些都是世界各国都十分关心的问题。

（2）中国空间站的计划

计划中的中国空间站将由 1 个 21 吨核心舱和 2 个 20 吨级实验舱组成，总发射重量超过 60 吨。核心舱长 18.1 米、最大直径 4.2 米，分为节点舱、生活控制舱和资源舱。生活控制舱是航天员的主要活动场所，也是空间站的管理控制中心。节点舱拥有 5 个对接口，用于对接实验舱和载人飞船，是空间站的联系枢纽。在资源舱尾部还有一个对接口，用于对接货运飞船。两个实验舱长度均为 14.4 米，最大直径 4.2 米，是开展空间实验的主要场所，也可供航天员临时生活，其中实验舱还有部分控制功能。

中国空间站的各个舱段均为独立的航天器，具备自主飞行能力，这种设计增加了制造成本，但用中国自己的火箭分三次就能把空间站送上天，避免了使用航天飞机这种复杂而昂贵的天地运输工具，降低了整体的建设成本。

中国空间站分两阶段实施：2016 年前，研制并发射空间实验室，突破和掌握航天员中期驻留等空间站关键技术，开展一定规模的空间应用；2020 年前后，研制并发射核心舱和实验舱，在轨组装成载人空间站，突破和掌握近地空间站组合体的建造和运营技术。在空间站上将安装口径 2 米左右的光学望远镜和太阳高能辐射探测设备。

（3）"天宫一号"目标飞行器与"神舟八号"的对接试验

2011 年 9 月 29 日在酒泉卫星发射中心"天宫一号"目标飞行器成功地发射升空。这是我国建造空间站打基础的一步。"天宫一号"是空间交会对接试验中的被动目标，将与以后发射的"神舟"系列飞船进行对接，所以叫"目标飞行器"。"天宫一号"目标飞行器实际上是一个小型无人照料的空间站。

"神舟八号"无人飞船于 2011 年 11 月 1 日发射升空。其主要任务是与"天宫一号"进行交会对接试验。11 月 3 日，在距地球 343 千米的轨道上实现自动对接，组合体运行 12 天后，"神舟八号"飞船脱离"天宫一号"，后来又一次进行交会对接试验，都取得成功，为建设空间站迈出关键一步。11 月 16 日"神舟八号"飞船与"天宫一号"目标飞行器分离，返回舱于 11 月 17 日返回地面。

（4）"神舟九号"上天与"天宫一号"进行对接试验

2012 年 6 月 16 日，"神舟九号"飞船载着三名宇航员——刘旺、景海鹏和女宇航员刘洋飞上太空。18 日 14 时左右"神舟九号"与"天宫一号"实施自动交会对接，这是中国实施的首次载人空间交会对接。24 日"神舟九号"载人飞船第一次执行手动载人交会对接试验，刘旺在景海鹏与刘洋配合下成功执行。

图 5-19 "神舟八号"与"天宫一号"对接模拟图

图 5-20 "神舟九号"与"天宫一号"对接后，三位宇航员在"天宫一号"留影

手控交会对接任务的顺利完成，标志着我国全面掌握了空间交会对接技术。

航天员在天上生活和工作了10多天，紧张、愉快而舒适。"天宫一号"设了两个专用睡眠区，内有独立照明系统，可自主调节光线。"神舟九号"的"厨房"里可储藏至少80种食品，航天员每天能吃到不同种类的饭菜，还能进行食品加热。仓内配有双向视频设备，可与家人交流。"天宫一号"和飞船里的实验项目多种多样，"天宫一号"里有对地观测、材料研究和空间探测三项；"神舟九号"带着活体蝴蝶上天；"天宫一号"带着珙桐、普陀鹅耳枥、望天树、大树杜鹃等4种濒危植物种子在太空中遨游，这些经过航天育种实验的种子已由航天员带回地面。

（5）"天宫二号"于2016年9月15日在酒泉卫星发射中心发射上天。与"天宫一号"不同，"天宫二号"完全是小型空间实验室，科学家、航天员们可以在里面展开各种工作和实验，将逐步发展成为空间站的核心舱或者实验舱，增加太空实验的项目和种类，为建成空间站奠定基础。"天宫二号"主要开展地球观测和空间地球系统科学、空间应用新技术、空间技术和航天医学等领域的应用和实验，包括释放伴飞小卫星，完成货运飞船与"天宫二号"的对接。10月19日，"神舟十一号"飞船与"天宫二号"自动交会对接成功。10月23日7点31分，"天宫二号"的伴随卫星从"天宫二号"上成功释放。"天宫二号"携带上天的中国和瑞士的合作项目"伽马暴偏振探测仪（POLAR）"正式开展探测，很快就探测到55个伽马射线暴。

（6）"天舟一号"货运飞船是中国首个货运飞船，于2017年4月20日19时在文昌航天发射中心由长征七号遥二运载火箭发射升空。货物运载量是俄罗斯"进步号"M型无人货运飞船的2.6倍，在功能、性能上都处于国际先进水平。"天舟一号"具有与"天宫二号"交会对接、实施推进剂在轨补加、开展空间科学实验和技术试验等功能。"天舟一号"为全密封货运飞船，采用两舱构型，由货物舱和推进舱组成。全长10.6米，最大直径3.35米，起飞质量为12.91吨，太阳帆板展开后最大宽度14.9米，物资运输能力约6.5吨，推进剂补加能力约为2吨，具备独立飞行3个月的能力。4月27日成功完成与"天宫二号"的首次推进剂在轨补加试验，这标志"天舟一号"飞行任务取得圆满成功。

第六讲

# 月球和月球的空间探测

我国"嫦娥奔月"的神话故事家喻户晓、妇孺皆知。我们听月、吟月、咏月、颂月，过中秋节、吃月饼。月亮在人们心中从来不是一个普通的天体，它承载了太多的情感和意境。1957年，苏联的第一颗人造卫星上天，揭开了人类空间探测的序幕。科学家们很快就把空间探测的主要目标锁定为月球。随着航天技术的发展，苏美两国率先实现绕月飞行。美国"阿波罗"飞船登月成功使探月活动达到高潮。但在此之后，登月探测活动停摆了几十年。21世纪伊始，我国"嫦娥"探月与欧洲、日本、印度、美国一起掀起探月的又一高潮。

## 作为地球唯一卫星的月球

太阳系八大行星中，除水星和金星没有卫星外，其他六颗都有卫星。地球是一颗，火星是两颗，而木星、土星、天王星、海王星分别有几十颗卫星。地球的卫星叫月球，中国人称它为月亮已经几千年。地球带着月球绕太阳运行，构成一个非常和谐的日、地、月天体系统。如果说天文学是最早的科学，那么，对月球的观测便是最早的天文观测。

### 1．月相和朔望月

人类发现月球的第一个秘密是它的形态的变化规律，也就是"月有阴晴圆缺"。我国汉朝张衡（78—139）是世界上最早解释月相变化原因的科学家。图

6-1 给出太阳、月球、地球相对位置变化和月相的关系。月球处于不同的位置时，我们看到月球光亮部位的形状很不相同，形成朔（新月）、上弦、望（满月）、下弦四个特殊的月相。

在许多文学作品中，月光被描写为晶莹皎洁、凄美冰冷。其实月球本身不发光，只是反射太阳光。当月球处于太阳和地球之间时，它的黑暗半球对着地球，这天就是"朔"日，又称新月。逢朔日，月球和太阳同时从东方升起，同时落下。人们找不到月球的任何一点踪迹。

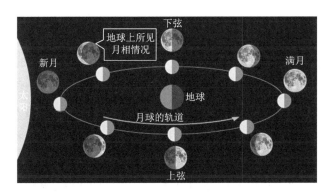

图 6-1　月相变化原理图

月球绕地球运行一圈需时 27 天多，在天球上的视运动是每天由西向东 13 度多。地球绕太阳一圈需时 365 天多，太阳在天球上的视运动是每天约 1 度。月球东移的速度比太阳快很多。因此，朔之后，月球很快就跑到了太阳的东边。每天太阳先于月球从东方升起，只有等太阳下山的傍晚时分，才能在西边的天空看到一弯蛾眉状新月，新月很快就跟着下山了。此后，月球升起的时间越来越迟，在西方天空停留的时间越来越长，其形象也逐渐丰满起来。约在朔后七天，成为圆弧朝西的半圆，这就是上弦月。

再后，月球从半圆形变到卵形，当地球处于月球与太阳之间时，月球被太阳照亮的半球朝向地球，柔和的月光整夜洒在大地上，这就是满月，又称"望"。满月时，太阳先于月球东升 12 小时，太阳从西方落下时，月球才从东方升起，直等太阳东升，才不舍地离去。

过了望，月面逐渐消瘦下去，七天后，它又变成了半圆形，只是圆弧朝东，这就是下弦月。过了下弦，它的半个圆面逐渐销蚀下去，变成狭窄的镰刀形，尖角向西，背向太阳。这个阶段，月球悠然自得地先于太阳东升。

月相的变化产生了朔望月，成为农历的基本计时单位。月貌每七天一变又成为星期的由来。星期的来源可以上溯到迦勒底和犹太民族，以后才传到古希腊，最后传到罗马帝国。

月球还有很多别称，因初月如钩，又称银钩、玉钩；因弦月如弓，又称玉弓、弓月；因满月为圆形，又称金轮、玉轮、银盘、玉盘、金镜、玉镜。这些名称出现在古代不同时期，反映了人们对月相的细致观测和由衷的喜爱。

朔望月的长度并不是固定的，有时长达 29 天 19 小时多，有时仅为 29 天 6 小时多，它的平均长度为 29 天 12 小时 44 分 3 秒。实际上，月球绕地球运行一周的时间是 27 日 7 时 43 分 11 秒，称为恒星月。朔望月比恒星月长是由于地球带着月球一起绕太阳运行的缘故，当月球绕地球一圈时，地球带着月球绕太阳走了 27 天多，因此月球相对太阳来说错了位，要多走一段路才能到达地球和太阳之间。因此朔望月比恒星月长。地球绕太阳运动的轨道是椭圆形，因此其运行速度不均匀，有时快，有时慢，导致朔望月的长短不一。

### 2．月球的大小、距离和质量

用肉眼看放置在远处的物体，只能测量出它的视大小，即它对我们的眼睛所张开的角度，而不知道其真实的尺度。知道距离才能根据三角形的边角关系计算出它的真正大小。同一物体放得愈远，就显得愈小。将手伸直可当一个粗略的量角器使用，食指对眼睛所张的角约为 1 度，比月球的视角约大 1 倍。

月球绕地球运动的轨道是椭圆，偏心率是 1/18。15 天内月球的距离由 36.33 万千米变至 40.55 万千米。因此角径也会变化，近地点时的角径为 32 分 46 秒，远地点时的角径为 29 分 22 秒。

在很早以前，古希腊天文学家已经用几何学的方法测出月球的距离是地球直径的 30.166 倍。这与现代天文学应用雷达和激光测距方法测定的距离很接近。

几何学测距离方法的公式是 $R_{月亮}=l\sin\rho \cong l\rho$，知道月球的距离 $l$ 和角半径 $\rho$ 便可求得线半径。月球直径约 3476 千米，是地球的 3/11，其表面积比亚洲略小一些，是欧洲的 4 倍。体积只有地球的 1/49。

月球质量的测量比较困难，探月卫星绕月运行给出一种估计月球质量的方法，测得的质量是 $7.35 \times 10^{22}$ 千克，为地球的 1/81。月面的重力差不多相当于地球重力的 1/6。

与地球相似，月球有壳、幔、核等分层结构。最外层的月壳平均厚度约为 60 ～ 65 千米。月壳下面到 1000 千米深处是月幔，它占了月球的大部分体积。月幔下面是月核，月核的温度约为 1000℃，很可能处在熔融状态。

### 3.日食和月食

太阳光照在地球和月球上，地球和月球在背向太阳的一面会形成一个圆锥形的黑影，叫作影锥。每当朔日，即农历初一，月球位于地球和太阳之间，月球有可能处在太阳和地球的连线上，月球影锥达到地球表面，处在月球影子中的人们就看不见太阳了，也就是发生了日全食。随着月球在其轨道上的运动，以及地球自转和公转，月球本影在地面上扫出一条狭长地带，叫作全食带，它的宽度不过几十千米至几百千米，长度却可达几千甚至上万千米。每当满月，地球处在太阳和月球之间，地球的阴影有可能使阳光照不到月球，形成月食。

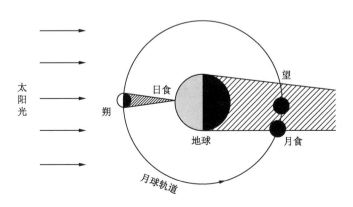

图 6-2 日月食形成的原理

每月都有朔望，但不是每个月都会发生日月食。原因何在？这是因为月球绕地球运行的轨道平面和地球绕太阳运行的轨道平面有一个 5 度 9 分的夹角。也就是说月球、地球和太阳的轨道并不处在一个平面上。如图 6-3 所示，地球绕太阳在黄道面上运行，月球绕地球在白道面上运行，黄道面和白道面不在一个平面内。只有当地球运行到黄道面和白道面的交线（称为黄白交线）的 A 点和 B 点时，月球才有机会与太阳及地球处在一条直线上。

由于日、月、地都有一定的角径，只需在 A 点和 B 点附近就可以造成遮挡现象，造成日食或月食现象。经过严格计算得知，地球在 A 点或 B 点前后 31.11 ～ 37.00 天中，如果月球处在"新月"位置，就能发生日食，由于朔望月只有 29 天多一些，所以在 A 点和 B 点至少有一次最多有两次发生日食的机会。当地球在 A 点或 B 点前后 19.30 ～ 24.16 天中，如果月球处在"满月"位置，就能发生月食，因此每半年最多能发生一次月食，也可能一次也没有。

由于太阳引力的影响，黄道面和白道面交线有向西而退的运动。所以只需 346.6 天地球就可能再次处在黄白交线上。一年 365 天，多出 18.6 天，还有一次形成日食和月食的机会。所以说，一年中至少发生两次日食，最多发生五次日食。一年中最多发生三次月食，最少一次都没有。

发生月食时，月球进入地球的阴影之中。在月球的轨道处，地球本影的直径相当于月球的 2.5 倍左右，地球本影的直径永远大于月球，绝不会发生月环食现象。当月球始终只有部分被地球本影遮住时，形成月偏食。当月球全部进入

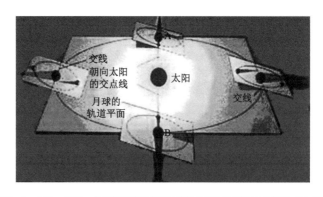

图 6-3　太阳、地球、月球的轨道运动和可能形成日月食的两个特殊点 A 和 B

地球本影时，就形成月全食。月全食时，照理是看不见月球了，出乎意料的是，此时我们不仅能够看见月亮，而且看到的是一个橙红色的月亮，其原因是地球大气对太阳光产生的作用，太阳光中的波长较长的红光被折射到月面上，而波长较短的紫、蓝、青、绿色光则被散射掉了。受地球大气状况的影响，红月亮的颜色并不是每次都相同，会有时深些有时浅些。

### 4．月球的起源

月球的起源有多种学说，如俘获说、同源说、分裂说和大冲撞说。我国著名天文学家卞毓麟先生有一篇题目为"月球——地球的妻子？姐妹？还是女儿？"的获奖科普作品，介绍了前三种起源学说。

妻子说即俘获说，认为月球原是独立的小行星，当它运行到地球附近时被地球俘获而成为卫星。这种假说能解释月球与地球的差别，如月球的密度要比地球的小得多。这种学说也遇到很多困难，已渐渐被冷落。

姐妹说即同源说，认为在太阳系形成之初，地球和月球由同一块尘埃气体云凝聚而成。它们相距较近，形成过程相似，属于同时形成的"姐妹"或"兄弟"。但是地球与月球成分还是有不少差异，这种假说也不尽如人意。

女儿说即分裂说，认为月球是从地球中分裂出来的。在太阳系刚刚形成的时候，地球的温度很高，呈熔融态。自转很快，高速自转可能把赤道上的一大团物质抛出去，形成了月球。还有人认为，地球上的太平洋就是分裂出月球后留下的"疤痕"。不过，这一假说与地月系统的基本特征不相符，现在已没有什么人持这种看法了。

20 世纪 80 年代提出的大冲撞说比较流行。这种学说认为，在地球刚刚形成温度还很高的时候，一个与火星差不多大的天体（称原月球）与地球相撞，不仅使地球的自转轴产生了偏斜，而且使"原月球"碎裂，一部分物质飞离"原月球"；一部分被地球吸积并变成了地球的一部分；一部分飞离的气体尘埃物质受地球引力的作用，呈盘状分布在地球附近的空间，它们通过吸积，先形成一些小天体，然后像滚雪球一样不断吸积增长，最终形成现在的月球。

大冲撞说可以比较好地解释地球自转轴的倾斜、月球轨道与地球赤道面的不一致以及月球与地球质量差别较大，还可以解释月球上的难熔元素多、挥发性元素和亲铁元素少以及月球的密度比地球低等现象。

### 5．潮汐

潮汐现象是海水的一种周期性的涨落现象，在我国古代就已经受到关注，而且已经发现潮汐与月球的关系，所谓"涛之起也，随月盛衰"。潮汐现象是月球对地球影响最为直观、最为显著的证据。

我们常说月球绕地球运行，其实际情况是地球和月球都围绕它们共同的质量中心转动。这个质量中心在距离地球中心 0.73 倍地球半径的地方。地球围绕质量中心运行，自然产生了离心力，这个离心力与月球对地球质量中心的引力是大小相等、方向相反，因此保持了地月系统的稳定。如果把地球分成许多局部区域，各个局部受到月球的引力情况是不相同的，方向不同，大小也不相等。它们所受到的是月球引力和自己所具有的离心力的合力，称为起潮力。

在地球上除了地球中心没有起潮力外，其他地方都有方向不同、大小不等的起潮力。如图 6-5 上的 $A$、$B$、$C$、$D$ 四点，$B$ 点的起潮力最大，因为月球对 $B$

图 6-4　钱塘江大潮

点的引力与该点的离心力方向一致，起潮力直指月球方向，导致海水隆起。D 点月球引力小于离心力，起潮力的方向是背离月球方向的，也使海水隆起。A 和 C 点的起潮力是指向地球中心方向的，使海水下降，因此起潮力使地球的海水圈变为一个椭球。

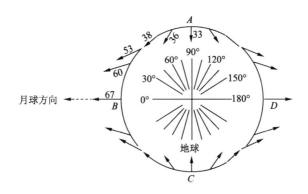

图 6-5　月球起潮力的分布

起潮力对地球的海水有影响，对地球大气圈和岩石圈都有作用，分别产生周期性的气体潮和固体潮，只是不十分明显而已。

其实，太阳对地球也有类似的影响，只是其作用只有月球的一半左右。月球和太阳引起的潮汐分别称为太阴潮和太阳潮。每逢初一、十五，太阳、月球和地球三个天体差不多成一条直线。月球的起潮力和太阳的起潮力几乎在同一个方向，两者相加，起潮力最大，民间早就发现"初一、十五涨大潮"。上、下弦时，月球的起潮力和太阳的起潮力方向形成直角，太阳潮最大程度地减弱太阴潮，因此在民间有"初八、二十三，到处见海滩"的说法，这时的潮汐现象最不明显，成为小潮。

形成潮汐的原理比较简单，但实际的潮汐现象却很复杂。由于地球并没有被海水全部覆盖，海岸线错综复杂，海底高低不平，海水又有黏滞性，种种因素阻碍潮汐的传播，很难准确预报。海潮的高度和气势也因地而异。我国钱塘江大潮宏伟壮观、闻名天下，这是因为杭州湾呈喇叭形，口大里小所致。

正如月球的起潮力给地球带来海水的潮涨潮落，地球也会对月球带来相同的起潮力，造成月球上熔岩流等的涨落。由于自转和公转角速度的不一致，带来了不可忽视的摩擦力，使得月球自转速度渐渐趋向公转速度。到现在，月球自转和公转周期分别是 27 天 7 时 43 分 11.50 秒和 27 天 7 时 43 分 11.47 秒，几乎完全相同。就像一个长跑运动员沿椭圆形跑道跑圈，跑了一圈，恰好他的身体也自转了一圈。如果你站在运动场的中央，你只能看到运动员的一个侧面。月球也是这样，地球上的人们只能看到月球的一面。

月球对地球的起潮力也会使地球自转速度变慢。每一百年，地球自转周期就会增加 0.00164 秒。潮汐摩擦力也会使月球的轨道慢慢地变得越来越大，导致月球距离地球越来越远。"阿波罗号"登月时，宇航员在月球表面安放了一面镜子。此后，科学家从地球上向这面镜子发射激光，并通过激光往返时间测算月地距离。结果显示，月球每年远离地球约 3.8 厘米。

潮汐与人类的关系非常密切。海港工程建设、航运交通，渔业、盐业、水产业，近海环境研究与污染治理，甚至对于军事行动都需要考虑潮汐的情况。潮汐蕴藏着巨大的能量，已经用来发电。1912 年，世界上最早的潮汐发电站在德国建成。1966 年，法国建成世界上容量最大的潮汐发电站。我国自 1958 年以来陆续在广东、山东、上海相继建立了潮汐发电站。

## 月面地形地貌

和恒星遥远的距离相比，月球可真算是近在咫尺。但是人们的肉眼还是看不清楚，朦朦胧胧，产生了不少想象，种种的神话故事随之诞生。到了 1609 年，伽利略用他发明的天文望远镜观测月球，所看到的月面景色和古代人们的幻想相差甚远。由于月球基本上是以一面对着地球，人类对月球背面一无所知。直到 20 世纪 60 年代实现了飞船绕月飞行后，人类对月面才有了全面和细致的认识。

### 1. 月面上的山脉和环形山

月面上有雄伟起伏的山脉、险峻的山脊、断崖和深长的沟壑，还有为数众多的环形山。大多数山脉以地球上的山名命名，如图 6-6 上的高加索山脉、阿尔泰峭壁、亚平宁山脉等。亚平宁山脉最长，有 1000 千米。月球比地球小得多，但是月球上的最高峰却比地球上的珠穆朗玛峰还要高。月球上不存在可作为基准的海平面，人为地定义离月心 1737.4 千米的球面为基准球面。月球最高处是东经 201 度、南纬 5 度附近的一座环形山的边缘。"嫦娥一号"激光测距测得的山峰高度是 9840 米。最低处在南极艾肯盆地，深度为 9230 米。

碗状凹坑结构的环形山是月面上最明显的特征。月球正面最著名的环形山如图 6-6 上所示，有开普勒环形山、哥白尼环形山和第谷环形山。月面上的环形山很多，一个接着一个，图 6-7 是我国"嫦娥一号"探月发布的第一幅月面图像，位置在月球正面东部靠近南极的地区，面积与福建省的陆地面积相当。图像覆盖区域属月球高地，大大小小的环形山密布，形态、结构和形成年代很不相同。

最引人注目的是那些有辐射纹的环形山，大约有 50 个。月球正面下方的第谷环形山的辐射纹最为壮观，如图 6-8 所示，以环形山为辐射点向四面八方延伸

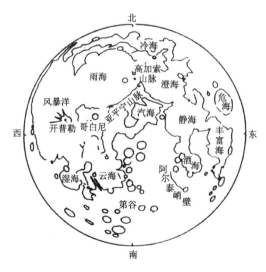

图 6-6  月球正面手绘图，显示主要的山脉、环形山和月海

图 6-7  我国"嫦娥一号"探月的第一幅月面图，显示很多环形山

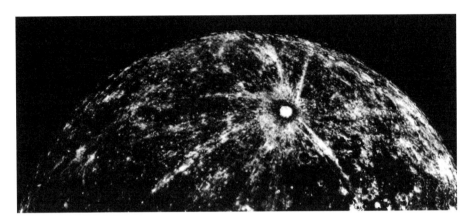

图 6-8 "阿波罗 12 号"拍摄的第谷环形山及其辐射纹

的亮带几乎以笔直的方向穿过山系、月海和其他环形山。长长短短共有 12 条，最长的一条达 1800 千米。辐射纹上聚集着许多小环形山，像一串串的珠子。辐射纹是小天体撞击时溅射出来的物质形成的。但是，经过几千年，辐射纹会逐步消失掉，我们能够看见辐射纹的环形山当属比较年轻的。

月球环形山以著名科学家的名字命名居多，如居里夫人（I. J. Curie）、多普勒（Christian Johann Doppler）、门捷列夫（Дмитрий Иванович Менделеев）等等。月球正面有一个撞击坑以我国近代天文学家高平子的名字命名。月背有 5 座环形山分别以我国古代天文学家石申、张衡、祖冲之、郭守敬、万户的名字命名。还有 2 座月背环形山是以嫦娥和景德的名字命名。由于苏、美最先发射卫星绕月飞行，进行近距离的拍摄，上述这些命名都是苏美两国提议经国际天文学会批准的。可喜的是，现在月背有 3 座环形山是由我国提出命名而获得国际天文学会批准的。它们是"嫦娥一号"拍摄的月背照片中的"蔡伦环形山""毕昇环形山"和"张钰哲环形山"。

### 2. 环形山的起源

环形山有两种可能的起源，一是火山爆发后形成的，一是小天体撞击月球而产生的。不过，大多数科学家比较相信环形山是撞击形成的。在地球上有不少陨石坑，最有代表性的是美国亚利桑那直径 1200 米的大陨石坑，坑底土壤中有很多陨石的铁质碎片。在形态上和物质结构上都与月面环形山很相似。

环形山虽然很多，并不意味着小天体撞击月球非常频繁。因为月球年龄已经有 46 亿年，如果月面的撞击坑能保持 1 亿年不消失的话，假设 1 亿年中平均每 5000 年有一次小天体撞击的话，积累起来就有 2 万个。天文学家曾亲眼看到月球被撞击的事件。1999 年 11 月 18 日凌晨，美国休斯敦大学的天文学家观测到狮子座流星撞击月球背阴面的闪光现象。

### 3. 月面上的平原

月面上的平原被误称为海，就是肉眼看到的那些暗黑色的斑块。但月海这个名不副实的名称一直沿用到现在。月海总面积约占全月面的 25%。迄今已知的月海有 22 个，19 个分布在月球面向地球的正面，约占正面面积的一半。月球背面只有东海、莫斯科海和智海 3 个，而且面积很小，占背面面积的 2.5%。月海的表层覆盖类似地球玄武岩那样的岩石。

图 6-6 上标出了主要的月海，如风暴洋、雨海、冷海、橙海、汽海、静海、危海、丰富海、酒海、云海和湿海。最大的海是风暴洋，面积约 500 万平方千米，月面中央的静海面积约 26 万平方千米。大多数月海大致呈圆形和椭圆形，且四周多为一些山脉封闭住，但有些圆形月海相互之间是连接着的。

有些月海也称为"湖"，月海伸向附近高地的部分称为"湾"和"沼"。月湖、月湾、月沼和海一样，都是比较低洼的平原。它们比月球平均水准面低 1～2 千米，个别最低的海如雨海的东南部甚至比周围低 6 千米。

月海是怎样形成的？为什么月球正面的月海比背面多得多？这当然是人们很想知道的，也是天文学家要研究的课题。目前已经查明，月球是一个主要由硅酸盐成分岩石构成的刚性球体，从中心到月表，月球依次可分为月核、月幔和月壳三层圈。到 1000 千米的深度以下，有部分的熔融状态。大多数天文学家认为，在演化早期，月球的温度很高，超过 1000℃，月幔处于岩浆状态，小天体撞击月球时，撞破月壳，使月幔流出，玄武岩的岩浆覆盖了低地，形成了月海。由于月球正面的月壳比背面的薄，因此小天体容易撞破，所以正面的月海比背面的多得多。按照这一理论，月海是月球形成后不久产生的。

### 4．全月图

我国"嫦娥一号"和"嫦娥二号"所拍摄的全月图和全月地形高度伪彩图最为完整。图 6-9 是"嫦娥一号"获得的月球正面和背面地形图，明亮部分是高山和高原，暗黑部分是被称为"海"和"洋"的平原。"嫦娥一号"在离月面200 千米的高度绕月球飞行，绕一圈称为一轨，要拍 200 张照片。整个月球分868 轨进行拍摄。全月图是用近 20 万张照片拼接起来的。不仅工作量很大，而且要非常细致地拼接，不能有丝毫的差错。

全月图显示月球正面和背面的地形有明显的差别：其一，月球正面的平原（海）比较多，占一半面积。环形山和高地占了另一半面积。背面的平原（海）很少，仅占半球面积的 2.5%，绝大部分是环形山和山脉。其二，正面的地势比较低，背面的地势比较高。背面的月壳比正面厚，最厚处达 150 千米，而正面月壳厚度只有 60 千米左右。两个半球的质量分布很不均匀。

日本"月亮女神号"的探测表明，月球背面没有明显的质量异常地区，也就是没有所谓的"质量瘤"，而正面却比较多。正面富含铁、钍等微量元素，而背面则缺少这些元素。美国"月球勘探者"还发现放射性元素集中在月球的正面。科学家还不甚清楚正面和背面有如此巨大差异的原因，猜想可能与月球的起源和早期历史有关。

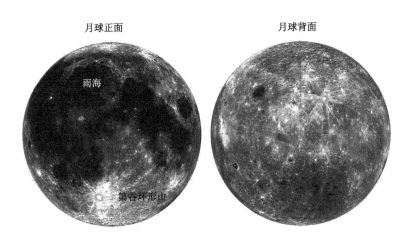

图 6-9 "嫦娥一号"拍摄的月面图

# 月球空间探测回顾

1957 年苏联发射了人类第一颗人造卫星，宣布了宇宙航行时代的开始。当时，世界处于冷战时期，美国和苏联这两个超级大国时时事事都在竞争着。美苏都在角逐航天的霸主地位，月球探测方面的竞争首当其冲。

**1．苏联成为探月先锋**

空间探月有三种方式：一是把探测器发射到月球附近绕月球运行进行探测；二是让探测器降落到月球表面进行考察；三是宇航员登月实地考察。向月球发射探测器的技术比发射人造地球卫星要复杂，必须考虑地球、月球以及太阳的引力的影响。月球距离地球 38.4 万千米，当探测器离开地球奔向月球过程中，离地球 31.8 万千米以前主要受地球引力的影响，这之后则主要受月球引力的影响。由于月球的引力只有地球的 1/6，探测器进入月球引力为主的范围后，必须及时调整飞行姿态和速度，稍有偏差就不能到达预定的轨道。在月球表面实行软着陆还要选择合适的登陆地点，由于月球上没有大气，只能采用火箭发动机来进行制动，使探测器缓慢地降落在月球表面。宇航员登月就更复杂了，最重要的是保证宇航员能安全地登陆月球和返回地球。

苏联在 1959 年一年之内连续地发射了"月球"一号、二号和三号三颗探测器。"月球一号"的速度太大，没有被月球的引力俘获，与月球擦边而过；"月球二号"击中月球正面中央，没有实现绕月飞行，但也获得月球表面没有强磁场和强辐射的重要信息；"月球三号"绕月成功，第一次拍到月球背面的照片。1965 年发射的"探测器三号"拍摄了 25 万张月球表面照片，特别是弥补了"月球三号"没有拍摄到的部分月球表面，得到了一幅完整的月球背面地貌图。

1970 年 9 月发射的"月球十六号"，用它携带的小勺挖取月球表面的 100 克岩石样本，送回了地球。1970 年 11 月发射的"月球十七号"，把一辆无人驾驶的月球车送到月面，在 8 万平方米的区域，对 200 多处的土壤进行了测试。月球车上的 X 射线望远镜还进行了天文观测。"月球二十一号"探测器的月球车，活动范围更广。1976 年发射的"月球二十四号"是这一系列探测的最后一个。很特别，它携带了一台掘土机，从月球表面下 1 米深处挖掘了 1 千克岩石样本，顺利地带回到地球。

### 2．美国奋起直追

苏联的成就对美国的刺激非常大。在加加林上天仅一个月以后，1961 年 5 月 25 日，美国总统肯尼迪在议会发表了演说，郑重宣布"阿波罗"计划开始实施，立志要在 10 年内把人送到月球上去。

美国从 1961 年到 1965 年先后向月球发射 9 颗"徘徊者"探测器。但是前 6 次都没有成功，其中两个探测器在月球上硬着陆，砸得粉身碎骨，其余几个则变成了太空中的流浪者。1964 年第 7 颗"徘徊者"探测器及后来的 2 颗"徘徊者"探测器，成功地发回了 16,300 多幅月球表面的图像，其中最清晰的几幅连月球上小于 1 米直径的月坑和 25 厘米大小的岩石也看得很清楚。

为了"阿波罗"登月计划顺利进行，美国先后发射 7 颗"勘测者号"探测器和 5 颗"月球轨道环绕器"（一至五号）绕月运行，或进行在月球软着陆的试验和寻找最好着陆地点。1965 至 1966 年"双子星座"载人飞船 10 次飞行所获得的丰富资料和经验，为美国"阿波罗"登月计划的实施铺平了道路。

### 3．震惊世界的"阿波罗"登月

美国"阿波罗"计划是一项十分激动人心的载人登月活动。为了实现这一壮举，美国国家航空航天局动员了两万家企业、200 多所大学和 80 多个科研机构的 42 万多人参加了这项庞大工程，历时 11 年，耗资 250 多亿美元。

把人送上月球，古代是梦想，现代也绝非易事。不仅要把宇航员平安地送上月球，还要平安返回。"阿波罗"飞船由指令舱、服务舱和登月舱三部分组成。先把飞船发射到环月飞行的轨道上，然后从飞船上发射登月舱，让登月舱在月球上软着陆。指令舱为圆锥形，高 3.2 米，是航天员在飞行途中生活和工作的座舱，也是整个飞船的控制中心。服务舱是圆筒形，高 6.7 米，直径 4 米，飞船的动力系统都在这里面。登月舱宽 4.3 米，最大高度大约 7 米，携带有燃料。它有 4 只可以伸长的着陆腿，登月考察结束后飞离月面时，还可以起到发射架的作用。

图 6-10 "阿波罗"飞船

为了实现"阿波罗"登月计划，整整地做了 8 年的准备工作和周密的飞行试验：发射"阿波罗"一号到六号进行不载人的近地轨道飞行试验；发射"阿波罗"七号到九号进行载人模拟登月飞行；发射"阿波罗十号"到达距月面 15 千米处进行载人绕月飞行。

一切试验都成功后，才在 1969 年 7 月 16 日发射"阿波罗十一号"飞船，把宇航员送上了月面。这天上午 9 点 32 分，美国佛罗里达州卡那维拉尔角的肯尼迪航天中心周围已经门庭若市，聚集的新闻记者和群众不下数十万。随着震耳欲聋的一声巨响，载着"阿波罗十一号"飞船的"土星五号"火箭腾空而起，从它尾部喷出来的巨大火舌映红了整个天空。

图 6-11　人类在月球上留下的第一个脚印

飞船的 3 名宇航员是指令长阿姆斯特朗、指令舱驾驶员科林斯（Michael Collins）和登月舱驾驶员奥尔德林（Buzz Aldrin）。19 日上午飞船进入月球的引力范围，下午顺利进入环绕月球的轨道。20 日中午，阿姆斯特朗和奥尔德林进入登月舱，离开母船向着月宫飞奔而去，科林斯驾驶着指令舱继续围绕月球飞行。7 月 20 日格林尼治时间 20 点 17 分，登月舱在静海西南角一个理想的着陆点平安降落。休息了几小时以后指令长阿姆斯特朗爬出了舱门，小心翼翼地走下扶梯，将右脚使劲踏到了月面上，留下一个深深的脚印。

月球表面布满松软的尘土，万籁俱寂，一片荒凉。没有水也没有空气，更没有任何生物。作为人类派往月球的第一批使者，阿姆斯特朗和奥尔德林没有被激动的心情所陶醉，也没有被这陌生的世界所惊呆，他们牢记自己担负的考察任务，紧张地采集土壤和岩石样品，拍摄照片，用铝箔捕捉太阳风质点，等等。然后他们又在月球表面安装了一台用来记录月球内部震动的月震仪，一台用来精确测量月地距离的激光反射器。最后，他们把一块金属纪念牌插在月球的土地上，纪念牌上刻着一行大字："公元 1969 年 7 月，来自地球上的人首次登上月球，我们是全人类的代表，我们为和平而来。"2 个半小时完成了全部任务。

下午 1 点 45 分，他们进入登月舱，点燃了登月舱上携带的小型火箭，从月球上起飞，与一直围绕着月球运转的指令舱会合以后，调整航向，朝着地球飞奔而来。经过两天多的飞行，载着三名宇航员

图 6-12 "阿波罗十一号"航天员（左起：阿姆斯特朗、科林斯、奥尔德林）

图 6-13 "阿波罗十一号"宇航员奥尔德林在月面，面罩上映出了摄影者阿姆斯特朗

的"阿波罗"指令舱于 24 日下午平安落在中部太平洋上。美国总统尼克松亲自参加欢迎他们胜利归来的盛大仪式。

"阿波罗十一号"的登月考察取得了完全成功。之后，又发射了"阿波罗"十二号至十七号，这 6 艘飞船中除了"阿波罗十三号"由于意外事故未能登上月球之外，全部登月成功。每艘都载有 3 名宇航员，每次都有两名踏上月球的土地，完成了各不相同的考察项目。5 艘飞船选择的着陆点不同。他们都在登陆地建立核动力实验站。实验站里包含有六种科学仪器：磁力计、离子检测器、月球大气检测器、太阳风分光仪、尘埃检测器和月震仪。

"阿波罗十七号"是拜访月球的最后一位使者。登月舱在"静海"边缘的"金牛—罗峡谷"地区着陆。这里高山环绕、怪石林立，地势复杂。宇航员施密特（Harrison Schmitt）和塞尔南（Eugene Cernan）刚从登月舱中爬出来，立即被眼前的景色吸引住了。施密特是位地质学家，情不自禁地向休斯敦飞行指挥中心报告说："这里真是地质学家的乐园，是我一生中最重要的时刻。"

图 6-14 "阿波罗十七号"宇航员施密特在月面活动

1972 年 12 月 19 日下午 2 点 23 分，"阿波罗十七号"安全返回地球。至此，整个"阿波罗"计划宣告胜利结束。12 名宇航员先后 6 次登上月球，累计月面停留时间 302 小时 20 分钟，月面探测 80 小时，行程 90.6 千米，带回月球土壤和岩石样品 381 千克。这是人类月球探测史上具有划时代意义的成就。它不仅使我们对月球的认识产生了巨大的飞跃，而且为我们开发利用月球资源，提供了十分宝贵的第一手资料，在人类的航天史上写下了最壮丽辉煌的一个篇章。

### 4．21 世纪初再掀探月高潮

进入 21 世纪，全球再次掀起探月高潮。日本、欧洲、中国、印度、美国轮番上阵，改变了美苏独霸的局面。各国的研究课题不尽相同，大方向却是一致的，那就是为将来开发利用月球资源做准备，找水和探矿成为探月的重点。

（1）欧洲、日本、印度和中国齐上阵

2004 年欧洲航天局发射"斯玛特一号"（SMART-1）月球探测器，对月球表面进行了全面观测，传回了 2 万多张清晰的月球表面图像，第一次发现月球北极附近存在一个"日不落"区域。小型 X 射线光谱仪首次观测到月球表面的钙、镁等矿物质，绘制出详细的月球元素和矿物分布图及月球表面整体外貌图。2006 年 9 月 3 日"斯玛特一号"以撞击月球表面的方式结束自己的使命，轰动了世界，但没有得到期待的发现。

亚洲国家不甘落后，相继发射了 3 颗绕月运行的探月卫星。日本于 2007 年 9 月 14 日发射"月亮女神号"探月卫星。我国的"嫦娥一号"探月卫星紧随其后于 10 月 24 日升空。2008 年 10 月 22 日，印度的"月船一号"离开地球前往月球。2010 年我国又有"嫦娥二号"绕月探测。2013 年"嫦娥三号"实现月面软着陆。中、日、印三国都是首次发射月球探测装置，有许多相同或相近的技术环节和探测目标，但也有各自独特的追求。

印度"月船一号"探月装置的最大特色是装载了一个 29 千克重的撞击器，还搭载了美国国家航空航天局的月球矿物质绘图仪。在撞击器撞击月面时，发现了水的存在。这里说的水，是指在月球表面上与石头和尘土分子结合在一起的水和羟基（由一个氢原子和一个氧原子组成）分子。日本"月亮女神号"探月卫星的亮点是探测月球的重力场，为了探测得更仔细，"月亮女神号"到达月球轨道时释放出两个子卫星协同工作，一个作为中继通信卫星，一个作为甚长基线测量卫星，以配合主卫星来测量月球背面的重力场。这项工作是迄今任何国家的探月项目都没有做过的。"月亮女神号"最后也是以碰撞月球表面结束，地面观测看到了碰撞时发出的闪光，并在月球表面留下了一条新鲜的"伤疤"。

（2）美国在月球南极找水

月球上没有大气，月面上白天温度达到100多摄氏度，不可能有液态水。但是在月球的南极和北极，由于太阳只在地平线上1.5度或地平线下1.5度之间晃动，因此太阳光照不到环形山的底部。在这些阳光永远照不到的地方，温度可维持零下230摄氏度。彗星撞月带来的水在坑内就能以水冰的形式保持下来。这些都是一种推测、猜想或预言，月球南北极的环形山里面究竟有没有水冰需要实地探测。

为了寻找月球南极的水，美国于2009年4月24日同时发射两艘探月飞船"月球勘测轨道飞行器"（LRO，简称"轨道飞行器"）和"月球坑观测感知卫星"（LCROSS，简称"感知卫星"）。各自独立地飞往南极地区，通过撞击凯布斯陨石坑来发现其中的水。"感知卫星"到达南极后就与火箭分离，重约两吨的火箭顿时变为撞击凯布斯陨石坑的航天器。"感知卫星"紧随其后，它所携带的近红外分光计和紫外—可见光分光计即时分析撞击所扬起的物质，并把分析结果的信息发送出去。4分钟后，"感知卫星"也撞向月球，由"轨道飞行器"和地面天文设施记录下这次撞击。分析表明，所激起的烟尘中有水，所扬起的"水量"约100千克。在月球上终于发现了比较多的水了。

这一发现意义重大。月球上没有大气，是建造特大型天文望远镜进行天文观测的理想地点；月球的引力小，是人类飞向深空的理想中继站；月球上有丰富的氦-3及其他的矿藏，将可以缓解地球上的能源危机。然而，要把理想变成现实，困难一大堆。月球上有了足够的水，有些难题就迎刃而解了，增大了建立月球基地的可能性。

图 6-15 "月球坑观测感知卫星"撞月找水的示意图

（3）美国重返月球计划的曲曲折折

人类对月球探测的步骤可归纳为探月、登月和驻月三大步。俄罗斯走完了第一步，现在准备迈第二步。中国、欧洲、日本、印度、英国和德国等还都处在第一阶段，以"探"为主攻方向。只有美国已经走完了前两步，有能力实践"驻月"阶段，在月球建立永久性载人基地。美国在停顿了 30 多年的登月探测以后，开始了新的登月计划。

2004 年 1 月 14 日美国总统布什宣布重返月球新计划，在 2020 年将 4 名航天员送上月球，开展约 7 天的月球基地建设；之后陆续前往，在 2024 年基本建成月球基地，最终的月球永久基地将可以保障每批航天员在月球上定居 180 天。

2009 年的经济危机给重返月球计划致命一击。奥巴马总统向国会递交 2011 财政年度政府预算案中，决定取消"重返月球"计划。新的太空探索计划将朝火星进发。在 21 世纪 30 年代中期将宇航员送往火星，并安全返回地球。

国际舆论认为，"美国将月球留给了俄罗斯、中国和印度，但最后可能胜出的是中国。"美国国家航空航天局局长博尔登（Charles Bolden）表示："有人惧怕中国航天业的发展，认为会威胁到美国在世界上的航天霸主地位。我不这么看，航天是造福全人类的宏伟事业，而不是你快我慢、你争我夺的竞赛。对于中国，我宁愿选择与之合作，而不愿选择与之对立和发生冲突。"

## 四
## 我国月球探测的"嫦娥工程"

"嫦娥工程"分为三个阶段：第一阶段是"绕"，发射围绕月球飞行的卫星，对月球进行整体的、全面的、综合性的探测；第二阶段是"落"，向月球发射软着陆器，并携带月球车在月球表面巡视勘察；第三阶段是"回"，向月球发射携带小型采样返回舱的软着陆器，采集重要的样品后返回地球。"嫦娥一号"和"嫦娥二号"完成"绕"的任务，"嫦娥三号"和"嫦娥四号"完成"落"的任务，第三阶段"回"的任务即将开始。

### 1．"嫦娥一号"探月

2007年10月24日，在西昌卫星发射中心用"长征三号"甲运载火箭将"嫦娥一号"卫星送入太空。它的奔月路线，可谓小心翼翼：先绕地球运行，进行4次变轨，逐步抬高轨道的远地点，然后在地－月转移轨道飞行约5～6天，修正轨道后，进入月球引力范围，再经过3次近月制动，进入距月球表面200千米高的绕月球两极飞行的圆轨道，绕月飞行约一年。后期进行了变轨试验，降低高度，由200千米降到100千米，继而变为远月点距月球表面100千米、近月点距离表面15千米的椭圆轨道。在完成所有的探测任务后，在地面指挥系统的控制下，卫星于2009年3月2日撞击丰富海区域，以考察被溅起的月表物质。

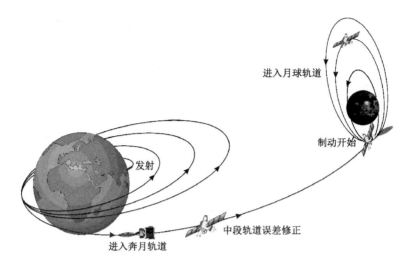

图 6-16 "嫦娥一号" 探月的发射过程路线图

"嫦娥一号" 携带 CCD 立体相机、成像光谱仪、激光高度计、微波探测仪、太阳高能粒子探测器、X/γ 射线谱仪和低能离子探测器等。其探测任务为：获取月球表面三维立体影像，精细划分月球表面的基本构造和地貌单元；勘察月球表面钛、铁等 14 种元素的含量和分布；利用微波辐射技术，探测月球土壤的厚度，并且估算氦 -3 的资源分布和含量；探测地球和月球之间的空间环境。最大亮点是获得世界上第一张最完整、最清晰的 "全月球影像图" 和对月面氦 -3 资源进行的调查。

### 2. "嫦娥二号" 探月

2010 年 10 月 1 日发射的 "嫦娥二号" 采取了大胆直接奔月路线。由运载火箭直接送入近地点 200 千米、远地点约 38 万千米的奔月轨道，7 天就入轨了。

"嫦娥二号" 的第一个任务是获得全月图，这虽然与一号的任务相同，但要求达到更高的分辨率和清晰度。把绕月轨道降低到离月面 100 千米，又换了一台更好的照相机，清晰度约提高 10 倍，分辨率也大大地提高了。完成了能分辨月球表面 50 米和 7 米尺度的全球图。这成为迄今为止世界上分辨率最高的月球全影像图。

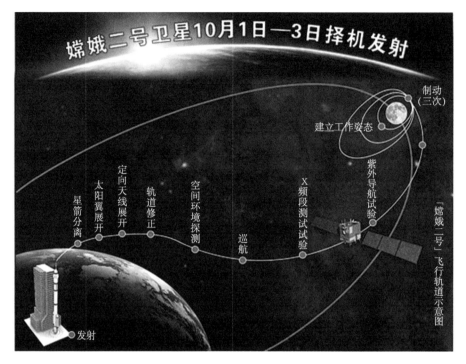

图 6-17 "嫦娥二号"奔月路线（来自新华社）

"嫦娥二号"的第二项任务是拍摄"嫦娥三号"预选的软着陆地点虹湾地区的照片。虹湾处在月球北纬 43 度，西经 31 度，南北约 100 千米，东西约 300 千米。拍摄时卫星变轨到距月面约 18.7 千米，图像分辨率约为 1.3 米。图 6-18 给出虹湾地区的照片，半个陨石坑的边缘明晰可见，其他部分则被熔岩淹没，形成平坦、开阔的地区，但是仍然在 9 平方千米的范围内发现了 1 万多个小型撞击坑。

"嫦娥二号"顺利地完成了任务，它所携带的燃料还没有用完，委以重任，让它奔赴日地系统的第二拉格朗日点访问一趟，离地球约为 150 万千米处。很多国际上的探测器在这个点附近落脚，"嫦娥二号"的任务是探路，经过 235 天的飞行，于 2011 年 8 月 25 日到达目的地。

2012 年 4 月 15 日"嫦娥二号"又接受新任务，要去与 4179 号小行星进行飞越与交会试验。这个小行星呈长椭圆状，主体由两大块组成，因此被称为"小土豆"或"花生"。"嫦娥二号"于 2012 年 12 月 13 日在距地球约 700 万千米远的深空，以 10.73 千米 / 秒的相对速度，与国际编号 4179 的图塔蒂斯小行星由远及近擦身而过，最近时的相对距离是 3.2 千米。所拍摄的小行星的图像，非常清晰。

### 3. "嫦娥三号"探月

与"嫦娥"一号和二号不同，"嫦娥三号"是要实现月球软着陆、月面巡视勘察、月面生存、深空探测通信与遥控操作以及运载火箭直接进入地月转移轨道等关键技术，难度大了很多。

图 6-18　"嫦娥二号"拍摄的虹湾地区照片

"嫦娥三号" 2013 年 12 月 2 日发射，成功地在月球表面软着陆。三号由着陆器和月球车组成。着陆器上装备了一台 150 毫米的近紫外和光学波段的天文望远镜和一台极紫外相机，能进行为期一年的天文观测。"月兔"月球车搭载了 20 千克的仪器，能在月面方圆 3 千米的范围内行走 10 千米。在月球车的底部安装一台测月透地雷达，可直接探测 30 米深度内月壤层的结构与厚度，以及探测数百米深度内月球壳浅层的结构，为国际上首创。月球车上还装有 α 粒子 X 射线光谱仪和红外光谱仪，旨在分析月球样品的化学元素组成。在月球车的桅杆上有两个全景相机和两个导航相机，在月球车下部前方有两个危险回避照相机。

图 6-19　"嫦娥三号"的登陆器和它上面的月球车，软着陆后，月球车将与着陆器分离

月球的一个昼夜相当于地球的 28 昼夜，白天最高温达到 150℃，夜晚最低则达到 -170℃。仪器设备需要能源才能工作，白天太阳能电池充分供应。到晚上，仪器设备没有能源，只能处于睡眠状态。更严重的是，在 -170℃ 时，所有仪器都可能被冻坏。为了给仪器保温特别研制了一种放射性同位素热电机的"核能"装置，使仪器设备安全度过夜晚。

"嫦娥三号"登月以后，着陆器上的月基光学望远镜和极紫外相机工作正常，月球缓慢的自转为望远镜连续观测宇宙天体提供了独特的环境条件。极紫外相机在月昼前几天和后几天，对地球等离子体层进行观测。月球车上的观测设备一直工作正常，最初在多个探测点开展了相关探测工作。在第二次月夜休眠前，月球车的机械控制出现故障，不能行动，后来改为定点探测。测月雷达、全景相机、粒子激发 X 射线谱仪、红外成像光谱仪均获得了大量科学探测数据。

### 4. "嫦娥四号"探月

"嫦娥四号"是"嫦娥三号"的备份星，但任务不同。它要在月球背面软着陆，这是人类的首次，连探月能力最强、经验最丰富的美国也没敢试一试。在月球背后登陆最大困难是通信问题，地球上的指挥部和"嫦娥四号"发射的无线电波既不可能穿透月球，也不能绕到月球背面，不解决通信问题，所有一切都不能进行。

为解决通信问题，中国航天人想出了一个方法，为地球上的指挥部和月背上的月球车搭了一座"鹊桥"，把装载有伞状抛物面天线、测控天线和数传天线三类低频射电天线的"鹊桥"通信卫星巧妙地安置在月球和地球引力系统的第

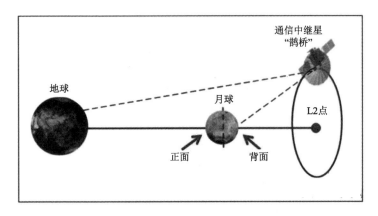

图 6-20  通信中继星"鹊桥"原理图，卫星放置在地球和月球的第二拉格朗日点（L2）附近，随月球一起绕地球运动。地球上指挥部和在月背的月球车发出的无线电信号通过"鹊桥"转送，通畅无阻。图中的"鹊桥"卫星绕 L2 点运行，称为 L2 的晕轨道，所显示的轨道半径夸张了许多

二拉格朗日点（L2）的附近，即 L2 的晕轨道上。L2
这个点位于地球和月球两点连线的延长线上，在月
背一侧，远离地球，离月球 6.5 万千米。L2 点随着
月球一起绕地球运转。在 L2 点上，"鹊桥"卫星绕
地球运行所获得的离心力正好等于所受到的地球与
月球的引力和。因此，所受的力等于零。由于在 L2
点上也无法进行与地球指挥部的通信，因此放置在
L2 附近的晕轨道上，卫星绕地球运行只需花费很少
的燃料。

　　2018 年 6 月"鹊桥号"通信卫星发射上天。
2019 年 1 月 3 日，"嫦娥四号"着陆器和"玉兔二号"
成功地在月球背面南极附近的艾特肯盆地登陆。为
什么要选择登陆艾特肯盆地？因为这个盆地不仅是
月球背面最大的陨石坑，也是太阳系目前已知的最
大的撞击盆地，直径约为 2500 千米。同时它还是最
深的盆地，达到 12 千米，意味着当年的撞击可能把
月壳深处，甚至月幔的物质撞了出来。另外就是它
非常古老，形成于 39.2 亿年前，对研究月球的历史

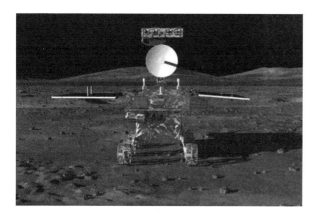

图 6-21 "玉兔二号"月球车

很有帮助。

"嫦娥四号"肩负三大任务：一是对月球背面的环境进行研究；二是对月球背面的表面、浅深层、深层进行研究；三是利用月球背面没有来自地球的低频无线电干扰和没有电离层的阻挡的条件，进行低频射电天文观测，将填补 0.1 ～ 40MHz 范围内的射电天文的观测空白。

"嫦娥四号"携带了许多探测设备，与"嫦娥三号"相比，新增加了低频射电频谱仪、月表中子及辐射剂量探测器、中性原子探测器等先进仪器。还携带一个微型生物圈装置和多种植物种子，要验证植物在月面上的太阳光照和低重力条件下的生长状况。

目前"嫦娥四号"和"玉兔二号"已经在月球的背面工作一年多了，所取得的探测成果震惊世人，其中两项尤为出色。第一件是探测器在着陆巡视区里发现的斜长岩、苏长岩等多种岩石类型，进一步揭示了古老深部月壳的成分特征。这些发现对月球地质学的研究具有重要意义。第二件是所携带的生物科普试验载荷里，棉花种子发芽了，长出约两厘米长的嫩芽。虽然这不是首次有种子在太空中发芽，国际空间站曾完成种子发芽的实验，但空间站离地球只有 400 千米，而月球却超过 38 万千米，意义更加重大，能够帮助我们弄清楚在月球和火星的环境下能否种植植物。

### 5. "嫦娥五号"和"再入返回飞行试验"

"嫦娥五号"的主要任务是要到月球取样返回。遇到的技术难题很多，包括取样、上升、对接和高速再入等。虽然美国"阿波罗登月"已经成功解决这些技术难题，但对于我们来说仍然是第一次。"嫦娥五号"将由轨道器、着陆器、上升器、返回器四部分组成。在进入月球轨道后，轨道器和返回器留在轨道上，着陆器和上升器降落到月面上。着陆器的两个机械手进行月面采样和钻孔取样，并将样品放入上升器携带的容器里进行封装，随后上升器从月面起飞，与轨道器、返回器组成的组合体交会对接，把样品转移到返回器后分离。然后，轨道器和返回器组合体踏上归途，以接近第二宇宙速度飞到距地球几千千米时返回器与轨道器分离，最后返回器在预定着陆点降落。

为了试验关键技术，2014年10月在西昌卫星发射中心发射了"嫦娥五号"试验器，它顺利进入地月转移轨道，并于10月27日飞近月球，进行月球近旁转向飞行，然后于10月28日进入月地转移轨道准备返回地球。11月1日飞行服务舱与返回器在距地面高约5000千米处分离，随后返回器安全精准地着陆在预定地点。试验取得圆满成功，服务舱分离后仍有很多剩余燃料，立即进行拓展试验，主要是对"嫦娥五号"任务相关技术进行在轨试验。服务舱先是返回到远地点为54万千米、近地点为600千米的大椭圆轨道绕地球飞行，然后进入地月系统的第二拉格朗日点继续飞行。服务舱于2015年1月上旬离开L2点，飞向月球，进入环月轨道飞行。拍摄了预设采样着陆区的地形地貌。

### 6. 月面氦-3资源的利用

氦-3是一种"可控热核反应"的燃料，地球上非常稀少，月球的土壤中却比较多。"嫦娥一号"使用微波探测仪进行氦-3资源的普查，大约有100万吨左右的储量。月球上的氦-3来自太阳风，由于月球没有大气层也没有磁场，氦-3可以直接落到月球表层，"陷进"月面浮土里，积累了几十亿年，形成很大的储藏量。

太阳上的能源来自氢聚变为氦过程中所释放的能量。在这个过程中，发生质量亏损。根据爱因斯坦的质能关系（$E=mc^2$，其中 c 为光速），所亏损的质量转换为巨大的能量。地球上的核电站是利用原子核裂变产生的能量，1克铀全部裂变所释放的能量超过2000吨煤。但是，裂变核反应有很强的放射性污染，一旦发生重大事故，后果不堪设想。而核聚变不仅产能效率比裂变要高3～4倍，而且无放射性污染，被认为是一种理想的新能源。

在地球上，不可控的核聚变早已成功，那就是氢弹。氢弹的核原料是氘和氚，它们是氢的同位素，氢原子核中只有一个质子，氘的原子核中有一个质子和一个中子，氚原子核中则是一个质子和两个中子。地球海水中有大量的氘，但自然界中没有氚，需要用锂来制造。海水中锂很多。目前多个国家都在研究可控聚变反应，我国是其中之一，而且还率先达到1亿摄氏度高温、放电10秒的最高纪录。当然，离核聚变发电的最终目标还很远，还有很长的路要走。但是，人们已经看到了希望。氦 -3 也是很好的聚变反应的核燃料。氦 -3 是氦的同位素，两者的不同在于氦原子核中有两个质子和两个中子，而氦 -3 的原子核中是两个质子和一个中子。氘与氦 -3 的热聚变反应能释放大量的能量，但是聚变核反应所需要的温度超过百亿摄氏度，目前实现不了。

第七讲

# 地球和类地行星

地球是围绕太阳运行的一颗行星。与地球一起围绕太阳运行的还有七颗行星和一批矮行星，以及数不清的小行星和彗星。它们组成了一个和谐、美妙的天体系统。八颗行星按照距离太阳的远近，从近到远依次是水星、金星、地球、火星、木星、土星、天王星和海王星。水星、金星、火星的性质与地球相近，因此称为类地行星。行星的空间探测是天文学研究方法上一次巨大飞跃，掀开了太阳系天体研究史上全新的一页。火星的空间探测最频繁，最受关注。把宇航员送上火星的宏伟理想有可能在未来 20 年左右付诸实现。目前科学家正在想方设法寻找太阳系外类地行星，因为只有类地行星才可能孕育生命。

## 既普通又特殊的地球

地球是太阳系中一颗围绕太阳运行的行星，与水星、金星和火星一样都是固态岩石结构，被认为是相同一类行星，即类地行星。然而，地球又是一颗极其特殊的行星，到目前为止，它是太阳系中唯一有生命存在的行星。不论是因为我们生长在地球上，还是因为要到浩瀚的宇宙中去寻找我们的同伴，都需要深入了解我们的地球和我们的太阳系。

### 1．太空中看地球

太阳在太阳系中不仅体积最大，而且质量也最大，它的质量占太阳系所有天体总质量的 99% 以上。它的强大吸引力能把其他天体都牢牢控制在自己周围，使它们都不离散。地球仅仅是太阳系这个大家庭中一个小小的成员，但却是天之骄子，拥有得天独厚的自然条件，适合生命的诞生和成长。万物生长靠太阳，成为颠扑不破的真理。但是，水星、金星和火星等同样得到太阳的照射，却没有任何生命存在的迹象。

生活在地球上的人们，只能看到地球表面很小一部分。第一个飞上太空看地球的是苏联宇航员加加林，1961 年 4 月，他乘坐"东方一号"宇宙飞船在距地球几百千米的宇宙空间飞行，透过瞭望窗看到地球时，不由得大声惊呼："啊，太美了，地球是蓝色的！"几年之后，"阿波罗"号系列飞船的宇航员们在飞往月球的旅途中拍摄了一大批地球照片。这些照片让人们第一次看清楚自己居住的地球是一个非常美丽的蓝色水球。地球表面 70.8% 的海洋壮观恢宏，棕色的陆地像岛屿一样漂浮在洋面。

1999 年 12 月 18 日，由美国、日本和加拿大联合研制的一颗专门观测地球的卫星（Terra）发射升空了。它担负了对全球气候和环境变化的长期监测任务。

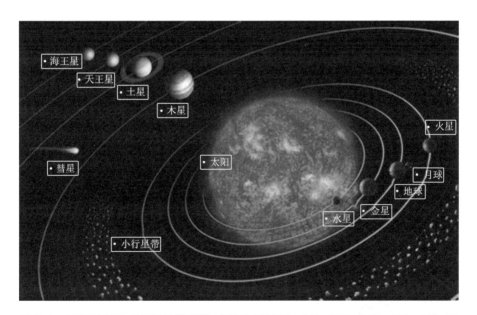

图 7-1　太阳系结构图，依照至太阳的距离，行星依序是水星、金星、地球、火星、木星、土星、天王星和海王星。在火星和木星之间有一个小行星带

彩图页的图 4 是 Terra 卫星距地面 35,000 千米拍摄的地球照片，清晰度之高史无前例，陆地上的高山峻岭、江河湖泊都历历在目。与气象卫星拍摄的白云合成后，使我们的家园更加迷人。

### 2. 地球的形状

地球自然表面是极不规则的，有高山、深谷、江河湖海，最高的珠穆朗玛峰海拔 8844.43 米。以大地水准面为准，北半球的低纬度处，地球凹陷下去，大体从北纬四五十度开始，地面隆起，高出大地水准面，而以北极处最高，高出 18.9 米。南半球的情况恰恰相反，低纬度处，地面隆起较多，而在南纬六七十度处，地面迅速下陷，南极处最低，比水准面凹下去 25.8 米。和地球的大小相比，这些起伏不平只是地球表面一些不起眼的皱纹。

更加精细的测量发现地球是一个两极略扁的不规则椭球体。它的赤道半径为 6378.16 千米，极半径是 6356.77 千米。地球赤道本身也是个椭圆，赤道半径最大处和最小处相差约 265 米。

曾经有人用"大鸭梨"来形容地球的形状，北极是梨把，南极是梨眼。这是把地面起伏夸大万倍以上后所呈现的形状。笼统地说地球形状像鸭梨是不对的。

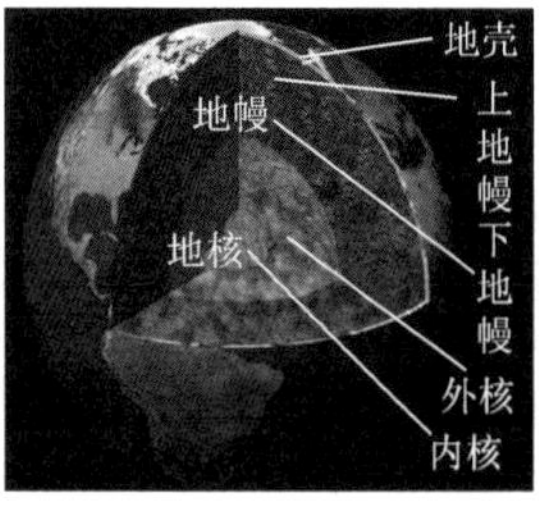

图 7-2　地球的内部构造

### 3. 地球核心的秘密

地球的平均半径大约是 6371 千米，想用钻探的方法来彻底了解地球内部的结构是不太可能的。到目前为止，钻探最深的地方也就是十几千米，还不到地球半径的 1/500。我们对地球内部的认识，主要来自对地震波的测量。

1910 年，克罗地亚地震学家莫霍洛维奇（Andrija Mohorovicic）发现，地震波在传到地下 50 千米左右时发生折射现象。发生折射是因为遇到了不同物质的分界面，即地壳和地幔的分界面。1914 年，德国地震学家古登堡（Beno Gutenberg）发现地下 2900 千米深处的一个不同物质的分界面，即地幔与地核的分界面。由此科学家们把地球分为地壳、地幔和地核三个圈层。

地壳是地球表面很薄的一层，平均约三四十千米厚。最厚的地方能达到 70 千米，如我国的青藏高原。最薄的地方仅有 10 千米，如深海下面。地壳主要由各种岩石组成。根据流行的板块构造学说，地壳由一些板块组成。

地壳以下一直到约 3000 千米深的地层叫地幔。地幔也基本上是由岩石组成的，只不过地幔深处的岩石成分与靠近地壳的岩石成分不太一样。地幔上层的岩石主要是橄榄石，而地幔下层的岩石主要由二氧化硅、氧化镁、氧化铁等成分组成。

地幔以下就是地核了。地核的半径约 3370 千米，占地球总体积的 16% 左右，但它的质量却占地球总质量的 31% 以上。地核分为内核和外核，内核由接近熔点的铁和镍等金属组成，外核则是由液态的铁和镍等金属组成。

地球内部的温度随着深度的增加而越来越高，在地表以下一定的距离内平均每深入 100 米温度增加 3℃。在 3000 千米深处地幔与地核的分界面上，温度大约在 2500℃以上。地核的温度估计在 4000 ~ 5000℃之间，并且外核的温度高于内核。

### 4. 地球的年龄

地球的天文年龄是指地球开始形成到现在的时间，这只能是一种理论推测，与地球起源的假说有密切关系。美国化学家利比（Willard Frank Libby）一生致力于研究应用放射性碳（$^{14}C$）测定古生物年龄的方法，由此获得 1960 年的诺贝尔化学奖。这种方法已被广泛用于考古学、地质学、地球物理学以及其他学科。碳（C）有 3 种同位素，即 $^{12}C$、$^{13}C$ 和 $^{14}C$，它们的差别在于原子核中的中子数不同，$^{12}C$ 的原子核中有 6 个质子和 6 个中子，$^{13}C$ 的原子核中多了 1 个中子，$^{14}C$

则多了 2 个中子。在生物体活着的时候，体内的这三种同位素含量的比例是稳定的。一旦生命过程结束，具有放射性的 $^{14}C$ 就会慢慢地衰变，经过 5730 年要减少 50%，这个时间称为碳的半衰期，通过测量稳定的 $^{12}C$ 和衰变的 $^{14}C$ 的相对含量，就可以准确算出某一样品终止碳交换至今有多少年。这种方法通常用来测定古生物化石的年代。

测量地球岩石的年龄可以知道地球的地质年龄，即地球上地质作用开始之后到现在的时间。最古老岩石并不是地球诞生时留下来的最早证据。地球刚形成时处于熔融状态，最古老岩石是地球冷却下来形成坚硬的地壳后保存下来的，因此只能是地球年龄的下限。通常采用铀变铅的衰变定年方法。

铀有两种同位素，质量数分别是 235 和 238，写为 $^{235}U$ 和 $^{238}U$。它们的原子核中质子数相同，而中子数不同。这两种具放射性的同位素都会随时间衰变，各自发射出 6 个氦核和 7 个氦核，分别衰变为铅的两种同位素（$^{238}U \rightarrow {}^{206}Pb + {}^8He$；$^{235}U \rightarrow {}^{207}Pb + {}^7He$）。铀 -238 的半衰期为 45 亿年，铀 -235 的半衰期是 8.5 亿年。用专门仪器测定岩石中放射性元素铀 -235 和铅 -237 的比值，便容易断定那块岩石的年龄。除了铀铅法外，还有钍铅法、铷锶法、钾氩法等。用这个方法得到地球上已知最古老的岩石的年龄是 41 亿年。

20 世纪 60 年代末，苏联和美国探月都取回了月球表面的岩石标本，测量得到月球的年龄在 44 亿至 46 亿年之间。科学家还分析了陨石的年龄，也达到 40 多亿年的年龄。根据目前最流行的太阳系起源的星云说，太阳系的天体是在差不多时间内凝结而成的，所以也认为地球是在 46 亿年前形成的。

### 5．地球的大气层

地球表面被一层厚厚的大气包围着，大气层没有明显的边界，只是愈向上愈稀薄。大气是由多种气体组成的混合物，主要成分是氮气和氧气，还有少量的氦、氩、氖、二氧化碳、水蒸气等。大气的总质量约 5000 万亿吨，只有地球质量的百万分之一。而这些大气的 98% 又都集中分布在距离地面 50 千米以下的范围内，我们平常所说的大气层也是指的这个范围。假如没有大气层，地球上就不会有水存在，因为水会变成水蒸气，而水蒸气会逃离地球。没有水的地球

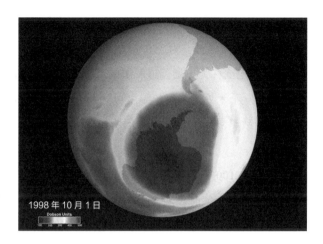

图 7-3　1998 年 10 月 1 日观测到的地球南极臭氧洞，
最深色部分为臭氧洞

会是什么样，大家可想而知。

根据地球大气密度、温度、压力以及化学成分随高度的变化，可以把大气分为四层，从下往上依次是对流层、平流层、中间层和热层。

对流层是冷暖空气团对流的区域。对流层的厚度不均匀，大约在 10 千米左右。这一层对地面的影响最大，风雨雷电等气象变化都发生在这里。对流层的温度是随着高度的增加而下降的，在对流层的顶部，温度约为 -50℃。

平流层，又称同温层，其高度从对流层顶部到离地面 50 千米处。与对流层的情况相反，平流层的温度随高度增加而上升，顶部温度大约为 -3.15℃。平流层中有特别重要的臭氧层，位于地面上空 10 ～ 50 千米的区域，最高浓度在 20 ～ 25 千米处。臭氧由其特殊的臭味而得名。空气中的臭氧会对人的呼吸系统、肺功能等造成伤害。然而，地球大气层中的臭氧层能够吸收太阳辐射中绝大部分的紫外线，成为使人类免遭紫外线伤害的"保护伞"。1985 年，英国科学家首先发现地球南极上空的臭氧总量减少了 40% 以上，形成巨大的臭氧洞。卫星观测也证实了这一点。臭氧层有了巨大的空洞，好比是天塌下来一块，对地球上的生命造成威胁。初步分析认为是人们用作制冷剂的化学物质氟利昂引起的。氟利昂于是被禁用了。2011 年北极上空又出现了臭氧洞。究竟是什么原因造成的，仍在探讨之中。

中间层，离地面 50～80 千米，这一层的温度变化与对流层一样，也随高度的增加而下降，顶部的温度最低，为 -90℃。

从 80 千米再往上的范围称为热层。这一层的温度变化与平流层一样，随高度的增加而上升，在 500 千米处的高空，温度可达到 1000℃，这是因为大气大量吸收太阳紫外辐射所致。热层的温度虽高但所包含的热量却很少，因为那里的大气太稀薄了。

另外，地球大气层从 100 千米到 350 千米的范围内含有大量的电离气体，这是由于太阳辐射穿进高层大气时高能光子与大气中的分子和原子发生作用后产生的。电离气体可以反射无线电波，地面上跨越大洋的短波无线电通信就依靠电离层的反射来实现。

### 6．地球的运动

地球有多种运动，可是生活在地球上的人们并没有感受到。在很长的一段历史时期内，人们还以为地球是不动的，是宇宙的中心。人们感受不到我们因地球自转而在以大约每小时 1675 千米的速度绕地心运动，也感受不到随着地球一起以每小时 10.8 万千米的速度围绕太阳高速运动，更不知道还以每小时 90 万千米的速度随着太阳系围绕银河中心高速狂奔。这三种运动速度都比喷气式飞机快得多。我们认识地球这三种运动是根据它们造成的诸多天文现象推断出来的。

天体东升西落的周日运动和日夜的交替是地球自转造成的现象。由于地球自转的影响，我们发现高处物体下落的方位要比原来的方位稍微偏东一些，北半球向南运行的火车对右侧铁轨磨损得厉害一些。

地球公转造成四季的交替和星空的变化。地球绕太阳运动的轨道是一个椭圆，所以日地距离是不断变化着的，最近时是 1.471 亿千米，最远时是 1.521 亿千米。从地球北极往下看，地球是沿逆时针方向绕太阳运转的。

地球随着太阳绕银河系中心运动一周需时 2.25 亿至 2.5 亿年之间，称为一个地球的银河年。银河系是一个铁饼状结构，物质比较集中在银道面的 4 条旋臂上。由于恒星绕银心运转的角速度略大于旋臂的角速度，在近 6 亿年中太阳系曾先后穿越过银河系的 4 条旋臂。很显然，太阳系在银河中处在旋臂中或旋臂外时，太阳系的环境是很不一样的。当太阳系处在星际介质密集的区域，照射到地面的太阳光会大大减弱，造成地球温度的下降。地球的地质年代中曾出现过多次大冰川活动时期，这可能与太阳系穿行旋臂有关。

除了上面介绍的三种运动外，还有一种称之为地球自转轴的进动。这是由于太阳和月球对地球赤道突出部分的作用引起的地球自转轴方向的缓慢变化，称为进动，也称岁差。地球自转轴大约每 2.6 万年绕行一周。目前我们看到的北极星是小熊座 α 星，过 1.3 万年，织女星将成为新的"北极星"。我国古书记载，公元前 3000 年的北极星是天龙座 α 星（中国名字为紫微垣右枢星）。

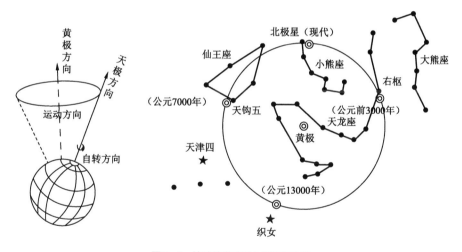

图 7-4 地球的进动和北极星的变迁

**难得一见的水星**

在冥王星由行星降格为矮行星后，水星成为太阳系中个头最小的行星，大约是地球直径的 1/3，比木卫三和土卫六还小。虽然是太阳系中最小的行星，但是水星却很有个性，在好几个方面创下行星之最。水星、金星和火星都归为类地行星一类，主要组成物质是固态的岩石。水星外貌如月球，但其内部与地球非常相像。

### 1．运行速度最快、昼夜温差最大和进动现象最显著的水星

水星是离太阳最近的行星，到太阳的平均距离为 5790 万千米，约为日地距离的 38.7%。水星的轨道速度是每秒 48 千米，是太阳系中跑得最快的行星。古罗马人用神话中行走如飞的信使墨丘利（Mercury）来命名。水星向阳面的温度最高时可达 430℃，但背阳面的夜间温度可降到 -160℃，是所有行星中表面温差最大的。水星的 1 "年" 时间最短，为 88 个地球日，它的一 "天" 是 58.65 个地球日，一年不到 2 天。水星很孤独，与金星一样是没有卫星相伴的行星。

水星轨道近日点进动是所有行星中最明显的。进动是指自转物体的自转轴又绕着另一个轴旋转的现象，常见的例子为陀螺。水星是距太阳最近的一颗行星，进动比较明显。观测发现水星进动的速率为每百年 1°33′20″，而根据牛顿引力理论计算，水星进动的速率为每百年 1°32′37″，两者之差为每百年 43″。这是一个很小的数，但是当时的观测精度已经很高，绝对不能认为是观测误差所致。牛顿力学解释不了，困扰了天文学家们数十年。

起初，有人认为是一颗离水星比较近的行星的影响，并取名为祝融星，但始终也没有找到。最后还是爱因斯坦用他的广义相对论圆满地加以解释，并成为爱因斯坦广义相对论三大天文学验证之首。

### 2．内行星的轨道运动和出没规律

从地球上看行星的运动只能看到行星在天球上投影的视运动。行星的轨道平面与地球的轨道平面差别不大，所以行星的视运动也是沿黄道十二宫运动，也是走白羊、金牛、双子的路线，不过太阳一个月走一宫，而不同行星则有不同行进速度，如木星走一宫要一年。行星在星空中行进的路线都呈弧状。地球轨道之内的水星和金星称内行星，地球轨道之外的行星称外行星。内行星和外行星出没规律是不同的。

地球和行星都在运动，而且轨道周期和速度都不相同，因此各个行星与地球及太阳之间的相对位置在不断变化。内行星的轨道上有 4 个特殊位置，即东大距、西大距、上合和下合，如图 7-5 所示。从地球上看去，水星或金星与太阳之间的角距离是不断变化的。大距是行星与太阳的张角最大的位置，这是观测内行星最好的时间，能看到的时间最长。由于水星的轨道偏离正圆程度很大，近日点距太阳仅 4600 万千米，远日点却有 7000 万千米，所以水星的大距变化幅度比较大，在 18°～28° 之间。金星的大距的变化范围就比较小，在 45°～48° 之间。

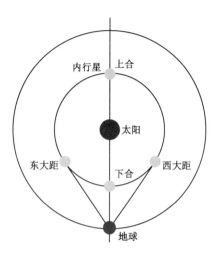

图 7-5 内行星轨道上的东大距、西大距、上合和下合

地球自转导致太阳和行星东升西落，当内行星在东大距时，行星比太阳晚升起晚落下。早上，太阳升起之后它才升起，此时已是烈日当头，我们无法看到行星。傍晚，太阳从西方落下去以后，这时我们才能一睹水星或金星的芳容。由于处在东大距的水星和金星只能在傍晚出现，所以水星和金星又叫昏星。当内行星处在西大距时，水星或金星都比太阳早升起早落下，我们可以在早晨太阳尚未升起的时候在东方天空上看到它们。早上出现的水星和金星叫作晨星。

水星，就像希腊神话故事中的信使一样，它在天空中的运动十分迅速，来去匆匆。在一二个月的时间内，它就会从东大距运行到西大距。并且由于水星的大距角平均只有 20 多度，要见水星一面真是很不容易。水星并不算太暗，通常目视星等范围是 0.4～5.5，最亮时可达 -1.9 等。只是时间太短，仅能展现 50 分钟。一辈子都无缘与水星见一面的大有人在。著名天文学家哥白尼一生中从未看到过水星，成为一大遗憾。

### 3．水星的空间探测

从地球上观测水星很困难，发射探测器绕水星飞行也十分困难。水星的昼夜温差太大，水星朝向太阳的一面，可达到400℃以上。这样热的地方，就连锡和铅都会熔化。背向太阳的一面，达到-173℃。探测器要靠近水星，首先就要接受冰火两重天的考验，飞船的材料和仪器仪表不仅要耐得住高温，还要能抵御高寒。还有，水星是太阳系中公转最快的行星。要想准确地向水星发射探测飞船，就好像在百米以外打一个飞速移动的靶子，要计算得很准确才行。水星仅比月球大1/3，相对于近在咫尺的太阳的引力，实在是太小了，向它飞来的探测器，弄不好就会成为太阳的盘中餐。

1973年11月3日，美国发射了"水手10号"宇宙飞船，在对金星探测之后对水星进行了顺访。它先后于1974年3月、9月和1975年3月三次飞临水星，摄下上万幅近距图像，但只拍摄了大约45%的水星表面。专门探测水星的"信使号"探测器于2004年8月3日发射。为了克服发射绕水星运行探测器的困难，探测器走了一条迂回曲折的路，小心翼翼地接近水星，于2011年3月18日进入绕水星运行的轨道，开始对水星进行为期一年的在轨探测。

"信使号"拍摄了近10万张图片，绘制了水星的引力场，测量了地表的高度，展示了水星表面的地貌特征。彩图页的图3是"信使号"2008年1月拍摄的水星的卡路里盆地。该盆地直径1550千米，是太阳系中最大的撞击坑之一。环绕它的环形山高约2千米。环形山外围的撞击喷发物，形成了环绕盆地的同心圆环构造。

2018年10月23日，日本和欧洲联合在圭亚那发射水星探测器。日本探测器"三零（MIO）"和欧洲探测器"MPO"将保持结合状态，用7年时间抵达水星，联合水星探测。

### 4．外貌似月球内部像地球的水星

看见水星的照片时，人们的第一印象就是与月球非常相像。图7-6是"信使号"探测器环绕水星长期观测获得的资料所构成的水星表面图，比以往发布的表面图完整、精细。像月球一样，水星表面也布满了许多环形山，也有山脉、悬崖、峭壁、盆地和平原。不过，大环形山比较少，直径在 20 ～ 50 千米的环形山不多见。通过对水星的探测还了解到，水星上几乎没有大气，没有水。但是在极区一些终年见不到阳光的陨石坑中发现很多水冰。

图 7-6 "信使号"卫星获得完整的水星表面图

水星上的环形山很多用古今中外的天文学家、艺术家的名字命名，其中有 15 个是中国人，如唐代著名诗人李白、白居易，宋代女词人李清照，元代著名戏曲家关汉卿，现代著名作家鲁迅，等等。

水星外貌如月球，内部却很像地球。在八大行星中，水星的密度仅比地球略低一些，平均密度为每立方厘米 5.433 克。与地球一样，水星也分为壳、幔、核三层，只是核所占的比例大些。巨大的铁质核心半径可能达到 1800 千米到 1900 千米，而外壳仅有 500 千米到 600 千米厚。它的内核占整个星球的比例超过了地球，其原因可能是水星在太阳系早期的狂暴撞击时代曾遭遇严重撞击，把密度比较小的部分外壳抛到太空中去了。"信使号"探测器将对水星进行全地表化学成分分析，有可能对这个猜想是否正确做出判断。

水星有磁场，也是与地球磁场一样的偶极磁场。强度大约为地球磁场强度的1%。磁场可能来源于核心部分高温液态的金属。"信使号"探测器将精确测量水星磁场的分布，从而了解磁场的起因。

# 最明亮的金星

金星是距离地球最近的一颗行星。大小与地球相当，是地球平均直径的95%，也有大气层。浓密的大气层把金星严严实实地包裹起来，最大的光学望远镜也无法给我们提供金星表面的任何信息。由于与地球很相似，人们曾把金星与地球看作是一对孪生姐妹，并猜想金星上温暖而湿润，长满了茂盛的植物，还有众多的动物。科幻小说家描写的"金星人"更是绘声绘色。直到1962年，射电天文学家运用雷达技术勾画金星地形地貌，并推算出金星表面的高温状况，人们才恍然大悟。

### 1．东有启明，西有长庚

金星是全天除太阳和月球外最明亮的一颗星，最亮时的视星等可达 -4.4 等到 -4.8 等。夜幕中有如璀璨钻石的金星，足以让鼎鼎大名的天狼星黯然失色。我国古代叫它太白星。西方人将它视为爱与美的象征，用罗马神话中掌管爱情与美丽的女神维纳斯来命名。和水星一样，金星只能在早上或晚上作为晨星或昏星出现。然而由于金星与太阳的距离比水星远多了，金星的大距角可以达到48°，所以金星出现的地平高度比水星高得多，在天空中逗留的时间也就比水星长得多，很容易见到。我国古代有"东有启明，西有长庚"的说法，指的就是早上出现在东方或晚上出现在西方的金星。

用望远镜观察金星，可以看到金星也像月亮一样有时圆时缺的相位变化。不同的是，月相变化时月面直径没有明显的变化，而金星相位变化时，表面直径的变化却很大（见图7-7）。其原因在于，金星和地球同时围绕太阳运动，当它们运动到太阳的同一

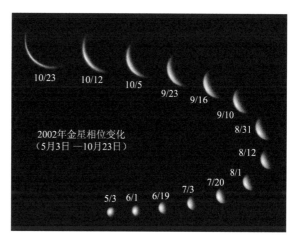

图 7-7　金星相位变化示意图

侧，两者之间的距离就比较近。当它们处于太阳的两侧时，两者之间的距离就会比较远。所以我们看到金星表面直径会有很大变化。

夜晚蓝色的天幕上，一轮皎洁明月由宝石般明亮的金星相伴的美景，使人倾倒。这就是美丽的"金星伴月"天象。每27天有一次金星伴月的机会，只不过金星有时离月亮近些，有时远些；月球也以多种形态变换出场。

每当水星和金星运行到日地之间的下合位置时（见图7-5），有可能看到罕见的凌日现象，即内行星在日面上掠过，这相当于日环食的情况。金星凌日比水星凌日更容易观测些，因此成为天文爱好者追逐观测的对象。由于金星的视直径比太阳的视直径小得太多，只能在明亮的太阳圆面上形成一个移动的小黑点，宛如天空中的一只孤鸿，摇曳着飘过天幕。虽然不及日环食壮观，却也是别有风味。金星凌日和水星凌日都是罕见天象。由于地球绕日轨道和金星绕日轨道并不在同一平面，金星凌日每一百多年才会发生两次，这两次比较靠近，然后经过很长时间再发生两次。上两次发生在1874年和1882年，最近的两次则发生在2004年和2012年。下次就要等到2117年了。

正如预测的那样，2012年6月6日如期发生了金星凌日现象。自6时10分开始，全程大约6个多小时，到12时49分许完美谢幕，我国绝大部分地区均可观测。

八大行星中，唯有金星的自转方向是自东向西。如果你站在金星上，将会目睹太阳西升东落的旷古奇观。金星的自转速度很慢，自转一周要 243.01 个地球日。颇为有趣的是，其公转周期为 224.701 个地球日，也就是说，金星的"一天"比"一年"还长。在金星上，太阳一年只升起一次。

### 2. 金星的空间探测和金星地貌

苏联最先发起对金星的空间探测，从 1961 年发射"金星 1 号"开始，共发射了 21 个金星探测器，只有 13 个获得成功。"金星"1 号、2 号和 3 号都在接近金星时或因通信中断或因遥控失灵而失败。1967 年"金星 4 号"进入金星大气，探测了大气密度、温度和化学成分，但着陆舱未到金星表面就被高气压压瘪了。"金星"5 号和 6 号，也只是测量了大气的数据，没有发回金星表面的测量结果。1970 年"金星 7 号"获得完全成功，实现软着陆，发回了表面情况的数据，得知温度高达 475 摄氏度左右，气压比地球的高出 90 倍。这之后发出的金星探测器都获得成功。金星表面的高温、高压环境，使早期的金星探测尝够了失败的苦头。

图 7-8　根据"麦哲伦号"探测器的探测资料，经计算机处理后得到的金星表面地貌照片

美国国家航空航天局 1962 年发射的"水手 1 号"金星探测器以失败告终。同年发射的"水手 2 号"和 1967 年的"水手 5 号"取得了金星大气层和电离层的有用信息。最成功的金星探测是 1989 年 5 月美国发射的"麦哲伦号"。探测器于 1990 年 8 月进入环绕金星的轨道，进行了 4 年多的探测。运用成像雷达方法，对这个星球 98% 的表面进行探测，绘制出的地形地貌图分辨率达到 250 米，清晰度比以前的照片提高了 10 多倍。

欧洲的"金星快车"探测器于 2005 年 11 月发射，经过约 5 个月的飞行进入绕金星运行的轨道。通过探测器上的 7 台仪器对金星的电离层、大气层和表面进行综合研究。这是欧洲首次发射金星探测器，也是第一个对金星大气和等离子环境进行全球研究的探测器。该探测器详细地研究金星大气和云层，并且绘制金星全球表面温度图，发现金星大气拥有的一个臭氧层，在其大气以上 100 千米处，浓度不超过地球大气臭氧的 1%。还发现金星的自转速度越来越慢，与 20 世纪"麦哲伦号"测量值比对，16 年慢了 6.5 分钟。

2010 年日本"晓（Akatsuki）号"金星探测器发射升空，由于发动机系统的故障而失败，未能进入绕金星运行的轨道，成为绕太阳运行的流浪者。经过长达 5 年时间的磨难，日本工程师终于在 2015 年使"晓号"金星探测器进入了金星轨道。犯了错误之后，也创造了奇迹。"晓号"探测器携带了 5 台高精密相机，覆盖波段从红外一直到紫外，可以进行最长约 20 小时的连续拍摄。可用于对金星大气的不同方面特征开展考察，了解金星的大气结构，揭开硫酸云层的具体成分、暴风的成因等谜团。它的到来，恰在"金星快车"行将结束任务之时，日本"晓号"探测器的最新探测数据将扩展并补充"金星快车"获得的数据，将这两个项目的数据相结合，将会得到一加一大于二的效果。

探测金星仍然是天文学家关注的重点之一，美、欧、俄的金星探测计划值得期待。美国国家航空航天局有两个计划：第一个探测器"DAVINCI"，将对金星深层大气惰性气体进行勘测和成像，将要投放一个探测器到金星大气中，经过约 1 小时的下降过程中对不同高度的大气成分进行测量。第二个探测器"VERITAS"拥有一部分辨率很高的雷达，能够探测到小到 30 米的地形特征。将对金星的地貌进行比较全面的测量。欧洲空间局的"EnVision"探测器，也配备了雷达，分辨率更高，达到 6 米。偏重于对局部地区的精细勘测。俄罗斯的"金星 D"将包括一个轨道飞行器、一个着陆器，甚至还包括一个气球探测器，将关注金星大气以及土壤的研究。

这些空间探测器使科学家们逐步看清楚金星的地貌。金星地势比较平坦，70% 是起伏不大的平原，20% 是低洼地，10% 左右是高地。金星比地球小，但它的最高峰比珠穆朗玛峰还要高，达到 10,590 米。一条从南向北穿过赤道的长达 1200 千米的大峡谷，是八大行星中最大的峡谷。金星的地质活动曾经很活跃，除了几百个大型火山外，还零星分布着 100,000 多座小型火山。从火山中喷薄而出的熔岩流形成了长长的沟渠，范围大至几百千米。在赤道偏北的地方有两座很大的火山，其中一座火山的口径约有 700 千米，如此巨大的火山口，在太阳系其他天体上也是少见的。金星表面几乎没有小环形山，一些较大的环形山，直径从 20 千米到 50 千米不等。没有小环形山的原因是受到稠密大气的保护，小陨星在进入金星的大气层时便都化为乌有。

### 3．金星大气及其温室效应

天文学家曾经把金星看作地球的孪生妹妹，猜想金星或许是浩瀚宇宙荒漠中的另一片"生命绿洲"。然而，金星实际上却是一个地狱般的世界，不分白天和黑夜，也不分赤道和两极，到处都是将近 500 摄氏度的高温。

稠密的金星大气几乎是地球大气密度的 100 倍，就像穿上了一件厚厚的棉袄，而且大气中 96% 是保温性极强的二氧化碳和 3.5% 的氮气，还有一层厚达万米的浓硫酸云。大气中的二氧化碳允许太阳光自由地穿过，但是却不允许热量再散发出去，造成温度不断地攀升，这种温室效应使金星成为太阳系中最热的行星。金星地表温度高达 465 ～ 485℃，而且不会因地区、季节或昼夜产生变化。金星上曾经有大量的水，曾是个水灵灵的"姑娘"。由于磁场太弱，无法阻挡太阳风的攻击，导致上层大气中的水蒸气分解为氢和氧，散逸到茫茫宇宙之中。而表面的水也因为蒸发而殆尽。如今的金星已是极度干旱，金星早已变成了"千山鸟飞绝，万径人踪灭"的不毛之地了。

金星大气层的具体结构各家说法有些差别，但大体上可分几层：大气顶层

（散逸层），220千米至350千米；热层（电离层），120千米至220千米；中气层（云层），65千米至120千米；对流层，从表面至65千米。金星大气中严重的阴霾基本上发生在中气层中，也会发生在对流层的上部。阴霾层充斥着大量的浓雾，细微的雾滴是具有极强腐蚀性的浓硫酸和浓盐酸。浓云层不仅遮挡了我们的视线，而且它还吸收了阳光中的蓝紫成分，使得金星的天空成为令人望而生畏的橙黄乃至红褐的颜色。

图7-9 "水手2号"拍摄的被浓密的大气包裹着的金星照片

金星大气层中密度最高的部分在表面附近。金星表面的温度很高，大气压更是地球表面的92倍，在这种温度和气压的情况下，二氧化碳不再以气体形式出现，而成为超临界流体，形成覆盖整个金星表面的另一种形式的海洋，而这种海洋的传热率极高，让金星昼夜之间的温度变化极小。

## 最受关注的火星

红色的火星自古以来就备受人们的关注。我国古代因其"荧荧如火"而称它为"荧惑"。很长时间以来，人们总认为火星是最有可能拥有地外生命的天体，成为空间探测的重点。虽然迄今为止没有探测到任何生命的迹象，但发现火星上有水存在。把宇航员送到火星上去进行实地科考更是科学家们执着的追求。更长远一些的目标则是把火星改造成宜居的星球。

### 1. 与地球相像的火星

火星是地球的近邻，许多方面的性质相同，火星就好像是一个小型地球，二者都是固态行星。它虽然比地球小，但直径也有 6796 千米，约为地球的一半。自转周期为 24 小时 27 分，与地球大致相等，公转周期为 687 天，约为地球的两倍。火星上同样有着四季的变化，因为火星的赤道与其公转轨道有一个 23°59′ 的倾角，与地球只有半度之差。火星表面平均温度比地球表面平均温度大约低 30 摄氏度，低得不是太多。火星也有大气，只是比地球大气稀薄得多，主要成分为二氧化碳。火星有两颗天然卫星，但都很小，形状奇特，直径分别为 22.2 千米和 12.6 千米。火卫一的公转周期短于火星自转周期，而火卫二的公转周期长于火星自转周期。在火星表面看，火卫一自转是自西向东，而火卫二是自东向西。

1877 年，意大利天文学家斯基亚帕雷利（Giovanni Schiaparelli）发现火星表面有一些狭窄的暗线，还有一些较大面积的暗区，很像是一些海峡连通着宽阔的海洋。他把这些暗线称为 canali，这个意大利语的意思为"沟渠，水道"。这个发现又激励美国天文学家洛威尔（Percival Lowell）看了一辈子火星，并绘制出详细的运河图。

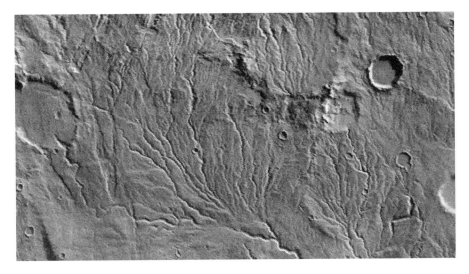

图 7-10　被误认为"火星运河"的表面结构

从 19 世纪末期开始，以"火星人"为题材的文学作品大量问世。英国著名科幻小说作家威尔斯的《大战火星人》影响最大。1938 年，《大战火星人》又被改编成广播剧，火星人登陆地点也从英国改到了美国的新泽西州，这部剧在美国播放时引起了很大的骚乱。引人入胜的故事情节和逼真的艺术效果，使许多人都以为火星人真的来进犯地球了，弄得惊慌失措。

大型望远镜的观测解开了"火星运河"之谜，而空间探测更清楚地告诉我们，所谓的"火星运河"是由许多孤立的形状不规则的暗斑所组成。虽然不是什么人工挖掘的运河，但很可能是干枯了的河床。火星表面是一个极其荒凉的世界，根本没有发现任何生命现象。

### 2. 早期的火星探测器

火星空间探测始于 20 世纪 60 年代。美国最积极，从 1964 年开始已经发射了 20 个火星探测器。美国最初发射的"水手 4 号""水手 6 号"和"水手 7 号"都是从火星附近飞过，探测时间很短。1971 年"水手 9 号"、苏联的"火星"2 号和 3 号陆续到达火星，遇到大规模的尘暴，到处是黄沙飞舞，遮天蔽日，迷迷蒙蒙。绕火星飞行的"水手 9 号"成果很丰硕，共发回 7300 多张火星的照片。其中对奥林匹斯山的观测最引人注目，原来以为被积雪覆盖着的，却是一座高 24 千米的太阳系中最大的死火山，一点雪也没有。火山的坡度平缓，底部直径达 600 千米，顶部宽约 80 千米。

"水手 9 号"发现的"水手谷"是太阳系行星上最雄伟的大峡谷。它处在火星赤道附近，恰似南北半球的一条天然分界线。水手谷全长近 4000 千米，宽 200 多千米，深 7 千米，文前彩图 8 是"火星快车号"拍摄的多幅图像拼接而成的火星水手谷。

"水手 9 号"还测定了火星两个卫星的形状和大小，卫星形状极不规则，像是两个被虫子咬过的大土豆，上面还有许多被撞击形成的坑。

"海盗"1 号和 2 号与以往不同，分别携带了着陆器上天，于 1975 年 7 月 20 日和 9 月 3 日在火星表面软着陆成功，分别在火星上工作了 6 年和 3 年，共发回 5 万多幅火星照片。

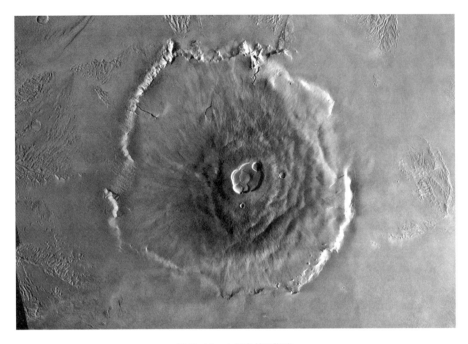

图 7-11　火星奥林匹斯山

探测表明，火星土壤由硅酸盐组成，与地球相似，但含铁量很高，因此使得火星岩石呈红色。还发现火星大气中有极少的水蒸气，但比地球上最干旱的撒哈拉沙漠地区的水分还要少。为了寻找火星生命的迹象，"海盗号"着陆器挖掘了火星表面的土壤，进行了多种分析，但没有发现任何生命或有机化合物的痕迹。"海盗号"着陆器不会走动，它们在火星表面采集样品的范围仅限于四周大约 10 平方米之内，局限性很大。

### 3．"探路者"和"索杰纳"火星车

1996 年美国相继发射了两颗火星探测器——"火星环球勘测者号"和"探路者号"。"探路者号"由轨道飞行器和着陆器两部分组成。着陆器上除携带摄像机、360°全景照相机等仪器之外，还携带了一个名叫"索杰纳号"的火星车。它能够在火星表面上行走，但慢得很，1 分钟只能前进 60 厘米。

"索杰纳号"收集土壤和岩石碎块样本，寻找样本中的原始微生物化石、测

定土壤和岩石的化学成分，还利用探棒插入土壤测定土壤深部的化学成分与含水量等。虽然没有发现生命存在的迹象，但是找到很早以前火星表面曾经有过洪水活动的证据。

### 4. "火星环球勘测者""火星侦察轨道器"和"火星快车号"的探测

美国的"火星环球勘测者"和"火星侦察轨道器"，分别于 1997 年 9 月和 2006 年 3 月进入绕火星的轨道。2003 年升空的欧洲"火星快车号"在到达环火星飞行轨道后，向火星放送所携带的"小猎犬 –2"着陆器失败后仅剩下轨道飞行器。这三个绕火星运行的轨道飞行器执行了类似的勘测任务，即对火星的地貌等进行勘测和寻找火星上的水或水的迹象。

"火星环球勘测者"对火星的地貌、大气、矿藏以及磁场等情况进行了详尽的测量，得到了表面 2700 万个点的高度值，由此给出了火星的三维地貌图，展示了火星上的高山、平原、峡谷和盆地。

探测结果表明，火星的北半球相当平滑，比南半球平均要低 5 千米，这导致了火星历史上宏观的水流方向基本上都是从南向北。南半球上环形山很多，北半球干枯的溪谷很多。探测发现大片的沉积岩层和赤铁矿，从对地球上的沉积岩层和赤铁矿的研究得知，它们都是与液态水密不可分的。

从三维图像上还能看到火星南极和北极的冰盖，火星就像戴着一顶硕大的用冰做成的帽子，故又称"冰帽"，其面积随季节的变化而增大或缩小。彩图 6 是"火星侦察轨道器"2009 年拍摄的火星南极冰帽。欧洲空间局的"火星快车"

图 7-12 "火星环球勘测者"测得的火星的三维图像：高山、平原、峡谷、盆地等。

（彩图见文前图 25）

发现火星南极高原的冰帽可分为三个主要部分：反照率最高的地方 85% 是干冰，15% 是水冰；冰帽与周围平原交界的边缘陡坡几乎全由水冰组成；环绕冰帽的永久冻土区从边缘的陡坡向北方延伸数十千米。

　　每年春季有干冰升华为气体，将干冰层侵蚀成蜘蛛网状的沟槽，同时还将干冰下面的尘土裹挟着从缝隙中溢出，形成了这神奇的地貌。图 7-13 是火星北极的三维地形图。这是"火星侦察轨道器"的激光测高仪在 1998 年春季和夏季的测量结果的一部分。冰盖最长处约 1200 千米，最厚处有 3 千米。水冰资源比较丰富，但是大约只有地球南极冰盖的 4%，只有火星古代水资源的十分之一。

　　在火星赤道以南遍布许多大大小小的撞击坑。其中最醒目的一个撞击坑以伟大科学家牛顿的名字命名，直径 298 千米，坑内还有多个较小的撞击坑，可能是 30 亿年前形成的。2000 年，"火星环球勘测者"将仪器对准"牛顿撞击坑"内一个小坑的内壁，拍摄到宽约 3000 米范围的高清晰图像，显示出小坑内壁由坑顶向坑底延伸着一条条狭窄的山沟和小峡谷。经分析认为山沟和小峡谷是流

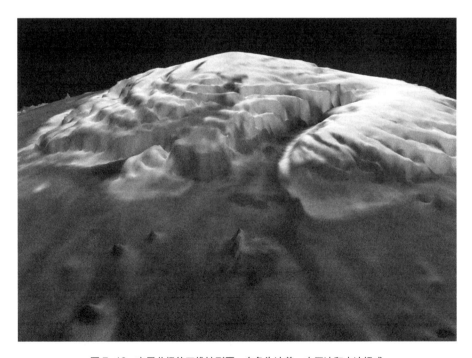

图 7-13　火星北极的三维地形图，白色为冰盖，由干冰和水冰组成

水冲刷造成的。地球上也有很多类似的沟渠，它们都是由流水切割出来的。

"火星侦察轨道器"在 2011 年再次探测"牛顿撞击坑"，发现坑内条纹的季节性变化。产生季节性变化的原因是条纹里的水是因温度的变化而产生的。图 7-14 是春季拍摄的，显示有细长条纹。在冬季拍摄的照片中，这些细长条纹就看不到了。

"火星侦察轨道器"还发现火星上存在巨大的地下冰原，从两极延伸，几乎到达了赤道。在北半球的五个陨石坑的岩屑中，还发现了水冰的存在，如图 7-15 所示，在陨石坑表面有大量的白色水冰。这些水冰是陨石坑形成时被撞击出来的，它们是火星近代历史中较为湿润时期的残留物。

"火星快车号"探测发现火星北部平原覆盖着低密度的沉积物，也许富含冰，表明这里曾经是一个海洋。还发现火星南极存在冰冻水，有些裸露在火星表面，有些则在地表下面约 1 千米的地方。在一些地势低洼的地方发现早晨有雾形成。

### 5."勇气号"和"机遇号"登陆火星

美国 2003 年发射的"勇气号"和"机遇号"火星漫游车，于 2004 年 1 月 4 日和 26 日先后到达火星表面。这两台火星车集尖端科技于一身，携带了诸如全

图 7-14 "火星侦察轨道器"拍摄的"牛顿
撞击坑"内壁的图像，显示细长的条纹

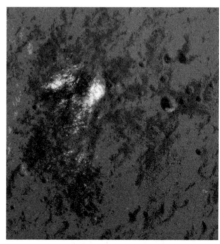

图 7-15 火星上陨石坑中的白色水冰

景相机、显微成像仪、小型放热光谱仪、α粒子X射线光谱仪及岩石模具等先进的科学仪器。

它们分别在火星南北半球登陆。"机遇号"降落在梅里迪亚尼平原区域附近，进入名为"持久"的陨石坑进行探测，发现陨石坑内上部的岩层中富含硫酸盐。"勇气号"降落在赤道以南15度的古谢夫环形山，在"哥伦比亚"的小山脚下的岩石中发现含有赤铁矿。按照地球上的经验，硫酸盐和赤铁矿的形成都与水有关，可以认为火星上曾有过水。

2007年9月11日，"机遇号"进入"维多利亚"陨石坑。在这之前，它已经在该陨石坑边缘进行了为期1年的探测，这个陨石坑直径约800米，深70米，呈碗状，底部布满沙丘。最突出的是其内部坑壁，蜿蜒曲折、巨石突出、峭壁陡立。"机遇号"进入陨石坑冒着很大的风险，有可能进得去、出不来。由于探测的项目太吸引人了，主管科学家也决定冒一次险。结果顺利地对暴露在外的古岩层进行了近一年的研究后，"机遇号"于2008年8月驶出陨石坑。

2017年7月传来"机遇号"的好消息，"机遇号"火星车从一个古老的火星壕沟"毅力谷"的顶部开始，下降到难以想象的巨大的奋进陨石坑，进行实地勘察。人们争论着"毅力谷"是不是以前流水的沟渠，它将会告诉我们火星上的河流沟渠系统的真实情况。

图7-16 "勇气号"火星车在火星表面

图7-17 火星上的"维多利亚"陨石坑

### 6. "凤凰号"和"好奇号"探测火星

2007 年美国发射"凤凰号"上天，于 2008 年在火星北极北纬 68 度的冰冻地区登陆。它肩负三大探测任务：采集土壤样本进行分析，以寻找水；探索火星生命；监控火星天气情况。登陆器上有一个可以伸缩的机械手臂，用来挖掘土壤样本并送到登陆器的特殊装备上，进行烘干、嗅探和测试。

之所以登陆北极地区，是因为北极周围一年四季都有白色极冠。这白色的物质是纯粹的干冰，还是水冰和干冰的混合物？要探个究竟。干冰是二氧化碳气体凝结而成的，在 -78.5℃以上会升华为气态。火星极区夏季温度在 -80 到 -30℃之间，因此要气化掉。但夏季的极冠仍然是白皑皑的，因此不可能全是干冰，至少有一部分是水冰。因此科学家期望在极区找到水冰。挖掘时发现表层土下方几厘米处有一些白色物质，过一天这些白色物质消失了。这说明白色物质就是水冰，因为在太阳辐射作用下，水冰慢慢地蒸发掉了，摄像机把水冰蒸发过程记录了下来。"凤凰号"还曾记录到火星上罕见的降雪过程，并测算了降雪量，发现表面土壤中有与水有关的碳酸钙、黏土和可以支持微生物生存的高氯酸盐。

图 7-18 "好奇号"火星车

好几个火星探测已经探明火星上有水，有分布比较广的水资源。因此"火星上是否有水？"的探测任务已经有了答案。"好奇号"探测火星要解决进一步的问题：火星上是否有生命存在的迹象？

"好奇号"于 2012 年 8 月到达火星，这是美国 36 年来第七次送探测器登陆火星。7 分钟的登陆过程曾使科学家们提心吊胆，这项耗资 25 亿美元的项目如果失败，要想再获支持是不可能的。

"好奇号"的个头比较大，其长度是"勇气号"和"机遇号"的两倍，重量则是它们的 5 倍多。"好奇号"有 6 个轮子，轮子直径是"勇气号"的两倍，足以使其越过 75 厘米高的障碍物。每个轮子均拥有独立的驱动马达，而且两个前轮和两个后轮还配有独立的转向马达。这一系统可以使"好奇号"在火星表面原地 360 度转圈。"好奇号"配备了一块核电池来提供动力，使用寿命长达 10 年。配备的设备有透镜成像仪、火星样本分析仪、辐射评估探测器和环境监测站。

图 7-19 "好奇号"火星车获取火星岩石粉末状样本，放置在仪器外侧的方形容器中

2013 年 2 月"好奇号"火星车的钻头成功钻进火星岩石并获得了粉末样品。这些粉末看上去呈灰色，与覆盖火星表面的那种红色不同。这种灰色岩石可能非常古老，蕴藏着火星古代的环境信息。灰色粉末样品将被送到"好奇号"搭载的两台实验设备进行分析。一台是火星样本分析仪，它有两台可以将样本加热到 982 摄氏度的加热炉，可以将岩石样本中的化合物转化为可供仪器分析识别的气体，以判断样本中是否存在任何含碳有机物。另一台仪器是化学与矿物分析仪，其作用是向样本照射 X 射线，从而确定岩石的矿物成分。分析矿物成分可以获得其形成至今所在环境的变迁情况，包括是否有能为生命现象提供支持的一些要素以及能量来源等等。

2018 年 6 月 8 日传来"好奇号"的好消息，"好奇号"在火星岩石表层 5 厘米深的地方发现了古老的有机分子。揭示这一红色星球可能曾为远古生命提供支持。早先的探测已经发现火星大气中有"甲烷"气体，也被作为生命存在的证据。火星表面暴露在强烈的宇宙射线和高能辐射下，辐射和严酷的化学作用都会使有机物质分解。然而在火星表层 5 厘米的岩石中居然发现了古老的有机分子，预示着我们还能够了解火星上有机分子的更多故事。

### 7. "火星大气与挥发物演化任务"（MAVEN）探测火星

2013 年 11 月美国发射的"火星大气与挥发物演化任务"探测器于 2014 年 9 月进入火星轨道。探测器将调查研究火星大气失踪之谜，并寻找火星上早期拥有的水源及二氧化碳消失的原因。到目前为止，许多探测都表明，火星大气层是稀薄的，其表面是一个寒冷、贫瘠的沙漠。

之前的火星探测器已经飞到了火星表面上方 400 千米到 257 千米处，而 MAVEN 将沿一个椭圆轨道运行，最近的位置在距火星表面 150 千米处，最远将到达其大气层的电离外层。该飞行器还将进行五次"深层接触"，到达距火星表面 125 千米的高度。在火星高空大气层所有区域，使用 8 种仪器测量气体并监测周围环境。以期能了解火星大气逃逸至太空的挥发物对于大气演化所扮演的角色；了解上层大气与电离层的状态，及其与太阳风的交互作用；了解中性粒子与离子从大气逃逸的状况与相关机制。此外，还要测量大气中稳定同位素的比例，以了解大气随时间流失的情况。

### 8. 我国火星探测器成功发射

亚洲国家的火星探测起步很晚，印度、日本和我国一直在努力之中。日本于1998年发射"希望号"火星探测器，没有成功。我国在2011年研制的"萤火一号"火星车和俄罗斯的火星探测器一起搭载俄罗斯火箭升空，由于火箭变轨失败没有飞出地球轨道。印度于2014年发射的"曼加里安号"火星探测器成功进入绕火星运行的轨道，创亚洲第一。

2016年，我国的火星探测任务正式批准立项，正在按计划推进"天问一号"火星探测这一重大工程。2020年7月23日，在中国文昌航天发射场，"天问一号"火星探测器搭乘长征五号遥四运载火箭成功升空，飞行2000多秒后，进入预定轨道，开启了火星探测之旅。"天问一号"火星探测器包括环绕器、着巡组合体两部分。着巡组合体将在火星表面软着陆，并释放巡视器火星车。环绕器绕火星飞行，为任务提供中继通信服务和进行环绕探测。

这次任务共搭载13种有效载荷，其中环绕器上7种、着陆器和火星车上6种。任务起点设置很高，融合了环绕、着陆、巡视三大技术，合并为一步，为世界首例，体现了我国航天技术的发展水平，以及航天工程技术人员的自信。预计2030年前后，我国将执行行星探测的"问天之旅"，将包括火星采样返回、小行星探测、木星的探测等。

### 9. 宇航员登陆火星探测的策划

火星的轨道在地球轨道之外，是离地球最近的地外行星。如图7-20所示，在冲日时，火星离地球最近，也最亮。冲日前后是观测火星的最佳时间。宇宙载人飞船也要选择冲日登陆和返回地球，这样飞行距离最短。

火星由一次冲到下一次冲的时间间隔叫作会合周期，这个周期大约为26个月。飞船飞这段路需9个月，因此需提前动身，故总共需要35个月。返回时要提前9个月启程，所以宇航员需要在火星上停留1年5个月。就登火星的技术而言，并不比登月复杂，但是要为宇航员提供35个月的给养和所需燃料则变成最大的难点。

火星绕太阳运行的轨道偏心率比较大,因此火星与太阳的距离变化也比较大。若冲日发生在火星离太阳最远时,火星与地球的距离为 1 亿千米;而当冲日发生在火星离太阳最近时,火星与地球的距离只有 5600 万千米,这时称为大冲。很显然,火星大冲时离地球最近也最亮。不过火星大冲要相隔 15 年或 17 年才有一次。

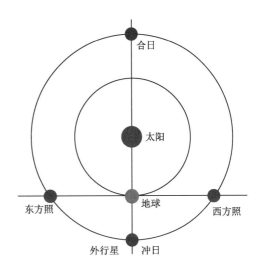

图 7-20　外行星轨道上的东方照、西方照、合日和冲日

20 世纪,美国曾经提出一个"火星直航"方案,宇航员乘坐火星飞船从地球直飞火星并返回地球。必需的物资和宇航员返回地球的飞行器则由另一艘无人飞船先期发出。为了在火星上制造必需的物资,飞船将携带 6 吨氢、1 台空气压缩机、1 套自动化的化学处理设备和 1 台安放在大型漫游车上的 100 千瓦的核反应堆。由氢和火星上的大气发生反应产生水和甲烷,水经电解后产生氧和氢,氧与甲烷一起可作为火箭推进剂,氢则由化学处理设备生产出更多的水和甲烷。用这套设备还可以分解火星大气中的二氧化碳获得氧气。这样,返回地球所需的火箭推进剂和宇航员在火星期间所需要的水和氧气就都有了。这个方案要解决一系列技术难题,目前只是纸上谈兵。

美国曾经把宇航员登陆火星进行探测作为努力的目标。令人无奈的是,小布什的"星座计划"半途而废,奥巴马取消登月,改为探测火星为主,同样没有什么值得骄傲的进展。不过,在奥巴马当政的 8 年,"猎户座"载人飞船和 SLS 重型火箭的研制所获得的进展,对未来的火星探测是很有帮助的。美国现任总统特朗普上台后,签署法案,为美国国家航空航天局的 2018 财年拨款 195 亿美元,并提出 2033 年实现载人火星任务的明确目标。在这样的背景下,美国国家航空航天局的载人火星探索方案正式浮出水面。

2017年3月28日，美国国家航空航天局披露的载人火星航天任务尽管只是一次载人环绕火星轨道的任务，并非人们更期待的载人登陆火星表面，但也是一个前所未有的突破。就这样的任务，仍然需要付出艰苦卓绝的努力。计划分两个阶段：

第一阶段是建立环月空间站，将成为载人飞船奔赴火星的出发站。飞船从绕月空间站发射比从地球发射优点很多：可以减少很多燃料，提高飞船的速度，缩短在路上的时间。强大的 SLS 火箭和"猎户座"载人飞船可以承担构建环月空间站的任务。将在 2022 年开始陆续把一个 9 吨重的 40 千瓦功率的太阳能电推效力舱、10 吨级的深空居住舱和后勤舱、10 吨气闸舱送到绕月运行的轨道上，进行对接，组成空间站。空间站的总重量约为 40 吨。这是一个小型空间站，不需要全年都有人驻守，有任务时才会送有关人员上去。所设计的绕月轨道为近直线晕轮轨道（NRHO），其特点是小型空间站与地球保持在同一侧，使得持续通信成为可能。它还能让空间站的太阳能电池板始终面向太阳，获得源源不断的电力。

第二阶段是建造火星飞船。由大型太阳能电推模块和居住舱组成，具有美满的环境和生命保障系统，可以支撑 1000 天的载人火星任务，41 吨重的庞然大物由太阳能电推作为动力。要经过多次试验，成功后才能派往火星执行载人绕火星的探测任务。估计要到 2030 年了，这还要看能否得到足够的经费支持。

## 10．把火星改造为宜居星球

从恒星的演化角度来讲，太阳在 50 多亿年以后将变为红巨星，进而变为白矮星。地球的生态环境将发生极大的变化，很可能将变为不宜居的行星。人类向哪里转移？目前，天文学家已经发现很多太阳系外的类地行星，那里再好，但离我们太遥远，人类无法前往。可谓远水救不了近火。思来想去还是到离太阳远一些的火星最为合适。

虽然寒冷、干燥、贫瘠、荒芜的火星无法同地球的生机与活力相比，但是相比其他行星，火星与地球还是有着很大的相似性。火星有着和地球类似的坚固表面，两极和高纬区域的冻土里有大量的干冰和水冰，如果将这些冰融化，水可覆盖火星表面 11 米的深度，干冰可变为二氧化碳气体，增加大气的浓度。火星土壤呈现弱碱性，具备镁、钾和氯化物等成分，除了不含有机物之外，和地球上的土壤没多大区别。

改造火星的关键是使火星温度逐步上升，增加大气的浓度并添加足够的氧气。通过宇宙飞船登陆火星，在火星上逐步建立大型化工厂，全力以赴制造四氟化碳、二氧化碳等温室气体，预计花费数十年便可使火星温度上升到植物可以生存的温度。也可以在环火星轨道中建造一面直径达数千米的反光镜，将阳光反射到火星两极的冰盖上，使那里的干冰升华、水冰融化，释放出大量气态二氧化碳和液态水。然后，大量种植植物，经过几千年的时间，长成的森林会逐渐释放出更多的氧气，改变大气的成分。

改造火星使火星地球化，需要漫长的时间和持续的努力。这是科学家的追求，也是全人类的追求。相信通过一代又一代人的努力，火星定会逐步改变面貌，成为适宜人类居住和生命生存、发展的乐园。

最近，人们又在议论开发月球和移居月球的梦想。月球的环境不如火星，但是月球离我们近，到月球旅行大概 3 天就可以到达，人员和物资的运送都比较方便。而到火星则至少需要半年。与地球保持通信畅通是必须的，在月球上，与地球上的总部联系很方便，无线电波只需 3 秒钟就能来回一次。而在火星上，与地球最近时需要 8 分钟，最远时需要 40 分钟。月球两极可能是建设基地最好的地方，那里有充足的水，太阳光的照射几乎是不间断的。

第八讲

# 木星、类木行星和矮行星

围绕太阳运行的八颗行星中，木星和土星个头最大，称为巨行星，天王星和海王星离太阳最远，称为远日行星。这 4 颗行星都是气态天体，统称类木行星。2006 年国际天文学会把冥王星开除出行星队伍，降格为矮行星。原来是九大行星中格格不入的小弟弟，一下子变成了矮行星中的领头羊、柯伊伯带天体中的佼佼者。空间探测是行星观测研究最新、最有效的手段，对类木行星和矮行星的空间探测一直在持续不断地进行中，其中"卡西尼号"探测土星最为有名。

## 太阳系行星之王的木星

木星，我国古代称岁星，希腊人用众神之王宙斯来为它命名。它是太阳系中体积最大的行星，也是自转最快、辐射最强、磁场最强、卫星最多的行星，成为可以傲视太阳系其他行星的老大。木星身着金红色与棕色交织的环状外衣，美丽的大红斑如同一只洞察万物的大眼，俯瞰着宇宙。木星早已成为天文学家和公众关注的对象。

### 1. 木星的基本情况和木星冲日

木星的自转很快，是太阳系中的冠军，自转周期为 9 小时 50 分 30 秒。因此，木星呈椭球状，赤道处直径为 142,800 千米，两极间为 133,800 千米，是太阳系中体积最大的一颗行星。它的体积是地球的 1300 多倍，质量是地球的

317.89 倍。木星个子虽大，也有自己的软弱无力之处。它的平均密度还不及地球平均密度的 25%，平均每立方厘米的物质仅重 1.33 克。

一般而言，木星是天空中第四亮的天体，仅次于太阳、月球和金星。但有时，木星会比火星稍暗，有时比金星还亮，这要看木星处在什么位置上。如图 7-20 所示，当木星处于"合"的位置时，强烈的阳光使我们看不见它。观测地外行星最好的时段是冲日及其前后，行星在夜晚天空中停留时间最长，也最亮。木星当然不会例外，冲日时可达 −2.7 等，用小型望远镜观测可以清晰地看到木星的大气条纹和它的 4 颗伽利略卫星。木星冲日并不罕见，因为木星的公转周期比地球长很多，要 11.86 年才能绕太阳一圈，所以地球在木星冲日一次后，运行一圈多一点就可以再次处在木星和太阳中间，因此木星冲日的周期是 1 年多一点。

当行星和月亮运行到同一经度上时，两者距离达到最近，这一天象叫行星合月。一年中行星合月的现象会发生几十次，除金星合月之外，最好看的就属木星合月了。有时，还会发生木星和金星一起与明月相会的情景。很多天文爱好者就等着这些机会的到来。

**2．类似恒星的木星**

木星是太阳系行星中的老大，颇有些恒星的气质。它的成分与太阳差不多，其中氢占 82%，氦占 17%，以及极少量的其他气体。还有就是木星内部有着自己的能源。木星距离太阳 7.78 亿千米，合 5.2 天文单位。获得的太阳能量只能使它的大气维持零下 168 摄氏度的低温，实测结果却是 −148℃。体积庞大的木星，温度提高 20 度可不是一件容易的事，这么多的能量来自何方呢？答案只有一个：来自它本身。木星的确有比较强的辐射，探测器不仅接收到它的红外辐射和 X 射线波段的辐射，而且还接收到很强的无线电波辐射。木星的磁场比较强，约为 10 高斯，是地球磁场的 10 倍。我国天文学史专家刘金沂曾指出，在最近两千年中，木星的亮度每千年增加大约 0.003 等，说明木星内部能源的存在。木星的中心温度高达 30,500℃，但离发生热核反应所需要的温度还很远。

图 8-1　木星的 X 射线（左）和光学图像

　　木星的质量仅为太阳质量的 0.1%，要变为恒星必须使其质量达到太阳质量 8% 的门槛。虽然木星能够不断吸收星际气体、太阳风、尘埃和小天体，从而使其质量增加，但要达到 0.08 个太阳质量却难以做到，因为太阳系的质量很集中，太阳占了 99.5% 以上，其他的加在一起也远远小于 0.08 个太阳质量。

　　从图 8-1 可以看出，木星的 X 射线辐射强度分布与光学图像很不相同，特别是在光学圆盘外面仍有一些 X 射线辐射。图 8-2 是澳大利亚综合孔径望远镜在 1994 年彗木碰撞期间，在波长 22 厘米和 13 厘米上观测的木星图像。木星的射电图像与光学图像很不相同，在木星的两个极区有很强的射电辐射。

　　水星、金星、地球和火星都是固态行星，而木星却是一颗"气态行星"。科学家早有这样的猜想，空间探测证实了这一点。整个行星处于流体状态，其中心部分可能是个固体核。木星的大气层被分为四层：对流层、平流层、增温层和散逸层。木星没有固体表面，通常以大气压力为 1 巴之处作为木星"表面"。木星的大气层厚约 1400 千米，对流层是大气的最底层，把压力为 10 巴之处视为对流层的最低处，位于压力为 1 巴之下约 90 千米处，温度大约是 340K。散逸层为木星大气层的顶端，没有明确的界限。密度梯度逐渐降低，直到平稳地转入星际物质之中，这大约是在"表面"上 5000 千米的高度。木星大气的主要成分是氢，氢的临界温度为 -204℃，临界压力是 12.8 标准大气压。对流层往下，压力增加，导致氢和氦都达到临界点，成为超临界流体。

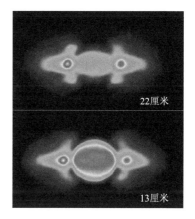

图 8-2 1994 年彗木碰撞期间，在波长 22 厘米和 13 厘米上观测的木星图像

### 3．木星的空间探测

为了深入探测木星，美国国家航空航天局曾发射 9 个探测器前往木星："先驱者 10 号"、"先驱者 11 号"、"旅行者 1 号"、"旅行者 2 号"、"尤利西斯号"、"伽利略号"、"卡西尼号"土星探测器、"新视野号"冥王星探测器和"朱诺号"木星探测器。其中"伽利略号"和"朱诺号"最为重要，因为它们是为专门探测木星而设计的。

1972 年发射上天的"先驱者 10 号"在途经木星时首次给出近距离拍摄的格外清晰的木星照片。1977 年升空的"旅行者 1 号"，首次发现了木星光环。1990 年 11 月由美国"发现号"航天飞机携带进入太空的"尤利西斯号"探测器，在飞经木星附近时，曾 6 次探测到源于木星或木星周围卫星以 28 天为周期的尘埃爆发。2007 年"新视野号"探测器途经木星时，在最靠近木星的两个多星期时间里，对木星及其 4 个最大卫星进行了近 700 次拍摄和观测。以前所未有的视角展示了木星的大气层、光环、卫星和磁气圈。

1989 年 10 月 18 日发射的"伽利略号"绕木星运行，进行了长达 7 年多的探测。共绕木星运行 34 圈，与木星主要卫星 35 次相遇，发回 1.4 万张照片。在1995 年飞临木星之际，还把一个探测器投向木星，从云层顶端下落穿行，深入木星大气层考察，在毁于大气深层之前，成功地将沿途 200 千米的实时测量数据传回地球基地，实现了一次舍身勘察壮举。

"朱诺号"木星探测器于 2011 年 8 月发射，经过 5 年的旅途，于 2016 年 7月 5 日顺利进入木星轨道。"朱诺号"是距离木星最近的探测器，每年绕木星约

32 圈。"朱诺号"携带了 9 台探测仪器，其中红外线和微波探测仪用来测量来自木星大气深处的热辐射源。其他仪器可以测量木星的引力场及两极的磁场情况。由于木星附近有很强的高能粒子辐射带以及微小陨石，为了保护所携带的仪器和主引擎，配备了保护装置。在"朱诺号"进入木星大气以前，开启了防护罩，并开始给推进系统增压，关闭与进入轨道无关的所有设备。"朱诺号"源源不断地向地球传回照片，使人类第一次得以如此清晰地看到这个庞然大物。这些惊人的照片中包括在木星极地上空拍摄到的画面，这是第一次直观地展现木星极地的景象。从照片上还可以看到木星上各种气旋相互摩擦、相互影响的非常复杂的画面。目前尚不清楚木星表面的这些漩涡到底是如何形成的。

### 4．木星大红斑和光环

木星南半球有一块非常显眼的红色卵形圆斑，俗称大红斑，长达 2 万多千米，宽约 11 万千米。空间探测告诉我们，大红斑是木星大气中的一个特大的气流漩涡。逆时针旋转，扭曲了原来平行却有色彩浓淡之分的线条。气旋内部是大量的小气流，垂直方向上，这些气流就犹如煮沸的开水，从中心激烈上升又在边缘徐徐沉降，周而复始。气旋呈红色是因为气流中有红色的磷化合物。红斑呈椭圆形，就像木星上长的一只眼睛。形状基本不变，但颜色却常有变化，有时鲜红色，有时略带棕色或淡玫瑰色。

图 8-3 是"哈勃"跟踪拍摄的木星大红斑，可以看出大红斑的形状基本上保持不变。为什么能维持形状大体不变呢？有人用马拉松赛跑的第一集团来比喻，跑步选手比喻气流，队员们实力相当，轮流领先。跑步集团向前移动，但整体上基本能保持不变。

长期以来，大红斑一直是独一无二的。可是，2006 年和 2008 年，天文学家在大红斑附近又发现了第二个和第三个红斑，它们的尺寸只有大红斑的一半，称小红斑。彩图页的图 7 给出木星的三个红斑。新的红斑的出现可能是木星南半球大气的稳定性出了问题。分析认为，木星赤道地区的温度在上升，而南极的温度在下降，导致两个地区间的温差逐渐拉大，破坏了木星南半球大气的稳定性，从而孕育出了新的红斑。

图 8-3 "哈勃"跟踪拍摄的木星大红斑

300 多年以来，土星一直被认为是太阳系中唯一带环的行星，后来发现所有类木行星都有光环。木星光环是在 1979 年由"旅行者"1 号和 2 号发现的，亮度十分暗弱，约有 6500 千米宽，厚度不到 10 千米，由大量尘埃和黑色碎石组成。光环又可细分为 3 个环：最里面的晕环、扁平的主环和比较透明的薄纱光环。光环绕木星旋转一周需 7 个小时。

光环如何产生？公认的看法是，紧靠木星的四个小卫星受流星撞击形成大量的尘埃物质，由于卫星质量很小，没有足够的引力阻止尘埃飞离卫星表面，这些尘埃脱离卫星后被木星的引力所俘获，围绕木星旋转形成光环。

### 5．惊人的木卫世界

木星有 79 颗卫星围绕着它旋转，就像一个小型的太阳系。最有名的卫星还是伽利略最早发现的 4 颗卫星，统称为伽利略卫星，中文名字分别叫木卫一、木卫二、木卫三和木卫四。它们的视星等在 5 等和 6 等之间。美国"伽利略号"探测器对这 4 个卫星的探测有很多发现，非常精彩。

彩图页的图 5 展现木星与它的几个卫星合影的伪彩色图像。这是 2004 年 3 月 28 日"哈勃"近红外相机和多目标光谱仪拍摄到的。图像中的 3 个黑色圆点是卫星挡住太阳光后在木星表面形成的影子，左起分别是木卫三、木卫一和木卫四。照片中心的上方的白色小圆斑是木卫一，右上方的蓝色小圆斑是木卫三。而木卫四由于处在图像右边缘之外，没有显示出来。

四个伽利略卫星中，木卫二最小，但最受世人关注，因为很多迹象表明它可能拥有生命现象。木卫二又名"欧罗巴"，其半径只有 1569 千米。1979年两艘"旅行者号"飞船发现木卫二的表面覆盖了厚厚的冰层，因此特别明亮。冰层之下是一个与地球类似的汪洋大海。1994 年应用哈勃空间望远镜观测发现了木卫二的大气层和其中的氧原子发射线。

图 8-4 "旅行者 1 号"拍摄的木星光环

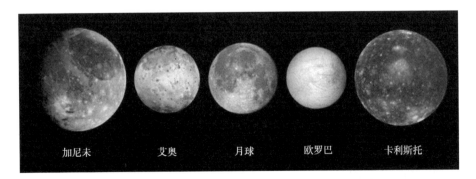

图 8-5 "伽利略号"拍摄的木星卫星和月球的比较。从左至右分别为：木卫三（加尼米）、木卫一（艾奥）、月球、木卫二（欧罗巴）和木卫四（卡利斯托）

加尼米　　艾奥　　月球　　欧罗巴　　卡利斯托

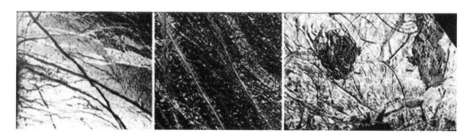

图 8-6 "伽利略号" 拍摄的木卫二表面冰壳上密密麻麻、纵横交错的裂缝

大气层非常稀薄，密度只及地球大气密度的千亿分之一，相当于地球表面上空200 千米处的密度。

1996 年、1997 年和 2000 年 "伽利略号" 三次探测木卫二，看到了许多细节。进一步确认其表面有很多浮冰，及浮冰之下的海洋，透过薄薄的大气层，看到的海洋相当浑浊，呈棕红色。再就是拍摄到圆弧状的几何条纹细节，纵横交错的条纹是由内部喷出的气体和通过冰裂缝的岩石碎片组成的。探测发现木卫二有磁场，而且磁场北极的位置频繁移动。还有一个重要发现是，木卫二上有巨大的潮汐现象，这是一种持续不断的能量来源，有人推测，木卫二的冰层下面可能已经升温，为生命的生存创造了条件，也可能正在发生着地球上早期发生过的产生生命的过程。甚至有人猜想，木卫二上已经有了初级的生命。当然，要确认木卫二上有没有初级生命，还有待将来派探测器登陆，进行实地考察才行。

伽利略卫星的其他三颗卫星的探测结果也很引人。木卫一表面上的火山很多，至少有九个活火山正在猛烈地喷发，其中一个的喷发物高达四五百千米，非常壮观。将 "伽利略号" 拍摄的照片与 17 年前 "旅行者号" 拍摄的照片相比发现，1979 年非常活跃的火山，已经停止活动；一些原来平静的地区则出现了新的火山；有 12 个区域的地貌已被火山喷发物所掩盖，形成新的地貌。木卫一的火山活动把内部的水搅动，并随之喷出。探测器已经发现木卫一上有水和冰的存在。2007 年，"新视野号" 探测器发现木卫一的地表形态与 1999 年 "伽利略号" 卫星看到的有明显的变化。木卫三的直径达 5268 千米，是目前已知的太阳系卫星中最大的一个，甚至还超过了水星。木卫三的最大特点是它拥有自己的磁场，这是因为它的内部可能具有一个能够产生磁场的熔化的金属核。身为卫星的木卫三却具有类似行星的特点，很令科学家们惊讶。木卫四完全是另外一种世界，它的表面被一层厚厚的黑尘所包裹，上面还布满了密密麻麻的环形山，有一串环形山像锁链一样一个紧挨一个地连接在一起，非常引人注目。

木星的其他卫星比伽利略卫星暗得多，要用较大的望远镜才能看见。在伽利略卫星到木星的轨道之间，有四颗个头比较小的、直径约 20 ～ 200 千米的卫星，称为"内卫星"。最引人注目的是有一些卫星一反常态围绕木星自东向西运行，而太阳系中的绝大多数卫星都是绕行星自西向东运行的。这些逆行卫星很可能是被木星俘获的小行星。

# 最美丽的土星

八大行星当中，土星与木星相像，属于气态行星，个头稍小一些。在望远镜中看来，宽大、明亮的光环，就像给土星戴上了一顶漂亮的大草帽，使之成为太阳系中最奇特、最美丽的天体，令观赏者赞叹不已。有 60 多颗卫星相伴，构成了一个其乐融融的大家庭。土星成为天文学家和广大公众特别喜爱的天体之一，也是空间探测的重点之一。2004 年"卡西尼—惠更斯号"土星探测器到达土星，对土星和它的光环及其卫星进行多方面的探测，硕果累累。

## 1. 土星的一般情况

土星是人们肉眼所能看到的最远的一颗行星，星等在 1 至 0 等之间。从远古到今天，它一直是人们最熟悉的行星之一。无论是中国还是西方，从古代起便对土星充满了幻想与阐释。在中国，土星古称镇星或填星，因为土星公转周期大约为 29.5 年，我国古代有二十八宿，土星几乎是每年在一个宿中，有镇住或填满该宿的意味。在古代西方，由于土星的视运动迟缓，人们便将它看作掌握时间和命运的象征。无论东方还是西方，都把土星和农业生产联系在一起，在天文学中表示的符号，像是一把主宰着农业的大镰刀。

土星直径 12.07 万千米，比木星略小一点。距离太阳 14.4 亿千米，合 9.6 天文单位。它的平均密度比水还小，仅为 0.7 克 / 厘米 $^3$，是八大行星当中密度最小的一个。身体虽然肥胖，但自转却很快，周期约为 10 小时 14 分钟。

土星大气以氢为主，其次是氦，还有少量的甲烷和氨等其他气体。土星的云层中也有黄色、橘黄色和橘红色的带状结构，但是远比不上木星的那样明显。土星大气中没有类似于木星那样的大红斑，但有时却有白斑出现。英国一位名叫威廉·海的喜剧演员于 1933 年 8 月用一架口径 15 厘米的小望远镜在土星赤道地区附近发现一个白斑，这个大白斑存在了几十年之后才逐渐消失。大白斑是一种每一个土星年（29.5 地球年）发生一次的短期风暴。在北极上空还有一个以北极点为中心的六角形的云团。土星上常常刮着狂风，其风速可超过每小时1600 千米，在太阳系行星中是风速最快的。

**图 8-7　土星与地球大小的比较**

天文学家把土星归类于气体行星。其实土星的结构很复杂，最外层是约1000千米厚的大气，往里则是约8000千米厚的液态氢和氦层，核心有一个与地球类似的岩石核心，核心外围可能由数层金属氢包覆着。氢在常温下是一种气体，在低温下可以成为液体，在温度降到-259℃时即为固体。如果氢原子处在一种近于纯粹的状态中，温度不太高，又处在巨大的压力下，氢原子就可能变为具有导电性能的金属氢。在太阳系中最接近于满足这些条件的地方是在木星和土星的中心部位。

土星的磁场比木星和地球的都要弱，但也是对称的偶极场。在赤道的磁场强度为0.2高斯。土星的磁层范围比较小，仅仅延伸到土卫六轨道之外。"卡西尼号"在土星的D环内侧边缘和土星大气顶层之间发现了一个新的辐射带。

土星和木星一样，它辐射出的能量是它从太阳接收到的能量的两倍。这表明土星和木星一样有内在能源。

彩图页的图9是难得一见的土星夜景，2012年10月17日"卡西尼号"拍摄，由红光、红外和紫外波段图像合成。太阳几乎位于土星的正后方，"卡西尼号"位于土星环面下方，距土星80万千米。

## 2. 土星光环

现在知道，太阳系八大行星中，不仅土星戴着光环，而且木星、天王星和海王星也有光环。然而，土星的光环最为壮观和绮丽。历史上首先发现土星光环的是意大利天文学家伽利略。1610年伽利略用刚刚发明不久的天文望远镜观测土星，发现它的侧面仿佛有一些什么东西，像两个耳朵，他误认为这两个"耳朵"是两颗卫星。但是仔细观察，却看不见卫星绕土星运行，奇怪的是有一段时间看不见了，等了三年又看到两个"耳朵"了。伽利略用的望远镜口径很小，看不清楚，也没有弄清楚究竟是什么。不过，天文学家还是认为土星的光环是伽利略发现的。土星最为神秘之处非她那美丽的光环莫属了，这仿佛是天使头上的光环一样，让这个行星充满了神秘的色彩。

过了几十年，1659年荷兰天文学家惠更斯（Christiaan Huygens）证认出这是离开本体的光环。从那以后，人们开始了对这条光环的无尽猜想以及科学探索。1675 年意大利天文学家卡西尼（Giovanni Domenico Cassini）发现土星光环中间有一条暗缝，后称卡西尼环缝。他还猜测，光环是由无数小颗粒构成的。两个多世纪后的分光观测证实了他的猜测。经过众多天文学家的观测研究，人类对土星光环的了解越来越细致和深刻。

为了纪念卡西尼和惠更斯对土星研究的贡献，1997 年开始的由美国国家航空航天局和欧洲空间局合作研究的探测土星计划取名为"卡西尼"计划。科学家们研制了"卡西尼号"飞船和由它携带的名为"惠更斯"的土卫六探测器，二者统称"卡西尼—惠更斯"土星探测器。这个探测计划堪称为人类历史上最伟大的探测计划之一。探测土星光环是这个计划的重点之一。

在空间探测以前，地面观测确认土星环有五个：A、B、C 三个主环和 D、E 两个暗环。1979 年，"先驱者 11 号"发现 A 环外面还有 2 个新的环：F 环和 G 环。1980 年，"旅行者 1 号"发现，土星光环像是一张巨大的密纹唱片，数不清的光环从土星云层上空一直排到距离土星 32 万千米的地方。但是，除了 A 环、B 环、C 环以外的其他环都很暗弱。

土星光环的结构十分复杂，不仅大小宽窄各不相同，而且还不对称，就连最宽最亮的 B 环也并不是完整的一圈。有的大环中套着小环，有的呈犬牙交错的锯齿状。F 环更是特殊，它由三股细环扭结在一起，宛如女孩子头上梳起的一条长辫子。"旅行者 2 号"和"卡西尼号"都发现 F 环在不断地变化着。在环中最大的空隙是卡西尼环缝和恩克环缝，造成

图 8-8　天文学家卡西尼

图 8-9　天文学家惠更斯

环缝的原因可能是土星卫星的引力拉扯，例如土卫一维系卡西尼环缝的存在。令人惊异不已的是，土星光环还发出强烈的无线电波。光环中 93% 是水冰，还有少量有机悬浮物，以及没有定型的碳。颗粒的直径从几厘米到几十厘米不等，超过 1 米或者更大的数目很少。

"卡西尼号"飞船采用新颖的射电方法探测光环，获得光环中物质密度和构成的信息。当飞船处在土星环后面时朝地球发射无线电信号，电波经过光环要衰减，物质越密衰减越大，物质越稀衰减越小。根据地球上接收到的信号情况可以判断土星环物质构成。观测发现，B 环与众不同，密度最高；B 环核心部分有一个宽度达 5000 千米的厚环带，密度是相邻的 C 环的 4 倍，A 环的 20 倍；A 环物质分布出现波动，这可能是一颗紧邻 A 环的卫星与土星的引力交互作用所引起。"卡西尼号"总共进行了 20 次这样的射电观测。

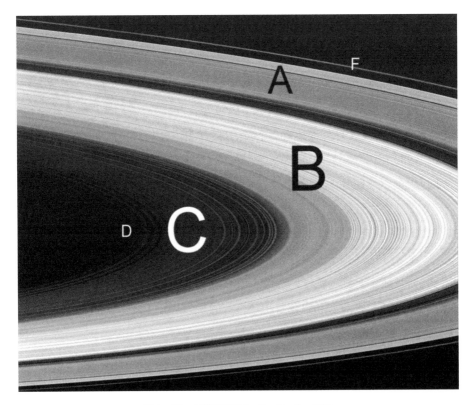

图 8-10　土星光环的 A、B、C、D、F 环

图 8-11　1996—2000 年期间从地球上观测到的土星光环形态

　　光环为什么有时会消失？现在已经弄清楚了。土星光环并没有消失，只不过是它的方向有所改变，将侧面对向了地球。土星光环的直径达 32 万千米，宽度有 7 万多千米，而厚度却只有区区 10 千米。宽度和厚度相差极为悬殊，如同一张纸。假如我们从它的上面看，会看到一个硕大的圆环，而从它的侧面看，则只能看到一条细线。当我们面对细线一样的光环时，光环就好像消失了。土星围绕太阳公转时，土星赤道面（包括土星光环）与它的公转轨道面之间不是重合的，而是有一个大约 27° 的夹角。因此，随着土星在轨道上的运转，土星光环面朝地球的倾斜角度就会不断地变化。每隔 14.5 年，土星光环的侧面就会对准地球一次，土星的光环就会"消失"一次。

### 3．土星的空间探测

　　1979 年 9 月"先驱者 11 号"率先拜访土星，拍摄了不少土星及其光环和卫星的照片，但分辨率比较低。1980 年和 1981 年，"旅行者"1 号和 2 号先后考察土星，获得了高分辨率的照片，清晰地展示了土星表面和光环的细节，发现了更多的卫星。美中不足的是，这 3 次探测时间都很短暂。

　　近 20 年后的 1997 年，土星探测器"卡西尼号"于 10 月 15 日发射升空，掀开了土星探测新的历程。这是一个十分庞大而周密的探测项目，17 个国家合作，耗资 34 亿美元。携带的科学仪器设备非常先进。从飞船发射到完成探测任务历时 12 年。

为了节省燃料、减少飞船自身重量以携带更多的科学仪器和设备，"卡西尼号"采取"借力入轨"的飞行路线。飞船升空后，在太空中运行了将近 8 年时间，才飞到土星附近。两次飞经金星，一次飞经地球，一次飞经木星。经过金星和地球借力以后，"卡西尼号"宇宙飞船相对于太阳的速度达到大约 20 千米 / 秒，飞向木星后又借了一次力。2004 年 7 月 1 日进入环绕土星运行的轨道。所谓借力，是让探测器接近行星，让行星的引力迫使探测器加速和改变方向。这种借力方式很成功，1998 年 4 月 26 日，"卡西尼号"在金星上空 300 千米处第一次掠过金星，获得了 3.7 千米 / 秒的加速，使其速度从 37.2 千米 / 秒增加到 40.9 千米 / 秒。

到 2008 年，"卡西尼号"已完成原定的环绕土星运行 74 圈的 4 年观测计划，它超期服役至 2017 年 9 月 15 日。最

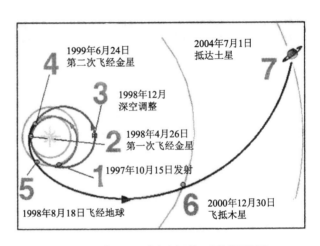

图 8-12　"卡西尼号"探测器的飞行路线示意图

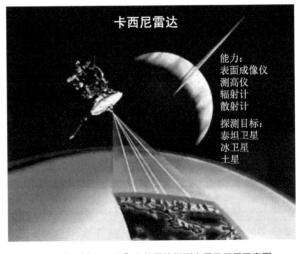

图 8-13　"卡西尼号"上的雷达探测土星及卫星示意图

后自杀式地纵身跃入土星大气，燃烧殆尽。"卡西尼号"先是在土星赤道面上运行，然后逐步改变运行轨道的角度，使之能够纵览土星全貌，逐一地完成对土星、土星光环和土星卫星的多项考察任务。可以说，"卡西尼号"对土星的上上下下、前前后后、方方面面观测了个够。这次土星探测中还成功地把"惠更斯号"探测器送到土卫六表面，对它的大气层和表面进行深入的探测。

### 4．"卡西尼号"探测器的重大成就

"卡西尼号"探测土星十多年，其重点是土星本体、光环和卫星。在"卡西尼号"的探测成就中，土卫六和土卫二的探测发现是其浓墨重彩的一笔。在探测的前十年，"卡西尼号"向地球发回了5000多亿个科学数据。利用这些数据，科学家已经发表了3000多篇研究论文。最耀眼的成就有如下几点：

（1）发现土卫六（泰坦）可能正在孕育着生命

在已经确认的60颗土星卫星中，34颗的直径小于10千米，13颗的直径小于50千米，只有7颗体积和质量比较大。天文学家早在1944年就发现土卫六上有氮和甲烷。从望远镜中看去，土卫六是一颗橘红色的小星，在圆面上有一些白点。红色可能来自丰富的有机物，白点则可能是其上空的甲烷云。1980年，美国"旅行者1号"首次"看到"土卫六上有橙色的、不透明的大气层。猜测其大气成分以氮气为主，可能包含甲烷和其他有机物。"卡西尼"探测计划把土卫六作为重点是基于对它已经有的朦胧的了解。

"卡西尼号"环绕土星运行74圈，多次靠近土卫六，启用雷达探测土卫六的表面，绘制了有火山、河道、湖泊、撞击坑、沙丘等的地形地图。"卡西尼号"发现，土卫六的北极和南极地区存在若干充满甲烷或乙烷液态物质的湖泊，并测到土卫六南极表面特定高度的大气中存在甲烷液滴，形成了土卫六特有的零星雾层。

2005年1月"卡西尼号"释放"惠更斯号"探测器到土卫六，在其大气中探测到苯以及众多复杂的碳氢化合物。与人们预计的不同，表面并没有全球性海洋和湖泊，只是一些小湖泊。彩图页的图10是"卡西尼号"拍摄土卫六表面的湖泊，里面不是水，而是液态的甲烷和乙烷。

土卫六是太阳系中唯一有浓厚大气层的卫星，至少有 400 千米厚，密度比地球大气层还要高很多。大气层中氮占 98%，甲烷约 1%，还有少量的乙烷、乙烯及乙炔等气体，几乎没有对生命至关紧要的氧气。土卫六的情况类似 45 亿年之前的原始地球，因此成为人类了解生命起源和各种化学反应的理想之地。但是，土卫六离太阳很远，其表面温度低得可怕，并不适宜生命的形成、生存和发展。即使这样，天文学家仍然寄希望于土卫六，希望能在探测过程中发现有关生命的蛛丝马迹。

（2）发现土卫二上活跃的冰喷泉

土卫二又名恩克拉多斯（Enceladus），探测前并没有预计到能探测到土卫二上的巨型冰喷泉。"卡西尼号"的发现让科学家们喜出望外，因为"水"对生命来说实在是太重要了，这一发现导致对探测计划进行了重新规划，以便"卡西尼号"能够再仔细地查看。"卡西尼号"还发现，土卫二的地下可能有海洋存在，使得这颗卫星成为太阳系中又一颗令人兴奋的科学探测目的地。

（3）"卡西尼号"发现土星大气和光环在不断变化

与早年"旅行者"1 号和 2 号探测土星得到的情况相比较，土星北半球的面貌已经完全变了。2005 年"卡西尼号"发现其颜色已经变成深蓝色，棕褐色的云层已经消失不见了。土星自转速率比"旅行者号"的测量值慢了 6 分钟。

长达 10 年的探测，发现土星光环是在变化之中。还发现光环中的螺旋状的结构，可能是一颗新卫星在诞生之中。观察到了我们的太阳系里或许是最活跃也最混乱的一条光环——土星的 F 环。

（4）对发生在 2010—2011 年间土星北半球的巨型风暴进行长期监测

2010 年末，土星相对平静的大气中出现了持续一年的巨型风暴。这样的风暴在土星上通常 30 年才会出现一次，但这个风暴提前了 10 年，在几个月的时间里，这场风暴环绕了整颗行星，形成了一个漩涡带。"卡西尼号"测量到了幅度非常大的升温过程。在土星高层大气中观测到一些以往没有出现过的分子。

（5）土卫八伊阿珀托斯（Iapetus）的阴阳脸之变谜被破解

很早就观测到的土卫八表面是一半黑一半白，阴阳脸是如何形成的谜题已经困扰天文学家长达 300 多年。"卡西尼号"探测发现，在土卫八的轨道上散布着深红色的尘埃，随着卫星在这条轨道上扫过，这些尘埃便降落到它的"迎风面"上。深色的区域吸收热量变得更热，而未受污染的区域仍然是冰冷的。土卫八较长的自转周期，促成了它的阴阳两面。

## 遥远的天王星和海王星

太阳系八大行星中天王星和海王星离太阳最远，所以又称远日行星。它们的共同特点是受太阳的引力小，接收到太阳的能量比较少，是两颗很暗、很寒冷、公转周期很长的天体。它们又属类木行星，与土星和木星也有很多类似的地方。

### 1. 用望远镜发现的天王星

早在 1690 年天王星就以恒星的身份被列入星表，并被多位天文学家观测过很多次。赫歇尔并不认可。他说："从经验中知道，恒星直径不会随望远镜光学倍率成比例放大，而行星则会。"他用 227、460 及 932 倍来观测，结果发现这颗星的直径随光学倍率成比例放大，最初他认为是太阳系中的一颗彗星，1781 年才认识到这是一颗行星。为此，英国皇家学会授予赫歇尔科普利勋章。这颗行星曾几易其名，最后，还是用希腊神话中的乌拉诺斯（Uranus）来命名。拉丁文的意思是"天空之神"。

天王星是人类使用望远镜发现的第一颗大行星。其轨道在土星之外，距离太阳是日地距离的 19 倍。

图 8-14 "哈勃"拍摄的天王星及其光环

最亮时能达到 6 等星，视力好的人勉强能见。它的直径 5.2 万千米，是地球的 4 倍多，质量则为地球的 14.54 倍。其体积在太阳系中排名第三。天王星 84 年公转一周，自转一周仅需 16.8 小时，比地球的自转还快。

天王星虽然也是气态行星，但与木星和土星有些不同。天王星大气的主要成分是氢，其次是氦，还有少量的甲烷，呈现出淡淡的蓝色。天王星是太阳系内温度最低的行星，大气层的最低温度只有 -224℃。大气中有一些较周围明亮些的云团，随着天王星的自转而转动，成为天王星上显著的特征。天王星的核心部分则是固态的岩石和冰，温度约为 2000 ～ 3000℃。天王星接收到的太阳辐射很少，也没有发现其内部有能源，但是它的大气却很不平静，风速可达 400 米每秒，这比地球上最强的飓风的速度要快得多。

天王星有一大特点，即它的自转轴和公转轨道平面几乎是平行的。因此，它好像是懒洋洋地躺着自转和公转，在轨道平面上打滚。除了天王星，其他行星都基本上是站在轨道平面上自转和公转的。为什么天王星会如此独特？会不会是其他天体撞倒了它？

"旅行者 2 号"还发现天王星有一个奇怪的现象，它背向太阳的极区温度反倒比被太阳照亮的另一个极区的温度要高一些。到现在还不知道是什么原因。

早在 1789 年，赫歇尔声称他发现天王星的环，但之后没有一个天文学家观测到环的存在，直到 1977 年 3 月 10 日，埃利奥特等人观测到天王星掩星的罕见天象，他们发现那颗恒星在被掩之前的大约 35 分钟出现了"闪烁"，一连出现了五次。当掩星过程结束之后，同样的闪烁现象又重复出现了。造成星光多次闪烁的原因是什么？只能用天王星拥有多个光环来解释，由此确认发现天王星的 $\alpha$、$\beta$、$\gamma$、$\delta$ 和 $\varepsilon$ 等五个环。1978 年，美国天文学家使用口径 5 米的海尔望远镜在红外波段第一次拍摄到天王星光环的照片。至今一共发现了 13 个环，其中最亮的是 $\varepsilon$ 环。天王星环是由直径小于 10 米的黑暗颗粒物质组成的暗淡系统。

## 2. 计算出来的海王星

海王星的发现显示了天文学理论的威力。天王星发现之后，天文学家根据万有引力定律计算天王星运行轨迹时，发现计算结果和实际观测总不相符。天文学家猜想，可能在天王星轨道外面有一颗影响天王星运动的行星。

当时有两位敢想敢做的年轻人，法国的勒威耶（Urbain Le Verrier）和英国的亚当斯（J. C. Adams），他们根据天王星轨道运动的异常现象，用复杂的数学方法，计算出了海王星的轨道、质量和位置，在天文学历史上书写了光辉的一页。两位年轻人的遭遇有些不同，1845 年亚当斯写信给英国格林尼治天文台台长艾里（G.Airy），请求他们用望远镜寻找这颗行星，但天文台方面不予理会。稍后，勒威耶请求德国柏林天文台的天文学家伽勒（Galle Johann Gottfried）观测，得到热情的支持，很快就找到了这颗亮度为 8 等的新行星。消息公布以后，格林尼治天文台台长艾里后悔不已，埋怨自己没有接受一年多以前亚当斯的请求。目前，天文学家公认亚当斯和勒威耶两位共享发现海王星的荣誉。

海王星在天王星之外，与太阳的距离是日地距离的 30 倍，是太阳系最遥远的一颗大行星，绕太阳公转一周需要 165 年，自转周期大约 17 小时。亮度为 8 等，不用望远镜可就根本看不见它了。它的直径 4.9 万千米，在八大行星中排名第四。它与天王星有许多相似的地方，颜色比天王星还要蓝，和大海的颜色相似，叫海王星真是名副其实了。大气中的主要成分也是氢、氦和甲烷。核心部分也是固态，也有卫星和暗弱的光环。

海王星远离太阳，它的寒冷程度与天王星不相上下。然而，令人不解的是，海王星大气中却有非常活跃的现象。它的大气中常有极为剧烈的风暴，

图 8-15　计算出海王星的
亚当斯

图 8-16　计算出海王星的
勒威耶

图 8-17 "哈勃"拍摄的海王星照片

最高风速可达 580 米每秒，比地球上的 12 级飓风还要快十余倍，是太阳系中最快的风。这是什么原因造成的？天文学家推测可能是受其内部热流的推动所致。1989 年，"旅行者 2 号"发现海王星表面有一个大黑斑，其实那就是一个大飓风。

受到天王星环发现过程的启发，天文学家对发生在 1980 年至 1984 年的 5 次海王星掩星事件逐一进行观测，但却没有得到预期的结果。1989 年 8 月，"旅行者 2 号"探测器飞近海王星的时候，发现了海王星的 5 条光环，比起天王星环还要纤细和暗弱。这一探测结果很重要，因为木星、土星、天王星和海王星都有环带这一事实表明，它们有着类似的演化过程。

### 3．天王星和海王星的卫星

天王星有 27 颗卫星。早期发现的天卫一到天卫五是 5 颗较大的卫星，它们的体积在太阳系卫星中都属中等，直径大约在 300 千米到 1000 千米之间。"旅行者 2 号"对这 5 颗卫星拍了许多照片，发现它们的地貌很像地球，特别是天卫五，既有悬崖峭壁，又有高山峡谷。但是它们的密度都比地球小，只有 1.6 克/厘米$^3$左右。其他 22 颗卫星中，"旅行者 2 号"探测器发现 10 颗，地面大型天文望远镜发现 12 颗。这些卫星都很小，半径均不超过 100 千米，最小的只有 5 千米。有趣的是，天王星的卫星都是用莎士比亚剧本里的角色或者是亚历山大·波普的诗中人物来给它们命名。例如，天卫十一的名字是大家非常熟悉的莎剧人物"朱丽叶"。

海王星有 13 颗卫星。空间探测之前已经发现海卫一和海卫二。这两颗卫星极具个性，差别很大。海卫一是海王星卫星中最大的一颗，它在海王星上引起很强的潮汐，同时也使它自身的轨道要素发生较快的变化。它反向绕海王星转，周期约为 5 天。海卫二则不同，体积较小，顺向绕海王星运行，周期约为 1 年。轨道偏心率约为 0.75，是太阳系所有卫星中最扁的一个。人们猜想，海卫一可能是海王星俘获的绕太阳运行的柯伊伯带天体。

## 四

## 行星大十字和行星连珠

八大行星按各自的轨道围绕太阳运行，各个行星与地球的相对位置有可能呈现一些特殊的图像，特别受到关注的有"行星大十字"和"行星连珠"等。由于个别人的操弄，把这些天象说成是地球和人类将遭遇毁灭的征兆，吵得沸沸扬扬。其实这些都是无稽之谈，行星无论如何排列也不会对地球有什么影响。

### 1. 行星连珠和行星大十字

"行星连珠"是指某些大行星运行到某一方向上的一种现象，如都在 90 度以内。行星连珠并不是像糖葫芦串那样成一条线，称为"行星会聚"可能更恰当一些。行星大十字是指行星以及太阳和月球的位置大体上处在相互垂直的四个方向，组成一个"大十字"。这是一种罕见的天象，很自然地会引起人们的关注。

16 世纪，法国的诺查丹玛斯预言"1999 年 7 月，恐怖大王从天而降，地球将遭遇大灾难"。后来日本的五岛勉写了一本《启示录》。书上说，经过计算 1999 年 8 月 18 日将发生"行星大十字"，这是"上帝要惩罚人类的信号，是人类无可挽回的大劫难的先兆"。这本书译为中文，书名为《1999 年人类大劫难》，引起了一定的恐慌，影响极坏。当时，我国天文学家就明确指出，所谓的"大劫难"完全是无稽之谈，行星大十字绝不会导致地球的大灾难。1999 年 8 月 18 日与往常一样，平安无事。

### 2．行星对地球的影响很小

发生"行星连珠"或"行星大十字"会不会在地球上引发什么灾害呢？不少人进行过统计研究，查一查历史上发生"行星连珠"现象的年份，地球上发生了什么灾害，是否比一般年份严重，这是一种科学的态度。研究结果说法不一，但都否定会引起灾难的说法。

在太阳系中，太阳是主宰，太阳的质量占太阳系的99%以上，它强大的引力控制着所有行星及小天体。其他小天体对地球的引力不及太阳对地球引力的1%。行星是反射太阳的光，自身的辐射非常微弱，行星没有像太阳那样的对地球有重要影响的"风暴"。在起潮力方面，行星对地球的影响也非常小，可以忽略不计。

月球和太阳的起潮力对地球海水的影响形成潮汐现象，对岩石圈和大气圈的作用形成固体潮和气体潮。由于起潮力与质量成正比，与距离的立方成反比，月球的起潮力数第一；太阳排第二，仅是月球的1/3；第三大的是金星，起潮力仅为月球的十万分之五，微不足道。其他行星离地球都比金星远，起潮力可以忽略不计。

行星无论怎么排列，其影响都是微不足道的，不会对地球造成什么影响，更不要说会给地球和人类带来大劫难了。

# 冥王星和矮行星

2006年8月24日，在国际天文学联合会第26届大会上，天文学家通过投票表决的方式，将原九大行星当中最小的冥王星开除出行星的行列，划归"矮行星"一类。冥王星的发现曾集万千宠爱，也曾经挑起千波热潮，吸引无数天文工作者为寻找第十大行星耗费一生的精力。把冥王星从行星队伍中开除出去，曾

图 8-18　发现冥王星时的汤博

激起行星爱好者极大的不满。然而，行星的分类的细化是天文科学发展的需要。随着研究的深入，传统的行星概念已经显得越来越不适用了。不管冥王星是大行星还是矮行星，冥王星的发现仍然是 20 世纪天文学中的重大事件，这一点是无论如何也不会改变的。

### 1. 发现冥王星的艰难和巧合

冥王星的发现源于一个错误的计算，这个计算断言，在海王星外面有一颗行星影响着海王星的轨道，其质量大约是地球的 10 ～ 15 倍。于是，许多人开始寻找海外行星。美国天文学家洛韦尔（Percival Lowell）是搜寻海外行星大军当中最热心的一个。他从 20 世纪初期就全力投入这项工作，在茫茫星海中苦苦搜寻，直到 1916 年他离开人世之时，也没有找到一点点蛛丝马迹。

洛韦尔天文台的天文学家们继承了洛韦尔的遗愿，长期坚持搜寻，一直到 1929 年初青年天文学家汤博（Clyde William Tombaugh）接手这项观测研究后，才有了转机。他将一种新发明的"闪视比较仪"用在寻找海外行星的工作中，这种仪器能发现两张不同时间拍摄的照片上的星象的差异。从 1929 年 1 月到 1930

年 3 月，他花了 7000 多个小时，终于在双子座 $\delta$ 星附近找到了这颗又暗又小的新行星。天文学家就把罗马神话中地狱之王普鲁托的名字给了它，我国译为冥王星。冥王星的发现是一种幸运的巧合，更是天文学家坚强意志和艰苦奋斗的产物。

由于冥王星太小及与其他行星运行轨道有差异，天文学家继续搜寻所谓的第十颗行星。

### 2．冥王星与其他行星的差别

冥王星被列入太阳系九大行星，其地位备受争议。这是因为冥王星与太阳系其他八颗行星有太多的差别。

第一个差别是冥王星的质量和体积都太小。在寻找这颗行星之前，根据海王星和天王星公转轨道的偏离程度，认为其质量等于或超过地球的质量，可是冥王星的直径仅为 2300 千米，比月球还要小。

第二个差别是冥王星的运行轨道离心率太大。冥王星的近日点距离太阳 30 个天文单位（约 44 亿千米），远日点距离太阳 49 个天文单位（约 74 亿千米）。它在近日点附近时的轨道在海王星的轨道以内。而其他行星围绕太阳公转的轨道都比较圆。

第三个差别是运行轨道与黄道面的交角太大，达 17° 之多。其他八颗行星的公转轨道基本上都在黄道面附近。

第四个差别是自转周期方面。八颗行星中水星和金星因为距离太阳太近，受太阳引力太强因而自转缓慢，分别是 58.5 天和 243 天。然后从地球到海王星的 6 颗行星的自转周期都在 10～25 小时之间。而远离太阳的冥王星自转周期却长达 6 天 9 小时 17 分，种种差别说明冥王星的来源可能不一样。

### 3．冥王星降格为矮行星

20 世纪 90 年代以来，柯伊伯带天体的发现进一步动摇了冥王星的行星地位。直径较大的柯伊伯带天体的特性与冥王星差不多，是将它们也算作行星呢，还是将冥王星划归为柯伊伯带天体呢？天文学家必须做出决断。

在 2006 年 8 月召开的国际天文学联合会第 26 届大会上，经过大会代表投票表决通过了有关太阳系天体的新定义。太阳系天体分为三大类：第一类是行星，包括水星、金星、地球、火星、木星、土星、天王星和海王星共八个；第二类是太阳系小天体，包括彗

图 8-19　矮行星与月球、地球的比较

星、小行星等；第三类是"矮行星"，这是新定义的一类，它们围绕太阳运转，具有足够质量、呈圆球形，但是其轨道附近仍存在其他物体，而且这些物体不是卫星。按照矮行星的定义，冥王星成为这一类型天体的代表。荣升为矮行星的则有卡戎、谷神星和阋神星等。

### 4. 冥卫一升格，与冥王星平起平坐

冥王星的卫星——冥卫一，也叫"卡戎"，发现于 1978 年。冥王星降格了，它的卫星冥卫一却荣升了，与冥王星平起平坐成为矮行星。昔日的父子今天变成了兄弟。这又是为什么呢？

第一，卡戎的体积和质量与冥王星很接近。其直径约为 1200 千米，比冥王星约小一半，质量大约是冥王星质量的 1/10。八大行星的卫星的直径和质量都比它们所属行星小很多。

第二，太阳系八颗行星除水星和金星没有卫星之外，其他六颗行星都有卫星。这些行星和卫星系统的质量中心都在大行星体内，无一例外。而冥王星和卡戎的共同质量中心位于冥王星和卡戎之间的外部空间里。

第三，卡戎在冥王星赤道上空约 1.9 万千米的圆形轨道上运转，其运行周期与冥王星自转周期相等，均为 6.39 天，也就是说，冥王星与卡戎永远以同一面

向着对方，在八大行星中没有这种情况。可以判定这是一个同步围绕太阳旋转的双矮行星系统。

### 5. "新视野号"帮助我们深入了解冥王星和柯伊伯带

由于冥王星距离我们十分遥远，至今还没有宇宙飞船近距离探测过它。令我们感到欣慰的是，2006年1月19日美国国家航空航天局发射的"新视野号"宇宙飞船正越来越接近冥王星。为了最大程度降低操控消耗，节省电能，在长时间的旅行途中，美国国家航空航天局的工程师让它沉睡，每过几个月唤醒一次，看看各个系统是否还在运行。2015年1月，"新视野号"抵达距冥王星2.6亿千米处，7月抵达冥王星轨道近地点，对冥王星和卡戎进行近距离考察。"新视野号"探测的重点是：确定冥王星和卡戎表面的化学构成、地质构造以及形态结构；获取冥王星和卡戎表面的高清晰照片；确定冥王星大气的各类参数，判明

图8-20 "新视野号"于2015年到达冥王星及柯伊伯带

卡戎是否拥有大气层；探索冥王星是否拥有别的卫星或光环系统。在这之后，"新视野号"继续探测柯伊伯带。

科研人员分析了"新视野号"的数据，发现冥王星与欧洲航天局"罗塞塔"探测器研究的67P彗星存在惊人的相似之处。从冥王星的化学成分来看，含氮量特别多，很可能是由约10亿颗彗星聚合而成，或者由柯伊伯带的与67P类似化学成分的天体聚合而成，只有这样，其含氮量才可能与它的冰川蕴藏的含氮量一致。

图8-21 天文学家柯伊伯

### 6．"黎明号"探测谷神星和灶神星

谷神星（Ceres）是太阳系中最小的矮行星，也是唯一位于小行星带中最大的小天体，1801年由意大利天文学家皮亚齐发现。谷神星的直径约为950千米。此前研究已确认其内部存在大量的冰。欧洲航天局在英国《自然》杂志上报告说，他们利用赫歇尔望远镜首次在谷神星上发现了水蒸气，这些水蒸气来自谷神星表面颜色较深的区域，每秒大约能放出6千克。这一发现证实了谷神星上有水，意义重大。研究人员推测，水蒸气冒出的具体原因可能有两个：一是太阳照射使谷神星表面的冰被迅速加热所致，二是谷神星内部有能源。科学家推测谷神星上可能拥有液态水的海洋。

灶神星是小行星带质量第二大的小行星，是德国天文学家海因里希·欧伯斯在1807年3月29日发现的。直径约为525千米，比谷神星小，仍然划归小行星，称为小行星带之王。一两亿年前，灶神星曾经被撞击，产生了许多碎片，并留下两个巨大的撞击坑。这次事件的一些碎片已经坠落到地球，成为 HED 陨石，提供了有关灶神星的丰富资讯。

2007 年 9 月 27 日，美国"黎明号"小行星探测器升空。其任务是前往火星和木星之间的小行星带，先探灶神星再探谷神星。成为第一个探访小行星带和矮行星的空间探测器。搭载有摄像机、红外线分光计和伽马射线与中子探测器等先进仪器，可以从不同高度进行探测。2011 年，成功进入灶神星轨道进行探测。先后在高度从 2700 千米到 120 千米不等的几条不同轨道上进行探测，拍摄了多角度图片，测绘灶神星表面。2012 年 9 月离开灶神星，奔向谷神星，于 2015 年 3 月抵达谷神星后，开始了为期 16 个月的探测。由此，它成为了世界上第一个先后环绕两个地外天体飞行的深空探测器，也是有史以来首个造访矮行星并进入其轨道运行的深空探测器。

## 神秘的柯伊伯带天体

美籍荷兰裔天文学家杰拉德·柯伊伯（Gerard Kuiper）在 1951 年的一篇论文中预言，海王星轨道之外太阳系边缘地带的某个区域，可能还存在着一群与彗星类似的小天体围绕着太阳运行。这个区域沿太阳系盘面向外延伸，呈环状结构，半径大约为 30 ～ 50 个天文单位。后来，天文学家将这一区域命名为"柯伊伯带"。

柯伊伯提出预言后的近半个世纪中，天文学家一直没有发现这种天体。因此有人认为这是天方夜谭。不过，美国加州大学伯克利分校的大卫·朱维特（David C. Jewitt）深信不疑，终于在 1992 年发现人类历史上第一个柯伊伯带天体，取名 1992QB1。它的直径大约有 200 千米，距离太阳 37 到 59 个天文单位，位于柯伊伯带。实际上，这应该是继冥王星和卡戎之后的第三个柯伊伯带天体。后来又发现了很多柯伊伯带天体，柯伊伯带终于得到了公认。

最早发现的柯伊伯带天体体积都不大，因此把它们称作柯伊伯带小行星。从2000年起，柯伊伯带天体直径的最高纪录不断被刷新，已经不能用小行星来称呼了。

2001年8月，欧洲南方天文台发现的代号为2001KX76的柯伊伯

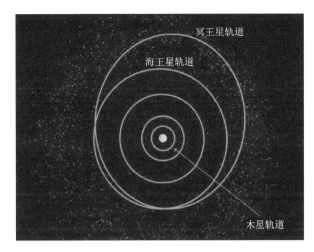

图 8-22　柯伊伯带和冥王星轨道示意图

带天体直径大约1200～1400千米，比卡戎要大。2002年发现的"夸欧尔"直径大约为1250千米。2004年发现的"塞德娜"直径为1700千米。2005年7月，天文学家又公布了一个惊人的新发现，柯伊伯带天体中又增加了一个直径在2300～2400千米的阅神星（小行星序号：136199Eris），昵称"齐娜"。它距离太阳97个天文单位，比冥王星还远。它还拥有一颗卫星，直径大约在113千米左右。*

到目前为止，已经发现的柯伊伯带天体共1000多颗，直径大于400千米的有43颗，直径在1000千米左右的有9颗，其中还不包括冥王星和卡戎。天文学家估计，柯伊伯带中实际存在的直径在100千米以上的天体至少有35,000个左右。另外，该区域可能还存在数目更为巨大的"碎削"天体，它们可能是早期太阳系中的物质凝聚成各大行星过程中剩下来的残渣，因此它们包含着与外太阳系形成有关的极其重要的线索。一些周期较短的彗星，可能也源于此处。

"新视野号"宇宙飞船在2016年完成冥王星探测任务后，2017年2月对6颗柯伊伯带天体进行了成像观测。2019年1月飞越到离地球64亿千米的名为"天涯海角"的小行星附近进行探测，拍摄其图像后飞离太阳系。

---

* 编注："齐娜"的正式编号是136199号小行星，定名为"Eris"，中文译名为"阅神星"。

# 小行星、彗星和流星

在太阳系中，除了太阳、行星和矮行星之外，还有种类繁多的小型天体，诸如小行星、彗星和流星体等都在绕太阳运行。这些小天体都可能保留了太阳系形成时的原始物质，成为科学家研究的重要对象。一些近地小行星可能会闯进地球，彗星也可能造访地球，而流星及流星雨则在地球大气中飞舞，这些与地球亲密接触的小天体，使地球人既爱又怕，观赏它们、研究它们，还要防备它们给人类造成灾难。

## 备受重视的小行星

小行星很小，即使在最大的望远镜下也只是一个针尖大小的光点。它们的形状、结构、组成等秘密直到太空探测发展以后才陆续被揭示。小行星是早期太阳系的物质，其研究价值很高。小行星撞地球造成恐龙灭绝使人类心有余悸，眼前的威胁使这类小天体的研究价值陡升，一些小行星时刻被人类监测着，正在寻求办法防止它们对地球的侵犯。

### 1．提丢斯—波得定则和小行星的发现

1766 年，德国中学教师提丢斯（J. D. Titius）发现行星与太阳距离之间存在着一个十分有趣的关系：在数列 0，3，6，12，24，……的每个数上加 4 后，再除以 10，就得到了从水星、金星、地球、火星等到太阳的平均距离（以天文单位为单位）。当时担任柏林天文台台长的著名天文学家波得（J. E. Bode）对这一

关系式进行研究之后，将它正式发表出来。人们称之为提丢斯—波得定则。按照这一定则，在火星与木星的轨道之间，还应该有一颗大行星。

许多热心的天文学家掀起了搜寻这颗未知行星的热潮。1781年，火星、木星之间的行星还未见踪影，英国天文学家威廉·赫歇尔却发现了远在土星之外的天王星。天王星到太阳的平均距离按提丢斯—波得定则计算是19.6，实测值为19.18天文单位，符合得不错。这更加坚定了天文学家搜寻火星和木星之间的未知行星的信心，然而始终未见它的踪影。

意大利天文学家皮亚齐（Giuseppe Piazzi）对于寻找新行星的工作没有兴趣，他从1792年开始一直在为编制一份精密的星表而勤奋地工作着。1801年元旦之夜，他在观测恒星的时候意外地发现了一个陌生的8等星。经过跟踪观测和计算，确认它是一颗行星，命名为谷神星，它的直径仅950千米，与设想的行星相差太远了。因此称之为小行星。

1802年3月28日，德国业余天文学家奥伯斯（Wilhelm Olbers）医生发现第二颗小行星并命名为智神星。接着他就预言火星与木星之间的大行星已经爆炸分裂成许多小行星。果然不出所料，天文学家们陆续发现了很多小行星。到1868年，已知的小行星数目达到100颗，1879年200颗，1890年300颗。1923年小行星的数目达到了1000颗。200多年以来，发现并已编号的小行星超过12万颗，估计总共有数百万颗。图9-2为小行星分布示意图，在火星和木星之间有一个小行星带，在木星的部分轨道上还有名为

图 9-1　发现第一颗小行星的意大利天文学家皮亚齐画像

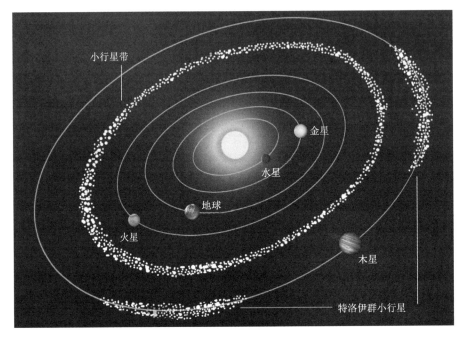

图 9-2　小行星分布示意图

特洛伊群的小行星带。

　　根据国际天文学会关于太阳系天体的新定义，新增加矮行星一类，把原来属于小行星中的比较大的，如发现的第一颗小行星谷神星划归矮行星。

　　小行星虽然个头儿都很小，但它们与八大行星及矮行星一样，自西向东绕太阳公转。小行星在公转的同时也有自转，也有四季变化和昼夜交替。一般地，公转轨道是偏心率不大的椭圆。不过，也有轨道的偏心率非常大的。我国紫金山天文台盱眙观测站发现的一颗轨道比较奇特的小行星 2010EJ104，偏心率达到 0.901。其远日点到了海王星轨道之外，而近日点则在火星轨道附近。它绕日运行一周需 100.29 年。

　　木星与火星之间的小行星带中小行星非常多，但总质量比月球还要小，根本起不了一颗行星的作用。这并不能支持"小行星带是火星和木星之间的行星破裂而成"的说法。很多天文学家认为，这些小行星是太阳系形成过程中没有形成行星的残留物质。由于木星的存在，小行星带区域的物质的轨道受到木星的干扰，使它们不断碰撞和破碎，甚至被逐出它们的轨道与其他行星相撞，阻碍这些物质形成一颗行星。

小行星直径最大的不超过几百千米，最小的也就只有鹅卵石一般大小。1991 年 10 月，"伽利略号"木星探测器访问了 951 号 Gaspra 小行星，从而获得了第一张高分辨率的小行星照片。空间探测表明，不规则的形状成为所有小行星的共同特点。也有人认为，火星的两个卫星是被俘获的小行星，1971 年的空间探测发现其形状很不规则，像两块马铃薯。

小行星也有卫星。1978 年美国洛韦尔天文台发现 532 号小行星大力神有卫星。1993 年，"伽利略号"探测器在距 243 号小行星艾达 2400 千米处拍摄到它的一个卫星。1992 年，地面雷达观测发现的小行星"图塔蒂什"是一颗双小行星。到目前为止，至少发现 10 多颗小行星拥有卫星。

小行星表面的景象与月球很相似，有很多陨石坑。欧洲"罗塞塔号"太空船飞掠小行星主带时对小行星 2867 号 Steins 拍摄了许多照片，可以清楚看见一个直线排列的陨石坑链，它很可能是小行星和一串流星互撞的结果。

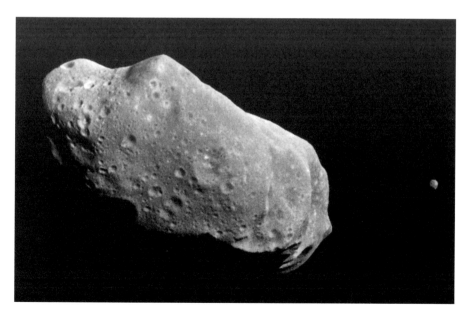

图 9-3　首个被确认拥有卫星的 243 号小行星艾达

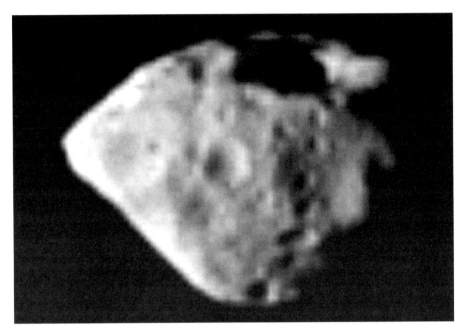

图 9-4　欧洲无人太空船"罗塞塔号"拍摄的小行星 2867 号 Steins 的照片。
在照片右侧清晰可见一个垂直排列的陨石坑链（此为动态照片，因精度原因图片本身较为模糊）

　　在小行星上由于没有大气的散射，太阳照到的地方亮得刺眼，照不到的地方黑得吓人。在小行星上看到的天空永远是黑暗的，太阳和星星同时在天空中闪闪发光。绝大多数小行星距离太阳都比火星远许多，表面平均温度终年在零下 120 摄氏度左右。因此，小行星是冰冻的世界。

### 2．恐龙灭绝和近地小行星袭击地球的历史事件

　　大约在 6500 万年以前，地球是恐龙的乐园。那时候不仅有在地面上生活的食肉食草的恐龙，而且还有能像鸟儿一样在天上飞的恐龙，有能像鱼儿一样在水里游的恐龙。恐龙成为当时地球上的统治者，它们在地球上已经无忧无虑地存活了 1 亿多年，比现今人类的历史长得多。但是，就在 6500 万年前，恐龙突然从地球上消失了，同时地球上的许多物种也绝灭了。之所以说恐龙灭绝在 6500 万年前，是因为至今没有发现任何一块恐龙化石的年龄是短于 6500 万年的。

著名的美国物理学家阿尔瓦雷茨（Luis Walter Alvarz）的出名不仅因为他获得了1968年的诺贝尔物理学奖，更因为他首先提出6500万年前小行星撞击地球导致地球气候变化，致使恐龙灭绝的假说。他的论文发表在1980年的《科学》杂志上。一个直径10千米的小天体以每秒40千米的速度撞击地球，溅起的大量尘埃在地球周围形成一道厚厚的黄色灰尘圈，遮天蔽日达数月之久，使得许多植物不能生长，许多动物也因缺少食物挨饿而死，造成了地球上大约50%以上的物种灭绝，其中包括恐龙。他和他的儿子等人在研究欧洲地层时发现，属于6500万年的地层中铂族元素含量特别高，高于地壳平均含量的三四倍。这是因为撞击地球的小行星上的铂族元素特别高的缘故。后来研究表明，当年撞击点在墨西哥北部的尤卡坦半岛。

人们曾亲眼看到过小天体撞击地球的事件。1976年3月8日在我国东北吉林地区发生了一次世界罕见的陨石雨。从这次陨石雨发生地收集到的陨石共有100多块，总重量达2700千克，其中1号陨石重1770千克，它在地面上砸了一个直径2米多、深6米多的大坑，给当地造成了一次小小的地震。

1908年6月30日，俄罗斯西伯利亚中部的通古斯地区发生了一次举世闻名的陨星事件。那天早晨7点左右通古斯地区上空突然出现一个比太阳还亮的大火球，火球发出震耳欲聋的响声，以迅雷不及掩耳之势冲向地面，在通古斯上空8千米处猛烈爆炸，发出的强大冲击波与高温大火摧毁了方圆100千米以内所有房屋的门窗，甚至三五百千米之外的人畜也被击倒在地。2000多平方千米郁郁葱葱的森林被烧成了一片焦土。科学家们估计，这是一颗直径仅60米的小行星袭击地球的事件。

### 3. 近地小行星的监测和寻找免遭小行星袭击的办法

为有效防止小行星撞击地球，首先需要监测可能飞近地球的小行星，并精确预测其飞行轨道。目前，全球已经建立了近地小行星观测网，其中最著名的是始于1996年的"林肯近地小行星研究项目"。此外，还有由一群相互之间有联系的组织、机构共同承担的"太空护卫"的项目。

我国中科院紫金山天文台盱眙观测站有一台专门用于搜索近地小行星的

施密特型望远镜，其观测能力居全国第一、世界第五。已经发现了近 800 颗小行星。

目前已发现在地球附近、直径大于 1 千米的小行星约有 800 个，直径大于 140 米的小行星约有 8000 个。它们的运行轨道比较复杂，需要加以监控。2004 年发现了名为"阿波菲斯"的小行星。由于它可能成为地球的潜在威胁，用古埃及"毁灭之神"的希腊语名字命名。"阿波菲斯"每 323 天围绕太阳飞行一圈。预计在 2029 年 4 月 13 日撞上地球，不过几率只有 1/300。一位俄罗斯科学家指出，如果"阿波菲斯"击中地球，其爆炸产生的能量相当于 11 万颗在广岛爆炸的原子弹，地球上的生物将受到毁灭性打击。目前"阿波菲斯"已被列入标志对地球危害程度的"托里诺等级"第 4 级。最高级的 10 级是指会导致全球毁灭性的碰撞。影响小行星运行轨道的因素非常多，必须严密监视。2011 年发现的近地小行星 2011MD 离地面最近时仅为 18,300 千米，属于监测之列，不过它已经掠过地球，没有对地球造成威胁；2012 年 1 月 27 日，曾有一颗公共汽车大小的小行星与地球擦肩而过，距离地球最近时只有 6

图 9-5　我国紫金山天文台盱眙观测站的监测近地小行星的望远镜

万千米。这颗名为"2012 BX34"的小行星位列 20 颗最接近地球的小行星之首。也是有惊无险。

小行星撞击地球、威胁人类生存的事件虽然极其罕见，却也是可能发生的，成为世界上四种突发性巨大灾难之一。除了监测，许多国家的科学家都在努力寻找免遭小天体袭击的各种方法。这些方法可归为两类：一类是把袭击地球的小行星炸毁；一类是改变小行星的运行轨道。

人们首先想到的是威力强大的核弹，可将小行星炸成几部分。质量发生变化后，轨道也就跟着改变了。专家估计，拦截直径不超过 100 米的小行星，需要一颗数万吨级的核弹。而拦截直径接近 1 千米的小行星，则需要利用百万吨级的核弹。还有一个办法是利用强激光系统摧毁来犯小行星，不过目前还没有这样的激光系统。强激光系统具有速度快、精度高、拦截距离远以及不受外界电磁波干扰等优点。不过，小行星爆裂后的碎片还有可能威胁地球，最好是设法给小行星一个推力，迫使它偏离原来的轨道，"差之毫厘，失之千里"，只要将其轨道偏离一点点，我们的地球就安全了。目前提出的方法不少，如在

图 9-6　使用激光照射小行星，气化掉行星部分体积以使其偏离轨道示意图

小行星附近进行核弹爆炸，迫使小行星偏离原来的轨道；利用强激光照射气化掉小行星部分体积以使其改变轨道；发射一个质量大的人造天体放在小行星附近，作为"引力拖车"经过足够长的时间就可以改变小行星的轨道；发射太空飞行器撞击小行星以改变其轨道；在小行星表面上安装一台大型火箭发动机或者把一面"太阳帆"附着在小行星上，以此把小行星推离它原来的运行轨道。

### 4. 小行星的地质勘探和开发利用

小行星光谱分类是依据小行星的颜色、光谱形态，有时还参考反照率进行分类。类别很多，比较复杂。最早的分类方案是 1975 年提出的，共分为 3 种类型：C 型，黑暗的碳物质；S 型，岩石（硅）的物体；U 型，不属于 C 或 S 的。这一分类已经被扩充，新的类别多达十几种。了解小行星的组成成分很重要，这涉及是否有开采价值，最好的办法是发射飞船至小行星上去采样。

2003 年日本发射"隼鸟号"小行星探测器，曾两度在糸川小行星上着陆。采集到岩石样本后于 2010 年 6 月返回地球，内含样本的隔热胶囊与本体分离后在澳大利亚内陆着陆。糸川小行星原名 25143 小行星，是 1998 年发现的。其轨道与地球平均距离约 3 亿千米。它的外形如马铃薯，长约 540 米，宽约 300 米，体积较小。

日本科学家实现了人类第一次从小行星上采集到样本后很快就决定研制"隼鸟 2 号"探测器，用来对龙宫（Ryugu）小行星进行探测和取样。这是一颗特别古老的小行星，算得上是太阳系早期的遗物。"隼鸟 2 号"探测器于 2014 年年底发射升空，2018 年 6 月靠近"龙宫"。探测器投放了两台漫游车到小行星表面拍照和测量温度等，发现"龙宫"的表面十分粗糙。2009 年 4 月"隼鸟 2 号"探测器成功向"龙宫"发射了装有 5 千克炸药的圆形金属弹，在"龙宫"表面炸出一个陨石坑，计划于 2020 年 12 月将样本带回地球。

小行星也像地球一样有着坚实的表面，也有山丘、岩石和坑洞。地球上有的矿藏，小行星上应有尽有。有的小行星富含镍与铁，有些小行星还可能含有丰富的金和铂，以及一些稀有元素如铱等。每年从地球侧旁飞过的小行星有

图 9-7　糸川小行星和"隼鸟号"小行星探测器

1500 多颗，估计当中有 10% 有水和珍贵金属，这是在给地球人送宝。有人估计，第 241 号小行星"Germania"上所具有的矿产资源价值达到 95.8 万亿美元，超过了目前全世界的 GDP 总量，多么诱人！

2016 年，美国发射"奥西里斯"探测器奔赴小行星"贝努"，用两年的时间对其表面进行测绘和探矿，进行取样，至少采集 60 克样本装进返回舱。2023 年返回地球。"贝努"小行星富含碳元素，这是生命重要的组成元素。

2012 年 4 月，在美国西北部的西雅图成立的行星资源公司，吸引到不少社会名流、航天专家和宇航员的加盟。但是，要想到小行星上采矿赚钱，还有很长的路要走。其困难是成本太高、技术复杂和缺乏经验。美国国家航空航天局即将实施的一项从小行星取回物质返回地球的项目，取回 60 克物质耗资大约 10 亿美元，只是大量投钱，还谈不上赚钱。直径约 160 千米的 241 号小行星矿藏丰富，但离地球太远，位于火星和木星轨道之间的小行星带中，不太可能成为行星资源公司的目标。只能把目光聚焦于那些距离地球较近，并且较易抵达的小行星。

# 长尾游子彗星

彗星，是太阳系中一类特殊的成员。太阳系的彗星很多，多得数以亿计。彗星曾被中国民间称为"扫帚星"和"灾星"，象征着战争、饥荒、洪水、瘟疫等灾难。广大天文爱好者则非常喜爱彗星，盼望着彗星的到来。彗星已成为天文学家研究太阳系早期物质的最佳天体。彗星与木星的碰撞引发地球人深思，曾给地球送来水、冰和有机物的彗星会不会再闯地球带来毁灭性的打击？

## 1．变化多端的外形和神秘莫测的行踪

彗星躲藏在离太阳非常远的奥尔特云团中。这个球状云团是 50 亿年前形成太阳和行星等天体的星云的残余物质，正好把太阳系包裹起来。云团中大约有千亿颗彗星。彗星只有运行到离太阳比较近时才能被肉眼看见。起初人们只能看到一个发光的云雾状斑点，斑点中间比较密集而明亮的圆球叫"彗核"，包围彗核的云雾状物质叫"彗发"。彗核的直径很小，最大的也不过几百千米，最小的只有几百米，然而彗核却几乎集中了彗星的全部质量。一般大彗星的质量约

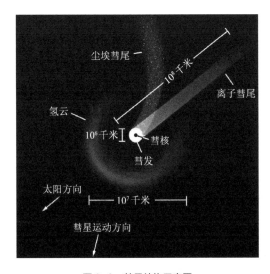

图 9-8　彗星结构示意图

几千亿吨，小彗星的质量只有几十亿吨。彗核由凝结成冰的水、二氧化碳（干冰）、氨和尘埃微粒混杂组成。当彗星靠近太阳时，持续挥发大量气体和尘埃，导致物质流失。彗发是在太阳的辐射作用下由彗核中蒸发出来的气体和尘埃组成的，直径比彗核大得多，一般有几万千米，但是质量很小，密度很低。彗核和彗发合起来称为"彗头"。空间探测发现，有些彗星的彗头外还包围着一层氢原子构成的云，称为氢云或彗云。因此，普遍地说，彗头是由彗核、彗发和彗云三部分组成。

壮观的彗尾是在彗星靠近太阳时才出现的。随着彗星离太阳越来越近，彗尾逐渐由小变大、变长，直至彗星走到距太阳最近的一点。在逐渐远离太阳的过程中，彗尾逐渐变小，直至消失。当彗星接近太阳时，彗尾拖在后边，当彗星离开太阳远走时，彗尾又成为前导。彗尾的方向总是背着太阳延伸的。彗尾的体积很大，但物质很稀薄。彗尾的长度和宽度有很大差别，一般彗尾长在1000万至1.5亿千米之间，最宽达2400万千米，最窄只有2000千米。有的彗

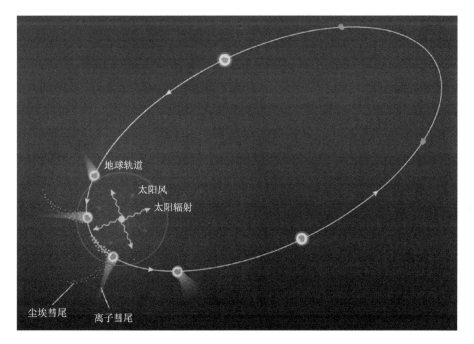

图 9-9 彗星的轨道运动及其形态的变化，只有接近太阳时才会有彗尾出现

星的彗尾可长达 3.2 亿千米，可以从太阳伸到火星轨道。

彗尾分为两大类：一类为"离子彗尾"，由离子气体组成，如一氧化碳、氢、二氧化碳、碳、氢基和其他电离的分子。这类彗尾比较直，细而长。另一类为"尘埃彗尾"，是由微尘组成，是在太阳光子的辐射压力下推斥微尘而形成，彗尾是弯曲的。

彗星的轨道多种多样，有的是偏心率很大的椭圆，有的是抛物线，还有的是双曲线。彗星的远日点都在距太阳十分遥远的地方。沿椭圆轨道运行的彗星也叫周期彗星。那些沿抛物线或双曲线轨道运行的彗星，当它们经过近日点之后就逐渐脱离太阳的引力跑到宇宙空间一去不复返了。这类彗星称为非周期彗星，它们或许原本就不是太阳系成员，无意中闯进了太阳系，而后又义无反顾地回到茫茫的宇宙深处。也可能是周期彗星的轨道受到行星的影响，轨道变扁，变为抛物线或双曲线的。

### 2．哈雷彗星和彗星的空间探测

哈雷彗星是众所周知的一颗 76 年回归一次的著名彗星。发现这颗彗星的埃德蒙·哈雷（Edmond Halley）生于 1656 年，从小就特别喜爱天文学，大学毕业之后当过海军，到过南半球离西非海岸不远的英属圣海伦娜岛。他在岛上坚持了一年的天文观测，绘制出第一张精度很高的南天星图，并因此而闻名于欧洲，被誉为"南天第谷""第谷第二"。

1680 年和 1682 年，接连出现了两颗非常明亮的大彗星。壮丽的彗星景象，使哈雷决心投入彗星的研究，从 1695 年到 1705 年，他对 24 颗彗星研究整整 10 年，写出了《彗星天文学》一书。这本书中最引人注目的内容就是他的重要预言：1682 年出现的大彗星，将于 1758 年再次出现在天空。

哈雷发现，古人们所记录的 1531 年和 1607 年出现的两颗彗星的情形与他本人 1682 年所观测的彗星非常相像，运动轨迹几乎完全一致，仅仅是彗星出现的时间间隔略有不同，1531 年与 1607 年间隔 76 年，1607 年与 1682 年间隔 75 年。哈雷相信这三次出现的彗星是沿椭圆轨道绕太阳运动的同一颗彗星，预言在 76 年后的 1758 年，这颗彗星将再次出现。哈雷逝世后的第 16 年，即 1758

年 12 月，人们真的迎来了哈雷预言的那颗彗星。天文学家为了纪念哈雷的伟大成就，就将这颗彗星命名为哈雷彗星。

哈雷彗星最近的一次回归是在 1986 年。这次回归的情况虽不如 1910 年那次壮观。但不同的是，1986 年观测条件已经大大改善了，各国天文学家组成哈雷彗星联合观测网，地面上的大型望远镜威力巨大，拍到了很好的照片。空间探测开始实现我们祖先要"登九天兮抚彗星"，"揽彗星以为旍兮，举斗柄以为麾"的梦想。欧洲空间局的"乔托号"、苏联的"金星—哈雷彗星" 1 号和 2 号、日本的" NS-T5"和"行星 A 号"、美国的"国际日地探险者号"等 6 艘宇宙飞船在不同区域、不同时间靠近哈雷彗星，用不同的观测仪器，对哈雷彗星进行了细致的观测。"乔托号"探测器成功接近哈雷彗星，飞到了距离哈雷彗星彗核不到 600 千米的地方进行考察，测量出哈雷彗星彗核的长径是 16 千米，短径是 8 千米，像个大花生。

### 3．精心策划的 4 次空间探测

对哈雷彗星的空间探测是非常成功的，但是下次见到哈雷彗星的时候，将会在 2061 年，虽然值得期待，但等待时间也太长了一些。策划对轨道周期仅几年的彗星进行空间探测显得非常方便和有效。在最近的 20 多年中，已经有 4 次对短周期彗星近距离的空间探测，非常成功。

第一次是"深空 1 号"探测"波瑞利"彗星。1998 年，美国发射"深空 1 号"探测器，升空后直奔波瑞利彗星而去。这颗彗星的彗核比较小，仅有 8 千米长、4 千米宽，轨道运行周期为 7 年。2001 年 9 月 22 日，"深空 1 号"追上这颗彗星，并在距离 2200 千米的地方拍摄了数十张波瑞利彗核的图片，这是迄今为止人类第二次领略到这种由星际尘埃和冰构成的神秘天体的内核部分。"深空 1 号"是一种新型宇宙飞船，升空以后启动新发明的离子发动机，使其逐步达到非常高的速度，只需携带传统火箭发动机所携带的燃料的 1/10，推进效率非常高。"深空 1 号"于 2001 年 12 月 18 日结束了它为期 3 年的使命，成为一个绕太阳运行的人造天体。

第二次是"星尘号"探测"维尔特 2 号"彗星。这颗彗星是 1978 年由瑞士天文学家保罗·维尔特（Paul Wild）发现的，其轨道周期很短，仅为6年。1999年美国发射"星尘号"行星间宇宙飞船，2004年1月2日飞船接近彗星"维尔特2号"时拍摄了很多照片，发现其表面上有很多底部平坦的坑洞，有完整边缘，但直径大小不同。彗核的直径大约5千米，最大的坑洞约有2千米。这些坑洞很可能是由小天体碰撞造成，也可能是内部不断地排出气体而形成。探测的重头戏是应用气凝胶样品采集器收集彗尾的尘埃物质，然后送回地球进行深入研究。当飞船穿过彗星时，彗尾的粒子以6.1千米/秒的高速撞上气凝胶，划出比粒子长200倍的胡萝卜形的轨迹，根据这些轨迹可以获得尘埃颗粒的某些物理特性。2006年1月15日载着彗星尘埃样本的返回舱成功在地球着陆。首次获得的彗星物质样品十分宝贵，它们包含的信息10年到20年都分析不完。"星尘"项目的策划者、副首席科学家是美籍华人邹哲，他评价说："星尘"捕获的彗星粒子数量为百万以上，仅肉眼能看到痕迹的就有20多个，目前这些粒子已分给150多名科学家研究。

第三次是"深度撞击号"探测"坦普尔1号"彗星。这颗彗星是1867年德国天文学家坦普尔（Ernst Wilhelm Leberecht Tempel）首次发现的，很暗弱，肉眼根本看不到，个头也不大，长约14千米，宽约4千米，轨道周期比较短，仅5.5年。美国天文学家为了探测彗星的彗核内部成分，专门研制了"深度撞击号"探测器，把"坦普尔1号"彗星当作实验室。2005年1月12日升空的"深度撞击号"探测器在接近"坦普尔1号"彗星之后释放出一个重为113千克的铜合金制成的锥形撞击器，直奔"坦普尔1号"而去，撞击时发出耀眼的光芒，覆盖在彗核表面的细粉状碎屑顿时以每秒5千米的速度腾起，在彗星上空形成一片云雾。探测表明，彗核并不像人们原先认为的那样是个"大冰坨"。彗核表面覆盖

图9-10 空间探测器拍摄的三颗彗星照片："波瑞利"彗星为"深空1号"2001年拍摄；"坦普尔1号"彗星为"深度撞击号"2006年拍摄；"维尔特2号"彗星为"星尘号"2004年拍摄

着 10 多米深的细粉状物质，其中含有水、二氧化碳和简单有机物，水的成分大大少于原先的猜测。在粉末下面是较硬的"彗核之核"。彗核虽然很小，却有多种地貌，有光滑平坦的平原和环形山似的坑洼。在深度撞击之后，彗核中喷发出大量含碳和氮的有机分子物质。

第四次是"罗塞塔号"探测 67P 彗星。这颗彗星是 1969 年发现的，又名丘鲁莫夫—捷拉西门科彗星，它的近日点距离一直很远，1959 年以前约为 2.7 个天文单位，现在的近日点距离约为 1.4 个天文单位。由于受太阳的影响很小，彗星很可能保持着原始状态。1993 年开始策划研制"罗塞塔号"时就选择了 67P 彗星，探测器携带了"菲莱"彗星登陆器，准备到彗星上进行实地考察。经过 11 年的努力，2004 年 3 月"罗塞塔号"彗星探测器飞上了太空，又经过 10 年的太空飞行，终于在 2014 年 8 月 6 日距离地球 4 亿千米的太空追上了 67P 彗星。随后 3 个月，探测器与彗星结伴而行，把彗星仔细端详，锁定了"菲莱"的着陆地点。"菲莱"登陆器重 100 千克，大小如同一台冰箱，它于 2014 年 11 月

图 9-11 "罗塞塔号"彗星探测器（右下）放送"菲莱"登陆器（中）到 67P 彗星（左上）上去的示意图

13 日登上 67P 彗星的彗核。第一项科学任务是从彗星表面拍摄全景图像，继而钻探地下，研究彗星的化学构成，以及考察彗星如何随阳光照射的改变而发生变化。"菲莱"所携带的 20 余种设备大都需要电力的支持，它所携带的电池可以维持 5 天的运转，以后就要依靠太阳能电池了。传回地球的照片显示，"菲莱"登陆器的周围并不平坦，石头比较多，光线也不充足，有可能会影响太阳能电池的充电功能。"菲莱"登陆器开始测量彗星表面的气体就有一个重要的发现：这颗彗星上的水中所含的重水比例超过地球的天然水中的重水比例的 3 倍以上。什么是重水？我们知道水的分子式是 $H_2O$，是由两个氢原子和一个氧原子构成，称为轻水。氢原子的核是一个质子，核外有一个电子。氢还有两种同位素，分别是氘和氚。由两个氘原子和一个氧原子构成的水，称为重水。由于氘与氢的性质差别极小，因此重水和普通水也很相似。地球上的天然水中重水的含量约占 0.015%。长期以来，人们相信彗星上有大量的水，在地球形成早期是彗星通过与地球碰撞把水带给了地球。既然探测到彗星上的水和地球上的水中重水含量有很大的不同，这是否意味着地球上的水根本就不是彗星带来的呢？这个问题提得很有道理，当然还不能就此下结论，还需要进一步的观测和研究。

### 4．几颗著名彗星

恩克彗星：周期最短的彗星，仅 3.3 年。第一次发现是 1786 年 1 月 17 日，直到 1818 年 11 月 26 日，由德国天文学家恩克（J. F. Encke）再次观测到，计算出回归周期，故人们称其为恩克彗星。每次回归总是提前 3 个小时，它的轨道越来越小，亮度越来越低，从 1908 年以后用肉眼已经看不见它了。1984 年，美国的"先驱者号"探测器曾经在近处探测过它，发现它散发水分的速度比原来预料的要快 3 倍。估计过不了太久，它就会分裂瓦解了。

歇索彗星：尾巴最多的彗星，又称 1744 大彗星。在 1743 年 12 月及以后，先后有 3 人独立发现它。第 3 个人是法国人歇索（Jean-Philippe de Chéseaux），他在 1744 年 3 月 8 日的凌晨把看到的彗星画了下来，成为有名的"六尾朝天彗星图"。彗星的头部在地平线以下，它的六条彗尾占据了四五十度的空间，犹如一只开屏的白孔雀，美不胜收。

池谷—关彗星：典型的掠日彗星。1965 年 9 月 4 日由日本的两位天文爱好者池谷薰和关勉同时独立发现。它的突出特点是近日距极小，仅 46 万千米，过近日点时要穿过温度高达百万摄氏度的日冕层，真好比是"飞蛾扑火"，之后已经裂为三块。回归周期是 880 年，等到 2845 年它再次回归时，不知会变成什么样子。

威斯特彗星：20 世纪最美丽的彗星。1975 年 11 月由丹麦天文学家威斯特（Richard M. West）首先发现。1976 年 2 月 25 日过近日点以后，最亮时的亮度达到了 -3 等，彗尾又宽又长，非常壮观。我国东部有许多人看见了这颗明亮的大彗星。3 月 8 日，人们发现它已一分为二，12 日，又变成 4 块。天文学家算出它的回归周期长达 30 万年。

海尔—波普彗星：号称"世纪彗星"。1995 年 7 月 22 日由美国的两位业余天文学家海尔（Alan Hale）和波普（Thomas Bopp）分别独立发现，回归周期约 2000 年。自 1976 年威斯特彗星之后人们已 20 年未见大彗星，又赶上了世纪之交之际，虽然不太亮，人们还是情愿称它为"世纪彗星"。它的形态非常典型，蓝色的离子彗尾又细又长，黄色的尘埃彗尾又粗又弯，两条彗尾泾渭分明，用

图 9-12　1976 年出现的威斯特彗星

图 9-13　1997 年拍摄的海尔—波普彗星

肉眼就能看清。

鹿林彗星：2007 年由大陆中山大学本科生叶泉志与台湾鹿林天文台林启生合作发现，被命名为"C/2007N3(Lulin)"彗星。属非周期彗星，2009 年 2 月 20 日过近地点时，亮度达到 5.9 星等，肉眼勉强可见。世界各国的望远镜都对准这个彗星，获得详细的信息。这颗彗星的大气圈跟木星一样大，彗星核里喷出的气流在真空环境中的阳光照耀下，发出绿光。彗星具有双尾，前端指向太阳方向长出了反向的彗尾，比较少见。彩图页的图 12 是在美国新墨西哥州拍摄的两幅影像，彗星皆有向左延伸的反向彗尾，在彗核的右侧，也可见到一道美丽的离子尾。下面的这幅图显示出彗星的离子尾发生了剥离现象。

麦克诺特彗星：彩图页的图 11 展示了宏伟壮观的麦克诺特彗星。2006 年 8 月由澳大利亚天文学家麦克诺特（R. H. McNaught）发现。发现时的亮度只有 17 等，不久以后亮度迅速上升。2007 年 1 月 12 日到达近日点之后很快向南移动，给南半球的人们带来了一场视觉盛宴。14 日，亮度达到 -6 等，比金星还亮。以后几天，它的彗尾变得异常宽大，像是被大风吹散的喷泉。也有人说像一只美丽的白天鹅，宽阔而毛茸茸的尾羽散发着奇异的辉光。有人说它的轨道是双曲线，一去不复返了，也有人说它大概 9 万年以后还会再次归来。

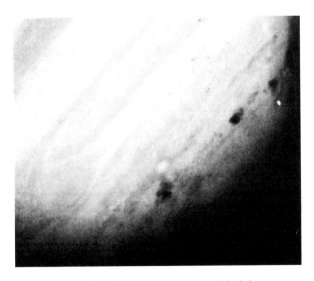

图 9-14　彗星碎块撞击木星留下的黑色疤痕

**5．千载难逢的彗木相撞奇观**

1994 年的夏天，发生了一次千载难逢的特殊天象——苏梅克—列维 9 号彗星撞击木星的事件，引起了全世界科学家和公众的极大关注。

这颗彗星的发现者是美国天文学家尤金·苏梅克夫妇（Eugene and Carolyn Shoemaker）以及加拿大天文爱好者大卫·列维（David H. Levy）。他们发现木星附近有一条奇怪的光痕，好似一条珍珠链子。最终确认这条"珍珠链子"是一颗碎裂了的彗星，分成 21 块碎片。进一步的观测研究预言，彗星的碎片将于 1994 年 7 月 17 日至 22 日陆续撞向木星。果然，按照预告的撞击时间，苏梅克—列维 9 号彗星的 21 块碎片一块接着一块地撞到木星表面上。其中最大的一块直径约 3.5 千米，相撞时，产生的烈焰高达 1600 千米。碰撞之后在木星表面留下的黑斑比地球还大。撞击所产生的能量相当于 3 亿枚原子弹同时爆炸，所发出的红外辐射极其强烈。

# 流星、流星雨和陨星

流星、流星雨和陨星是围绕太阳运动的尘粒和固体团块进入地球大气圈所发生的现象。它们不仅带来了远方来客本身的宝贵信息，还因为流星体的碰撞把地球高层大气的物理性质展示了出来，流星现象是广大公众参与观测最多的天文现象。无论是偶发流星所发出的短暂而耀眼的光芒，还是像烟花一样的流星雨，都使目击者感到无比的震撼。更有人慨叹，人的一生要像流星一样，"燃烧自己，照亮黑暗"。

**1．偶发流星**

在太阳系除了行星、矮行星、小行星、彗星等天体围绕太阳运行外，还有微小尘埃和固体团块等空间物质绕太阳运行。它们接近地球时可能受到地球引力的摄动而被地球吸引，从而进入地球大气层。进入大气层后与大气发生摩擦、燃烧而发光，形成一道光迹。这就是我们看到的流星。人们喜爱流星，用神奇、优美、明亮来形容它们，还把流星当作"燃烧自己，照亮黑暗"的典型，借以鼓励我们自己。有一位流星爱好者写道："流星的美丽不仅仅在于光芒四射和瞬间即逝，更在于在滑落过程中甘愿灼烧的勇敢和执着。"神秘的星空，因为有流星的存在而显得更加美丽。

天文学家把这些尘埃微粒和固体团块称为流星体。流星体的直径从 10 微米到几十厘米、几米不等，也有更大的。产生视星等为 5 等亮度的流星的流星体直径才约 0.5 厘米，质量仅有 0.06 毫克。流星的亮度与流星体的质量有关。流星体进入大气层的速度很快，在 11 千米每秒到 72 千米每秒之间。与大气摩擦产生的温度很高，导致大气被电离，在其周围形成一个等离子区。当电离气体被复合为中性大气时，将释放能量，成为流星尾巴发光的能量来源。流星的颜色取决于流星体的化学成分和它通过大气层的速度。流星体与地球大气摩擦使表层剥离和电离，表层矿物的成分不同就会发出不同颜色的光，譬如说，钠原子会发出橘黄色的光，铁为黄色，镁是蓝绿色，钙为紫色，硅酸盐是红色。

偶发流星是指流星体和地球在太空中偶然相遇所产生的。每天都会产生，出现的时间和方向都没有规律可循。

### 2．壮观的流星雨

流星雨是一种十分壮观的天文现象，不仅是天文学家进行观测和理论研究的课题，也把广大天文爱好者吸引过来。曾经出现过千百万公众争先恐后地观看流星雨的场面。

流星雨是由于流星群进入地球大气层而产生的。流星群不同于一般的流星体，它们由许许多多流星体组成，沿着同一条轨道，顺着同一个方向围绕着太阳运行。当流星群和地球相遇时，就会有许多流星体接连不断、浩浩荡荡地闯入地球的大气层，形成流星雨。千万颗流星像一条条闪光的丝带，好像从天空中某一点辐射出来，壮观、美丽和激动人心。流星雨以辐射点所在的星座命名，如仙女座流星雨、狮子座流星雨等。实际上，这些流星并不是从某个"辐射点"发出的，它们在天空中所走过的路线都是平行的，把它们看成出自一个点是我

图 9-15　英仙座流星雨中一颗火流星

图 9-16　描绘 1833 年美国出现的狮子座流星雨的版画

们的一种错觉，这就如同我们看到火车的两条铁轨在很远的地方好像会聚在一点的错觉一样。

　　流星雨的规模有大有小。大的时候真像倾盆大雨一般，有时在短时间内，在同一辐射点中能迸发出成千上万颗流星。小的时候稀稀拉拉一小时中只出现几颗流星。共同的特点是，所有流星的反向延长线都相交于辐射点。当在天顶方向看到的流星每小时超过 1000 个，就称之为"流星暴"。

　　我国古书对流星雨的壮观场面的描写相当精彩："有流星数千万，或长或短，或大或小，并西行，至晓而止。"（《宋书·天文志》，公元 461 年）"有星西北流，或如瓮，或如斗，贯北极，小者不可胜数，天星尽摇，至曙乃止。"（《新唐书·天文志》，公元 714 年）

　　1833 年 11 月的狮子座流星雨是历史上最为壮观的一次大流星雨，每小时下落的流星数达 35,000 之多。美国东部波士顿地区的目击者描述极为生动："无数的流星流向四面八方，几乎没有空隙。有的流星比金星还亮，有的流星比月亮还大，宛如大片的雪花，纷纷飘落。""每小时约可看到 10 万颗流星，天空中同时出现 10 到 15 条流星痕，有些流星痕甚至停滞近 20 分钟，像一条条盘旋于天空中的巨蟒，十分壮观。"

目前所发现的流星群有 1000 个以上，每年可以看到的流星雨约四五十次。七大著名流星雨成为观测的重点，它们是英仙座流星雨、天琴座流星雨、狮子座流星雨、双子座流星雨、猎户座流星雨、金牛座流星雨和天龙座流星雨。

### 3. 流星雨形成原因和它们的周期性

不同于偶发流星，流星雨的出现具有周期性，总是在每年的某些固定不变的日子里出现。这是因为许多流星群都与彗星有着密切关系。图 9-17 显示流星雨与彗星的关系。彗星在围绕太阳运行的过程中，每次靠近太阳时，都会向外抛出大量物质，有的彗星甚至会完全碎裂。这些被抛出的物质和分裂瓦解后的碎渣，就成为流星群，分布在彗星的整个轨道上。这些流星群沿着彗星的轨道绕太阳运行。当地球运行到地球轨道与相关的彗星的轨道相交点时，流星群在地球的引力影响下大量进入地球大气层，这就发生了流星雨。

如果流星群在其彗星轨道上的分布是均匀的，那么地球上每年所看到的流星雨的规模也应该是大致相同的。如果流星群在其轨道上的分布是不均匀的，每年看到的流星雨情况就很不相同。还有一种情况是有些流星群比较集中在彗星轨道上的某一小范围，轨道其他部分的流星群比较稀疏，当地球遇上流星群密集的区域，这一年的流星雨就会格外强烈，达到高潮。1833 年 11 月的狮子座流星雨，就是这样的情况。与狮子座流星雨相关的彗星是坦普

图 9-17　流星雨形成原因示意图

尔—塔特尔彗星，它的轨道周期是 33 年。因此狮子座流星雨高潮具有 33 年的周期。

其他著名的流星雨都有相联系的彗星。双子座流星雨，每年的 12 月 13 日至 14 日左右出现，相关的流星体源是一颗名为 1983 TB 的小行星。这颗小行星非常可能是"燃尽"的彗星遗骸。英仙座流星雨，每年 7 月 17 日到 8 月 24 日这段时间出现，斯威福特—塔特尔彗星是英仙座流星雨之母。猎户座流星雨是由著名的哈雷彗星造成的，每年 10 月份出现。金牛座流星雨每年的 10 月 25 日至 11 月 25 日左右出现，恩克彗星与之相联系。天龙座流星雨每年的 10 月 6 日至 10 日左右出现，贾科比尼—齐纳彗星是这个流星雨的本源。天琴座流星雨一般出现于每年的 4 月 19 日至 23 日。彗星 1861 I 的轨道碎片形成了天琴座流星雨。

### 4. 陨石和陨石雨

有少数大而结构坚实的流星体可能是小行星、卫星或彗星分裂后的碎块，因燃烧未尽而有剩余固体物质降落到地面，形成陨星。据观测资料估算，每年降落到地球上的流星体，总质量约有 20 万吨之巨！陨星的大小不一，成分各异。有铁陨石、石陨石、铁石陨石，还有玻璃质陨星及陨冰。石陨石的数量最多，占 90% 以上。石陨石的成分主要是硅酸盐，还有少量的铁镍金属和铁的硫化物。铁陨石的成分主要是金属铁和镍，还有少量铁的硫化物、磷化物和碳化物。石铁陨石是一种介于石陨石和铁陨石之间的陨石。

中国是世界上发现陨石最早的国家，据古籍记载，我国在约 4000 年前的夏代，已有关于陨石雨的传说。春秋战国时期，就有陨星陨落的相关文字记录。《史记·天官书》中有"星陨至地，则石也"的解释。北宋的沈括对陨星的成分已有认识，他在《梦溪笔谈》中谈道："乃得一圆石，犹热，其大如拳，一头微锐，色如铁，重亦如之。"在我国现在保存的最古年代的陨铁是四川隆川陨铁，大约是在明代陨落的，清康熙五十五年（1716）掘出，重 58.5 千克，现在保存在成都地质学院。

我国拥有世界第一大石陨石，它就是 1976 年吉林陨石雨中的一号陨石，重

图 9-18　吉林陨石雨中的一部分陨石。最大的一块为"吉林一号"，重 1770 千克。
"一号"上的标尺为 30 厘米

达 1770 千克。从一颗小行星中分裂出来的重约 10 吨的一部分，突然闯入地球大气层，在燃烧掉一部分之后，在 20 千米的高空经过多次崩裂之后，形成大大小小的陨石碎块像雨点似的洒落在吉林市北部郊区以及吉林市附近的永吉县和蛟河县，散布范围约 500 平方千米。共收集到陨石 100 多块，总重量 2700 多千克。其中"吉林一号"是最大的一块，它砸入地下 6 米多深，掀起的蘑菇云有 50 多米高。

我国还拥有世界第三大的铁陨石，它就是"新疆大陨铁"，当地人叫它"银骆驼"。长期躺在新疆准格尔盆地青河县境内的荒漠里。它重达 30 吨，长、宽、高分别为 2.42 米、1.85 米、1.37 米。很特别的是，它的镍含量高达 9.3%，几乎比一般的铁陨石高出一倍。在阳光的照耀下，发出闪闪的银光。1965 年 7 月，"银骆驼"被搬运到乌鲁木齐市展览馆陈列。现在，被安置在地质博物院大楼前面的广场上。

世界第一大的铁陨石是 1920 年在非洲纳米比亚境内发现的戈巴陨铁，它的

图9-19　陈列在新疆地质博物院的新疆大陨铁，是世界第三大铁陨石

图9-20　美国亚利桑那大陨石坑

重量高达 60 吨。世界第二大的铁陨石是 1818 年在格陵兰岛上发现的约克角陨铁，重量 33 吨。

地球上有许多陨星坑，它们是陨星撞击的产物。然而由于风化作用，绝大多数陨星坑早已被破坏得无法辨认了，现在尚能确证的还有 150 多个。其中最著名的要数坐落在美国亚利桑那州北部荒漠中的一个大陨石坑。它直径有 1245 米，深达 172 米，在坑里人们已搜集到好几吨陨铁碎片。据推算，这是约 2 万年前一块重 10 多万吨的铁质陨星坠落所造成的坑洞。

就全球而言，陨星不算太少，每年都有不少陨星落到地球上，但是其中绝大多数都陨落在海洋湖泊、高山密林中，人类能够收集到的很少。目前，全世界已登记并经过研究的陨石共有大约 3000 次陨落事件的标本，另外还有约 11,000 块在南极洲收集到的陨石标本。南极洲是目前地球上污染最少的一块净土，气温和湿度又很低，这里的陨石被很好地保存了起来。这些保存完好的陨石为我们研究太阳系的演化、行星和行星际环境、地球生命的起源等问题，提

图 9-21　2013 年 2 月 15 日发生在俄罗斯的车里雅宾斯克州的陨石空中爆炸事件

供了许多宝贵的、有价值的信息。陨石研究成为地质学家、化学家、物理学家、地球化学家和天文学家共同的课题。

最近的一次陨石雨是 2013 年 2 月 15 日发生在俄罗斯的车里雅宾斯克州。当地时间上午 9 点 15 分左右，一颗流星体进入地球大气层，在 1 万米的上空燃烧爆炸并坠落，形成了"陨石雨"现象。好在爆炸处离地面比较高，否则造成的伤害会更大。目击者称，陨石燃烧着划过天空，以倾斜的角度下坠，发出的强光比初升的太阳还要亮，在天空中留下的燃烧遗迹大约有 10 千米长。坠落爆炸时发出数声巨响，其景象如同灾难大片，令人震惊。许多行车记录仪和监控摄像头记录下当时的景象。

这次陨石雨事件，降落在人口聚居区域，有 8 个城市受损严重。陨石坠落引发的强烈冲击波导致 300 多栋建筑的窗户玻璃被震碎，一座工厂的仓库房顶被震塌，1200 多人受到不同程度的伤害，伤者多数是被玻璃碎片划伤。科学家估计肇事的流星体进入大气层时直径大约 10 米左右，重约 10 吨，进入大气层后以每秒 30 千米的速度坠落，并在距离地球表面约 40 千米处分裂瓦解。一个碎块坠入切巴尔库尔湖，砸出直径约 6 米的冰窟窿，已在附近搜集到陨石标本，经过化学成分分析，确认为典型并常见的陨石，铁含量约 10%。这是历史记载的唯一一次对人类造成大量伤害的陨石现象。

## 四
## 天文爱好者已成为发现小天体的生力军

小行星、彗星和流星雨这些小天体中，流星雨最常见，年年都有，而且无需望远镜，仅凭肉眼就能观测，常常能吸引非常多的公众参与观测。彗星自古以来就是公众关注的一种天体，美丽、壮观和神秘。肉眼或小型望远镜就可以观测和发现。公众已成为发现彗星的重要生力军。小天体中最难观测的就是小行星了。目前一些业余爱好者也已具备发现小行星的条件，或者获得天文研究单位提供的观测资料进行分析研究。

### 1. 天文爱好者高兴和他建立的"星明天文台"

星明天文台是目前国内唯一的一个从事巡天的业余天文台。这是由天文业余爱好者、乌鲁木齐第一中学的物理老师高兴建立的业余天文台，观测设备放置在新疆天文台南山天文站，这是一个能够进行远程控制的观测台，在中学就能启动和进行观测。这个天文台吸引了一大批业余天文爱好者参加合作。他自己在完成教学任务后，只要晚上天公作美，就会到设在中学的观测控制室里去，遥控望远镜进行观测。有时会坐在电脑前一直工作到凌晨。

星明天文台现有银河系内搜索新星计划观测系统（NSP）、彗星搜索计划观测系统（CSP）、系外超新星和新星及主带小行星搜索计划观测系统。观测的极限星等分别达到 14.5 等、18 等和 19.5 等。至今已发现许多彗星、小行星、新星和超新星。在小行星和彗星的发现方面，成果颇丰。能发现这么多种新天体的业余天文台，在国内首屈一指，全世界也不多见。

### 2. 天文爱好者发现近地小行星

搜寻小行星本来是专业天文台的课题。我国近代天文学家张钰哲早年留学美国时发现的一颗小行星，成为中国人的骄傲。从那时起，在小行星的发现者中，第一次有了中国人的名字。这颗被命名为"中华星"的小行星至今仍然在太空中遨游。

当今，天文爱好者也涉足小行星的发现。2010 年 11 月 1 日，星明天文台的创建人高兴和孙国佑合作发现小行星 2010 VC11。从这之后，接连不断地发现了 67 颗小行星。

1995 年美国国家航空航天局推出一个名叫"NEAT"的近地小行星搜寻项目，吸引着世界各国天文爱好者加入。他们利用地面的光电深空监测望远镜进行巡天，把观测结果放在网上，吸引世界各国的天文爱好者参与资料的分析处理工作，从中发现小行星。

2005 年 10 月，广州市第七中学 17 岁的学生叶泉志成为第一个发现 NEAT 小行星的中国人。后来叶泉志成为中山大学大气科学专业的学生。他与台湾鹿林天文台合作，应用鹿林天文台自己的望远镜搜寻小行星。他们在不到 1 年的时间里，观测发现了 101 颗小行星。并对其中的一些最先发现的小行星进行系统性观测，终于如愿以偿实现自己命名小行星的愿望。由于叶泉志在近地天体搜寻方面做出的突出贡献，2007 年 3 月获得美国行星协会颁发的"苏梅克近地天体奖"，成为亚洲获得该奖的第一人。

虽然发现的 NEAT 小行星的命名权和发现权都归属美国国家航空航天局，发现者只能获得一纸感谢信，但这一计划依然吸引了很多天文爱好者。继叶泉志之后，我国有一些爱好者发现了很多的 NEAT 小行星，如宁波天文爱好者金彰伟曾发现 300 多颗 NEAT 小行星，发现数目世界排名第四。他还与台湾天文爱好者蔡元生共同发现小行星"周杰伦星"。苏州天文爱好者陈韬发现 200 多颗 NEAT 小行星，世界排名第五。

美国发起一个快速移动天体巡天计划（FMO），有一些天文台把巡天观测得到的图片放到网上，全球的 FMO 搜索者就会在十几分钟内把它们瓜分完。为了抢到一张图片，往往要在电脑前等上几个小时，顾不上吃饭、睡觉。2005 年，杭州高级中学高二女生丁舒珊从美国亚利桑那大学"空间观测计划"FMO 项目组提供的照片上发现一颗近地小行星。很快就得到国际天文学联合会正式确认。从照片上发现近地小行星并不是件容易的事。她历经半年多的努力，仔细观察了 186 张照片，才获得成功。由此，她成为世界上第一位发现近地 FMO 小行星的女天文爱好者。2007 年，丁舒珊考进中国传媒大学。我国还有一些发现 FMO 小行星的天文爱好者。FMO 项目现在已经停止。

### 3. 天文爱好者发现彗星获得很多的荣誉

天文学提供给业余爱好者众多的发现机会，在彗星方面尤为突出。我国天文爱好者发现的彗星很多，获得了崇高的荣誉。

首先要介绍的是新疆的气象工作者周兴明，2000 年首先发现一颗彗星，国际编号为 C/2000X4（SOHO），成为我国的业余天文爱好者发现彗星的第一人。先后十多次从卫星图像中搜寻到 65 颗近日彗星，曾使他跃居国际排名第 4 位。2004 年因车祸去世，时年 39 岁。为了纪念他，国际小行星中心批准将我国紫金山天文台发现的 4730 号小行星命名为"周兴明星"。

原河南开封空分设备厂工人张大庆从 1989 年起用他自己磨制的反射镜装备的望远镜搜寻彗星。1992 年他在国内独立发现 3 颗彗星，但因比国外爱好者晚发现一些，不能获得命名。2002 年 2 月 1 日晚，他又发现一颗彗星，在世界上是第二发现者，获得命名的资格，这颗彗星被命名为池谷—张彗星。为了观测，他经常骑车到十几千米以外的乡下租房，经过多年的奋斗，终于抓住了机遇，实现了一个天文爱好者的梦想。

乌鲁木齐第一中学物理老师高兴在新疆天文台南山观测站建立了中国首座业余远程天文台"星明天文台"，他和国内其他天文爱好者合作，共发现两颗彗星、1 颗新星、6 颗超新星、3 颗系外新星、66 颗小行星。独立发现新星 8 颗、矮新星 1 颗、变星若干，以及多颗 SOHO 彗星和 NEAT 小行星，成为世界上发现新天体类型最多的天文爱好者。其中最有名的是与江苏天文爱好者陈韬合作发现陈—高彗星，以及同中国科技大学学生杨睿合作发现杨—高彗星。这两颗彗星的发现分别获得 2008 年度和 2009 年度埃格·威尔逊彗星奖（Edgar Wilson Award），每次都有 2 万美元的奖金。

SOHO 是太阳和太阳风层卫星的英文缩写，是欧洲空间局和美国国家航空航天局的合作项目。该卫星的设备不仅可以有效地对太阳本体进行 24 小时的观测，还能对太阳周边甚至是整个太阳系范围内的活动实施观测。在其观测照片上也留下了彗星的踪迹，而且还会拍摄到它们的移动和亮度的变化。1999 年 8 月 1 日，澳大利亚的天文爱好者首先从 SOHO 图片网站上获得的图片中发现了两颗彗星，从此开创了一个业余天文与互联网结合的崭新领域。

陕西省兴平市天文爱好者周波被称为 SOHO 彗星的猎手。至 2012 年 6 月 1 日全世界已发现 2290 颗 SOHO 彗星，周波以发现 256 颗排名世界第一。在前 82 名发现者中，中国占了 20 位。在前 12 位中，中国占了 5 人，在世界各国中遥遥领先。其中苏华发现 208 颗排名第三，周兴明发现 64 颗，排名第 12 位。1999 年德国人赫尼希首次发现彗星 P/2007 R5，第二次是 2003 年观测到的，2007 年周波第三次观测到这颗彗星，最后确认这是一颗周期为 4 年的周期彗星。周波也被称为这颗周期彗星的发现者之一。

名师讲堂

现代天文纵横谈

吴鑫基 温学诗 著

下册

商务印书馆
The Commercial Press

Contents  **目录**

## 第一讲　太阳和太阳活动

一、太阳的结构和日食观测 002

二、太阳黑子和太阳活动周 008

三、日珥、耀斑和冕洞 011

四、太阳光谱、元素丰度和太阳振荡 016

五、太阳风、地球辐射带和极光 020

六、太阳的多波段观测 023

七、与诺贝尔物理学奖有关的几个研究课题 027

## 第二讲　多彩的恒星世界

一、星空漫步 034

二、恒星的视星等和绝对星等 044

三、恒星的光度、光谱型和赫罗图 049

四、恒星的诞生和成长 053

五、变星和红巨星 058

# 第三讲　白矮星和中子星

一、白矮星的发现　　　　　　　　　　　　　064

二、白矮星的形成　　　　　　　　　　　　　067

三、白矮星质量上限的争论　　　　　　　　　071

四、中子星的预言和搜寻　　　　　　　　　　074

五、脉冲星的发现　　　　　　　　　　　　　077

六、射电脉冲双星的发现和引力波的间接验证　085

七、引力波的直接探测　　　　　　　　　　　089

八、毫秒脉冲星和它的重要应用　　　　　　　092

# 第四讲　超新星和黑洞

一、超新星的爆发机理、分类和重元素的产生　098

二、历史上的超新星　　　　　　　　　　　　104

三、河外星系中的超新星　　　　　　　　　　109

四、超新星遗迹和脉冲星风云　　　　　　　　114

五、黑洞的提出和它的基本特性　　　　　　　118

六、最简单的黑洞　　　　　　　　　　　　　121

七、在双星系统中寻找黑洞　　　　　　　　　127

# 第五讲　银河系的发现及其结构

一、揭开银河的秘密　　　　　　　　　　　　130

二、银河系的中心在哪里？　　　　　　　　　134

三、银河系多波段观测研究及其结构　　　　　138

四、银河系中心的大质量黑洞　　　　　　　　144

五、神奇美丽的星团　　　　　　　　　　　　149

# 第六讲　银河系里的星云世界

一、星际物质和星际氢云　　　　　　　　　158

二、分子云和分子谱线　　　　　　　　　　164

三、银河系中的弥漫星云　　　　　　　　　171

四、绚丽多彩的行星状星云　　　　　　　　178

# 第七讲　河外星系

一、宇宙岛存在之争　　　　　　　　　　　188

二、星系天文学的开拓者——哈勃　　　　　192

三、揭示宇宙膨胀的哈勃定律　　　　　　　196

四、千姿百态的河外星系　　　　　　　　　200

五、不平静的特殊星系　　　　　　　　　　206

六、多重星系、星系团和超星系团　　　　　211

七、星系的碰撞和互扰星系的形成　　　　　214

# 第八讲　类星体和引力透镜

一、射电源表和类星体的发现　　　　　　　220

二、类星体的观测特征　　　　　　　　　　224

三、类星体能源之谜　　　　　　　　　　　232

四、引力透镜的预言和发现　　　　　　　　237

五、强引力透镜　　　　　　　　　　　　　240

六、弱引力透镜和微引力透镜　　　　　　　244

# 第九讲　宇宙线、X 射线和 γ 射线天文学

一、赫斯发现宇宙线　　　　　　　　　　　248

二、原初宇宙线的空间和地面探测　　　　　　　250

三、X 射线天文学的创立　　　　　　　　　　253

四、大型空间 X 射线观测设备　　　　　　　　257

五、著名的 X 射线源的观测　　　　　　　　　260

六、宇宙 γ 射线源的发现和早期观测　　　　　265

七、大型 γ 射线空间观测设备　　　　　　　　267

八、著名的 γ 射线源的观测　　　　　　　　　269


# 第十讲　膨胀中的宇宙及微波背景辐射

一、古今宇宙学理论概要　　　　　　　　　　276

二、宇宙从一次大爆炸中诞生　　　　　　　　280

三、宇宙微波背景辐射的发现　　　　　　　　286

四、宇宙学进入精确研究的时代　　　　　　　290

五、宇宙微波背景辐射各向异性探测的新发展　297

六、宇宙在加速膨胀　　　　　　　　　　　　300


# 第十一讲　地外生命和文明的探索

一、太阳系地外生命大搜索　　　　　　　　　306

二、地球是太阳系唯一的生命乐园　　　　　　310

三、太阳系外生命存在可能性的讨论　　　　　316

四、搜寻地外文明社会的努力　　　　　　　　319

五、搜寻太阳系外的行星　　　　　　　　　　323

六、空间望远镜搜索太阳系外行星　　　　　　326


附录 1　读者园地　　　　　　　　　　　　　335

附录 2　天文学大事记　　　　　　　　　　　349

第一讲

# 太阳和太阳活动

宇宙中有数不清的恒星，太阳仅仅是其中的普通一员。太阳的质量、大小和温度都居于中等地位，正处中年时期，年龄约 50 亿年。太阳又极为特殊，它是唯一将它的面容展现给我们的恒星，成为揭示恒星世界奥秘的一个样板。太阳是唯一的一颗与人类生存和发展休戚相关的恒星，万物生长靠太阳，人人都能感受到太阳的影响，享受着太阳的奉献。自古以来人们就对太阳充满了感情，许多国家都有关于太阳神的故事流传。我国古代传说中的太阳神是中华民族的祖先炎黄二帝中的炎帝。希腊神话中的太阳神则是鼎鼎大名的阿波罗。在天文学中，太阳用符号"⊙"来表示。太阳看上去很平静，但实际上却是处在不断骚乱的状态之中。太阳的辐射、磁场和粒子流不仅对地球有巨大的影响，还控制了行星际的空间环境。近百年来，对太阳能源、光谱、磁场和各种活动现象的研究使得 6 位科学家在 3 个研究课题方面 4 次荣获诺贝尔物理学奖。

## 太阳的结构和日食观测

太阳是一个炽热发光的气体球，我们肉眼看到的红彤彤的太阳仅是它的大气的最低层的光球。太阳大气有三层，即光球、色球和日冕，平时肉眼仅能看到光球。只有在日全食时人们才能亲眼看到色球和日冕。从古至今，日食现象一直是人们关注喜爱的天象，发生在 1997 年、2008 年和 2009 年的三次日全食，牵动了我国千百万甚至上亿人的心，形成了广大公众观测日全食的热潮。太阳的内部肉眼是看不见的，各种天文望远镜也看不见，只能根据理论研究和太阳大气中发生的一些现象推测内部的情况。

**1. 太阳的结构**

天文学家根据太阳大气不同深度的不同性质和特征，把它从里向外分为几个层次。太阳的中心部分称为日核，它的半径大约为 0.25 个太阳半径。日核虽不算大，但太阳的大部分质量却集中在这里，而且太阳巨大的能量也是在这里产生的。理论研究表明，它是在氢原子核聚变为氦的过程中释放出来的，因此，日核也叫作"核反应区"。日核外面的一层称为辐射区，日核产生的能量通过这一区域，以辐射的形式向外传出。它的范围从 0.25 个太阳半径到 0.86 个太阳半径。这里的温度比太阳核心低得多，大约为 $7 \times 10^5 ℃$。辐射区外的一层称为对流层，太阳物质在这一层中间呈现剧烈的上下对流状态，它的厚度大约 10 万千米左右。

对流层外是光球。光球就是我们平时所看见的明亮的太阳圆面，我们所说的太阳半径，就是从太阳中心到光球这一段。光球厚度约 500 千米，中间部分要比四周亮一些，这叫作"太阳临边昏暗"现象。这种现象的产生是由于我们看

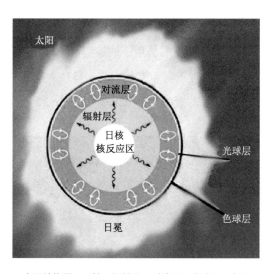

图 1-1　太阳结构图：日核、辐射层、对流层、光球层、色球层和日冕

到的太阳圆面中间部分的光是从温度较高的太阳深处发射出来的，而圆面边缘部分的光则是由温度较低的太阳较浅的层次发出来的。

光球之外是非常美丽的红色的色球，色球层的厚度大约 2000 千米，上面布满了大小不一、形态多变的头发状的结构，称为针状体。色球层的温度越往外面越高，最外层的温度高达几万摄氏度。平时我们看不到色球层，这是因为地球大气中的分子和尘埃散射了太阳光，使天空变成了蓝色，比色球还要亮，因此色球层就湮没在蓝色背景之中了。所以肉眼看不见，需要特殊的色球望远镜才能观测。

日冕是太阳大气的最外面一层，从色球层的边缘向外延伸出，分为内冕和外冕，内冕厚约 0.3 个太阳半径，外冕则达到几个太阳半径甚至更远。日冕的温度相当高，太阳光球的温度大约是 5800 摄氏度，色球层则是越往外温度越高，到了色球和日冕交界的区域，温度可达几十万度。日冕的温度达几百万度。日冕的亮度要比地球大气亮度低得更多，平时肉眼根本看不见，需要特殊的日冕仪才能观测。

### 2．日全食成为观测色球和日冕的绝好机会

在本书上册第六讲第一节中已经介绍了日月食形成的原因。这里，我们将进一步了解日食观测及其科学意义。

日食分为偏食、全食、环食和全环食四种。从地球上看太阳和月球，它们的视直径差不多，都是 32 角分左右。由于地球绕日运行和月球绕地运行的轨道都是椭圆，因此三者之间相对距离会有些变化，导致太阳和月球的视直径也会发生相应变化。太阳视直径范围为 31 分 28 秒到 33 分 32 秒，月球视直径范围

图 1-2　日全食（左）、日环食（中）和日偏食（右）

是 29 分 56 秒至 33 分 28 秒。因此可能出现月球视直径大于、等于或小于太阳视直径的三种情况，分别发生日全食、全环食和环食三种情况。当月球只能遮挡部分日面时，就发生了日偏食。

月球在绕地球运行过程中遮挡太阳，在地球上造成的阴影，如图 1-3 所示，有三种情况：本影、半影和伪本影。地球所处的相对位置或运行轨道变得很重要。当本影能够到达地球表面上部分区域，那里就能看到日全食。如果只有伪本影能够到达地面的某个区域，那里就会发生日环食。如果仅是半影到达地面，只发生日偏食。如果 A 点恰好在地球表面，那么在 A 点附近很小的区域可以看到日全食，其周围由于地球表面呈圆形，则可能处在伪本影区，看到的是日环食。这就是非常罕见的全环食。

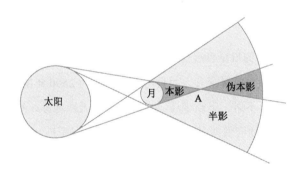

图 1-3　月球遮挡太阳造成的本影、半影和伪本影

以日全食为例，月球的本影自西向东，在地面上扫出一条狭长地带，称为全食带，它的宽度不过几十千米至几百千米，长度可达几千、上万千米。只有位于全食带内的人们，才能看到日全食。对任何一个具体地点而言，平均需要几百年才能看到一次日全食。据统计，每个世纪平均出现 236.7 次日食，其中日偏食 82.5 次、日环食 82.2 次、日全食 67.2 次、日全环食 4.8 次。

在平时，肉眼是看不见色球和日冕的。它们很暗固然是一个原因，但不是最主要的。原来，地球大气散射太阳光把天空变亮才是主因。色球的亮度只有光球的万分之一，日冕的亮度只有光球的百万分之一。由于地球大气散射太阳光把天空变亮了，其亮度比色球要亮 100 倍，比日冕亮 1 万倍，这才使我们在平时看不到色球和日冕。

为了在平时观测日冕，天文学家研制了日冕仪，在镜筒中用挡板把光球遮住，虽然没有了光球的光，但天空依然比较亮，所以还要把日冕仪放到高山上去。2000 米以上的高山上空气稀薄，天空亮度可以降到比日冕的亮度低很多的程度。虽然能观测日冕，但不能像日全食观测那样获得完整的日冕图像。

天文学家发现，色球层中有氢元素谱线中的一条非常强 $H_\alpha$ 的红色谱线，而在光球中这条谱线很弱。利用这一特性，天文学家在望远镜中加了一个滤镜，仅让 $H_\alpha$ 谱线能够通过，因此望远镜就只看到色球而看不到光球了。当然，用一条谱线观测色球所获得的信息很不全面。在日全食时可以观测研究色球的其他元素的谱线，获得更全面的信息。日全食成为观测色球和日冕的绝好机会。

1997 年 3 月 9 日的日全食最佳观测地点在东北漠河，这次日全食是 20 世纪我国境内可见的最后一次日全食，而且与轨道周期为 2500 年的海尔—波普彗星同现苍穹，实为百年不遇、千载难逢。当时的漠河天寒地冻，然而专业观测团、天文爱好者和旅行者涌向漠河多达 2 万多人，可谓盛况空前。

2008 年 8 月 1 日的日全食的带从新疆开始，经过甘肃、内蒙古、宁夏、陕西、山西和河南。新疆在阿尔泰、哈密市依吾县和乌鲁木齐三地设立观测点。投资近 1000 万元在依吾县的苇子峡修建太阳历广场。日食当天，来自国内外的 5000 多名观测者会聚在这个广场，目视、照相机、摄像机和天文望远镜各显其能，场面十分壮观。

2009 年 7 月 22 日长江地区的日全食是本世纪全食时间最长的一次，约 6 分钟。全食带覆盖长江流域约 2 亿人口的区域，参与这次日全食观测的人数最多，规模空前。国家天文台会同地方，在武汉、铜陵、桐城、黟县、高淳、苏州、无锡、常州、嘉兴、安吉等地设立观测点。7 月的长江流域适逢雨季，日食当天真是几家欢乐几家愁。黟县、桐城、安吉、武汉，整个日全食的过程精彩展现无遗。然而，铜陵、苏州、无锡、常州和高淳的观测者则在风雨中感受短暂的"黑夜"来临。

### 3. 日全食奇景

日全食时刻，阳光灿烂的大白天突然变为"黑夜"，这是大自然送来的一份神奇的礼物。日月合璧，稍纵即逝，美妙绝伦，奥秘无穷。

第一奇景当数钻石环和贝利珠。在全食即将开始或结束时，太阳圆面与月球圆面内切时的瞬间，会出现一个或一串发光的亮点，像是晶莹剔透的珍珠。这是由于月球表面有高低不平的山峰，阳光从缺口中透出而形成。

图 1-4 日全食期间的钻石环和贝利珠

第二奇景是色球和日珥的展现。在全食开始前和结束后的 2 ～ 3 秒期间，在两圆相切处的外侧，可以看到很窄的粉红色月牙闪光，这就是来自色球的辐射，其中还可能有跳动着的火柱般的日珥。有些日全食，月亮的影子仅比光球稍许大一些，在食甚时刻，在"黑太阳"的周围，镶着一个红色光环形状的色球层。

第三奇景是银白色日冕的出现。在全食的几分钟内，淡雅美丽的日冕出场，像一顶滑雪帽把太阳包裹起来。每次日食的日冕形态和尺度都不相同。太阳活动极小年时的日冕很小，而太阳活动极大年的日冕可以延展到好几个太阳半径。

图 1-5 日全食期间的日冕：左图是太阳活动极小年的照片，右图是太阳活动极大年的照片

第四奇景是白天观测星星。最值得回味的是 1919 年日日食时的观测。那时，物理学家爱因斯坦提出"星光经过太阳附近会弯曲"的预言。如何验证这个预言？只能利用日全食所提供的条件。当月球把太阳圆面全部遮挡的时候，来自太阳方向的恒星就可能被观测到。1919 年英国天文学家带队在非洲观测测出星光的偏离，约为 1.64 角秒，接近爱因斯坦的预言，初步验证了广义相对论。天文学家爱丁顿因此更加有名。

第五奇景是动物的反应。对于"黑夜"突然来临，动物有什么反应成为人们研究的一个课题。日全食发生时鸟类最为"胆小"，反应比较明显。笔者曾亲眼目睹日全食时海鸥群起归巢的壮观场面。1961 年，作者之一在黑海之滨的雅尔达观测日全食。这是一个旅游名城，海鸥清晨陆续飞来，黄昏陆续回家，日复一日。日全食开始刹那，天空突然变黑，成千上万只海鸥不知所措，匆忙一声尖叫，向海的深处飞去，动作之快，难以想象。2 分钟后，被欺骗的海鸥又陆续返回。

## （二）
## 太阳黑子和太阳活动周

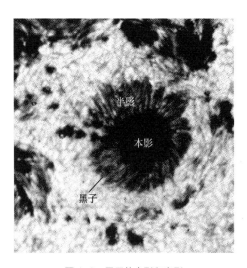

图 1-6 黑子的本影和半影

太阳活动现象很多，太阳黑子是人们最早发现也是最熟悉的一种。太阳黑子出现在光球表面，与对流层紧密相连，具有很强的局部磁场，成为最重要、最基本的一种活动现象。特别是太阳黑子活动 11 年周期的发现，推动了对各种各样太阳活动现象发展规律和日地关系的研究。

### 1. 太阳黑子

我国古人早就发现在明亮的太

阳光球表面出现一些小黑点，并称之为太阳黑子。《汉书·五行志》中对黑子的记载很明确，"日出黄，有黑气，大如钱，居日中"，这是得到公认的世界上最早的黑子记录。太阳黑子看上去是黑的，实际上并不真是黑的，它们也是炽热明亮的气体，只是温度比光球温度 5800 开氏度低 1500 度左右，相形见绌，显得黯黑了。黑子的大小相差很悬殊，大的直径可达 20 万千米，比地球的直径大得多，小的直径只有 1000 千米。较大的黑子经常是成对出现，一前一后，称为前导黑子和后随黑子，它们的磁场极性相反，故又称偶极黑子群。在偶极黑子群周围还常常伴有一群小黑子。黑子的寿命很不相同，最短的小黑子寿命只有两三个小时，最长的大黑子寿命大约有几十天。

### 2. 太阳黑子活动周期的发现

黑子的数目有时多，有时少。1849 年瑞士苏黎世天文台的沃尔夫提出用黑子相对数来代表太阳黑子活动的情况，这个参数综合考虑了单个黑子和黑子群数目的情况。后来发现黑子相对数具有大约 11 年的变化周期。这个了不起的发现并非出自天文学家之手。

19 世纪初期，许多天文学家认为水星运动的异常是因为有一颗"火神星"在作怪。德国的药剂师天文爱好者亨利·施瓦布（Henry Schwab）想探个究竟，从 1826 年开始对太阳进行观测，希图利用"火神星"凌日的机会来发现它。为了把太阳黑子与"火神星"区别开，他每天都要把日面上的黑子画下来。他整整画了 17 年，到了 1843 年始终没有找到并不存在的"火神星"，但却从几柜子的

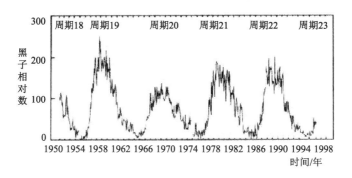

图 1-7 黑子相对数的 11 年周期变化

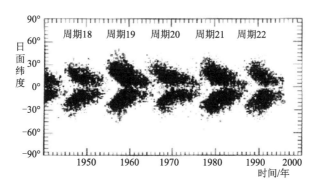

图 1-8　呈现 11 年周期变化的太阳黑子蝴蝶图

黑子图中意外地发现了太阳黑子 11 年的变化周期。他的论文因是"药剂师"的作品而被拒绝。施瓦布没有气馁，仍然坚持每天观测。又过了 16 年，到了 1859 年，他已经是一个双鬓斑白的老人。由于一位天文学家的推荐，这一重大发现才得以公之于世。

1904 年，英国的天文学家蒙德尔（E. W. Mounder）以纬度为纵坐标，以时间（年份）为横坐标，绘出太阳黑子的分布图，发现其分布就像蝴蝶的两只翅膀。多年的资料组成了一连串翩翩起舞的"蝴蝶"，每 11 年形成一只蝴蝶。每个 11 年的周期开始时，黑子在日面高纬地区出现，然后逐渐向低纬方向移动。几乎所有黑子都分布在日面南、北纬 45 度以内，在赤道两边 8 度以内也很少。为什么会呈现蝴蝶图案？目前还没有一致的看法。不过，大家都认为太阳磁场的演化是其中重要原因之一。

后来又发现黑子磁极性变化有 22 年周期。日面上的偶极黑子群中，南半球上的偶极黑子群的极性情况都一样，例如前导黑子都是南极（S），后随黑子则是北极（N）。而北半球的情况则反过来。每一个太阳活动周期中，这种磁极性分布保持不变，但下一个周期的情况则截然相反，呈现出 22 年的变化周期，称为磁活动周。

国际天文学会规定，每一个太阳活动周期是从太阳活动极小年开始到下一个极小年结束，并且规定从 1755 年开始的那个太阳活动周为第 1 个太阳活动周。2009 年 9 月开始为第 24 周。上册彩图页的图 1 是太阳在第 23 周活动变化情况的写照，这是 SOHO 卫星在远紫外波段上拍摄的太阳低日冕图像，图中白色亮斑是活动区。可以看出活动区的数目和大小存在 11 年的周期性变化，1996 年活动最弱，到 2001 年变得活动最强烈，然后又逐渐减弱，到 2006 年又没有什么活动了。

## 日珥、耀斑和冕洞

我们看到的太阳似乎很平静，实际上却是波澜起伏、变化万千。太阳大气中的活动现象非常复杂，也相当丰富多彩。美丽的日珥、狂暴的耀斑和翻江倒海式的冕洞物质抛射是三种比较独特的太阳活动现象。

### 1. 日珥

色球上最突出的特征是针状物。在日轮的边缘看得很清楚，针状物就像一些跳动的小火舌，天文学家形容太阳色球层像是"燃烧着的草原"。针状物寿命很短，从产生到消失只有 10 分钟左右的时间。在日全食的过程中，我们有可能亲眼看到日面边缘上的跳动着的小火舌。还可能看到一束火柱从色球层蹿出来，又返回色球表面，形成美丽的"日珥"。

日珥绰约多姿，变化万千，有的像浮云，有的像喷泉，有的像篱笆，还有的似圆环、彩虹、拱桥等。因为日珥比光球暗弱，在日面上看到的日珥是一些暗条。

日珥的大小不一样，一般高约几万千米，大大超过了色球层的厚度。因此，日珥主要存在于日冕层当中。日珥分为宁静的、活动的以及爆发的三大类。顾名思义，宁静日珥不够活跃，变化比较缓慢。一般能够在日面存在几天时间，有时可以在日冕中存在数月之久。活动日珥像喷泉一样，从太阳表面喷出很高，其喷射速度不足以逃逸太阳，又沿着弧形轨迹慢慢地落回到太阳表面。爆发日珥则是相对激烈的过程，以每秒 1000 多千米以上的高速将等离子体物质喷发到日冕中，高度达几十万甚至上百万千米，蔚为壮观。它的物质将克服太阳的引力的束缚进入行星际空间。

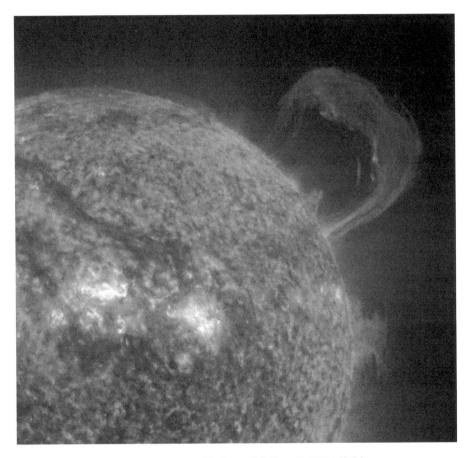

图 1-9　SOHO 卫星拍摄的日面边缘的日珥和日面上的暗条

## 2. 耀斑

太阳耀斑是太阳局部区域最剧烈的爆发现象，也是对地球影响最大的活动现象。其特点是，来势猛，能量大，来得突然，消失得快，一般只存在几分钟、十几分钟，极个别的能持续几个小时。在短短一二十分钟内耀斑释放出的能量相当于地球上十万至百万次强火山爆发的能量总和。

最初发现耀斑是因为色球望远镜观测到 $H_\alpha$ 单色光突然增强而定义的。所以曾把耀斑认为是太阳色球现象。其实耀斑并不是起源于色球，而是发生在太阳大气中从光球到色球直到日冕的一个立体区域中的爆发过程。耀斑和

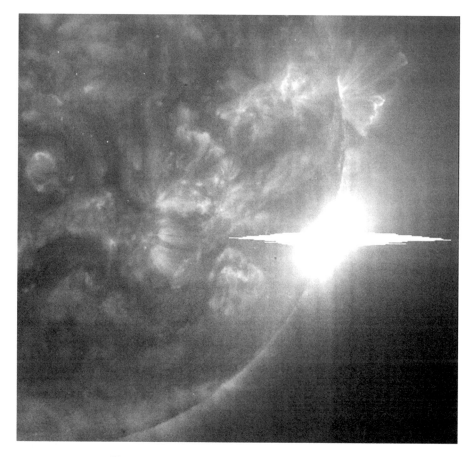

图 1-10　SOHO 卫星拍摄的耀斑（日面边缘的白色亮斑）

黑子有着密切的关系，在大的黑子群上面，很容易出现耀斑。由于太阳光球的光太强，只有极个别的特大耀斑在白光中能看见，人们称这类耀斑为"白光耀斑"。第一个白光耀斑是在 1859 年 9 月 1 日由两位英国天文学家观测发现的。

实际上，耀斑爆发释放的能量主要不在可见光波段，而是相对集中在波长更短的波段和高能粒子发射。因此耀斑的监测不仅用光学望远镜，也扩展到射电、紫外、X 射线、γ 射线波段的观测，以及高能粒子的探测等方面。空间观测提供了前所未知的信息。在耀斑爆发期间，除了 γ 射线波段有推迟外，其他波段的爆发几乎同时产生。还观测到耀斑的中子发射。

耀斑对地球有巨大影响，因此在日地关系的研究中占有特殊的地位。在耀斑爆发之前的几分钟到十几分钟就有预兆出现，如在光学波段有亮点、暗条活动，射电波段有小的爆发出现，软 X 射线有缓慢的增强。这些前兆现象成为研究太阳活动预报的线索。

### 3. 冕洞和日冕物质抛射

日冕中的物质是完全电离的，处于等离子体状态。日冕非常稀薄但温度非常高，达到几百万度，在光学波段很弱，但在 X 射线波段却很强。日冕的加热机制直到 1995 年"太阳及太阳风层观测平台"卫星（SOHO）观测到日冕中的"磁毯"以后才弄清楚。所谓"磁毯"就是在日冕中有许许多多零星的磁场，磁回路之间的相互作用释放能量，加热日冕。

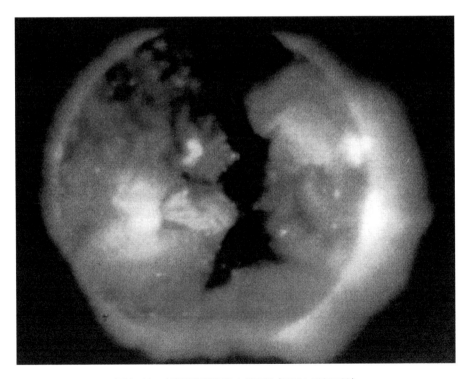

图 1-11　太阳 X 射线图像上的冕洞（圆面上黑色区域）

早在 1950 年，天文学家就发现日冕中有些暗黑的区域。后来在远紫外线、X 射线波段上也观测到这个现象，确认它们是日冕中的低温和低等离子体密度的区域。天文学家把这种区域称为"冕洞"。冕洞的平均密度仅为日冕密度的 1/3，其中心的密度更低。日冕的温度为 150 万～ 200 万摄氏度，而冕洞的温度只有 100 万摄氏度。冕洞的形态多样，并不是一个圆圆的洞。冕洞非常稳定，但是它们却与太阳风中速度高于 600 千米 / 秒的物质抛射事件密切相关。这也是冕洞的密度较低的原因。早在 19 世纪就发现地球的磁场常常发生很大的变化，也就是发生了磁暴。磁暴不仅具有与太阳黑子相同的 11 年周期，还有每 27 天重复出现的周期，正好与太阳自转一周的时间相符。磁暴还与太阳赤道附近的冕洞有关。

日冕中还有凝聚区、冕环和亮点等现象存在。凝聚区是密度较高的区域，在可见光、X 射线和射电波段有比较强的辐射。寿命从几小时到几天。冕环是一些弧状物，在紫外线、软 X 射线、波长为 530.3 纳米绿色谱线和波长为 637.4 纳米的红色谱线的观测中可以看到。寿命也是几小时到几天。在 X 射线观测的日面图上观测到一些亮点，平均寿命为 8 小时，每天有 1500 个亮点出现，这些亮点只不过是小的活动现象。最激烈、最壮观的活动要算日冕物质抛射了。

日冕物质抛射是一种激烈的太阳活动现象。日冕物质抛射是用人造卫星上的可见光日冕仪观测的。上册彩图页的图 2 是 SOHO 卫星拍摄的 2003 年 12 月 2 日发生的一次极为壮观的日冕物质抛射。日冕仪利用挡板把太阳光球及部分日冕的光遮挡住，因此可以仔细观测外日冕，可以把日冕物质抛射事件记录下来。图像中心本来是挡板，观测者把当天观测到的太阳像合成上去了。这张图是当天两种观测图像的合成。

每次日冕物质抛射都会向太阳系空间抛射几十亿吨等离子体物质，这些被抛射的物质的速度达到 100 ～ 1200 千米 / 秒，足以克服太阳的引力，继续向行星际空间运动。每次瞬变事件所携带的动能十分可观，有 $10^{27}$ 焦，最强的可达 $10^{28}$ 焦，这与一个中小型耀斑爆发的能量相当。每当被抛射的带着太阳磁场的物质到达地球附近时，都会造成地球空间环境的巨大变化。每次日冕物质抛射的情况不同，按形态分类有环状、泡状和云状瞬变。常伴随有耀斑、光学暗条、射电爆发和 X 射线爆发等现象。

# 四

# 太阳光谱、元素丰度和太阳振荡

夫琅和费发明了光谱仪，导致了天体物理学的诞生。有了光谱观测才能知道天体的化学成分，以及温度、压力、磁场、电场、速度等信息。天体光谱观测成为光学望远镜的基本观测内容，当然也是太阳观测的基本内容。

## 1. 牛顿发现太阳光谱和黑体辐射的普朗克公式

1672 年，正在英国剑桥大学求学的牛顿做了一次太阳光谱实验，他让一束太阳光从窗洞射进暗室，穿过一块三棱镜后投射到一块白色的屏幕上。一束白光扩展成一条美丽的彩色光带，就像雨后彩虹一样，呈现出红、橙、黄、绿、青、蓝、紫等各种颜色。这说明白色的太阳光实际上是由上述几种不同颜色的光混合而成的。这条美丽的彩色光带就叫作太阳的连续光谱。

太阳大气是一团炽热的等离子体气体，连续光谱是由太阳大气的热运动引起的。只要温度超过绝对温度零度都会有连续谱的辐射。物体在室温时的辐射波长较长，处在红外线波段，肉眼看不到，但在夜晚用夜视仪则可以看到人体的红外线辐射。如果温度在 500 摄氏度以上，就可以辐射可见光了。太阳光球的温度约为 5800 摄氏度，辐射的主要波段在可见光。如果物体能全部吸收外来辐射的话，就称它们为黑体。

物理学家普朗克（Max Planck）在 19 世纪末研究得出黑体辐射的普朗克公式。由这个公式可以知道，黑体辐射的波长范围比较宽，辐射强度随波长的不同而变化，有一个峰值。辐射波段的分布形状和峰值波长仅仅由温度决定，随着温度的升高，各个波长上的辐射都有所增强，辐射峰值的波长逐渐变短。天体的辐射近似为黑体辐射，太阳光球的连续谱与温度为 5800 开氏度（K）的黑体辐射差不多。（见图 1-12）

各种波长的电磁波传播速度是一样的，都等于光速 c，在真空或空气中约为每秒 30 万千米。速度 c、波长 $\lambda$ 和频率 $v$ 这三个物理量之间存在一个简单的关

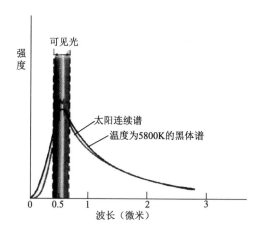

图 1-12　太阳的连续谱与温度为 5800K 的黑体辐射谱相当

系式：c=υ·λ。太阳可见光通过三棱镜之后能够分解成多种颜色的光，这是因为不同颜色的光在三棱镜里的折射情况不同，因此它们在穿过棱镜之后就分道扬镳了，被分解为七色光，波长从 400 纳米至 700 纳米（1 纳米等于 $10^{-9}$ 米），覆盖了整个可见光波段，它们合在一起便呈略显黄色的白光。

## 2．夫琅和费线和基尔霍夫定律

1814 年由德国化学家夫琅和费（Joseph von Fraunhofer）首先发现太阳连续光谱的上面还有许许多多的粗细不等、分布不均的暗黑线。至今已观测到 2 万多条。这些暗黑线叫作吸收谱线，也叫夫琅和费线。另外在连续光谱上还有成千上万条明亮的谱线，叫作发射谱线。

天文学家最初看到太阳光谱时，就好像是面对一部神秘难解的天书，并不清楚暗的吸收谱线和亮的发射谱线究竟代表什么。1870 年，德国物理学家基尔霍夫（G. R. Kirchhoff）发现了关于光谱的三条定律，给出了答案。第一条，凡是炽热的物体都会发出连续光谱。所谓连续谱就是所有波长上都有辐射，但不同波长上的强度不一样，有一个明显的峰值。第二条，稀薄而且气压比较低的炽热气体会发出某些单独的明亮谱线。第三条，连续谱光源的光经过比较冷的气体后会产生吸收谱线。也就是比较冷的气体将连续谱光中某一波长的能量吸收了。如图 1-13 所示，温度为 6000K 的气团发出的连续谱辐射经过温度为 5000K 的气体后，有些波段的能量被吸收，形成了一条条暗的吸收谱线。而温度为 5000K 的气团则因为处在高能态的电子跳到低能态而发出多条发射线。

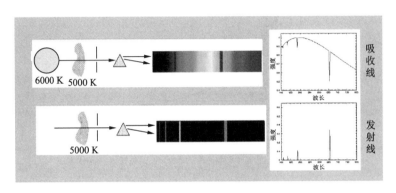

图 1-13　基尔霍夫定律解释太阳光谱的发射线和吸收线（波长自左向右增加）

　　要解释太阳的发射线和吸收线的形成机制，需要对原子的微观结构的知识有所了解。1913 年，丹麦物理学家玻尔（Niels Henrik David Bohr）提出了一个原子结构的假说。他认为，围绕原子核运动的电子的轨道半径只能是一些分立的值，也就是所谓的"轨道量子化"。不同轨道对应不同的能量状态。假定电子绕原子核轨道运动时不辐射，但是电子会在不同的轨道间上上下下，当电子从低能级往高能级跃迁，就要吸收能量，产生吸收线。当电子从高能级跳到低能级，就会辐射能量，形成发射线。如果电子吸收了足够的能量，就会脱离原子核的影响，离开核的束缚形成自由电子，这就是电离的情况。自由电子也可能被原子核俘获，落到某个能级上，这也会辐射发射线。

　　图 1-14 给出氢原子的能级、发射线、吸收线和电离等产生的示意图。氢原子是最简单的原子，原子核是一个质子，原子核外只有一个电子，所以氢原子的光谱最简单。从高能级跳到基态的谱线有很多，组成赖曼线系。由高能级跳到比基态高一点的能级，形成巴尔末线系，等等。图上标明，能级为无穷的能量为 13.6 电子伏特（eV）。这是氢原子电离所需的能量。1 个电子伏特相当于 $1.6022 \times 10^{-19}$ 焦，13.6 电子伏特的能量换算为辐射波长是 9120 纳米。因此，只有当短紫外线照射氢原子才可以使之电离。

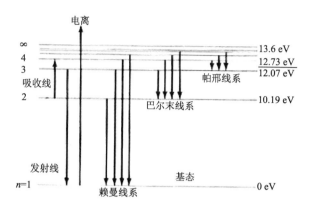

图 1-14　氢原子的能级、发射线、吸收线和电离

上述关于连续谱、发射线、吸收线以及电离的成因的概念，不仅对太阳、恒星、星团、星系、星系团、超星系团和宇宙膨胀的研究很重要，而且对星际物质、星云等弥漫物质的研究也很重要。这里谈到的太阳光谱是对可见光的观测研究引出的，在可见光以外的波段也有谱线。分子谱线大多在射电波段，在X射线和伽马射线波段也有谱线。

### 3．元素丰度和太阳振荡

氢原子有几个系列的发射线和吸收线，其他原子也有自己独特的谱线系统，只是比氢原子的谱线要复杂得多。物理学家已经在实验室对各种元素的谱线进行了非常仔细的研究，把它们的谱线系列造成图表。只要把天文观测获得的谱线系列与实验室获得的图表对照就可以知道天体上有什么元素。并知道各种元素所占的比例，也就是知道元素的丰度。

太阳上有 68 种元素，氢占 78.4%，氦占 19.8%，氧为 0.8%，碳为 0.3%，氮、氖、镍各占 0.2%，其余元素均在 0.1% 以下。这些元素在地球上都有。其中氦元素是首先在太阳上找到的，因此获得了"太阳元素"的美称。

太阳谱线的观测导致太阳振荡的发现。1960 年，美国天文学家莱顿（R. Leighton）在仔细观察太阳的某一光谱吸收线时，发现谱线波长有周期性的变化，波长逐步变长，然后逐渐变短，周而复始。由于波长变化很小，大约只有波长的百万分之几，只有使用非常精密的强力分光仪才能察觉。天文学把波长变长称为红移，波长变短称为紫移。谱线波长周期性变化的原因是由于太阳表面气体在做向上和向下的周期性运动，也就是太阳表面的气体在上下振荡。对于多普勒效应我们是比较熟悉的，最容易体验的例子是，火车在离我们而去时的鸣笛声音变低沉（波长变长），火车在向我们而来时的鸣笛声音变高昂（波长变短）。莱顿的发现意味着，太阳像一颗巨大的跳动着的心脏，一张一缩地在脉动，大约每隔 5 分钟起伏振荡一次。

太阳振荡虽然发生在太阳表面，但其根源却在太阳内部。因此，研究太阳振荡成为获得太阳内部信息的又一个途径。现在，不仅证实了太阳表面 5 分钟的振荡，而且还发现了诸如周期为 7 ～ 8 分钟、52 分钟和 160 分钟的太阳振荡。

## 太阳风、地球辐射带和极光

太阳上发生的一切都会对地球产生一定的影响，许多活动现象都会向外抛射物质，以太阳风的形式把太阳等离子体吹到我们地球附近，影响地球，甚至造成一定的危害。地球辐射带就是太阳风与地球磁场相互作用产生的地球的保护层。极光则是太阳风与地球高层大气相互作用产生的美丽动画。

### 1．太阳风

早在 1912 年，奥地利物理学家赫斯发现了宇宙线，开创了宇宙线物理学和宇宙线天文学，赫斯为此获得 1936 年的诺贝尔物理学奖。太阳是最先被确认的宇宙线来源的天体，不过，它是一个间歇式的低能宇宙线源。

太阳风就是来自太阳的宇宙线，主要是质子、氦原子核和电子，它们流动时所产生的效应与空气流动十分相似，所以称它为太阳风。速度高达 200 ～ 800 千米 / 秒，虽然比地球上的台风高几万倍，但密度却非常稀薄。太阳风有两种：一种是速度比较慢，密度比较低，但持续不断地吹着的"持续太阳风"；另一种是太阳活动激烈时吹出来的速度较快、密度较高的"扰动太阳风"。

扰动太阳风对地球的影响很大，当它抵达地球时，往往引起很大的磁暴与强烈的极光，同时也产生电离层骚扰。

冕洞是太阳磁场的开放区域，这里的磁力线向宇宙空间扩散，大量的等离子体顺着磁力线跑去，形成高速运动的粒子流，形成太阳风。太阳风携带着被裹挟在其中的太阳磁场向四周迅速扩散。天文学家把日冕之外太阳风能吹到的区域称为"风层"，风层的边界可以达到太阳系的边缘。

### 2. 地球磁层中的辐射带

20世纪初，挪威空间物理学家就提出太阳在不停地发出带电粒子，这些粒子被地球磁场俘获，在地球上空形成一条带电粒子带。但是在进入空间时代之前，人们无法证明他的预言是否正确。1958年，美国地球物理学家范·艾伦（J. A. Van Allen）分析了美国人造卫星"探险者"1号、3号和4号的观测资料，证明了地球高层带电粒子带的存在，后来人们称之为地球辐射带。辐射带分为两层，离地球较近的称为内辐射带，较远的称为外辐射带，也分别称为内、外范·艾伦带。辐射带从四面把地球包围了起来，而在两极处留下了空隙，也就是说，在地球的南极和北极上空不存在辐射带。

太阳风不仅形成了地球辐射带，而且太阳风磁场对地球磁场的挤压，导致在朝太阳方向的地球磁场形成一个包层。太阳风不能突破这个包层，只能绕它

图 1-15　太阳风和地球磁层

而过，形成了一个被太阳风包围的彗星状的区域，这就是地球磁层。地球磁层始于地表以上 600 ～ 1000 千米处，向空间延伸。朝着太阳一面的磁层顶离地心约 8 ～ 11 个地球半径，当太阳激烈活动时，则会被压缩到 5 ～ 7 个地球半径。背着太阳的一面，因太阳风不能对地球磁场施以任何有效的压力，磁层的空间可以延伸到几百个甚至一千个地球半径以外，形成一个磁尾。在磁尾中存在着一个特殊的界面，在界面两边的磁力线方向相反，此界面称为中性片。来自太阳的带电粒子流很可能就是从中性片进入地球磁层以内的。

太阳高能粒子如果到达地面，将对人类和其他生物造成致命的威胁，对电器设备也会造成毁坏。地球辐射带是人类和其他生物的又一把保护伞，像阳光、大气和水一样，是人类在地球上繁衍生息必不可少的条件。

### 3．美丽的极光

太阳风的粒子源源不断地进入地球磁层的磁尾，当太阳活动激烈时，地球磁层受扰动变形，而原来被局限在范·艾伦带内的高能带电粒子此时会大量泄

图 1-16　美丽的极光

出。这些高能带电粒子随着地球的磁力线在地球的极区进入大气层，与氧、氮、氩等原子碰撞，从而辐射出不同颜色的光，形成形态变化万千、颜色绚丽多彩的极光，成为唯一能用肉眼看到的高层大气中发生的物理现象。

由于地球磁场的作用，从范·艾伦带内泄出的高能带电粒子向地球磁极靠拢，因此在地球上高磁纬地区能看到极光。由于太阳风携带的磁场和地球磁场相互作用，导致放电过程是在绕磁极的一个近似椭圆形的环状区域，在磁纬 $60° \sim 70°$ 的区域内，人们称之为极光椭圆。地球的磁南北极与地理南北极之间大约相距 $11°$。在太阳活动特别激烈时，低磁纬地区偶尔也能见到极光。

极光很难一见，成为爱好者钟情的目标，一位爱好者写道："我期待能有一天亲眼目睹极光，亲眼看蓝色的天空被宇宙的光芒泼染。我期待能有一天与蓝天骑士相逢，看他潇洒的步伐跨过森林的边界。我期待能有一天亲临那'天淡银河垂地'的世界，感受来自太空的奇迹。"

# 太阳的多波段观测

光辉灿烂的太阳，永不停歇地向外辐射巨大的能量。我们对太阳的了解主要是通过观测它的辐射。太阳离我们很近，照理很容易观测。实际上，观测太阳很不简单。首先，太阳是一个全波段天体，从射电、红外、可见光、紫外到 X 射线、伽马射线，覆盖了整个电磁波段。因此需要有地面观测，也要有空间观测。第二，太阳观测涉及光球、色球、日冕的辐射，还有太阳风，需要不同的观测设备。第三，众多的活动现象都发生在局部区域，而且有快速的运动，因此需要很高空间分辨率的观测。第四，为了进行太阳活动预报，需要实现 24 小时不间断、多方位的监测。

## 1．太阳的光学和射电波段观测

目前世界各国对太阳的观测非常重视，地面台站很多。光学观测历史悠久，至今仍在迅速发展。主要有太阳望远镜、色球望远镜和日冕仪，分别观测太阳的光球、色球和日冕。太阳光谱、磁场和活动现象是观测的重点。

太阳磁场比较强，几乎所有活动现象都与磁场有关，因此太阳磁场成为常规观测对象之一。目前发展起来的太阳磁场望远镜已经可以获得太阳磁场的分布。如我国自主研制的怀柔的太阳磁场望远镜能够获得光球和色球两层中的矢量磁场和速度场。

1907 年以前，太阳望远镜都是建立在地面上的，成像质量不好，分辨率很低。这是地面大气不稳定所造成的。选择优秀台址建造塔式望远镜，解决了这个问题。如美国基特峰天文台太阳塔的塔高达 32 米。庞大的地下部分使物镜的焦距超过 150 米，获得了将近 1 米直径的太阳像，既清楚又稳定。太阳光球上发生的各种活动现象及它们的变化都呈现在天文学家面前。

太阳在射电波段的辐射很强，小型射电望远镜就能观测到。但是要想分辨清楚产生缓变和爆发的局部区域，连比较大的单天线射电望远镜也无能为力。只能利用多天线干涉系统才能办到。为此发展了专用的观测太阳射电图像的日象仪。例如由 84 面直径 80 厘米天线组成的日本野边山日象仪，可以监视整个太阳圆面，空间分辨率达到了 5 角秒。射电太阳的直径比光学太阳的要大些，

图 1-17　美国基特峰天文台太阳塔

超过 30 角分。5 角秒的分辨率可以把太阳上各个部分看得仔仔细细。日象仪可以每秒钟扫描太阳一次，获得一张高分辨率的太阳射电图像。我国"新一代厘米—分米波射电日象仪"性能超过世界上已有的日象仪，有 82 个成像频率点。最高分辨率为 1.4 角秒。

### 2. 太阳的多波段空间观测

太阳在 X 射线、伽马射线和红外、紫外等波段也有辐射，只能把探测器发射到太空中去观测。在光学波段，地球上的太阳望远镜既受阴雨天的限制，又受白天黑夜交替之苦，不可能 24 小时不间断地监视太阳，也需要到空间去观测。最近 20 年来，太阳的空间观测得到飞速的发展。

第一个飞往太阳的探测器是 1960 年美国发射的"先驱者 5 号"。1991 年日本发射的"阳光号"太阳观测卫星主要任务是在 X 射线波段监测和研究日冕与太阳耀斑。2006 年发射上天的"日出号"卫星则从可见光、X 射线和极紫外三大波段全面监测耀斑等太阳活动和磁场状况及变化。1995 年欧洲空间局和美国国家航空航天局合作发射的太阳和太阳风层探测器（SOHO），携带三大类 12 台探测仪器。共有三大观测课题：观测太阳振荡现象；在紫外和可见光波段，监测日冕，以发现日冕物质抛射事件；探测太阳风。为了实现 24 小时监测太阳，卫星放置在第一个拉格朗日点，随着地球一起绕太阳运行，死死盯着太阳。什么是拉格朗日点？

18 世纪法国最杰出的数学大师兼天文学家拉格朗日（Joseph-Louis Lagrange）曾研究这样一个问题：探测器在地球和太阳两个天体的引力作用下，在空间是否存在某些点，探测器所受到的合力为零？拉格朗日回答：能！他给出 5 个特解，也就是 5 个拉格朗日点：L1、L2、L3、L4 和 L5。其具体位置如图 1-18 所示。对于太阳、地球和探测器这个三体问题，探测器如果处在这 5 个拉格朗日点上，探测器所受到太阳和地球引力的合力与探测器绕太阳运行所产生的离心力是大小相等方向相反。因此只需消耗很少的燃料就可以长期随着地球一起绕太阳运行。从图上可以看出，L1 和 L2 都在日地的连线上，分别位于地球的内侧和外侧，距离地球约 150 万千米。L1 成为放置太阳观测卫星的

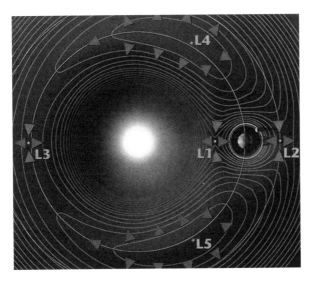

图 1-18　特殊的拉格朗日点

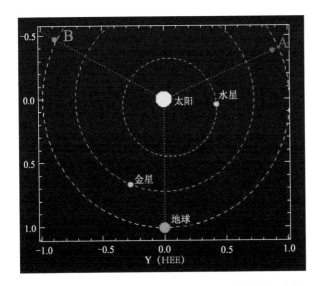

图 1-19　"日地关系观测台"的两颗卫星在太空中的位置，它们与在第一个拉格朗日点上的"太阳和太阳风层探测器"彼此相距 120 度。在任何时刻都可以给出太阳的全景照片

最佳位置。SOHO 就放置在 L1 点上，随着地球一起绕太阳运行，一天 24 小时都紧紧盯着太阳，不间断地观测。而 L2 则是放置深空探测设备的最好位置，因为探测器可以背靠地球和太阳进行观测。

美国 2006 年发射上天的"日地关系观测台"（STEREO），有 5 个国家的科学家参与了这一项目。为了能同时从不同侧面观测太阳，同时发射了内部结构基本相同的两颗卫星，它们在太空中的位置相互错开。首次为人类展示太阳爆发现象的全景三维图像。不仅增进对太阳爆发的了解，还能对太阳风暴做出准确的预报。

2010 年发射上天的太阳动力学观测台（SDO），载有日震和磁场成像器、大气成像装置和极紫外测变实验装置三种观测设备。其特点是能够不间断地对太阳进行观测，每0.75秒钟获得一幅图像，不会放过太阳任何一次爆发现象。照片清晰度非常高，是高清电视的10倍。"日地关系观测台"是每90秒提供一张图片，"太阳和日球层观测台"则是12分钟才能提供一张图片。

## 与诺贝尔物理学奖有关的几个研究课题

20世纪30年代，美国物理学家贝特首先提出，在太阳核心发生的氢核聚变释放的能量是太阳光和热的源泉。这一科学论断为以后的研究所证实。氢核聚变会产生大量的中微子，美国的雷蒙德·戴维斯和日本的小柴昌俊先后研制出特殊的设备，成功地观测到太阳中微子，但是却留下了"太阳中微子丢失之谜"。加拿大麦克唐纳和日本梶田隆章分别发现太阳中微子振荡和大气中微子振荡，解开了中微子丢失之谜。太阳上发生的一切物理过程都与磁场和等离子体有关。瑞典科学家阿尔文开创了磁流体力学。贝特、戴维斯、小柴昌俊、麦克唐纳、梶田隆章和阿尔文6位科学家相继因为他们的贡献获得了诺贝尔物理学奖。

### 1．贝特提出太阳能量来源

早在19世纪，物理学家就已认识到太阳辐射的能量不可能由化学燃烧过程提供。20世纪初，爱因斯坦提出的狭义相对论给出物质的质量可以转换为能量的"质能关系"（$E=mc^2$），为解开"太阳能源之谜"指明了方向。

20世纪30年代，美国物理学家汉斯·贝特（H. A. Bethe）首先提出太阳能源来自热核反应的理论。他认为，太阳中心温度极高，太阳核心的氢核聚变生成氦核，释放出大量的能量，成为太阳光和热的源泉。1967年他因核反应理论的研究而获诺贝尔物理学奖。

氢具有最简单的原子核结构，太阳上绝大部分物质是氢。由于原子核都带

图 1-20　1967 年诺贝尔物理学奖获得者贝特

正电，要使多个氢核（$_1^1H$）聚变为氦（$_2^4He$），必须克服氢核之间的巨大的静电力。在太阳内部没有类似地球实验室中的加速器，发生聚变核反应只能靠高温。在高温情况下，原子电离为原子核和电子，同时使部分原子核具有很高的动能，使它们能克服库仑斥力达到可以发生聚变的程度。因此这种反应又称"热核反应"。人类已成功地实现氢聚变的热核反应，那就是氢弹爆炸。实现氢聚变所需的极高的温度是由原子弹爆炸提供的。

在太阳核心部分强大的引力使其物质达到高密状态，温度达到 $10^7K$ 以上。因此。由氢核聚变为氦的反应可以稳定地进行着。1 克氢的聚变就会产生 $6.21 \times 10^{11}$ 焦耳的能量。太阳核心每秒钟产生约 $4 \times 10^{26}$ 焦耳的能量，正好和目前观测到的太阳辐射相当。太阳质量有 $4 \times 10^{33}$ 克，其中 70% 为氢，只需 1/10 的氢聚变为氦，足以维持太阳 100 亿年的寿命。

## 2. 戴维斯和小柴昌俊分别发现太阳中微子和超新星 1987A 的中微子

中微子是自然界最基本的粒子之一，中微子不带电，质量只有电子的百万分之一，几乎不与任何物质发生作用，因此极难探测。作为太阳能量来源的氢核聚变为氦的反应中，每形成一个氦原子核就会释放出 2 个中微子。太阳每秒钟消耗 5.6 亿吨氢，要释放 $1.4 \times 10^{38}$ 个中微子。这是一个理论推测，太阳究竟会不会发射如此多的中微子？只能由观测来回答。

美国物理学家戴维斯（Raymond Davis）是 20 世纪 50 年代唯一敢于探测太阳中微子的科学家。他领导研制的中微子氯探测器放置在地下深 1500 米的一个旧金矿里。探测器是一个装着 615 吨四氯乙烯液体的大钢罐子。当中微子穿过这个大罐子时，偶尔与罐中的四氯乙烯溶液发生反应，生成氩的一种放射性同位素，并放出电子。用化学提纯的方法把生成物氩提取出来，从而得知有多少中微子参加反应。在 30 年漫长岁月的探测中，共发现了来自太阳的约 2000 个中微子，平均每个月才探测到几个中微子。

日本东京大学小柴昌俊（Masatoshi Koshiba）教授创造了另一种中微子探测器。由于中微子与水中的氢和氧原子核发生反应会产生一个速度特别快的电子，继而发出一种称为切伦柯夫辐射的微弱闪光，探测这种微弱的闪光就可证实中微子的存在。两台探测器分别放在很深的矿井中，并分别于 1993 年和 1996 年开始探测，都探测到来自太阳的中微子。1987 年在邻近星系大麦哲伦云中发生了一次超新星，名为超新星 1987A，理论预测在超新星爆发过程中产生数量惊人的中微子。令人兴奋不已的是，他们成功地探测到来自超新星 1987A 的 12 个中微子。

戴维斯和小柴昌俊探测到的中微子数目都只是理论值的 1/3，另外 2/3 的太阳中微子不见了，这就成为著名的太阳中微子失踪之谜。到 2002 年这失踪之谜被其他的课题组解开了。为奖励太阳中微子的发现，戴维斯和小柴昌俊荣获 2002 年诺贝尔物理学奖。

图 1-21　2002 年诺贝尔物理学奖获得者戴维斯和小柴昌俊

### 3. 加拿大阿瑟·麦克唐纳和日本梶田隆章发现中微子振荡，共同获得 2015 年诺贝尔物理学奖

理论和实验研究得知有三种中微子：电子中微子、缪子中微子和陶子中微子。这与所发生的核反应的物理过程有关，太阳核心发生的氢聚变核反应产生的是电子中微子。中微子振荡是指三种中微子在宇宙空间传播过程中相互转换的现象。一种中微子会转变成另外一种，然后再恢复，并周期性地重复这一过程。三种中微子之间的转换，像是川剧中的"变脸"。

（1）日本梶田隆章发现大气中微子振荡

来自太空的原初宇宙线与地球大气碰撞会产生大量粒子，包括电子中微子、缪子中微子以及它们的反粒子等。这种在地球大气层中产生的中微子被称为大气中微子。1988 年，小柴昌俊的学生，29 岁的梶田隆章利用神岗探测器观测到大气中微子，继而又发现测到的大气中微子比理论预期要少，这个现象被称为"大气中微子反常"。与以前的"太阳中微子丢失"是相同的问题。为了解决这个难题，必须使用更加强大的中微子探测器。

1993 年建成的由神岗探测器升级改造的超神岗中微子探测器，从原来的 2000 多吨纯水，变为 50,000 吨纯水，光电管的数目由近 1000 只变为 11,200 多只。总的探测能力提高了 20 倍。在发现"大气中微子反常"现象 10 年后，梶田隆章利用超神岗探测器进一步进行研究，测到了足够多的大气中微子，特别是发现由宇宙线轰击地球大气层产生的缪子中微子在行进中变身为电子中微子。精确测量了缪子中微子和电子中微子的个数与能量、方向的关系，发现缪子中微子丢失的几率同它的传播距离和能量有关，这正是中微子振荡的关键证据。超神岗以确凿的证据证明大气中微子的振荡，解释了"大气中微子反常"的问题。

（2）阿瑟·麦克唐纳发现太阳中微子振荡

获 2002 年诺贝尔物理学奖的戴维斯发现"太阳中微子丢失之谜"，但并没有解决这个谜团。在戴维斯之后，中微子探测方法有突破。新的实验是用重水替代纯水，重水和纯水的区别在于水是 2 个氢原子和一个氧原子结合的分子，而重水则是由 2 个氢的同位素氘与氧元素结合而成的分子。中微子与重水有三种不同的反应，其中两种反应对 3 种中微子都很敏感，仅一种只对电子中微子敏

感。采用重水就可以同时探测三种中微子。以前实验的多种方法只对电子中微子敏感，也就是只能探测电子中微子。由国际上 17 个研究单位 179 位科学家组成的合作项目采用新的实验方法，把 1000 吨重水装在一个直径 12 米的有机玻璃容器中，安装 1 万个光电倍增管作为光信号探测单元。这个探测器放置在加拿大的一个地下 2100 米的镍矿中，称为加拿大萨德伯里中微子天文台（SNO）。

到 2001 年，已探测到了足够多的太阳中微子，太阳核心的热核反应得到的是电子中微子，探测到的数目确实比理论值少了，但还探测到其他两种中微子。三种中微子的总数基本上与理论估计一致。2002 年，SNO 测得了全部三种中微子的流强，发现总流强与预期一致，给出了中微子转换的确凿证据，同时证明了太阳标准模型的正确。终于发现中微子振荡之谜，解决了太阳中微子丢失的难题。

2015 年，SNO 团队的杰出代表加拿大科学家阿瑟·麦克唐纳（Arthur B. Mcdonald）与发现大气中微子振荡的日本科学家梶田隆章共同获得 2015 年诺贝尔物理学奖。

图 1-22　2015 年诺贝尔物理学奖得主阿瑟·麦克唐纳（左）和梶田隆章

### 4. 阿尔文创建太阳磁流体力学

在太阳上发生的一切物理过程都与磁场和等离子体有关。磁流体力学成为太阳物理最重要的理论基础。瑞典科学家阿尔文（H. O. G. Alfven）是磁流体力学的奠基人，他首先应用这个理论研究太阳，因此也称为太阳磁流体力学。由于这一理论也适用于宇宙中其他天体和星际介质，也就成为宇宙磁流体力学。

阿尔文在 1937 年首先提出，银河系的星际空间到处都存在磁场。继而又率先提出星际空间充满着等离子体。太阳就是一个典型的具有磁场的等离子体球。等离子体是物质的固态、液态和气态之外的第四种状态。这个状态下，原子被完全或部分地电离了，变成由带负电的自由电子和带正电的原子核以及一部分中性原子组成的物质，这就是等离子体。因正负电荷密度几乎相等，从整体上看等离子体呈现电中性。

等离子体与中性粒子不同，在磁场中带电粒子要受到磁场的罗伦兹力的作用，带电粒子的运动又会产生磁场。等离子体是流体，就要遵从流体力学的规律，当它在磁场中运动又要遵从电动力学的规律。因此一门新兴的磁流体力学应运而生，阿尔文成为这门新兴学科的奠基人。磁流体力学成为探索太阳规律的支柱理论之一。阿尔文因为对宇宙磁流体动力学的建立和发展所做出的卓越贡献而荣获1970年诺贝尔物理学奖。

图 1-23　1970 年诺贝尔物理学奖获得者阿尔文

第二讲

# 多彩的恒星世界

**晴**朗无月的夜晚，抬头仔细观察，你会发现满天繁星中有的光耀夺目，有的若隐若现，有的颜色偏红，有的颜色偏蓝。还有许多差别无法靠肉眼观测来分辨，如恒星的大小和年龄，是单星还是双星等。恒星也像世界万物一样，有诞生、成长、衰老和死亡的演变过程，因此恒星世界中有新生儿的原恒星、成年的主序星、晚年的红巨星，死亡后再生的白矮星、中子星和黑洞。看似平常的恒星世界竟然是如此丰富多彩，如此富有诗意。

# 星空漫步

满天星斗就像一颗颗镶嵌在黑丝绒幕布上的银钉。当人类仰望星空，她的美丽滋润着我们的心灵，她的神秘诱发着我们无尽的好奇。伟大的哲学家康德说：世界上只有两样东西值得我们深深景仰，一是我们内心崇高的道德，而另一个就是我们头上灿烂的星空。银河系恒星有上千亿，肉眼可见的也有数千颗，认识星空从哪里开始？生活在北半球的我们，最先注意到的是北极星，以及围绕它做周日视运动的拱极星，再就是太阳和行星视运动所经过的黄道十二星座。然后就是轮流出场的四季星空。星图是我们认识星空最好的帮手。勤于观测，就能逐步熟悉星空。有些天文爱好者就是凭着对星空的烂熟，发现新星和超新星的。

## 1．天球和奇妙的地转星旋

我们观测星空，繁星点点，但分不清它们的远近，好像都是镶嵌在无穷远处的球面上。天文学家恰好利用这一视觉效应定义了一个虚拟的天球：天球以地球为中心，半径为无穷远。天体在天球上有着自己的视位置，太阳、月球和行星在天球上的位置会变动，也就是有视运动。恒星也在运动（自行），短时期不会明显看出恒星在天球上的相对位置发生变化，可以认为恒星固定在天球上。

地球自转造成了太阳东升西落，天文学上把太阳的这种运动叫作周日视运动。满天的繁星也都在做周日视运动。身处北半球的人们在观察星空的周日旋转时，会发现有一颗星的位置不变，这就是北极星。北方天空中的星星都围绕着北极星做周日旋转运动。北极星附近恒星的周日视运动全部都在地平圈之上，我们称这些星为拱极星。图 2-1 是拱极星的周日旋转运动的照片。望远镜或照相

图 2-1　拱极星的周日旋转运动

机对准北极星方向，连续曝光几个小时，就可以得到一个个大小不等、亮暗不同、以北极星为圆心的同心圆弧，真是美妙极了。

拱极星的多少与观测站所在位置的纬度有关。纬度愈高，拱极星座愈多。对于北极地区而言，北天极在天顶，所有北天球的星座皆为拱极星座。南极地区则为南天球的星座。我们观察拱极星的周日旋转运动，可以知道其旋转轴是地球自转轴，拱极星旋转的轨道面都是与地球赤道面平行的。

### 2．星座和黄道十二宫

星座是天文学家为了观测研究方便，人为地把星空划分的若干区域。公元前3000年左右，古巴比伦人把星空中的亮星连起来，勾画成牛、羊、蝎子等形象。中国古代把天空分为四大区和二十八宿。古希腊人用希腊神话中的人物和动物来为40多个星座命名。星座只是某一方向范围内所有天体的集合，绝大多数天体彼此没有物理联系。在同一个星座内的天体距离远近和物理特性很不相同。1928年，国际天文学联合会正式将星空划分为88个星座。星座中的天体按它们的暗亮的程度命名，用希腊字母的顺序来代表亮的程度。最亮的星称为主星，用 $\alpha$ 表示，第二亮的星用 $\beta$ 表示，以此类推。

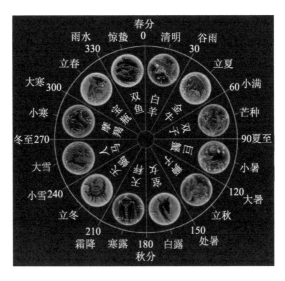

图 2-2　黄道十二宫

　　地球绕太阳运行，在地球上的观测者看到的是太阳在天球上的视运动，其轨迹称为"黄道"，每年绕行一圈。为了便于观测和研究太阳在黄道上的位置和运动，古巴比伦和古希腊的天文学家将黄道平均分为十二段，这十二段就叫作"黄道十二宫"。黄道十二宫的起点是春分点，每隔 30° 是一宫。黄道十二宫大致与黄道上的十二个主要星座相对应，十二宫的名字就借用这十二个星座的名称，它们分别是白羊宫、金牛宫、双子宫、巨蟹宫、狮子宫、室女宫、天秤宫、天蝎宫、人马宫、摩羯宫、宝瓶宫和双鱼宫。

　　认识这 12 个星座是很有意思的观测活动，因为行星、彗星、小行星等太阳系天体的视运动就是在这 12 个星座中穿行。也有些另类的小天体，如矮行星冥王星，运行轨道就会超出黄道十二星座的范围。关于天球坐标系、星座、星表和星图，本书上册第二讲的第一节有比较详细的介绍。

　　模仿赤道坐标系，由黄道面作为基本圈，经过地心并与黄道面垂直的直线叫黄轴，黄轴与天球相交的两点叫北黄极和南黄极，构成黄道坐标系，由黄经和黄纬表示天体的位置。黄经也是从春分点起算。

### 3. 四季星空

　　地球自转的同时，又在不停地自西向东围绕太阳公转，365.24 天公转一周。这就造成了天体每天大约提早 4 分钟升起的现象。这 4 分钟不算多，但一个季度下来，就有 6 小时，星空旋转 90°，因此每一季度的星空各不相同。

　　我们将对照四季星空图来认识星空。星座是星图中的重要内容，亮星更成为主角，四季星图只绘到 5 等星。星图上星点的大小表示星的明亮程度，即星等。星点的颜色是恒星表面温度的显示，蓝色星温度最高，白色星稍逊，然后是黄色星、橙色星，红色星温度最低。

　　星空中不仅有一般的恒星，还有许多双星、变星、星云、星团，以及数不胜数的河外星系，由于它们大都非常暗弱，星图中只标出了肉眼可见的几个。

　　无论是什么时间、在什么地点观察星空，我们最多都只能看见一半星空，另外一半都隐藏在地平线以下了，地平面无限延展与天球相交的大圆就是地平圈。地理纬度不同，地平圈也不同，能看到的星空也就不同。我们采用的星图适合我国使用，上面标明了北纬 25 度、35 度和 45 度情况下能看见的星座。

（1）春夜狮子看着大熊追小熊

春夜星空中最显眼、最重要的是大熊座、小熊座和狮子座。此外还有牧夫座、猎犬座、室女座、乌鸦座等。大熊星座中最亮的几颗星就是北斗七星，七星排列成"酒斗"。中国人对于北斗星的情怀是自古不绝的。这七颗星分别是天枢（$\alpha$）、天璇（$\beta$）、天玑（$\gamma$）、天权（$\delta$）、玉衡（$\varepsilon$）、开阳（$\zeta$）和摇光（$\eta$）。小熊星座比较暗淡，也是由 7 颗星组成，其中最亮的 $\alpha$ 星就是著名的能为我们指方向的北极星。在北半球看到的北斗绕北极而旋，众星随从而转。因此有"天上星，参北斗"之说。我国古代人民还根据它的位置变化来确定季节，有"斗柄东指，天下皆春；斗柄南指，天下皆夏；斗柄西指，天下皆秋；斗柄北指，天下皆冬"一说。大熊座和小熊座虽然被列为春季星座，它们却是一年四季都能看到的星座。

大熊星座往南有春夜最引人注目的狮子座。狮子座的头部由六颗星组成，像一个反写的大问号，问号下的一颗亮星是狮子座的主星 $\alpha$，很亮的一等星，中文名叫轩辕十四。狮子座因狮子座流星雨而更加闻名。

在大熊星座附近有牧夫座和猎犬座。牧夫座的主星是大角星，它是一颗橙红色的亮星。大角星往南是室女座，室女座 $\alpha$ 星的中国名字为角宿一，是一颗发蓝色的高温星。从角宿一略向西南有一个由 4 颗星组成的小四边形，这是乌鸦座。

（2）夏夜天鹅陪伴牛郎会织女

夏季银河横跨天空。最显著的是处在银河两旁的天鹰座和天琴座，以及处在银河之中的天鹅座。牛郎星是天鹰座中最亮的星，织女星是天琴座中最亮的星。在古代就引起国人的重视，产生了牛郎和织女隔河相望和每年农历七月七日渡河相会的故事。当今，牛郎和织女鹊桥相会的日子已成为中国特色的情人节了。牛郎星距离地球 16 光年，织女星是 27 光年，它们间的距离也有 16 光年。

天鹅座的几颗亮星组成一个大十字形，很容易认识。最亮的 $\alpha$ 星叫天津四，是一颗著名的巨星，半径比太阳大几十倍，辐射的能量是太阳的几千倍。天鹅座 X-1 这个 X 射线源是人类发现的第一个黑洞候选天体。

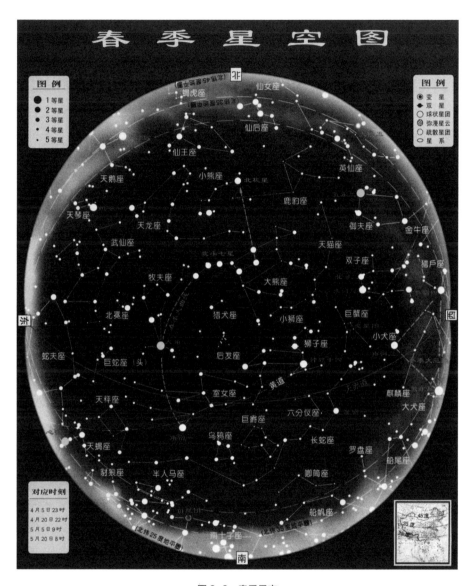

**图2-3　春季星空**

　　顺着银河看，还有天蝎座和人马座。天蝎座是天空中最好认的几个星座之一。这个星座中的红色亮星心宿二，又称大火，是一颗最典型的红巨星。人马座在天蝎座的东面，它的六颗亮星组成南斗六星，恰好与北斗七星遥遥相对。牧夫座中的橙红色的大角星非常明亮，是一颗一等星。

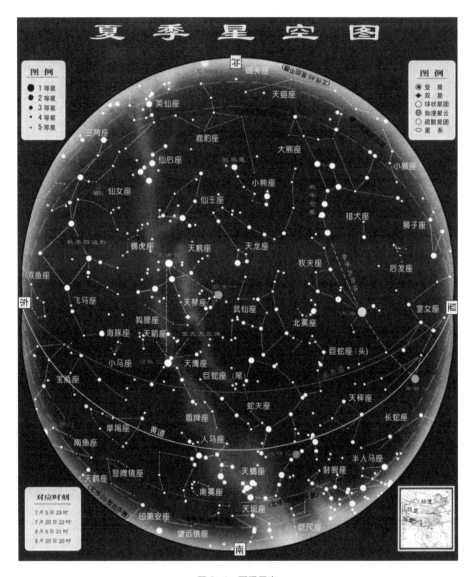

图 2-4　夏季星空

（3）秋夜仙王领着仙女拜仙后

秋夜的星空缺少明亮的星座，但是一群王族星座给秋夜星空增加了光彩。其中仙王座、仙女座和仙后座最为显眼。仙王座中的 $\delta$ 星，是一颗变星，中国名字叫造父一，极为有名和实用，被天文学家称为"量天尺"。仙女座中有仙女

图 2-5 秋季星空

座大星云，视力好的人用肉眼就能够看见它。仙女座大星云实际上并不是真正的星云，而是人类第一个认识的银河系以外的漩涡星系，距离我们大约 200 多万光年。最好辨认的是仙后座，它有五颗相当明亮的恒星排列成英文字母"W"的形状，很像一顶美丽的皇冠。到了秋冬季节，北斗七星在天空中的位置很低，不容易看到了。而仙后座这时正好升起在北方的夜空，它的"W"字开口的一面正对着北极星，成为寻找北极星的帮手。

银河南边不远，有四颗亮星呈四边形排列，这是有名的秋季大四边形。四边形的三颗星都属飞马座，东北角的那一颗是仙女座α星。

（4）冬夜猎户带着大犬斗金牛

冬季的星空群星灿烂，壮丽辉煌。最引人注目的猎户座高悬在东南方。猎户座的中间，有三颗亮星，好比猎人的腰带，民间称之为三星。"三星高照，新年来到"，指的就是这三颗星。猎户座是一个亮星最多的星座。全天亮度在1.5 等以上的恒星共有 21 颗，猎户座中就有 2 颗。一颗是猎户座 α 星，中国名字为参宿四，是最典型的红超巨星，它的直径比太阳大 1000 倍。另一颗是猎户座 β，中名参宿七，光度比太阳强 12 万倍。三星的下面，有肉眼可见的猎户座大星云。

猎户座东南的大犬座中最亮的 α 星是有名的全天最亮的天狼星，它的伴星是第一颗被证认为白矮星的恒星，也是全天最亮的白矮星。

在猎户座三星西北方的金牛座中有一个特别美丽的昴星团，我国民间又称它为七姐妹星团。金牛座中还有著名的星云——蟹状星云，它是 1054 年超新星爆发的遗迹。金牛座的北边是御夫座，它的主星 α 很亮。

### 4．双星和聚星

肉眼看星空，恒星都是一颗一颗的。如果使用大型天文望远镜，可以看到很多恒星都是成双结对的，我们称它们为双星。当然，视位置很接近的两颗星并不一定都是双星。它们之间相距可能很远，之间没有任何物理联系。只有那些由于引力作用而彼此互相环绕运动的两颗星才能称为双星。双星在恒星世界当中很普遍，我们熟悉的天狼星、北极星、心宿二等都是双星。

大陵五是一个非常著名的双星，肉眼清晰可见，其亮度在 2.2 等到 3.4 等之间变化。大陵五的光度为什么会变化？长期以来人们百思不得其解。1783 年英国聋哑天文学家古德利克精确地测出大陵五的光变周期，并认为这个 2 天 20 小时 49 分的周期是一对恒星相互绕转的轨道周期。由于两颗星的大小和光度不一

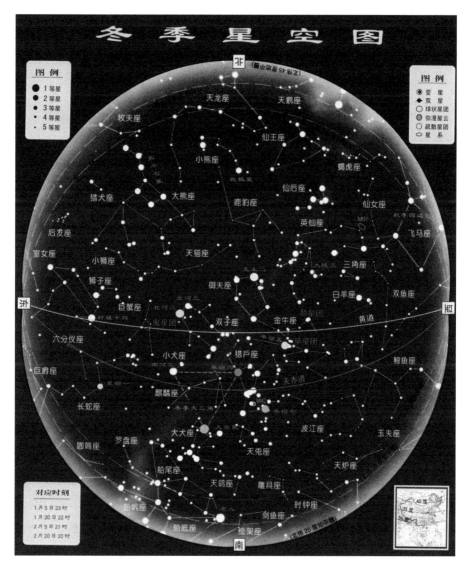

图 2-6　冬季星空

样，它们的相互绕转造成的相互遮挡而使光度不断地变化。天文学家把这类光变双星定义为交食双星。

　　还有一类双星称为分光双星。它们距离地球特别遥远，或者彼此靠得很近，即使用大型望远镜观测也分辨不出是两颗恒星。天文学家采用光谱分析的方法来辨认，并测出双星的轨道周期。这个方法的原理是：由于恒星的轨道运动，所拍摄到的谱线的波长会发生周期性的变化，因为这颗恒星有时远离观测者，谱线波长变长；有时靠近观测者，谱线波长变短。通过谱线波长的周期性变化可判断是否为双星。

还有一种称之为天体测量双星，望远镜只能观测到一颗，但却能察觉这颗星在绕某个隐形伴星运动。由于观测到天狼星自行的轨迹是曲线，因此判断它有一颗伴星，后来果然观测到这个伴星。有些由 2 颗中子星组成的双星系统，只能观测到其中的一颗，但根据观测数据可以确定它的伴星的存在，以及质量等参数。

双星的周期有长有短。长的几百年甚至万年以上，短的几天，甚至几个小时。如天狼的轨道周期是 501 年。渐台二（天琴座 $\beta$ 星）周期是 12.94 日。最短的轨道周期要算脉冲星的双星了，PSR J0737-3039A/B，其轨道周期仅 2.4 小时。

由三颗以上有物理联系的恒星组成的系统叫聚星。大陵五是个三合星。大熊星座中的开阳（北斗六）就是由七颗恒星组成的系统，称为七合星。

## 恒星的视星等和绝对星等

肉眼和望远镜观测恒星，只能得到视亮度或视星等。要想知道恒星真正的亮度，也就是光度，必须知道恒星的距离。绝对星等是恒星光度的一种表示。恒星的视星等、绝对星等和距离成为恒星最基本的参数，这三个参数之间存在确定的关系。也可以根据视星等和绝对星等来估计天体的距离。

### 1．视星等

晴朗的夜晚，点点繁星，有明有暗。天文学家用"视星等"来区分它们的明亮程度。公元前 2 世纪古希腊天文学家喜帕恰斯（Hipparkhos）首先定义了恒星的视星等，被称为"方位天文学之父"。他把用肉眼观看到的明暗程度分成

6 个等级，眼睛看起来最为明亮的恒星定为 1 等星，比 1 等星稍暗一些的为 2 等星，再暗一些的为 3 等星，以此类推，最后把眼睛刚好能看到的恒星定为 6 等星。星的亮度越大，星等越小。

肉眼能见到的有 6000 多颗恒星。其中 1 等及比 1 等更亮的星共 21 颗，2 等星 45 颗，3 等星 134 颗，4 等星 458 颗，5 等星 1476 颗，6 等星 4840 颗，总共 6974 颗。恒星是越亮的越少，越暗的越多。

视星等是按照人的肉眼对亮度的感受划分的等级，它与实际亮度不是线性关系，而是服从对数规律。到了 1850 年，由于光度计在天体光度测量中的应用，英国天文学家普森（M. R. Pogson）把肉眼看见的 1 等星到 6 等星做了比较，发现星等相差 5 等的亮度之比约为 100 倍，于是提出了普森公式：$m=-2.5\times\lg E$。式中 $m$ 是视星等，当视星等为 0 等时，亮度 $E=1$。可以求得，相邻 2 个星等的亮度差 2.512 倍，1 等星比 6 等星大约亮 100 倍。

天文学上的视星等和物理学上的照度有确定的关系。照度即物体被照亮的程度，单位是勒克斯。1 勒相当于视星等 -13.98 等。因此恒星的视星等不再局限于 1 ～ 6 等了，可以用仪器精确测量天体的照度而得到视星等。现在知道太阳的视星等是 -26.7 等，满月的视星等为 -12.7 等，天狼星为 -1.45 等，非常暗的星则可达 28 等。

用照相底片代替肉眼观测，星光亮度越大，照相底片感光黑度越浓。按照相底片上感光强度定出的星等叫照相星等，照相底片对红光不敏感，对蓝光敏感。用照相底片测定星等，红星显得暗，星等

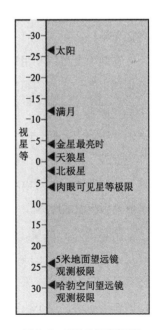

图 2-7　天体的视星等对比

大；蓝星显得亮，星等小。

### 2．恒星的距离

我们生活在一个三维空间，肉眼所看到的星座则是恒星在天球上的投影，是两维空间的图像。如果我们不知道恒星的距离，那么就不能知道恒星在空间的真实分布，也不能知道它们的运动速度和发射电磁波的真实强度。

恒星之遥远，远到无法用千米来做单位。天文学家特别定义了几把不同的尺子来衡量它们的距离。第一把尺子称为"天文单位"，是太阳和地球之间的距离，约为 1.5 亿千米。这是一把小尺子，更大一点的尺子叫"光年"，就是光一年中所走的距离。光 1 秒钟大约走 30 万千米，1 年要走大约 10 万亿千米。还有一把更大一点的尺子叫"秒差距"，这是由一种测量距离的"周年视差"方法导出的。1 秒差距等于 3.26 光年。

除了太阳以外，离我们最近的恒星是半人马座的比邻星，距离是 4.3 光年，牛郎星为 16 光年，织女星是 25 光年，北极星为 680 光年。在银河系中离我们最远的恒星大约是 8 万多光年。河外星系和类星体离我们更远，甚至达到 100 多亿光年。

在地面上可以利用三角的方法测量一个远处物体的距离。譬如，我们要测量山顶上的一座塔的距离，可以先确定两个已知距离的测量点，然后分别从这两个点去看塔顶的方向，两个方向的夹角就叫作"视差"角。在一个等腰三角形中，知道顶角和对边，就可以求出它的高，也就是塔顶到我们的距离。

测量近处的恒星，也可以用三角法。只是不能用地面上的基线，因为太短了，充其量也只有近万千米。恰好，地球绕太阳做轨道运动，这个轨道平面的直径可长了，达到 3 亿千米。我们把地球绕太阳运

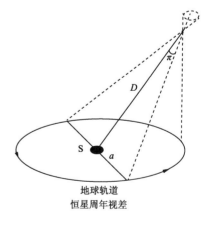

图 2-8　周年视差的测量

动轨道的直径作为已知距离的基线，地球绕行太阳半周是半年，正好从地球轨道直径的这一端跑到另一端。这样，隔半年两次测量恒星的方向，测出它的"视差"角，便可以计算出恒星的距离。

哥白尼在创立日心学说时曾尝试测量恒星视差，以证明地球围绕太阳运转，但未成功。在哥白尼之后，经过了三百来年的努力才于 1838 年测量出第 1 颗恒星的视差，测得天鹅座 61 的视差为 0.31 角秒，它相当于从 12 千米处看一个 1 分硬币所成的张角。利用三角视差法测定了大约 7000 颗恒星的距离，绝大多数恒星距离太遥远，它们的视差位移小于 0.001 角秒，根本测量不出这样的小角度，只能寻找其他方法。

由周年视差的测量很容易理解为什么要用秒差距作为距离的单位。图 2-9 是秒差距定义的示意图，对 1 个天文单位的距离（日地距离），视差为 1 角秒时的距离为 1 秒差距。1 秒差距约等于 3.26 光年或 30 万亿千米。恒星距离和恒星视差成反比，恒星距离越远，它的视差越小，恒星越近，视差越大。

测量天体的距离是非常重要的研究工作。周年视差方法只能测量距离比较近的天体。造父变星测距法则能测量比较遥远星系中恒星的距离，哈勃用此法测量了仙女座大星云中造父变星的距离，历史性地发现了河外星系（详见第七讲）。更遥远的天体如类星体等则采用测量红移的方法估计距离（详见第八讲）。发生在接近宇宙边缘的 Ia 型超新星也成为估计距离的一种方法，并由此得到宇宙的膨胀是加速

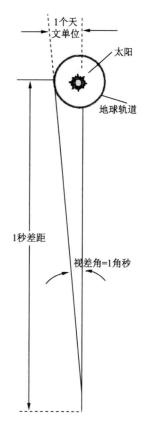

图 2-9　秒差距的定义

的重要结论（详见第十讲）。

### 3．绝对星等

恒星发出的光到达观测者的强度与距离平方成反比，恒星离我们越远，看起来越暗。因此，视星等不能代表恒星的真实亮度。为了比较恒星的真实亮度，需要把它们都放到同一个距离上来比较，在此引入绝对星等的概念。绝对星等是把恒星都移到10秒差距（32.6光年）处时的视星等，代表天体的真实光度。太阳的视亮度是冠军，但绝对星等却比较小，仅4.8等。

用光度来表示天体的真正亮度比较方便，光度指天体每秒辐射的能量，不仅适用于光学波段，也适用于其他波段，如红外、紫外、射电、X射线及γ射线波段。恒星的光度与绝对星等之间可以换算，绝对星等相差1等，光度相差2.512倍。绝对星等1等星的光度是绝对星等6等星的100倍。

绝对星等 $M$、视星等 $m$ 及恒星距离 $r$ 之间的关系是：

$$M = m + 5 - 5\log r$$

恒星的距离以秒差距为单位。由视星等和距离可以估计恒星的绝对星等。当然，如果知道视星等和绝对星等也能计算出天体的距离来。我们可以用其他方法估计出天体的绝对星等，那么就可以根据观测到的视星等计算出天体的距离了。要说明的是，上面这个公式没有考虑星际介质消光的影响，正确的公式

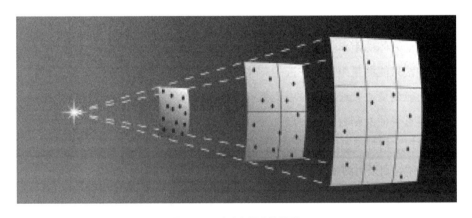

图2-10 亮度与距离的关系

应是 $M = m + 5 - 5\log r - A$，其中 $A$ 为消光因子，详细的讨论见第六讲中的"星际尘埃"。

恒星在各个波段上的辐射是不同的。不同恒星的情况又很不同。每一种观测的探测器对辐射波长的敏感波段也不同，肉眼最敏感的波段是光谱的黄绿区，照相乳胶主要对蓝光和紫光敏感，因此肉眼和照相方法测出的星等是不同的。用光电倍增管测量的星等又有些不同。恒星辐射的能量随波长分布的方式由恒星表面温度决定，表面温度高的，辐射主要集中在短波区，温度比较低的，辐射主要集中在长波区。目视星等和照相星等的差别就反映了恒星能量的分布情况，两者之差称为色指数，以符号 C 表示。

有一种对很宽广的波段的辐射都敏感的探测器温差电偶被用来测量恒星的视星等，这样测出的星等称为辐射星等。在对辐射星等作大气消光和仪器消光的改正后，就定义为热星等，它代表恒星到达地球全部辐射的量度。视星等有这么多种，那绝对星等也就有这么多种。

## 恒星的光度、光谱型和赫罗图

1911—1913 年丹麦天文学家赫茨普龙（E. Hertzaprung）和美国天文学家罗素（H. H. Russell）两个人独立发现揭示恒星演化规律的统计结果，后被命名为赫罗图。这是天文学研究的一项伟大的发现，成为恒星天文学最重要的基础。这一发现非常简洁，是以恒星的光度为纵坐标，以温度或光谱型为横坐标的统计结果。

### 1. 恒星的光度和大小

赫罗图的纵坐标是光度，有时也用绝对星等。它们的单位不同，但都能表征恒星发光的总强度。天文学家把光度大的恒星叫作巨星，光度比巨星更强的叫超巨星，光度小的称为矮星。恒星光度的差别很大，如织女星的光度是太阳的 50 倍，超巨星天津四的光度比太阳强 5 万多倍。还有一颗在星空中极不起眼的天蝎座 ζ 星，视星等只有 3.8 等，它的光度几乎是太阳光度的 50 万倍。当然也有比太阳更弱的矮星。如著名的天狼星伴星是一颗白矮星，它的光度还不到太阳的万分之一。还有一些恒星的光度仅为太阳的五十万分之一。

天文学家把光度高的恒星称为巨星和超巨星似乎有些名不副实。因为巨星的意思是体积大，而不是光度高。但是，测量结果表明，赫罗图上的巨星和超巨星都是个头很大的恒星。恒星的光度比较容易测量，只要知道它们的距离，由视星等就可以计算出光度，但是恒星的大小却不容易测量，除了知道它们的距离，还要测量出它的角径，也就是恒星对观测者所张的角。太阳离我们很近，能测出太阳圆面的张角，所以很容易用三角学的方法计算出太阳的直径。

由于其他恒星的距离遥远，肉眼看上去都只是夜空中的一个光点，并且受到大气层的影响而闪烁着。对地基的望远镜而言，绝大多数的恒星盘面都太小而无法察觉其角直径，因此要使用配备了干涉仪的望远镜才能获得这些恒星的影像。另一种测量恒星角直径的技术是月掩星，精确测量被月球遮掩过程所产生的光度减弱情况或再出现时光度回升的过程，来推算恒星的视直径。1919 年天文学家阿尔伯特·迈克尔逊（Albert Abrahan Michelson）为口径 2.54 米的胡克望远镜装了一架干涉仪，这是光学干涉装置首次在天文学上得到应用。他应用这台仪器精确地测量恒星参宿四的大小。用干涉仪或月掩星方法可以测出小到 0.01 角秒的恒星的角直径，更小角径的恒星就难以测准了。

天文学家从理论上能推导出恒星的亮度、距离、大小和温度这四个参数之间的关系。当我们用其他方法测得恒星的亮度、温度和距离后，很容易就算出它的大小了。

## 2. 恒星的光谱型和温度

赫罗图横坐标参数是恒星光谱型，有时也用恒星的表面温度或色指数。因为光谱型、表面温度和色指数之间存在对应的关系。恒星表面的高温使之发射类似黑体辐射一样的光谱。在很宽的频率范围内都有辐射，称为连续谱。连续谱曲线的峰值和形状由物体的温度决定。不同频率的光，其颜色不同。恒星的颜色代表了它们表面的温度。

除了连续谱以外，还有两种线状谱，分别是发射线和吸收线。这在第一讲中已经介绍过。不同的物质会有不同的吸收线或发射线。测量这些谱线，可以得到恒星的化学成分的信息。从地球实验室的光谱实验中得知，氢、氧、碳等轻元素的光谱线主要在紫外，肉眼看不见，只有几条谱线在可见光区。较重的元素的谱线大部分在可见光区。恒星的外层的温度远比内层低，因此其中的物质就会对内部来的连续谱辐射进行选择吸收，而形成许多暗黑的吸收线。在恒星表面大气中要产生发射线很不容易，因为表面大气的温度不够高，因此有发射线的恒星比较少。天文学家根据恒星的吸收线光谱特征来进行分类。

最著名的分类法是由哈佛大学天文台的天文学家提出的，称为哈佛分类法。共分为七大类：O 型为蓝星；B 型为蓝白星；A 型为白星；F 型为黄白星；G 型为黄星；K 型为橙红星；M 型为红星。这种光谱型分类的顺序恰好是恒星表面温度从高到低的序列。天文学家根据恒星的温度以及谱线特征，把恒星分成如下几种类型：

表 2-1　哈佛分类法

| 类　型 | 颜　色 | 表面温度 | 典 型 星 |
|--------|--------|----------|----------|
| O 型 | 蓝星 | 30,000K 以上 | 参宿一和参宿三 |
| B 型 | 蓝白星 | 10,000K ～ 30,000K | 猎户座腰带上的三颗星 |
| A 型 | 白星 | 7500K ～ 10,000K | 织女星和天狼星 |
| F 型 | 黄白星 | 6000K ～ 7500K | 北极星 |
| G 型 | 黄星 | 5000K ～ 6000K | 太阳 |
| K 型 | 橙红星 | 3500K ～ 5000K | 牧夫座的大角星 |
| M 型 | 红星 | 2000K ～ 3500K | 天蝎座的大火星 |

可以看出，恒星的温度或颜色成为恒星类型的主要标志，为了方便记住这些类，有人编了一句英文的顺口溜："**Oh，Be A Fine Girl, Kiss Me**"。

最初天文学家曾认为恒星的演化是从高温向低温状态演变，就好像炉火因燃料逐渐耗尽温度随之下降一样，因此把温度比较高的 O、B、A 型星称为早型星，把温度比较低的 G、K、M 型星称为晚型星。后来的研究知道，这种看法是错误的，恒星并不存在从高温向低温演变的路径。

对太阳附近 1500 光年以内的恒星的观测表明，表面温度越高的恒星数目越少。温度最高的 O 型很少，不到 0.5%，B 型和 A 型星分别占 1% 和 1.5%，F 型约占 8%，G 型约占 13%，K 型约占 20%，M 型约占 56%。温度高的恒星数目少并不奇怪，这是因为温度高的恒星的质量比较大，寿命比较短，停留时间相对较短，我们观测到的数目也就比较少了。

**3．赫罗图的发现**

赫茨普龙是由天文爱好者转过来的职业天文学家，在丹麦的不知名的小天文台工作。刚刚 3 年就在恒星光谱型与光度的关系方面做出了惊人的成果。他在恒星光谱型与光度的关系图上，发现了两个群落的恒星：一个群落的恒星数目很多，落在一条连续带上，称为矮星；另一个群落的恒星数目比较少，处在连续带外的上方，称为巨星和超巨星。研究结果于 1905 年和 1907 年发表在德国《科学照相》杂志上。未受到天文学家的重视，可以说不为人知。1913 年美国天文学家罗素独立地发现了类似的结果，由于罗素早已出名，天文界的联系比较多，很快就传开了，并冠名为罗素关系图。直到 20 年后的 1933 年，一些北欧的天文学家站起来为赫茨普龙说话，得到天文界的赞同，这之后把这类恒星的光度—光谱图称为赫罗图。

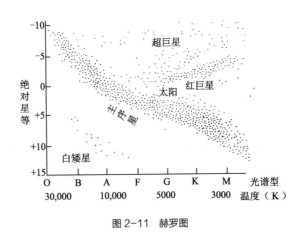

图 2-11　赫罗图

现今的赫罗图依然是恒星的光度和光谱型的关系，但是比原始的赫罗图更丰富了。在赫罗图上，恒星主要集中在四个区域。第一个区域为主序星区：绝大多数恒星分布在从左上到右下的一条带子上。这个带上的恒星，有效温度愈高的，光度就愈大。这些主序星又称矮星。我们熟悉的太阳、牛郎、织女等都是主序星。属于这个区域的恒星不会彼此相互演化，它们要长期定居，直到暮年离开这个区域。

第二和第三个区域在主序星右上方，分别为巨星区和超巨星区。这些恒星的温度和某些主序星的一样，但光度却高得多，因此称之为巨星和超巨星。像北极星（小熊座 α）、大角（牧夫座 α）属于巨星，心宿二（天蝎座 α）则为超巨星。研究表明，恒星在主序星阶段停留生命的大部分时间以后，到了晚期都会演变为巨星或超巨星。

第四个区域在主序星左下方：是一些温度高而光度低的白矮星，以及其他低光度恒星，天狼 B（即天狼星的伴星）就在这个区域。赫罗图是由恒星的光学观测数据构成的，因此中子星和黑洞不可能在赫罗图上显现。

实际上有第五个区域，即温度很低的原恒星区，应处于主序星区的右边，其演化方向是自右向左移动。因温度太低，赫罗图上没能标出这个区域。

从赫罗图上可以看出，巨星和超巨星的亮度大，温度比较低；主序星的温度和亮度范围非常大，数目多，占所有恒星的 90%。恒星的一生主要停留在主序星阶段；白矮星的温度高，但很暗。把各类恒星的体积做一个对比，若把巨星比喻为西瓜，那么主序星则为苹果，白矮星就是葡萄粒了。

# 四

# 恒星的诞生和成长

世界万物都有从诞生到死亡的过程，恒星也不例外。所不同的是恒星的演化过程特别长，一颗恒星从诞生到死亡要经过几百万年、上百亿年甚至更长的时间。人类的历史相对于恒星的一生来说只是短暂的一瞬间。但是天文学家却弄清了恒星的一生：从孕育到诞生，从成长到成熟，最后衰老到死亡的整个过程。

### 1．由星云形成原恒星

恒星是怎样形成的？人们自然要从年轻恒星的分布及其周围环境等情况中寻找蛛丝马迹。观测发现，年轻恒星集中在银道面的旋臂中，它们的周围充满着星际气体和尘埃，由此推断，恒星可能是星际云和星际尘埃逐步演化而来的。观测还发现，星际云中由分子组成的分子云往往成团地在一起，而恒星也是成群、成团的。由此联想，恒星可能就是那些成团的分子云演化而来的。这些推测都被后来的观测研究所证实。

在广袤的星际空间中充满了星际介质，主要由稀薄气体和尘埃组成，称为星际云。星际云并不发光，但可以被附近的恒星照亮或被亮的背景所衬托而被观测到。星云很大，直径可达一千光年，密度虽然很低，但质量也可以达到十个到一千个太阳质量。星云的成分主要是氢，其次是氦。有由氢原子组成的星云，质量较大，密度很低。也有由氢分子组成的星云，质量大，密度比较高。现在已经清楚，恒星就是由密度比较高的氢分子云演化来的。

如果在巨大的分子云附近发生了星系碰撞或超新星爆发或诞生了新的恒星，它们所发出的密度波、激波和高能辐射都可能对星云造成干扰，导致星云中的密度发生变化，致使物质分布不均匀，形成多个"引力中心"。这些密度高的地方会把其周围的物质吸引过来，造成更加不均匀的密度分布，核心物质增多，引力增强，因而收缩。周围物质以自由落体运动速度向其质量中心下落，就像地球上高处的静止物体坠落地面时那样具有很高的速度，巨大的引力势能转换为动能，导致核心温度升高，提升气体压力，使压力与引力达到平衡状态。这时，核心和它周围一大片星云物质便与巨分子云分离了。大量核心的存在就使大星云碎裂，形成许多小星云。对于质量大于 $10^5$ 个太阳质量的巨分子星云，有可能因为本身的引力不稳定而坍缩，坍缩过程使大星云碎裂为许多小云团。每一个核心或小云团的质量很小，只有约 1% 的太阳质量，但直径有几个天文单位，它们是形成恒星的种子，称为恒星胎。

恒星胎继续吸引周围的物质，质量越来越大，引力增大，温度越来越高，辐射增强，当收缩到太阳般太小，引力和辐射及气体压力达到平衡，原恒星就形成了，由于温度比较高，有了比较强的红外辐射。

从星云中脱颖而出的原恒星仍然被星云物质包围着，形成原恒星的一个壳层。在原恒星的引力作用下，壳层的物质继续下落，在原恒星周围形成一个星周盘。壳层的物质不断落到星周盘上，星周盘的内沿物质会不断地落到原恒星的表面，致使原恒星的物质不断增加，引力不断增强，星体不断地收缩。这个阶段，引力势能是能量的主要来源，温度不断地升高达到几十万至二百万摄氏度，开始断断续续地发生一些热核反应。当中心的温度进一步升高，能产生持续不断的热核反应时，原恒星演变为真正的恒星，进入主序星阶段。理论和观测都表明，只有质量大于 0.07 个太阳质量的原恒星才有可能演变为恒星。质量小于 0.07 个太阳质量的原恒星再怎么收缩，都不可能使其中心的温度高到可以连续地发生氢聚变反应的程度。

图 2-12 给出由星际云碎裂为许许多多小星云，再形成原恒星，最后形成恒星的过程。

1946 年，天文学家巴纳德（Edward Emerson Barnard）在星云中发现一种密度较大、形状大体上为圆球形的暗星云，因形状而得名"球状体"，为纪念发现者又称为巴纳德天体。不少天文学家认为，球状体就是大星云碎裂为小星云后形成的原恒星。目前在太阳附近 500 秒差距内已观测到 200 多个大的球状体。有些学者认为球状体不是原恒星，它们的尘埃与气体的比例过大，不符合形成恒星原材料的要求，而且密度太小，不足以产生引力收缩。

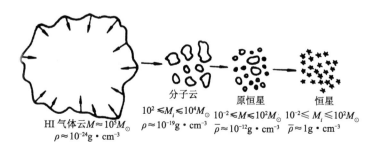

图 2-12　由星云形成原恒星及恒星的过程

　　球状体发现后不久，美国天文学家赫比格（George Herbig）和墨西哥天文学家阿罗（Guillermo Haro）各自独立在星云中发现一种新型天体，被称为赫比格—哈罗天体，简称 H-H 天体。其实，这种天体美国天文学家伯纳姆（Sherburne Wesley Burnham）在 19 世纪就已发现，当时他观测到在金牛 T 星附近有类似星云的斑点，就是这种 H-H 天体。

　　20 世纪 80 年代初的观测揭示了 H-H 天体的本质，它们是年轻恒星或大质量原恒星所喷射出的高度电离物质与附近的气体云及尘埃云高速碰撞所产生的明亮的辐射。目前已拍摄了许多 H-H 天体的红外线影像。

　　1945 年发现的金牛 T 型星才是典型的原恒星，它们一般都是成群出现，其附近总有一些残存的星云，辐射的主要波段在红外，也有比较弱的可见光，发光不稳定，更没有规律。目前至少已发现万颗以上的金牛 T 型星。哈勃空间望远镜观测发现，猎户座大星云中有 700 多颗新恒星，半数有星云物质形成的吸积盘存在。

　　不同质量的原恒星演化到主序星的时间取决于原恒星的质量，因为质量决定了其内部的温度，质量大的原恒星因为其内部温度比较容易达到产生稳定热核反应开始的条件，所以到达成为主序星的时间比较短。如具有 15 个太阳质量的原恒星需要 16 万年，而具有 0.5 个太阳质量的原恒星则需要 1 亿年的时间。

### 2. 主序星

　　在赫罗图上，主序星占大多数，从左上方延伸到右下方。主序星是恒星一生中历时最长的演化阶段。以太阳为例，从星云演变到主序星需要 1 亿年，主序星阶段 100 亿年，主序星之后的演变直至变为白矮星和行星状星云约为 10 亿年。因此有 90% 的时间处在主序星阶段。

　　原恒星不断收缩的原因是引力大于向外的辐射压力和气体压力。当恒星中心部分温度达到 1500 万摄氏度以后，氢聚合为氦的热核反应可以持续进行，由此产生巨大的辐射压，再加上高温使气体压力增大，正好能抵抗强大的引力，使恒星处于流体静力学平衡状态，如图 2-13 所示。这之后才进入主序星阶段。

　　恒星稳定的条件：引力 = 辐射压力 + 气体压力

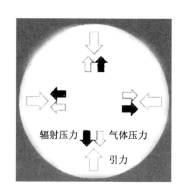

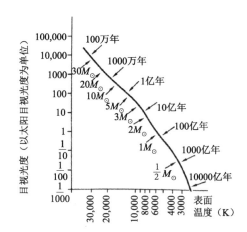

图 2-13　恒星稳定的条件　　　　图 2-14　恒星质量对演化的影响，图中 $M_\odot$ 为太阳质量

　　我们已经知道，太阳的能源来自氢聚变为氦的热核反应，氢原子核就是质子，所以这个过程称为"质子—质子"反应。对于质量比太阳大得多的恒星，其能源仍然是氢聚变为氦的热核反应，只不过是由"碳—氮—氧循环"的核反应过程来实现氢聚变为氦。由于恒星内部含有大量的氢，氢核聚变反应可进行相当长的时间，所以恒星在主序星阶段停留时间很长。

　　质量不同的恒星在主序星阶段的时间很不相同。质量愈大的恒星氢消耗得愈快，在主序星阶段停留的时间就愈短。这导致恒星的寿命差别非常大。质量比太阳大很多的恒星，寿命很短。如质量为 30 个太阳质量的恒星寿命不到 100万年，而质量为 0.5 个太阳质量的恒星的寿命接近 1000 亿年。

　　关于主序星在赫罗图上的斜长分布，曾经有过两种错误的解释。第一个错误来自对恒星谱线分类的误解。20 世纪给出恒星光谱分类时，把温度高的 O、B、A 谱型称为早型星，把温度中等的 F、G 谱型称为中型星，把温度低的 K、M 谱型称为晚型星。人们曾错误地把早型星当作年轻星，晚型星当作老年星，把主序星在赫罗图上从左到右的分布看成是恒星从生到死的演化序列。实际上，在主序星期间恒星在赫罗图上的位置绝对不会改变的，也就是说，O 型星不会演变为 B 型星，F 型星也不会演变为 A 型星或 G 型星。主序星的分布之所以是斜长的一条，是因为原恒星的质量很不相同。质量越大的原恒星所形成的主序星的温度越高，质量越小的原恒星所形成的主序星的温度越低，如图 2-15 所示。

第二个错误则是出自赫罗图发现者之一的罗素身上。他虽然正确地认识到恒星至少要分为主序星和巨星（包括超巨星）两大类，但是却错误地解释了恒星在赫罗图上的演变过程。当时他认为，恒星刚形成时是红巨星或红超巨星，然后由于引力的作用逐渐收缩，密度增大、温度上升、辐射增加，演变为主序星。最后恒星顺着主序星向右下方演变，从早型星到中型星，再到晚型星。当然，这种错误的看法遭到许多学者的反对，很快就统一了认识。

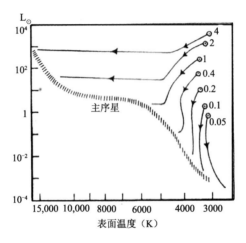

图 2-15　不同质量的原恒星的演化途径

# 变星和红巨星

恒星的一生始终处在向内收缩和向外膨胀的矛盾之中。引力使其收缩，辐射压力使其膨胀。稍有不平衡就会出现恒星的膨胀和收缩，导致变星的形成。当恒星核心核燃料殆尽后，核聚变从核心向外层推进，使恒星膨胀形成了巨星。巨星的大气不断地被抛射，逐渐演化为行星状星云。恒星的核心部分则演化为白矮星、中子星或黑洞。

## 1．变星

恒星在主序星阶段的辐射非常稳定，但是质量比较大的巨星往往要经过变星的阶段，才会进一步演变。变星的主要特征是光度发生变化，分为几何变星、脉动变星和爆发变星三大类，脉动变星占大多数。几何变星实际上是双星系统的掩食现象，不是真正的变星。

（1）脉动变星

脉动变星光度发生了实实在在的变化，而且光谱和半径也在变，所以又称物理变星。这种变星是由星体的膨胀和收缩而引起的。它们膨胀时表面积增加，光度随之增加，收缩时则相反。与恒星的寿命相比，恒星处在脉动变星阶段的时间很短暂，一颗寿命为几十亿年的恒星，它处在脉动变星阶段的时间最多只有一百万年左右，只占其寿命的几千分之一。

银河系中约有200万颗脉动变星。它们的周期相差很大，短的在1小时以下，长的可达几百天甚而10年以上。星等变化从大于10到小于千分之几都有。根据亮度变化曲线的形状，脉动变星可分为规则的、半规则的和不规则的三种不同的类型。

脉动变星中最有名的当属造父变星，这类变星得名于一颗中国名为造父一的恒星，现在国际上称为仙王座 $\delta$ 星。这类变星的光变周期和光度有确定的关系，被用来估计造父变星的距离，将在第七讲介绍哈勃发现河外星系时介绍。早期把所有脉动变星都认为是造父变星，导致距离估计不准的问题。到20世纪40年代，才弄清楚脉动变星分为三类：一类是造父一为代表的经典造父变星；一类是以室女座为代表的室女 W 变星；还有一类是以天琴座 RR 星为代表的天琴 RR 变星。前两类特点十分接近，只是室女 W 变星要暗一些。天琴 RR 变星的光变周期比较短，一般都在20小时以内。

（2）爆发变星

爆发变星的光变表现为一次或多次周期性爆发，主要有耀星、新星和超新星。

耀星的亮度在平时基本上不变，但却会突然增加百倍以上，持续时间为十几到几十分钟，好像是一闪而过，所以取名耀星。耀星的亮度突然增强只发生在局部活动区，在同一区域可发生多次，这一点与太阳耀斑活动相似，但爆发所辐射的能量要比太阳耀斑的能量大 100～1000 倍，往往伴随着从射电波段到 X 射线波段辐射的变化。典型的耀星是鲸鱼 UV，故耀星又称鲸鱼 UV 型星。

新星在可见光波段的光度在几天内会突然增强大约 9 个星等或更多，在若干年内逐渐恢复原状。这与耀星短暂的持续时间很不相同。一般认为，新星爆发只是壳层的爆发，质量损失仅占总质量的千分之一左右，因此不足以使恒星发生质变。有些新星会多次爆发，被称为再发新星。1975 年 8 月 30 日我国农村知识青年段元星用肉眼发现位于天鹅星座的新星的故事，至今仍激励广大天文爱好者。

超新星是质量比较大的恒星的爆炸，爆炸时的绝对光度超过太阳光度的 100 亿倍，中心温度可达 100 亿 K，这将在第四讲中介绍。

绝大多数变星都是从巨星演变来的。它们在赫罗图上的位置处在主序星带的上方，占据相当大一片区域。巨星内部的热核反应情况复杂，核心的氢全部聚变为氦后还会进行多种多样的演变，导致光度发生变化。

## 2. 红巨星

在赫罗图上主序星的上方，分布着两群恒星——红巨星和超巨星。它们是怎样演变来的？有哪些著名的红巨星和超巨星呢？

（1）恒星是怎样演变为红巨星的？

红巨星是恒星演化晚期的产物，主序星之所以长期稳定是因为恒星中心区域能够平稳地进行着由氢聚变为氦的热核反应。中心区域有多大范围，要看那里的温度分布，由于氢聚变为氦的核反应要求有 1500 万摄氏度以上的温度，因此在这个核反应区之外的温度就低于这个温度。这样核反应就局限在一定的范围内进行。核反应区内的氢越来越少，氦越来越多，聚变反应放出的能量越来越少。由于 4 个氢核变为一个氦核，粒子数也减少了，从而使得抵消引力的辐射压和气体压力减小，恒星核反应区的平衡遭到破坏而收缩，导致温度升高，核反应加快，最终把氢全部用完，核反应区全部变为氦核，这时主序星阶段就结束了，就要离开赫罗图上主星序的位置。

恒星中心区域的氢燃烧完后，全部变为氦核。如果温度达到 1 亿摄氏度，氦核还可以继续聚变为碳，温度达不到 1 亿摄氏度，核心区的热核反应就停止了。但是，在核心区的外围，温度已经升高，达到氢聚变所要求的温度，这一层的氢聚变开始了，并且一层一层地向外扩展。各层的氢聚变反应产生的巨大能量使恒星的外层急剧膨胀。膨胀导致温度下降，波长变长，颜色逐渐变红。恒星在赫罗图上的位置发生变化，光度变大导致位置向上移动；温度下降，导致位置向右移动，从主序星变为红巨星或红超巨星。主序星演变为巨星所需的时间不同，取决于它们的质量。质量越大，演变得越快。对于太阳这样的恒星，一旦它的内部变成了氦，经过 5 亿年，它将膨胀到把水星、金星，甚至地球都包括进去。对于质量为 5 个太阳质量的恒星，这个过程仅需要 7000 万年。

到此为止，恒星的演化还没有到达尽头。对于质量不大的恒星，会演变成为一颗致密的白矮星和一个美丽的行星状星云。对于质量比较大的恒星，则会发生一次爆炸，形成一个中子星或黑洞，以及一个弥漫的星云，即超新星遗迹。白矮星、中子星、黑洞、超新星爆发以及行星状星云、超新星遗迹的研究已经成为经久不衰的热门课题，我们将在第三、四和六讲中分别介绍。

（2）著名的红巨星

地球的直径约为 1.3 万千米，太阳的直径是地球的 109 倍，可谓庞然大物。但是在恒星世界中，太阳则是小不点。恒星中个头最大的就是超巨星了。肉眼可见的亮星中很多是红巨星，我国古代就已关注的参宿四、毕宿五和大角等三颗星就是著名的红巨星。事实上，这三颗红巨星并不是最大的，但却是最亮的，特别受到关注。

参宿四是猎户座的 $\alpha$ 星，是夜空中除太阳外第十二亮的恒星。在冬季夜空中，它与大犬座的天狼星、小犬座的南河三组成冬季大三角。现在知道猎户座 $\beta$ 星（参宿七）比它还要亮。参宿四的半径是变化着的，最小时就有太阳的 700 倍，最大时则达到太阳直径的 1000 倍。半径的变化导致光度在 0.4 星等至 1.3 星等之间变化，是一颗半规则变星。距离我们比较近，约 500 光年，虽然它又近又大，但也不能直接测出其角径。1919 年天文学家利用干涉仪方法测出了这颗恒星的角直径，成为当时除太阳以外第一颗测出直径的恒星。它的质量是太阳的 14 倍，已走入生命末期，在未来数百万年中，可能会演变为超新星，进一步形成中子星或黑洞。

心宿二是天蝎座的主星天蝎座 α 星，是东方苍龙七宿中心宿的第二星。它是颗目视双星，主星是视星等 1.2 等的红超巨星，光度为太阳的 6000 倍，伴星是颗蓝色矮星，视星等为 5.4 等。复合星等为 0.96 等，进入全天最亮的 21 颗恒星之列。距离 600 光年，质量是太阳的 15.5 倍，直径是太阳的 600 倍。心宿二色红似火，又称"大火"，和火星一样，荧荧似火。它们的运行轨道都在黄道，当火星运行到天蝎座时，两颗红星闪耀天空，红光满天。这种天象在古代的人看来，是很不吉利的现象，现在则成为人们追逐观看的美景。

大角星是牧夫座中的 α 星，距地球约 36 光年，直径为太阳的 21 倍，质量是太阳的两倍，亮度是太阳的 215 倍，是一颗橙色巨星。由于离地球较近，成为全天第 4 亮的恒星，由于第 2、第 3 号亮星在南天，中国绝大多数观测者看不到，因此成为北天除天狼星外的第 2 亮星。

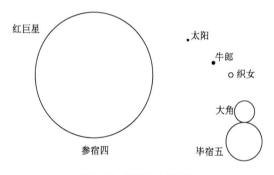

图 2-16　恒星大小的比较

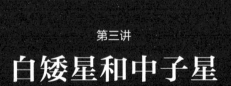

第三讲

# 白矮星和中子星

白矮星的发现曾使物理学家陷入困境，当时的物理学原理解释不了白矮星的特性。观测走在理论前面，促使了物理学的发展。年轻的钱德拉塞卡（S. Chandrasckhar）首创的白矮星理论指出白矮星存在一个质量上限，预示着恒星演化新的结局。这一成就成为他获得 1983 年诺贝尔物理学奖的重要原因。中子星的理论预言则远远地走在观测的前面，让天文学家手足无措，不知如何去寻找中子星。在理论预言 30 多年后才由休伊什（A. Hewish）和他的研究生乔斯林·贝尔（J. Bell）意外地发现。为此，休伊什获得 1974 年诺贝尔物理学奖。之后，泰勒（J. H. Taylor）和他的学生赫尔斯（R. A. Hulse）发现射电脉冲双星，间接地验证了这一双星系统的引力辐射。他们共同获得 1993 年诺贝尔物理学奖。白矮星和中子星同属致密星，都是恒星演化晚期的产物。二者的发现不仅为天文学开辟了崭新的学术领域，而且对现代物理学的发展产生了重大影响。

# 白矮星的发现

在白矮星发现以前，人们还没有发现致密星的存在，物理学还没有发展到致密态物理这一步。人们相信，与宇宙中的万物一样，恒星也有一个诞生、成长、衰老和死亡的演化过程，但是并不清楚恒星演化到晚期究竟会怎么样。

## 1. 白矮星的发现

天狼星是全天最亮的恒星，它有明显的自行。所谓自行是指恒星的真实运动。恒星都在运动，只是恒星离我们太远了，短时间内显现不出它们在天球上的移动。1710 年著名天文学家哈雷（E. Halley）在测量恒星的位置的过程中，发现他测量的天狼星（大犬座 α）、毕宿五（金牛座 α）和大角星（牧夫座 α）的位置与天文学家托勒密等人公元 1 世纪左右测的位置有明显的差别，其中天狼星的位置移动了 22 角分，1500 多年移动了近半度。如果知道它们距离和运动的方向，就可以算出真实速度。恒星运动的速度一般为几十千米 / 秒。最快的要属脉冲星，速度可达几百千米 / 秒，甚至几千千米 / 秒。

1836 年德国天文学家贝塞尔（F. W. Bessel）利用 80 多年的历史资料进行分析，发现天狼星的自行呈波浪式的变化。为什么运动的路径不是直线，而是曲线呢？原来天狼星是双星系统中的一颗星，轨道周期约为 50 年。当时并没有找到它的伴星，直到 1862 年才由美国克拉克（A. G. Clark）用他新研制的望远镜发现天狼星的伴星天狼星 B。天狼星就改称天狼星 A 了。

天狼星 B 很暗，比天狼星 A 差 10 个星等，光度相差 1 万倍。当时，人们以为天狼星 B 是一颗体积与太阳相当、比较冷而暗的恒星，直到 1915 年才知道它是一颗热星，表面温度达到 8000K，与天狼星 A 的表面温度差不了多少。在温度相同的情况下，光度与恒星的表面积成正比。因此，天狼星 B 如此之暗，它的表面积必然特别小，其直径只比地球的大一点。根据观测到的双星运动的参数值计算得知天狼星 A 和天狼星 B 的质量分别是 2.4 个太阳质量

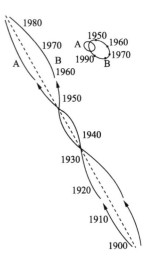

图 3-1　天狼星的自行

图 3-2　天狼星 A 和天狼星 B

和 0.98 个太阳质量。粗略计算得知天狼星 B 的平均密度比 50 千克 / 厘米³ 还高。实际上白矮星的密度达到了 1 吨 / 厘米³。地球上密度最大的是金属锇，才有 22.6 克 / 厘米³。爱丁顿（A. S. Eddington）最先指出，天狼星 B 具有非常高的密度。但是这种看法没有得到多少支持。当时的天文学家都不敢相信恒星有如此高的密度。

爱因斯坦曾预言，强引力场中谱线会产生红移。在太阳表面引力并不太强，只比地球表面上的引力大 28 倍，不足以产生明显的引力红移。但是天狼星 B 很小，其表面引力很大，是太阳的 840 倍，引力红移现象就比较明显了。爱丁顿建议正在研究天狼星 B 的亚当斯（W. S. Adams）注意查找引力红移现象，果然不出所料，亚当斯于 1925 年测出了引力红移，而且红移量与用爱因斯坦理论计算得到的结果一致。证实了天狼星 B 的确是一颗质量大而体积小的致密星。从此，人们不再怀疑白矮星的存在了。

爱丁顿是当时最著名的天文学家之一，在恒星结构和演化理论方面可以说是缔造者，享有很高的声誉。然而，他对白矮星这个新生事物的认识却很肤浅，甚至犯了根本性的错误。白矮星的观测发现走在理论的前面，使得当时的最有名的天文学家也陷入困境。

### 2. 白矮星为什么密度非常高？

物理学的研究是从眼睛所看见的物体开始的，其尺度以米为单位，诞生了宏观物理学。19 至 20 世纪之交，物理学就开始进入到物质的分子、原子层次，以及原子核、质子、中子、电子、中微子、夸克等更深层次物质的研究，发展了微观物理学。微观物质运动服从的规律与宏观物体有本质的区别。

要理解白矮星的特性，需要对微观物理世界有一些基本的认识。中学物理已经告诉我们，世界万物均由分子构成，分子又由原子组成；每一种原子对应一种化学元素；原子是由带正电的原子核和核外绕原子核运转的带负电的电子组成的。当温度非常高或受到外界作用，原子核外的电子可以摆脱原子核的束缚变为自由电子，这种情况称为电离。如果核外的电子全部跑掉则称完全电离。

1924 年爱丁顿指出，白矮星内部的温度非常高，原子都被电离成电子和原子核，它们的体积都比原子小得多，因此密度大大增加，变得比天王星还小。因为表面积太小，往外辐射的总能量就比普通恒星少得多。他称这样的恒星为"白矮星"。"白"是指温度高，呈白色；"矮"是指"个儿小"及光度低。爱丁顿说得很对，原子核的尺度要比原子的尺度小 10 万倍，如果把原子看成一个直径为 10 米的圆球，原子核就只有 1 毫米的直径。完全电离后，裸原子核彼此可以接近一些，体积缩小导致密度增加。

恒星核心部分进行的是氢聚变为氦的热核反应。什么是聚变反应？我们先看一下氢、氦、碳和氧这 4 种元素的原子核有什么不同。氢的原子核里面有 1 个质子，氦的原子核里面有 2 个质子、2 个中子，碳的原子核里面有 6 个质子 6 个中子，氧的原子核里有 8 个质子和 8 个中子。这几种元素之间的差别就在于原子核里面的质子数、中子数不同。由中子和质子少的原子核聚合成中子和质子多的原子核的反应就是聚变反应。因此由氢原子核和电子可以聚变为氦，由氦可以聚变为碳，由碳可以聚变为氧。能否进行聚变反应关键在于温度高得够不够。氢聚变为氦的反应要求 1500 万 K，氦聚变为碳或氧的反应要求上亿 K了。往下的聚变要求温度更高。

## 白矮星的形成

白矮星这个名字是爱丁顿于 1924 年首先提出的，正确地指出天狼星 B 是致密的白矮星。但是，他认为，仍可采用理想气体物态方程来处理白矮星的内部结构问题，犯了致命的错误。白矮星的形成经历了坍缩形成简并的电子气的过程，需要用微观世界的规律来理解白矮星。

### 1. 恒星核心区域核燃料殆尽后引起坍缩

当恒星核心部分的氢完全聚变为氦后，中心的热核反应就停止了，辐射压随之下降，导致引力远远大于向外的辐射压，核心区域突然塌缩，导致温度上升。核心区域外围的温度也升高，达到氢聚变的条件，开始进行热核反应，推动外层膨胀，逐步形成红巨星。

如果核心的塌缩能使温度上升到 1 亿摄氏度，则氦还可以发生聚变，但氦燃烧进程非常快，经过几千年，最多几万年，氦很快就会用完。随之，恒星核心部分还要塌缩。塌缩以后会不会停止？什么力量能够使塌缩停止？

### 2．泡利不相容原理

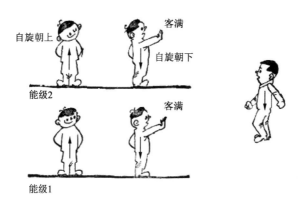

图 3-3　泡利原理图解

20 世纪初，物理学经历了极其深刻的革命，从宏观发展到微观，从低速发展到高速。物理学是天文学的理论基础，自然也经历了这场革命的洗礼。量子力学有一个重要的"泡利不相容原理"，它是著名物理学家泡利（Wolfgang E. Pauli）在 26 岁时提出的，被公认为微观世界的重要定律。这个原理说的是，电子的能量状态是不连续的，只能取某些特定的值。同一个状态，只能允许一个电子占有。电子能量从低向高排列，低能态的占满了，就只能到高能态去。所以，当电子密度很高时，必然有很多电子处在高能态，也就是具有非常高的速度，这种电子称为简并电子。高能电子数目的多少以及能达到多高的能量仅仅由电子的密度决定。爱丁顿是恒星结构理论的创始人，享有很高的国际声誉。他就是因为拒绝这个原理而犯了错误。

### 3. 形成白矮星的条件

主序星之所以能够长期稳定地辐射，其原因是氢聚合为氦的热核反应可以持续进行，由此产生巨大的辐射压，再加上气体压力，正好能抵抗强大的引力，使恒星处于流体静力学平衡状态。当恒星核心部分停止热核反应，在辐射压大大降低的同时，由于密度增加也导致气体压力的增加。如果气压能增加非常多，重新达到流体静力学平衡状态，那么核心部分就会停止塌缩而形成一个新的稳定的恒星。

图 3-4 钻石白矮星 BPM 37093 示意图

根据理想气体的物态方程，气体的压力分别与密度和温度成正比：密度越高，压力越大，温度越高，压力越大。塌缩过程会使密度和温度上升，气体压力会增加很多。但是远远不能弥补因为热核反应停止而减小的辐射压。

由于塌缩，恒星的核心部分的密度急剧增加，温度升得足够高，使原子核外的电子全部跑掉，变为裸原子核和自由电子气体。这些自由电子气体遵从泡利不相容原理，变为简并电子气体，其物态方程发生了变化，气体压力不是与密度成正比，而是与密度的 5/3 次方成正比，而且与温度无关。简并压比理想气体压力大非常多。塌缩能使密度大约增加 $10^7$ 倍，对于理想气体来说，气体压力也增加 $10^7$ 倍，但是对简并电子气就要增加 $4.7 \times 10^{11}$ 倍。简并电子气压远远高于理想气体的压力，从而可以对抗强大的引力而形成稳定的白矮星。

红巨星核心部分的坍缩一般会在中心形成由氦组成的"氦星"。如果这时已经变成为氦物质的核心部分温度高到 1 亿～ 2 亿摄氏度，氦还能聚变为碳和氧，最后形成的是"碳星"或"氧星"。如果温度达到 3 亿～ 8 亿摄氏度，碳的聚变反应还能进行，生成物为氧、氖、钠、镁。所以宇宙中存在着多种多样的白矮星。网上有一则新闻说："美国男子弗兰克·斯皮诺宣布自己将成为钻石白矮星 BPM 37093 的主人。"这显然是无稽之谈，但钻石白矮星确是真实存在的。这就是"碳"白矮星。地球上的钻石很珍贵，它们是在地球深部的高压、高温的情况下生成的，是一种由碳元素组成的晶体。碳白矮星冷却以后就会形成与钻石类似的结构。这颗"钻石"的直径有 3000 千米。地球上的钻石以克拉为单位，这颗宇宙中的"超级大钻石"达 $10^{34}$ 克拉。

### 4．白矮星的半径质量关系和质量上限

钱德拉塞卡在大学期间正值物理学从经典到近代物理学转变的时期。新的理论、新的学说和新的概念一个接一个地出现。1925 年春，年仅 25 岁的泡利提出新的物理学原理——不相容原理，他为此在 1945 年荣获诺贝尔物理学奖。在大学阶段，钱德拉塞卡依靠自学和听学术报告了解近代物理学，并开始研究起白矮星。1930 年他被剑桥大学录取为研究生，继续白矮星的研究。1934 年，他完成两篇学术论文，得出两个出人意料的重要结果：一是白矮星的质量越大，其半径越小；二是白矮星的质量不会大于太阳质量的 1.44 倍。这两个前所未有的结论震惊了天文界。

在密度不是特别大的情况下，简并电子的速度比光速小很多，称为非相对

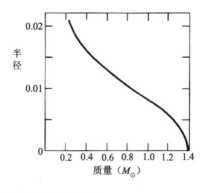

图 3-5　以太阳质量和半径为单位的白矮星的质量和半径的关系

论简并电子气，它们的气压与密度的 5/3 次方成正比，与温度无关。导出白矮星的半径质量关系为 $R \propto M^{-5/3}$。这与我们所熟悉的正常恒星的半径质量关系完全不同，但白矮星保持稳定的秘密就在这里。设想，如果白矮星的质量略有增加，引力当然也随之增加。伴随质量增加，半径减小，导致密度增加，进而使简并电子气压增加，仍然维持平衡状态。

通过减小半径进行调整不能无限制地进行下去。因为密度增加到更密的程度，简并电子的速度就会接近光速，简并电子气的性质发生变化，成为相对论简并电子气。这时的物态方程变化为：简并电子气压仍和温度无关，但与密度的 4/3 次方成正比。这时，白矮星的质量与半径的关系消失了。质量的变化不会引起半径的变化。质量增加必然导致引力增加，大于简并电子气压，于是恒星便发生坍缩，就不可能形成稳定的白矮星。这就是白矮星有一个质量上限的物理原因。这是一项天文学上重要的成就，对恒星演化学做出了重大贡献，成为钱德拉塞卡获得诺贝尔物理学奖的一个重要原因。

# 三

# 白矮星质量上限的争论

1930 年 7 月末，钱德拉塞卡乘轮船前往英国就读剑桥大学研究生，在漫长的航程中，他继续研究白矮星，发现白矮星有一个质量上限。入学后，逐步完善论文，并于 1931 年正式发表。1933 年获得博士学位，留校任教。到 1935 年已经发表近 20 篇论文。接着就发生了这个初出茅庐的年轻人和一个已在世界上享有崇高声誉的权威学者进行的一场为时几年的大辩论，结果是钱德拉塞卡胜出。

## 1. 爱丁顿特别关注钱德拉塞卡"质量上限"的研究

爱丁顿是当时恒星结构理论的权威，他感到钱德拉塞卡的"白矮星的质量上限"与他的理论体系格格不入，陷入了激烈的思想斗争之中，究竟是自己的理论对，还是钱德拉塞卡的理论对？他需要了解。因此非常关注钱德拉塞卡的白矮星研究，主动提出与钱德拉塞卡讨论，约定每周讨论两次。钱德拉塞卡受到权威学者的关注，喜出望外，认真准备。在这个过程中，爱丁顿主动推荐钱德拉塞卡的"白矮星研究"论文提交给英国皇家天文学会，获准在 1935 年 1 月英国皇家天文学会的学术会议上报告。在讨论中，爱丁顿曾指出钱德拉塞卡的计算公式过于简化，可能会导致错误的结论。钱德拉塞卡虚心接受，改用严格的公式进行计算，然而计算结果并没有改变"白矮星有一个质量上限"的结论。

根据爱丁顿的恒星内部结构理论，恒星的质量并不会有什么限制，观测也证明银河系中的恒星，质量从 0.1 到 100 个太阳质量的都有。钱德拉塞卡居然提出白矮星的质量不能超过 1.4 个太阳质量，爱丁顿思来想去都认为没有道理，一定是错的。他决定批判钱德拉塞卡的理论。

**2．钱德拉塞卡的理论痛遭封杀**

钱德拉塞卡抱着得到爱丁顿支持的幻想走上讲台。而爱丁顿给予他的却是彻底的批判，针锋相对地宣称钱德拉塞卡的理论"全盘皆错"，"根本不存在什么相对论性简并"，"白矮星质量上限"的结论"离奇古怪"。他相信"一定有一条自然法则阻止星体按这种荒谬的方法演化"。他甚至当场把钱德拉塞卡的论文撕成两半。会议主席不给钱德拉塞卡答辩的机会，反而要求他感谢爱丁顿的批评。同年7 月，国际天文学会在巴黎召开代表大会，钱德拉塞卡和爱丁顿又见面了。在会上，爱丁顿主动出击又一次激烈地批评钱德拉塞卡的白矮星理论。钱德拉塞卡仍然没有得到在会上申辩的机会。对于钱德拉塞卡来说，这真是晴天霹雳般的一击。

**3．不屈和宽容的钱德拉塞卡**

两次遭受学术权威封杀的钱德拉塞卡并不屈服，他坚信自己的理论是正确的。他知道，他和爱丁顿之间争论的焦点不是天文问题，而是要不要用现代物理学的相对论、量子统计来解决像白矮星这样的致密星的内部结构问题。爱丁顿的错误在于坚持经典物理学原则，不承认相对论简并性。钱德拉塞卡转向物理学界去征求意见，争取支持。他首先得到了著名物理学家玻尔（N.

Niels Henrik David Bohr）及在玻尔那里工作的罗森费尔德（Léon Rosenfeld）的支持，他们认为，爱丁顿的理论违反了泡利原理，因而必然是错误的。钱德拉塞卡又向泡利请教，同样得到坚决的支持。渐渐地，他获得的支持越来越多，情况发生了变化。

图 3-6　美籍印度裔天文学家钱德拉塞卡

1939 年 8 月，国际天文学会在巴黎召开学术会议专门讨论白矮星和超新星问题。钱德拉塞卡在报告中指出爱丁顿理论的错误所在，赢得了许多人的支持。最终获得了这场辩论的胜利。

虽然钱德拉塞卡的理论被爱丁顿封杀，也使得他不可能在英国找到一个满意的职位。但他并不记恨爱丁顿，在以后的学术交流中还建立了友好的关系，经常通信交流。在爱丁顿逝世时，他出席追悼会，发表了感情真挚的悼词。他还出版一本题为《爱丁顿》的小册子，纪念爱丁顿百年诞辰。

钱德拉塞卡的研究风格很特殊。他不是盯着一个他所熟悉的、已在学术界具有权威的领域。当他在某一领域的课题取得系统性的成果以后，写成一本专著，然后，强迫自己放弃已经驾轻就熟的课题，重新寻找天体物理学领域里另一个完全不同的课题。这种风格需要放下权威的架子，从头开始去学习和研究。需要投入大量的时间和精力。到了 63 岁，他又换了课题，研究黑洞，一干就是 8 年，完成时已是 71 岁的高龄，依然取得独创性的成果。他年轻的时候就闻名于世，一生获得许多荣誉和奖励。最令他欣慰的是，在他 73 岁高龄时荣获 1983 年诺贝尔物理学奖。

#### 4. 钱德拉塞卡理论的观测检验和白矮星的演化

很显然，一个新理论总是需要时间来验证它的正确性，天文学的理论更需要用天文观测来检验。现在已经观测到几千颗白矮星，它们的光度很低，仅是太阳的十分之一甚至千分之一，半径很小，也就和地球差不多大。它们的质量在 0.3～1.2 个太阳质量，没有一个超过钱德拉塞卡质量上限的。而且，它们的质量和半径关系完全遵从钱德拉塞卡推算出的理论曲线。

在双星系统中的白矮星，如果不断吸积伴星的物质，使其质量超过 1.4 个太阳质量的上限，那么这颗白矮星就会爆炸。如果双星系统的两颗星都是白矮星的话，最终可能会碰撞合并在一起；如果质量足够大，就会演变成中子星；如果质量不到 1.4 个太阳质量，就会合并成一颗大一些的白矮星。

白矮星形成时的温度非常高，因为没有能量的来源，将会逐渐冷却。它的辐射会从最初的白色逐渐转变成红色，最后变为看不见的黑矮星。不过冷却过程非常缓慢，按现在的宇宙年龄计算，即使是最年老的白矮星依然有数千 K 的温度，所以宇宙中还不可能有黑矮星的存在。

# 四

# 中子星的预言和搜寻

中子星的理论研究远远走在观测的前面。20 世纪 30 年代物理学家准确预言中子星的存在曾使天文学家无所适从，不知道如何去发现这种超高密的天体。曾在光学波段、X 射线和射电波段进行搜寻，相遇不相识，错过了不少发现中子星的机会。

#### 1. 中子星的预言

"白矮星质量上限"的理论留下一个重大的待研究的学术问题，那就是超过质量上限的白矮星将如何演化。几乎与钱德拉塞卡同时，1931 年苏联年仅 23 岁的研究生朗道（Lev Davidovich Landau）在一篇论文中提出，可能存在比白矮星的密度更大、达到原子核的密度的恒星。1932 年物理学家查德威克（James Chadwick）发现中子，朗道马上认识到，达到原子核的密度的恒星就是由中子组成的中子星。中子星是比白矮星更致密的恒星，质量约为 1.4 个太阳质量，10 千米半径，密度为 $7 \times 10^{14}$ 克 / 厘米 $^3$，为正常原子核密度的 $2 \sim 3$ 倍，中子星核心处的密度则要比原子核密度高 $10 \sim 20$ 倍。稍后，巴德（W. H. W. Baade）和茨维基（F. Zwicky）两位天文学家明确提出超新星爆发可以产生中子星。他们认为："普通恒星通过超新星爆发转变为主要由中子组成的中子星。"

物理学家的预言，并未受到天文学家的重视。原因之一就是这种中子星太不寻常了。我们熟知的太阳，其体积可以装下 130 万个地球，而地球却可以装下 2.58 亿个中子星。中子星的密度比当时已知密度最高的白矮星要高出 $7 \sim 8$ 个数量级，真是令人不可思议。

那时的物理学家和天文学家都不知道中子星的辐射主要在射电波段，更不知道辐射的脉冲特性。这是导致迟迟未能发现中子星的主要原因。这不是天文学家的过错，天文学研究的魅力所在，就是它常常出人意料。

### 2. 在光学和 X 射线波段搜寻中子星

天文学家首先尝试用光学望远镜搜寻中子星。当时发现蟹状星云中心处的一颗 16 等的暗星具有不寻常的频谱，而且在它附近的星云有明显的活动现象。因此怀疑是这颗暗星提供了附近的星云活动的能量。然而，最终没有找到它是中子星的确切理由。实际上，这颗暗星就是蟹状星云中的中子星，在可见光波段就呈现脉冲式的辐射，当时没有观测出来。

虽然没有找到中子星，但物理学界还是掀起了研究中子星的热潮。其中有一项研究结果认为中子星在诞生后将逐渐冷却，表面温度约为 $10^6$K。这样高的温度将辐射软 X 射线。因此提出了在 X 射线波段搜寻中子星的建议。不过，X 射线观测技术直到 20 世纪 60 年代才发展起来。1962 年 6 月贾科尼（Riccardo Giacconi）使用火箭探测月球的 X 射线辐射时偶然发现了天蝎座（Sco）X-1。这是一个双星系统，发射 X 射线的是一颗中子星，可惜当时并没有认证出来。到 1968 年，已经观测到 20 颗致密的 X 射线源，都是中子星，但是没有论证清楚它们就是中子星，把机会留给了射电天文学家。

### 3．蟹状星云能源之谜和中子星的寻找

巴德和茨维基预言超新星爆发会产生一颗中子星。但在众多的超新星遗迹中并没有找到中子星。天文学家逐渐地把注意力集中到蟹状星云。这个被认证为中国古籍上记载的 1054 年超新星爆发的遗留物是一个全波段天体，从射电、光学，一直到 X 和 $\gamma$ 射线都有辐射，其总的辐射功率为 $10^{38}$ 尔格 / 秒，相当于 10 万个太阳的辐射。辐射属非热辐射性质，是高能电子在磁场中做加速运动时发出的。蟹状星云是一团稀薄的气体，辐射的能源来自哪里？源源不断的高能电子从何而来？光学观测还发现蟹状星云在膨胀，每年大约 0.2 角秒左右，而且膨胀速度在加快。是什么力量驱使星云加速膨胀？蟹状星云能源之谜成为天文学家关注的问题。

1965 年，英国天文学家休伊什用行星际闪烁的方法研究蟹状星云，测出了蟹状星云中存在一个致密成分，当时他提出，"这个致密成分可能是恒星爆发

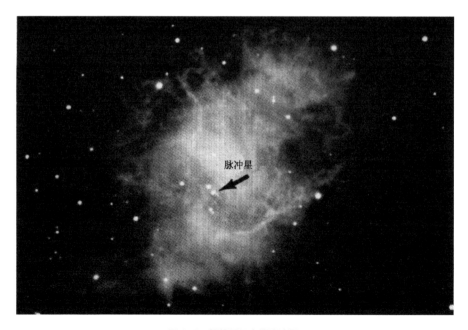

图 3-7　蟹状星云中的脉冲星

的遗留物，呈现耀斑式的射电辐射。"可惜，他并没有认识到这个致密源就是中子星。

1967年意大利天文学家帕西尼（F. Pacini）指出，"在蟹状星云中存在一颗由中子组成的星，它每秒自转多次，有很强的磁场，磁偶极辐射给星云以能量。"这个理论预言虽然完全正确，但是没有来得及发挥其指导意义。因为几乎同时，休伊什和他的学生贝尔偶然地发现了脉冲星。

## 五

## 脉冲星的发现

休伊什教授和贝尔女士在进行行星际闪烁的观测中发现了脉冲星。这一发现具有极大的偶然性，但当时射电天文观测技术和观测研究的发展程度已使这种偶然发现成为必然。

图3-8　剑桥大学行星际闪烁射电望远镜

### 1. 行星际闪烁观测

早在 1948 年，休伊什开始研究射电源强度起伏的现象，也就是闪烁现象。他从理论上弄清了射电源强度的不规则起伏是地球电离层或者太阳风引起的电波闪烁，并正确地指出只有很小角径的射电源才会发生闪烁现象。

1963 年，被誉为 20 世纪 60 年代天文四大发现之一的类星体成为天文学家追逐的目标，搜寻发现类星体成为一大热点。类星体是射电观测首先发现的，角径很小，因此能够发生行星际闪烁现象，天文学家纷纷采用这个方法从已知射电源中筛选类星体候选者。

1965 年，为了发现类星体的候选体，剑桥大学的休伊什教授领导设计和建造一台专用的闪烁望远镜。这台望远镜的天线是长 470 米、宽 45 米的矩形天线阵，接收面积达 2.1 万多平方米，灵敏度很高。观测波长为 3.7 米，波长较长，闪烁也比较强。米波天线技术难度不大、成本低廉，师生自己就完成了设计和制作任务。行星际闪烁是一种快速的变化现象，要求接收机能记录下 0.1 秒的快变化。望远镜固定不动，射电源因地球自转每天经过望远镜的天线方向主瓣一次，前后约几分钟。这是一台造价很低、构造比较简陋、功能单一的射电望远镜。然而，谁也没有想到，这台射电望远镜特别适合发现脉冲星。

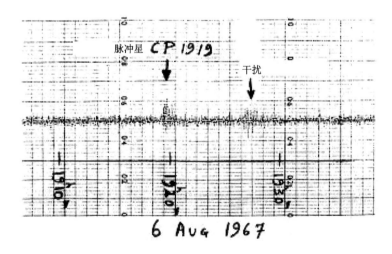

图 3-9　发现脉冲星的原始记录：与噪声相仿的脉冲星信号

### 2．偶然发现脉冲星

乔斯林·贝尔女士是休伊什的博士生，研究方向是行星际闪烁。一入学就全力地投入到望远镜的建设中。1967 年 7 月，望远镜建成投入运行，贝尔负责观测，每周重复巡视一次。6 个月的观测取得 5.6 千米的记录纸的原始资料。望远镜非常灵敏，不仅能接收遥远天体的射电辐射，也很容易接收到附近的无线电干扰。区分闪烁源和干扰成为每天必做的工作。在观测程序上，重复观测能帮助把干扰识别出来。

8 月，贝尔注意到一个发生在深夜的"闪烁源"，很不寻常。因为夜晚太阳风很弱，不会有强闪烁源，而且所在的天区也没有要观测的射电源。她监测多日，认为这个信号既不是闪烁源，也不是干扰，向导师作了汇报。他们继续监测，发现每天提前约 4 分钟出现，这表明信号来自太阳系外，由于地球绕太阳运转每天约 1 度，导致信号提前约 4 分钟。用快速记录仪记录下的信号显示为一系列强度不等但时间间隔约为 1.33 秒的脉冲系列。休伊什指出，"任何已知天体的辐射都不曾有过这样的短周期脉冲，曾经怀疑这些规则脉冲是人工产生的"。这就是最初发现的 4 颗脉冲星取名为"小绿人"1、2、3、4 号的原因。但很快就否定了这样的看法。进一步测量得出 1.3372795 秒的准确周期值，并确认为一种新型的天体——脉冲星。

作为脉冲星的最先发现者，贝尔的功绩是不可磨灭的。她对观测中出现的"新现象"穷追不舍，抓住极易与"干扰"混淆的短促脉冲信号不放，导致脉冲星的发现。偶然发现并不是仅凭运气。如果没有她的"细心"和"坚韧"，物理学家所预言中子星的发现又不知要推迟多少年！

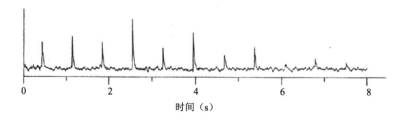

图 3-10　最先发现的 4 颗脉冲星中最强的脉冲星 PSR0329 + 54 的脉冲信号

### 3．中子星的形成和结构

要理解这种极端高密的中子星，我们需要了解物理学关于中子的两个反应，一个叫作 $\beta$ 衰变，另一个叫逆 $\beta$ 衰变。中子是不带电的，它可以在原子核中，也可以在原子核之外。$\beta$ 衰变说的是一个孤立的中子或者在原子核中的一个中子衰变为一个质子和一个电子，并发射一个反中微子的过程。而逆 $\beta$ 衰变，则为质子变成中子的过程，当电子的速度接近光速时和一个质子相碰，便会形成一个中子和一个中微子。也就是说，质子和中子之间是可以相互转变的。由于逆 $\beta$ 衰变过程的存在，电子和质子碰撞可以变为中子，使中子星的形成变为可能。

白矮星的密度达到了 $10^5 \sim 10^7$ 克 / 厘米$^3$，很显然，钱德拉塞卡上限的恒星坍缩后的密度将超过白矮星的密度，简并电子气压力不能抵抗引力，恒星要继续坍缩，密度越来越高，直至出现一个能与引力相抗衡的力时，坍缩才会停止。这个力是什么？它就是简并中子气压力。

形成中子星有三个物理过程：第一，当恒星的密度大于 $10^6$ 克 / 厘米$^3$ 时，自由电子的速度越来越快，有能力打入原子核与质子相碰变为中子，导致原子核里的中子越来越多。这就是中子化过程。第二，当密度达到或超过 $4 \times 10^{11}$ 克 / 厘米$^3$，原子核中的中子就会跑出原子核，成为自由中子。在原子核外除了自由电子外，还有自由中子。这个过程称为自由中子发射过程。第三，当密度超过 $4 \times 10^{14}$ 克 / 厘米$^3$ 以后，原子核便完全离解，其中的质子和电子相碰变为中子，成为中子的海洋。但是中子星内还存在着很少量的质子和电子，因为纯粹的中子流体是不稳定的。

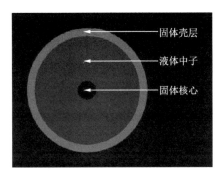

图 3-11　中子星结构示意图

简并中子气体的压力非常之大，能够抵抗引力，使恒星不再塌缩，形成稳定的中子星。中子化过程，形成中子星的固体壳层，分为内壳和外壳，约厚 1 千米，外壳是富中子的原子核和自由电子气体，密度为 $10^6 \sim 10^{11}$ 克 / 厘米$^3$。自由中子发射过程形成内壳，由裸原子核和核外中子及电子气组成，密度为 $10^{11} \sim 10^{14}$ 克 / 厘米$^3$。原子核的完全离解形成液体中子层，密度大于 $10^{14}$ 克 / 厘米$^3$，由简并中子流体和少量的质子、电子组成。核心部分，密度达到 $10^{15}$ 克 / 厘米$^3$，可能是固体。

中子星也存在一个质量上限，称为奥本海默质量极限。稳定的中子星质量不能超过 3.2 个太阳质量。最新的研究结果认为，非旋转中子星的质量上限是 2.16 个太阳质量。目前观测到的中子星中，质量最大的为 2.01 个太阳质量。如果超过了质量上限，中子简并压力也无法与引力抗衡了。收缩将不可抗拒地进行下去，它将一泻千里实现完全的引力塌缩，所有物质都集中到中心的一点，密度达到无穷大，形成了黑洞。

### 4. 脉冲星就是中子星

脉冲星周期的特性给天文学家出了难题，当然也提供了崭新的信息。脉冲星究竟是什么天体？首先要回答：脉冲星的周期为什么这么短、这么稳定？为什么周期会缓慢地变长？

（1）脉冲星的脉冲周期特性

至少具有四大特点：第一，周期很短，比天

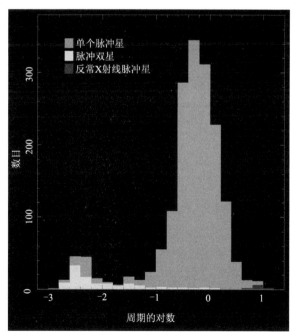

图 3-12　1750 颗脉冲星的周期分布，其中灰色为单个的脉冲星，白色为脉冲双星，深灰色为反常 X 射线脉冲星

文学家所知道的众多的周期现象中最短的还要短很多。在 1982 年以前观测给出的周期在 33 毫秒到 4.3 秒之间，最近观测到的周期的范围扩展至 1.4 毫秒到 8.5 秒。天文上我们熟知的周期性现象都没有这样短的周期。第二，周期十分稳定，比地球上的石英钟还要准确，其中的毫秒脉冲星的周期的稳定性还可以与原子钟媲美。第三，周期随时间的推移缓慢增加，周期变化率在 $10^{-13} \sim 10^{-20}$ 秒 / 秒之间。第四，脉冲宽度只占一个周期的很小一部分，平均只有 3%。这也是以往的天文现象中所没有的。

（2）周期来源的认证

天体的周期性现象是常见的。但是脉冲星如此短而准确的周期现象，人类还是第一次遇到。已知天体的周期现象主要有双星的轨道运动周期、恒星的径向脉动周期和天体的自转周期。

在银河系中，双星是很普遍的现象。一般双星相互环绕的周期较长，长的 5 年左右，甚至还有万年以上的，短的也有几十天。有一类密近双星，绕转周期可以短到十几分钟。两颗星越靠近，周期就越短。最极端情况是相切双星，两颗星互相挨着。根据开普勒行星运动第三定律，可以由轨道周期和双星的质量计算出它们之间的距离来。如果蟹状星云脉冲星 PSR0531+21 的周期来源于相切双星，周期为 33 毫秒，计算出的最大半径是 100 多千米。当时已知半径最小的恒星是白矮星，其半径至少为 6000 千米。所以排除了来源于白矮星轨道周期的可能性。双中子星系统有强烈的引力辐射，使得轨道周期越来越短。这与脉冲星的周期越来越长完全相反，因此排除了双星轨道周期的可能性。

在恒星世界中有一种被称为脉动变星的，其辐射具有周期性。如造父变星的光变周期在 1 天到 50 天之间。天文学家爱丁顿推导得出，脉动周期是随恒星的平均密度的增加而减小的。用白矮星密度的数值来估计，其周期可达 10 秒，远比脉冲星的周期要长。用中子星的密度来计算，其周期为 $1 \sim 10$ 毫秒，处在脉冲星的周期范围之中。但是，任何振动系统中能量的损失都会导致周期变短，这与脉冲星观测到的周期变长的趋势不符合。

恒星自转是一种普遍的现象，只是自转周期很短的恒星还没有发现过。恒星能不能转得这么快？周期为 33 毫秒的蟹状星云脉冲星每秒要转 30 多圈。而当今发现的脉冲星中最短周期是 1.4 毫秒，每秒要转 700 多圈。我们知道，一颗恒星转得越快，在它的赤道上的物质所受的离心力越大。如果离心力超过引力，赤道上的物质将被甩出去而使星体崩溃。对于中子星来说，自转周期短到 1 毫秒的脉冲星，在其赤道上的物质的离心力仍能小于引力，恰好满足这个条件。对于白矮星，最短周期只能短到 1 秒，显然不能用白矮星的自转周期来解释。

理论预言的中子星，热核反应已经停止，辐射只能依靠自转能的减少来维持，这就导致中子星的自转越来越慢。恰好，观测发现脉冲星的周期是越来越长的。天文学家经过反反复复的争论，看法终于趋于一致，都认为脉冲星就是中子星，脉冲星的周期就是中子星的自转周期。

### 5．脉冲星的灯塔模型

脉冲星的周期来源弄清楚了，但为什么辐射呈脉冲的形式？ 1968 年，天文学家戈尔德（T. Gold）提出"自转磁中子星模型"，具体地给出产生脉冲辐射的机制，使人茅塞顿开。他认为，中子星自转很快且具有非常强的磁场，其辐射

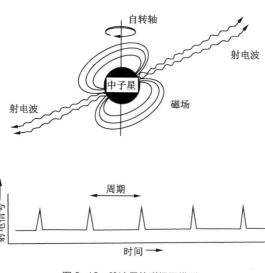

图 3-13　脉冲星的磁极冠模型

来自磁极冠区，是带电粒子沿弯曲的开放磁力线的运动所发出的曲率辐射，形成一个以磁轴为中心的方向性很强的辐射锥，就像灯塔发出的两束光一样。由于磁轴和自转轴不重合，当辐射锥随中子星一起转动扫过地球上的射电望远镜时，我们就接收到一个脉冲。这个模型成为证认中子星存在的最关键的一步。从此，天文学家对脉冲星就是磁自转中子星的结论深信不疑。30多年前理论预言的中子星终于找到了。

### 6. 休伊什荣获1974年诺贝尔物理学奖

休伊什由于和贝尔一起发现脉冲星，获得了1974年诺贝尔物理学奖的殊荣。休伊什教授获奖是当之无愧的。然而科学界许多人士都认为，只授予休伊什一人，而完全忽视了贝尔的贡献是很不公正的。

正像著名脉冲星专家曼彻斯特（R. N. Manchester）和泰勒（J. H. Taylor）在专著《脉冲星》的第一页写的那样："没有贝尔有洞察力和百折不挠的努力，我们现在可能无法分享到研究脉冲星的这份快乐。"实际上，早在脉冲星发现以前10多年，国际上有好几台大型射电望远镜就已具备发现脉冲星的能力，而且还多次记录到来自脉冲星的信号，但是他们没有察觉，以致失之交臂。很清楚，没有贝尔精细过人的工作和坚韧不拔的精神，也会失去发现脉冲星的机会。

天文学家没有因为贝尔博士的谦虚而忘记了她的卓越贡献。1980年在西德波恩召开的国际天文学会第95次会议是世界脉冲星学者的大聚会，共同回顾脉冲星发现13年来的巨大进展，会议特别把贝尔女士请来。在会议论文集的第一页上发表了贝尔博士和休伊什教授在会议期间的合影（见图3-14），并

图3-14　贝尔博士和休伊什教授在脉冲星国际会议上的合影，刊登在会议论文集的首页

冠以"脉冲星发现者的再次会见——乔斯林·贝尔博士和休伊什教授"的文字说明。这代表了当代脉冲星学者的心声，他们把脉冲星发现者的桂冠"戴"在贝尔博士的头上，弥补那不能更改的遗憾。

贝尔一直活跃在天文学研究的前沿，现在是牛津大学和曼斯菲尔德学院的天体物理学客座教授，也是英国物理学会现任会长。2002 年至 2004 年任英国皇家天文学会主席。在发现脉冲星 50 周年之际，传来好消息：贝尔荣获"基础物理学特别突破奖"，以表彰她对发现脉冲星所做出的重大贡献，以及在科学界中表现出的启发人心的领导力。奖金为 300 万美元。

## 射电脉冲双星的发现和引力波的间接验证

脉冲星发现以后，学术界为之一振，从观测上发现更多脉冲星成为当时科学界研究的最热门课题。搜寻发现脉冲星犹如用渔网在池塘中捕鱼，网孔大的渔网只能捕到大鱼，灵敏度不高的望远镜只能观测到强脉冲星。数量极多的弱脉冲星，就成为漏网之"鱼"了。要想观测弱的脉冲星必须提高射电望远镜的灵敏度。泰勒和赫尔斯勇敢地向这一困难挑战，并发现了射电脉冲双星，提供了一个理想的验证引力波存在的空间实验室。而双中子星系统的并合又成为引力波直接探测的首选对象。泰勒和赫尔斯因发现脉冲双星和间接验证引力波获得 1993 年诺贝尔物理学奖。雷纳·韦斯、巴里·巴里什和基普·索恩，因研制"激光干涉引力波天文台"（LIGO）项目和直接探测到引力波而获得 2017 年诺贝尔物理学奖。

### 1．射电脉冲双星的发现

1968 年，正在撰写博士论文的泰勒受贝尔发现脉冲星事迹的激励，决心把"研究脉冲星"当作终生奋斗的目标。获得博士学位以后，他就全力投入脉冲星的研究，一直站在脉冲星研究的最前沿。继贝尔发现 4 颗脉冲星之后，他与同事合

图 3-15　1993 年诺贝尔物理学奖获得者之一泰勒

图 3-16　1993 年诺贝尔物理学奖获得者之一赫尔斯

作发现了第 5 颗脉冲星。

到 1974 年初，已发现 100 颗脉冲星，平均每年发现 14 颗新脉冲星。这是全世界所有大型射电望远镜集体的贡献。但是，发现脉冲星的势头已逐渐减弱，原因是比较强的脉冲星基本上都观测到了，剩下的就是比较弱和很弱的源了。要想突破，必须设法提高射电望远镜的灵敏度才行。1973 年泰勒提出新的巡天计划，为了搜寻周期更短、距离更远、流量更弱的脉冲星，在观测技术上采取了三大措施：首先是选用阿雷西博这个世界最大的射电望远镜；第二是研制了一台具有消色散能力的接收机，既能解决星际色散的影响，又能提高灵敏度 5 倍多；第三个措施就是采用电子计算机技术，成功地解决了数据采集和处理的难题。

泰勒的学生赫尔斯把这次脉冲星巡天作为博士论文的研究题目。他在中学时期是一名狂热的射电天文爱好者，曾在家里组装了一台业余射电望远镜，虽未能真正地进行观测，却留下一个梦想。他独自来到远离美国本土的阿雷西博，不仅见到了世界上口径最大的射电望远镜，还将亲自操纵这台庞然大物进行一次前所未有的脉冲星巡天，真是激动万分。1973 年，阿雷西博射电望远镜正在升级改造，许多观测项目都停止了，唯独脉冲星巡天的观测被允许在望远镜改造的空隙间进行。赫尔斯是幸福的，他甚至获得了比申请的时间多得多的观测机会，他从 1973 年 12 月到 1975 年 1 月基本上都在那里，只是在望远镜改造工程繁忙时才返回大学一段时间。

赫尔斯以惊人的毅力和工作热情顺利完成了 140 平方度天区的观测和资料处理。这个天区以前也有人巡查过，共发现了 10 颗脉冲星，而他们这次又发现 40 颗新脉冲星，在当时脉冲星仅有 100 颗的情况下，这样的成果十分耀眼。

在新发现的 40 颗脉冲星中，有一颗名叫 PSR1913+16 的脉冲星让赫尔斯头疼不已。这颗脉冲星的周期飘忽不定。他当时感到极度的烦恼和困惑，不停地思考着：究竟什么地方出了错？他没有立即向导师求教，而是想方设法进行各种实验，最后终于找到问题的症结。他推断这是一颗双星，很快就测出它的轨道周期约为 8 个小时。欣喜若狂的赫尔斯赶紧给他的导师打电报："我们发现了射电脉冲双星。"

### 2．引力辐射的间接验证

1916 年爱因斯坦在他的广义相对论中预言宇宙空间中可能有引力波存在。

他认为，任何具有质量的物体做加速运动都会产生引力波。但是，地球上物体包括地球本身的质量太小，所能产生的引力波极其微弱，根本测量不到。科学家寄希望于捕捉发生在太空中天体事件所发出的引力波，多个国家建造了探测器进行监测。半个多世纪过去了，谁也没有检测到引力波。

1974 年，泰勒和赫尔斯发现射电脉冲双星为引力波探测研究带

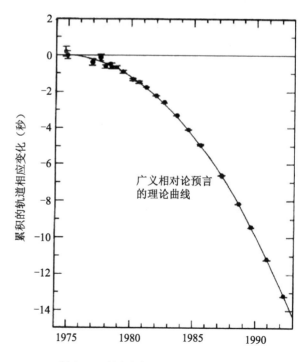

图 3-17 射电脉冲双星 PSR1133+16 的轨道周期变化和引力波的验证

图 3-18　首个双脉冲星 PSR J0737-3039A 和 PSR J0737-3039B 的辐射束示意图

来重大转机。脉冲双星 PSRB1913+16 由两颗中子星组成，轨道周期很短，仅 7.75 小时。两颗中子星相距很近，轨道椭率很大，达到 0.617，导致脉冲星具有 1/10 光速的速度。向心加速度非常大，这一切都使中子星发射出比较强的引力波。中子星由于发射引力波导致能量逐渐减少，两颗中子星逐渐靠近，轨道周期会不断变短，最终，两颗中子星还会发生碰撞并合。按照广义相对论的理论计算出这个双星轨道周期的变化率为 $-2.6 \times 10^{-12}$ 秒／秒。泰勒决定进行观测研究，利用阿雷西博射电望远镜进行了上千次的观测，观测精度一步步地提高。泰勒坚持不懈奋斗 20 年，最后得到的观测值与广义相对论理论预期值误差仅为 0.4%。终于以无可争辩的观测事实，证实了引力波的存在。

　　泰勒和他的学生赫尔斯因为发现射电脉冲双星和间接地验证了引力波的存在共同荣获 1993 年诺贝尔物理学奖。诺贝尔物理学奖属于他们不是意外，而是众望所归。对于赫尔斯来说，他成为历史上因为学生时代做出的成果而获诺贝尔物理学奖的第一例!

目前发现的双中子星系统不多,仅有 9 例。它们都成为检验广义相对论引力辐射的理想对象。

2003 年发现由 PSR J0737-3039A 和 PSR J0737-3039B 组成的双星,使天文学家喜出望外。这对双脉冲星的周期分别为 22 毫秒和 2.77 秒,轨道周期非常短,仅为 2.4 小时。在间接检验引力波方面比 PSRB1913+16 更有效。由于引力辐射,轨道半径越来越小,预计在 8000 多万年后,两颗中子星将发生碰撞并合在一起。相对于百亿多年的宇宙年龄来说,双中子星的合并事件将会时有发生,科学家们仍翘首以待。

# 七

# 引力波的直接探测

宇宙中任何天体只要有加速运动,都会产生引力波。质量越大、加速度越大的天体,发出的引力波越强。密近双星是最好的引力波源,它发出的引力波的频率两倍于它的轨道周期。随着时间的推移,双星的轨道周期越来越短,在发生碰撞并合的瞬间,轨道周期达到最短,引力波的辐射功率达到最强。

## 1. 激光干涉引力波探测器

引力波是一种以光速传播的时空波动,如同石头丢进水里产生的波纹一样,引力波到达之处的时空都会产生"时空涟漪"。引力波的到来,会使与其传播方向垂直的空间发生周期性的形变:横向收缩,纵向就拉伸;横向拉伸,纵向就收缩。由于空间本身在形变,置身于其中的探测器自然也会跟着形变。测出探测器尺度的变化,就可以得知引力波的到来。科学家们通过理论计算估计出引力波的强度,以地球围绕太阳运行为例,它发出的引力波功率仅为 200 瓦,还不如家用电饭煲功率大,频率也非常低。双中子星或双黑洞系统发出的引力波就要大得多,一是质量比地球大得多,二是向心加速度也大得多。即使如此,

图 3-19　美国激光干涉引力波探测器（aLIGO）

它们发出的引力波到达地球时也是十分微弱的。因此，引力波的探测对仪器的灵敏度要求非常高，要能够在 1000 米的距离上感知 $10^{-18}$ 米的变化，相当于质子直径的千分之一。为了测出这样小的尺度变化，美国科学家们花了 40 多年时间建成的"激光干涉引力波探测器"加强版（aLIGO）能够达到这样的灵敏度。aLIGO 由两个相互成直角的干涉臂组成，臂长为 4 千米。他们研制了两台一模一样的探测器，分别放置在路易斯安那州和华盛顿州，彼此相距 3002 千米。只有当两台探测器都接收到引力波的信号，才被认可。这是最好的排除干扰的方法。世界上还有几台类似的探测器，如在意大利的臂长 3000 米的 Virgo 等。

### 2．2015 年首次探测到引力波

2015 年 9 月 14 日，aLIGO 的两台探测器先后接收到引力波信号。经分析，这是来自远在 13 亿光年的两个黑洞碰撞并合过程所发出的引力波。整个过程仅仅持续 1/4 秒。这个引力波事件记为 GW150914。如图 3-20 所示，在两个黑洞相互绕转、轨道周期越来越短的旋近阶段，幅度逐渐增强，频率逐渐升高。在碰撞并合阶段，幅度达到极大，频率达到最高。并合过程的引力辐射是剧烈的、爆发性的，当两个黑洞并合成一个新的高速旋转的黑洞时，其发射的引力波幅度逐渐衰减到停止。理论与观测资料的拟合得知，并合前的黑洞质量分别为 29

个和 36 个太阳质量，并合的黑洞质量为 62 个太阳质量，大约有 3 个太阳质量转变成了引力波能量。在这之后又陆续探测到了 3 次新的双黑洞并合事件产生的引力波信号，编号分别是 GW151226、GW170104 以及 GW170814。从编号上可以很清楚地看到信号被接收到的日期。

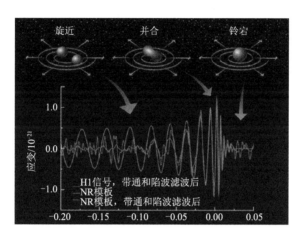

图 3-20　引力波 GW150914 事件的旋近、并合和铃宕三个阶段示意图和
aLIGO 探测器记录的信号和理论拟合曲线的比对

### 3．双中子星并合发出的引力波

虽然脉冲双星 PSR B1913+16 的观测已经告诉我们引力波的存在，但 GW150914 引力波比这个脉冲双星的引力辐射要强 24 个数量级以上。如果 PSR B1913+16 演化到并合阶段，它所发出的引力波也会强得多。同样有可能被 aLIGO 等设备探测到。2017 年 8 月 17 日，aLIGO 的两台探测器和意大利的 Virgo 探测器先后接收到引力波信号 GW170817。

不仅是探测到引力波，在接收到引力波之后的 1.7 秒，美国国家航空航天局（NASA）的费米卫星探测到了一个伽马射线暴，取名为 GRB170817A。在之后不到 11 个小时之内，位于智利的 Swope 光学望远镜发现明亮的光学体。分析结果认为，引力波信号来自双中子星并合过程。随后的伽马暴和光学对应体正是两颗中子星并合碰撞过程中产生的电磁辐射。双中子星并合所产生的信息比双黑洞并合要丰富得多。

图 3-21　2017 年诺贝尔物理学奖获得者：从左到右分别是雷纳·韦斯、巴里·巴里什和基普·索恩

这次引力波事件是在距离地球 1.3 亿光年的长蛇座星系 NGC4993 中，两颗互相绕转的中子星，在并合前约 100 秒时，相距 400 千米，每秒钟互相绕转 12 圈，并向外辐射引力波。它们越转越快、越转越接近，直至最终碰撞在一起，形成新的天体，并发出电磁辐射。两个中子星的质量分别大约是 1.15 和 1.6 个太阳质量，并合后的天体质量约为 2.74 个太阳质量，抛射出去 0.01 个太阳质量的物质。

引力波直接观测成功科学意义十分重大。爱因斯坦的广义相对论一系列预言中，这是最难验证的预言，连爱因斯坦本人都认为不可能探测到引力波，但确实是清清楚楚地探测到引力波了。2017 年诺贝尔物理学奖授予美国科学家雷纳·韦斯、巴里·巴里什和基普·索恩，以表彰他们为"激光干涉引力波天文台"（LIGO）项目和发现引力波所作的贡献。

# 毫秒脉冲星和它的重要应用

1982 年发现的毫秒脉冲星 PSR B1937+21 再一次轰动世界。它与现有的脉冲星的特性迥然不同，是新的一类脉冲星。这类脉冲星大量存在于球状星团中，成为研究球状星团的探针。毫秒脉冲星行星系统的发现开创了寻找太阳系之外行星系统的先河。毫秒脉冲星因为周期极端稳定，可以与原子钟媲美，有可能在标准时间和太空自主导航中有实际应用。

图 3-22　毫秒脉冲星的发现者
美国加州大学贝克教授

### 1．出乎意料的发现

毫秒脉冲星的发现归功于一次有计划、有目标的观测。1977 年，一个名叫 4C21.53 的射电源引起人们的关注，猜想是一颗脉冲星。有很多课题组曾观测研究，都以失败而告终。到 1982 年才由美国的贝克（D. C. Backer）教授和他的合作者确认是一颗脉冲星，出人意料的是这颗名叫 PSR B1937+21 的周期仅为 1.6 毫秒。一直到 2006 年，才发现一颗周期更短的脉冲星，那就是周期只有 1.39 毫秒的 PSRJ1748-2246ad。这是一个双星系统，轨道周期为 1.04 天。

### 2．毫秒脉冲星是一类新型脉冲星

按照已有的脉冲星观测和理论，短周期脉冲星都是年龄小、磁场强、周期变化率比较大的脉冲星。而毫秒脉冲星 PSR B1937+21 却反其道而行之，它的周期比蟹状星云脉冲星要短 20 倍，但年龄反而要高出 5 个数量级，达到 $4 \times 10^8$ 年。磁场则要低 5 个数量级，约为 $10^8$ 高斯，周期变化率要比蟹状星云脉冲星低 6 个数量级。天文学家得出结论：毫秒脉冲星是新的一类脉冲星。

天文学家想到有些 X 射线脉冲星的周期是越来越短的，这是由于 X 射线脉冲星都是双星的成员，中子星不断吸积来自伴星的物质，导致自转越来越快。毫秒脉冲星很可能也经历过 X 双星脉冲星的自转加速过程。当光学伴星演化变为白矮星或中子星后，原来发射 X 射线的中子星因为不能得到伴星的物质而停止 X 射线辐射，后来就演变为辐射射电脉冲的毫秒脉冲星。因此，这样的脉冲星周期变得很短，年龄变老，磁场也衰减了。这种看法得到公认，因此毫秒脉冲星又被称为"再加速脉冲星"。

既然认为毫秒脉冲星与 X 射线双星有关，天文学家就想到球状星团。球状星团的形状近似为球形，是由大量恒星组成的集团，少的有几千颗，多的达几十万颗恒星。已经知道，球状星团中 X 射线双星的数目比较多。那么，是不是也有比较多的毫秒脉冲星呢？

1982 年发现第一颗毫秒脉冲星后，天文学家用了近 5 年的时间在整个天区大范围地搜寻毫秒脉冲星，只发现 7 颗，收获很少。迫使天文学家把目光转向球状星团。1987 年，英国莱因（A. G. Lyne）教授首先在球状星团 M28 中发现周期为 3 毫秒的脉冲星 PSR 1821-24。几个月后，他又在球状星团 M4 中发现了 PSR 1620-26，周期为 11 毫秒，属于双星系统中的一员。在这之后，到球状星团去寻找毫秒脉冲星成为脉冲星学者持续不断的追求。至今已发现的毫秒脉冲星超过 200 颗，其中有一半是处在球状星团中，大部分是双星系统。

球状星团杜鹃座 47 是离我们最近的一个球状星团，仅 4.1kpc（kpc 为天文距离单位，1kpc=3262 光年），因此比较容易观测到低光度毫秒脉冲星。不出所料，在这个球状星团中发现了 22 颗毫秒脉冲星。球状星团泰尔让（Terzan）5 有着非常稠密的核心，是恒星碰撞比率最高的球状星团之一，因此密近双星系统比较多，在这个星团已经发现了 32 颗毫秒脉冲星。

### 3．毫秒脉冲星的行星系统

寻找太阳系之外的行星系统是人们梦寐以求的事。从理论上估计，银河系中上千亿颗恒星中约有 10% 有行星系统，其中有的还可能有智能生命。但是，光学望远镜最初的搜寻都没有成功。人们始料未及的是，此类观测研究最先成功的例子却属于射电脉冲星。

1992 年沃斯赞（A. Wolszczan）和弗雷尔（D. A. Frail）两位天文学家发现毫秒脉冲星 PSR B1257+12 是拥有 3 个行星的天体。最先的分析是两颗行星，后来又确认第三颗行星的存在。行星 A 离脉冲星最近，平均距离为 0.19 天文单位，质量约为月球的两倍，公转周期为 25.262 天。行星 B 的平均距离为 0.36 天文单位，质量为地球的 4.3 倍，公转周期为 66.5419 天。行星 C 的平均距离为 0.46 天文单位，质量为地球 3.9 倍，公转周期为 98.2114 天。

行星系统的轨道运动会使脉冲星的周期产生非常小的"晃动"，由于毫秒脉冲星的自转非常稳定，周期噪声很小，因此才有可能被检测出来。毫秒脉冲星的行星系统很可能是它的伴星演变来的。在脉冲星的双星系统中，强劲的辐射和高能粒子流会不断把伴星的物质剥蚀掉，并使之瓦解，形成行星。所以，PSR B1257+12 的行星系统上不可能有生命存在。

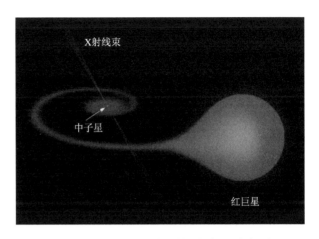

图 3-23　毫秒脉冲星是由 X 射线脉冲双星演变而来

图 3-24　杜鹃座球状星团和它里面的毫秒脉冲星（用星标表示）

### 4．脉冲星钟和脉冲星自主导航

毫秒脉冲星周期的高度稳定性在宇宙天体中是绝无仅有的，其周期稳定性高于原子钟，是挂在天上的标准钟。天文学家正在研究由多颗处在不同方向的、周期噪声很小的毫秒脉冲星组成一个"脉冲星钟"。虽然脉冲星钟不能替代原子钟，但却可以弥补原子钟的不足，特别是在执行深空探测的宇宙飞船上，脉冲星钟将上升为主要角色。

天文导航技术起源于航海，发展于航空，辉煌于航天。中国是利用天文导航最早的国家之一。最先发展起来的是光学观星的方法，通过测定某些预先选定的恒星来推算航天器位置和航向。目前我国已经启动脉冲星自主导航的研究。在航天器上自动观测脉冲星，获得航天器的空间位置坐标，然后用来修正航向，其优越性超越光学观测方法。由于 X 射线望远镜可以做得比较小，适合航天器携带，各国的自主导航方案都是让航天器携带 4 台 X 射线探测器和一台原子钟，同时观测处在不同方向上的 4 颗毫秒脉冲星，3 颗的观测资料用以确定航天器位置，1 颗毫秒脉冲星的资料用于原子钟时间的校准。

脉冲星钟和自主导航正处在研究的初始阶段，还有很长的路要走。

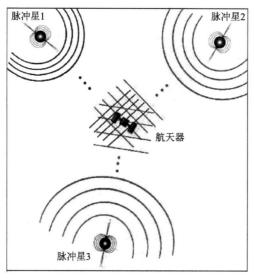

图 3-25　脉冲星自主导航示意图：在航天器上同时观测不同方向上的三颗脉冲星，以确定航天器的位置

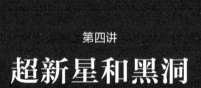

第四讲

# 超新星和黑洞

超新星爆发是非常罕见的天象，是最激烈、最壮观的天体物理现象之一。它是正常恒星演化的终点，又是中子星和黑洞诞生的起点，也是星系际物质聚散循环中的关键环节。银河系中的超新星爆发并不多见，已有400多年没有露面。河外星系中的超新星发生率也不高，但星系数目非常多，有些超新星的亮度能与其母星系相比，因此每年都能发现很多星系中的超新星。恒星级黑洞是由大质量恒星演化而来的。中子星存在一个质量上限——奥本海默极限。在超新星爆发后，如果恒星塌缩物质的质量超过3.2个太阳质量，恒星只能一直收缩下去，形成黑洞。

## 超新星的爆发机理、分类和重元素的产生

超新星通常被分为两大类，即 Ⅰ 型和 Ⅱ 型。主要根据它们的光谱中是否有氢的谱线来区分，但是有的超新星很暗弱，无法拍得光谱，只能根据光变曲线的形状来区分。后来发现，仅分为两大类不能表达某些超新星的特殊特性，因此又细分了若干次型。

### 1. 超新星爆发

质量大于8个太阳质量的恒星演化到晚期，当它们核心部分的核燃料殆尽，热核反应停止以后，将猛烈地坍缩，形成致密的核心，其密度达到甚至超过原子核的密度。一旦物质达到这样的密度，就不可能再压缩了。由于核心坍

缩，外层的物质将以很大的速度向核心坠落，但是却碰上了无比坚硬的、不能压缩的致密核心。外层物质被突然阻挡并反弹回去，形成冲击波，由中心向外传播，几天后到达恒星表面。其巨大的能量将把恒星的整个外层炸得粉碎，形成弥漫星云状的遗迹，留下来的只有致密的核心，形成中子星或黑洞。

爆炸时释放出的能量非常多，因此变得极其明亮，并可持续几周至几个月才会逐渐衰减变为不可见。我国古代观测者误以为是外来的亮星，故称"客星"。超新星爆发为星际物质提供丰富的重元素，爆发产生的激波也会压缩附近的星际云，促使新的恒星诞生。

从发现的弥漫状遗迹推算，银河系中超新星爆发的概率约为 50 年一次，但是人们直接观测的超新星却远小于这个数。1604 年以后就没有观测到银河系中的超新星。

### 2. Ⅰ型和Ⅱ型超新星

Ⅰ型超新星的光谱中没有氢吸收线，这是因为在爆发时恒星最外面的氢包层已经被抛掉了。Ⅰ型又分为 a、b 和 c 三个次型。在爆发时恒星仍然保留有最外面的氢包层的为Ⅱ型超新星，因此有氢吸收线。按照超新星爆发的光变曲线的特征，又把Ⅱ型超新星分为 $P$ 型和 $L$ 型，如图 4-1 所示，$P$ 型在极大后的衰减过程中有一个平台，而 $L$ 型则是单调地下降。

从爆发机制上来区分，最典型的是Ⅰa 型和Ⅱ型

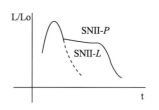

图 4-1 超新星Ⅱ-$P$ 和超新星Ⅱ-$L$ 的光变曲线

图 4-2　英国天文学家
福雷德·霍伊尔

这两种。Ia 超新星是当今最热门课题，它被认为是白矮星因吸积物质导致超过钱德拉塞卡质量极限再次塌缩引起的超新星爆发。这种爆发通常会把白矮星彻底摧毁，只有极少数情况可以变为中子星。Ⅱ型超新星，以及 Ib 和 Ic 超新星的前身星都是质量超过 8 个太阳质量的恒星。

Ia 超新星爆发时的质量基本上是白矮星的质量上限，质量几乎相同，所以它们的最大光度几乎是一样的，可以作为"光度标准"。这样就可以把光变曲线极大值时的视光度值作为标准光度，因此可以用来估计距离。研究结果发现，根据 Ia 超新星的最大光度估计出的距离，显示出宇宙不仅在膨胀，而且在加速膨胀。因此推断出宇宙中暗能量的广泛存在，加速膨胀是由暗能量引起的。萨尔·波尔马特（Saul Perlmutter）、布莱恩·施密特（Brian P. Schmidt）和亚当·里斯（Adam G. Riess）3 位天文学家研究 Ia 型超新星而发现宇宙正加速膨胀，为此他们荣获 2011 年诺贝尔物理学奖。

### 3．宇宙中的元素从何而来？

宇宙中的物质都是由各种元素组成，如门捷列夫元素周期表给出的一百多种元素及其同位素。氢是宇宙中最简单的一种元素，按质量计，它约占宇宙全部看得见的物质的 3/4，第二多的元素是氦，约占全宇宙的 1/4。所有其他元素的总和只占不足百分之一。宇宙中的氢和绝大部分氦是在宇宙起源大爆炸的最初 3 分钟形成的。其他一百多种元素是怎么形成的？直到 1957 年，伯比奇夫妇、福勒和霍伊尔四位天文学家发表恒星元素形成理论，才对宇宙中的元素形成有了一个准确和完善的说法。主要结论是：恒星中的核反应可以产生氦及比氢重的各种元素，直到铁元素为止。比铁重的元素是恒星在超新星爆发之前瞬间和爆发过程中产生。这篇论文成为经典之作，为世人公认，简称为 B2FH 论文。

到 20 世纪 40 年代，科学家们已经基本上弄清楚宇宙中有多少元素以及它们的丰度，获得宇宙元素相对含量分布图。英国天文学家霍伊尔率先研究恒星合成元素的理论，1946 年他发表的题为"宇宙中的元素在恒星中合成"的长篇论文，不仅是宇宙中元素来源的开篇之作，而且是一篇识破天机的杰作。应该说霍伊尔是恒星合成元素理论的旗手和开拓者。举世闻名的 B2FH 论文是在霍伊尔 1946 年论文的基础上的发展。

按质量可以把恒星分为三大类：质量小于 8 个太阳质量的称为小质量恒星，质量在 8 ～ 25 个太阳质量的称中等质量恒星，质量大于 25 个太阳质量的恒星称为大质量恒星。这三类恒星的演化途径是不一样的，制造元素的能力也不相同。小质量恒星的热核反应可以生成氦、碳、氧等轻元素，但不能生成硅、镁、硫、磷、铁等比较重的元素。质量大于 8 个太阳质量的恒星，核心的温度很高，达到 6 亿摄氏度以上，因此可以使氢和氦生成碳和氧，碳还能聚变为氖和镁。热核反应是放热反应，可以使温度升高。当升高到 10 亿摄氏度时，氖原子核与氦原子核碰撞可以生成镁；温度升高到 15 亿摄氏度后便能生成硫、硅和磷；温度再升高，还能发生更多的聚变反应，生成更多的元素。随着这些重元素的产生，形成了多重元素燃烧的壳层。

随着核心光度的增加，恒星的外层膨胀。虽然由于膨胀温度下降，体积增加导致总的光度提高，最后恒星半径达到 $10^3$ 个太阳半径，成为一颗红超巨星。当恒星的中心最终形成一个铁核时，那里的聚变反应就停止了。在这一阶段，核心开始冷却，热压力不足以平衡引力，铁核迅速坍缩，导致星体爆炸，成为超新星爆发。大部分质量向外抛射，形成弥漫的超新星遗迹，核心坍缩的结果形成中子星或黑洞。

红巨星的内部很像一个洋葱头，包含了许多同心层，进行着不同的聚变反应。如图 4-3 所示。图中除铁外，其他各层中如果温度足够高还可以继续进行核

图 4-3 大质量恒星演化形成各种元素的洋葱状结构，从外到里分别形成氦、氮、碳、氧、氖、镁、硅、硫、铁等元素

反应，箭头为核反应的生成物。

1983 年美国核物理学家福勒因为创建恒星元素合成理论的 B2FH 论文而获得诺贝尔物理学奖。福勒是加州理工学院教授，一直在凯洛格福辐射实验室工作。长期从事"碳、氮、氧循环"核反应及相关的实验研究。在恒星元素合成和核天体物理方面做出了杰出贡献，获得诺贝尔奖是实至名归的。但是，把贡献最大的霍伊尔排除在诺贝尔物理学奖之外则是不应该有的错误。

超新星爆发产生了比恒星核心更为极端的条件，极端的高温、高压和喷发的能量可以再次打破原子核的防线，生成众多的重元素，随同恒星中合成的元素一起汇入星际云，成为形成下一代恒星的原材料。因此"第二代"恒星中就含有丰富的铁和其他重金属元素。太阳、地球以及我们身体内具有各种各样的元素，包括重元素都归因于超新星爆炸后注入星际空间的物质。

超新星爆发是宇宙中最激烈的奇观之一，在这壮丽背后是一颗恒星的毁灭。不过，超新星爆发也促进了其他恒星的形成和星系的演进，它本身可能还留下了新生的中子星或难以捉摸的黑洞。恒星形成于星际分子云中，但过程异常缓慢。超新星爆发喷射出大量的物质如同利箭穿过星际介质，造成了星际介质的分布不均匀，给星际云气补充了动能，大大加快了原恒星的诞生进程。

图 4-4 1983 年诺贝尔物理学奖得主威廉·福勒

### 4. 双中子星并合过程产生比铁重的元素

B2FH 理论把产生比铁重的元素归结为 3 个核反

应过程：慢中子过程、快中子过程和质子过程。中子或质子打进铁族原子核，导致原子核中的质子数目不断增加，生成比铁重的各种元素。其中快中子过程效率最高，但只能在超新星爆发时才会出现快中子过程的条件。因此认为，大多数比铁重的元素是在超新星爆发过程中产生的。

1987 年发生在银河系近邻星系大麦哲伦云中的超新星 1987A 是近四个世纪以来地球上可见的最明亮的超新星。天文学家们获得了一个奇迹般的机会来研究有关超新星形成新元素的机会。理论预计，在超新星爆发期间，迅速发生的核反应形成一系列罕见而短暂的放射性核，以及其他一些稳定的重元素。观测发现了半衰期比较短的钴 56 和钴 57。其他半衰期比较长的放射性元素没有办法提供观测证据。

随着计算机模拟超新星爆发的理论研究逐步深入，许多学者的研究结果都认为超新星产生像金、银等这个级别的重元素的能力很差，也可以说几乎不可能。快中子俘获过程在超新星爆发时并不奏效。超新星的观测也没有发现多少比铁重的元素。

早在 1998 年，普林斯顿大学的李立新教授（现在是北京大学教授）与已故天文学家博赫丹·帕琴斯基（Bohdan Paczyński）教授已经在研究中子星碰撞并合后重元素的合成问题了。我们已经知道，中子星的外壳是铁族元素的原子核组成的固态结构，内部则主要是液态中子流体，混有极少量的质子和电子，中心可能是超子固态核。两颗中子星碰撞将会产生很多碎块，包括内部的中子流体和外壳铁族元素。构成了一个非常理想的发生快中子俘获过程的环境，将会迅速、有效地合成大量比铁重的元素，成为宇宙中合成超重元素的大熔炉。这些重元素中应该有足够多的金、银类的元素，几乎各向同性地撒到太空，真是抛金撒银，地球也会得到微乎其微的一点点。新合成的放射性重元素的衰变进而加热抛射物使其发出明亮的可见光及近红外辐射，形成了亮度是太阳亮度的几千万倍，比一般新星亮千倍的新星，取名为千新星。

这仅仅是理论研究描绘出的双中子星并合所形成的场景，期待能观测到双中子星并合后的抛金撒银的壮观场面。这一天终于到来了。2017 年 8 月 17 日，美国的两台 aLIGO 引力波探测器探测到来自两颗中子星碰撞并合发出的引力波，空间伽马射线卫星探测到随之而来的伽马暴，地面许多台大型光学望远镜观测到千新星，并检测到诸多的重元素。经过对观测资料的分析研究，这次的双中子星并合事件发生在距离地球 1.3 亿光年的长蛇座星系 NGC4993 中，两颗互相绕转的中子星的质量分别为 1.15 和 1.6 个太阳质量，合并后的天体质量约为 2.74 个太阳质量，抛射出去 0.01 个太阳质量。

# 历史上的超新星

历史上发现的超新星都是肉眼可见的。一些明显的事件会被当时的人们观测到并记录下来。由中国、日本、阿拉伯及欧洲的历史记录可以确认的超新星爆发事件有 10 次。其中我国记录超新星爆发数目最多，对过程的描述也最详细。自商代到 17 世纪末，我国古籍记载的包括新星和超新星在内的"客星"约有 90 颗，需要从中筛选出超新星来。所谓客星是指那些突然在星空中出现，以后又慢慢消失的天体，包括彗星、新星、超新星，以及流星等。有关记载描述了客星出现时间和消失的时间、出现的大概位置、亮度变化等情况。对于中国客星，英国科学史专家李约瑟写道："中国的'客星'记录，对今天的天文学研究仍然具有一定的现实意义。迫切需要把中国古书中的天象记载进行改编，使它们成为可供各国天文学家利用的形式。"当今的中外天文学家已经利用中国客星资料做出了出色的研究工作。

### 1．公元前 48 年中国客星

《汉书·天文志》记载道："元帝初元元年（公元前 48 年）四月，客星大如瓜，色青白，在南斗第二星东可四尺。"这是最早一例超新星的记载。根据目前的证认，它的遗留物很可能就是 2005 年发现的脉冲星 PSR J1833-1034 和超新星遗迹 SNR G21.5-0.9。它们在视位置、年龄和距离上都比较一致。这可以说是人类观测到的超新星的最早记录。

## 2. 公元 185 年中国客星

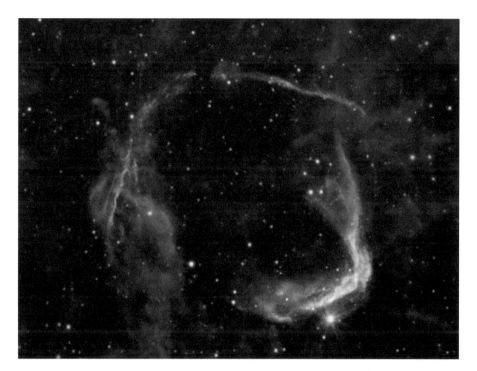

图 4-5　超新星遗迹 RCW86 的红外和 X 射线合成的照片
（红外辐射源比较大，右下明亮处是 X 射线辐射）

《后汉书》记载了公元 185 年出现一颗"客星"："中平二年十月癸亥，客星出南门中，大如半筵，五色喜怒，稍小，至后年六月消。"这颗客星究竟是什么天体，存在不同的看法，有些天文学家认为这是一颗彗星，也有人认为是一颗超新星。直到 20 世纪 60 年代，在这个客星的方向上发现了 RCW86，185 年客星才被公认是一次超新星爆发。2012 年，对 RCW86 的观测有很大的进展，4 台大型空间望远镜对这个超新星遗迹进行了红外和 X 射线波段的观测。结果如图 4-5 所示，红外辐射来自超新星遗迹的气体和尘埃，X 射线则来自它的高温气体的辐射。

根据美国斯皮策红外望远镜和广域红外探测器给出的红外线数据可以估计尘埃和气体的温度和分布。结果表明，这个超新星遗迹中的气体和灰尘都很少。钱德拉 X 射线望远镜和欧洲宇航局 XMM- 牛顿天文台给出 X 射线波段的分布，证明这个超新星遗迹中存在温度高达百万摄氏度的气体，它们是被超新星爆发产生的冲击波加热的星际介质。观测结果证明这个超新星属于 Ia 型。

### 3．1006 超新星

公元 1006 年 5 月 1 日凌晨，我国北宋真宗景德三年，在豺狼座西区，靠近半人马座方向，出现一颗很亮的客星，可与半个月亮相比。三个月后变暗，三年中仍然可见，直到公元 1009 年才消失。其视亮度大约在 −7 等到 −10 等之间。这是人类肉眼看到的最亮的一个超新星。我国宋代特别重视天象的观测，除司天监外，还在皇宫内再设天文院。在都城开封设有四个观象台，独立观测。当各个独立观测的记录相符时才被确认。除中国之外，埃及、伊拉克、日本、瑞士都有这颗"客星"的观测记录。

1965 年道格·米尔恩（Doug Milne）和弗兰克·加德纳（Frank Gardner）使用澳大利亚 64 米口径的帕克斯（Parkers）射电望远镜观测到超新星 1006 的遗迹。而后几年，陆续在 X 射线、γ 射线和可见光波段观测到这个遗迹。图 4-6 是超新星遗迹 SN 1006 的多波段观测拼合的图像。

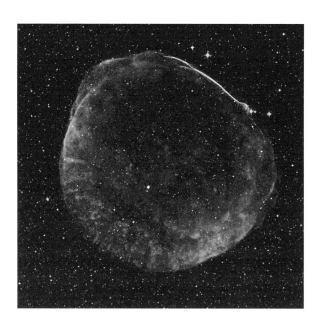

图 4-6　超新星 1006 的多波段观测数据拼合结果

2006 年是 SN 1006 的千年纪念，国际上召开了三次专门的学术会议，其中一次是在我国杭州

图4-7　《宋会要》关于1054超新星的记载和蟹状星云

举行的"SN 1006千年大会"。说明这个客星记载的科学意义和地位，弘扬了中国文化。

### 4．1054超新星

1054年出现的超新星，由于中国的史书中有详细记载，世界上都称它为中国超新星。宋朝的《宋会要》记载表明，这颗超新星在白天能看见，像金星一样的芒角四射。1758年法国彗星观测天文学家梅西耶（Charles Messier）在搜寻彗星时发现了蟹状星云，起初误认为是彗星，后来才确定不是彗星而是星云。在《梅西耶星表》中列为第一号，简称M1。1850年英国天文学家罗斯（William Parsons Rosse）用他自己制造的当时世界最大口径180厘米望远镜观测发现M1南端伸出许多纤维状物质，看起来好像是螃蟹的腿，于是给它取了蟹状星云这个形象化的名字。根据蟹状星云膨胀的观测结果，天文学家推算出这个星云在900多年前只有恒星般的大小。1928年美国天文学家哈勃（Edwin P. Hubble）认为蟹状星云就是公元1054年超新星爆发后留下的遗迹。后来的观测发现，蟹状星云在射电、光学、X射线和$\gamma$射线波段都有很强的辐射。其总的光度比十万个太阳的光度还要大，一团稀薄的气体怎么会有如此强的辐射，它的能量是从哪里来的？蟹状星云能源之谜促使天文学家探寻并发现了蟹状星云中的中子星。

### 5．"第谷新星"和"开普勒新星"

1572 年 11 月 11 日丹麦天文学家第谷发现一颗新星，当时比金星还亮，两年后肉眼才无法看到。当时称为"第谷新星"，实际上是超新星，处在仙后座，故又称仙后座超新星或 SN 1572。这个超新星可能属于 Ia 超新星：它原本是一颗白矮星，因为从伴星取得物质，使质量超过钱德拉塞卡极限，从而发生爆炸。SN 1572 的外壳气体目前仍以大约每秒 9000 千米的速度从中心方向向外扩展。上册彩图页的图 16 是第谷超新星留下的遗迹仙后座 A 的多波段合成图像，图中红色是斯皮策空间红外望远镜的观测数据，黄色是哈勃空间望远镜的光学观测数据，绿色和蓝色是钱德拉 X 射线天文台的观测数据。

1604 年 10 月 17 日开普勒发现一颗肉眼能够看得见的超新星，现在称为 SN 1604。高峰时曾成为全天最亮的恒星，除了金星外也比其他行星亮，视星等为 -2.5。这个超新星在 8 天前就由别人发现了，但并没有进行持续的研究。开普勒虽然晚几天发现，但进行了长时间的观测和研究，在《蛇夫座足部的新星》这本书中详细地记载了这颗超新星的情况，后人就把这颗超新星称为开普勒新星，其星云遗迹成为现代望远镜观测研究的对象。

实际上，我国古代对"第谷新星"和"开普勒新星"也有记载。第谷新星还是万历皇帝在官中亲眼看见的超新星，当时他设坛祭祀，亲自跪拜。最近 30 多年来，天文学家在射电、光学和 X 射线波段对这两个超新星遗迹进行仔细的搜索，没有发现它们留下中子星。

在 1609 年伽利略发明光学天文望远镜以后的 400 多年，灵敏度越来越高的望远镜却未能发现银河系中的任何一例超新星爆发。但是作为它们的遗迹却陆续发现，至今已有超新星遗迹 274 个，中子星的数目增加得更快，已超过 3000 余颗。人们翘首以待银河系中的超新星再次出现。

# 河外星系中的超新星

在 1609 年发明望远镜以后，虽然观测能力有极大的提高，但是却未曾观测到过银河系中的超新星。当今搜寻超新星的手段非常丰富，但主要还是依靠视场比较大的光学望远镜。从拍摄的照片中寻找新产生的亮点，然后进一步考察它们的光度变化和光谱特性。由于超新星爆发时，释放大量能量，都极其明亮，经常能够照亮其所在的整个星系，所以还是比较容易发现的。河外星系非常之多，每年发现的星系中的超新星至少有几百个。发现超新星主要靠对广阔的天区进行经常性的监测。众多业余天文爱好者的加入改善了超新星的搜寻研究。

## 1. 河外星系超新星的发现和命名

早在 1885 年，天文学家观测到仙女座星云中心一颗超新星，其亮度与仙女座星云差不多。20 世纪 20 年代，在"仙女座大星云是不是河外星系"的大辩论中，有些天文学家拿这颗超新星说事，他们认为仙女座星云不是河外星系，因为 1885 年的超新星怎么可能与一个天体系统的亮度相当呢！结果是这些天文学家错了，超新星短时间释放出的巨大能量，使其亮度达到甚至超过所在星系的亮度是完全可能的，因此小型光学望远镜也能观测到。目前已有一些业余天文爱好者发现超新星。发现超新星的难点在于人们不知道何时何地会发生，经常性地进行监测，才能有所收获。

专业和业余天文学家每年能发现几百颗超新星，如 2005 年发现 367 颗，2006 年有 551 颗，2007 年则为 572 颗。这么多新发现的超新星，如何命名成为一个问题。国际天文学会提出了命名法，规定超新星的名字由发现的年份和一至两个现代拉丁字母组成：一年中首先发现的 26 颗超新星用英文字母大写 A 到 Z 命名，如超新星 1987A 就是在 1987 年发现的第一颗超新星；而第 26 以后的则用两个小写字母命名，以 aa、ab、ac 这样的顺序起始。例如 2005 年发现的最后一颗超新星为 SN 2005nc，表示它是 2005 年发现的第 367 颗超新星。

**2. 射电望远镜发现的超新星**

通常人们都是用光学望远镜来发现超新星的。对比两张不同时间所拍的照片就能发现有没有新出现的亮点，从而确认是否发现了超新星。光学望远镜盯着某些天区不时地进行拍照，然后对比不同日期拍的照片，寻找新出现的光点。当发现重要的超新星后，才动用其他波段，如射电、X射线等波段进行观测。

2008年2月18日，新疆天文台25米射电望远镜在进行河外星系射电流量监测时，意外地发现M82中的一个超新星爆发。由射电观测发现超新星的例子是非常少见的，他们观测获得了超新星爆发时射电波段的完整光变曲线。2010年欧洲著名天文杂志《天文和天体物理》发表这一观测发现时，作为亮点文章给以点评。这一意外的发现是对他们几年坚持不懈地观测研究的最好的回报。

**3. 中国业余天文爱好者发现的超新星**

近些年来，发现超新星成为我国业余天文爱好者努力追求的目标。首先获得成功的是台湾业余天文学家蔡元生先生与吕科智。2006年，他们使用自己设在垦丁"星星村天文台"的40厘米望远镜，在星系PGC 70011附近发现了一颗亮度为16.1等的Ⅱ型超新星，名为SN 2006ds。

乌鲁木齐第一中学物理老师高兴创建的"星明天文台"配备了搜寻超新星和新星的观测设备，建立了"星明天文台超新星搜寻项目"网页，发布观测照片，供爱好者寻找超新星。高兴和他的合作者已经发现10颗超新星和多颗新星。其中2010年在NGC 5430星系中发现的超新星，经过美国帕洛玛山天文台确认为Ic型超新星。这是大陆天文爱好者发现的首颗超新星。2011年4月26日发现的超亮超新星，SN 2011by，其极大值达到12.5星等，是2011年最亮的超新星，比较罕见。全国有数以万计的天文爱好者应用"星明天文台"发布的照片寻找超新星。其中年龄仅10岁的合肥五年级学生廖家铭在2015年10月发现三角座NGC 582星系中和双鱼座PGC 442星系中的两颗超新星。通过国内外望远镜的光谱观测确认是Ⅱ型超新星。

### 4．轰动世界的超新星 SN 1987A

1987 年，天文学家目睹到一次极为壮观的超新星爆发现象，取名为超新星 1987A。一颗名为桑达利克的蓝超巨星为我们上演了这精彩的一幕。20 多年来，观测成果极其丰富，很多是意想不到的新发现。超新星 1987A 的探测和研究成为跨世纪的天文大事。

（1）SN 1987A 的发现

图 4-8　超新星 1987A 爆发前（左箭头所指）和爆发后（右亮斑）对比

1987 年 2 月 23 日夜晚，正在欧洲南方天文台拍摄大麦哲伦星系的加拿大天文学家伊恩·谢尔顿（Ian Shelton）和奥斯卡·杜阿尔德（Oscar Duhalde）共同发现：大麦哲伦星系中突然多出了一颗明亮的恒星，经过与老照片对比，确认是一颗视星等为 12 等的蓝超巨星爆发，变成了一颗肉眼可见的 6 等的亮星。在以后几个月内，它释放了 100 万倍于太阳的能量。因为是 1987 年发现的第一颗超新星，故取名为超新星 1987A，简称 SN 1987A。

天文学家等待了约 400 年才等到了一颗肉眼可见的超新星。全世界的天文学家全情灌注，倾万千的爱于它一身。他们停下手头上的观测课题，动用所有波段的观测手段观测这颗超新星爆发和它后来的演变过程，包括光学、红外、紫外、射电、X 射线、γ 射线等各个波段的观测设备，还有中微子和引力辐射探测器。

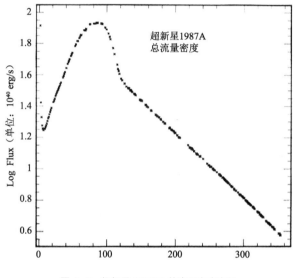

图 4-9　超新星 1987A 总流量密度变化

图 4-9 是超新星 1987A 的总流量密度变化曲线，可以看出，爆发后流量密度直线上升，到达峰值后很快下降，一段时间之后开始缓慢减弱，300 多天后才变得非常暗淡。

（2）意想不到的重大发现

1990 年 8 月，哈勃空间望远镜拍摄的第一幅照片就发现 SN 1987A 的周围有一个明亮的淡黄色光环，环的半径大约 0.7 光年，以每秒 3.2 万千米的速度膨胀。1994 年 5 月哈勃空间望远镜拍摄的照片令人们更加震惊，在淡黄色小环的外面，还有两个大环围绕着它。大大小小三环相套，在太空中形成了一道既新颖独特又美妙绝伦的风景。这又是前所未有的现象。

这三环相套的现象是如何发生的？天文学家比较相信这样的解释：大约 2

万年前，前身星不断地抛射大量物质，逐渐在周围形成了巨大的气体云。在恒星爆炸之前，它的炽热表面吹出的高速星风在周围的寒冷气体云中推开了一个空洞。超新星的强烈紫外闪光照亮了空洞的边缘，形成了一个明亮圆环，这就是观测到的内环。两个外环则是在 3 万年前，前身星抛出的物质形成的。两个外环看起来比内环更暗淡，也更纤细一些，这是因为外环所包含的气体物质要比内环稀薄得多。

天文学家曾经预言，SN 1987A 爆炸所产生的冲击波将以大约十分之一光速向外膨胀，当冲击波撞击到围绕它的内环时，压缩和加热内环的气体，在其内层形成热斑。热斑的温度达到几千甚至百万摄氏度，变得非常明亮。预言指出，内环由于气体冷却而逐渐暗下来以后将会重新变亮。事实果真会如此吗？哈勃空间望远镜一直在监视着它的变化情况。

果然，1996 年，天文学家从"哈勃"的观测资料中首次检测到 SN 1987A 的内环上出现热斑。随后的观测发现内环上越来越多这样的热斑。内环在暗淡了几年之后真的又重新明亮起来了。上册彩图页的图 15 是哈勃空间望远镜跟踪拍摄的超新星 1987A 系列照片，记录了其内环逐渐变亮的过程。1994 年和 1998

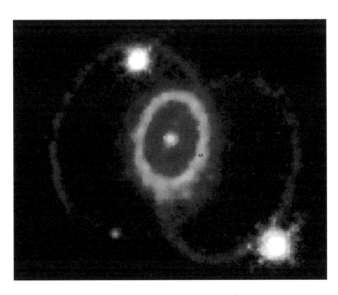

图 4-10　超新星 SN 1987A 爆发后显现的三个环及爆发遗迹（图中的两个白色亮斑是其他天体）

年的照片显示内环仅有一个亮斑，2001 年才出现 2 个亮斑，到 2006 年亮斑已经布满整个内环，一个紧挨着一个，就像是项链上的珍珠。天文学家的预言实现了，太空中又多了一个奇景。

超新星 1987A 仍然隐藏着很多秘密，特别是还不知道其中心处究竟有没有中子星或者黑洞。天文学家还抱有希望，很可能因为爆发产生的浓密碎片将中子星或黑洞紧紧地包裹着，将来可能会显露出来。

# 四

## 超新星遗迹和脉冲星风云

超新星爆炸时，恒星核心部分塌缩形成密度异常高的中子星或黑洞，外层则被炸碎，向周围空间迅猛地抛出大量物质。这些物质在膨胀过程中和星际物质互相作用，形成丝状气体云和气壳，成为星云状的遗迹，统称为超新星遗迹。它们在光学、射电和 X 射线波段都有辐射。中子星不断产生高能带电粒子，在它的磁层中产生各个波段的辐射，同时高能带电粒子也与中子星周围的介质相互作用，发出 X 射线辐射，形成脉冲星风云。

### 1. 超新星遗迹分类

超新星遗迹是爆发时抛出的物质在向外膨胀的过程中与星际介质相互作用而形成的展源。按形态，大致分为三类：壳层型、实心型和复合型。

壳层型超新星遗迹：具有壳层结构，中央没有致密天体。数量比较多，占已发现中的 80% 以上。著名的第谷超新星（SN 1572）、开普勒超新星（SN 1604）、SN 1006 的遗迹都属于此类型。壳层结构反映了超新星爆发时抛射出的物质与周围星际介质的相互作用。其光谱在 X 射线和光学波段大多具有热辐射的形式，在射电波段表现为非热辐射谱。图 4-11 是开普勒超新星遗迹的 X 射线、可见光和红外线观测的合成照。

实心型超新星遗迹：没有壳层结构，中央具有致密天体提供能量，其光谱在 X 射线和射电波段上均表现为非热幂率谱，其典型代表是蟹状星云。有没有壳层主要取决于星际介质的密度。

复合型超新星遗迹：结合了壳层型和实心型的特点，既具有提供能量的中央致密天体，又具有抛射物与星际介质作用形成的壳层结构，典型的遗迹是船帆座超新星遗迹。

1968 年在船帆座星云边缘发现脉冲星 PSR B0833-45，周期很短，为 0.089 秒，年龄约为 11,000 年。很快又在蟹状星云中心处找到了脉冲星 PSR B0531+21，周期更短，为 0.033 秒，年龄约为 1000 年。紧接着在超新星遗迹中找到的脉冲星 PSR B1509-58 是空间 X 射线卫星首先发现的，而后才在射电波段观测到，其周期是 150 毫秒，年龄约为 1500 年。这 3 颗脉冲星的发现证实了"超新星爆发产生中子星"理论预言的正确性。蟹状星云和它中心的脉

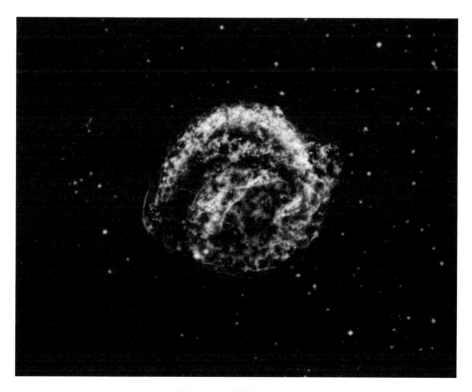

图 4-11　开普勒超新星遗迹

冲星，犹如外壳和核心，从形态上一看便能使人相信它们属于同一起源。在这颗脉冲星周围，星云物质也比较亮，说明脉冲星对星云的作用。脉冲星是太空中运动速度最快的天体，大部分脉冲星速度为每秒几百千米，有的甚至达到每秒3000多千米。船帆座脉冲星（PSR B0833-45）处在超新星遗迹之外，正是由于它的自行速度比较大，年龄又比较大，因此已从中心跑到边缘之外了。年龄更大或运动速度更快一些的脉冲星很可能远离它的遗迹，或者这个遗迹已经消失。

超新星遗迹是由弥漫的气体组成，它们的寿命不长，要不了几万或几十万年就会融入星际介质而消失。脉冲星的年龄超过百万年的占大多数，同时诞生的星云状遗迹均已消失，只能孤独地展示其生命的活力。所以与超新星遗迹成双成对的脉冲星仅占总数的很小的一部分。

21世纪开始的头十年，随着射电观测灵敏度的提高，超新星遗迹中原来观测不到的脉冲星检测到了，超新星遗迹中很弱的部分也被观测出来，脉冲星和超新星遗迹成双成对的例子也就增多了。大部分年青的射电脉冲星都找到了相联系的超新星遗迹。

## 2．超新星遗迹中的脉冲星风云

从1995年开始，哈勃空间望远镜多次观测蟹状星云，发现脉冲星周围介质有异样，其附近的星云中存在不断变化的纤维状亮条，这是被脉冲星发射出来的高能带电粒子轰击所致。钱德拉X射线天文台的观测进一步发现了蟹状星云和船帆座星云中的脉冲星风云。图4-12是蟹状星云及其中的脉冲星风云。它由三部分组成：（1）位于中心的X射线点源，就是蟹状星云脉冲星。（2）脉冲星赤道周围的圆形环，这个圆环的内径约10光年，比太阳系要大20倍，是脉冲星强大的星风与超新星遗迹物质相互作用所形成的。所谓星风，实际上是高能带电粒子流。（3）还有就是垂直圆环面的喷流，它是脉冲星在它的磁极方向发射出的高能粒子流产生的X射线辐射。对于年青的脉冲星，脉冲星风云常常在超新星遗迹的壳层之内发现。但是比较老的脉冲星，包括毫秒脉冲星，它们相

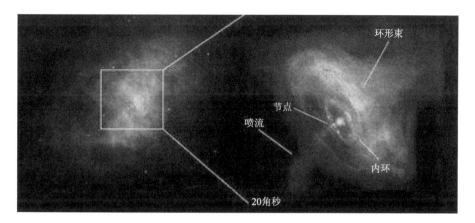

图 4-12　蟹状星云和它的脉冲星风云：左为多波段合成照片，右为 X 射线观测发现的脉冲星风云

联系的超新星遗迹已经消失，但也发现它们的脉冲星风云。

目前已经发现 43 个由 X 射线观测获得的脉冲星风云。其中有一个名为牛眼脉冲星风云，是我国学者卢方军博士牵头的国际合作小组发现的。2001 年 6 月，他们利用钱德拉 X 射线天文台观测超新星遗迹 SNR G54.1+0.3，发现了类似蟹状星云脉冲星风云一样的结构，有中心的 X 射线点源、赤道方向的圆环及两条喷流，其形态像一只牛眼。推定其中必然有一颗中子星，但是当时并没有发现脉冲星的存在。之后他们申请了阿雷西博的射电望远镜观测，于 2002 年 4 月发现了风云中心的脉冲星 PSR J1930+1852，自转周期为 137 毫秒，年龄约为 3000 年。这颗脉冲星因其风云形状而被命名为"牛眼脉冲星"。后来在 X 射线波段也找到了这颗脉冲星。上册彩图页的图 18 显示天箭座超新星遗迹 G54.1+0.3 和它里面的牛眼风云。蓝色区域是钱德拉空间天文台的观测结果，显示出围绕脉冲星的牛眼风云。斯皮策空间红外望远镜的近红外观测数据以绿色表示，远红外数据以红黄色表示。

目前已发现至少有 50 个超新星遗迹有中子星存在，其中有 19 个与射电脉冲星相联系，21 个与 X 射线脉冲星风云及其中的脉冲星相联系，有 10 个可能是反常 X 射线脉冲星、软伽马射线重复暴等中子星品种。

# 黑洞的提出和它的基本特性

"黑洞"这个名字很形象化。它的主要特征是"黑"，不能向外发光。再就是像一个深不可测的无底洞，任何物体落在它上面都要被它吞没。黑洞这个神秘的天体，我们看不见，摸不着，直接证实不了，只有在一次次间接的验证中向它逐步接近。然而正是由于它的未知，我们才急切地去研究。这种求知欲，成为了人类社会发展的推动力。

### 1．逃逸速度与黑洞的形成

如果我们把一块石头向上抛，它会很快落到地面，我们使劲大些，石头会飞得高些。如果石头的向上速度达到每秒 11.2 千米的话，它便会脱离地球的引力，一去不复返。这个速度便是逃逸速度。目前只有航天使用的火箭能使卫星或飞船达到或超过这个逃逸速度。

如何理解逃逸速度？根据牛顿力学原理，任何物体要从地球引力下逃逸的条件是它的动能大于它在地球表面处的引力势能，或者说，它的离心力要大于引力。逃逸速度公式是：

$$v > \sqrt{\frac{2GM}{R}}$$

其中 $G$ 为引力常数，$M$ 和 $R$ 分别为天体的质量和半径，$v$ 为逃逸速度。这个公式告诉我们，天体的质量和半径的比例决定了逃逸速度的大小。质量与半径之比值越大，逃逸速度亦越大。行星、太阳、主序星、红巨星等，包括白矮星和中子星，它们的逃逸速度都远小于光速。

由逃逸速度公式知道，如果把天体压缩到非常小，就可能使逃逸速度达到光速。这样的话，光也不可能逃离这个天体，它就成为黑洞了。我们把逃逸速度达到光速时的半径称为该天体变为黑洞时的"引力半径"。对于与地球质量相当的天体，引力半径为 8.9 毫米，也就是豌豆般大小。把太阳变为黑洞，其半径只有 2.96 千米。若黑洞质量与银河系相当，那么它的引力半径也就是 0.03 光年，但是银河系的半径却是 5 万光年。

从牛顿力学出发，我们能够理解产生黑洞的条件。有什么途径或力量能让天体极度收缩，形成黑洞呢？现在知道，宇宙大爆炸初期和恒星演变为超新星时有这个可能性。

早在 200 多年前的 1795 年，著名天文学家拉普拉斯（Pierre-Simon Laplace）就已经按照牛顿力学的原理预言了黑洞的存在，还猜测巨大的黑暗天体可能和恒星一样多，宇宙总质量的相当大的一部分很可能是看不见的。

### 2. 时空弯曲与黑洞的产生

虽然从牛顿力学出发提出了黑洞的概念，但只有爱因斯坦（Albert Einstein）的广义相对论才给黑洞以正确的解释。在广义相对论里没有逃逸速度这个概念。

根据广义相对论的时空弯曲理论，当恒星的半径变得很小时，它对周围的时空弯曲作用就变得很大，而且半径越小，作用越大，半径小到一定程度后，朝某些角度发出的光就将沿弯曲空间返回恒星表面，这就形成了黑洞。

天文学家利用一个质量很大的铅球使弹性床垫产生凹陷来比喻平直的宇宙空间发生弯曲。如果我们再放一个小球在床垫上，它会自动地滚到中央的铅球那里。若小球有横向速度，将绕铅球转起来。爱因斯坦的广义相对论认为，由于铅球的存在使空间弯曲了，小球并未受到任何力，只在弯曲空间做自由（惯性）运动。

广义相对论很难，刚发表时连很多物理学家都不理解，甚至不相信。爱因斯坦指出，广义相对论原理是可以用天文观测来验证的。其中的一个预言说，星光在太阳引力场中会弯曲。1919 年的日全食观测证实了，而且所发生的偏转角与理论预言的一致（详见第一讲日全食一节）。光线在引力场中的确会发生偏转，黑洞的产生也就顺理成章了。科学家们接受了广义相对论，公众也对广义相对论有了一定的理解。

图 4-13 描述了黑洞形成的过程，4 张图分别显示如下情况：一般恒星某处发出的光是直线传播的；当星体收缩，引力加大后，光线开始弯曲；星体进一

步收缩接近史瓦西半径时，光线弯曲得非常严重；星体收缩到史瓦西半径以内，什么光线都出不来了，完全返回了，这时黑洞形成了。

### 3. 中子星的质量上限和黑洞的形成

钱德拉塞卡在回忆关于白矮星质量上限的那场争论时曾说："如果爱丁顿当时承认了我的理论，将会使这个领域变成一个引人注目的研究领域，黑洞的许多性质将会提前 20 到 30 年被人们发现。"的确是这样，在那时，无论是钱德拉塞卡本人还是其他科学家都还不知道质量超过钱德拉塞卡质量极限的老年恒星的演化归宿是什么。现已公认，质量比较大的老年恒星最终将演化为密度比白矮星更大的中子星或者黑洞。第三讲曾介绍过，中子星存在一个 3.2 个太阳质量的质量上限。超过这个上限的中子星将继续塌缩，由于没有任何力量能够抵挡

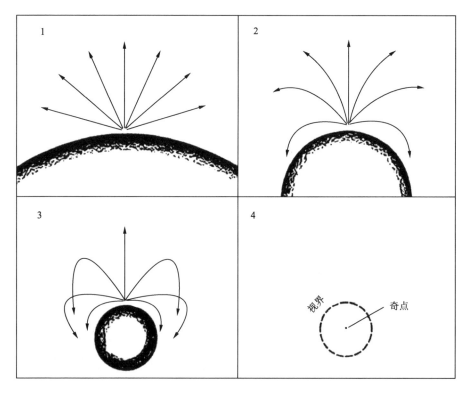

图 4-13　黑洞形成的过程

引力，收缩将不可抗拒地进行下去，最后形成黑洞。

## 最简单的黑洞

虽然从牛顿力学出发我们可以了解黑洞的产生及其基本性质。但是，天文学家和物理学家研究黑洞则完全按照广义相对论理论。在爱因斯坦方程的框架下产生出许多类型的黑洞，俨然形成了一个黑洞家族。其中，最为简单的黑洞就是最早提出的史瓦西黑洞。其次是克尔提出的可能更接近真实情况的旋转黑洞。

### 1. 史瓦西黑洞

1915 年爱因斯坦提出广义相对论不到 1 年，德国天文学家史瓦西（Karl Schwarzschild）求解爱因斯坦方程得出一个黑洞模型。他假定塌缩过程中的天体不带电荷，也没有旋转。解方程得到一个关于产生黑洞的引力半径判据，即史瓦西径：

$$R_s = \frac{2GM}{c^2}$$

如果天体的半径小于史瓦西半径，它的时空严重弯曲，使得任何射线都不能逃出，而成为黑洞。很有意思的是，这个公式与基于牛顿力学导出的逃逸速

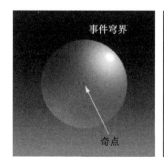

图 4-14　黑洞的奇点和视界

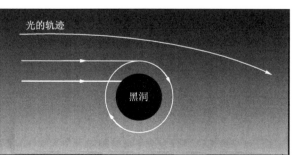

图 4-15　光经过黑洞视界附近的轨迹

度公式一模一样，只要把逃逸速度换为光速就行了。

史瓦西黑洞很简单，只有一个奇点和一个视界。由于完全的引力塌缩，所有物质都集中到中心的一点，密度达到无穷大，引力也达到无穷大，而体积则达到无穷小。所以中心这点称为奇点，是黑洞奇异性的来源。

黑洞的物质都集中在中心的奇点，到处都是空空的。但是围绕中心有一个范围，也即它的一个边界，称为视界。视界外的任何物体可以任意运动，然而任何物体，包括光一旦不幸落入视界，就再也不能逃脱，我们也接收不到视界里的任何信息。这个视界就是以奇点为中心、以"史瓦西半径"为半径的球面。

视界外面的物体是自由的，但是视界附近的时空是弯曲的，将会使经过它附近的光偏折，日全食观测证实了恒星的光经过太阳附近会偏折 1.75 角秒，这个偏折角太小了。我们可以在黑洞视界附近看到光线的明显弯曲，甚至绕视界而行。

在视界附近还有一个特殊的性质，就是红移很大，在视界面上达到无限红移，所以视界面又是无限红移面。红移是什么？无限红移又是什么意思？红移就是波动的波长发生变长的现象。生活的经验告诉我们，离我们而去的火车所发出的汽笛声音变得低沉，而向我们而来的火车的汽笛声音就变得高昂。这就是声波的波长发生了变化，红移是指声音变得低沉的情况，也就是声源离我们而去的情况。无限红移就是波长已经变长，长到无穷大了。这样，我们也就看不见波动了。

### 2. 克尔黑洞和克尔—纽曼黑洞

史瓦西黑洞是没有自转的，这点并不符合实际。我们虽然不能用观测来证明黑洞是否自转，但是我们知道所有恒星都在自转，没有理由认为黑洞不自转。中子星的自转还非常快，最快的自转达到每秒 700 多次。在形成黑洞的过程中，恒星的塌缩必然会经过中子星的阶段，按照角动量守恒的原理，黑洞的自转必然比中子星还快。自转将造成黑洞偏离球形而成椭球体。1963 年新西兰物理学家克尔（Roy Patrick Kerr）给出旋转黑洞引力场的解，称之为克尔黑洞。还有一种黑洞模型认为黑洞既有旋转，还带有电荷，称为克尔—纽曼黑洞，这是纽曼（Ezra Newman）在 1965 年提出的。

克尔—纽曼黑洞被认为是最普遍的黑洞，它的三个物理量是可以测量到的，即质量、电荷和角动量。对于一个黑洞，一旦这三个物理量确定下来了，这个黑洞的特性也就唯一地确定了，这就是黑洞的唯一性定理，也称为黑洞的无毛定理。

关于黑洞自转的问题已经获得观测上的支持。银河系 X 射线双星 GRS 1915+105 的伴星被认为是一个黑洞，2006 年天文学家的观测表明，这个黑洞可能在以每秒 1150 次的频率高速自转。

旋转黑洞由于有比较快的自转，其视界不再是球面，而变为椭球面。赤道方向和两极的情况有差别。旋转黑洞的周围就像宇宙中的一个引力大漩涡，漩涡中心是黑洞，在漩涡附近的物体都会被吸向漩涡中心。

许多黑洞的形成与恒星有关，可以说是恒星的尸骨。但在宇宙形成之初，在强烈爆炸产生的不可思议的高压之下有可能形成了一批小质量的原黑洞。此外还有巨型黑洞，它们处在星系的核心，其质量是太阳的数百万至 100 亿倍。银河系中心就被认为存在巨型黑洞。

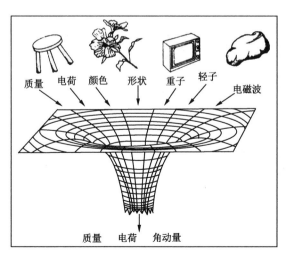

图 4-16　尽管落入黑洞的物质丰富多样，但黑洞只记得质量、电荷和角动量三个参数

### 3．霍金的量子黑洞

霍金（Stephen William Hawking）是一个轮椅上的勇士，一个身残志坚、不屈于命运的传奇式的人物。1962 年他考入剑桥大学做研究生。1963 年，被诊断为患上了无方可医的帕金森氏病。医生估计他最多能活上 2～3 年。到 1970 年，病情迅速恶化，他就完全被禁锢在轮椅上，低垂着头，失去了说话的能力。霍金面对随时可能死亡的威胁，丝毫没有退缩。相反地，他感到时间可能是短促的，必须使研究工作进程加快。鞭策霍金前进的动力是他要理解宇宙的坚定决心。霍金以重病之身克服人们无法体会的病痛折磨，奋力拼搏，取得了全世界瞩目的成就。医生说霍金天天在创造医学上的奇迹，而他却不断地创造天文学上的奇迹。霍金于 2018 年 3 月 14 日去世，享年 76 岁。

1974 年霍金发表了题为《黑洞会爆发吗？》的论文以后，黑洞理论才在观念上有突破性的进展。他证明，黑洞的边界不再是密不可透，黑洞能辐射能量，并且损失质量。霍金黑洞理论允许粒子逃离黑洞，这是爱因斯坦的广义相对论不能允许的，黑洞的"霍金辐射"被认为是划时代的贡献。

在霍金的理论中，"黑洞不黑"，黑洞并非只吞食物质和辐射的"天体"，它同时也蒸发出粒子和辐射，称为霍金辐射。他的理论来源于量子力学原理。

诚如人们所说，黑洞的本质是吞噬，极端疯狂地吞噬自我，啃噬周围的宇

图 4-17　轮椅上的天文学家霍金

宙。在它周围的物质都会被吸入它的大嘴之中。因此黑洞视界周围处于真空状态，没有任何物质。量子力学认为，真空并不是空无一物，而是能量处于最低的一种状态，但能量不会严格为零。我们观测到的光是一种能量，称为光子。根据爱因斯坦的质量—能量关系，能量和质量是可以相互转换的。真空中能量的涨落可以导致正反粒子的产生，但是正反粒子又会湮灭，转换为光子。最典型的正反粒子就是电子和正电子。这个过程反反复复地进行着，但又十分迅速，我们无法探测到。这些瞬息即变的正反粒子被称为虚粒子。

但是当有电场存在时，情况就不一样了。霍金指出，微型黑洞的强引力场相当于电场的作用，当正负电子产生的瞬间，受电场的作用，电子和正电子会分离。这时，电子比正电子更容易掉入黑洞，因此在黑洞视界外就会有一些正电子，相当于黑洞发射了正电子，也就是说，黑洞在蒸发，发出正电子流。这好比一个人手中持有的钱与借银行的钱几乎相等，实际上是没有钱，处在"真空"状态。但是银行免除他的欠款，他就有钱了。银行把负的钱吸收了，这个人就真正地有些钱了。

量子力学允许黑洞发射粒子流，负粒子掉进了黑洞，使黑洞损失能量，相当于黑洞将这些能量辐射掉。辐射的多寡由温度决定，而温度又由质量决定。霍金指出，若黑洞质量与太阳相当，温度接近绝对温度零度，几乎没有辐射。但质量为 10 亿吨的微黑洞，有 1200 多亿摄氏度的高温，辐射就很强了。小质量黑洞的温度很高，发射强度很大，类似一种爆发。

霍金提出的黑洞辐射，被称为黑洞的"霍金辐射"。打破了"黑洞是一个绝对的吸收体"的传统结论。黑洞不黑，黑洞可以辐射能量，可以发射粒子。世界科学界为之震惊！

### 4．特大质量黑洞

从理论上讲，黑洞是没有质量上限的，可以极端大。特大质量的黑洞可能经过三个途径形成：第一个途径是由小变大。黑洞是一个贪婪的怪物，任何物质只要落入它的视界以内都将被吸到它的奇点。因此，黑洞的质量是可能越来越大的。星系中心的物质密度大，是形成巨型黑洞的最有利的地方。第二个途径是由恒星集团的引力坍缩而形成。第三个途径则是在宇宙早期形成的特大质量的原初黑洞，大爆炸一方面引起宇宙膨胀，同时在局部区域引起凝聚，形成密度高于周围区域的团块，从而形成大大小小质量的黑洞，包括质量特大的黑洞。目前的观测研究表明，每个星系中心都有一个超大质量黑洞，质量一般约为星系总质量的 0.5%。

银河系中心的黑洞和星系 M87 中心的黑洞为著名的超大质量黑洞。银河系中心的黑洞质量为 400 万个太阳质量，相关的观测研究比较详细，将在第五讲中介绍。2019 年 4 月 10 日，事件视界望远镜国际合作团队公布了一张超大质量黑洞的照片，举世轰动。视界望远镜是由全球 8 个亚毫米波望远镜组成的干涉阵，应用甚长基线干涉阵进行观测，空间分辨率达到 20 微角秒。直接测量了射电星系 M87 中心黑洞的阴影和黑洞周围光环的大小，得到 M87 中心黑洞的质量为 65 亿个太阳质量。照片上可直接看到黑洞的"阴影"和环绕着黑洞阴影但亮度南北不对称的光环。其中的阴影尺度与中心存在超大质量黑洞的预言是一致的，这是一个了不起的科学成就！

2015 年，我国天文学家吴学兵等在英国《自然》期刊发表论文，宣布发现一颗距离我们 128 亿光年、发光强度是太阳的 430 万亿倍、中心黑洞质量约为

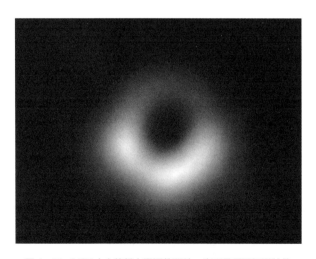

图 4-18　M87 中心的超大黑洞的照片，亮环是黑洞视界外的
物质发出的亚毫米波辐射

太阳 120 亿倍的超亮类星体。它成为了目前已知的遥远宇宙中发光最亮、中心黑洞质量最大的类星体。在已发现的 20 多万颗类星体中，距离超过 127 亿光年（即红移大于 6）的类星体只有 40 个左右。这一宇宙早期的超级"怪物"是利用云南丽江的 2.4 米望远镜首先发现的，它也是世界上唯一用 2 米级别的望远镜发现的、红移 6 以上的宇宙早期类星体。当然，后来应用国外大型观测望远镜进一步观测后才确认这一发现。

## 在双星系统中寻找黑洞

由于黑洞不发光，我们无法直接观测，但是它与外部世界的联系并没有完全切断，黑洞可以通过引力作用于其他物体上。受黑洞作用的体系有可能表现出一些新的特征，根据这些特征，我们就可以间接地寻找到黑洞。天文学家致力于在双星系统中发现黑洞就是这个缘故。

黑洞这一名词的创造者惠勒曾形象地比喻说："舞台上穿着黑色衣服的男孩拉着穿白色衣裙的女孩跳舞。当灯光变暗时，你只能看见这些女孩，而看不见男孩。女孩代表正常恒星，而男孩则代表黑洞。你看不到男孩，但女孩的环绕使你坚信，有种力量维持她在轨道上运转。由此能推测出一定有个男孩拉着她。"

天文学家有个共识：凡是双星系统中看不见的伴星质量超过中子星质量上限，也即 3.2 个太阳质量的，就可认为是黑洞的候选者。除了以质量作为判据，还可以从伴星周围物质的辐射情况加以判断。因为黑洞具有极强的引力，会将周围的所有物质都拉过来，通常会有一个吸积盘围绕着它。靠近黑洞的物质会源源不断地流入黑洞，因此会产生引力辐射及各种波段的电磁辐射，如红外、射电和 X 射线。因此观测和研究双星系统的 X 射线源、射电源或红外源辐射情况成为寻找黑洞候选者的有效方法。

天鹅座 X-1 是一个强 X 射线辐射源，在 X 射线源附近有一颗明亮的、质量大约在 25 ～ 40 个太阳质量的蓝巨星，与之组成一对密近双星。双星的轨道周期为 5.6 天，可以计算出天鹅座 X-1 的质量约为 7 个太阳质量，大大超出了中子星的质量上限，因此被认为是一个黑洞，这也是第一个公认的黑洞候选者。类似天鹅座 X-1 的黑洞候选者还有一些，如大麦哲伦云中的 X 射线源 LMCX-3，质量在 7 ～ 14 个太阳质量之间。哥白尼卫星发现的天蝎座 V861 是一个 X 射线源的双星系统，X 射线源的质量约为 12 ～ 14 个太阳质量，也成为黑洞候选者。

　　银河系中几乎所有的恒星级黑洞都是通过黑洞吸积伴星气体所发出的 X 射线来识别的。已发现的约 20 个黑洞，质量均在 3 ～ 20 个太阳质量之间。

　　2016 年初，中国天文学家应用郭守敬巡天望远镜开展双星系统的观测研究，选择了 3000 多个天体，进行了 700 多天的光谱监测。其中发现的一颗 B 型星是一个双星系统。以刘继峰为首的团队，应用国际上 10 米口径光学望远镜进行了进一步观测，用西班牙加那利望远镜观测 21 次，用美国凯克望远镜观测 7 次。确认这颗 B 型星的质量为 8 个太阳质量，距离地球 1.4 万光年，而它那看不见的伴星质量达到 70 个太阳质量。这是迄今为止观测到的质量最大的恒星级黑洞。已经进入黑洞理论的禁区，将迫使天文学家改写恒星级黑洞形成模型。这一发现证实郭守敬望远镜强大的光谱获取能力。中国团队将开展一次"黑洞猎手"计划，预计将会发现一批黑洞。

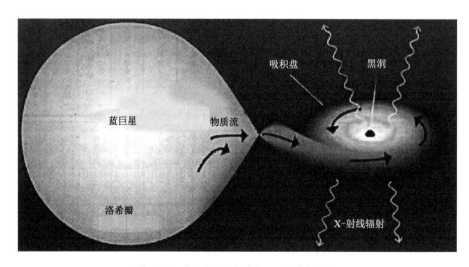

图 4-19　恒星级黑洞候选者——天鹅座 X-1

第五讲

# 银河系的发现及其结构

银河系中的众多繁星形成了光彩夺目的银河，成为环绕夜空的外形不规则的发光带。银河系属于星系类型中的棒旋星系，它的核心周围是一个巨大的中央核棒，并有缠绕着它的旋臂。由于地球处在银河系之中，揭示银河系的真正面貌成为人类最困难的任务之一。1609 年伽利略发现银河是由亮星组成，170 多年后才知道银河系是一个庞大的天体系统。300 多年后才获得当今公认的银河系结构模型。直到今天，天文学家仍在通过多波段观测研究银河系的有关问题。

## 揭开银河的秘密

喜爱观看星空的人一定都亲眼看见过银河。夏秋两季，在晴朗无月的夜晚，仰望天空就会发现有一条白茫茫的光带，像一条奔腾的大河从北到南横跨天空，这就是银河，民间俗称天河。银河浩浩荡荡，经过了很多著名的星座，例如天鹅座、英仙座、双子座、猎户座等共 20 多个。不过，到了春季，人们看不到银河的踪影，在冬季，它非常暗淡，不仔细看就不容易发现它的存在。

### 1. 有关银河的神话故事

自古以来，银河就是人们注意观察和研究的对象。但是，古时候人们不知道银河是什么，于是就产生了许多有关银河的传说和故事。我国古代把银河想象成天上的河流，产生了一个流传很广的牛郎织女的神话故事，动人心弦。夜空中的牛郎星和织女星十分亮丽，分布处在银河两旁，遥遥相对。牛郎星是天鹰座中最亮的星，西方称之为天鹰座 α，中国则叫河鼓二，民间俗称扁担星。扁担的两头各有一颗小星，那就是牛郎挑的一对儿女。织女星是天琴座中最亮的星，西名天琴座 α。在织女星的右下方有四颗小星大致组成了一个小的平行四边形，这是织女用来编织美丽云霞和彩虹的梭子。在全天最亮的 21 颗恒星表中，牛郎星和织女星都榜上有名，织女排名第 5，牛郎屈居第 11。牛郎星距离地球 16.5 光年，织女星距离地球 26.3 光年，它们之间的距离为 16 光年。每年七月初七牛郎、织女鹊桥相会，这个日子已成为中国人的情人节。

在古代罗马神话中，把银河说成是奶路，是主神朱庇特的妻子朱诺的乳汁淌成的。朱庇特与一个民间少女相爱并生下一子，为了让这个孩子能够成为最伟大的勇士，朱庇特趁朱诺睡着的时候，让这个孩子去吸她的乳汁。朱诺被惊醒了，并且生气地将孩子推开，结果她的乳汁喷射出来形成了银河。英语中的银河一词"the Milky Way"，就是由此而来的。在古代印度则把银河视为一条超度亡灵、通往西天极乐世界的大道。

有关银河的神话故事固然美丽动人，但它终究不是科学的解释。银河究竟是什么呢？望远镜发明之后，这个问题才有了正确的答案。

### 2. 银河系的发现

1609 年，意大利科学家伽利略发明了天文望远镜。当他用望远镜对准银河的时候，惊喜地看到了一番奇异的景象："透过望远镜你会看到多如牛毛的星星。银河实际上不是别的，而是密密麻麻聚集在一起的不计其数的星星。不管望远镜指向哪儿，一大群星星立刻呈现在眼前。其中有些大而明亮，小星星则更是难以计数。"

然而，没有天文学家关心伽利略的发现，伽利略自己也没有进一步研究。长达一个半世纪漫长的岁月中无人问津。到了 1755 年，由哲学家而不是天文学家再次提及银河问题。德国哲学家康德（Immanuel Kant）提出，"银河与天上的全部恒星以及我们的太阳共同组成了一个非常庞大的天体系统，其形状像一

图 5-1　赫歇尔和他的妹妹及儿子

个磨盘。"又过了 30 年，才有一位爱好天文的音乐家威廉·赫歇尔（Frederick William Herschel）开始关注太阳系外的天体。

　　要想建立银河系的结构模型，需要测量一批恒星的距离，包括边缘处的恒星的距离，困难很大，当时的望远镜观测条件有限。由于星际尘埃的存在，它们对可见光有很强的消光作用，使得光学望远镜很难观测距离超过 326 光年的银盘里的天体。银河系的直径约有 10 万光年，只能观测到近处的恒星。太阳系正好处在银盘上，更不可能看清楚银河系的全貌，可谓是"不识庐山真面目，只缘身在此山中"。

　　1776 年，赫歇尔应用恒星计数的方法来研究星空。他把天空按照经纬度划分成 1083 个区域，观测着一颗又一颗恒星，记录下它们的位置和视亮度，春夏秋冬，年复一年。经过了连续十来年的辛勤观测，一共观测了 117,600 颗恒星。赫歇尔的一生都在为天文观测忙碌着，50 岁才结婚，80 岁时还在观测星空。他的妹妹卡罗琳·赫歇尔（Caroline Lucretia Herschel）终身未嫁，一直是他的观测助手，她还独自进行观测，发现了 14 个星云和 8 颗彗星。1822 年，在她哥哥死后，仍然坚持天文研究，1828 年她整理好赫歇尔发现的 2500 个星云列表并发表。

后来她获得越来越多的荣誉，如英国皇家天文学会颁发的金奖章、普鲁士国王颁发的金奖章。赫歇尔的儿子约翰·赫歇尔（John Herschel）才能出众，成为英国著名的天文学家、数学家和化学家。他 24 岁时回到父亲的身边，帮助高龄的父亲承担大量的观测工作。为了将父亲的巡天和恒星计数工作扩展到南天，他携妻儿前往非洲好望角，最后编纂并发表的《好望角天文观测结果》成为重要的天文文献。他在天文方面的贡献使他在 1848 年当选为皇家天文学会主席。

赫歇尔发现，离银河平面越近，星的数目越多越密集。他认为越近的恒星越亮，越远的恒星就越暗，因此用视亮度来估计恒星的远近。这当然是一种近似，但总体来说，这种趋势大体是存在的。所以赫歇尔得到的研究结果还是可以相信的。

赫歇尔于 1785 年发表的银河系结构的图像如图 5-2 所示：银河系是一个呈扁平形状的恒星系统，是由满天的恒星和银河共同组成的。它的长度和厚度大约是 6:1，好像一块边缘不那么整齐的大烧饼，太阳在这个大烧饼的正中心（图中的小黄点）。赫歇尔成为第一个用观测事实确认银河系存在并给出其结构的天文学家。其科学意义不亚于哥白尼提出日心学说，是人类认识宇宙历史上一个重要的里程碑。

受历史条件的限制，赫歇尔关于银河系结构的研究存在两个重大的缺点：一是只有远近的比较，没有距离的标定，因此赫歇尔的银河系究竟多大尺度并不知道。二是错误地认为太阳处在银河系的中心。

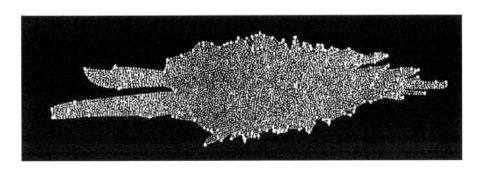

图 5-2　赫歇尔的银河系结构图

## 二

# 银河系的中心在哪里？

赫歇尔为研究银河系花费了毕生的精力。但是他错误地认为太阳处在银河系的中心。在赫歇尔之后，天文学家卡普坦和沙普利继续研究银河系，却得出两个完全不同的结果。年轻的沙普利，勇于创新，另辟捷径，仅用几年的时间，找到了银河系的中心所在，把太阳从银河系中心请了出去。这一闪耀着智慧光芒的成果被天文界认为是永远不会被忘却的功绩。

### 1．银河系中心在太阳的卡普坦小银河系模型

卡普坦（Jacobus Cornelius Kapteyn）1875 年获物理学博士学位，3 年后就成为天文学教授，并开始研究银河系结构。他沿用赫歇尔的方法进行恒星计数，不过他的计划比赫歇尔大得多。在方法上也有一定的改进。天体照相术的发明给研究银河系带来了方便，一张底片可以拍下数千颗恒星。比赫歇尔用肉眼通过望远镜观测恒星方便得多。

1906 年，他提出一个大胆的巡天观测计划，在天球上不同的部位选出 206 个小区域，请求世界各国天文学家进行观测。卡普坦一生没有使用过天文望远镜，然而他的名气使他可以调动世界各国的天文台与他合作。一时间，世界很多望远镜都在为他的巡天计划服务。卡普坦的研究使用了 45 万多颗恒

图 5-3 著名天文学家卡普坦

图 5-4 把太阳从银河系中心
请出去的沙普利

星的视亮度和位置的观测数据，比赫歇尔用的样本多得多。

估计恒星的距离仍然是最重要的。那时能测出距离的恒星只有几十颗，远处的恒星根本无法知道准确的距离。赫歇尔用恒星的视亮度来代表距离的远近，卡普坦则改用恒星自行来估计距离。自行是指恒星自身的运动导致在天球上视位置的变化，用每年移动了多少角秒来表示。平均来说，自行大的距离近，自行小的距离远。就好像飞机在天空中飞行：近处的飞机呼啸而过，远处的飞机移动很慢。当时他已测出几千颗恒星的自行。为了根据自行推测距离，他先从少数知道距离和自行的恒星资料找到恒星的平均距离，以及自行和视亮度之间的关系。根据这个关系求出那些已知自行和视亮度的恒星的距离。

卡普坦于 1920 年和 1922 年发表了最后的研究结果。他得到的银河系模型是一个由恒星组成的盘，直径为 5.5 万光年，厚度为 1.1 万光年，包含了 474 亿颗恒星。这比赫歇尔的银河系模型进了一大步，但比现在流行的模型要小。在这个模型里，太阳处在银河系中心，犯了与赫歇尔同样的错误，使得他 40 年辛勤研究付之一炬。在他发表研究结果的同时，一个年轻人把太阳请出了银河系中心，使卡普坦的银河系成为一个错误的模型。

### 2．沙普利独辟捷径寻找银河系中心

沙普利（Harlow Shapley）于 1885 年出生在美国一个农民家庭，幼年家境贫寒，没有受过系统的教育，16 岁就参加了工作。他自学成才，由短训班、预科班，最终进入大学，于 1914 年获得博士学位后，到威尔逊山天文台工作，一直到 1921 年。他充分利用这里的 2.54 米口径光学望远镜的观测条件，展示了他的才能。

银河系是一个拥有 1000 多亿恒星的庞大天体系统，如果走前辈的老路，应用恒星计数的方法，将会被一辈子也数不完的恒星缠身，也不见得能找到银河系中心。他摆脱传统的观念和方法，另辟捷径。从 1914 年开始，沙普利开始研究球状星团和其中的造父变星。球状星团是由几万至几千万颗恒星聚集在一起的球状集合体。他发现，球状星团是研究银河系结构最好的样本。球状星团很

亮，即使是处在银河系边缘还能观测到。球状星团的数目很少，也就百个左右，观测量不多。只要能估计出球状星团中几颗亮星的距离就可以确定星团的距离。因此要观测的恒星也不多，也就是几百颗，与赫歇尔的十几万颗和卡普坦的40多万颗的工作量相比真是九牛一毛。可谓是一种又快又好的办法。

沙普利利用造父变星求出3个球状星团的距离，用天琴座RR变星和球状星团中最亮恒星的某些特性分别求4个和21个球状星团的距离，还利用球状星团的视大小估计出它们的距离。总共获得69个球状星团的距离。他发现球状星团的空间的分布相对于太阳来说很不对称，但相对于人马座中心却是很对称的。他坚信，球状星团应该均匀分布在天空各处，相对于银河系中心的分布应该是对称的。因此，他大胆地指出银河系中心就在人马座附近。他的判断是对的，得到天文学家的认可。从这开始，太阳的地位发生了变化，从居于银河系中心的特殊恒星，降为银河系中一颗普通恒星。从此，人类对宇宙的认识又进入了一个新的境界。沙普利的地位也变了，变成了世界著名的天文学家。

沙普利的银河系模型也有很大的缺点。他把银河系的尺度估计错了，比实际的银河系大好几倍。但他一直坚信这个大银河系，认为这个银河系就是宇宙。以至于在"仙女座大星云"是不是银河系外的天体的大辩论中败下阵来。宇宙太复杂了，做一个常胜将军太困难了。这个故事将在第七讲介绍。

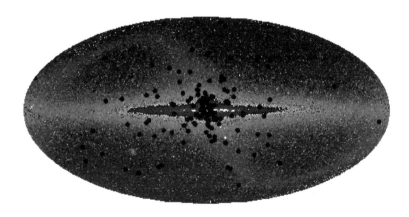

图5-5　沙普利的银河系模型，图中的小黑色圆斑是球状星团

### 3．赫歇尔、卡普坦和沙普利的不足

赫歇尔、卡普坦和沙普利三人都是研究银河系结构的。研究的是同样的一个课题，然而其结果却很不一样。赫歇尔首先证实了银河系这个天体系统的存在，功盖天下，虽然他给出的银河系结构模型有很大的缺点。

应该说卡普坦研究 40 年所得到的银河系的结构模型比前辈赫歇尔有较大改进，他的银河系的尺度和恒星数目，都比赫歇尔的更接近真实的银河系。但他重复了赫歇尔的错误，仍然把太阳当作银河系的中心。他花了 40 多年的宝贵时光，所得的进展无法与沙普利找到银河系中心的重大成就相比。以致后人在评价关于银河系的研究贡献方面，都不提及卡普坦。

实际上，卡普坦在银河系中心的问题上已有所悟。他在 1920 年的论文中指出太阳离银河系中心很近，1922 年则指出，"太阳到银河系中心必定有相当大的距离"，但不久又肯定太阳在银心附近。

其实，这三位天文学家都犯有一个共同的错误，那就是对星际消光都没有认识。星际消光是指恒星之间存在着的气体和尘埃对可见光的吸收。在银道面附近消光更厉害。这个问题直到 20 世纪 30 年代才弄清楚。赫歇尔没有考虑消光作用情有可原。但是在卡普坦和沙普利时代，已经有人在研究星际介质及其消光作用了。卡普坦对星际介质吸收也有一定的研究，曾正确地指出"星际介质对光的吸收，哪怕是很小的吸收也将改变我们对恒星在天空中分布的研究结果"。他面临着一次创新的机会，然而却半途放弃了，仍然按照没有星际消光来构造自己的模型，终于酿成苦酒。

在北半球的夏季，地球在夜晚面向银河系中心，面对银河系的主要部分，但是因为星际消光严重，只能观测到很少一部分。在冬季，地球面对银河系边缘，恒星分布稀疏，但因为星际消光不太严重，观测到的恒星数目并不比夏季观测的恒星少很多。赫歇尔和卡普坦观测到的恒星空间分布相对于太阳来说，虽然银心方向多一些，但大体上还可以认为是对称的，从而错把太阳当成银河系的中心。

沙普利过高地估计了银河系的尺度，原因之一也是没有考虑星际消光。他所研究的一些星团因中间介入尘埃而变得暗淡，因而把球状星团里的恒星的距离估计远了。目前公认的银河系模型当然是深入研究星际消光后的结果。

# 银河系多波段观测研究及其结构

　　赫歇尔、卡普坦和沙普利关于银河系的研究给出了银河系的大致结构，但存在两大不足：一是仅有可见光的观测，局限性很大。需要动用射电、红外、X射线和伽马射线进行多波段观测。二是关于银河系自转、银晕和旋臂的研究还没有起步，究竟有没有还不知道。荷兰天文学家奥尔特（Jan Oort）后来居上，一举发现银河系自转、旋臂和银晕，最终确立了科学的银河系概念和公认的银河系结构。

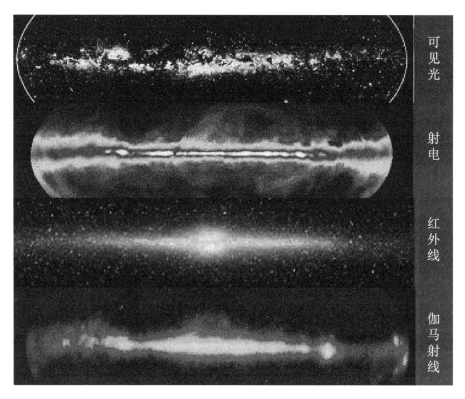

图 5-6　可见光、射电、红外和伽马射线波段观测的银河系，天体都集中在银道面附近

### 1．银河系的多波段观测研究

由于可见光观测受星际物质消光作用的影响很大，光学望远镜无法看清银河系的全貌和细节，特别是旋臂和银心方向。射电、红外和 X 射线则不受星际消光作用的影响，显示出优越性。各个波段的观测都显示出银河系的盘状结构，在银道面及其附近聚集了绝大部分天体，红外线的观测更鲜明地展现中心的核球（见图 5-6），而 X 射线观测则展现银冕的存在（见图 5-7），在高银纬地区有很多 X 射线源。

### 2．奥尔特发现银河系自转

月球、地球、太阳均有自转，人们很自然地就会联想到，银河系是否也有自转呢？ 1904 年，卡普坦发现星流现象：一群恒星朝向银心方向运动，另外一群恒星则背离银心方向运动。当时的天文学家并不理解这个重要的发现。后来人们才意识到，卡普坦发现的星流是银河系自转的反映。卡普坦的学生、荷兰天文学家奥尔特的博士论文题目就是"高速恒星的特性"，由此他进入了银河系研究的最前沿。

20 世纪 20 年代，天文学家根据观测银河系中某些恒星的运动认为银河系有自转。天文学家早就知道恒星有自行，知道恒星在天球上每年移动的角度，

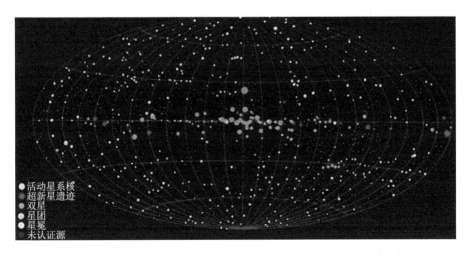

图 5-7　X 射线波段源在银河系中的分布，到处都有，证明银晕和银冕的存在

但是并不知道恒星的速度。测出自行后，还要估计出天体的距离，才能计算出它们的切向速度分量，再根据谱线的多普勒位移推算出它们的视向速度。这样，就能把天体在空间中的三维速度计算出来。但在当时，很难得出恒星间的距离。

1927 年，奥尔特通过恒星视向速度的分析研究，证明了银盘上所有的恒星都沿着近乎圆形的轨道绕银河系中心旋转，证实了银河系自转的存在，而且属于较差的自转类型。这之后，他随即建立了两个根据恒星视向速度和自行确定银河系自转的公式，即奥尔特公式，公式中的两个常数后来被称为奥尔特常数。他还证明，太阳绕银心转一周大约需要 2.25 亿年。

银河系的自转与地球的自转不同。地球是刚体，各处的自转角速度都是一样的。银河系的自转除了 3200 光年范围内的银核绕银心进行刚体转动外，银盘的其他部分都绕银心做较差的转动，也就是离银心越远转得越慢。

太阳处在银道面之北 39 光年处，离银心约为 3 万光年。银河系在自转，太阳带领我们正在以 220 千米 / 秒的速度绕银心运行，约 2.4 亿年转一圈。相对银

图 5-8　荷兰天文学家奥尔特

心，太阳每年就要移动 0.0053 角秒，这将导致天体的位置随时间的推移会发生很小的变化。

### 3. 银河系旋臂的发现和中性氢 21 厘米谱线观测

身在银河系之中，由于星际物质的消光作用，用可见光观测不可能看清楚银河系的全貌，必须寻求新的观测手段。二战结束，射电天文研究的中心从美国转移到了欧洲。奥尔特是少数几个率先认识到雷达和无线电技术在天文学上的重要作用的科学家，成为欧洲射电天文学发展的重要推手和世界射电天文学领域的先驱之一。他深知射电波能够穿越星际气体和尘埃的阻碍，射电波辐射能提供银河系结构全新的图像。于是他让自己的学生、课题组成员范德胡斯特从理论上寻找可供观测的射电谱线。范德胡斯特从理论上证明了氢原子波长为 21 厘米的谱线的存在。奥尔特将荷兰缴获德军的口径约 10 米的雷达天线改造为射电望远镜，1951 年成功地观测到来自银河系 21 厘米谱线的讯号。在他的努力争取下，1956 年荷兰在德文格洛（Dwingeloo）建成了口径为 25 米的射电望远镜。后来荷兰又建成功能强大的综合孔径射电望远镜（WSRT）。

1958 到 1959 年期间，奥尔特等人根据 21 厘米谱线的观测资料获得人类第一幅银河系中性氢云的分布图。发现中性氢原子在银河系中沿银道面形成一个以银心为中心的薄盘，并呈现出旋臂结构，从而证实银河系是一个漩涡星系。观测到 21 厘米吸收谱线的谱线分裂，根据物理学塞曼效应理论进行计算，得出银河系星际空间的磁场约为 $5 \times 10^{-6}$ 高斯。

经过多波段的观测，确认银河系有四条旋臂，即英仙臂、人马臂、南十字臂（盾牌—半人马臂）和矩尺臂，以及一些旋臂的分支，例如太阳系所在的猎户分支。2008 年，红外巡天发现，盾牌—半人马臂和英仙臂富含气体和不同年龄的恒星，而人马臂和矩尺臂则绝大部分是气体，只有少量恒星点缀其中。因此银河系只有两条主要的旋臂。2011 年，剑桥大学天文学家通过探测银河系中的一氧化碳，发现银河系的多了一条由一氧化碳分子构成的气体旋臂，新发现的气体旋臂位于人马座旋臂的末端。

## 4. 银河系结构

1930 年，奥尔特考虑了星际尘埃云对光学观测所产生的消光作用，重新计算银河系结构的尺度，把沙普利的大银河系的尺度缩小了。他计算出银心的距离在 3 万光年处，而不是沙普利的 5 万光年。这个结果被学术界公认为当今银河系结构的尺度。他还发现在银盘之外一些恒星围绕银河系旋转，进而发现了银晕。其研究还指出，银河系中存在数量非常大的暗物质。银河系由银盘、核球、银核、银晕和银冕组成。从侧面看去，银河系的主要部分像是一个体育竞赛用的铁饼。中间突出的是核球，是恒星的密集区。20 世纪 80 年代，就有天文学家认为银河系是一个棒旋星系而不是一个普通的漩涡星系。2005 年，斯皮策红外空间望远镜证实银河系属于棒旋星系型。棒长约 27,000 光年，大约以 45 度的角度横亘在太阳与银河中心之间。主要由红色的老年恒星组成。图 5-9 中没有展示棒的结构。

在核棒的中央有最密集的恒星群，很多是年轻的大质量蓝巨星，并有电离气体和尘埃，这个区域称为银核，直径约 20 光年。这是银河系最为神秘的地方，其中恒星的密度比太阳附近的密度要高出 1000 万倍。光学望远镜看见的银核是漆黑一片，只能依靠射电、红外、X 射线和 $\gamma$ 射线波段进行观测。

核球之外的扁薄的部分称为银盘，直径约为 10 万光年。银盘的中央平面称为"银道面"，恒星基本分布在银道面附近，越到边缘越少，银盘没有明显的边界。太阳位于银河系中心和边缘之间，距银河系中心约 3 万光年的地方。银盘比较薄，大约只有 2000 光年，由于不同类型的恒星分布不同，因此银盘的厚度难有统一的数值。

包围在银盘周围的球状区域叫银晕，这里范围很大，但物质稀疏。X 射线观测显示 X 射线源在银河系银晕中到处都有。银晕中还有球状星团、离群的恒星、老年中子星、高速运动的中性氢气。还有超新星爆发抛出的电离氢云。在银晕之外还有呈球形的、物质密度更为稀疏的银冕。

从上向下俯视，银河系就像一台风车，中心是核球，从核球延伸出去的螺旋状的风叶是 4 条旋臂，如图 5-9 所示，太阳系位于猎户臂的内侧，其他 3 条按

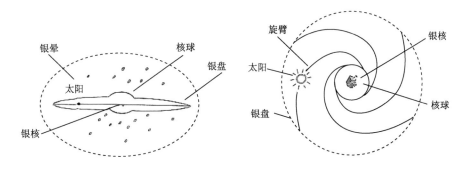

图 5-9　目前国际公认的银河系模型：左为侧视，右为俯视

逆时针方向依次为英仙座臂、三千秒差距臂和人马座臂。银河系旋臂的发现和确认颇费周折。

银河系的总质量是太阳质量的 1400 亿倍。主要物质都集中在核球和旋臂上，有 1000 多亿颗恒星和大量的星团、星云以及星际气体和星际尘埃。恒星质量占了 90%。恒星的种类繁多，可以分为 3 大星族。星族 I 最年轻，主要分布在银盘的旋臂上。星族 II 恒星最年老，主要分布在银晕里。星族 III 是诞生于宇宙大爆炸后不久，不含金属的恒星，迄今仍未发现。

### 5. 银河系旋臂的密度波理论

银河系存在旋臂是观测事实，它们本身出现的原因却是一个难解之谜。由于银河系是较差自转，离银心越远的地方转得越慢，这样旋臂应该越缠越紧，只需转几圈，就能破坏掉所有的旋臂，银河系和其他漩涡星系的旋臂都不可能存在。但是，银河系已经自转了 20 多圈，旋臂依旧。太空中众多的漩涡星系风采不减当年。这就是"旋臂缠卷"的难题。

1942 年以后天文学家提出一种名叫"密度波"的理论来解决这个难题。其中美籍华裔科学家林家翘的理论最为突出。密度波理论认为，星系的漩涡结构是一种波动图案，是由银河系的引力势决定的，沿着引力势的波谷是物质密度最高的地方。引力势引起的漩涡图案绕银心做刚体式转动，各处的角速度都是相同的。旋臂上的恒星、气体和尘埃并不是固定在旋臂上的，而是有进有出。

星系旋臂就像地球上的公路，随地球一起自转，但是公路上的汽车、自行车等交通工具则是有进有出。旋臂是最容易形成堵塞的地方，如同我们在公路上看到的，每一辆进入拥堵区的车辆都必须减速，进而影响它后面紧跟着的车辆减速。拥堵好像是一列波，从前向后传，持续很久。旋臂中的星体有进有出，川流不息，而这条公路式的旋臂图案却保持不变，旋臂不会缠卷起来。

## 四

## 银河系中心的大质量黑洞

银河系的中心在人马座方向。银心是恒星密集、尘埃稠密的部分，并且越靠近中心的部分就越密集。天文学家研究银心遇到的最大困难是光学望远镜对银心的观测无能为力。银河系中心究竟有什么，长期以来一直是个谜。幸运的是，射电波段、红外和 X 射线波段都可以穿透尘埃屏障，可以有效地对银心进行观测，逐步地把银心的秘密一个一个地展现给我们。银心处是否有一个超大质量黑洞的疑问终于解开。

### 1. 银心的观测

尽管光学望远镜越造越大，光学望远镜所拍摄的银河系中心依然是一片漆黑。可见光观测得到的照片如图 5-10 所示，图中小方框为银心所在位置，它是漆黑一片，根本看不到任何天体。

射电观测首先立功。1974 年，天文学家在银河系中心方向发现一个强射电源人马座 A，这是迄今人们所知道的银河系内最大、最强的射电源，流量密度达到 1Jy。进一步观测发现人马座 A 有东西两个源，西边的射电源又称 Sgr A*，被认为是银河系的中心。它的射电辐射被认为是超大质量黑洞的吸积盘周围物质的贡献。

红外的观测显示银心是一片灿烂的星空。哈勃空间望远镜的近红外观测和斯皮策红外空间望远镜都获得许多银心的照片。其中 2006 年"斯皮策"的一张

图 5-10 光学望远镜拍摄的银河系中心方向的照片，图中小方框为漆黑一团的银心

照片显示，在人马座星云中相当于三个满月视大小的区域，在尘埃云中挤满了成千上万老年恒星，还有灼热发光的细丝和向外飘逸的物质，以及手指状的尘埃柱。一些被尘埃包裹起来的新生恒星破茧而出。还有密度特别高的、红外线也无法穿透的黑色云雾（见图 5-11）。

2010 年，斯皮策红外空间望远镜发现银河系中心人马座附近的一个像蛇一样的黑色云团（图 5-12）。它们隐藏在银河系的尘埃盘里，光学望远镜根本无法

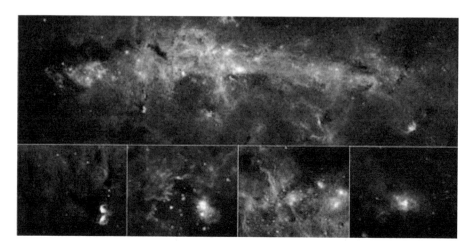

图 5-11 "斯皮策"拍摄的银河系中心的照片，明亮的尘埃云中的亮点为年轻恒星

图 5-12 "斯皮策"拍摄的银河系中心处的黑色云团

看到它。在它周围和上面的黄色和橙色斑点是刚刚成形的大质量恒星。位于它腹部的鲜红色斑点是一个巨大的恒星胚胎，质量约为太阳的 20 到 50 倍。

　　银心的 X 射线天空也是光辉灿烂。钱德拉 X 射线空间望远镜在银河系的中心区域小于 1 光年的范围内发现了数十颗大质量恒星，体积大约是太阳的 30 ～ 50 倍，亮度则达到太阳的 100 倍，它们的 X 射线波段辐射照亮了整个区域。这一发现曾让天文学家吃惊，因为原来认为在银河系的巨型黑洞附近是不可能存在任何天体的。现在知道，围绕在黑洞周围一定距离上的盘状气态物质也有可能演化为恒星。

### 2. 银河系中心超大质量黑洞的证认

1971年，两位英国天文学家提出，银河系的中心应该是一个质量比较大的黑洞。并认为，由于银河系中心黑洞的存在，应该能观测到一个强射电源，并预言这个强射电源的辐射是由高能电子运动发出的非热辐射。他们认为，如果银河系中心存在一个大质量黑洞，会在它的周围形成一个环状的吸积盘，这个盘就会发出强大的射电波和红外波。

1974年，人们果然在银河系中心方向发现一个强射电源人马座A（Sgr A），而且的确是由高能电子发出的非热辐射，称之为同步加速辐射。进一步观测发现人马座A有东西两个源，西边的射电源又称Sgr A*，被认为是银河系的中心。

欧南台的甚大望远镜和美国夏威夷凯克望远镜在近红外波段的观测发现，在Sgr A*射电源附近1角秒处有一颗名为S0-2的年轻恒星围绕Sgr A*做轨道运动，轨道周期为15.56年。根据双星运动参数计算出Sgr A*的质量约为370万个太阳质量，很可能是一个超大质量黑洞。

在诸多超大质量黑洞的候选体中，银河系中心黑洞离我们最近，角径最大，流量密度最高。射电源Sgr A*被认为是该黑洞的吸积盘周围的物质发射的射电波。因此估计这个超大质量黑洞尺度的最好的天体，已经成为各国研究黑洞的天文学家竞相研究的目标。我国天文学家沈志强领衔的国际合作小组独拔头筹，最先获得令人信服的观测证据。

如果银河系中心是一个大黑洞，按照370万个太阳质量，可以计算出它的史瓦西半径仅仅只有地球到太阳距离的8%，也即0.08个天文单位。其角径只有10微角秒。黑洞存在一个5倍于引力半径的阴影区，约为45.48微角秒。要想证明射电源Sgr A*是吸积盘周围物质发出的射电辐射，需要证明它的角径应该与黑洞的阴影区相差不多。这是对天文观测的一个巨大的挑战。

美国甚长基线干涉阵（VLBA）由10台分布在全国各地的射电望远镜组成，

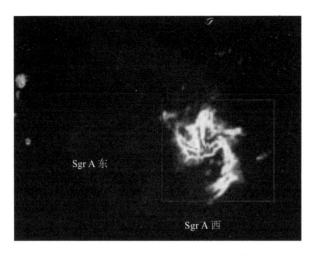

图 5-13　射电观测发现射电强源人马座 Sgr A 有东西两个源，西边的射电源又称 Sgr A*

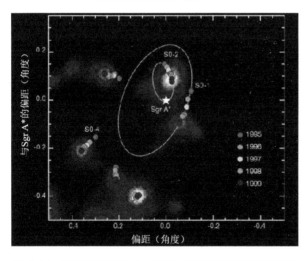

图 5-14　近红外观测发现 Sgr A* 和一颗年轻恒星组成轨道周期 15.56 年的双星系统

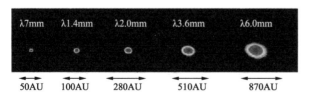

图 5-15　在 5 个波长上 VLBA 观测得到的 Sgr A* 的图像

包括夏威夷和维京群岛，基线达到 8600 千米。其最短观测波长是 3.5 毫米，成为世界上分辨率最高的地面望远镜系统。1997 年，沈志强等成功申请到 VLBA 的观测时间，在 5 个波段上对 Sgr A* 进行观测。图 5-15 是 Sgr A* 五个波长的图像，其尺度随波长的减小而变小。在波长为 7 毫米处的观测获得最高的分辨率。

尽管取得了空前好的观测结果，但还可以再上一层楼。2001 年 1 月，沈志强团队再次申请 3.5 毫米波段的 VLBA 观测。毫米波观测对天气条件的要求非常苛刻，有雨或有云的天气都不能进行观测。VLBA 的十台射电望远镜所在地的自然环境很不相同，1 年中 10 个台站同时处在适合毫米波观测天气条件的时候非常少。VLBA 设立了动态观测时间的申请，在 10 台射电望远镜台站同时具备观测条件的时间分配给那些特殊的观测课题。等待 20 个月，直到 2002 年 11 月 3 日才如愿以偿。获得第一张波长为 3.5 毫米的高分辨率 VLBI 图像，首次揭示其椭圆状视结构，推测出沿东西方向的固有大小在 1 个天文单位以内，这比红外观测确定的大小要小 1600 倍，只比这个黑洞的史瓦西半径大 13 倍，比这个黑洞的阴影大 2.6 倍。提供了银河系中心超大质量黑洞存在的最新证据。2008 年英国《自然》杂志发表了这一重大成果，并专门配发了评论。

## 神奇美丽的星团

　　银河系是一个庞大的恒星集团，它包含了一千多亿颗恒星。这些恒星当中孤身独处的不到一半，大多数恒星都是有"家"的。有两颗恒星组成的双星，也有多颗恒星组成的聚星，还有比双星和聚星庞大得多的星团。无论成员多少，成员间都是由引力把它们约束在一起的。

### 1．球状星团

　　球状星团名副其实，它们的形状都呈球形或椭球形。与银核一样，它们是银河系内恒星分布密集的区域，直径一般为 100 ～ 300 光年，成员星少的是几十、几百到几万，多的则有几十万颗，甚至达几百万颗。恒星的密度要比太阳附近恒星密度大 50 倍到 1000 倍。假如我们的太阳是球状星团中的一个成员，那么我们地球的夜晚将是星光灿烂，如同白昼一般。

　　天文学家认为，银河系中所有的球状星团都分布在一个巨大的球形空间内，这个球的中心与银河系的中心重合。可能还有许多球状星团隐藏在银盘中，未被人们发现。观测发现银河系中有 150 多个球状星团，估计总数有 500 多个，大都分布在银晕中。

　　同一个球状星团中，各成员星的运动方向和速度以及与我们的距离，都大致相同。它们是同一时期形成的，并都有相似的初始化学成分。球状星团是银河系内很老的天体，它们的年龄大约有 100 亿年甚至更长。由于球状星团距离我们都比较遥远，所以肉眼能看见的很少。

半人马座 $\omega$ 星团是全天最大最亮的球状星团，视星等 4 等，肉眼清晰可见，遗憾的是它位于南天，我国大部分地区都看不到它。17 世纪初期，天文学家还不知道它是球状星团，因而给它取了一个恒星的名字。直到 1677 年，英国著名天文学家哈雷才确认它是一个球状星团。$\omega$ 星团距离我们 1.6 万光年，是已知的距离最近的球状星团之一。其年龄和银河系差不多，是最年老的星团。它所包含的恒星约有 100 万颗，密密麻麻地聚集在一起，只有大型望远镜才能够把它的外围部分的恒星分解开，但是在星团中心，恒星密度非常大，根本分不清是哪一颗星发出的光，景象相当壮观。

北天比较著名的球状星团是 M13，它位于武仙座，夏天夜晚使用一个小型

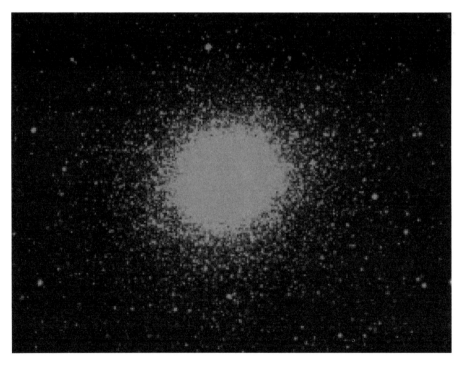

图 5-16　全天最亮的 $\omega$ 星团

望远镜就可以看到它。视星等为 6 等，是北天最大最美丽的球状星团。M13 的角直径大约 15'，只有 ω 星团的一半，它的成员大约 30 万个，也还不到 ω 星团的三分之一。

### 2. 疏散星团和星协

疏散星团的外形不规则，所包含的成员星比球状星团少得多，少的只有几十个，最多的也仅有 1000 多个。然而疏散星团的数目却比球状星团多许多，估计约有 1.8 万个，目前仅发现 1000 多个。由于银道面附近有大量的吸光物质存在，使得人们常把疏散星团外围部分的成员星与星团附近的恒星混淆在一起，分辨不出来。

相对于球状星团来说，大多数疏散星团都比较年轻。疏散星团中的成员星种类十分复杂。一些年轻星团的成员大多是主序星，而一些年老星团中则有很

图 5-17　昂星团

多白矮星，另外许多星团中还有大量的双星和各种类型的变星。

冬末春初之夜，高高地挂在天空的金牛座里有一个昴星团非常惹人注意。在中国古代，人们把这个星团的亮星列为昴宿，在国外也被称为"七姊妹星团"。它的视直径约 2 度，实际直径约 13 光年，距离我们大约 417 光年。现在肉眼只能看到 6 颗星，另一颗肉眼已经看不见了。在望远镜下，这个星团中并不是 7 颗，而是约 3000 颗。昴星团是一个很年轻的星团，其年龄约 5000 万年。

另一个著名的疏散星团 M44，也叫蜂巢星团，位于巨蟹座的中心区域。我国古代列在鬼宿，因此我国也把它叫作鬼星团。在晴朗无月的夜晚，人们可以在狮子座狮头的西边，找到一个肉眼勉强可见的青白色的微弱光点，这就是鬼星团。西方人把鬼星团叫作"马槽"，这是因为在鬼星团的南面和北面各有一颗亮星，它们被想象成两头驴正在一个"马槽"中共同进餐。

鬼星团包括 200 多个成员星，其中 20% 为双星或者聚星，距离我们 518 光年，直径约 13 光年。它的年龄比昴星团老得多，已经有几亿年了。令人感兴趣的是，鬼星团正以每秒 43 千米的速度远离我们。现在鬼星团中最亮的星仅为 6 等，肉眼勉强可见。随着时间的流逝，它将会变得越来越暗淡，逐渐失去今日的光彩。

天文学家还发现，O 型和 B 型这样的热星也常常成群地聚集在一起，这种星群称为星协。星协与星团不同，星团中的恒星有多种不同光谱型的恒星，而星协则主要是由光谱型大致相同、物理性质相近的恒星组成。除了由 O 型和 B 型恒星组成的星协外，还存在金牛 T 型的星协。金牛 T 型星是光谱中有许多发射线的 F-M 型变星，光变不规则，常与星云在一起，处于主序前的引力收缩演化阶段。还有"R 星协"，成员星为 B0～A0 型主序星。

星协大致呈球形，直径在几十到几百光年之间。其密度比疏散星团还要小，当然更比不上球状星团了。星协和疏散星团一样也分布在银道面附近，大约有几十万个。星协中主要是年轻的恒星。

### 3. 梅西耶星表中的星团

梅西耶（Charles Messier）是 18 世纪法国天文学家，他一生热心于搜寻彗星的工作，在寻彗的过程中发现了许多星云、星团，还有星系，把它们总结归纳在一个星表中，成为著名的梅西耶星表。梅西耶星表是 200 多年以前的产物，表中所列天体的视亮度大多都在 10 等以内，使用小型天文望远镜都可以看到。多年来，M 天体一直受到大型光学望远镜的青睐，拍摄了许多惊世的照片。由于小望远镜就能观测，M 天体也为广大天文爱好者所追捧，成为他们经常观测和拍摄的对象。

110 个梅西耶天体中属银河系天体的有 70 个，其中只有一个是恒星。星团类共 57 个，其中疏散星团 28 个，球状星团 29 个。还有 12 个是星云类。表 5-1 是梅西耶天体表中的疏散星团和球状星团，其中赤经（2000）和赤纬（2000）是指把观测得到的值归约为 2000 年时的值。

表 5-1　梅西耶天体表（疏散星团和球状星团）

| 编号 | NGC | 赤经（2000） | 赤纬（2000） | 尺度（角分） | 视星等 | 星座 | 类型或名称 |
|------|------|------|------|------|------|------|------|
| M2 | 7089 | 21 33.5 | −00 49 | 13 | 6.5 | 宝瓶座 | 球状星团 |
| M3 | 5272 | 13 42.5 | +28 23 | 16 | 6.4 | 猎犬座 | 球状星团 |
| M4 | 6121 | 16 23.6 | −26 32 | 26 | 5.9 | 天蝎座 | 球状星团 |
| M5 | 5904 | 15 18.6 | +02 05 | 17 | 5.8 | 巨蛇座 | 球状星团 |
| M6 | 6405 | 17 40.1 | −32 13 | 15 | 4.2 | 天蝎座 | 疏散星团 |
| M7 | 6475 | 17 53.9 | −34 49 | 80 | 3.3 | 天蝎座 | 疏散星团 |
| M9 | 9333 | 17 19.2 | −18 31 | 9 | 7.9 | 蛇夫座 | 球状星团 |
| M10 | 6254 | 16 57.1 | −04 06 | 15 | 6.6 | 蛇夫座 | 球状星团 |
| M11 | 6705 | 18 51.1 | −06 16 | 14 | 5.8 | 盾牌座 | 疏散星团 |
| M12 | 6218 | 16 47.2 | −01 57 | 15 | 6.6 | 蛇夫座 | 球状星团 |
| M13 | 6205 | 16 41.7 | +36 28 | 17 | 5.9 | 武仙座 | 球状星团 |
| M14 | 6402 | 17 37.6 | −03 15 | 12 | 7.6 | 蛇夫座 | 球状星团 |
| M15 | 7078 | 21 30.0 | +12 10 | 12 | 5.4 | 飞马座 | 球状星团 |
| M18 | 6613 | 18 19.9 | −17 08 | 9 | 6.9 | 人马座 | 疏散星团 |
| M19 | 6273 | 17 02.6 | −26 16 | 14 | 7.2 | 蛇夫座 | 球状星团 |
| M21 | 6531 | 18 04.6 | −22 30 | 13 | 5.9 | 人马座 | 疏散星团 |
| M22 | 6656 | 18 36.4 | −23 54 | 24 | 5.1 | 人马座 | 球状星团 |
| M23 | 6494 | 17 56.8 | −19 01 | 27 | 5.5 | 人马座 | 疏散星团 |
| M24 | 6603 | 18 18.4 | −18 25 | 90 | 4.5 | 人马座 | 疏散星团 |

| 编号 | NGC | 赤经（2000） | 赤纬（2000） | 尺度（角分） | 视星等 | 星座 | 类型或名称 |
|---|---|---|---|---|---|---|---|
| M25 | IC4725 | 18 31.6 | −19 15 | 32 | 4.6 | 人马座 | 疏散星团 |
| M26 | 6694 | 18 45.2 | −09 24 | 15 | 8.0 | 盾牌座 | 疏散星团 |
| M28 | 6626 | 18 24.5 | −24 52 | 11 | 6.9 | 人马座 | 球状星团 |
| M29 | 6913 | 20 23.9 | +38 32 | 7 | 6.6 | 天鹅座 | 疏散星团 |
| M30 | 7099 | 21 40.4 | −23 11 | 11 | 7.5 | 摩羯座 | 球状星团 |
| M34 | 1039 | 02 42.0 | +42 47 | 35 | 5.2 | 英仙座 | 疏散星团 |
| M35 | 2168 | 06 08.9 | +24 20 | 28 | 5.1 | 双子座 | 疏散星团 |
| M36 | 1960 | 05 36.1 | +34 08 | 12 | 6.0 | 御夫座 | 疏散星团 |
| M37 | 2099 | 05 52.4 | −32 33 | 24 | 5.6 | 御夫座 | 疏散星团 |
| M38 | 1912 | 05 28.7 | +35 50 | 21 | 6.4 | 御夫座 | 疏散星团 |
| M39 | 7092 | 21 32.2 | +48 26 | 32 | 4.6 | 天鹅座 | 疏散星团 |
| M41 | 2287 | 06 47.0 | −20 44 | 38 | 4.5 | 大犬座 | 疏散星团 |
| M44 | 2632 | 08 40.1 | +19 59 | 95 | 3.1 | 巨蟹座 | 鬼星团（疏散） |
| M45 | | 23 47.0 | +24 07 | 110 | 1.2 | 金牛座 | 昴星团（疏散） |
| M46 | 2437 | 07 41.8 | −14 49 | 27 | 6.1 | 船尾座 | 疏散星团 |
| M47 | 2422 | 07 36.6 | −14 30 | 30 | 4.4 | 船尾座 | 疏散星团 |
| M48 | 2548 | 08 13.8 | −05 48 | 54 | 5.8 | 长蛇座 | 疏散星团 |
| M50 | 2323 | 07 03.2 | +08 20 | 16 | 5.9 | 麒麟座 | 疏散星团 |
| M52 | 7654 | 23 24.2 | +61 35 | 13 | 6.9 | 仙后座 | 疏散星团 |
| M53 | 5024 | 13 12.9 | +18 10 | 13 | 7.7 | 后发座 | 球状星团 |
| M54 | 6715 | 18 5.1M | −30 29 | 9 | 7.7 | 人马座 | 球状星团 |
| M55 | 6809 | 19 40.0 | −30 58 | 19 | 7.0 | 人马座 | 球状星团 |
| M56 | 6779 | 19 16.6 | +30 11 | 7 | 8.2 | 天琴座 | 球状星团 |
| M62 | 6266 | 17 01.2 | +30 07 | 14 | 8.8 | 蛇夫座 | 球状星团 |
| M67 | 2682 | 08 50.4 | +11 49 | 30 | 6.9 | 巨蟹座 | 疏散星团 |
| M68 | 4590 | 12 39.5 | +26 45 | 12 | 8.2 | 长蛇座 | 球状星团 |
| M69 | 6637 | 18 31.4 | −32 21 | 4 | 7.7 | 人马座 | 球状星团 |
| M70 | 6681 | 18 43.2 | −32 18 | 8 | 8.1 | 人马座 | 球状星团 |
| M71 | 6838 | 19 53.9 | +18 47 | 7 | 8.3 | 天箭座 | 球状星团 |
| M72 | 6981 | 20 53.5 | −12 32 | 6 | 9.4 | 宝瓶座 | 球状星团 |
| M73 | 6994 | 20 59.0 | −12 38 | 3 | 8.9 | 宝瓶座 | 疏散星团（4合星） |
| M75 | 6864 | 20 06.1 | −21 55 | 6 | 8.6 | 人马座 | 球状星团 |

| 编号 | NGC | 赤经（2000） | 赤纬（2000） | 尺度（角分） | 视星等 | 星座 | 类型或名称 |
|------|-----|------------|------------|------------|--------|------|-----------|
| M79 | 1904 | 05 245 | +24 33 | 9 | 8.0 | 天兔座 | 球状星团 |
| M80 | 6093 | 16 17.1 | +22 59 | 9 | 7.2 | 天蟹座 | 球状星团 |
| M92 | 6341 | 17 17.1 | +43 08 | 11 | 6.5 | 武仙座 | 球状星团 |
| M93 | 2447 | 07 44.6 | +23 52 | 22 | 6.2 | 船尾座 | 疏散星团 |
| M103 | 581 | 01 33.2 | +60 42 | 6 | 7.4 | 仙后座 | 疏散星团 |
| M107 | 6171 | 16 32.5 | −13 03 | 10 | 8.1 | 蛇夫座 | 球状星团 |

# 银河系里的星云世界

**18** 世纪后期，赫歇尔在潜心观测银河系恒星的同时，发现不少云雾状的天体，称之为"星云"。银河系内恒星之间弥漫着温度极低、非常稀薄的由气体和尘埃组成的物质，称为星际介质。其中密度较高的、每立方厘米中多于 100 个分子的称为星际云。星云世界多姿多彩，有可见光波段可见的发射星云、反射星云和暗星云。还有射电波段的中性氢云、分子云。银河系中星际介质、星云和星际分子，都是构造恒星的物质，恒星晚期的膨胀和爆炸又不断地把经过恒星加工过的物质注入星际空间，造就新的星云。有一类漩涡星云曾被认为是银河系的天体，到了 20 世纪 20 年代才弄清楚，它们是银河系外的与银河系类似的星系。

## 星际物质和星际氢云

在宇宙大爆炸以后不到 4 分钟，形成了原始的气体云，其中氢和氦分别约占 74% 和 26%。银河系是由巨大的气体云演变而来的，气体云的一部分逐渐形成恒星，一部分则形成星云和星际介质。天文学家把比较稠密的气体云称为星云，稀薄的气体云称为星际物质。星际物质包括星际气体、星际尘埃、宇宙线与星际磁场。银河系的银盘中，以氢为主的气体云到处都是。氢元素以三种形式存在，即氢原子、电离氢和氢分子。

### 1．有没有星际物质？

在晴朗的夜晚，放眼向天空望去，满天星斗。你也许会觉得亮晶晶的恒星之间空旷无物。自古以来人们的确是这样想的。直到 1930 年，天文学家特朗普勒（Robert Julius Trumpler）才肯定地告诉我们，星际空间存在物质。当时他并没有直接观测到星际物质，而是一种间接推论。他发现疏散星团越远，线直径越大。这个推论显然不对。问题出在哪里呢？天体的线直径等于它们的角径和距离的乘积，角径的测量不会有什么问题，但距离的估计却比较困难。

估计天体距离的方法有很多种，其中有一种是由天体的视星等和绝对星等估计距离，由于没有考虑星际介质消光作用的影响，天体变暗了，视星等变大了，距离估计就远了，这样计算出来的天体的线直径就变大了。天文学家从"疏散星团越远，直径就越大"的错误推论中醒悟了，知道星际介质的存在和消光作用是必须考虑的。

直接证明星际介质的存在需要观测到发生在星际介质中的原子的吸收线。在第一讲太阳光谱一节曾介绍过恒星辐射的连续谱、发射线和吸收线。一个温度比较高的气团会发射连续谱辐射，在传播过程中经过温度比较低的气团时，连续谱中某些波长的能量会被某些原子的核外电子所吸收，从低能级跃迁到高能级。连续谱中就缺少了这些波长的能量，形成暗的吸收线。星际物质是各种原子、分子、尘埃的混合物，星云也是由这些物质组成的，只是密度比较大而已。既然恒星与观测者之间存在星际物质，那么恒星的光谱中必然含有星际气体物质的吸收线。

1904 年德国天文学家哈特曼（Johannes Franz Hartmann）在观测恒星的光谱时发现了星际气体的吸收线。后来，天文学家在许多恒星的光谱中，观测到星际原子的多条吸收线，有的多达 7 条，各条谱线的波长还稍有不同。这是因为同一颗恒星的光到达观测者的过程中曾经穿过多个星际原子云。星际云的视向速度不同会导致谱线的波长的一些差异。观测表明，在银道面附近 3260 光年范围内，星光可能会遇上七八个星际云，每个云直径大都在 30 ～ 50 光年范围，尽管密度稀薄，但质量也有几百个太阳质量。

### 2. 中性氢云（HI）

氢元素可以以分子、原子和离子三种形式存在，分别称为氢分子云、中性氢区和电离氢区。这与星际云的温度有关，当温度在绝对温度 10 ～ 20K 时，即零下 263 ～零下 253 摄氏度时，氢以分子的形式存在；当温度在 50 ～ 150 K 时，氢分子分解为原子状态；当温度达到绝对温度 1 万 K 时，氢原子电离形成电离氢。

1944 年，荷兰天文学家范德胡斯特（H. C. van de Hulst）预言：中性氢原子可以产生波长 21 厘米的射电谱线。这是两个特殊能级之间跃迁产生的谱线。虽然跃迁概率极低，但氢原子非常多，它们产生的 21 厘米谱线仍然能够观测到。果然，1951 年天文学家成功地观测到银河系一些天区的 21 厘米辐射。后来又在许多星系中观测到 21 厘米谱线。从此开创了射电天文谱线分支学科。在 1963 年以前，21 厘米氢谱线是观测到的唯一的射电天文谱线。

与太阳和恒星不同，星际物质基本上处在低温、低压、低密度状况，所以绝大部分原子、分子都处在最低能级的基态上。在这种条件下，它们几乎不可能辐射可见光。射电波段的 21 厘米的观测则大有可为。荷兰综合孔径射电望远镜（WSRT）在 21 厘米波段观测漩涡星系 M101 获得的射电图像非常清晰，中性氢的分布把旋臂展现无遗（图 6-1）。

氢原子云的温度比较高，达到绝对温度 100K，这是由于受到邻近恒星的照射。一个比较致密的气体星云，它的外部因吸收附近恒星的紫外辐射而变为氢原子云，但其内部仍然保持着低温状态，仍然以氢分子的形式存在。

观测表明，氢确实是星际物质中最丰富的元素。中性氢云的观测给出了银河系的结构，特别是它的 4 条旋臂。在 21 厘米吸收谱线中观测到了谱线分裂，一条变成为两条，根据物理学的塞曼效应，可以根据两条谱线分离的情况计算出银河系星际空间的磁场，约为 $5 \times 10^{-6}$ 高斯。

当前，中性氢的观测研究仍然充满活力。我国新疆天山山脉的乌拉斯台山谷中的 21 厘米天线阵是专门观测研究中性氢的射电望远镜，是为了搜寻发现宇宙大爆炸以后不久发射 21 厘米辐射而设计的，由于当时宇宙膨胀速度很快，红移值约为 6 到 20 之间，因此波长为 21 厘米的谱线红移至 1.5 ～ 6 米之间。人们

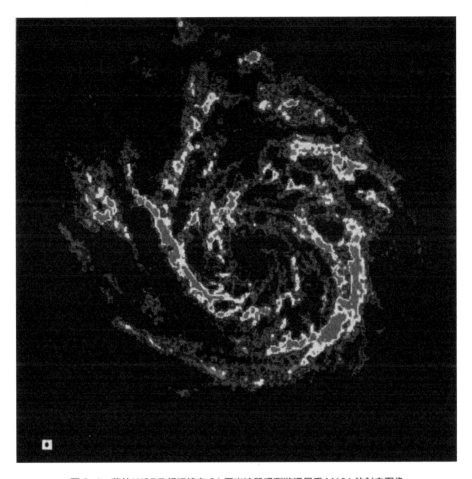

图 6-1 荷兰 WSRT 望远镜在 21 厘米波段观测漩涡星系 M101 的射电图像

把这个课题称为寻找宇宙的"第一缕曙光"。"贵州 500 米口径射电望远镜"把观测 21 厘米谱线作为最重要的观测课题之一。

### 3. 电离氢云（H II）

在银河系中的电离氢云很多。猎户座分子云、行星状星云和发射星云都是有名的电离氢区。所谓电离氢，就是氢原子核外的电子脱离了原子核的控制变为自由电子。只有波长短于 9120 纳米的短紫外线照射才能使氢原子电离，因此只有当云中存在年轻的高温恒星（O 型或 B 型星）才有可能形成电离氢云，也称为 H II

区。氢原子被电离成为质子和自由电子，自由电子可能被质子俘获，形成处于激发态的中性氢原子，继而发射光子回到基态。接着，又被电离。这样的电离、复合、再电离的过程不断进行下去，达到平衡，形成一种有效的辐射过程。

电离氢区本身大致呈球形，大小约 650 光年。由于电离氢区是 O 型星或 B 型星的短紫外辐射照射所致，因此所有电离氢区的尺度都是差不多的。电离氢区的这个性质很重要，因为知道电离氢区的线大小后，只要测量它们的角大小就可以估计电离氢区的距离。这成为估计电离氢区以及它所在的星系的距离的一种有效方法。

电离氢区的密度比较大，温度比较高。其内部的密度是中性氢的 1000 倍，温度在 1000 ～ 10,000K 范围。电离氢区在红外、可见光、紫外和射电波段都有辐射。由于温度比较高的尘埃本身的辐射在红外波段，尘埃还使可见光和紫外波段的辐射转换为红外辐射，因此电离氢区是很强的红外源。另外，电离氢区中的自由电子与磁场作用发出厘米波段和分米波段的连续谱辐射。质子与自由电子碰撞的复合过程中也在射电波段有若干谱线的辐射。

电离氢云中还有其他元素，如氧、氖、硫等，在约 10,000K 高温条件下，一次电离的氢、氧、硫和两次电离的氧和氖相对比较丰富，这些元素的谱线在光学波段，因此电离氢云的色彩是非常丰富的。

### 4．氢分子云

当温度在绝对温度 10 ～ 20K 时，即 -263℃～ -253℃时，氢以分子的形式存在。由于氢分子的谱线在紫外线波段，非常弱，很难观测。不过，氢分子云基本上与一氧化碳分子云共生，因此观测一氧化碳分子云可以推测氢分子云的分布情况。将在后面讨论一氧化碳分子谱线时一并介绍。

### 5．星际尘埃

星际物质由气体和尘埃组成，尘埃占星际质量的比例仅 1%，平均每百万立方米中仅一个尘埃粒子，可以说微不足道，但其作用却很重要，绝不能小视。所谓尘埃就是固态微粒，其主要成分有硅酸盐、金属铁、石墨固体微粒等，它们被冰或二氧化碳包裹着。直径约在 0.01 到 0.1 微米范围。恒星演化到红巨星和红超巨星阶段会在它们的外层大气中形成尘埃云，以后不断地以星风的形式把尘埃吹到星际空间，最后形成星际尘埃，温度约为 $10 \sim 20$ K。如果尘埃云附近有比较热的恒星存在，尘埃吸收热星的可见光和紫外辐射，温度上升至约 100 K 时便产生红外热辐射，变成红外源。

虽然由原子和分子组成的星际气体占绝大部分，而且对恒星发射的可见光有吸收作用，但只是在某些波长上，而尘埃则是在很宽的波段上吸收和散射星光。因此尘埃产生的星际消光要比星际气体严重得多。星际尘埃的分布不均匀，在银道面上比较多，比较集中在旋臂上，在银河系中心方向尘埃更多。星际尘埃就好比浮尘天气，尘沙等细粒浮游天空，使红彤彤的太阳变得苍白暗淡。星际尘埃密度虽然极低，但是恒星离地球太远，在视线方向上的积累效应很显著。

如果把太阳放到银河系中心，距离远了视星等应为 +19 等，但消光导致亮度减弱万亿倍，视星等变为 +49 等。任何大型光学望远镜都看不见。在第二讲的绝对星等一节中，我们曾介绍了绝对星等、视星等、距离之间的关系式。这个关系式给出由绝对星等和视星等估摸距离的方法。由于这个关系式没有考虑星际消光的影响，估计出的距离往往是不正确的。考虑星际消光作用应该在关系式中加上消光项，关系式变为：

$$M = m + 5 - 5\log r - A$$

$A$ 为消光因子，其取值与观测的方向有关，具体的数值由观测确定。其方法是，选取绝对星等已知的恒星，用不受消光影响的周年视差法测出距离，再观测得到视星等的数据，就可以计算出消光改正因子了。

还有一个"星际红化"问题也是尘埃引起的。尘埃对蓝光的散射比对红光厉害，也即红光受尘埃影响比较小，因此星光通过星际空间后变红了，造成了假象。

在可见光条件下，蛇夫座 J 星呈暗红色，四周漆黑一片。图 6-2 是美国国家航空航天局的广域红外探测器（WISE）拍摄的，图片中心的蓝色星就是 J 星，它顶部闪闪发光的星际尘埃好似一把"胡须"。

图 6-2　蛇夫座 J 星和包围它的尘埃云

## 分子云和分子谱线

图 6-3　美国天文学家汤斯

　　巨型分子云是银河系中最大的天体，也是恒星诞生的所在地。它们的数目比星团多。分子和原子一样，都有发射线和吸收线。星际分子是 20 世纪 60 年代的四大发现之一，与类星体、微波背景辐射和脉冲星的发现齐名。星际分子的观测研究对于恒星形成、恒星演化晚期和银河系结构都有重要意义。星际有机分子的观测研究对探索地球以外的其他星球上可能存在生命物质的问题提供科学的线索和依据。

**1. 关于星际分子的预言**

最早提出宇宙空间可能存在分子谱线的科学家是美国天文学家汤斯（C. H. Townes）。他不仅从理论上计算出星际分子谱线的波长和在实验室测出某些分子谱线的波长，还亲自策划观测发现星际氨分子。汤斯对星际分子谱线的研究做出了全面的贡献，被誉为分子天文学的开创者。

汤斯1915年生于南卡罗来纳州格林维尔。1939年在加利福尼亚理工学院获得博士学位之后到贝尔实验室工作，1948年进入哥伦比亚大学物理系。在这期间，汤斯承担一项军方委托的任务，要他研制波长很短的微波放大装置。这一课题进行得极不顺利，传统的理论和经验不灵了，必须寻找新的原理和新的方法。

1951年春天，在茫无头绪之际，他离开大学去华盛顿参加一个工作会议，暂时脱离令他屡遭失败、几乎陷入困境的工作环境。一天早晨，当他在华盛顿市区的一个公园停留时，脑子里突然闪现出来一个崭新的想法，激动不已，立刻在一个信封背面记了下来。这个想法是：利用分子受激发射的方式代替传统的电子线路放大。氨分子具有波长为1.25厘米的能级跃迁，只要把处于基态的氨分子激发到"激发态"，就可能发射波长为1.25厘米的微波。1953年12月，汤斯和他的学生按照这个原理制成了波长为1.25厘米的氨分子振荡器，简称为脉泽。1964年，汤斯因此与另两位科学家共同分享了该年的诺贝尔物理学奖。

汤斯由地球上的"脉泽"联想到太空中的分子：如果太空中有氨分子存在的话，通过分子间或分子与原子偶然碰撞，有可能改变其能级，形成激发态，从而发射1.25厘米波长的谱线。1954年，汤斯预言星际分子的存在，一气呵成地计算出包括羟基（OH）和一氧化碳（CO）在内的处在射电波段的17种星际分子谱线频率。

**2. 分子谱线的波长**

我们知道，分子是独立存在而保持物质化学性质的最小粒子。分子由原子组成，除了个别的单原子分子，如氦（He）既是原子又是分子外，其他的分子都由两个原子或更多的原子组成，如我们熟悉的氢分子（$H_2$）、氧分子（$O_2$）、一氧化碳分子（CO）、水分子（$H_2O$）。原子通过一定的作用力，以一定的次序和排列方式结合成分子。

　　分子的运动状态比原子复杂得多。由多个原子组成的分子有三种运动状态：原子核外的电子的运动、分子的转动和分子内原子的振动。这三种运动的能量都只能取某些值，物理学家称之为量子化的。不同能级之间的跃迁可以产生谱线。分子谱线比原子谱线多得多，复杂得多。美国格林班克 100 米射电望远镜发现的太空中的冷糖化学分子结构如图 6-4 所示，由氧、碳和氢等原子组成。

　　从计算和实验得知，各种分子的电子能级跃迁产生的谱线位于紫外和可见光区，振动能级跃迁所产生的谱线在近红外和中红外区，转动能级跃迁产生的谱线在亚毫米波、毫米波和厘米波区。

　　炽热的太阳和恒星大气是以完全或部分等离子体的形式存在着，不可能有分子存在。分子只能存在于温度很低的星际空间。在低温条件下，处于基态的分子需要从外界获得足够的能量从基态激发到高能级，然后从激发态回到基态，发出发射线。由于分子的转动能级的跃迁所需的能量最小，容易实现。星际分子谱线主要在亚毫米波、毫米波和厘米波波段。

### 3．星际分子的发现和观测研究

1956 年，毕业不久的巴雷特（A. H. Barrett）博士，根据汤斯计算出的羟基

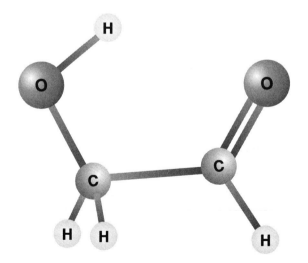

图 6-4　美国格林班克 100 米射电望远镜发现的太空中的冷糖化学分子结构

（OH）分子谱线的波长对仙后座 A 进行搜索，没有观测到羟基分子的辐射。巴雷特并不灰心，仍然积极准备再次尝试。系主任规劝他不要再找什么羟基分子了，失败一次，已经耽误了好几年，若再失败，对他的前途都会有影响。这并没有使巴雷特就此收心。1963 年，他与魏因雷布（S. Weinreb）等合作，继续搜寻仙后座 A 中的羟基分子，由于这次观测应用的射电望远镜的天线比较大，谱线接收机灵敏度比较高，终于获得成功，观测到羟基基态的两条谱线，成为轰动科学界的 20 世纪 60 年代四大发现之一。

　　1968 年和 1969 年是星际分子谱线观测丰收的年份。星际氨分子（$NH_3$）、水分子（$H_2O$）和甲醛分子（$H_2CO$）相继发现。汤斯有着很强的"氨分子情结"，他不仅成功地研制了被称为脉泽的"氨分子振荡器"，预言了星际氨分子的存在，还要亲自尝试在星际空间中寻找氨分子。1968 年，汤斯和他的合作者在人马座 A 观测到氨分子谱线。1969 年，他们又成功地在人马座 B2、猎户座 A 和 W49 找到水分子。同年，斯奈德（L. E. Snyder）等观测到波长为 6.2 厘米的甲醛分子谱线。甲醛是观测发现的第一种有机分子，预示着地球之外可能有生命存在。

图 6-5　我国紫金山天文台德令哈 13.7 米口径毫米波射电望远镜圆包外景

观测发现的再一件大事是 1970 年美国天文学家威尔逊（R. W. Wilson）和彭齐亚斯（A. A. Penzias）在猎户座、人马座等星座中的九个射电源的方向上观测到了一氧化碳（CO）波长为 2.6 毫米的谱线。一氧化碳在宇宙中分布又多又广，仅次于氢分子。一氧化碳的射电谱线是通过与氢分子的碰撞激发的，因此，有一氧化碳分子的地方必然有氢分子。虽然氢分子（$H_2$）比一氧化碳分子多一万倍，但氢分子的谱线在紫外线波段，又很弱，很难观测。而一氧化碳谱线很强，分布既广又稳定，很容易观测。因此天文学家常通过观测一氧化碳来推演氢分子的分布。由于大部分恒星是在巨型氢分子云中诞生的，一氧化碳谱线的观测成为寻找和了解巨型分子氢云的重要工具。

至今，已探知星际分子一百多种，谱线多达几千条。波长最短的是一氧化碳的一条谱线，为 0.87 毫米，波长最长的是甲醇（$CH_3OH$）的 35.9 厘米谱线。星际分子的种类繁多，有简单的分子，也有复杂的分子；有无机分子，也有有机分子；有地球上已认知的分子，还有在地球上没有找到或是不稳定的分子。

紫金山天文台德令哈 13.7 米口径的毫米波射电望远镜主要观测一氧化碳及其同位素的几条毫米波段谱线（2.6 毫米及附近）。在研制并装备超导接收机以后，观测灵敏度有很大的提高。新疆天文台 25 米口径射电望远镜是我国观测厘米波段星际分子谱线的重要观测设备，主要观测 18 厘米波长的羟基（OH）、6.2 厘米波长的甲醛分子、1.3 厘米波长的氨分子和 1.4 厘米波长的水分子。

表 6-1　18 种星际分子的波长

| 分子式 | 中文名 | 波长 | 分子式 | 中文名 | 波长 |
|---|---|---|---|---|---|
| OH | 羟基 | 18.0cm | SiO | 一氧化硅 | 2.3mm |
| $NH_3$ | 氨 | 1.3cm | OCS | 硫化碳基 | 2.5mm |
| $H_2O$ | 水 | 1.4cm | $CH_3CN$ | 乙腈 | 2.7mm |
| $H_2CO$ | 甲醛 | 6.2cm | HNCO | 异腈酸 | 3.4mm |
| CO | 一氧化碳 | 2.6mm | HNC | 异氰化氢 | 3.3mm |
| CN | 氰基 | 2.7mm | $CH_3C_2H$ | 甲基乙炔 | 3.5mm |
| HCN | 氰化氢 | 3.4mm | $CH_3CHO$ | 乙醛 | 28.0cm |
| HCOOH | 甲酸 | 18.0cm | $H_2S$ | 硫化氢 | 1.8mm |
| CS | 硫化碳 | 2.0mm | $CH_2NH$ | 亚氨化甲醛 | 5.7mm |

有意思的是乙醇分子的观测，银河系分子云中酒精之多比地球的海水还要多百万倍。不过，分子云中的水更多，约为酒精的 10 万倍，所以这种"酒"的酒精含量极低，只有 0.001%。爱喝酒的人恐怕是过不了瘾的。

### 4．恒星在巨型分子云中诞生

星际空间存在着许多由气体和尘埃组成的巨大分子云，成为恒星形成的主要场所。巨型分子云的质量约为 10 万至 20 万个太阳质量，密度为星际物质平均密度的 100 倍。云中的气体往往形成许多密度比整个云的平均密度高 10 倍的小云团，称为复合体，通常呈细长状，平均长约 150 光年。某些小云团在自身

图 6-6　邻近星系小麦哲伦云中名为 NGC 602 的年轻星团

引力作用下或者受到外界的扰动影响下，变得更稠密一些，形成质量中心，引力不断地加强，吸引周围物质的能力不断提高。当向内的引力强到足以克服向外的压力时，它将迅速地向中心收缩，形成辐射不够稳定的原恒星。如果气体云起初有足够的旋转，在中心处的原恒星周围就会形成一个如太阳系大小的气体尘埃盘，盘中物质不断落到原恒星上。在收缩过程中释放出的引力能使原恒星变热，当中心温度上升到1500万摄氏度以后便能引发持续不断的热核反应，原恒星就演化为恒星了。

图6-7　锥状星云顶部的新生恒星

在巨分子云复合体中，在一些气团足够大的区域有可能形成质量比较大的原恒星，最终演化为紫外辐射比较强的 O 型星。在形成初期，其辐射压不足以把外围的星云驱散，因此是被高密度的云气和尘埃包围着的。通过光学望远镜只能看到原恒星的黑色轮廓，也就是一些黑暗的斑块。应用红外线波段进行观测，可以看见被浓厚尘埃包裹着的原恒星或刚刚诞生的年轻恒星。毫米波观测已经发现某些原恒星周围由气体尘埃盘两极方向射出的喷流。

O 型星的紫外线辐射使周围的氢云电离形成电离氢区，它的星风还会把包裹它的星云吹散。质量大的 O 型星寿命短，只有几百万年，它无法离开诞生地很远。可以判断，H II 区附近的 O 型星是诞生在巨分子云中的复合体内的。观测已经证明，巨型分子云和 H II 区有密切的关系，至少约 80% 的 H II 区与分子云关联着。

哈勃空间望远镜拍摄的一张照片展示了小麦哲伦云中一个名为 NGC 602 的恒星形成区域的中心。可以看出形成不久的恒星还处在星云之中，由于大批明亮蓝色恒星的存在，强劲的辐射驱散了恒星附近的气体和尘埃，在星云中吹出了一个巨大的空洞，在多处形成了连绵不断的尘埃带和气体丝。

哈勃空间望远镜拍摄的锥状星云更是神秘，这是一个著名的恒星形成区。这个由气体和尘埃组成的擎天柱般的黑色星云总长度达 7 光年，在星云上端新诞生的恒星闪闪发光。炎热的年轻恒星发出的辐射不断地侵蚀着这个星云，达数百万年之久，紫外辐射将星云边缘加热，将气体驱赶到周围的空间里。

# 银河系中的弥漫星云

20 世纪 20 年代以前，连天文学家也分不清星系和银河系星云的区别。后来才知道，银河系星云是由各种气体（包括氢气、氦气等）和尘埃微粒组成。密度极其稀薄，温度极低。然而它们体积巨大，总的质量也相当可观，平均有几十个太阳质量。星云的形状不规则，呈云雾状，没有明确的边界，因此叫弥漫星云。

弥漫星云包括亮星云和暗星云两类。亮星云可分为 4 个次型：发射星云、反射星云、行星状星云和超新星遗迹。哈勃空间望远镜和地面大型望远镜的观测给我们展现了一个多姿多彩、美丽非凡、奥秘无穷的弥漫星云世界。

### 1. 梅西耶天体中的星云

梅西耶星表中共有 110 个天体。其中星云类 12 个，包括 7 个弥漫星云、1 个超新星遗迹和 4 个行星状星云。这里将介绍几个典型的弥漫星云和行星状星云。超新星遗迹已经在第四讲中介绍过。

表 6-2　梅西耶天体表（弥漫星云、超新星遗迹和行星状星云）

| 编号 | NGC | 赤经（2000） | 赤纬（2000） | 尺度（角分） | 视星等 | 星座 | 名称 | 类型 |
|---|---|---|---|---|---|---|---|---|
| M1 | 1952 | 05 34.5 | +22 01 | 6×4 | 8.4 | 金牛座 | 蟹状星云 | 超新星遗迹 |
| M8 | 6523 | 18 03.8 | −24 23 | 90×40 | 5.8 | 人马座 | 礁湖星云 | 弥漫星云 |
| M16 | 6611 | 18 18.8 | −13 47 | 35 | 6.0 | 巨蛇座 | 老鹰星云 | 弥漫星云 |
| M17 | 6618 | 18 20.8 | −16 11 | 46×37 | 7.0 | 人马座 | 奥米伽星云 | 弥漫星云 |
| M20 | 6514 | 18 02.3 | −23 02 | 29×27 | 6.3 | 人马座 | 三叶星云 | 弥漫星云 |
| M27 | 6853 | 19 59.6 | +22 43 | 8×4 | 8.1 | 狐狸座 | 哑铃星云 | 行星状星云 |
| M42 | 1976 | 05 35.4 | −05 27 | 66×60 | 4.0 | 猎户座 | 猎户座大星云 | 弥漫星云 |
| M43 | 1982 | 25 35.6 | −05 16 | 20×15 | 9.0 | 猎户座 | 猎户座星云联合体 | 弥漫星云 |
| M57 | 6720 | 18 53.6 | +33 02 | 1 | 9.0 | 天琴座 | 环状星云 | 行星状星云 |
| M76 | 651 | 01 42.4 | +51 34 | 2×1 | 12.2 | 英仙座 | 小哑铃星云 | 行星状星云 |
| M78 | 2068 | 05 46.7 | +00 03 | 8×6 | 8.3 | 猎户座 | 猎户座星云联合体 | 弥漫星云 |
| M97 | 3587 | 11 14.8 | +55 01 | 3 | 12.0 | 大熊座 | 猫头鹰星云 | 行星状星云 |

在这一讲中所涉及的星云图片，色彩斑斓，非常好看。天文图片中彩色照片的色彩分两类，一类是真的色彩，另一类是加上去的色彩，称之为伪彩。

星云照片的色彩是真实的。其色彩是由于星云中含有丰度不同的各种元素，在星云附近的恒星的光照下，由各元素原子的电子激发而产生的颜色，所以是真的。如氢原子发红光，氧原子发绿光，硫原子发蓝光。多彩绚丽的星云和极光都是真正的色彩，这类图片是用可见光照相机拍照的。

有很多天体照片的色彩不是真的，如由各种红外照相、紫外照相、X射线和γ射线照相拍摄的照片都只有强弱而没有色彩可言。这些波段的辐射都是肉眼看不到的。为了好看，特意用不同的色彩代表不同的强度，所以照片是伪彩的。一般来说，天体的辐射是全波段的，可见光只是其中很小一部分。目前不少天体照片都采用多波段观测数据的合成，所给出的色彩只是为了区分不同波段的结果。

### 2．发射星云

亮星云中的发射星云是指那些自己能发光的星云。在这些星云里面或附近必然有温度较高的恒星存在，恒星发出的强紫外线照射使星云发出可见光，由于星云主要成分是氢，故它们发射的光呈现红色。

猎户座大星云是全天最明亮的亮星云，也是最典型的发射星云。表6-2中有3个星云M42、M43和M78都在猎户座中，它们是猎户座星云联合体的一部

图6-8　最明亮的气体星云——猎户座大星云

分。猎户座大星云指的是 M42。在猎户座中，构成"宝剑"的有三颗星，中间的那颗并不是恒星，而是星云 M42，视亮度达 4 等，是全天唯一能用肉眼看见的气体星云，不过只能看见模模糊糊的一小片斑点。古代天文学家早就注意到它，但没有认出是星云，把它当作恒星命名为猎户座 θ 星。伽利略通过小望远镜观察也没有看出它周围有云雾状物质。荷兰惠更斯成为最先发现猎户座大星云及其附近的四边形聚星的天文学家。这是一个有发射线的明亮弥漫星云，透过大型望远镜观看，像一只展翅飞翔的火鸟，十分壮观，因此有了"火鸟星云"的称号。几百年来，它一直是天文学家重点关注的对象。火鸟星云直径约 16 光年，距离我们大约 1500 光年，质量约 300 个太阳质量。由气体和尘埃组成，气体中氢气占绝大部分，密度极其稀薄，只有地球表面大气密度的千亿分之一。

在星云的附近有一个恒星集团，称为猎户座星云星团。在这个星团中，有许多表面温度高达几万摄氏度的热星，它们发出强烈的紫外辐射使星云受到激发而产生辐射，因此星云的光谱主要是发射线。由于星云的主要成分是氢，所以许多发射星云都是红色的。

图 6-9　女巫头星云，它是由星云下部画面之外的猎户座中的亮星参宿七照亮的

猎户座星云中不但有许多年轻的恒星，而且还有许多被称为原恒星的星前天体。1966 年在星云中发现表面温度只有 600K 的红外星，它可能是一个处于引力收缩中的原恒星。在离这个红外星不远的地方又发现一个表面温度只有 70K 的红外星云，它的质量可能为 100 ～ 1000 个太阳质量。在这些红外天体附近又发现了羟基和水分子辐射源。总之，猎户座星云内包含有大量的新生恒星、原恒星以及孕育恒星的气体尘埃团，是距离我们最近的恒星诞生地。

上册彩图页中的图 13 展示了一个极其罕见的发射星云 NGC 6164。这个星云位于矩尺座内，距离我们 4200 光年。图像中心的星云美丽非凡，其尺度约为 4 光年，很像行星状星云。但是星云中心不是白矮星，而是一颗炽热的高光度 O 型恒星，质量大约是太阳的 40 倍，很年轻，仅 300 多万年，再过 300 多万年就会以超新星爆发的形式结束自己的生命。这颗恒星自转很快，它抛射出的物质受到恒星磁场的引导，产生了对称的双极状星云。恒星发出的紫外辐射加热了这个星云，使它发光。可以清晰地看到星云外面昏暗的外晕，这是恒星早期活跃阶段所抛出的物质。这张绚丽的图像是中心星云的图像和外围的包括晕在内的星场图像的合成。图像由显示炽热气体的窄带图像的数据和显示周围星场的宽带数据合成。

### 3. 反射星云

反射星云与发射星云本身并无差别，主要是它们附近的恒星的情况不同。在反射星云附近的恒星温度不够高，紫外辐射太弱，不能激发星云气体发光。但星云内部的尘埃粒子能反射和散射周围恒星射来的光从而把星云照亮。由于尘埃颗粒很小、对蓝光的散射效率高，因此反射星云一般情况下呈蓝色。

已知的反射星云大约有 500 个，其中最好看的就是围绕在昴星团周围的反射星云（见图 5-17）。图中的几颗亮星周围都有白色的星云包围着，好像几朵盛开着的棉桃。这是因为亮星周围的物质反射星光而形成了反射星云。星云的亮度较低，需要使用较大的望远镜和较长时间的曝光才能在照片中把围绕各个亮星的星云显露出来。

女巫头星云是一个很有名的反射星云，它的形状就好像女巫的头一样，正式名称为 IC2118，距离我们约 1000 光年。它本身并不发光，是由猎户座中的亮星参宿七照亮的。参宿七本身看起来就是蓝色的，加上星云的散射蓝光的效率比红光要高，因此变得更蓝一些。

### 4．发射和反射混合型星云

实际上，不少星云是混合型的，一部分表现为发射星云，另一部分表现为反射星云。最典型的要数三叶星云了。三叶星云比较明亮，也比较大，位于人马座。视星等为 8.5 等，视角大小为 29′×27′，在梅西耶星表中排行 20，简称 M20。

我们知道发射星云一般呈红色，反射星云呈蓝色，色彩比较单调。但是三叶星云一部分呈现出桃红色而另外一部分呈现出蓝色。桃红色的发射星云为主体，蓝色部分是反射星云。星云中那令人迷惑的三个黑道儿，实际上是由一些冷暗的物质云团遮掩而形成的。

图 6-10　三叶星云 M20

图 6-11　大型光学望远镜拍摄的马头星云的照片

三叶星云 M20 与礁湖星云 M8、鹰状星云 M16、猎户座大星云 M42 等许多气体星云一样，它们都是新生恒星诞生的地方。

如果观测条件比较好，使用口径 20 厘米的望远镜就可能看清楚色彩丰富的三叶星云，亲自观看到暗黑的天幕上隐藏着如此美丽的三片树叶，比看哈勃空间望远镜拍的照片更过瘾。

### 5．弥漫星云中的暗星云

弥漫星云中还有一种暗星云，它们不发光，是暗黑的一片，所以叫暗星云。它们在亮的星空背景的衬托下，才显出来它们暗黑的形象。暗星云的形状和大小多种多样。暗星云和亮星云的物质成分也并无多大区别，只是暗星云所含的尘埃比例更大一些。

银河系中的暗星云很多。最著名的暗星云要数马头星云了。另外像蛇夫座 S 状暗星云、南十字座银河中的煤袋暗星云也很有特色。马头星云位于猎户座中心区域，猎人腰带的南边一个不太亮的条状星云 IC434 的前面。距离我们 1500 光年。它的形状酷似一匹骏马的头部而得到了马头星云这个美称。像所有的弥漫星云一样，马头星云中的气体和尘埃，也都处于杂乱无章的永恒运动状态之中。随着时间的推移，不知道将来的马头会变化成什么样子。

对于那些没有明亮星空背景衬托的暗星云，光学望远镜无法发现。不过，应用射电望远镜和红外望远镜可以观测到它们。

## 四

## 绚丽多彩的行星状星云

质量较小的恒星演化到红巨星后，核心部分因为核聚变停止而塌缩为白矮星，外层则因为快速膨胀陆续把物质抛向星际空间而形成行星状星云。行星状星云比较暗，哈勃空间望远镜和地面大型望远镜能充分展示它们的那种色彩斑斓、婀娜多姿、结构奇特、美丽无比。银河系中可能有四五万个行星状星云，但目前人们只发现了两千多个。河外星系中也有行星状星云，如在大小麦哲伦云、仙女星系等中已发现了好几百个。当然，因为离地球较远，不能充分展现出它们的美。

### 1．最先发现的行星状星云——环状星云（M57）

环状星云是由英国著名天文学家威廉·赫歇尔发现的。1779 年他观测到一个略带淡绿色、边缘较清晰的呈小圆面的天体。乍看起来像一个星云，又有点像一个大行星，于是就取了行星状星云的名字。事实上，行星状星云与行星毫无关联，然而这个不恰当的名字却被人们一直沿用下来。由于行星状星云都比较暗，受望远镜的水平所限，早期发现的行星状星云并不多。在梅西耶星表所收的 110 个星云中仅有 4 个行星状星云，人类发现的第一个行星状星云天琴座环状星云排名 57，简称为 M57。

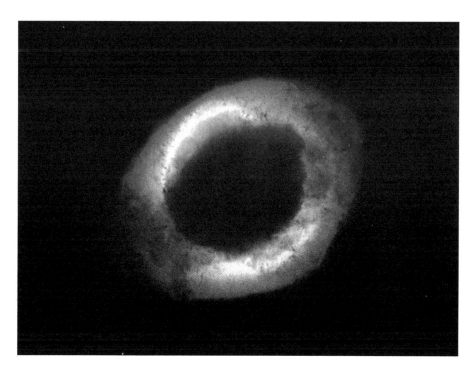

图 6-12　最先发现的行星状星云——环状星云（M57）

环状星云的视直径仅 1′ 多，视星等 9.3 等，距离我们 1410 光年。用小型望远镜就能观测到，是广大天文爱好者最喜爱观测和拍摄的对象之一。在现代大型天文望远镜里，M57 是一个非常美丽动人的椭圆形光环。光环的内边缘为淡绿色，外边缘为红色，两边缘之间的部分是淡淡的黄色，宛如一个精工细作的工艺品戒圈。因此也有人称它为指环圈星云。环的中心有一颗目视星等为 14 等的白矮星，表面温度高达十几万摄氏度。由于中心星的辐射，环绕在中心星周围的星云物质中的气体原子受到激发而发光。环的内边缘离中心星较近，星云气体受到紫外辐射的照射，使其中的氧和氮原子受激发出绿色的光；环的外边缘的气体离中心星较远，星云气体中的氢原子受激发出红色的光。环状星云事实上是一个球状星云，由于星云外围部分的物质要比中心部分的厚得多，我们看到的是这个球状气体云的壳层。

## 2. 狐狸座哑铃星云（M27）

哑铃星云在梅西耶星表中排在第 27 位，故简称 M27，它是最早发现的行星状星云之一，也是最美丽的行星状星云之一。许多天文爱好者都把它作为观察和拍照的最佳对象。每年夏季是观察狐狸座的有利时机。但是，狐狸座非常暗淡，没有比较显眼的亮星。其附近的天鹅座 α 星（天津四）和天鹰座 α 星（牛郎星）比较显眼。狐狸座就位于这两颗亮星的中间。

图 6-13　狐狸座哑铃星云（M27）

哑铃星云的角径大约是 8′×4′，在行星状星云当中并不是最大的。视星等为 7.6 等，也不是最亮的，中心星是一颗亮度仅为 12 等的白矮星。距离大约是 1000 光年，离我们比较近。一些比它大的行星状星云很暗，而一些比它亮的行星状星云又很小，如此一来，哑铃星云成为行星状星云当中的佼佼者。

哑铃星云很漂亮，它的形状很像两把打开的折扇对顶在一起，看起来又好似一只体育锻炼用的大哑铃，因此人们赋予哑铃星云的美名。

### 3. 行星状星云 NGC 7293 和行星状星云 NGC 6543

上册彩图页的图 14 是位于宝瓶座的行星状星云 NGC 7293 的观测结果，这个星云大小约有 2.5 光年，距离我们约有 650 光年。星云是由一颗类太阳恒星在生命末期抛出的外层气壳所形成，这颗行将成为白矮星的恒星核心遗骸发射出非常高能量的辐射把星云照亮。

彩图页图 17 是位于天龙座的行星状星云 NGC 6543 的图像，是加那利岛上的北欧 2.5 米口径的光学望远镜的观测结果。图像中所显示的明亮的晕结构是经过特殊处理后的结果，红色代表氮原子发的光，用绿色和蓝色表示氧原子的辐射。科学家对这个星云有很多观测，因为其形状酷似猫的眼睛又称猫眼星云。哈勃空间望远镜观测揭示它拥有绳结、喷柱、弧形等各种形状的结构。较亮的内星云部分直径约为 20 角秒，其扩张星云晕物质直径约为 386 角秒（6.4 角分）。它的星云晕物质是原有恒星演化为红巨星阶段时喷出的。其实，晕物质极其稀薄，极其暗淡，早期的观测都没有发现。

### 4. 哈勃空间望远镜的座上宾

在哈勃空间望远镜上天 16 年纪念之际，2009 年天文学家从哈勃空间望远镜 16 年来拍摄的数百万张天体照片中评选出十大最佳照片，可谓是精品中的精品。在评选出的十张照片中，行星状星云居然占了 4 幅。它们是第二名的蚂蚁星云（Mz 3）、第三名的爱斯基摩星云（NGC 2392）、第四名的猫眼星云（NGC 6543）和第五名的是沙漏星云（MyCn 18）。

图 6-14　蚂蚁星云

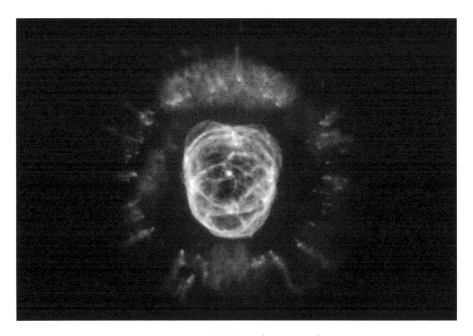

图 6-15　爱斯基摩星云（NGC 2392）

（1）蚂蚁星云（Mz 3）

蚂蚁星云位于南天的矩尺座。面积很小，星座内没有亮星，不被人注意。1997年，矩尺座翻了身，就是因为哈勃空间望远镜拍摄到一个形状好像一只蚂蚁的星云，荣获十佳天体照片的第二名。可见天文学家是多么地喜爱这个星云。人们称它为蚂蚁星云，编号 Menzel 3，简称 Mz 3。其实这只太空蚂蚁与普通蚂蚁相比，只有头部和胸部，少一个肚子。太空蚂蚁比较暗，只有13.8 等，长度有1.6光年，距离我们大约3000光年。蚂蚁星云属于行星状星云，它的中心星是白矮星。行星状星云大多呈圆形、扁圆形或环形，但蚂蚁星云却不是球形，其原因可能是中心的白矮星的自转和磁场影响，也可能在星云中隐藏了白矮星的一颗很暗的伴星，造成不对称的形状。

（2）爱斯基摩星云（NGC 2392）

爱斯基摩星云是位于双子座的一个行星状星云，距离地球约4000光年。赫歇尔在1787年最先发现。2000年哈勃空间望远镜首次获得这个星云高度清晰的照片，显示了"毛皮"结构，乍一看就像是一张戴着毛皮头饰的爱斯基摩人的笑脸，中心的白矮星的光芒则代表了爱斯基摩人的鼻子。这个星云具有非常复杂的云气结构，星云内层丝状结构清楚可见，这是强烈恒星风所抛出的中心星物质。外层碟状区，有许多长度有一光年长的奇特橘色指状物。照片中红色的地方是显示氮的存在，绿色是显示氢，蓝色是氧，而紫色则是氦。

（3）猫眼星云（NGC 6543）

猫眼星云位于天龙座，在大熊座和小熊座的近旁。太空猫眼是一个行星状星云，编号为 NGC 6543。它距离我们大约3000光年，直径大约0.5光年。猫眼星云是一个已知的结构最复杂的行星状星云，一层层对称的壳状的炙热气体里面布满了细微的网状结构，它看起来比真实的猫眼睛更加美丽。更加奇妙的是，不久之前发现，在明亮的星云的外围，还存在一个极暗淡的、范围大约达到5光年的气晕。显然，这个暗淡的气晕应该是较早抛出的物质形成的。

（4）沙漏星云（MyCn 18）

沙漏星云（MyCn 18）位于南天的苍蝇座，大小为0.3光年，距离地球8000光年。这是一个年轻的行星状星云。起初并没有发现它的奇特之处。1995年，

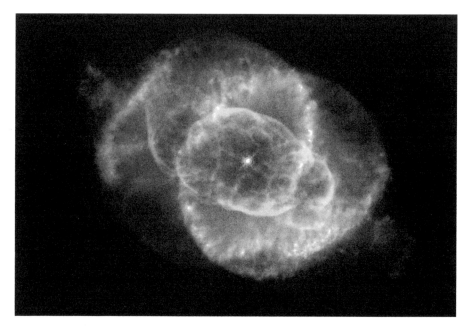

图 6-16　猫眼星云（NGC 6543）

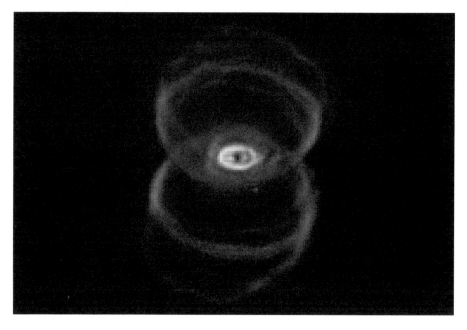

图 6-17　沙漏星云

改进了影像处理的技术，再次获得的照片上显示出沙漏形状。星云中心的白矮星及其附近的云气形成眼睛形状。星云色彩斑斓，这是中心星的辐射激发了星云中的不同原子元素后发出的光，氮气使部分星云呈现红色，绿色光是氢气发出的，而蓝光则是氧气发出的。形成沙漏形状的原因可能是在低速膨胀的云气之内有高速膨胀的星风，而云气在赤道的密度又比两极高。

（5）鸟巢星云

这个星云的照片是哈勃空间望远镜观测的成果，不属于得奖照片之列。但是却与我国有不解之缘。发现者之一的美国罗伯特·鲁宾（Robert Rubin）教授在2008年北京奥运会开幕前正在北京大学科维里天文与天体物理所访问。其间他曾前往"鸟巢"参观，惊呼他们发现的星云形态酷似"鸟巢"，也颇像"Olympics"的第一个英文字母"O"。为了祝贺第29届奥林匹克运动会在北京顺利举办，该研究小组决定将其命名为"鸟巢星云"。图像以中国传统色彩红色和黄色绘制，鸟巢星云的学名是 M 1-42，位于银河系中心的人马座，距地球约2.5万光年。

图6-18 鸟巢星云（M 1-42）

### 5．太空蝴蝶是怎样形成的？

行星状星云是红巨星演化的产物，而红巨星又是质量和太阳相当的一类小质量恒星演化晚期所经历的一个重要的阶段。红巨星是不稳定的星，大约能维持 10 亿年左右。当红巨星中心区域的核燃烧停止，辐射压急剧降低，远远不能与引力相抗衡，导致中心区域坍缩，形成白矮星。红巨星的星风比较强，外层大气大约以 10 千米 / 秒速度逃离，经过几百万年会把红巨星的大部分大气都带走，使中心的白矮星裸露出来。白矮星的星风速度更快，可达 2000 千米 / 秒，很快就能赶上红巨星抛出的物质。速度快的星风追赶上以前的慢速度星风，两者相互作用就形成行星状星云的气壳和一些复杂的结构。香港大学的郭新教授用"铲雪"来比喻行星状星云的形成。他认为，看上去行星状星云形态各异，但它们基本上都是呈蝴蝶状的，只是以不同的角度对着我们，才显示出各种不同的形态，如图 6-19 所示，从不同角度观察星云，能显示出蝴蝶状、双环状和单环状三种形状。当从侧面看时就是像环状星云 M57 那样的环状。

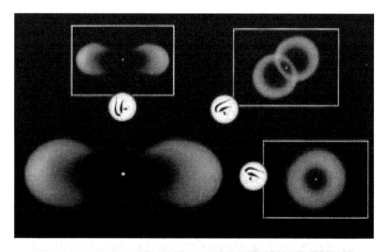

图 6-19　太空蝴蝶为左下图的形态，从不同角度看拍摄到的图像很不相同，能展现出三种不同的形状

# 河外星系

在伽利略发明天文望远镜以前，天文学家把太阳系看成是整个宇宙。经过几代天文学家的努力，才把银河系的存在和结构大致确定下来。但是银河系究竟多大？银河系是不是宇宙的全部？天文学家们一直争论不休。年轻的哈勃（E. P. Hubble）用观测证明仙女座大星云是银河系外的天体系统，为这一争论画上了句号。从此以后，人们的目光从银河系扩展到广阔无垠的宇宙空间，又一次实现了认识上的飞跃。哈勃不仅发现了河外星系，还发现宇宙正在膨胀的证据，为确立现代流行的热大爆炸宇宙模型提供了依据。

## 宇宙岛存在之争

早在 18 世纪中叶，学术界就对"星云"的本质进行了探讨，到 20 世纪初期还没有搞清楚。1920 年在美国举行的一次关于"宇宙尺度"的大辩论，焦点问题是星空中的那些云雾状的"星云"是银河系中的天体还是银河系外的星系。

### 1．关于宇宙岛的猜测

宇宙岛是历史上一些学者对星系的一种称呼。他们把宇宙比作海洋，把星系比作岛屿。1609 年，伽利略发明天文望远镜，他的观测证明了"银河其实不过是无数聚集成团的恒星的一个大集团"。他断言"一切争论都已解决"。其实，伽利略只是打开了观测宇宙的大门，看到的还仅仅是宇宙的一个小角落。银河系究竟有多大，银河系是否构成整个宇宙等问题，并没有解决。

1657 年，格雷舍姆学院天文学教授雷恩（Sir Christopher Wren）在就职演说时预言，"未来的天文学家也许会发现银河系外的天体系统。"

1755 年，德国哲学家康德（Immanuel Kant）在《自然通史和天体论》书中指出，"貌似云雾状的星体，实际上是比恒星大几千倍的恒星世界"，"整个宇宙是无限个这样有限大小的天体系统所组成的总体。"

1785 年，赫歇尔观测了十几万颗恒星，从而发现了银河系的结构。他还对梅西耶星表中的 29 个星云进行观测，在不少星云中找到一颗一颗的恒星。他认为这些"星云"其实就是银河系外面的星系。不过，他的观测却不正确，因为当时他所用的望远镜分辨率不高，被他分解开出恒星的"星云"实际上是一些球状星团。没过多久，赫歇尔观测到行星状星云，这种星云除了中心有一颗恒星外，其余的地方则是雾蒙蒙的，无论如何也找不出另外的恒星。确认这雾蒙蒙的部分应该属于气态物质。从此赫歇尔改变了看法，认为，星云就是一大团气体物质组成的星云，不可能是星系。由于赫歇尔名望极高，大家都接受了他的观点，在很长时间内都没有人提出过怀疑。

19 世纪中叶，爱尔兰天文学家威廉·帕森恩，第三代罗斯伯爵（William Persons，3rd Earl of Rosse）花了 20 多年的时间建造了几台光学望远镜，口径最大的达到 1.84 米，成为当时观测能力最强的望远镜。他用这架望远镜观测"星云"看到了分离的恒星，得出了一个与赫歇尔完全不同的结论。他认为，只要望远镜足够大，所有星云都可以分解成恒星，因此星云就是河外星系。

宇宙岛思想刚提出时是超前的，远远超出了当时的观测水平。人们花了 300 多年的时间才弄清楚这个问题。

## 2．关于漩涡星云本质的大辩论

对众多星云的长期观测使大家有了一些共识，一致认为康德称为"宇宙岛"的这些云雾状天体并不是同一类天体，其中一类是银河系内的星云，另一类具有漩涡状结构的星云有些特殊，被归为"漩涡星云"一类。

对于银河星云，天文学家在 19 世纪中期通过光谱研究，正确地认识到了它们的本质。它们是由气体和尘埃构成，是银河系内的真正的云雾状天体。

漩涡星云却令人费解，它们的本质问题一直争论不休。仙女座大星云 M31 是一个典型的漩涡星云，那时的望远镜口径都不大，测不出它的远近，也分辨不出星云里面的单个恒星。但是却知道它的光谱和普通恒星的光谱十分相似。真是搞不清楚究竟是什么样的天体。有人认为是银河系内的云雾状星云，有人则认为是银河系以外的星系。

1920 年 4 月 26 日，美国科学院为这个问题专门举行了题为"宇宙尺度"的辩论会，辩论的题目就是"银河系的大小和漩涡星云的真相"。这场辩论是威尔逊山天文台台长海尔建议举行的。一方的主辩是找到银河系中心的沙普利，他的老师、著名的赫罗图的提出者之一罗素也加入沙普利这边。另一方的主辩是在测定天体距离方面颇有成就的柯蒂斯（Heber Doust Curtis），英国著名天文学家爱丁顿极力支持他的观点。

沙普利的观点是：宇宙岛是某些人设想出来的，是一种不存在的幻想。他认为小麦哲伦云其实是银河系的一部分，暗淡的漩涡星云也不是什么银河系外的星系，只不过是一团气体。沙普利曾在银河系结构的辩论中战胜了德高望重的卡普坦。他正确地找到了银河系的中心，却错误地给出了一个比实际的银河系大 3 倍多的"大银河系"。这次辩论中，他仍然坚持认为"大银河系"就是宇宙，提出三个观测事实来支持他的观点。

他提出的第一个观测事实是银道面附近的星云很少，这与球状星团的分布相似。银河系中的球状星团密集地分布在两极的周围，在银道面附近很少。所以沙普利认为空间分布与球状星团类似，星云也应该是银河系中的天体。事实上，银道面附近的星云并不少，只是银河系银道面及附近的恒星和星际介质很密集，凭那时的望远镜很难观测到银道面附近的星云。

他提出的第二个观测事实是 1885 年天文学家观测到仙女座星云中心的一颗闪耀的新星，其亮度与仙女座星云差不多。沙普利认为，如果仙女座星云是另一个星系，一颗新星的亮度怎么可能与一个天体系统相比呢？因此认定仙女座星云是银河系中的气体星云。实际上，河外星系常常发生新星和超新星，它们是恒星的爆发现象，短时间释放巨大的能量，很亮。对于超新星来说，完全可以达到普通恒星 10 亿倍的亮度，可以与所在的星系亮度相当。

他提出的第三个观测证据是引用了天文学家马纳恩（A. van Maanen）发现的星云自转的结果。马纳恩观测了许多漩涡星云，与前人的观测结果对比后发现，星云有自转，自转角速度大约是每年十万分之一圈。沙普利认为，如果这些星云是银河系星云的话，这样的角速度是不大的。但如果是遥远的宇宙岛的话，这样的角速度将导致漩涡星云的边缘恒星的速度达到每秒 5 万千米，更远的漩涡星云边缘的恒星要达到甚至超过光速，显然这是不可能的。但是，后来的观测证明马纳恩的观测结果是错的，他根本没有测出星云的自转。

辩论另一方的主要人物是美国利克天文台的天文学家柯蒂斯。他本来是攻读古典文学的，22 岁就当上了加州纳伯学院的拉丁语教授。1897 年在他 25 岁时候转行成为天文学和数学教授。1902 年他到利克天文台工作，一直到 1920 年。1909 年开始研究漩涡星云，他坚信，漩涡星云是一些与银河系类似的宇宙岛。他观测到仙女座大星云的一些新星，比 1885 年的那颗新星暗很多，推算出的距离远在银河系之外。

在辩论中，柯蒂斯逐一批驳了沙普利提出的三个观测证据。在沙普利的三条理由中，关于星云自转的观测结果最为关键，柯蒂斯直截了当地说，星云自转的观测结果不可靠，因为马纳恩用来比对的老照片质量很差，根本测不出星

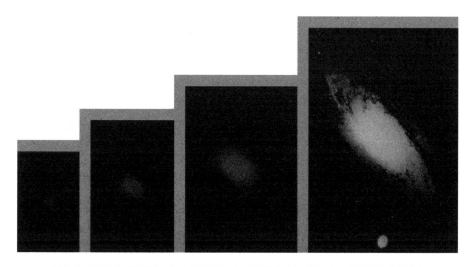

图 7-1　不同时期拍摄的仙女座大星云照片，随着望远镜口径增大，图像逐渐变得清晰

云的自转速率。关于星云的自转测量可靠不可靠，辩论中也没有定论。不过，在十几年后的 1935 年，哈勃的进一步观测证实马纳恩的观测结果是错误的。

这次辩论真是公说公有理，婆说婆有理，谁也说服不了谁。辩论会没有结论，漩涡星云究竟是一种什么样的天体，成为举世瞩目的难解之谜。其实，关键的问题是当时的观测设备看不清楚仙女座大星云的面貌。如图 7-1 所示，早期观测到的仙女座大星云只是一团雾气。到哈勃时代才能看清它的边缘上的恒星。

## 星系天文学的开拓者——哈勃

我们肉眼能轻易看到最遥远的银河系之外的天体就是仙女座大星云，它被列为梅西耶天体星表中的第 31 号，故又称 M31。关于漩涡星云的争论最后集中到这个 M31 究竟是银河系中的普通星云，还是银河系外的"宇宙岛"。哈勃的一篇论文终结了这一旷日持久的争论。他不仅发现河外星系开创了星系天文学，还发现了反映宇宙膨胀的"哈勃定律"，使人们对宇宙的认识产生了巨大的飞跃，一举成为 20 世纪首屈一指的最杰出、最伟大的天文学家。

### 1. 20 世纪天文学的骄子——哈勃

中学毕业的时候，哈勃获得芝加哥大学的奖学金而就读芝加哥大学天文系。1910 年，毕业后，又

图 7-2 著名天文学家哈勃

因获得罗德奖学金前往英国牛津大学女王学院深造。遵照父亲的建议，他在牛津大学改学法学，于 1912 年毕业，1913 年回到美国，开设了一家律师事务所。然而，哈勃对律师生涯并没有多大兴趣，仅干了一年就丢弃了律师事务所，投奔到隶属于芝加哥大学的叶凯士天文台，做了著名天文学家弗罗斯特（E. B. Frost）的助手和研究生。

1917 年，哈勃获得了天文学博士学位，他的学位论文题目是《暗星云的照相研究》，初步显示了在天文学观测和研究方面的才能。他引起了当时美国威尔逊山天文台首任台长海耳的注意，被建议到威尔逊山天文台工作。威尔逊山天文台位于美国西部名城洛杉矶市郊，当时有口径 1.52 米和 2.54 米的两台反射望远镜，都是海耳台长亲自主持建成的。口径 2.54 米的望远镜是当时世界上口径最大的望远镜。

哈勃还没有来得及登上威尔逊山，便应征入伍做了一名陆军士兵。哈勃致电海耳台长，希望能在退伍后到威尔逊山天文台工作。哈勃随美军赴法国参战，在战斗中负过伤，由于作战英勇晋升为少校军官。战争结束之后，哈勃随美国占领军留驻德国，一直到 1919 年 10 月方才返回美国。

回到美国之后，哈勃得到海耳台长的允许马上赶赴威尔逊山天文台工作。此时的哈勃已经年满 30 岁。到了而立之年，方才在天文学观测与研究事业上起步。威尔逊山上的大型望远镜使得哈勃如鱼得水，为他后来在天文事业上大展鸿图提供了物质基础。

### 2．仙女座大星云就是河外星系

1924 年是哈勃天文学事业上取得辉煌成就的一年。他来到威尔逊山天文台工作之时，正是天文学家为漩涡星云的本质感到困惑的日子。1922 年起，他开始观测研究漩涡星云。他认识到，问题的关键是要找到一种正确的、能够令人信服的测定漩涡星云距离的方法。

1923 年，他用 2.54 米反射望远镜拍摄了一批漩涡星云的照片。仙女座大星云边缘的恒星已经清晰可见。证明这个星云可能是由恒星组成的，但它究竟离我们多远？需要测出它的距离。

这年 10 月 4 日，哈勃在仙女座星云中发现了第一颗造父变星，光变周期是 31.415 天。造父变星测量距离的方法已经被公认为测量比较远处天体距离的好方法，由这颗造父变星估计出的距离约 100 万光年。这是沙普利大银河系直径的 3 倍多。1924 年 2 月，哈勃给沙普利写了一封信，告诉他在仙女座大星云中发现 9 颗新星和 2 颗变星，并附上第一颗造父变星的光变曲线。这封信对沙普利的刺激太大了，简直使他坐立不安。他把这封信看成是"诋毁我们哈佛大学的信"。

哈勃再接再厉把 2.54 米口径望远镜对准人马座内的富含恒星的星云 NGC 6822，发现了 9 颗变星，周期从 64 天到 12 天，都属于造父变星。当时能肯定是造父变星的至少有 3 颗。接着又在漩涡星云 M33 中找到 15 颗变星。哈勃意识到，这些造父变星距离的测定将结束有关漩涡星云本质的大辩论。这时的沙普利也意识到这点，他的心情很矛盾，他说："我究竟是应该道歉还是应该为哈勃在星云研究上的突破高兴呢？恐怕二者兼而有之。"

造父变星是一种具有"量天尺"绰号的特殊天体。利用造父变星周光关系可以推算出这些变星的距离。这并不是哈勃的发明，早在 1784 年，天文学家就发现仙王座 δ 星是变星，我国称这颗星为"造父一"。其亮度呈周期性变化，周期为 5.3 天，最亮时 3.6 等，最暗时 4.3 等。后来发现的造父变星越来越多，变化周期几天至几个月，成为一种特殊的变星类型。造成光变的原因是造父变星的体积时而膨胀，时而收缩，呈现周期性，导致恒星表面积周期性变化。因为光度与表面积成正比，因此，光度也呈现周期性变化。

勒维特（H. Leavitt）是美国一位两耳失聪的女天文学家，她专门研究小麦哲伦星云中的变星，在 1777 颗变星中发现有 25 颗是造父变星，视星等从 12.5 等到

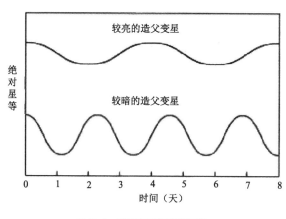

图 7-3　造父变星的光变周期

15.5 等，光变周期从 2 天到 120 天。她发现造父变星周期和光度之间存在确定的关系，如图 7-4 所示。造父变星的光变周期越长，它的绝对星等越大，因此测出造父变星的光变周期便可以估计出它的光度或绝对星等。

在第二讲中曾给出了恒星的视星等、绝对星等及距离的关系式。在第六讲中讨论了星际

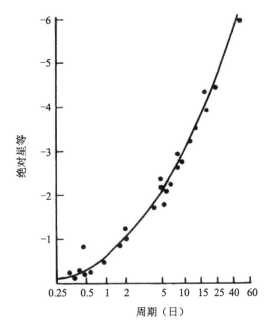

图 7-4　造父变星的周光关系

图 7-5　哈勃望远镜拍摄的仙女座大星云

消光作用后，给出关系式 $M = m + 5 - 5 \log r - A$。根据这个公式，由造父变星的光变周期给出绝对星等（$M$），恒星的视星等（$m$）和消光因子都可以由观测确定，这样就可以获得距离（$r$）了。这就是造父变星测距法。

利用造父变星测距法，哈勃测出 M31 和 M33 的距离，都约为 90 万光年，而银河系的直径远远小于这个尺度。即使采用沙普利的夸大了的大银河系模型，其直径也只有 33 万光年。哈勃的研究结果表明，M31 和 M33 都是远在银河系以外的独立的星系。

哈勃发现仙女座大星云距离的信息让美国天文界轰动起来。美国天文学会理事长和著名天文学家罗素联名给哈勃发了一份电报，催促他赶紧写出报告提纲，以便在 1924 年底举行的美国天文学会和美国科学促进会联合召开的学术会议上报告。在发电报的同时，他们收到了哈勃寄来的论文，题目是"漩涡星云中的造父变星"。哈勃本人没有出席这次大会，由别人代为宣读。与会的天文学家一致认为，旷日持久的关于漩涡星云本质问题的大辩论可以画上句号了。

美国科学促进会为哈勃颁发了最佳论文奖。哈勃在人类认识宇宙的历史上写下了光辉的一页，人类探索宇宙的视野从银河系以内扩展到了银河系以外。一门新的天文学分支学科——星系天文学诞生了。

# 揭示宇宙膨胀的哈勃定律

哈勃发现 M31 和 M33 是银河系外的星系，开辟了星系研究的新领域。他自己也把精力投入到河外星系的观测研究中，精心地测量星系的红移，又发现了揭示宇宙膨胀的哈勃定律。他的研究为宇宙演化的研究指明了方向，为当今流行的宇宙大爆炸理论奠定了观测学的基础。

## 1. 星系光谱的观测和红移的发现

星系离我们很远，观测它们的光谱困难很大，因此星系谱线红移资料很缺乏。哈勃制订了一个庞大的计划，目的是要取得非常多的星系的红移数据。好在他使用的光学望远镜口径比较大，观测助手赫马森（Milton L. Humason）又非常得力。赫马森承担了大部分观测工作，包括资料处理、光谱分析、测量红移等，很快就获得了一批星系的红移。赫马森的经历颇有几分传奇，他没有受过正规的天文学教育，在兴建威尔逊山天文台时被雇来做运送建筑材料的赶骡人，后来成为天文台守门人。哈勃请他来临时帮忙，他显示出非常强的能力，也就成为正式的观测助手，在观测上做出很大的贡献，并成为一些重要论文的合作者。

银河系中的恒星的运动会导致谱线的频率发生变化，离我们而去的恒星，其谱线波长变长，称为红移，向我们而来的，谱线波长变短，称为蓝移。河外星系的情况怎么样呢？他发现他所测量的 20 多个星系的光谱线只有红移而没有蓝移，而且红移量都比银河系中恒星的红移量大。

说起红移和蓝移，我们要回顾 1842 年奥地利物理学家多普勒（Christian Johann Doppler）的一项研究。当时他在研究声源运动时声音的变化。他发现，当声源朝观测者方向运动时，声波的波长变短，音调变高；当声源离观测者而去时，波长变长，音调变得低沉。图 7-6 显示多普勒效应产生的频率降低和升高的原理，声源处在"1"的位置时，离 A 和 B 的距离相同，因此在"1"时发出的声波的波前同时到达 A 和 B 点。当声源运动到"2"处时，发出的声波的波前离 B

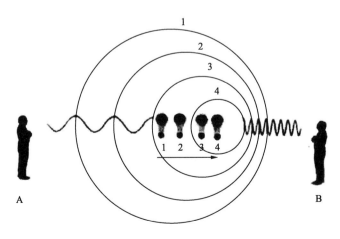

图 7-6　多普勒效应原理图

要比 A 近，声源运动到"3"和"4"的情况更是如此。可以看出，向着 A 点方向波长被拉长了，频率变低了。向着 B 点的方向，波长被压缩短了，频率变高了。

多普勒效应也适用于光波、无线电波及其他波段的电磁辐射。在可见光区，红光的波长最长，紫光的波长最短，所以天文学上把天体远离我们而去导致的谱线波长变长称为红移，把天体向我们而来造成的谱线波长变短称为蓝移。

对天文学来说，多普勒原理非常重要，天文学上的许多研究成果都是建立在多普勒效应的基础上的。如果没有多普勒原理，或者这个原理不能适用于宇宙中天体的各个波段的辐射现象，那天文学就要大乱了：哈勃定律没有意义了，宇宙膨胀没有根据了，太阳振荡变成莫须有了，类星体也不是最远的天体了，类星体的能源困难也不存在了。

### 2．哈勃定律的发现

红移值由观测波长 $\lambda$ 和在地球上实验室测定的波长 $\lambda_0$ 来确定，其定义是，

$$z = \frac{\lambda - \lambda_0}{\lambda_0}$$

观测发现星系的谱线都有红移，也就是观测波长总比实验室的波长长，$z$ 总大于零。举例来说，如果某星系的某一谱线波长为 515 纳米，但在地球上，同一谱线的波长为 500 纳米，波长的变化为 15 纳米，那么红移量 $z$ 等于 0.03。红移是由相对运动引起的，红移与速度的关系是：

$$1 + z = \left(\frac{1 + v/c}{1 - v/c}\right)^{1/2}$$

其中 c 为光速，在天体的速度远比光速小时，公式可简化为：

$$z = v/c$$

哈勃发现，河外星系的距离越远，其谱线红移越大，其退行速度也越大。退行速度与距离成正比，也即

$$v = H_0 d$$

其中 $v$ 为速度，以千米／秒为单位，$d$ 为距离，以百万秒差距为单位，$H_0$ 是比例常数，其值可以由观测确定，大约是 75 千米／（秒·百万秒差距）。秒差距是距离的单位，1 秒差距等于 3.26 光年。

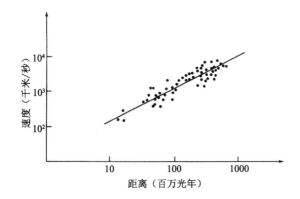

图 7-7　星系视向速度与距离的关系

哈勃以《河外星云的距离与视向速度的关系》为题发表了星系观测研究的结果，立刻引起天文界的极大关注，很快就得到赞同，天文学家把 $v=H_0 d$ 称为"哈勃定律"，把 $H_0$ 称为哈勃常数。图 7-7 是星系的速度与距离的统计结果，成为哈勃定律观测依据。

图 7-8 是谱线红移的情况示意图。同一条谱线，在地球实验室和不同距离的星系上的波长不同，距离越远，波长变得越长。

哈勃定律告诉我们，距离越远的星系离我们而去的速度越快，这表明宇宙处在不断地膨胀之中。哈勃定律的确立使人类的宇宙观念发生了深刻的变化，导致了人类认识宇宙的又一次大飞跃。以前天文学家认为宇宙在整体上是静止的，哈勃定律却给出宇宙膨胀的图像。人们赞誉哈勃是自伽利略、开普勒、牛顿时代以来最伟大的天文学家，尊他为一代宗师，称他为"星系天文学之父"。

哈勃定律也提供了一种测量星系距离的新方法。因为星系的运动速度与距离成正比，测出星系的红

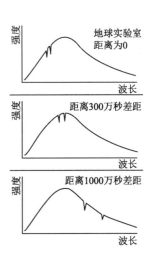

图 7-8　星系的距离越远谱线
红移越大的示意图

移就知道了速度，进而知道了距离。对于非常遥远的星系，我们无法测到它们中的变星，也就不能使用观测变星周期的方法估计距离，测量红移估计距离成为最重要的方法。

1953 年 9 月 28 日，哈勃因为脑血栓突发而与世长辞，终年仅 64 岁。1990年美国将一架主镜口径为 2.4 米的望远镜送入了太空，开辟了空间天文光学观测的新篇章。这架耗资 20 多亿美元的空间望远镜被命名为哈勃空间望远镜。

# 千姿百态的河外星系

在满天星斗中，河外星系也夹杂在其中，但肉眼可见的寥寥可数。在宇宙深处，我们肉眼所不能及的地方，隐藏着数不清的河外星系。每个河外星系都包含着数十亿至数千亿的恒星，还有星云和星际物质。望远镜的威力越大，能看到的星系越多。现在已观测到的星系总数超过 1000 亿个。星系形态各异，质量、大小以及辐射特点都不尽相同。天文学家陆续提出了多种星系分类法，哈勃分类是其中比较好的一种，沿用至今。哈勃空间望远镜及地面大型望远镜的深空观测，对星系进行了大搜查，把星系深藏的秘密和美丽的面貌一一地展现在我们面前。

### 1．哈勃星系分类法

自从哈勃揭开了漩涡星云的秘密之后，寻找银河系外的"宇宙岛"成为天文学家共同的努力目标。在天球的各个天区都发现了很多星系，总的数目像银河系内的恒星那样多。它们形态不同，特点各异，显得十分杂乱无章。为了更好地研究它们，需要给它们进行分类。

1926 年哈勃提出了星系的分类方法。星系按其形态分为椭圆星系、漩涡星系、棒旋星系和不规则星系四大类。

椭圆星系中心亮，边缘渐暗，呈椭圆形，用英文字母 E 表示。按照椭率的不同又分为八种次型：$E_0$、$E_1$、$E_2$、$E_3$、$E_4$、$E_5$、$E_6$ 和 $E_7$。$E_0$ 为圆形，$E_7$ 为椭率最大的一类，直径在 3300 光年到 49 万光年之间。

漩涡星系像银河系的结构一样，有一个比较明亮的、椭圆形的中央核区，其外部为一个薄的圆盘，称为星系盘。从核区向外伸出几条盘旋着的旋臂加在星系盘上。直径在 1.6 万光年到 16 万光年之间。漩涡星系分为 Sa、Sb 和 Sc 三个次型，Sa 星系的球核最大，旋臂很紧密；Sb 和 Sc 的球核直径逐步减小，旋臂也逐步散开。

棒旋星系与漩涡星系很相似，差别仅是核心部分，漩涡星系的核心是球形，棒旋星系则为棒形。棒旋星系也分为 SBa、SBb 和 SBc 三个次型，SBa 星系的球核直径最大，旋臂很紧密；SBb 和 SBc 的球核逐步减小，旋臂也逐步散开。漩涡星系和棒旋星系加起来数目约占 70%，椭圆星系约占 25%，不规则星系约占 5%。

不规则星系的形状很不规则，看起来是一些没有一定形状的亮斑。直径大约在 6500 光年到 2.9 万光年之间。

哈勃将各种星系分门别类地画在一张图上，其形状很像一个做物理实验用的音叉，因此人们称之为星系分类的音叉图。

哈勃星系分类仅仅是对正常的星系而言，受 20 世纪 20 年代观测能力的限制，当时其他类型的星系还没有发现。作为正常星系的分类，哈勃分类法还是比较恰当的。但是对于特殊星系则需要另外加以分类。

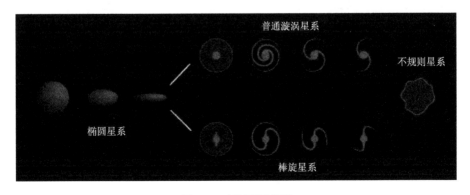

图 7-9 哈勃星系分类图

### 2.椭圆星系

椭圆星系按形状的椭率又分为几个次型，后来的研究发现，椭圆星系的椭率相差很大只是个假象，是观测角度不同造成的。就像一个铁饼，假如它正面对着我们时，看上去就是圆形，侧面对着我们时，看上去就是椭圆形。

椭圆星系质量差别非常巨大，质量最小的称为矮椭圆星系，与银河系中的球状星团相当，但拥有相当数量的暗物质，可能是宇宙中最小的星系。巨型椭圆星系的质量可达太阳质量的几万亿至十万亿倍，可能是宇宙中质量最大的恒星系统。椭圆星系中的恒星大多数属于老年。

最著名的椭圆星系要属 NGC 4486，梅西耶星表中第 87 位，即 M87。这是一个标准的巨型 $E_0$ 型椭圆星系，位于室女座星系团之中，直径为 12.6 万光年，距离我们约 5000 万光年。M87 非常明亮，质量又大，约是 1 万亿个太阳质量。目前受到格外的关注是因为空间观测发现了它的长达 5000 光年的喷流。这一条从核心向外伸出细而直的光束又被称为"宇宙喷灯"。喷流很可能是星系中心的

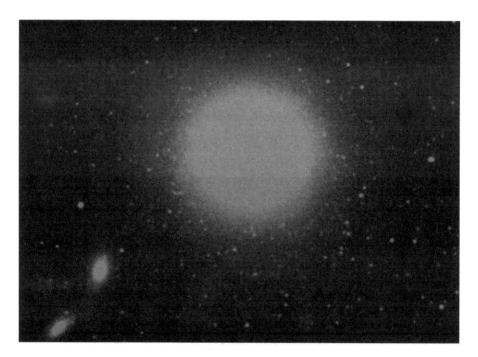

图 7-10　椭圆星系 M87 及其喷流

超大质量黑洞引起的。天文学家已经发现被认为是黑洞的核心部分间歇性地向外喷发物质的很多证据，喷发出大小从数千光年到数十万光年不等的诸如磁环、气泡、羽毛状物等。

### 3．美丽的漩涡星系和棒旋星系

漩涡星系是河外星系中数量最多的一种。旋臂上物质比较稠密，有比较多的气体和尘埃，是孕育恒星的场所。图 7-11 是大熊座漩涡星系 M101，它以正面对着我们，明亮的核球和舒展开来的旋臂，一览无遗地展现给我们，真是动人心弦。绰号风车星系，距离 1900 万光年。上册彩图页图 19 是鹿豹座漩涡星系 IC432，位于银盘方向，受尘埃和气体的遮挡，难以观测到。这是"斯皮策"在红外波段获得的精彩影像。

最明亮的星系是仙女座大星云 M31（NGC 224），单凭肉眼就可以看见。由于它是第一个被证认为银河系外的星系，因而格外有名。因为它不是正面对着

图 7-11　漩涡星系 M101

我们，旋臂的特征不很明显。

棒旋星系的核心像一根棍棒，旋臂从棒的两端伸出，旋转时棒形结构以相同的角速度旋转。棒旋星系占河外星系总数的 20% 左右。NGC 1365 是一个形态上很典型的棒旋星系，属于 SBc 型，如图 7-12 所示。

### 4. 不规则星系

通过望远镜观测，不规则星系只是一些没有一定形状的亮斑。它们可能曾经是漩涡星系或椭圆星系，后来因为受邻近星系引力的作用变形。在星系中不规则星系的数目最少。我们最熟悉的不规则星系是大麦哲伦云和小麦哲伦云。它们是 16 世纪葡萄牙航海家麦哲伦（Ferdinand Magellan）在环绕地球航行时候首先发现的。在航海过程中，麦哲伦经常仰望天空，详细地记录了南方天空中的这两个十分明亮的云雾状天体，成为发现的第一人。他还是第一个从东向西跨太平洋航行的人，用实践证明了地球是一个球体。

大、小麦哲伦云是离我们银河系最近的星系，距离分别为 16 万光年和 19 万光年。与银河系一起组成了一个"三重星系"。由于它们比银河系小得多，也就算是银河系的两个"伴星系"了。它们位于南天极附近，距离南天极仅 20 度左右，高悬在南方天空，争相辉映，从不会落到地平线以下，成为南天的一对瑰宝。

由于离我们很近，各类大型望远镜把大、小麦云观测得相当仔细，凡是银河系中有的天体种类，在这两个星系中都观测到了，如有像太阳一样的普通恒星，有巨星、超巨星，各种各样的变星，致密的中子星等，有疏散星团、球状星团、行星状星云、发射星云等。像银河系一样，大、小麦云中还发出射电和 X 射线辐射。射电观测还发现大、小麦云外面有一个共同的气体包层以及从气体包层中流向银河系的"气体桥"。很显然，这座气体桥是银河系强大潮汐力发挥的作用。

上册彩图页的图 20 是小麦哲伦云中的一个带有星云的年轻星团 NGC 346 的图像，由哈勃空间望远镜拍摄。NGC 346 中的大质量恒星寿命很短，但能量却很高。它们吹出的星风和发出的辐射不仅在气体尘埃云中清扫出一个约 200 光年大小的星际空洞，而且还触发了恒星形成，成为一个巨大的恒星形成区。

图 7-12　棒旋星系 NGC 1365

图 7-13　不规则星系大麦哲伦云（右）和小麦哲伦云（左）

# 不平静的特殊星系

宇宙中的星系形形色色，有许多星系由于它们的形态、结构和辐射特征与正常星系显著不同而归为特殊星系。不同的特殊星系都有自己鲜明的特点，需要逐一地加以描述。

## 1. 射电星系

20世纪60年代，剑桥大学发表射电源第3个星表，称为3C星表。发现其中很多射电源与光学星系位置重合，因此称它们为射电星系。其最大特点是射电辐射特别强，不仅比本身的光学波段的辐射功率大，而且比所有正常星系的射电辐射要强10万倍到1亿倍，达到$10^{42} \sim 10^{45}$尔格/秒。它们往往是星系团中光度最高、质量最大的星系。它们的辐射随频率的增加而减弱，为幂律谱，具有很强的偏振，是高能带电粒子在磁场中加速运动时发出的同步加速辐射。其光学对应体大多数属于椭圆星系。在形态上射电星系分为致

图 7-14　天鹅座 A 射电星系

密型和延展型两类。致密型射电星系的射电像与光学像一致或稍小一些，也称为核—晕型射电星系。延展型射电星系的射电像大于光学像，常表现为双瓣结构或头尾结构。

天鹅座 A 是第一个被发现的射电星系，也是最强的河外射电源，比银河系的射电辐射功率强几百万倍。如图 7-14 所示，天鹅座 A 射电源由两个展源和中心的致密源组成，致密源通过喷流给展源提供能量和高能电子。展源中的白色亮斑是喷流轰击导致的热斑。上册彩图页的图 21 是武仙座 A（又名 3C 348）多波段观测的合成图像。哈勃空间望远镜光学观测获得的图像是一个平静的椭圆星系，但甚大阵的射电图像则显示出非常好的双源结构和长度超过 100 万光年的喷流。

有的射电星系是头尾结构，射电辐射的头围绕着光学星系，窄的射电尾从

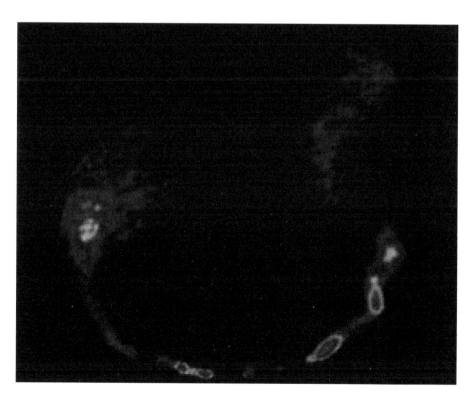

图 7-15　射电头尾星系 NGC 1265

光学星系延展出去。射电尾巴的形状各式各样，有直的，也有弯曲的，还有两条尾巴的。

### 2. 活动星系

一般的星系是比较平静的，演化也是缓慢的。但是活动星系则是宇宙中狂乱活动的主事者。活动星系的最大特点是具有明显的激烈活动。最突出的要数塞弗特星系和马卡良星系。

塞弗特星系可谓是星系中的活跃分子。1943年天文学家塞弗特（Carl Keenan Seyfert）注意到有些星系具有不一般的特性，后人就用他的名字命名这类星系。它们属于漩涡星系中的另类，占漩涡星系总数的1%～2%。这类星系的中心区域辐射很强，有很强的发射线，体积和质量比一般星系要小得多。看起来像一颗恒星。有着充沛的能源，可见光、红外线、紫外线和X射线等波段辐射出的总能量可达到一般星系的数十倍至100倍。

图7-16是NGC 7742，为第二型塞弗特星系，又名荷包蛋星系，是一个位于飞马座的漩涡星系，距离地球大约7500万光年。其核心特别光亮，形如一个荷包蛋，由于被尘埃覆盖的恒星很多，中心呈现黄色。它的中心可能藏着一个超大质量黑洞。塞弗特星系与类星体相似之处非常多，有人就把它们等同起来，称它们为"微类星体"。

马卡良星系是苏联天文学家马卡良（V. E. Markarian）发现的，最大的特点是具有很强的紫外连续谱辐射。他自1967年起进行巡天共发现800多个这样的星系。它又分为两个次型：一种是亮核型，

图7-16　塞弗特 II 型星系
NGC 7742，核心很亮

明亮的星系核本身就是紫外连续源，多为漩涡星系；另一类是弥漫型，紫外连续源分散在整个星系内，一般为暗弱的不规则星系。最近发现马卡良星系多为有相互作用的密近双重星系。

### 3. 蝎虎座 BL 型天体

这种活动星系属于深藏不露的天体，很平淡，发射线也很弱或没有，属于非热连续谱。不过，它们的特点也很突出，一是有光变，很不规则，几个小时到几个月不等，变幅很大，能达到 100 倍；二是 $\gamma$ 射线波段辐射很强，同时有比较强的射电和红外辐射，偏振度比较高，通常达到 30% 以上。在照片上看，它们与恒星没有什么差别，放大像才能看到有暗弱的包层，通常是椭圆星系。射电源 3C 279 就是一个典型的蝎虎座 BL 型天体。

### 4. 致密星系

顾名思义，这种星系直径很小，密度很大。它们看起来像恒星，而亮度和光谱红移却非常大，活动很激烈。致密星系又可分为一般致密、中等致密、甚致密和极端致密等四类。对于甚致密星系来说，只有口径大到 5 米的望远镜才能勉强分辨出是星系而不是恒星。对于极端致密星系来说，在 5 米望远镜拍摄的底片上，只能显示出恒星一样的像，但用分光仪或用物端棱镜观测时，能显示出星系类型的光谱。

### 5. 爆发星系和星爆星系

爆发星系以爆发和抛射物质著称，星爆星系则是以非常高的恒星诞生率为特点。星爆星系的恒星诞生率比一般星系中的恒星诞生率要高出几十倍甚至几百倍。其中大多数新形成的恒星质量很大，又很明亮。星爆星系属于辐射最强的星系之列。恒星爆发式的诞生区域约为几千光年的范围。

大熊座的不规则星系 M82 的形状像一个雪茄，又称雪茄星系。它既是著名的爆发星系，又是重要的星爆星系。观测发现 M82 正在以超过 1000 千米 / 秒的速度大量地抛出气体，成批地产生恒星。之所以能发生星爆现象，首先是因为这个星系储备有大量可以形成恒星的气体及尘埃，还因为有触发恒星诞生的机制存在。最初的触发来自于它与邻近星系 M81 的碰撞，碰撞产生的冲击波激发星云形成许多致密的云团，进而生成大批恒星。其中很多是大质量恒星，它们很快就用尽了核燃料，随即发生超新星爆发，爆发产生的冲击波快速通过星系，又促使一批新恒星的诞生，然后又发生超新星爆发。这种连锁反应产生的恒星和超新星爆发，形成了强大的"星系飓风"，"飓风"以约 160 万千米 / 小时的速度把物质喷发到星际空间，形成一个由数百万摄氏度高温气体组成的特大气泡，尺度从星系盘面延伸几十到几千光年。由于 M82 星系中发生了大规模超新星爆发，"飓风"把恒星演化过程中所产生的元素如碳、氧、硫、铁等以及超新星爆发时所产生的比铁更重的元素都撒向星系际空间。

图 7-17 是 M82 多波段观测合成图像。可以看出 M82 的雪茄形状和它抛出的物质形成的大气泡。右上插图是钱德拉 X 射线观测数据，显示星系中心的一大批 X 射线源，其中至少有 2 个是中等质量黑洞候选者。

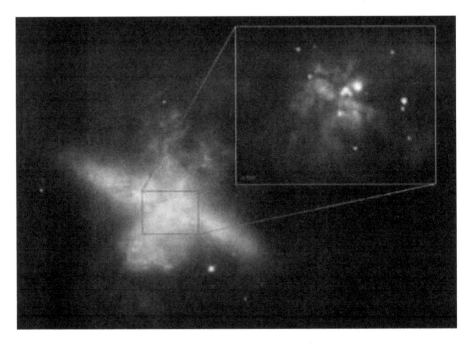

图 7-17　M82 多波段观测合成图像

# 多重星系、星系团和超星系团

星系比恒星还喜欢群居，它们总是以多重星系、星系团乃至超星系团的形式存在，由引力把星系集团的成员之间结合在一起。1995年发表的一张由哈勃空间望远镜拍摄的276幅画面拼接成的图，所观测的天区尺度只有月球直径的1/3，照片上只有寥寥几颗银河系内的恒星，但遥远的河外星系却达1500个。估计河外星系的总数达2000亿。最远的河外星系达到了宇宙的边缘。

### 1. 多重星系和星系群

星系质量很大，星系之间的距离比星系尺度大不了太多，彼此靠得比较近，因此很容易形成多重星系系统。银河系与它的两个近邻大、小麦哲伦云就是一个典型的三重星系。近年来的研究认为银河系属于十二重星系中的一员。仙女星系M31是一个九重星系中的老大。围绕着它的8个伴星系也都是比较小，距离仙女星系都很近。

几个靠得比较近的多重星系又形成彼此有联系的星系群。我们银河系所在的星系群叫作本星系群。它以仙女星系、银河系和三角座M33为主，包含大约40多个成员星系，直径范围大约652万光年。这三个星系辐射的能量占本星系群总辐射的91%以上，其余比较小的星系大部分是椭圆星系和不规则星系。本星系群的总质量估计为$5 \times 10^{11}$个太阳质量，相当于25个银河系的质量。

飞马座的北部边缘，有一个由五个星系密集在一起的集团，叫作斯蒂芬五重奏，是法国天文学家斯蒂芬（Jean Marie Edouard Stephan）1877年在马赛天文台发现的。上册彩图页图22是哈勃空间望远镜拍摄的"斯蒂芬"图像，其中有4个泛着黄色辉光的星系，它们组成四重星系，彼此相距较近，引力把它们连系在一起，距离我们3亿光年左右。中心是两个星系NGC 7318A和

NGC 7318B，因为碰撞已经逐渐地合二为一了。左上是 NGC 7317，右下是 NGC 7319。照片上左下角的蓝色星系（NGC 7320）并不是这个星系集团中的成员，它只是一个"前景"星系，恰巧与其余 4 个星系处在同一视线上。它比其他星系更近，距离我们仅仅 4000 万光年。实际上这是个四重星系，而不是五重星系。它是第一个被确定的紧密星系集团，刚发现便引起广泛的关注。如今，已经知道成百上千个类似的星系集团，但很少有像"斯蒂芬"这样壮丽的。

### 2. 星系团和超星系团

多重星系和星系群仅是很小的群体。更大的星系集团就是星系团和超星系团。目前已经确认的星系团有上万个。星系团中的成员数目差别很大。少的仅几十个，多的则有数以万计的星系。因此有穷星系团和富星系团之分。星系团的线直径相差不大，最多相差一个数量级，平均约为 1600 万光年。

美国天文学家阿贝尔（George Abell）一生的研究成果非常丰富。他最有影响的一项工作是于 1958 年发表的《阿贝尔富星系团目录》。当时他收录了 2712 个富星系团，1989 年又有两位天文学家补充了南半天球的 1361 个。现今的《目录》已经包括了富星系团 4073 个。这些富星系团里面隐藏了大量的宇宙奥秘。除了可见的星系物质之外，星系团中还包含着大量的暗物质。上册彩图页图 24 是 2006 年 8 月"哈勃"拍摄的星系团"ZwCl 0024+1652"，这个星系团离我们很远，有 50 亿光年。图像中明显地存在一个黑色的圈，起初还以为是数据处理出了问题，经过一年多的检查和修正处理，其结果更加明显。最后确认照片上的黑圈是由暗物质构成的，其直径达 260 万光年。至今天文学家观测的星系团非常多，发现这样规则的黑圈还仅此一例。

星系团按形态可分为两类：规则星系团和不规则星系团。规则星系团大致具有球对称的外形，也称球状星系团。团内常常包含有成千上万个成员星系，中心区的星系更加密集。后发星系团是此类星系团典型代表，距我们约 359～456 光年，包含的成员星系达 1 万多个。不规则星系团，又称疏散星系团，结构松散，没有一定的形状，也没有明显的中央星系集中区。离我们最近的室女星系

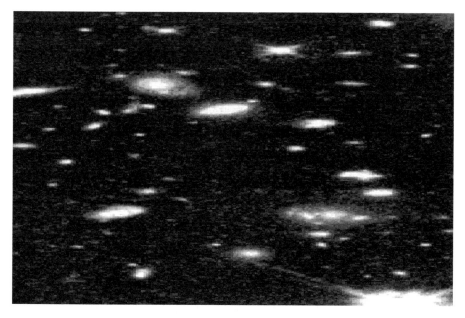

图 7-18　星系团 CL 1358+62

团是不规则星系团的典型代表。估计距离为 5200 万～ 6200 万光年，成员星系约 2500 个，其中 2/3 为漩涡星系。

观测研究结果表明，星系团整体的视向速度与其距离的关系满足哈勃定律，距离越远的星系团的视向速度越大。星系团内不同成员星系还具有相当不同的运动状态，其差别用速度弥散度来表示。小星系团的速度弥散度约为 250 ～ 500 千米 / 秒，大星系团的速度弥散度高达 2000 千米 / 秒。速度弥散度的大小可以估算星系团内每个星系的平均质量，还可以估计星系团的稳定性。很显然，如果成员星系的速度差别太大，预示着有些星系有离开星系团的趋势，将导致星系团膨胀和瓦解。

比星系团更大的天体系统是由若干个星系团组成的超星系团。宇宙中至少有 50 个左右超星系团，离我们较近的有武仙超星系团、北冕超星系团、巨蛇—室女超星系团等。银河系在"本超星系团"中，它的成员还有室女星系团、大熊星系团以及其他一些小星系团，其中心在室女星系团附近。估计银河系绕本超星系团中心转动一周的时间长达 1000 亿年。

# 星系的碰撞和互扰星系的形成

在星系中，恒星的直径远远小于恒星间的距离，因此它们碰撞的概率几乎为零。只是在密近双星中，两颗星有可能发生碰撞和并合。星系很大，星系之间的距离比星系本身的尺度大不了太多。因此，星系之间的相互作用比较强，碰撞、并合的机会比较多。星系的相互作用和碰撞使星系变形，产生出非常奇特的星系形态，促进了星系的演化。

## 1. 星系的碰撞

星系间或星系团间发生的碰撞可不像地球上的汽车相撞事件那样惨烈，也不会像 1994 年彗星撞击木星造成彗星那样的香消玉殒。可以说，不会发生单个星体之间的碰撞，仅仅是单个星体的相互靠近，最后聚成一个崭新的较大星系。

当两个质量和体积都差不多的星系发生碰撞，它们会彼此"融入"对方，最终合并成一个星系。如果参与碰撞的星系是一大一小，情况就不一样了，大的星系碰撞后基本上能保持原样，而小的星系则会被撕裂，成为大星系的组成部分。质量较大的星系把质量较小的星系"吃掉"，合并成一个更大一些的星系。当然这个过程是漫长的，可能长达几十亿年之久。天文学家估计，宇宙中大约有 15% 的星系经历过碰撞事件。有人估计，25 亿年后银河系与仙女座大星云会发生碰撞，因为目前它们正在逐步靠拢。

美国天文学家阿尔普（Halton Arp）1966 年出版了《特殊星系图集》(*Atlas of Peculiar Galaxies*)。图集中包含 338 个不同寻常的星系，每个星系都有各自的编号，从 1 到 338，前面冠以阿尔普的名字，简称 Arp1 到 Arp338。阿尔普特殊星系中的绝大多数都是相互作用的星系。星系的相互作用、碰撞与并合，是宇宙中一种很普遍的现象，同时也是星系形成与演化进程中的一个非常重要的环节。《特殊星系图集》是人们观测和研究星系相互作用与并合的极好的样本。一些拥有高水准望远镜的业余天文爱好者们，已将阿尔普星系列为他们跟踪和拍摄的对象。哈勃空间望远镜多次公布阿尔普天体的华丽图像，展示宇宙天体那份独特的外在美。

### 2．美不胜收的互扰星系

星系在引力作用下互相干扰，破坏了星系的正常形态。这种双星系或多重星系称为互扰星系。在几十年前，就有天文学家编了一个互扰星系星表，数目达1400多个。由于那时的望远镜比较小，给出的图像不甚清晰。自从哈勃空间望远镜投入观测以后，允许我们观测很遥远的深空天体，把美不胜收的互扰星系尽收眼底。下面介绍的互扰星系基本上是哈勃空间望远镜的贡献。

带孩子的星系：M51是第一个被观测到具有明显的漩涡结构的河外星系，位于猎犬座中。1845年，英国天文学家罗斯用他的180厘米反射望远镜首次发现了M51的漩涡结构，并没有认识到是河外星系，所以就叫它猎犬座漩涡星云。

图7-19　带孩子的星系——M51

在它的左下方有一个较小的伴星系 NGC 5195。M51 的一个旋臂受伴星系的强烈扰动作用大大偏离了原来的位置，直奔伴星系而去，形成了连接两个星系的物质桥。天文学家戏称 M51 为带孩子的星系。

天线星系：NGC 4038 和 NGC 4039 是宇宙中一对著名的"天线星系"。两个星系由于碰撞而"长出"两条细长、弯曲的"天线"，又酷似昆虫的一对触角。哈勃空间望远镜拍摄的照片高度清晰，展现出两个星系碰撞的壮观景象。

车轮星系：这是一个较大的和一个较小的星系碰撞而形成的。当小星系从正面撞击并穿过大星系时，产生的剧烈冲击波使大星系圆盘迅速扩展，被压缩的星际物质在后方形成新的恒星，形成美丽的车轮状的光环。又由于小星系撞击大星系时，大星系的引力突然增加，导致大星系周围的恒星向其中心靠拢。当小星系撞击后离开大星系时，大星系的引力骤减，原先向着其中心而来的那些恒星又四散离去，使外围的环更明亮。

老鼠星系和蝌蚪星系：这两个互扰星系都是哈勃空间望远镜拍摄的。可爱的"老鼠"实际上是一对漩涡星系，距地球 3 亿光年的 NGC 4676a 和 NGC 4676b，两个星系互相作用，分别拖着由恒星和气体组成的长尾，好像两只老鼠正在嬉戏

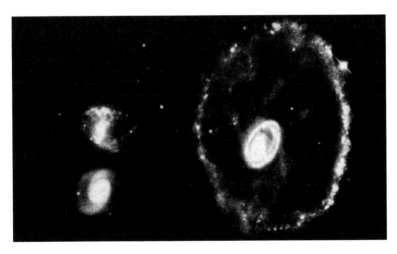

图 7-20　车轮星系

玩耍。最后可能会变为一个椭圆星系。而"蝌蚪"则是一个距离地球 4.2 亿光年的星系，它拖着一条由恒星组成的"尾巴"酷似一尾游动着的蝌蚪（见上册彩图页图 23）。

眼睛星系：美国斯皮策空间望远镜拍摄的红外线互扰星系，像一双美丽动人的蓝色大眼睛。这两只"眼睛"是两个正在并合的星系的中心。这两个星系分别为 NGC 2207 和 IC 2163。

互扰星系 Arp147：美国钱德拉 X 射线天文望远镜和哈勃空间望远镜的观测，显示距地球约 4.3 亿光年的一对互扰星系 Arp147。两星系的碰撞产生了一个包含大量新生恒星的蓝色光环。这些恒星经过数百万年的演化，发生一系列的超新星爆发，留下中子星和黑洞。观测发现的分散在 Arp147 星系光环附近的 9 个非常明亮的 X 射线源，被认为是黑洞。

互扰星系 Arp273（见图 7-22）：为纪念哈勃空间望远镜升空 21 周年，美国国家航空航天局特别公布了这个外形好似一朵美丽的玫瑰的互扰星系 Arp273。它位于仙女座，距地球大约 3 亿光年。两个星系相距数万光年，由恒星构成的一座"细桥"连接。照片上部的漩涡星系名为 UGC 1810，具有一个玫瑰形的星系盘。这是其下方的伴星系——UGC 1813 的潮汐力所致。UGC 1810 体积比伴

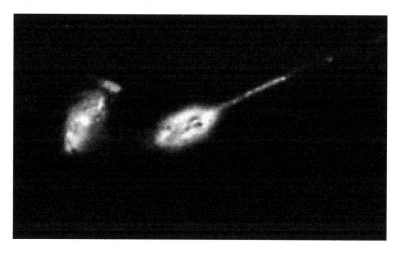

图 7-21　老鼠星系

星系大 5 倍。横贯图像上方的蓝宝石串是由年轻、炽热的蓝巨星超级星团组成的。这些大质量恒星发出强烈的紫外辐射。

图 7-22　互扰星系 Arp273

第八讲

# 类星体和引力透镜

类星体是 20 世纪 60 年代天文学四大发现之一，是射电天文学的又一重大贡献。当然，最终确认类星体还是依靠光学望远镜的谱线观测。类星体因为具有与恒星类似的小角径而得名，其实类星体与恒星根本不同，是一种新型的银河系外的天体，被认为是迄今为止观测到的最明亮、最遥远、最古老的天体。类星体究竟是一种什么样的天体，曾是一个难解之谜，现已初步达成共识：类星体是活动星系的核。但"类星体能源之谜"依然没有解开。

引力透镜不是指光学望远镜的镜头，而是宇宙空间中某些质量特别大的天体。它们起到像玻璃透镜一样使光线偏折或聚焦的作用。爱因斯坦预言这种天体的存在，但经过半个多世纪以后才在太空中找到这样的引力透镜。它们的形式多样，美丽壮观。引力透镜已经成为研究遥远天体和宇宙学的一种重要工具，特别对类星体的研究有着特殊的作用。

## 射电源表和类星体的发现

射电天文学发展的初期，观测的重点是太阳。很快就进入宇宙射电的时代，最初的热门课题是巡天，寻找人们尚不知道的射电源。为了研究这些新的射电源的性质，第一步就是要寻找射电源的光学对应体。由于那时射电望远镜的空间分辨率很差，只能利用月掩射电源的观测寻找射电源的光学对应体。终于发现了性质特殊的类星体。

### 1. 射电巡天和射电源表

20 世纪 30 年代发展起来的射电望远镜到了 50 年代已经观测到一大批射电源。剑桥大学相继推出的几个射电源表，最为著名。1959 年发表的第三个射电源表（称 3C 星表）共包含 471 个射电源。其中有些射电源的角径很小，被称为射电致密源，如 3C 48、3C 147、3C 196、3C 273、3C 286 等。射电源表并没有告诉我们这些射电源究竟是什么样的天体，寻找射电源的光学对应体成为观测研究的热点。

当今射电天文望远镜的分辨率远远超过光学望远镜，但那时的射电望远镜的口径不大、频率不高，多为单个天线，因此分辨率很低，不能确定天体的准确位置，也就无法确定射电源的光学对应体。射电天文学家巧妙地找到了一个提高分辨本领的方法，即利用月掩射电源的机会来确定射电源的准确位置。月球绕地球运行，不断地改变其空间位置，有可能扫过某些射电源，就像发生日食一样。如果射电源是像恒星一样的点源，月球遮住它时会突然地切断它的射电波。月球运行的轨道可以准确地算出来，只要精确地测量出月球挡住某个射电源辐射的时刻，就能很准确地定出它的位置，从而能可靠地寻找射电源的光学对应体。

### 2. 类星射电源的发现

1960 年利用月掩射电源的方法确定了射电源 3C 48 的位置，找到了它的光学对应体。这是一个视星等为 16 等的天体。在美国帕洛玛山天文台口径 5 米的光学望远镜所拍照片中显示为一个光点。这个光点是不是银河系中的恒星呢？不是。因为它的射电辐射很强，银河系中的恒星绝大多数都没有探测到射电辐射，极少数恒星有射电辐射，但它们的射电强度和结构与类星体的差别很大。还有就是银河系的恒星的谱线有红移的，也有蓝移的。而类星体的谱线都是红移，而且红移非常大，致使天文学家开始时都不认识 3C 48 的谱线究竟对应什么元素。

1962 年又用月掩射电源的办法确定了射电源 3C 273 的位置，也找到了光学对应体。这是一颗视星等为 13 等的蓝色"星"。同样，3C 273 的光谱也很特

图 8-1　发现类星体红移的
天文学家施米特

殊。只得把这种奇怪的天体命名为类星射电源。台湾学者沈君山按类星体的英文名 Quasar 音译为"魁煞星"，很是精彩，类星体发现至今已有 60 年，仍然降伏不了这个魁煞恶神，还没有彻底搞清楚它们是什么天体。

### 3．施米特揭开类星体光谱红移之谜

恒星和太阳的线状光谱代表着它们具有的各种元素。在地球实验室中，我们已经把地球上各种元素的线状光谱弄得清清楚楚，各种元素的光谱系列都被详细、精准地记录下来。天文学家拍摄得到天体的线状光谱后，都要与地球实验室的数据或光谱系图比对，以确定天体上有哪些元素。还能根据谱线的强度确认元素的含量及大气的温度和压力。

类星体的光学观测发现有很多发射线，然而这些发射线却在地球实验室的光谱图谱库中找不到对应的元素。天文学家施米特（M. Schmidt）经历了大约 1000 个日日夜夜的挖空心思的冥思苦想，也没有找到答案。问题的解决发生在一闪念之中，1963 年 2 月施米特在撰写类星体观测论文时，突然闪出一个念头：会不会是因为红移太大，把熟悉的谱线移到了波长很长的地方，以致搞得面目全非？

红移是天文学家熟知的一种现象，是天体以很快的速度远离我们时所产生的波长变长的现象。我们知道，恒星的谱线有红移，也有蓝移。河外星系的谱线则只有红移。恒星或河外星系的红移量都比较小，当然，星系谱线红移要大一些，对应的速度也大一些，最大的有每秒 1 万千米。

施米特的计算结果表明，如果类星射电源 3C 273 以 47,000 千米 / 秒的速度离开我们的话，其中一组的发射线光谱就与氢原子光谱完全一样了。这些奇怪的光谱对应的是我们熟知的元素，如氢、氧、氮、镁等。图 8-2 是类星体氢元素的一组发射线。

回过头来，再检查射电源 3C 48 的光学对应体的光谱，一目了然，还是一些熟知的元素，只是退行速度更大，达到 110,000 千米 / 秒。这两个类星体的退行速度分别达光速的 1/6 和 1/3。银河系中的天体不可能有如此高的速度，因为这个速度将使它们很快就跑出银河系。类星体与恒星或星系最大不同点之一是它们的红移特别大，超乎天文学家的预期和想象，导致近 3 年中茫茫不知所措。

施米特解决了类星射电源光学对应体的光谱之谜，理所当然地成为新型天体类星体的发现者。实际上，在他之前有两位天文学家已经率先触摸到了发现类星体的大门，仅仅因为思想上的犹豫而没有走进大门去获取这份大自然送来的宝物。在施米特之前，美国帕洛玛山天文台的桑德奇（Allen Rex Sandage）找到了 3C 48 的光学对应体，发现其光谱不正常，紫外线比较强，而且具有光变，但没有深追下去。澳大利亚天文学家哈扎德（C. Hazard）曾用帕克斯 64 米射

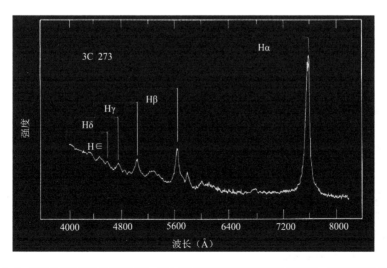

图 8-2 类星体 3C 273 的氢发射线，图中的红线指出谱线波长移动的情况，红移量达到 16%

电望远镜观测 3C 273，利用月掩星的方法，发现它是一个双射电源，中间夹着一颗光学 13 等星，有很宽的发射线。他也没有深入研究下去，把发现类星体的机会留给了施米特。

## 类星体的观测特征

类星体是一个多波段都有辐射的天体，它们的角径、视星等、喷流、形态、辐射流量和光变等都是基本的观测数据，不依赖于任何理论模型。这些观测参数很有特点，与众不同。但是类星体的线直径、光度、运动速度等参数则依赖于距离的估计。由于类星体离我们太远，许多行之有效的测量距离的方法都失效了。只能应用哈勃定律来估计距离。绝大多数天文学家都认为，哈勃定律可以用于红移很大的类星体。

### 1．类星体的结构和大小

射电和光学观测都表明类星体的角直径小于 1 角秒，在地面大型光学望远镜拍摄的照片上，只是一个光点。天文学家想方设法了解它们的结构，只是在光点周围看到一些似是而非的雾状物，并不能肯定属于类星体。既然类星体是河外天体，应该与河外星系一样是有结构的。由美国帕洛玛天文台和哈勃空间望远镜拍摄的类星体照片，发现部分亮类星体是有结构的。图 8-3 是 QSO 1229+204 的光学

图 8-3　哈勃空间望远镜拍摄的类星体 QSO 1229+204

像，结构层次分明。

类星体有多大很难直接测量。天文学家想出一个新办法，测量光变来估计大小。一个天体如果能测出光度的变化，那么它的尺度一定不会太大，光变周期应该与光穿过这个星体的时间相当，否则局部地方的变化会被平均掉。若天体的光变周期为 $t$，直径为 $d$，则有 $t \approx d/c$，$c$ 为光速。只要知道光变周期就可以估计出它们的直径。大部分类星体的光变周期是几年到十几年，也有几天或几个月的，因此它们的直径应该是几光年到十几光年，最小的才几个光日。相对于银河系和其他星系，类星体的直径实在是太小了。

### 2．类星体的辐射

类星体是一个在很多波段上都有辐射的天体。最先发现类星体是在射电波段，其实只有比较小的一部分类星体射电辐射比较强。后来陆续发现一些光学性质和类星射电源相同的天体，也是角径很小，非常亮，颜色发蓝，光谱也很奇怪，但却没有射电辐射。经过分析确认，这种蓝色小角径天体与类星射电源是同一种性质的天体，因此统称类星体。

类星体的可见光绝对亮度超过一般正常星系的 100 倍，而射电波强度和星系相当。有些类星体的红外辐射很强，还有少数具有较强的 X 射线辐射。类星体的光学波段辐射一般都有光变，时标为几年。少数类星体光变很剧烈，时标为几个月或几天。类星射电源的射电辐射也经常变化。但这种变化没有周期性。

类星体最大特征是有很强发射谱线，谱线轮廓比较宽。最经常出现的是氢、氧、碳、镁等元素的谱线。天文学家认为，发射线产生于一个气体包层中，发射线展宽是由气体包层中气体的湍流运动引起的，很宽意味着湍流运动比较厉害。有些类星体有很锐的吸收线，展宽很小，说明产生区域的湍流运动速度很小，约为每秒 10 千米。实际上，类星体的光谱除了发射线外，还有由同步辐射造成的非热连续光谱和星际介质造成的吸收谱线。同步辐射是由加速运动的带电粒子发射的，与温度无关，故称非热辐射。

随着观测的深入开展，类星体的数目与日俱增，1977 年第一个类星体总表

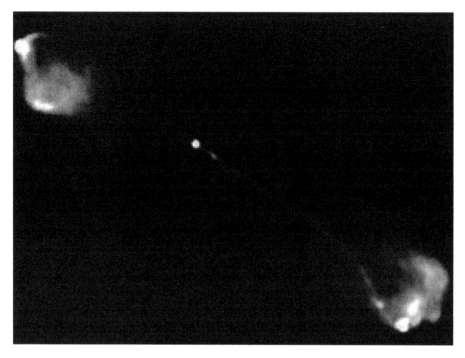

图 8-4　类星体 3C 175

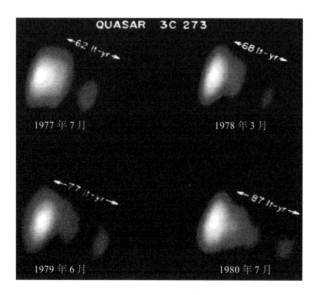

图 8-5　类星体 3C 273 喷射的团块视超光速的观测

问世，共包括 637 颗类星体。2000 年发表的星表已经包括 13,214 颗类星体。2003 年的星表则有多达 48,921 颗类星体入选。世界上有两家发现类星体的大户，一是在澳大利亚的英澳天文台，已经发现 2 万多颗。另一个是美国斯隆数字巡天，到 2006 年已经发现 7 万多颗类星体。发现的类星体总数已经超过 10 万颗。

### 3．喷流和视超光速现象

数十年来，射电观测发现类星体有细长的喷流从中心喷出，并且形成巨大的"瓣"。如图 8-4 所示，中央的亮点是类星体 3C 175，它是这个星系的核心。可以看到一条长达一百万光年的喷流与一个展源相连。可以猜想，另一个展源与中心的类星体也会有一条暗弱的喷流联系着。喷流是由接近光速运动的电子和质子构成的。这张图是由美国甚大阵射电望远镜观测拍摄的。

类星体观测发现一种视超光速现象曾使天文学家和物理学家惊奇不已。图 8-5 是类星体 3C 273 喷射的团块离本体越来越远的观测结果，比较 1977 年 7 月和 1980 年 7 月的两个结果，团块与本体分离的角径变大了，由红移可以计算出这个类星体的距离，进而可以计算出团块的运动速度，计算结果是光速的 10 倍。

类星体喷流中的团块运动速度超过光速的观测曾轰动科学界。进一步的观测发现，具有这种超光速现象的类星体比比皆是。如果真的有超过光速的运动，那么爱因斯坦的狭义相对论就站不住脚了。这可是物理学上的特大事件。经过研究，类星体喷流中团块的超光速并不是团块真实速度超过光速，仅是一种视觉效应，因此改称视超光速现象。只要满足两个条件就能发生视超光速现象：第一个条件是团块以接近光速的速度运动；第二个条件是团块朝向观测者运动但与视线有一个小的夹角。

图 8-6 是关于视超光速现象的释疑。类星体喷流中的团块处在 A 位置时离我们 35 光年，2001 年 1 月 1 日我们观测到的是团块在 35 年以前发射的光子。这个团块以 0.98 光速的速度向地球方向运动，其方向与视线的夹角为 8 度。经过 35 年，团块已经运动到离地球比较近的 B 点，一年后，2002 年 1 月 1 日观测到的团块，是它在 B 点发出的光子。可以计算出 AB 两点的距离为 4.78 光年。好像团块在一年中移动了 4.78 光年，超过了光速。实际上，团块的运动速度仅 0.98 倍光速。类星体有视超光速现象，活动星系也有，河外 X 射线源也有。都可以用图 8-6 来解释。

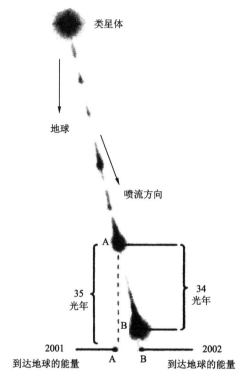

类星体

地球

喷流方向

A

35
光年

34
光年

B

2001
到达地球的能量    A    B    到达地球的能量    2002

图 8-6    类星体喷流视超光速现象的释疑

## 4．微类星体

顾名思义，微类星体应该比类星体小很多，但具有类星体的某些重要特性。类星体特性中最引人注目的是它喷发的非常长的喷流。数十年来，射电天文学家对这些有喷流的天体十分关注，但仍然没有搞清楚喷流的本质。喷流由什么组成？形成的原因是什么？是什么使它们保持稳定？——这些都是未解之谜。类星体的喷流难以研究的关键在于类星体的喷流非常长，变化很缓慢，天文学家必须花费数十载来观察类星体喷流的运动和变化。仅视超光速现象的研究就需要好几年。而微类星体的喷流比较短，变化比较快，很快就成为天文学家的香饽饽，成为研究喷流现象的样本。

1994 年，天文学家发现一个由一颗巨星和一个质量为 14 个太阳质量黑洞组成的双星系统。这是由 X 射线和红外观测发现的，它是银河系中的天体，离我们约 4 万光年。在黑洞附近有一条比较短的、变化比较快的喷流，很像一个小型的类星体，因此命名为微类星体 GRS 1915+105。更确切地说，它是一个黑洞候选者。这一发现使天文学家特别兴奋。由于它的喷流很短，只有几个或几十光年的尺度。喷流变化又快，以分钟作为变化的时间单位，偶尔也发生视超光速的小云团。这为天文学家提供了一个研究天体喷流现象的好样本，成为研究喷流形成的理想实验室。从此以后，天文学家开始大规模地搜寻，地基和空间的射电、近红外、光学、X 射线和 γ 射线的联合观测，已经发现一批有射电喷流的微类星体。

观测发现 GRS 1915+105 大约每隔 30 分钟，在喷流的基部就会产生一个新的射电小云团，之后它会加速并沿着喷流向外部疾驰，然后渐渐消失。美国甚大阵射电望远镜观测发现 GRS 1915+105 喷流的视超光速现象。观测到源的分裂和分离，如图 8-7 所示。

通过研究微类星体的喷流现象是否能揭开类星体喷流形成之谜呢？这个问题尚在研讨之中。一些天文学家认为外形上的相似可能只是假象。不过在类星体的研究中，很多学者认为，类星体的喷流是由具有几亿、几十亿个太阳质量的巨大质量黑洞驱动的。而微类星体 GRS 1915+105 实际上是一个质量仅为几个太阳质量黑洞的候选者。虽然黑洞的质量相差甚远，但都由黑洞驱动则是共同的。每个已知的微类星体都是双星系统，伴星的气体物质不断提供给黑洞。很显然，类星体中的黑洞更是贪婪地吞噬周围的物质。科学家相信，当气体或其他物质靠近黑洞时，无论是类星体还是微类星体，它们都会塌缩成一个绕黑洞旋转的气体盘，也就是吸积盘。吸积盘中的稠密气体会逐渐损失能量并盘旋着掉入黑洞。这些损失的轨道能量会加热吸积盘，因此气体接近黑洞时它的温度会升高。当气体即将掉入黑洞时，它的温度会疾升到 10 亿摄氏度并且辐射出大量的 X 射线。

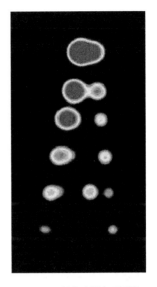

图 8-7　甚大阵射电观测微类星体 GRS 1915+105 的结果，发现源的分裂和分离

图 8-8　哈勃空间望远镜拍摄的汉妮天体（下方）和星系 IC 2497（上方）

### 5．汉妮天体

2007 年，德国生物学老师汉妮（Hanny van Arkel）在参与"星系动物园"在线项目时发现一种发出绿色光、形态奇怪的天体，人们称之为"汉妮天体"。图 8-8 的下方是汉妮天体，上方是星系 IC 2497。汉妮天体究竟是什么？是怎么形成的？与星系 IC 2497 有什么关系呢？

经过 X 射线到射电的多波段观测和研究，2011 年天文学家终于弄明白，汉妮天体是一团巨大的炙热气体，是长达 30 万光年的围绕星系气体带的一部分。天文学家认为星系 IC 2497 发出的两股相反方向的炙热气体和高能辐射，击中气体云时，激发了其中的氧原子，使气体云发出绿色的光芒。

很多天文学家认为活动星系的核就是类星体。后来的 X 射线观测和哈勃空间望远镜的观测表明，星系 IC 2497 的核已经不活跃了，也就是说这个类星体已经在不久前死亡了。由于 IC 2497 的光需要几万年才能抵达汉妮天体，因此这个类星体应该是在不到 20 万年前熄灭的。

### 6．大型类星体群组（LQG）

2013 年 1 月，英国的天文学家发现了宇宙中最大的星体结构，如图 8-9 所示，由 73 个古老类星体或星系共同组成的"大型类星体群组"（LQG），纵深达到 40 亿光年。根据现在的理论，我们无法发现一个大于 12 亿光年的宇宙结构。LQG 的发现对现有的宇宙学理论形成了挑战。看来，宇宙中的星系并不像天文学家所相信的那样是均匀分布的。

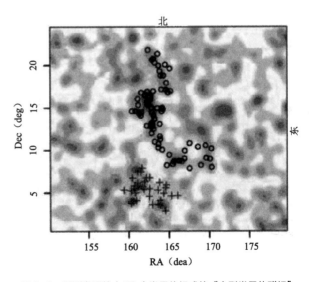

图 8-9　观测发现的由 73 个类星体组成的"大型类星体群组"

# 类星体能源之谜

根据哈勃定律计算出类星体的距离后，类星体的线直径、光度、运动速度等参数就都计算出来了，其结果使天文学家惊奇不已。根据计算，类星体成为宇宙中最古老、最遥远、最光亮、运动最快的天体。这一顶顶桂冠从天而降，是真实还是虚构？完全取决于哈勃定律能不能应用到红移很大的类星体上，或者说红移是不是代表着类星体离我们而去的速度。如果这些桂冠名副其实，随之而来的是难解的"类星体能源之谜"。

### 1．宇宙中光度最大的天体和能源之谜

要估计类星体的光度或绝对星等，需要知道它们的距离。如果类星体的红移是天体离观测者而去的运动造成的，那么可以应用哈勃定律的公式计算出距离。计算得出类星体的总光度达到 $10^{46} \sim 10^{48}$ 尔格／秒。要比太阳高 1000 亿倍，比银河系总光度高 10 万倍，比漩涡星系、射电星系和塞弗特星系的光度都要高出几个数量级，成为宇宙中光度最高的天体。

与星系相比，类星体的尺度要小 1000 万倍，如此小的体积每秒辐射的能量如此之高，产能效率一定是特别高，这样的产能效率是热核反应所提供不了的。类星体的能源产生机制究竟是什么，至今仍是一个谜。

按照哈勃定律，由红移可以计算出类星体的退行速度。类星体 SDSS 100 + 0524 的红移达到 6.28，它的速度竟达到光速的 96%。2011 年欧南台天文学家发现的类星体 ULAS J1120 + 0641，红移为 7.1，距离为 127 亿光年。它的退行速度更加接近光速。类星体虽然比星系小，但尺度也有几光年，也是庞然大物，怎么可能以接近光速的速度离我们而去呢？这成为类星体速度之谜。

类星体能源之谜和速度之谜如何解开？有一些天文学家认为，类星体的红移并不是宇宙学红移，那么，它们就不是非常遥远的天体，能源的难题就没有了，速度之谜也自然破解了。

### 2．非宇宙学红移的可能性

哈勃定律认为星系的红移是由于星系离我们而去的运动造成的。这是经过观测和统计研究验证过的。但是，类星体的红移非常大，没有别的方法能测量它们的距离，因此没有办法验证红移究竟能不能代表距离。

一些天文学家认为，类星体的红移并不属于宇宙学红移，也就是说类星体并没有以很高的速度离开我们。他们所坚持的看法有没有道理呢？就理论上来说，的确还有其他物理机制可以引起红移。譬如说，爱因斯坦的广义相对论指出，引力可以引起红移。这已在白矮星的谱线观测中得到了证明。但是，引力红移比较小，达不到类星体这样高的红移。还有，如果天体向背离地球的方向抛射物质也会产生局部红移。天文学家观测到过这种局部红移，但同时也观测到局部蓝移。很显然，如果不承认类星体的红移是属于宇宙学的，必然还有我们尚没有认识到的引起红移的物理机制。

英国剑桥大学的霍伊尔（Fred Hoyle）和美国加利福尼亚大学的伯比奇（G. Burbidge）成为向类星体红移的传统解释挑战的知名人物。1966 年，他们首次指出类星体宇宙学红移存在的问题。他们在观测上寻找到一些对"非宇宙学红移"有利的证据。他们发现一些红移很大的类星体与红移很小的星系成协，成协就是它们彼此之间靠得较近，两者之间有物理联系，如有物质桥相连接等。最著名的例子是红移为 0.006 的星系 NGC 4319 和红移为 0.07 的马卡良 205 号类星体成协。成协必然是彼此相离不太远。按照哈勃定律，红移相差 10 倍多，距离就要差 10 倍。这两个天体不可能有物理联系。如果承认成协，红移就不能代表距离。

他们还发现，在亮星系周围的类星体的数密度明显偏高。类星体与亮星系的红移差别很大，应该是离得很远而没有关系，但为什么会聚集在亮星系的周围呢？结论只有一个：类星体的红移不是宇宙学的，不能代表距离。这些类星体与亮星系相距是比较近的。

然而，这种看法遭到强烈的反驳。因为这种成协的例子是从望远镜拍摄的照片上分析得到的。其实，低红移的星系和高红移的类星体在照片上很靠近，很可能仅仅是方向相近，之间的物质桥也可能是星系的一个旋臂或类星体的一个喷流，并不是这两个天体之间的物理联系。相反地，他们找出不少在类星体附近的红移相同的星系的例子，说明红移的确代表了它们的距离。

　　尽管反对宇宙学红移观点没有很过硬的观测支持，但是，他们指出宇宙学红移的困难确实是令人汗颜的。

### 3．支持宇宙学红移的观测

　　第一个重要观测支持是引力透镜的发现。1979 年发现的双胞胎类星体，红移值同为 1.41，天文学家毫不犹豫地认为它们是引力透镜形成的两个虚像。如果真是如此，必须在地球和类星体之间有一个红移比 1.41 小的引力透镜天体，后来果然找到了红移值为 0.39 的中介星系。这证明红移大（$z=1.41$）的类星体处在红移小（$z=0.39$）星系之后，离地球更远的地方支持哈勃红移的理论。引力透镜的功能之一是放大作用，天文学家估计，已发现的遥远类星体中可能有多达 1/3 是被引力透镜放大了的，其亮度可能增加了 10 倍甚至 100 倍。因此类星体的实际亮度可能低很多，缓解了类星体能源的困难。

　　第二个重要观测支持是类星体发射线红移和吸收线红移的差别。类星体的观测除了连续谱和发射线之外，还有吸收线。类星体的连续谱、发射线和吸收线来自类星体的什么地方？根据比较公认的类星体模型，其结构有 5 个层次：中心是巨大的能源和高速电子源；围绕中心有许多高速电子云，这些电子云产生射电和光学连续辐射；再外面是纤维状的气体，它们吸收中心源发射出来的紫外辐射，使原子电离，然后复合产生发射线；最外面是比较冷一些的气体云，它吸收经过它的连续谱辐射中特定波长的能量，产生吸收线；一些尘埃覆盖在气体云上，尘埃会产生红外辐射。

　　按照这个模型，产生吸收线的区域是类星体的最外层，当然比产生发射线的区域离观测者要近一些，因此吸收线的红移要比发射线的红移要小一些。另外，当类星体和观测者之间存在一个或多个河外天体时，这些天体也会产生吸收线，一起被观测到。因此可能观测到几组吸收线。观测结果正是天文学家所预想的。例如，类星体 PHL 957 的发射线红移为 2.69，吸收线红移有五组：2.67、2.55、2.54、2.31、2.23。可以看出，吸收线的红移都比发射线红移小。距离最远的发射线区域红移最大，产生吸收线的区域或星系的距离要近一些。因此红移也小一些。红移量确实代表着距离的远近。

第三个观测支持是，在红移比较低的几个星团里找到了红移与星团差不多的类星体。它们的距离基本相同，红移量自然也不会相差多少。高红移的星系太少，这是因为遥远的星系太暗无法观测到它们的谱线，也就难以测出它们的红移值。

### 4．类星体就是星系核

在河外星系中有一类性质特殊的星系被称为活动星系，这在第七讲已经介绍过。活动星系中发生着激烈的物理过程，如恒星爆发、喷流和激波，在各个波段都有很强的辐射。这些激烈的过程均发生在星系核心部分或由核心部分激发而成。这些活动星系核的性质与类星体很像，特别是塞弗特星系的核最像。

不少天文学家认为，类星体就是星系核。由于类星体特别遥远，望远镜的观测能力不强，只能观测到特别明亮的星系核。因此，无论是射电辐射还是光学辐射，所观测到的类星体的角直径很小，看去就像是一颗恒星。图8-10是NGC 4151的逐次深度曝光的像，左图曝光不足只呈现一个亮核，右图曝光充分显示出整个星系。图8-11是3个星系核非常明亮的活动星系，黄色的核心，角径很小，温度非常高，与类星体很像。

### 5．各种产能机制的猜测

几十年来，科学家对类星体辐射来源提出了各种猜测。比较多的天文学家

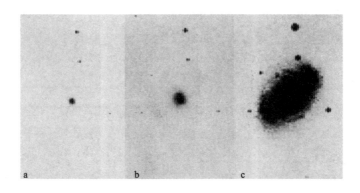

图8-10　NGC 4151逐次深度曝光像，左图曝光不足只呈现一个亮核，右图曝光充分显示出整个星系

认为，星系的核心位置上有一个超大质量黑洞。在黑洞附近形成一个由尘埃、气体以及一部分恒星物质组成的吸积盘，吸积盘一方面不断地吸积周围的物质，另一方面吸积盘中的物质源源不断地掉到黑洞里面。物质在掉进黑洞的过程中，巨大的引力能转变为巨大的动能，转变为可见光、无线电波、X 射线、伽马射线等波段的辐射。凭借观测到的类星体的辐射特征，可以估计黑洞的质量和黑洞吸入物质的速率。一个类星体可能包含着 30 亿个太阳质量的黑洞，这个黑洞每年要吞食 100 个太阳系的物质。黑洞吸积物质还形成了向外的物质喷流。强大的黑洞磁场约束着这些物质喷流，使它们只能够沿着磁轴的方向，即与吸积盘平面相垂直的方向高速喷出。如果这些喷流刚好对着观察者，就能观测到类星体。类似黑洞假说的，还有白洞假说、反物质假说、巨型脉冲星假说、近距离天体假说、超新星连环爆炸假说和恒星碰撞爆炸等。

恒星碰撞和超新星爆发模型认为，在类星体中心恒星的空间密度非常高，经常发生碰撞，从而释放能量。特别是，恒星碰撞后会黏合在一起，形成质量更大的恒星。大质量恒星迅速演化为超新星，然后爆发，释放能量和高能电子。当然，这个模型也有困难，因为所要求的恒星数密度非常大，很可能达不到。应该说，迄今为止，尚无一种令人满意的模型。类星体究竟是什么仍然是个谜。

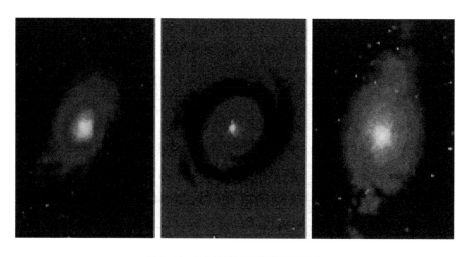

图 8-11　3 个星系核很明亮的活动星系

# 引力透镜的预言和发现

透镜是我们熟悉的一种光学部件，光学望远镜、投影仪、显微镜乃至眼镜和放大镜都有凸透镜这样的重要部件。我们看到的世界万物，是因为它们发出或反射的光线进入了我们的眼睛。当有一个透镜摆在眼睛前面，光线的路径就被改变，被放大、缩小或扭曲。假如在一个遥远天体与地球之间存在一个大质量天体，遮住了我们的视线，我们是否就永远无法通过望远镜看见它的模样呢？令人感兴趣的是，那个被遮挡的天体会以多姿多彩的虚像展现在我们的面前。有两个虚像的，也有 4 个虚像的，还有环状和弧状的。挡住视线的大质量天体起到了透镜的作用。爱因斯坦在 20 世纪初就预言引力透镜的存在，经过半个多世纪漫长岁月的摸索，终于发现了丰富多彩的引力透镜现象，已经超过 100 个。

## 1．引力透镜的预言和基本原理

透镜可以使光线偏折或扭曲，利用凸透镜既可以得到实像，也可以得到虚像。当物距大于焦距时是实像，物和像分别在透镜的两侧，可以是放大的像，也可以是缩小的像。当物距小于焦距时是虚像，物和像都在透镜的同一侧，而且总是放大的。爱因斯坦在创立广义相对论的前 3 年，即在 1912 年就提出了引力透镜的概念。他预言，大质量天体像玻璃透镜一样能使光线弯曲，因此可以把该天体看作是宇宙中一个庞大的"引力透镜"。任何能导致光线扭曲的东西都可以称作广义的透镜。

宇宙中的引力透镜可能很多，但形成在地球上能观测到的引力透镜现象的并不多。因为条件比较苛刻。首先需要地球、引力透镜天体、观测对象恰好三点一线。宇宙中天体无数，但宇宙之大使天体的密度非常之小，三者成一线的机会不多，很罕见。第二，引力透镜天体导致光线偏折的角度非常小，因此它的焦距特别长，要在地球上聚焦，这个透镜就必须离地球非常远，当然透镜后面的天体必须离地球更加遥远。第三，能成为引力透镜的天体要求其质量特别巨大，那些质量很大的河外星系、星系团、大质量黑洞，还有我们看不见的成团的暗物质等都可能成为引力透镜天体。只有当这几个条件同时得到满足的时候，才有可能形成明显的引力透镜现象。图 8-12 是引力透镜原理示意图：引力透镜天体使遥远天体的光线产生偏折，恰好在地球上会聚，从而产生虚像。由于透镜天体的边缘情况很不一样，导致产生形式多样的虚像，例如两个虚像、4 个虚像、环或弧状等。

### 2．点引力透镜的观测验证

爱因斯坦在预言引力透镜之后不久，提出广义相对论原理的三个可以用天文观测验证的预言。其中的一个预言是光线在太阳引力场中会弯曲，这就是一种最简单的点引力透镜。1916 年，爱因斯坦计算出星光在穿过太阳附近时要产生 1.75 角秒的偏折。这样小角度的偏折，测量起来实在是太困难了。

除了日全食期间外，从太阳附近经过的星光我们是观察不到的，根本无法测量这个偏转角。1919 年 5 月 29 日发生日全食时，英国派出两支科考队分别赴几内亚湾的普林西比岛和巴西北部的索布腊尔进行观测，著名天文学家爱丁顿（Arthur Eddington）和戴森（Frank Dyson）分别带队到几内亚湾和巴西。观测很成功，两支观测队观测证明，星光经过太阳附近时的确产生了偏转，偏转角分别为 1.61 ± 0.30 角秒和 1.98 ± 0.12 角秒，与理论计算值很接近。证实了爱因斯坦的预言，也为引力透镜的存在提供了依据。

在牛顿力学中，光线会像有质量的粒子一样受到引力的作用而发生偏折。但广义相对论计算得到的偏折角要比牛顿力学的结果大 2 倍。偏折角与引力透

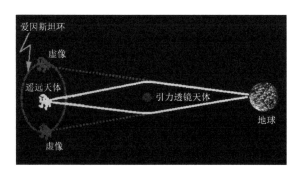

图 8-12　引力透镜原理：引力透镜天体使遥远天体的光线产生偏折，恰好在地球上会聚，从而产生虚像

镜天体的质量成正比，与光线离天体的质量中心的距离（瞄准距）成反比。黑洞的质量可能只有几个太阳质量，但瞄准距特别小，因此是强引力透镜。星系造成的光线偏折与太阳相当，这是因为太阳的质量虽然远比星系要小，但是尺度也小，瞄准距也小。而星系的质量大，尺度也大，瞄准距也大。星系团则因为质量与瞄准距之比远比太阳或星系的大，偏折角就比较大了。一个引力源即使可以造成强引力透镜现象，也只是在靠近它的区域内，在远离它的地方，光线扭曲就不那么明显了。星云的质量可以超过几百个太阳质量，但其尺度非常大，所以不能产生引力透镜现象。表 8-1 给出几种天体引力透镜的偏转角，尺度单位为秒差距（pc），1pc 等于 3.26 光年。

表 8-1　光经过太阳、典型星系和星系团边界时的偏折角

| 天体类型 | 质量（太阳质量） | 尺度（秒差距 pc） | 偏折角（角秒） |
|---|---|---|---|
| 太阳 | 1 | $10^{-7}$ | ～1 |
| 典型星系 | $10^{11}$ | $10^4$ | ～1 |
| 星系团 | $10^{14}$ | $10^5$ | ～100 |

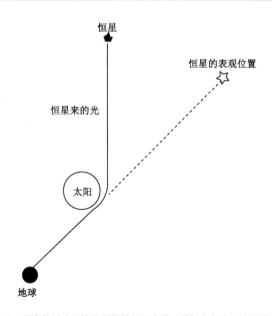

图 8-13　星光经过太阳边缘引起偏折示意图，偏折角很小，这里被夸大了

# 强引力透镜

引力透镜有强弱之分。强引力透镜导致背景天体的光线偏折厉害，所成的虚像明晰。弱引力透镜使背景天体的光偏折的能力不强，虚像不明显。最先发现的都是强引力透镜，太空中的透镜天体是天然的，不像光学望远镜的玻璃透镜那样经过了人们精心打磨，背景天体、透镜天体和地球之间的相对位置也不能够像望远镜一样经过精心设计和严格调整。所以引力透镜不可能达到望远镜那样的聚焦和成像质量。这样一来，反倒让引力透镜生机勃勃、多姿多彩了。

## 1. 两个虚像的引力透镜现象

引力透镜主要分两种，一种是强引力透镜，另一种是弱引力透镜。所谓强引力透镜，就是现象比较明显，从照片上直接就能看出来。

1979 年，亚利桑那大学天文学家探测到两个类星体 0597+561A 和 0597+561B。它们之间距离较近，亮度和红移一模一样，都是 1.45，其他观测特征如连续光谱、谱线等几乎完全一样，看起来就像是一对双胞胎。当发现者对这一对一模一样的天体的来源感到不知所措时，突然想起了几十年前爱因斯坦关于引力透镜的预言，才恍然大悟。这两个类星体很可能是引力透镜产生的虚像。进行仔细搜索，在类星体方向找到一个红移为 0.36 的暗弱星系。红移比这两个类星体的要小很多，因此可以判定这个星系处在类星体 0597+561A 和 0597+561B 与地球之间，起着引力透镜的作用。第一个真正的引力透镜现象终于探测到了。之后陆续发现了许多双虚像引力透镜，图 8-14 是哈勃空间望远镜发现的 HST 01247+0352，有两个虚像。

## 2. 爱因斯坦十字

从几何上讲，源、透镜天体及观测者的相对位置，以及透镜天体的质量分布情况决定了引力透镜虚像的形式和完美程度。除了两个虚像外，应该还能观

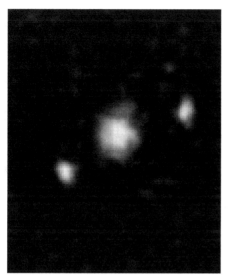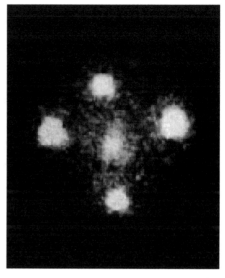

图 8-14　哈勃空间望远镜拍摄的双虚像 HST　　图 8-15　引力透镜 14176+5226 的 4 个虚像
01247+0352，中间的是透镜天体　　　　　　和中间的引力透镜天体

测到其他对称或不对称的虚像。人们盼望发现引力透镜的 4 个虚像和完整环状虚像的例子。果不其然，1985 年，发现了 4 个虚像的例子，称之为爱因斯坦十字。其中心的引力透镜是一个距离我们大约 4 亿光年的明亮星系，周围的 4 个光斑是一个距离大约 80 亿光年的类星体经过引力透镜星系作用而形成的 4 个虚像（图 8-15）。

### 3．爱因斯坦环

最完美、最理想的引力透镜当然属于产生爱因斯坦环的引力透镜了。这要求遥远天体、引力透镜天体和观察者三者正好在一条直线上，而且它们对于这条直线都是高度对称的，所产生的虚像便能形成一个称为爱因斯坦环的完整的环。由于引力透镜天体的引力场分布不够规则，往往会形成断断续续的、一段段的圆弧。图 8-16 是哈勃空间望远镜拍摄的爱因斯坦环。照片中心是引力透镜天体，外面的环就是遥远天体的环状虚像。左边的环比较完整，右边的环则只有几段弧。2005 年 11 月 17 日，美国国家航空航天局公布了最新发现的 8 个爱因斯坦环。这 8 个爱因斯坦环都很相似。

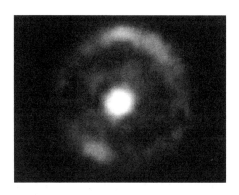
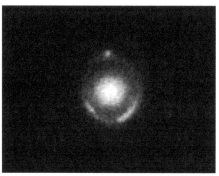

图 8-16　哈勃空间望远镜拍摄的爱因斯坦环：左为 B1938+666（1998 年拍摄），
右为 J073728.45+321618.5（2006 年拍摄）

### 4．形式多样的引力透镜虚像

引力透镜所形成遥远天体的虚像形态是多种多样的。这里将就图 8-17 给出的四种情况做些简单介绍。它们都是哈勃空间望远镜观测到的。其中图 1 是 HST 16309+8230；图 2 和 3 分别是 HST 15433+5352 和 HST 12368+6212，引力透镜天体，为椭率不大的椭圆星系，图 2 的虚像的弧比较完整，而图 3 的虚像则只有很小的一段。图 4 中的爱因斯坦弧是在 4 个小星系的引力场的作用下产生的，这种情况在星系团中经常发生。

### 5．富星系团 Abell 2218 的引力透镜引起的片段弧

图 8-18 是哈勃空间望远镜在 1999 年 12 月拍摄的巨型引力透镜——富星系团 Abell 2218 的照片。这个星系团位于天龙座，距地球约 30 亿光年，由成千上万个星系组成。星系团极其强大的引力把处在它后面比星系团远 5 ～ 10 倍的星

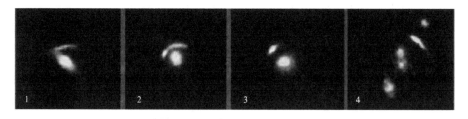

图 8-17　哈勃空间望远镜发现的形式多样的引力透镜虚像：1 是 HST 16309+8230；2 是 HST 15433+5352；3 是 HST 12368+6212；4 是 HST 18078+4600

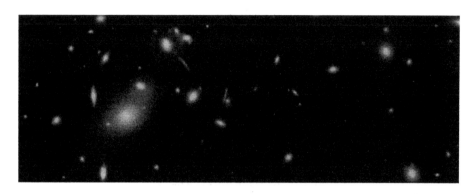

图 8-18  引力透镜 Abell 2218

系放大、增亮和扭曲，形成一段一段的圆弧，大约有 120 段。

根据圆弧的位置和形变可以测定这个星系团透镜的总质量。计算得到的总质量比由观测星系团获得的总质量要大 10 倍，这说明 Abell 2218 星系团中有 90% 的质量是暗物质。帮助我们了解宇宙中暗物质的含量和分布成为引力透镜最重要的一种应用。

引力透镜相当于一个放大镜，可以使那些遥远暗淡的天体增亮。这一点对探测非常遥远的天体和事件非常有利。最遥远的天体，如类星体、伽马射线暴、高红移的星系等发出的光在到达我们之前的旅途中，可能会遇到星系或星系团这样的引力透镜天体，产生了多种多样的虚像，有些像被增亮了，看得清楚了。已经发现星系团 Abell 2218 中存在多个具有确定红移的多重像系统，其中一个位于红移 5.56 处的子星系被该星系团放大了 33 倍。若无引力透镜，这个星系即使用哈勃空间望远镜的深度曝光也难发现。有些天文学家认为，多达 2/3 的已知类星体可能由于引力透镜效应而增加了亮度。引力透镜的观测为我们研究上百亿年前的宇宙提供了机会和方法。

引力透镜还可以用来估计非常遥远天体的距离。我们知道，类星体距离是靠观测它们的红移来估计的。所谓红移是指谱线的波长发生了变化，因此必须要能够观测到天体的谱线，才能获得红移的信息。然而，对于那些十分遥远的天体，无法观测它们的光谱，自然也就不可能知道它们的距离。引力透镜的研究发现，背景天体距离越远，引力透镜效应将它们的虚像扭曲得越厉害。这种办法能够大致估测出遥远而暗弱的天体的距离，这是其他方法做不到的。

## 弱引力透镜和微引力透镜

弱引力透镜所引起的透镜现象很不明显，但总是有迹象可寻，也逐渐成为天文学家关注的对象。引力透镜总是与硕大的星系相联系，恒星尺度甚至行星尺度的引力透镜也是存在的，也能使背景天体产生光线偏折、扭曲，增亮的现象。这就是微引力透镜。

### 1．弱引力透镜

顾名思义，弱引力透镜就是使背景天体的光偏折的能力不强，既不能表现出多个虚像，也不能使背景天体增亮。只是与没有引力透镜存在的情况相比增加了一点扰动，背景天体的形状被稍稍拉长了一点点。比如一个原本投影是圆的星系被稍微拉扁了一点儿。由于这种效应实在是太小了，而且星系本身也有圆有扁，我们无法判断星系的形状是否发生了变化。天文学家是怎样确认弱引力透镜作用的存在呢？

有理由相信，在遥远的星系团中有许多椭圆星系，它们椭率的大小和指向是完全随机的。如果存在弱引力透镜，那么在一个小块天区内的椭圆星系都受到这个引力透镜的相同的影响，虽然作用很小，但仔细测量就会发现它们的形状都会有偏向某一个方向的改变。我们可以根据椭圆星系形状趋向的变化程度来发现弱引力透镜的存在和引力透镜的强弱。如果我们对一块天区中的每一小块进行考察，最后就可以得到一张引力透镜强弱的分布图，通过一些算法，可以反演出在这块天区上物质的二维分布，包括暗物质的分布。弱引力透镜成为寻找暗物质的一种重要方法。

图 8-19 微引力透镜原理

## 2. 微引力透镜

上面讨论的引力透镜现象都是遥远的河外天体，诸如类星体、星系和星系团。实际上，银河系内的质量较小的天体也能起到透镜的作用，被称作"微引力透镜"。1993 年，天文学家观测到大麦哲伦星系中的一颗恒星光度增加，最后查明恒星增亮的原因是银河系中的一个微引力透镜天体恰好处在这颗恒星和地球之间，当这个暗天体经过大麦哲伦星系中的这颗恒星时，导致这颗恒星的光度暂时增加，起到放大镜的作用。

微引力透镜，其实是强引力透镜的一种，也能使引力源背后的天体发出的光产生强烈扭曲。之所以称为"微"是因为作为透镜的天体质量很小，小的只有太阳质量的量级。引力透镜天体在运动中遮挡它后面的天体形成三点一线状态的机会很少，即使发生了，由于透镜天体的体积很小，只能维持很短的时间，引起光线偏折效应的时标很短。大约需要观测几百万颗恒星，才能够目睹一次恒星对恒星的引力透镜事件。

爱因斯坦很早就计算过微引力透镜的有关性质，因为这种事件发生概率小，很难进行观测验证，也就放弃了进一步的工作。但随着技术的不断进步，在60年代以后，微引力透镜又进入了人们的视野。微引力透镜观测可以发现质量比较小的行星系统的存在。微引力透镜天体是距离比较近的恒星，当透镜恒星遮挡背景恒星时，背景恒星的亮度会发生突然的增强。如果作为透镜的恒星带有一个或者多个行星的话，除了透镜恒星能引起后面天体增亮，它的行星系统也能引起背景恒星的一些小的变化。通过观测背景天体的光度变化，反推微引力透镜的性质，从而可以估计行星的质量等参数。这个方法已经用来寻找太阳系外的行星系统，发现了一些行星系统。图8-19是微引力透镜的原理图。图8-20是一张艺术画，说明应用微引力透镜方法发现的名为OGLE-2005-BLG-390LB的行星。这颗行星的质量与地球差不多，围绕一颗离地球2.8万光年、靠近银河系中心的普通红矮星运转。

图8-20  应用引力透镜效应发现太阳系外行星的方法行之有效，这是张艺术画

第九讲

# 宇宙线、X 射线和 γ 射线天文学

**我**们了解天体是从可见光波段开始的，用肉眼观察火红的太阳、皎洁的月亮和满天的星星。然而，可见光仅仅是天体辐射频率范围中非常窄的一部分。由于地球大气的强烈吸收，只能把探测器送到大气层外才能接收天体的 X 射线和 γ 射线的辐射。X 射线和 γ 射线波段在整个电磁波谱中占据了相当大的部分，蕴藏着宇宙天体极其丰富的信息。除了电磁波外，来自宇宙空间的天体信息还有由高能粒子组成的宇宙线。X 射线、γ 射线和宇宙线的能量很高，探测方法类似，都用能量单位（电子伏特）表示它们的频率或波长，科学家们把它们归类为高能天体物理的范畴。奥地利赫斯于 1912 年发现宇宙线，开创了一门新兴学科，1936 年获得诺贝尔物理学奖。X 射线和伽马射线天文学分别始于 20 世纪 40 年代和 60 年代。到 90 年代才得到很大的发展，实现了天文学观测研究的一次飞跃。美国天文学家里卡尔多·贾科尼（Riccardo Giacconi）由于对 X 射线天文学突出的贡献荣获 2002 年诺贝尔物理学奖。

## 赫斯发现宇宙线

1785 年著名物理学家库伦发现的"空气漏电"问题，到 20 世纪初还没有解决，成为世纪难题。其间不少著名物理学家介入，做了很多实验也没有解决。直到 1912 年，经历了 100 多年几代物理学家的努力，最后才由年仅 28 岁、刚获博士学位 2 年的奥地利物理学研究者赫斯弄清楚：造成"空气漏电"的是来自宇宙空间的高能粒子，被称为宇宙线。

为了追根求源，赫斯冒着很大的危险，带着仪器乘气球到 5000 多米的高空进行测试。他一共制作了 10 只侦察气球，每只都装载有 2 ～ 3 台能同时工作的电离室。1911 年和 1912 年，他亲乘气球进行了 8 次高空探测。人们把赫斯发现的辐射称为"赫斯辐射"，后来科学家们把它命名为"宇宙射线"，意即来自地球之外的宇宙空间的高能粒子流，简称"宇宙线"。

1912 年赫斯在《物理学杂志》发表题为"在 7 个自由气球飞行中的贯穿辐射"的论文。他的发现引起了人们的极大兴趣。这之后科学家们陆续利用气球探测宇宙线，1914 年德国物理学家柯尔霍斯特将气球升至 9300 米，游离电流竟比海平面测量的结果大 50 倍，证实了赫斯的判断，这种辐射的确来自宇宙空间。

1932 年 12 月底，美国物理学会召开会议，两位诺贝尔物理学奖得主密立根和康普顿就宇宙射线的本质问题进行辩论。密立根认为宇宙线是电磁辐射，而康普顿则认为是高能带电粒子。由于双方都宣称自己有实验为证，无法统一思想，但大多数物理学家已经开始承认康普顿的观点。早在 1927 年，斯科别利兹利用云雾室摄得宇宙射线痕迹的照片，发现宇宙射线的径迹有微小偏转，已经证明宇宙线是带电粒子。

图 9-1　奥地利物理学家赫斯（V. F. Hess）亲自乘坐携带高压电离室的气球升空前的情景

1936 年，赫斯因发现宇宙线荣获诺贝尔物理学奖。他解开了 100 多年来物理实验所发现的"难题"，开创了一个新兴的研究领域和新学科。他不仅是一位伟大的物理学家，也是一位伟大的天文学家。赫斯于于 1964 年 12 月 17 日去世。

科学家们对宇宙线的研究热情有增无减。因为宇宙线成为传递宇宙大事件新的"信使"，而且本身就是组成宇宙天体的物质成分，又携带着宇宙空间环境信息来到地球。很多有意义的课题亟待研究。至今，包括"宇宙线来自哪里""宇宙线是如何被加速到如此之高的能量"等基本问题仍然没有答案。2004 年，美国国家科学技术委员会研究确定了新世纪科学研究的 11 个"世纪谜题"，宇宙线起源及其加速机制名列其中。

## 原初宇宙线的空间和地面探测

来自宇宙空间的高能微观粒子在没有和大气发生相互作用之前，称为原初宇宙线。只能在地球大气之外由卫星、空间站和高空气球携带探测器进行探测。宇宙线中低能粒子很多，高能粒子很少。卫星无法携带尺寸很大的空间探测器，对于超高能宇宙线（$E \geq 10^{14}$eV）已无能为力，好在地面探测设备可以间接地获得超高能宇宙线的信息。

### 1. 气球、卫星和空间站载仪器进行直接探测

现代的科学气球比赫斯发现宇宙线时所用的气球有相当大的发展，已成为开展多种科学探测的平台。气球飞得高，可达大气的顶层，接近外空条件；载重量大，最大达到 3.6 吨；飞行时间长，最长的纪录是 41 天 22 小时。科学气球探测宇宙线的项目不断推出，其中 1997 年美国的"宇宙线能谱和质量探测气球实验项目"（CREAM）最具有代表性。气球升到南极同温层上空，所携带的探测器能探测到能量为 $10^{12}$eV 到 $10^{15}$eV 范围的宇宙线，获得宇宙线粒子的能量、种类

和数目，其中最重要的仪器是量能器。

　　1957 年人造卫星的成功发射为日地空间宇宙线现象的研究开创了新纪元。不仅宇宙线探测专用卫星陆续上天，而且，天体物理项目的伽马射线卫星或 X 射线卫星也都配备了宇宙线探测器。探测项目包括宇宙线的成分、丰度和能谱。21 世纪开始，暗物质和反物质探测成为科学家关注的热点课题，陆续有探测暗物质、反物质的探测器上天。如 2006 年上天的 "反物质探测和轻核天体物理载荷探测器"（PAMELA）携带了人类第一个空间磁谱仪探测器。主要目标是寻找暗物质和宇宙线粒子。2015 年我国暗物质探测卫星（DAMPE）上天，中文名为 "悟空"，主要是探测宇宙线中的电子和伽马光子，寻找暗物质存在的线索。

　　国际空间站（ISS）被科学家们誉为 "超级飞行实验室"，它成为人类历史上前所未有的最优越、最宽敞的空间实验室。已有多项宇宙线探测设备在这里安家落户。最先进驻的是由华裔诺贝尔物理学奖获得者丁肇中领导研制，目的是寻找反物质、暗物质和宇宙线的来源的阿尔法磁谱仪（AMS）。

　　空间探测在 $10^9$eV 和 $10^{12}$eV 能段已精确地测量了由氢（H）到镍（Ni）的所有元素丰度。结果表明宇宙线的元素丰度与由天文观测获得的宇宙成分的丰度分布基本相似，都以氢和氦为主要成分，但在两个局部有显著的差异。

　　目前已探测到的宇宙线能量从 $10^6$ 至 $10^{20}$eV，跨越了 14 个数量级。宇宙线中低能粒子很多，能量为 $1 \times 10^9$eV 时，每平方米每秒的粒子数高达 $1 \times 10^4$ 个；当粒子能量为 $1 \times 10^{12}$eV 时，每平方米每秒的粒子数减少到只有 1 个；能量为 $1 \times 10^{16}$eV 时，每年在 1 平方米面积上才能接收到几个粒子；当粒子能量为 $1 \times 10^{20}$eV 时，则需要 100 年才能在 1 平方千米面积上检测到 1 个粒子。因此对极高能的宇宙线粒子的探测非常困难。

## 2. 宇宙线的地面观测

　　地球大气就像一个高效的高能带电粒子和伽马光子数目的放大器，原初宇宙线与大气碰撞后可以产生许许多多次级粒子和光子，形成簇射，也就是引发一场粒子和光子的阵雨。原初宇宙线能量越高，簇射产生的次级粒子越多、辐射越强。

地面观测站一般都设立在海拔比较高的山上。观测设备有接收大气簇射产生的次级高能粒子、高能粒子在大气中产生的切伦科夫光子、大气荧光等设备。图 9-2 是大气簇射和高山观测站的接收设备示意图。目前世界上宇宙线观测站很多，我国西藏羊八井宇宙线观测站是其中最有活力的宇宙线观测站中的一个：海拔达 4300 米，地势平坦宽阔，气候温和，交通方便。20 世纪 80 年代和 90 年代分别建立了中日大气簇射（ASγ）宇宙线观测设备和中意合作宇宙线观测设备（ARGO）。2015 年，我国决定在海拔 4000 多米的四川海子山，再建造一座高海拔宇宙线观测站，目前已初具规模，其目标是要建设一个赶超国际水平的宇宙线观测站。

### 3. 宇宙线来自哪里？

宇宙线发现已经逾百年，但是宇宙线来自哪里的问题基本没有弄清楚。宇宙线中绝大部分是带电粒子，由于星际磁场的存在，它们到达地球附近时已经失去了原先的方向，无法考察其生成的源区。宇宙线中有极少数的高能伽马光子和中微子，它们不受星际磁场的影响，有可能追寻到产生它们的源区。总的来说，除了太阳外，宇宙线起源之谜一直没有解开。科学家们倾向于认为，宇宙线高能粒

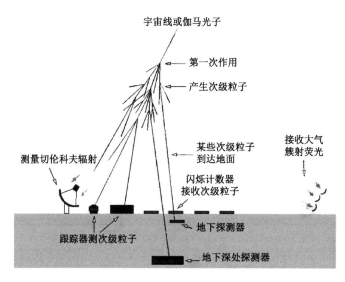

图 9-2　由宇宙线粒子或伽马射线光子引起的广延大气簇射及高山观测站的接收设备示意图

子很可能起源于各种高能天体或天体高能过程：能量小于 $10^9$eV 的宇宙线可能起源于太阳和其他恒星表面的高能活动；能量小于 $10^{15}$eV 的宇宙线可能起源于银河系中的超新星爆发、脉冲星、磁星、银心或黑洞有关的更剧烈的天体物理过程；更高能的宇宙线应起源于银河系外的诸如类星体和活动星系核等天体的高能活动。由于河外星系的空间密度很低，河外区域必须存在比银河系强大得多的宇宙线粒子源，才能解释观测到的极高能宇宙线粒子流。

## 三

# X 射线天文学的创立

1895 年，德国著名物理学家伦琴（Wilhelm Conrad Röntgen）在实验室发现了 X 射线。但是天文学家对天体的 X 射线的观测却迟迟不能开展，遇到两大难题：一是地球大气对 X 射线强烈地吸收，在地面上不可能接收天体的 X 射线波段的辐射；二是 X 射线有很强的穿透力，又很容易被介质吸收，很难建造类似光学和射电波段的望远镜。克服这两大困难以后，X 射线天文学才得到突飞猛进的发展，发现了一系列前所未知的新型天体，获得光学天文和射电天文无法得到的天体信息，大大地扩展了天文学的研究领域。

### 1．X 射线的发现

图 9-3 发现 X 射线的伦琴

德国著名物理学家伦琴发现 X 射线有些偶然，

也属必然。1895 年秋冬时节，他在做一种叫阴极射线管的实验时，发现存放在实验室的一些包装完好的照相底片全部曝了光。又发现做实验时距离管子 2 米左右处的一块荧光屏发出了淡淡的绿光。他无意中将一只手放在包着黑纸的阴极射线管上，却在荧光屏上出现了手的影子。他的手动一动，荧光屏上手的影子也跟着动一动。伦琴马上意识到，肯定是阴极射线管产生了一种人的眼睛看不见，但却能穿透纸和木板等物质的射线，因此包好的底片会曝光，黑暗中荧光屏会发光。伦琴将这种奇妙的射线称为 X 射线，表示是一个未解之谜。人们则称 X 射线为伦琴射线。因这一伟大发现，伦琴于 1901 年荣获第一届诺贝尔物理学奖。

### 2．地球大气辐射窗口

由于地球大气的吸收，X 射线、γ 射线、远红外、紫外等波段的辐射都不能到达地面。波长超过 10 米的射电波段会被地球电离层反射，也不能到达地面。早期的天文观测只能靠可见光和射电波段观测，好比盲人摸象，只摸到了大象的一部分。

图 9-4 给出地球大气辐射窗口，纵坐标是大气的不透明度，横坐标是波长。大气对 γ 射线、X 射线和紫外线的吸收特别厉害，只能在大气之上的空间进行观测。大气对红外波段的吸收很厉害，也只能进行空间观测。不过在近红外波段，地面望远镜勉强可以观测。对于射电波段，大气中的水蒸气对最短的亚毫米波和毫米波有一定的吸收，对台址的要求很严格。大气电离层会把射电波的长波

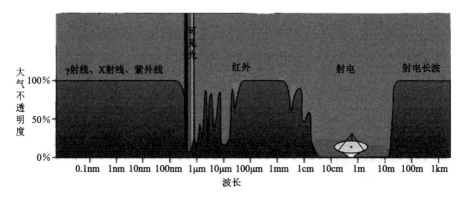

图 9-4　地球大气层对于不同频率电磁辐射的不透明度

段反射掉。

X 射线和 γ 射线属于高能光子，习惯用它们的能量单位电子伏特（eV）来表示它们的频率。光子的能量由公式 $E = h\nu$ 决定，$h$ 为普朗克常量，$\nu$ 为光的频率。光子的能量与频率成正比，因此可以用能量来代表频率。我们熟悉的能量单位是尔格，但是高能天体物理却习惯用电子伏特。1 个电子伏特相当于 $1.6022 \times 10^{-12}$ 尔格，换算为波长是 9120 纳米。X 射线波段的能量范围为 0.1keV 到 100keV。其中 0.1keV ～ 10keV 的称为软 X 射线，10keV ～ 100keV 的称为硬 X 射线。能量在 100keV 以上就是 γ 射线了。实际上 X 射线和 γ 射线的分界是相当不严格的，常常也把 γ 射线看作是高能 X 射线。

### 3．X 射线天文学的诞生

1949 年，弗里德曼（Herbert Friedman）领导的研究小组把盖革计数器放在 V-2 火箭上发射升空，发现了来自太阳的 X 射线。非太阳 X 射线源的发现纯属偶然，1962 年贾科尼研究小组利用高空火箭探测月面的 X 射线荧光，没有探测到，却意外地发现了来自天蝎座方向的 X 射线强源，同时还发现了宇宙 X 射线弥漫背景。这一发现揭开了 X 射线天文学的序幕。之后，利用高空火箭的观测得到了粗略的 X 射线天图，发现的大部分 X 射线源都集中在银道面附近。

火箭探测有一个致命的缺点，就是观测时间太短，只能观测几分钟，而且每枚火箭只能用一次，费用昂贵。卫星的优点是在太空能停留好几年，还能携带更多的探测设备，相当于在太空中建了一个天文台。贾科尼领导了美国"自由号"卫星的研制。这是第一个专门用于探测天体 X 射线的空间探测器。1970 年发射上天，能接收能量为 2keV ～ 20keV 的 X 射线。该卫星一举发现 300 个 X 射线源，包括半人马座 X-3、天鹅座 X-1 等十分著名的 X 射线源。"自由号"卫星的发射上天被公认为 X 射线天文学发展的一个里程碑。

### 4．掠射式 X 射线望远镜的发明

X 射线观测发展中遇到的最大困难是它的分辨率比光学或射电望远镜低非常多。早期的观测采用高能物理实验用的正比计数器、闪烁计数器等。计数器

的面积越大所接收到的光子数目越多，灵敏度越高。但是，计数器本身没有任何成像和定向功能，为了获得一定的空间分辨率，计数器的前面放置一个筒状物作为准直镜，只让对准准直镜方向的 X 射线进入，这种方法获得的方向性很差。还有，X 射线与可见光不同，有很强的穿透力，无法采用类似光学望远镜凹面镜来会聚来自天体的 X 射线光子。X 射线又很容易被介质吸收，而且在介质中的折射率接近于 1，因此类似光学望远镜的折射系统也不可能用于 X 射线。

如何解决制约 X 射线天文学发展的这个瓶颈？又是贾科尼带头解决了这个难题。早在 1952 年，天文学家已经知道 X 射线的掠射现象：当入射角小于 2 度时，X 射线也会被反射。贾科尼应用这个原理研制成掠射式 X 射线望远镜。镜面几乎是顺着 X 射线源方向，以保持入射角小于 2 度。反射面形状采用有焦点的双曲面、抛物面或椭圆面。仍然用计数器来接收被反射面聚集在焦点的 X 射线光子。望远镜的分辨率和灵敏度都由反射镜面口径决定。只要把口径做大，就能获得比较高的分辨率和灵敏度。但是，掠射式望远镜只适用于软 X 射线，硬 X 射线观测的分辨率只能采用其他方法来加以改善。

### 5．我国的 X 射线天文观测

20 世纪 70 年代后期开始起步，紫金山天文台率先提出在太阳活动峰年期间发射天文卫星，因此有了"天文一号"卫星的计划。但后来一直未落实。

直到 20 世纪 90 年代，中科院高能物理所李惕碚院士等提出并进行预研的"硬X 射线调制望远镜"（HXMT），才开始有了一个赶超国际水平的实际进展。这个项目实际上包括了高能、中能和低能等三台 X 射线望远镜，覆盖了整个 X 射线波段，

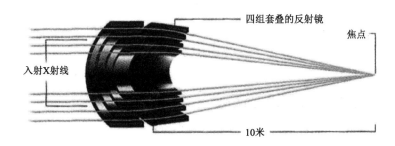

图 9-5　掠射式 X 射线望远镜原理图

其中硬 X 射线波段部分具有国际先进水平，成为这个望远镜的亮点。由于硬 X 射线成像的技术困难，直到 90 年代末国际上都未能实现硬 X 射线巡天的目标。

到 2005 年才正式立项，2017 年发射上天。虽然晚了一些时间，丧失了首先开辟硬 X 射线巡天的难得机遇。但是，这台望远镜的观测能力仍然在世界上名列前茅，在巡天和黑洞观测研究方面大有可为。

## 四

## 大型空间 X 射线观测设备

20 世纪 70 年代之后，由于发明了掠射式 X 射线望远镜和各种成像频谱仪，观测能力大幅度地提高。伴随着爱因斯坦天文台、伦琴 X 射线天文卫星和钱德拉 X 射线天文台相继飞上太空，X 射线天文学获得了长足的发展。

### 1．爱因斯坦天文台

美国 1978 年 11 月 13 日发射，为纪念爱因斯坦 100 周年诞辰而命名。它是美国高能天文台系列卫星中的第二颗。由于第一次配置了一架口径为 58 厘米的掠射式望远镜，一下子把分辨率提高到 3～5 角秒，成为 X 射线天文学发展的第二个里程碑。观测成果丰硕，截至 1981 年 4 月停止工作前，精确测量了 7000 多个 X 射线源的位置，发现类星体和正常恒星的 X 射线辐射。

### 2．日本、欧洲和苏联 X 射线观测卫星

从 1978 年开始，日本相继发射了"白鸟号""天马号"和"银河号"三个 X 射线天文卫星。虽然没有采用掠射式望远镜，但在探测 X 射线爆发源方面获得了开创性成果。其中"银河号"携带的正比计数器阵总有效面积达到 4500cm²，具有高灵敏度和高时间分辨率的性能，对爆发的快速变化进行了详细的研究。

1983 年欧洲发射了名为 EXOSAT 的 X 射线卫星，携带了总面积 1800cm² 的正比计数器阵和 2 个小型的面积为 90cm² 的掠射式 X 射线望远镜。对 X 射线双星

的观测发现做出了贡献。1990 年德、英、美合作发射的 X 射线卫星 ROSAT，由两架掠射式 X 射线望远镜组成。主要任务是巡天，发现了大量的 X 射线源。

苏联的 X 射线观测研究主要是与西欧国家合作，自己负责卫星研制和发射，合作者提供探测器。先后有两个 X 射线天文卫星上天。其一是 KVANT，放在"和平号"空间站上，主要观测硬 X 射线。第二个卫星是 GRANAT，主要观测 X 射线双星、活动星系核和 SN 1987A 等。

### 3．伦琴 X 射线天文卫星

德国、美国和英国合作研制，于 1990 年发射上天。这个项目是为纪念伦琴发现 X 射线 90 周年而提出的。它有两架口径分别为 84 厘米和 57 厘米的掠射式 X 射线望远镜。设计寿命为 3 年，但却在太空中运行了八年半，发现了约 8 万个 X 射线源，是此前发现总数的 20 倍。"伦琴"对脉冲星、超新星、超新星遗迹、月球、彗星和星系的 X 射线辐射进行观测和研究，获得了许多新的信息。

### 4．钱德拉 X 射线天文台

为纪念天文学家钱德拉塞卡而命名，1999 年发射上天。"钱德拉"是迄今为止进入太空的最大和最精密的天文望远镜之一，耗资 15 亿美元。设计寿命为 5 年，至今仍然健在。它的主体是四台口径 1.2 米的掠射式望远镜。空间分辨率和灵敏度都达到前所未有的高度，还携带了一系列的 CCD 成像频谱仪、高能和低能透射光栅摄谱仪和高分辨率照相机，具

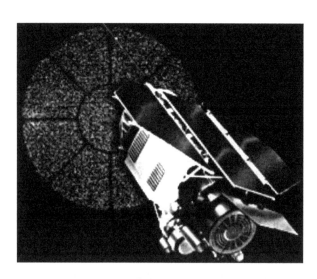

图 9-6　伦琴 X 射线天文卫星

图 9-7　钱德拉 X 射线天文台

有空前高的谱分辨率。"钱德拉"标志着 X 射线天文学从测光时代进入了光谱时代，被认为是 X 射线天文学发展的第三个里程碑。

"钱德拉"发回的首批照片，其质量之好令天文学家赞叹，充分显示出这台仪器的高分辨率和高灵敏度。令天文学家兴奋不已的观测成果比比皆是。

### 5. 贾科尼荣获 2002 年诺贝尔物理学奖

2002 年瑞典皇家科学院发表新闻公报，宣布把 2002 年诺贝尔物理学奖的一半授给里卡尔多·贾科尼，表彰他"发明了一种可以放置在太空中的探测器，从而第一次探测到了太阳系以外的 X 射线源，第一次证实宇宙中存在着隐蔽的 X 射线背景辐射，发现了可能来自黑洞的 X 射线辐射。他还建造了第

图 9-8　荣获诺贝尔物理学奖的天文学家里卡尔多·贾科尼

一台 X 射线天文望远镜，为我们观察宇宙提供了新的手段，为创立 X 射线天文学奠定了基础"。人们把贾科尼称为 X 射线天文学之父绝不为过。

# 著名的 X 射线源的观测

X 射线天文学的研究范围包括太阳 X 射线源、银河系 X 射线源、星系 X 射线源和宇宙弥漫 X 射线背景辐射四大部分。在观测和理论两个方面都被深入研究的 X 射线源要数太阳和银河系中的 X 射线双星了。

### 1. 太阳 X 射线的观测

太阳是一个重要的 X 射线源。有三种成分：一是宁静成分，主要是日冕高温等离子体的连续辐射和谱线辐射的贡献；二是缓变成分，主要是温度达百万摄氏度以上的日冕凝聚区的 X 射线亮斑的辐射；三是来自太阳耀斑的 X 射线爆发。

1991 年日本发射的太阳观测卫星"阳光号"在太空连续工作 10 余年，被誉为"长寿卫星"。由日、美、英联合研制的太阳观测卫星"日出号"于 2006 年发射上天，至今仍在工作。"阳光号"卫星的主要任务是在 X 射线波段监测和研究日冕与太阳耀斑。"日出号"卫星则发展为从可见光、X 射线和极紫外三大波段全面监测耀斑等太阳活动和磁场状况及变化。图 9-9 是"阳光号"卫星在第 22 周太阳活动周期间拍摄的太阳活动 X 射线图像，可以看出 X 射线由盛到衰的变化。

### 2. 银河系中的超新星遗迹和脉冲星的 X 射线辐射

银河系中的 X 射线源非常多，其中一部分是已知天体的 X 射线辐射，如太阳、月球、彗星、超新星遗迹、射电脉冲星等。

最有名的超新星遗迹要数蟹状星云了。它很年轻，是一个全波段天体，从射电、光学到 X 射线和 γ 射线都有辐射。许多老年超新星遗迹也是 X 射线源，但是辐射谱比较软，能量都在 2000 电子伏特以下。船帆座超新星遗迹就是老年遗迹的代表，它的年龄已超过万年。

脉冲星是超新星爆发后遗留下的致密星。射电脉冲星的发现自然而然地引发人们去探索它们在光学、X 射线和 γ 射线上的脉冲辐射。射电脉冲星已发现约 2700 多个，同时有 X 射线脉冲辐射的只有极少部分，不到百颗。

最近十几年，X 射线观测发现一种称为反常 X 射线脉冲星的，它们的表面磁场强度达到 $10^{14} \sim 10^{15}$ 高斯。而一般脉冲星的磁场为 $10^{12}$ 高斯左右。其反常之处在于 X 射线光度已经大大超过中子星转动减慢所提供的能量，只能消耗它的磁能，故称之为磁星。反常 X 射线脉冲星的发现是空间 X 射线观测的亮点之一。

脉冲星风云的发现是"钱德拉"观测的另一个亮点。以往对脉冲星的观测仅仅给出它们的时间特性和辐射特性，而"钱德拉"的观测却给出了蟹状星云脉

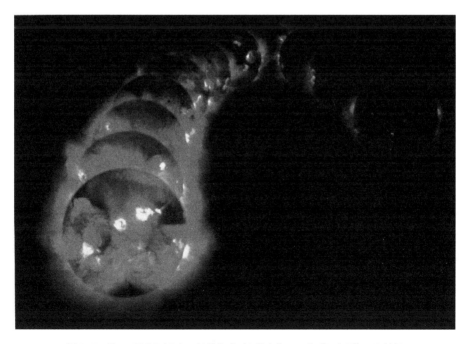

图 9-9　第 22 周太阳活动 X 射线由盛到衰的变化，日本"阳光号"卫星拍摄

冲星和船帆座脉冲星等一批脉冲星风云的图像。由于中子星不断地发射高能粒子，它们与周边环境物质相互作用产生 X 射线辐射，形成云状结构，称为风云。目前已发现 43 个风云。图 9-10 是蟹状星云脉冲星和船帆座脉冲星风云的图像。由三部分组成：中心 X 射线点源（脉冲星）、脉冲星赤道周围的环状物和脉冲星两极的喷流。

大多数风云都是先发现超新星遗迹及其中的脉冲星，然后再由 X 射线观测发现风云的。有小部分则是先发现超新星遗迹中的风云，然后再找到脉冲星的。2001 年 6 月我国天文学家卢方军博士牵头的国际合作小组应用钱德拉天文台发现天箭座中的超新星遗迹 SNR G54.1+0.3 中的一个风云，但是并未找到其中的脉冲星。后来申请阿雷西博射电望远镜的观测，才找到这个风云当中的脉冲星 PSR J1930+1852，其自转周期为 137 毫秒。这个风云形状酷似一只牛眼而被命名为"牛眼风云"，脉冲星也被昵称为"牛眼脉冲星"。上册彩图页的图 18 是超新星遗迹 SNR G54.1+0.3 中的牛眼风云和牛眼脉冲星。

### 3．银河系中的 X 射线双星和 X 射线脉冲星

在已探测到的 X 射线源中，最有名的是 X 射线双星和 X 射线脉冲星，属于致密 X 射线源。X 射线双星由一个中子星和一个光学伴星组成。伴星为年轻大

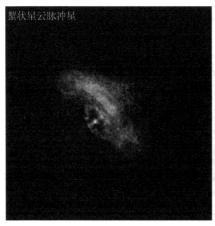
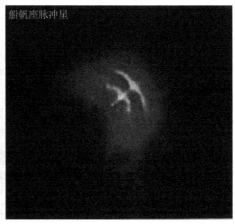

图 9-10 "钱德拉"发现的脉冲星风云图像：左为蟹状星云脉冲星，右为船帆座脉冲星

质量恒星的称为大质量 X 射线双星，伴星为老年小质量恒星的称为小质量 X 射线双星。

在 X 射线双星中有一类很特殊，它们的 X 射线辐射呈现周期性脉冲，称为 X 射线脉冲星。最早发现的半人马座 X3（Cen X-3）和武仙座 X1（Her X-1）的 X 射线脉冲星分别具有 4.84 秒和 1.24 秒的周期结构。自转周期很短，说明辐射 X 射线脉冲的是中子星。如图 9-11 所示，X 射线脉冲星是由中子星和光学伴星组成的密近双星系统，伴星的物质流向中子星，在中子星赤道周围形成一个吸

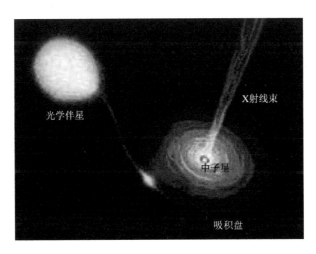

图 9-11　X 射线双星中的中子星及其伴星和吸积盘

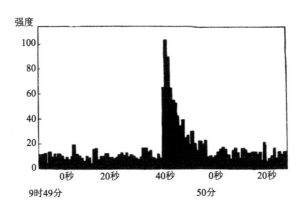

图 9-12　一次 X 射线爆发记录

积盘。吸积盘内沿的物质可以沿中子星的磁力线落向磁极区。下落物质以 10 万千米 / 秒的速度撞击中子星的固体外壳，所释放的能量转变为 X 射线波段的辐射。由于这种辐射产生在磁极区，中子星自转一周才会扫过观测者一次，形成脉冲辐射。

X 射线双星中也有由光学星与一个恒星级黑洞组成的系统，天鹅座 X-1 就是这样的双星系统中的 X 射线源。双星的轨道周期为 5.6 天，伴星为温度很高的蓝色可见恒星 HDE 226868，其质量在 25 ～ 40 个太阳质量之间。根据双星的参数计算出的天鹅座 X-1 的质量超过 7 个太阳质量，因为超过中子星质量的上限而成为恒星级黑洞的候选者。天鹅座 X-1 的辐射具有 1 毫秒的变化时标，可以推出辐射源的最大尺度为 300 千米。

### 4．X 射线变源和爆发源

银河系中有一种暂现 X 射线源，出现之前不知在何处，突然发亮，几天内变得很强，所以又称为 X 射线新星。例如位于金牛座方向的暂现 X 射线源 A0535+26，亮度极大时比蟹状星云还亮得多，成为天空中最亮的 X 射线源。但几星期到几个月以后就暗淡无光了。有一种看法认为是一种轨道偏心率很大、轨道周期很长的双星体系。光学子星不断发射星风，当致密子星运行到光学子星附近时，物质吸积量迅速增大，X 射线辐射急剧加强。当远离光学子星时，吸积量迅速减小，X 射线辐射也随之减弱。

1975 年卫星观测发现快速 X 射线爆发源，爆发所辐射的功率是太阳的百万倍以上。会重复发生，但没有准确的周期。重复时间比较长的是几小时到几十小时，叫作 I 型暴；重复时间比较短的是几秒到几十秒，称为 II 型暴。大多数在银道面附近，有少数在球状星团中。对于多数爆发源，两次爆发之间有稳定的 X 射线辐射，当稳定辐射处于低强度时才出现 X 射线爆发。观测表明，X 射线爆发仅出现在伴星为老年小质量恒星的双星系统中。很显然，这个系统中的中子星的年龄也比较老，磁场较弱，对吸积物质的控制作用不大，因此由伴星来的物质可以落到整个中子星表面，只有当落到中子星表面的物质聚集到一定程度以后，才有可能导致核聚变，先有氢核聚变为氦核的聚变，再有氦核的聚变。产生一次爆发后，需要再聚集来自伴星的物质，到一定程度后才能再次爆发。

# 宇宙 γ 射线源的发现和早期观测

早在 1900 年，物理学家在研究镭的放射性时就发现了 γ 射线。但是，γ 射线天文学则是在 20 世纪 60 年代后期才发展起来。在电磁波谱中，γ 射线波段的能量最高，覆盖的波段最宽，携带着天体的丰富信息，成为研究宇宙天体的一个独特的波段。

## 1．γ 射线观测的特点和探测方法

19 世纪末发现天然放射现象后，观察发现放射性元素铀、钍和镭会自动放出 $\alpha$、$\beta$、$\gamma$ 三种射线。其中 γ 射线就是天文学家千方百计要观测的天体辐射中的高能光子。像 X 射线一样，γ 射线在医疗上也有应用，伽马刀开启了立体定向放射治疗肿瘤的时代，具有无创伤、不出血和无感染等优点。

物理学家从理论上证明，宇宙线与星际物质相互作用可以在银河系内产生 γ 射线辐射，对于低能 γ 射线，常用闪烁计数器记录。这是一种利用 γ 射线引起闪烁体的发光而进行记录的探测器。对于中、高能 γ 射线则用火花室探测器。这种装置使一个 γ 射线光子变成一个火花。用照相法录下火花，就相当于记录下一个 γ 射线光子。

γ 射线观测还有一个困难是天体辐射的 γ 射线光子数很少，能量越高，数目越少。平均要半个小时才检测到一个光子，因此记录器的接收面积越大越好。对于空间观测来说，灵敏度难以提高。

第一个发射上天的 γ 射线天文卫星是 1961 年美国"探索者 11 号"卫星，接收到的 γ 光子不到 100 个，发现了银河系能量为 100 MeVγ 射线辐射，还发现了 γ 射线暴。1972 年发射的"小型天文卫星 2 号"（SAS-2），专门用于 γ 射线天文观测，工作了 7 个月，检测到 8000 个 γ 光子，发现太阳耀斑和一些脉冲星的 γ 射线辐射，还获得了银河系大尺度 γ 射线强度分布图。天文学家公认，γ 射线天文学是从这颗卫星开始的。

1975 年欧洲空间局发射的 COS-B 卫星，探测 $\gamma$ 射线的能力有很大的提高。在太空中工作了 8 年，一共探测到 10 万多个 $\gamma$ 射线光子。成果丰硕，其中有脉冲星、河外天体的 $\gamma$ 射线辐射，还获得弥漫的银河系辐射和 $\gamma$ 射线爆发等的信息。

### 2．广延大气簇射方法观测天体 $\gamma$ 射线

对于能量高于 $10^{14}$eV 的甚高能 $\gamma$ 射线，$\gamma$ 光子数目极少，只有非常大面积的探测器才能探测到。但是目前仍不可能把非常大的探测器送上太空。由于甚高能 $\gamma$ 光子会与地球大气发生作用而产生簇射，只要甚高能 $\gamma$ 光子能量远远超过 2 倍电子静止质量的能量，就可以多次产生次级 $\gamma$ 光子，发生级联反应。这一现象称为"广延大气簇射"，最后形成的蓝色的切伦科夫光可以被安置在高山上的装置观测到。

世界上有很多观测切伦科夫辐射的单个望远镜和望远镜阵列，历史悠久。我国也有很多架，最有名的是以宇宙线发射者赫斯（HESS）命名的、设在纳米比亚的"高能立体视野望远镜"。由 4 架 12 米口径反射镜和一架 28 米口径的碟

图 9-13　美国新墨西哥州的高能 $\gamma$ 射线观测台（MILAGRO）

形天线组成，排列在 120 米见方的地面上。可以获取三维立体图像，并最终确定出引起大气簇射的宇宙线粒子的能量和入射方向。放置在美国新墨西哥州的高能 γ 射线观测台（MILAGRO）的灵敏度非常高，见图 9-13。在有足球场那么大的游泳池中放置许多多光电倍增管。用它来进行 γ 射线巡天，非常适合监测能量为万亿电子伏特的 γ 射线源的变化及发现新的 γ 射线源。

# 大型 γ 射线空间观测设备

正在或曾在太空遨游的探测 γ 射线的卫星很多，都曾做出过独特的贡献。但是作为巨无霸的大型设备就要算康普顿 γ 射线天文台和费米 γ 射线空间望远镜了。

### 1. 康普顿 γ 射线天文台

这是美国国家航空航天局 20 世纪 90 年代策划的四大空间望远镜计划之一，以著名物理学家康普顿（A. H. Compton）的名字命名，于 1991 年 4 月发射上天。这是第一个全天探测 γ 射线的望远镜，携带的 4 台科学仪器使其综合探测能力达到了前所未有的最高峰。其特点是探测的能量范围异常宽——从 30 千电子伏到 300 亿电子伏，跨越了 5 个数量级。功能齐备，四台仪器用于不同种类的观测工作。第一台是用于探测短时标的 γ 射线爆发的"爆发和暂现源实验装置"（BATSE）。第二台是用来探测极高能量 γ 射线源的"高能 γ 射线实验望远镜"（EGRET）。第三台是用于测量辐射中等能量 γ 射线源能谱的"康普顿成像望远镜"（COMPTEL）。第四台仪器是用于观测超新星爆发中的不稳定同位素所产生的 γ 射线的"取向闪烁能谱实验"（OSSE）。

主要研究对象是宇宙中那些最为活跃的天体，如超新星爆发、类星体、γ 射线爆发等。观测成果超出预料：发现 2700 多个 γ 射线暴、271 个点源，以及来自 X 射线双星与塞弗特星系的 γ 射线辐射；测绘了银河系内铝 -26 的分

图 9-14 著名物理学家康普顿

布。康普顿 $\gamma$ 射线天文台的观测成果把宇宙天体 $\gamma$ 射线的研究推上了新的高潮。它的设计寿命为 2～5 年，但是却在太空工作了 9 年。因为陀螺仪损坏，2000 年 6 月初由地面发出指令引导它坠落到太平洋中。

### 2．费米 $\gamma$ 射线空间望远镜

费米 $\gamma$ 射线空间望远镜是世界上最强大的空间望远镜之一，原名大面积 $\gamma$ 射线太空望远镜，为纪念伟大的物理学家费米（E. Fermi）而改名。由美国主导建造，并有法、德、意、日和瑞典 5 个国家参加合作。2008 年发射上天。设计寿命为 5 年到 10 年。其特点是观测的能谱范围很宽，从 30MeV 到 300GeV，接收面积大，灵敏度高。主要观测研究课题是超大质量黑洞、中子星、中子星碰撞以及超新星爆炸等的 $\gamma$ 射线辐射。"费米"上还有一系列的 $\gamma$ 射线爆监视系统，使用 14 个闪烁器，可监测 8keV 至 1MeV 和 150keV 至 30MeV 能量范围的 $\gamma$ 射线暴的辐射。

"费米"在地球低轨道上运行。每 95 分钟绕地球一周，背对地球进行观测。以"摇摆"运动方式实现全天空覆盖，每 3 小时可扫过整个天空一次。NASA 公布的全天图仅用了 95 小时的观测结果。而"康普顿"需要数年的时间才能绘制一张类似的图。这张图显示，在银河系平面上有一条 $\gamma$ 射线亮带。此外，还有四个亮点，其中三个是已知的脉冲星，第四个亮点是一个活动星系，距离我们有 71 亿光年那么远。

图 9-15 著名物理学家费米

图 9-16　环绕地球轨道运行的康普顿 γ 射线天文台　　　图 9-17　费米 γ 射线空间
望远镜示意图

## 八

## 著名的 γ 射线源的观测

　　由于 γ 射线的流量很低，探测器的噪声背景很高，加上分辨率又很低，使得 γ 射线源的观测难度很大，特别是对 γ 射线点源的观测发现更是难上加难。不过，对超新星 1987A 和 γ 射线脉冲星，以及少数射电脉冲星的 γ 射线观测还是取得了丰收。

### 1. 超新星 1987A 的 γ 射线辐射

　　根据元素形成理论，恒星上发生的热核反应过程可以产生多种元素，但是核聚变只能生成比铁轻的元素。铁原子核是最稳定的原子核，大质量恒星内部数十亿摄氏度的高温都无法引发铁的核聚变，只有超新星爆发过程中所产生的极高温度和极高密度条件下才能引发铁及比铁还要重的元素的聚变反应。超新星爆发使恒星中已经形成的各种元素和爆发时产生的新元素进入星际空间，这些元素将会在下一代的恒星及行星中存留。

　　我们知道，原子核是由质子和中子组成的。原子的性质由它的原子核中的质子数决定，原子核中的质子数相同，但中子数不同的原子核就成为这种元素的同位素。在超新星爆发时，迅速发生的核反应将形成一系列不稳定的放射性同位素原子核，以及其他一些稳定的重元素。某些放射性同位素在衰变或蜕变为另一种元素的同位素时会释放出不同能量的 $\gamma$ 射线。放射性同位素钴 -56 的原子核中有 27 个质子和 29 个中子，当它衰变为铁 -56 时，即原子核中的一个质子变为中子，将发射出 $\gamma$ 射线。其中一部分 $\gamma$ 射线可能被超新星产生的膨胀气体云所吸收、散射和再散射，最终变成可见光。1987 年发生在大麦哲伦星系中的超新星 1987A 的观测中就发现了钴 -56 衰变为铁 -56 的现象。钴 -56 的半衰期为 77 天，从 1987 年到 1990 年，来自这个超新星的可见光正好是以这个速率衰减的。这说明观测到超新星 1987A 的放射性同位素钴 -56。

### 2. $\gamma$ 射线脉冲星

在"费米"上天以前，只观测到 7 颗 $\gamma$ 射线脉冲星，如图 9-18 所示。其中 4 颗是"康普顿"发现的。蟹状星云脉冲星（Crab）同时有射电、光学、X 射线和 $\gamma$ 射线辐射，都有中间脉冲，各频带的脉冲相位很一致，成为很特殊的一颗。其他几颗要不是波段不全，要么就是各个波段的脉冲轮廓和相位差别很大。其中名为杰明加（Geminga）的是唯一的一颗没有射电辐射的 $\gamma$ 射线脉冲星。虽然俄罗斯学者报告说在 100MHz 低频上观测到射电脉冲，由于在高一些频率上反复观测都没有找到射电脉冲，俄罗斯的观测结果没有被公认。

费米 $\gamma$ 射线望远镜上天以后，发现的第一颗 $\gamma$ 射线脉冲星是在仙王座方向的超新星遗迹 CTA 1 中，距地球 4600 光年，脉冲周期是 316.86 毫秒，年龄约 1 万年。"费米"发现脉冲星的能力特强，很快就使 $\gamma$ 射线脉冲星的样本超过百颗，其中大部分仅有 $\gamma$ 射线脉冲而没有射电脉冲。图 9-19 是 2009 年公布的发现伽马射线脉冲星的结果，共有 24 颗。

### 3. 震惊世界的宇宙 $\gamma$ 射线暴

$\gamma$ 射线暴是 1967 年 7 月 2 日由美国"维拉 4 号"卫星发现的。$\gamma$ 射线暴的辐射变化剧烈而迅速，呈脉冲状。爆发持续时间从 0.1 秒至 1000 秒不等。目前已发现几千个 γ 射线暴。

γ 射线暴是宇宙中最强烈的爆发，仅次于宇宙诞生时的大爆炸。康普顿 γ 射线天文台发射上天以后，平均每天发现一个 γ 射线暴。然而，新的观测资料不仅

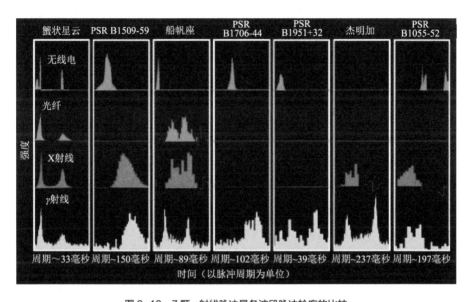

图 9-18　7 颗 γ 射线脉冲星各波段脉冲轮廓的比较

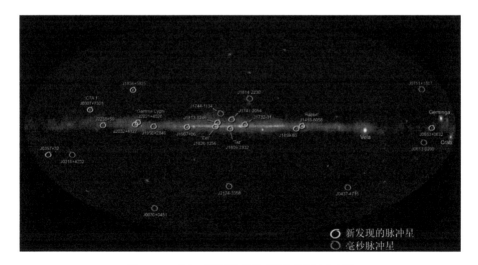

图 9-19　费米 γ 射线望远镜发现的部分伽马脉冲星

没有解开原有的疑团，反而又提出了更多的疑问。天文学家一直不能确定它们究竟离我们多远。直至 1997 年，这个谜团才逐渐揭开。

在这之前，绝大多数学者相信，γ 射线暴来源于银河系的中子星。他们认为，中子星表面上的破裂、爆炸或小行星的撞击均可能引起 γ 射线的爆发。唯独美国普林斯顿大学的帕琴斯基坚持认为 γ 射线暴来自银河系外的天体。图 9-20 给出了 2704 个 γ 射线暴的空间分布，显示出很好的各向同性，与星系的空间分布很类似。这对帕琴斯基的理论是最强的支持。

### 4. 解开 γ 射线暴距离之谜

在 γ 射线暴的研究行列里，美国学者居多，他们拥有最先进的观测设备，发现的 γ 射线暴最早、最多，经验最丰富，但是在确认 γ 射线暴的距离问题上却没有建树。意大利和荷兰合作的一颗 X 射线卫星（贝波）异军突起。发射上天不到一年，就解开了 γ 射线暴的距离之谜。

"贝波"是用来研究银河系 X 射线源的，监测 γ 射线暴只是一个附带的任务。当时，人们已经认识到，γ 射线暴发生时也会发生能量比较低一些的 X 射线辐射，称为 X 射线余晖。虽然 X 射线观测的空间分辨率比较高，可以提高 γ 射线暴的定位精度，但 γ 射线暴来得突然，不知道来自何方，只有视场很大的 X 射线望远镜或照相机才能发挥作用。恰好，"贝波"上的 X 射线照相机具有视场大的特

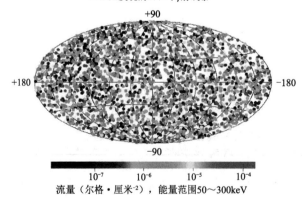

图 9-20　γ 射线暴发生的位置和强度的全天星图

图 9-21　艺术家笔下的"贝波"

点，丑小鸭变成了白天鹅。

当时的 X 射线探测卫星都使用掠射式 X 射线望远镜，它的分辨率高，视场就小了。"贝波"为了扩大视场，采用古老的小孔成像方法，研制了视场达到 40×40 平方度的大视场 X 射线照相机。1997 年 1 月 11 日，"贝波"记录到一次持续时间近 1 分钟的 γ 射线暴。同一时间，大视场照相机记录到 X 射线辐射，由此确定出 γ 射线暴来自巨蛇座。这是天文学家第一次发现 γ 射线暴的 X 射线余晖，揭开了确定 γ 射线暴距离之谜的序幕。

1997 年 2 月 27 日夜间，"贝波"又发现一个持续 80 秒的 γ 射线暴 GRB 970228，位于猎户座。"贝波"大视场照相机的误差框为 6 角分，在这么小的天区中，至少有几千颗恒星，要从中找到一个作为 γ 射线暴光学余晖很不容易。但是，光学余晖是新出现的，可以通过多次观测、进行比对，发现新出现的亮点。他们申请口径 4.2 米的赫歇尔望远镜进行观测，终于发现了 γ 射线暴的光学余晖。

1997 年 5 月 8 日，"贝波"又发现一个持续约 5 秒的 γ 射线暴和它的 X 射线余晖。地面望远镜发现了光学余晖。利用地面上口径最大的凯克 10 米望远镜进行观测，确认这个光学余晖的红移是 0.835，由此可以估计出距离，约为 60 亿光年。终于测出 γ 射线暴的距离。

对于这个 γ 射线暴，美国的甚大阵射电天文望远镜在 3.5 厘米波段观测到一个亮射电源，成为人类第一次观测到的 γ 射线暴的射电余晖。2006 年 4 月和 7 月，美国国家航空航天局"雨燕号"卫星探测到两次 γ 射线暴。欧南台的口径 60 厘米的自动天文望远镜探测到它们的近红外余晖，并测得伽马射线暴的物质爆炸扩张速度为光速的 99.9997%。

后续的观测表明，γ 射线暴大部分都是遥远的银河系外天体。γ 射线暴 GRB 971214 的红移为 3.42，估计距离是 120 亿光年。这个 γ 射线暴在不到 1 分钟的时间里，释放的能量是太阳在 100 亿年中释放的能量的 200 倍。这是 20 世纪观测到的红移最高和释放能量最多的 γ 射线暴。到了 21 世纪，γ 射线暴 GRB 050904 的红移已达 6.295。γ 射线暴 GRB 090423 创造了新纪录，红移值高达 8.2，成为最遥远的伽马射线暴，释放的能量比其他伽马射线暴多得多。γ 射线暴是宇宙中最激烈、最强大的爆发现象。

# 膨胀中的宇宙及微波背景辐射

远在我国春秋时代，也就是二千三百多年前，伟大诗人屈原在《天问》中就提出了宇宙的结构是怎么样的、天地是怎样形成的等问题。这些问题一直延续到今天，仍然是人们关心的问题。从远古时代到 1609 年伽利略发明天文望远镜的漫长岁月中，人们只能用肉眼观测星空，不知道银河系和河外星系的存在，当然不可能正确回答这些问题。到今天，天文观测的发展已经使我们看到了在空间上包含了数以百亿计星系的巨大宇宙，在时间上获得了 100 多亿年以来各个时期的天体信息，物理学的发展为探索宇宙奥秘提供了理论武器。几经周折，大爆炸宇宙学模型在众多的宇宙学理论中一枝独秀，成为最流行的学说。有关宇宙学的观测研究成果已有 8 位天文学家先后四次荣获诺贝尔物理学奖。

## 古今宇宙学理论概要

从古到今，人们一直在观天，问天，研究天。古人虽然也曾研制了不少观天的仪器，但是只能看到满天星斗作为背景的天和运动着的太阳、月亮和金、木、水、火、土五大行星。仅仅是对太阳系中的几个天体有所认识，不可能对宇宙的形成和宇宙的结构有正确的符合实际的认识。当然，古人提出和研究的问题非常重要，都是当今天文学研究要解决的问题。天文望远镜发明以后，人们对宇宙这个实体的认识才一步步地深入，实现了几次巨大的飞跃，也出现过不少错误的认识。其中包括古代的盖天说和浑天说、牛顿的无限宇宙和爱因斯坦的静止宇宙。

### 1. 屈原的《天问》问了什么？

公元前 3 世纪，我国伟大诗人屈原写出了《天问》诗篇，闪耀着对未知的探索之光。凝望星空、沉思宇宙，向万事万物的源头——宇宙发出了一连串的问题：天地四方、日月星辰，从何而来？是什么力量维系着斗转星移、时空流逝？在屈原所在的先秦时代，人们对天文的认识是非常直观、肤浅的。诗人在二千多年之前发出的这些疑问却是深刻和发人深省的。

图 10-1　我国古代著名诗人屈原

时代所限，古代人民只能通过经验来总结身边万物的运行规律。屈原所处的先秦时代，人们对宇宙的认识是"天圆地方"，借此理解头顶上笼罩的圆形的天、脚下辽阔的大地。当时流行的宇宙结构是天有九重，它们都围绕着同一个枢纽旋转着，天由八根擎天柱支撑着，天穹上分为十二个星次。这种由直观感觉和想象出来的宇宙结构，问题当然很多。屈原提出了一系列的疑问也很自然：

圜则九重，孰营度之？

惟兹何功，孰初作之？

斡维焉系，天极焉加？

八柱何当，东南何亏？

九天之际，安放安属？

隔限多有，谁知其数？

天何所沓？十二焉分？

日月安属？列星安陈？

上面这些提问的大意是：如果认为天是九重天，绕一个轴旋转，由八根擎天柱支撑着的，那么要问，有谁曾去测量过这九重天？这么大的工程，是谁建造起来的？九重天围绕着的枢纽挂在哪里呢？这些擎天柱是如何把天支撑起来的？为何东南方缺损不齐？九个天区是如何相连的？天穹的角落曲折无数，又有谁能知道它们的数量？天在哪里与地交会？天穹上的 12 星次是如何区分的？日月及其他星宿各属于哪个天层？

屈原的《天问》是最早关于宇宙形成理论的文字记录，可以把它所问的问题看作是当时流行的看法。在《天问》之后不久的《淮南子·天文训》中，对这种宇宙是从混沌中产生的看法作了很明确的阐述，《天文训》认为宇宙最先是一种虚无无形的物质状态，然后演变为混沌的物质状态，然后再分出元气、形成天地，最后产生日月星辰、世间万物。对于这种宇宙形成理论，屈原问道：

> 冥昭瞢暗，谁能极之？
>
> 冯翼惟像，何以识之？
>
> 明明闇闇，惟时何为？
>
> 阴阳三合，何本何化？

屈原在这里对《天文训》中主张的宇宙形成理论提出质疑。其意思是，宇宙形成时是混混沌沌，谁能说清楚其根本原因。整个宇宙弥漫无形，怎样才能识别清楚呢？宇宙间的光明和黑暗究竟是什么原因？产生世间万物的阴阳两气，哪是本源哪是演变呢？

"天圆地方说"是盖天说中最原始的一种。它所遇到的困难是显然的，圆形的盖与方形的地不可能相互衔接。后来"天圆地方说"修改为：天好比是一个斗笠，地好比是一个倒扣的盘子，两者呈平行的拱形。仍然属于盖天说。后来，浑天说取代了盖天说，主张天为球形，地球位于其中，就像一个鸡蛋一样，天是蛋壳，地为蛋黄。这种看法虽然比较盖天说对宇宙的认识进了一步，但依然是一种谬误。

天文研究需要观测数据，需要理论模型，更需要理论和观测的严格比对，包括对理论模型严格地考问。古人屈原是这样，今天的我们依然需要这样的态度对待宇宙演化的问题。

### 2. 牛顿无限宇宙的终结

牛顿最先提出无限宇宙的模型。他认为，如果宇宙是有限的，就有边界和中心，由于各部分之间的相互吸引，物质必然会落向中心，在那里形成一个巨大的物质球，这与我们今天的观测结果相违背。因此，宇宙只能是无限的。牛顿的无限宇宙对不对呢？可以从讨论"夜里天为什么会黑？"这样一个看似简单的问题入手。

1826 年，德国天文学家奥伯斯（Wilhelm Olbers）从均匀无限的宇宙模型出发，推论出"夜里应该和白天一样亮"的结论。这显然与事实不符，成为著名的"奥伯斯佯谬"。均匀无限的宇宙模型的"均匀"是指宇宙空间的恒星均匀分布，空间各处的恒星数密度相同，而且数密度保持不变，恒星有生有死，但生死数目相当。恒星的发光本领基本相同，基本保持不变。所谓"无限"是指宇宙是无限的，时间也是无限的，恒星可以无限期地存在。粗看起来这些假定都能成立，但是由此导出了一个结论，就是没有黑夜，"夜里应该和白天一样亮"。这是因为，恒星的视亮度是与距离的平方成反比的，太阳很亮是因为离我们很近，远处的恒星就必然暗弱。但是宇宙中恒星的数密度处处都一样，因此近处的恒星少，远处的恒星多。这两个因素恰好抵消。假定宇宙无限，时间无限，无限远处的恒星发出的光可以通过无限长的时间传到我们这里。把从近处到从无穷远处的亮度加起来，总亮度将是无穷大，因此夜里天空和白天是一样亮的。

由于奥伯斯的推论与事实不符，因而是错误的。错误的原因只能是假定的前提不对。因此，奥伯斯的均匀、静止不变、时间和空间都无限的宇宙模型是错误的。这种无限宇宙模型被否定了。当然也把牛顿提出的无限宇宙模型否定了。

### 3. 爱因斯坦承认他犯了"一生中最大的错误"

1915 年爱因斯坦建立广义相对论后，就开始考虑用这个理论来研究整个宇宙的性质。根据广义相对论，他于 1917 年提出一个宇宙模型。他假设宇宙是有限和均匀各向同性，而且是不随时间变化的，因此不会出现奥伯斯佯谬问题。然而，他发现这个方程式描述的宇宙不是在膨胀就是在收缩。与他原来设想的完全不一样。在那个时代，人们都认为，宇宙是稳恒的，宇宙中的物质基本上处于静止状态。爱因斯坦屈从这种看法，可谓是顺应时代潮流，在方程式中加入一个"宇宙学常数"，让方程式推导出的宇宙是"静止"的。

1929 年，美国天文学家哈勃宣布，根据观测结果推断，所有的星系都在远离地球而去，也就是说，宇宙处在膨胀之中。爱因斯坦的模型仅仅风光了 12 年就由于哈勃定律的问世而被抛弃。

爱因斯坦假定的均匀各向同性，基本上是对的。从比较小的尺度来说，恒星、星系、星系团和超星系团的存在显示出不均匀，但是在超星系团之间不再有成团结构，各个超星系团均匀地分布着，无规则地运动着。因此，在大于 1 亿光年的尺度上，宇宙中的物质分布是均匀的。爱因斯坦的错误在于假定宇宙是静止不变的。

实践是检验真理的标准。哈勃定律发现以后，名气非常大的爱因斯坦公开认错。1931 年，他到威尔逊山天文台访问哈勃时，坦然承认，引进"宇宙学常数"是他一生最大的失误。宣告了"静止宇宙"的破产。

## 宇宙从一次大爆炸中诞生

哈勃用无可争辩的观测事实证明了我们的宇宙处在不断的膨胀之中。爱因斯坦因此修改了他的宇宙学方程，并最终引出了宇宙起源的"大爆炸"理论。宇宙在膨胀，已经膨胀了很长时间了。很显然，过去的宇宙比现在的要小，一直往前推，情况会是怎么样呢？1931 年，比利时天文学家勒梅特（A. G. Lemaitre）在《自然》杂志上发表题为《关于原始原子的假设》的论文，明确地提出宇宙由一个高温、极密的"原始原子"开始膨胀的宇宙起源理论。当然，只是概念性的，没有进一步研究物质的产生和宇宙的起源和演化。1946 年，美籍俄裔学者乔治·伽莫夫（G. Gamow）进一步发挥了勒梅特的设想，基于广义相对论和核物理学提出宇宙来自一次大爆炸的理论，得到多项观测事实的支持，被大多数天文学家所认可，成为现代宇宙学发展的一个里程碑。

### 1. 乔治·伽莫夫和热大爆炸宇宙学

伽莫夫 1904 年生于俄国敖德萨，后来移居美国，曾任华盛顿大学和科罗拉多大学教授。1968 年去世。他在原子核物理学、宇宙学、生物学等许多科学领域都做出重大贡献。1948 年伽莫夫大胆地提出，在约 140 亿年以前，处于极高温度、极大密度下的无限小的"原始火球"发生了一次巨大的爆炸。此后，宇宙空间不断膨胀，温度不断下降，密度不断降低，逐渐地形成宇宙间的万物。这篇划时代的论文是由拉尔夫·阿尔菲（R. A. Alpher)、汉斯·贝特（Hans Bethe）和乔治·伽莫夫三人署名的，主要人物成为第三作者。著名学者汉斯·贝特并没有参加此项研究，伽莫夫为了拼凑出 $\alpha\beta\gamma$ 作者群而幽默了一次。伽莫夫提出热大爆炸宇宙理论后不久，于 1956 年离开了这个领域的前沿，转向分子生物学领域。约十年后，宇宙微波背景辐射的发现，又把他拉回到了宇宙学领域。

伽莫夫的热大爆炸宇宙乍一听很离奇，也很难理解。我们观测到的宇宙范围达一百多亿光年，怎么可能是从一个比原子还小的"原始火球"演变来的？可是，科学界却比较快地认可了这个理论。这

图 10-2 天文学家
阿尔菲（上）、
贝特（中）和
伽莫夫（下）

是因为什么呢？

因为热大爆炸宇宙模型是建立在可靠的观测事实上的，是严格按照广义相对论和核物理学原理推算得到的。而且这个理论模型的几个重要的推论，陆续地得到观测的验证。

任何一个宇宙学模型都必须回答构成宇宙的最基本的原材料是怎么来的，也就是电子、质子、中子和光子是怎样来的。20世纪初，爱因斯坦提出著名的质能关系，认为能量和质量是可以相互转换的，遵循一个简单的公式，$E=mc^2$，$E$为能量，$m$为质量，c为光速。这个质能关系已经被实验所证实。威力强大的氢弹爆炸就是质量转变为能量的最好实验证据。有了质能关系，就可以通过计算知道，一个体积比原子还小的"火球"，只要温度达到$10^{33}$K，就足以转化成当今宇宙中的所有物质。

世界万物是由分子构成，分子是由原子组成，原子是由原子核和电子组成，原子核则由质子和中子组成。所有元素都是由相应的原子组成的。只要有足够的电子、质子和中子就可以构造出所有元素。可以说，质子、中子、电子和光子是构建世界万物的砖石。质子和中子并不是构成物质的最小粒子。它们分别由不同的夸克组合而成。

粒子物理中有一条基本的原理就是光子可以转换为正、反两种粒子。反过来，正、反两种粒子也可以转换为光子。这已为实验所证实。正反粒子是关键性质相反的粒子，如负电子带负电荷，正电子带正电荷。所有粒子都有正反两种粒子。

光子转化为粒子要遵从能量守恒定律。粒子具有最低的能量，即粒子在静止时具有的能量。光子转换为粒子和反粒子，要求光子的能量要大于正、反粒子的静止能量之和。由于质子和中子的静止质量比电子的大1840倍，对光子能量的要求也相差1840倍。

所有的物理过程都是通过粒子的碰撞进行的，温度越高，热运动能量也高，物理过程越快。早期宇宙发展特别快，就是因为那时的温度特别高，碰撞特别快、特别频繁。随着宇宙膨胀，温度不断下降，物理过程也就慢了下来。

### 2．宇宙演化的五大阶段

热大爆炸宇宙学所描述的宇宙诞生和演化过程可分为五大阶段。原始火球的爆炸又称为热大爆炸，因为温度很高，很热。爆炸后，体积不断增大，温度不断下降，形成了宇宙演化的不同阶段。每个阶段的特点是温度不同，形成的物质世界不同。

第一阶段：混沌状态

原始火球的温度特别高，达到 $10^{33}$K，大爆炸后很快就冷却到 $10^{12}$K，密度也大幅度地下降。这时的光子能量足够高，足以转化为各种正、反粒子对。正、反粒子对也能转化为光子，反反复复，处在混沌状态。但这种状态只能维持万分之一秒的时间。

第二阶段：中子、质子、氦原子核形成

大爆炸后 0.01 秒，温度下降到 $10^{11}$K，光子的能量降低了，已经没有能力转化为正、反质子对和正、反中子对。这时，已有的正、反质子对和正、反中子对迅速转化为光子。好在，正粒子数稍微多一点：每 10 亿个反粒子有 10 亿零 1 个正粒子。这样宇宙中只留下质子和中子。这时，光子仍然有能力转化为正、反电子对，因为电子的静止能量是质子的 1/1840。

电子、质子、中子和光子这 4 种粒子中，只有中子不稳定，会自动衰变为质子。其他 3 种粒子只要不与别的粒子碰撞，就可以永远存在下去。到 3 分零 2 秒时，宇宙温度冷却到 $10^{10}$K，中子与质子数目之比已经变为 13 ∶ 87。如此下去，中子便会消失。但是，中子找到了救星，这时的温度已经允许由 2 个中子和 2 个质子组成氦原子核。氦原子核很稳定，其他粒子与之碰撞也不至于使氦核分裂。中子被氦核保护起来了。而剩余的质子成为氢原子核。到 4 分钟时，宇宙中便有了 26% 的氦原子核和 74% 的氢原子核。这就是轻核元素的宇宙原始丰度。

在氦核形成的时代，物质密度已经相当低了，由氦核与多个粒子碰撞的机会很少，不可能形成其他更重的元素。大爆炸宇宙的第一个预言就是宇宙中最多的元素是氢和氦，占了 99%，而氦在整个宇宙中所占的比例（或称丰度）约为 1/4。观测证实了这个预言：太阳上的氦丰度约为 0.30，银河系的氦丰度是 0.29，河外星系大麦哲伦云、小麦哲伦云、M33、NGC 6822 的氦丰度分别为 0.25、0.29、0.34、0.34 等。都在 0.25 ～ 0.34 之间，还没有发现超出这个范围的观测结果。恒星上的热核反应能够产生氦，但数量很少。大部分氦是在热大爆炸开始不久产生的。

根据热大爆炸理论，宇宙中只有氢和氦以及极少量的氢的同位素氘和氦的同位素氦 -3 以及锂 -7 等。作为早期宇宙中丰度位列第三的氘，在宇宙年龄只有 17 分钟时达到了它的顶峰，氘和氢之比（记作 D/H）大约是百万分之三十（30ppm）。后来，氘的数量就不断地减少。氘被用作早期宇宙中物质密度和银河系化学演化的示踪器。美国科学家尤里（H. C. Urey）在实验室里找到了氘，由此获得 1934 年的诺贝尔化学奖。当今，天文学家一直在努力寻找银河系中和银河系外的氘，已经在地球的海水里，在彗星、木星大气层、陨石、星际介质、银盘外围的高速星云以及星系际介质中找到足量的幸存下来的氘。

长久以来，天文学家一直费尽心力在宇宙中寻找那些所谓的仅由原始材料氢和氦形成的天体，屡屡失败。因为恒星经过超新星爆发把重元素撒向空间，原始星云都被污染了。2011 年，美国天文学家应用美国凯克望远镜首次发现宇宙大爆炸之后仅仅几分钟内形成的原始气体云。这次观测用的分析仪器对碳、氧、硅有极高的灵敏度，然而却没有找到碳、氧、硅的任何蛛丝马迹。在气体云的光谱中，研究人员只看到了氢和氘。由于仪器对氦元素的光谱不敏感，也没有看到氦。这说明的确存在仅由氢和氘组成的原始星云，这成为支持大爆炸理论的又一观测证据。

第三阶段：电子形成，备齐原材料

在大爆炸约半小时后，宇宙温度下降到 3 亿 K，光子已经不能转化为正、负电子对了，宇宙中的所有正电子与负电子立即一起湮灭转化为光子。只是因为每 10 亿个正电子对应有 10 亿零 1 个负电子，因此有一部分负电子被保留下来。

到这个时候，有了质子、中子和电子，就备齐了构造各种元素和宇宙物质的最基本"原材料"了。

第四阶段：宇宙从不透明到透明

在稳定的氢核、氦核和负电子形成后，电子与原子核碰撞可以形成原子。

图 10-3　大爆炸后，辐射的波长随宇宙的膨胀增长，如同气球表面的波纹

但原子受到高能光子的作用会被电离。从热大爆炸后 30 分钟一直到在大约 30 万年后的这段时期，形成原子和原子被电离的过程反反复复地进行着，形不成稳定的原子，光子也不能向外传播，宇宙处于不透明的状态。

30 万年后，宇宙冷却到约 4000K，光子能量降低到不能使原子电离，稳定的原子便形成了，辐射的光子也可以无阻挡地向外传播。温度为 4000K 时的辐射为可见光波段，传播得到处都有，成为宇宙背景的一种辐射。宇宙经过 100 多亿年的演化已经大大地膨胀了，随着膨胀，一切尺度都在增大，光的波长也在变长，从可见光变到射电的微波波段，相应的黑体辐射温度也降为大约 3K 了。这就是著名的宇宙微波背景辐射的预言，已为观测所证实。

第五阶段：恒星和星系形成

热大爆炸后 100 万年，宇宙间主要是气态物质，气体逐渐凝聚成云，再进一步形成各种各样的恒星系统，在恒星内部进行的核反应中形成诸多重元素，超新星爆发使各种元素抛向空间，超新星爆发过程和恒星碰撞并合过程还会形成比铁更重的元素，所有这些都成为形成第二代恒星的物质。因此所有天体的年龄都应比热大爆炸开始到今天的宇宙年龄要短。各种天体年龄的测量值都符合这一要求。

上面就是热大爆炸宇宙学给我们描述的宇宙形成的过程和原理。虽然原始火球的存在是一个假设，但这是哈勃观测发现的宇宙膨胀规律的合理推论。大爆炸后所发生的一切不仅严格符合广义相对论和核物理学的理论，还得到观测上的重要支持，是一个信得过的科学模型。

# 宇宙微波背景辐射的发现

伽莫夫预言微波背景辐射的存在，没有受到学术界的重视，被搁置了十几年。20 世纪中叶射电天文的发展使观测发现宇宙微波背景辐射成为可能。1965年，彭齐亚斯（A. Penzias）和威尔逊（R. W. Wilson）发现了 3K 的宇宙微波背景辐射，由此获得了 1978 年诺贝尔物理学奖。自此以后，皮布尔斯（James Peebles）一心一意研究宇宙微波背景辐射，成为宇宙学研究大权威。在 2019 年因对物理宇宙学的贡献而获诺贝尔物理学奖。

## 1．迪克研究宇宙微波背景辐射

1945 年美国麻省理工学院迪克（R. H. Dicke）应用射电望远镜在 1.25 厘米波段观测太阳和月球。在这个波段上，地球大气也有辐射，必须扣除掉大气的影响，在观测大气在 1.25 厘米波段上的辐射时，意外地发现了温度为 20K 的"天空背景辐射"。他认为，这种辐射并不是来自地球大气，很可能是广泛地分布在宇宙空间中各种星系的射电辐射所构成的一个背景，他把这种辐射称为"宇宙物质辐射"。

很有意思的是，迪克关于"宇宙物质辐射"观测结果和伽莫夫关于"核合成"的一篇论文都发表在 1946 年《物理学评论》第 70 卷上，直到 20 年后，人们才发现这两篇论文之间紧密的关系。如果那时伽莫夫拜读了迪克的论文，很可能会把迪克的观测发现和他们预言的"大爆炸"留下的微波背景辐射联系起来。或者如果迪克去读一下伽莫夫等的论文也可能有所启迪。

1946 年迪克回到他读书的普林斯顿大学任教。到了 60 年代初，他开始研究宇宙学，但是并不相信伽莫夫的大爆炸宇宙学。他心目中的宇宙模型是永久振荡模型，即认为宇宙是反复地膨胀和收缩的，目前的宇宙正处在膨胀阶段。他猜想宇宙在"振荡"过程中会留下可观测的背景辐射。回想 20 年前的往事，他发现的温度为 20K 的"宇宙物质辐射"很可能就是"振荡"过程中留下的微波背景辐射。

迪克让他的研究生皮布尔斯计算振荡模型里宇宙温度如何演变。得到的结果是：宇宙中充满着一种温度为 10K 的背景辐射。1964 年，他和两位研究生筹备观测宇宙微波背景辐射，为此研制了一台波长为 3.2 厘米的射电望远镜。这是世界上唯一的一个自觉地进行搜寻宇宙微波背景辐射的课题组，理论估计基本正确，采用的观测手段有效，成功本应该属于他们。但是，无巧不成书。还没有来得及正式观测，就有人捷足先登了。

### 2. 彭齐亚斯和威尔逊发现天空多余的噪声辐射

彭齐亚斯和威尔逊是两位年轻的射电天文学博士，先后于 1961 年和 1963 年到贝尔实验室工作。他们对宇宙学并无兴趣，知之甚少，从未想过要寻找宇宙微波背景辐射。然而，命运之神却光顾他们，意外地发现了迪克正在刻意寻找的辐射。这真是有心栽花花不开，无心插柳柳成荫。

彭齐亚斯 1962 年在哥伦比亚大学获博士学位。导师是诺贝尔物理学奖获得者汤斯，研究课题是观测星系际氢原子 21 厘米的谱线。威尔逊在加州理工学院获物理学博士学位，研究课题是用射电望远镜进行银河系中的气体氢云的巡查。

图 10-4　1978 年诺贝尔物理学奖获得者彭齐亚斯（左）和威尔逊（右）

彭齐亚斯和威尔逊都是射电天文学博士，先后来到射电天文学的起源地贝尔实验室。但是，这里的射电天文观测设备很差，大有英雄无用武之地的感觉。

1960年，贝尔电话公司为了通信卫星的实验，研制了口径为6.1米的喇叭形反射天线和一台低噪声微波辐射计，用来接收"回声"系列卫星上反射回来的信号。所谓的卫星实际上是一些比较大的金属球，只能反射无线电通信信号。由于卫星上没有放大信号的装置，反射回来的信号十分微弱，要求地面上的接收设备具有比较高的灵敏度。天线接收面积不大，但接收机比较好。没过几年，有了通信卫星，这台射电望远镜就弃之不用了。彭齐亚斯和威尔逊如获至宝，获准用它来进行射电天文研究。他们决定利用它进行射电天文学中属于基础性的观测实验：要对一批射电源进行精确的测量，以作为射电源观测的标准参考源。这一观测研究很重要，但不属于前沿性的课题。谁也不会想到，这一研究会与诺贝尔物理学奖挂上钩。

1963年，他们开始用这台射电望远镜进行射电源的观测。要准确地测量出射电源的流量密度很不容易。必须弄清楚望远镜系统噪声的来源，还需要把地面噪声、天空背景噪声和地球大气噪声分别测量出来。1964年5月他们发现一种持续不断的噪声信号，称之为剩余噪声。无论天线指向什么方向，也不管是哪一天的观测，这个剩余噪声总是存在，既无周日变化，也无季节性变化。这

图 10-5　发现宇宙微波背景辐射的喇叭天线

使他们十分烦恼。因为不把原因找出来，就无法进行射电源的绝对测量。他们用了近一年的时间查找原因，确认"多余的噪声温度"是来自宇宙空间中的一种辐射，但是不知道它们究竟是什么。

正在寻找宇宙背景辐射的迪克听到消息后，立即带着同事拜访彭齐亚斯和威尔逊。迪克告诉他们，"多余的噪声温度"就是意义重大的宇宙微波背景辐射。双方商定同时在《天体物理杂志》上发表自己研究结果。一篇是迪克小组的理论文章"宇宙黑体辐射"，另一篇是彭齐亚斯和威尔逊题为"在4080兆赫上额外天线温度的测量"的实验报告。就是这篇仅600字的实验报告，被认为是继1929年哈勃发现宇宙膨胀之后的天体物理上的又一重大发现，是对宇宙大爆炸理论的有力支持。微波背景辐射是天文学史上意外发现的典型例子之一。1978年瑞典皇家科学院把诺贝尔奖授予彭齐亚斯和威尔逊。

### 3. 皮布尔斯创建物理宇宙学，获得2019年 诺贝尔物理学奖

皮布尔斯无缘发现宇宙微波辐射，但是他却由此专心研究微波背景辐射和宇宙学，坚持至今已有55年，成为当今最著名的宇宙学理论家。他为宇宙学中几乎所有的现代研究奠定了基础，将一个高度猜测性的领域变成了一门精密的科学，宇宙学也被改称为物理宇宙学。2019年诺贝尔物理学奖的一半授予皮布尔斯教授，以表彰他"在物理宇宙学的理论发现"。

物理宇宙学是天体物理学的分支，它是研究宇宙大尺度结构和宇宙形成及演化等基本问题的学科。

图 10-6 2019 年诺贝尔物理学奖得主皮布尔斯

皮布尔斯是大爆炸宇宙学的忠实信徒，他重新考察和梳理了伽莫夫的热大爆炸理论，对每个过程在物理上都做了严格的推导，发展了一整套理论来描述宇宙的演化过程。他发表了一系列的论文，特别是出版了 3 本著作《物理宇宙学》《宇宙的大尺度结构》《物理宇宙学原理》，已经成为宇宙学领域内的标准参考文献。他在宇宙微波背景辐射、宇宙物质结构形成、暗物质暗能量等方面做出了重大的理论贡献，为宇宙学中几乎所有的现代研究奠定了基础。

关于宇宙中的可见物质、暗物质和暗能量的分布，关于宇宙微波背景辐射应该存在一些各向异性以及关于星系的形成和演化等方面，他都有独特的贡献。彭齐亚斯和威尔逊发现的微波背景辐射是各向同性的，但皮布尔斯的研究表明，宇宙微波背景辐射应该有一些各向异性。这一论断为微波背景辐射的空间探测发出了进军号令，也成为三大卫星空间探测研究的理论指导思想。"宇宙背景探测者"卫星（Cosmic Background Explorer，COBE）的探测重点是微波背景辐射的黑体谱和温度分布的各向异性，旗开得胜。21 世纪上天的 WMAP 和普朗克卫星就是单纯地探测微波背景辐射的各向异性，再创辉煌。

皮布尔斯指出，观测发现微波背景辐射分布只有微小的不均匀性表明宇宙是平坦的。根据平坦宇宙所要求的临界值，我们看到的恒星、星云、星际介质组成的星系和星系团，所有一切的总质量只占临界值的 5%，估计还有 26% 是暗物质，还缺少 69% 的物质。皮布尔斯指出，缺少的 69% 的物质应该是看不见、摸不着的暗能量。

自 1970 年以来，皮布尔斯就被认为是世界上领先的理论宇宙学家之一。目前国际上的宇宙学研究队伍今非昔比，无论是理论研究还是观测研究，兵多将广，皮布尔斯被认为是公共的领袖。

# 宇宙学进入精确研究的时代

2006 年，美国约翰·马瑟（John C. Mather）和乔治·斯穆特（George

Smoot）因宇宙微波背景辐射的研究获得诺贝尔物理
学奖。与彭齐亚斯和威尔逊不同的是，这次不是意
外发现，而是有计划、有目的的观测研究。为了这
个课题他们研制了 3 套先进设备，进行 4 年之久的
空间探测，组织了近 1500 人的研究队伍，历经 32
年的奋斗，终于获得宇宙微波背景辐射的黑体形式
和各向异性的空间分布，将宇宙学推向了更加精确
的研究时代。

### 1．COBE 上天，实现从地面观测到空间探测的 转变

从 1965 年彭齐亚斯和威尔逊发现宇宙微波背景
辐射，到 1978 年获得诺贝尔物理学奖的 13 年期间，
有一批学者加入微波背景辐射的观测研究的队伍，
形成观测研究的高潮。综合起来，主要有两方面的
成果。

第一，对微波背景辐射的频谱特性有了一定的
认识，发现与 3K 温度的黑体谱比较一致。宇宙微波
背景辐射是在 7 厘米波长上发现的。后来其他小组
分别在 3.2 厘米、20.7 厘米上进行观测，测得的温度
在 2.8K 到 3.2K 的范围内。但是，观测频率覆盖比
较窄，缺少毫米波和亚毫米波的观测，只能获得部
分的观测频谱。还有一个缺点就是多家观测，精度
参差不齐。

第二，对微波背景辐射的空间分布有一定的认
识，发现辐射基本上是各向同性的。但是其观测精
度只有 10%。究竟是不是各向同性还不能下结论。

针对以往的观测研究的不足，1974 年美国国

图 10-7　2006 年诺贝尔物理
学奖获得者约翰·马瑟（上）
和乔治·斯穆特（下）

图 10-8 "宇宙背景探测者"卫星

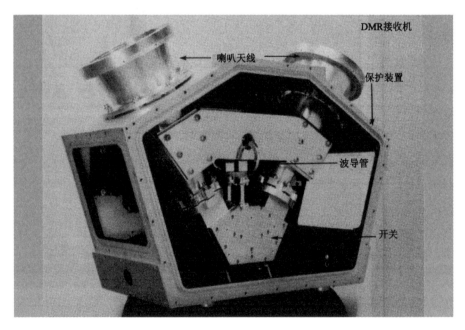

图 10-9 9.6 毫米接收机，用两个指向不同方向的喇叭同时观测不同的两个天区

家航空航天局戈达德空间飞行中心的约翰·马瑟提议研制专用的"宇宙背景探测者"卫星（COBE）。国家航空航天局最初打算用航天飞机将 COBE 送入太空，但因为 1986 年"挑战者号"失事而作罢。后来，他们争取到一枚火箭，于 1989 年 11 月将 COBE 送入太空。马瑟成为这一项目的领导者，并负责该卫星测量频谱的研究。在 COBE 项目中，还有一位主要人物是加利福尼亚大学伯克利研究中心的乔治·斯穆特，主要负责测量微波背景辐射微小的温度波动。

### 2．COBE 携带的三台仪器，各司其职

COBE 上携带了三台仪器，第一台在毫米波波段，名叫较差微波辐射计，由波长分别为 3.3 毫米、5.7 毫米和 9.6 毫米的辐射计组成。每个波段的辐射计都有一对天线，为了测量两个不同天区的温度差，以探测宇宙微波背景辐射的各向异性。它又和远红外频谱仪一起精确测量宇宙微波背景辐射，给出其频谱中最重要的一段频谱。

第二台在远红外波段，称为远红外频谱仪，实际上是在属于毫米波和亚毫

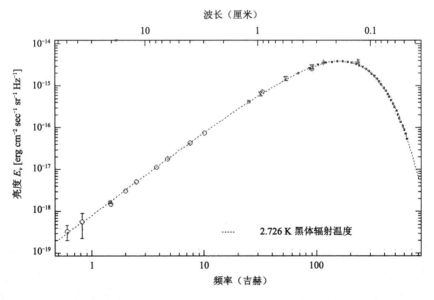

图 10-10　宇宙微波背景辐射频谱与温度为 2.726K 的黑体辐射频谱的比较，
其中远红外频谱仪获得的 0.1 ～ 5.0 毫米波段的频谱精度最高

米波波段的 0.1 ～ 5.0 毫米范围。其任务是观测宇宙微波背景辐射的频谱。

第三台在红外波段，称为红外背景探测器，在 1.25 ～ 240 微米范围。其任务是观测宇宙红外背景辐射和前景天体的红外辐射。

### 3．微波背景辐射黑体谱的精确测量

自 1989 年 COBE 发射上天后，它所携带的三台观测设备进行了为期 4 年的观测，所积累的观测资料太多了，仅其中一台设备较差微波辐射计就有 6 组，每组拥有 630 亿个数据。这里只能将最主要的研究成果介绍给大家。

宇宙微波背景辐射黑体谱的精确测量成为"宇宙背景探测者"卫星最激动人心的结果。这次卫星携带的较差微波辐射计和远红外频谱仪的波段覆盖是9.6 毫米～ 0.1 毫米，正好补充了地面观测所缺少的波段。

1994 年，以马瑟为首的作者群发表了宇宙微波背景辐射频谱的结果，如图 10-10 所示，在峰值及其附近的频谱就是远红外频谱仪观测的结果，而且观测值与黑体辐射谱的符合程度令人吃惊，简直就是一模一样，拟合结果给出宇宙微波背景辐射的温度是 2.726K，精度达到 0.03%。其他部分则是较差微波辐射计和其他研究组的观测结果。至此，我们可以说宇宙微波背景辐射与黑体谱非常吻合，它是我们能够看到的宇宙中最古老的辐射。

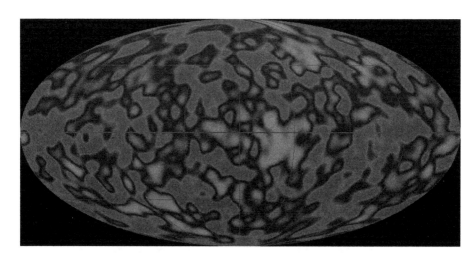

图 10-11　较差微波辐射计的 2 年资料得到的宇宙微波背景辐射各向异性图像

### 4. "宇宙早期图像"的再现

1992 年 4 月，斯穆特激动地宣布，他们已经发现宇宙微波背景辐射各向异性现象的存在。在一个 1 亿光年大小的天区内发现宇宙微波背景辐射温度冷热不均的变化。其变化幅度仅有百万分之六。温度的变化代表了早期宇宙物质密度的扰动。观测到的起伏是在宇宙早期某个特定的时期，即在辐射和物质分离之前的那个时期。这微弱的温度起伏是由引力起伏造成的，也就是由物质密度的不均匀造成的。密度偏离均匀状态导致产生当今宇宙中的某些结构。图 10-11 是 2 年观测资料分析得到的结果，不同颜色代表不同的温度，显示各向异性的温度差别，也代表着早期宇宙密度分布，存在密度比较高和比较低的区域。这些"化石"般的遗迹是物质变成恒星和星系之前的记录。

现代天文学的观测给出宇宙大尺度结构，如图 10-12 所示，被称为宇宙长城。上图是新发现的"斯隆长城"，下图是 1989 年发现的"盖勒—休希拉长城"。扇形的顶点是银河系，每一点代表一个星系。可以看到星系聚集成团，星系团又呈某种丝带状的分布，被国际学者称为"长城"，有一些区域很空，被称为"空洞"。

很可能当今观测到的宇宙大尺度与宇宙微波背景辐射的精细微结构有关。这将是科学家们进一步研究的课题。

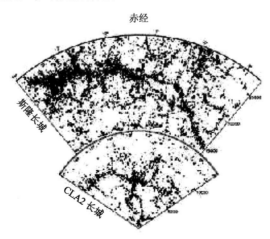

图 10-12 宇宙长城：由星系组成的"长城"和没有星系的"空洞"。
上图是新发现的"斯隆长城"，下图是 1989 年发现的"盖勒—休希拉长城"

### 5. 偶极各向异性和银河系的微波辐射

在研究宇宙微波背景辐射的各向异性及频谱特性时，必须小心地分析各种可能的干扰和影响。1969 年到 1971 年期间发现了"偶极各向异性"现象，这一现象并不是宇宙微波背景辐射的各向异性，而是源于一种多普勒效应。这是因为地球与太阳系一起绕银河系中心运行，所以宇宙微波背景辐射在地球运动方向显示出比相反方向要热 0.1%。如图 10-13 的上图就是观测到的宇宙微波背景辐射的偶极各向异性，下图是银河系的微波辐射，包括银河系中尘埃、热气体、运动的带电粒子发出的微波辐射。很显然，偶极各向异性和银

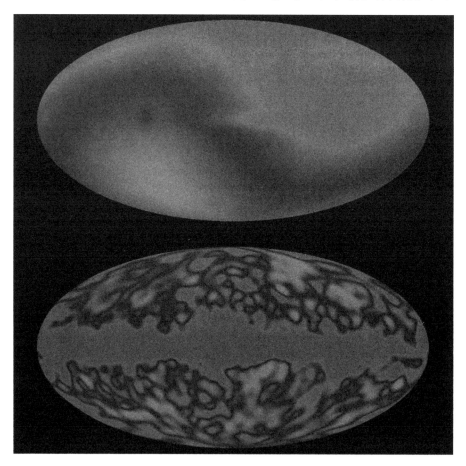

图 10-13　COBE 卫星获得的宇宙微波背景辐射的偶极各向异性现象（上图）和
银河系微波辐射图（下图），彩图见文前图 26

图 10-14　宇宙微波各向异性探测器，上端是两面背靠背的抛物面天线

河系的微波辐射都不是宇宙微波背景辐射，但却混杂在观测到的微波背景辐射之中，必须把这两种辐射剔除掉。图 10-11 给出的宇宙微波背景辐射各向异性图像已经去掉了这两方面的影响。

## 宇宙微波背景辐射各向异性探测的新发展

彭齐亚斯和威尔逊发现的微波背景辐射，由于观测精度不够，得出各向同性的结果。COBE 观测发现了微波背景辐射空间分布的各向异性，但是因为观测的空间分辨率低，只能说明比较大的尺度上的差异，并不能给出中小尺度上的分布情况。因此，一项更精确的宇宙微波各向异性探测器（MAP）问世了，负责研制的人是普林斯顿大学的物理学教授威尔金森（David Wilkinson）。他是宇宙微波背景辐射研究先驱之一，也是 COBE 的设计者。2002 年 9 月，威尔金森不幸因病去世，美国国家航空航天局将卫星改名为威尔金森宇宙微波各向异性探测器（WMAP），以纪念威尔金森的贡献。2009 年 5 月普朗克卫星上天，更加精确地测量了微波背景辐射各向异性，获得了更精确的结果。

### 1. WMAP 上天大大提高了宇宙微波背景测量的精度

WMAP 的设计是针对 COBE 的缺点和不足而进行改良的。COBE 的角分辨率只为 7 度，只能给出大尺度的各向异性的情况。为了提高角分辨率，WMAP 采用一对背靠背的抛物面天线，口径 1.4×1.6 米，分别指向两个相距 140 度的天区。WMAP 的观测给出了微波背景辐射全天的最高分辨率的精细结构图，比 COBE 卫星的观测提高了 30 多倍。为了提高灵敏度，接收机采用制冷的高灵敏放大器。接收机有 5 个分离的波段，分别是 1.36 厘米、1 厘米、7.5 毫米、5 毫米和 3.3 毫米，进行同时观测。观测所接收到的

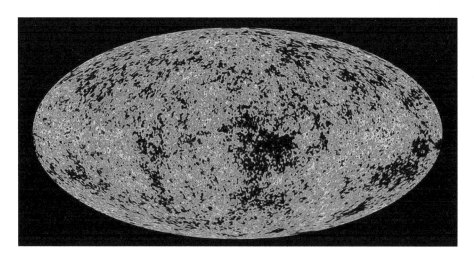

图 10-15　WMAP 观测获得的微波背景辐射的分布，有明显但很小的起伏，空间分辨率很高

辐射不仅是微波背景辐射，还把每个方向上的星系（如银河系）的辐射也接收下来。所选择的 5 个观测波段上，前景辐射比较小。为了提高灵敏度，把 WMAP 安置在第二拉格朗日点上。这个点很特殊，并不是空间的一个固定点，它在太阳和地球的连线上，在距地球的外侧 150 万千米的地方，总是随地球一起绕太阳运动，轨道周期与地球一样。卫星安置在这个点上，可以保持背向太阳和地球的方位进行观测。整个观测平台处在可展开的遮护板的阴影之中，避免太阳光的照射，使仪器设备的环境温度保持低温。遮护板的另一个功能是提供太阳能。每天可以扫描 30% 的天空，每 6 个月可以观测全天一次。WMAP 卫星经过 9 年的运转，完成了所有的探测任务，已经停止工作。

WMAP 在宇宙学参量的测量上准确可靠，远远超过早先的测量，得出的主要结果是：宇宙年龄是 137 亿岁；宇宙的组成是可观测的物质 4%、未知的暗物质 22% 和暗能量 74%；哈勃常数为 70（千米 / 秒）/ 百万秒差距。

还有一个重要结果是支持美国物理学家古思（Alan Guth）提出的"宇宙暴胀模型"。古思的理论比宇宙大爆炸理论还新奇，认为在宇宙大爆炸后的万亿分之一秒内，经历了一次急速膨胀过程。精确地说，在大爆炸后 $10^{-35}$ 秒到 $10^{-32}$ 秒期间，宇宙在 $10^{-33}$ 秒极短的时间内以超光速暴胀，宇宙尺度一下子就暴胀了几十个数量级，而温度则相应下降了几十个数量级。由于宇宙暴胀，原来那么一点小小的宇宙顿时就获得极大的扩张，把原来不太平直的宇宙拉平了。所以"宇宙暴胀模型"要求宇宙是平直的。WMAP 的观测证实了这一点。

## 2. 探测微波背景辐射各向异性的"普朗克"卫星

"普朗克"卫星又叫"普朗克巡天者"，是欧洲航天局为更精确探测宇宙微波背景辐射各向异性而设计的空间探测器。以著名的物理学家普朗克的名字命名，微波背景辐射的谱严格地遵从普朗克给出的公式。"普朗克"卫星于 2009 年 5 月发射上天，以弥补 WMAP 的不足。它的灵敏度和分辨率都比 WMAP 要高。在频段 30 ～ 100GHz 的运行温度为 20K，频段 100 ～ 857GHz 的运行温度为 0.1K。分辨率为 5 角分，而 COBE 的角分辨率为 7 度，WMAP 的角分辨率为 13 角分。"普朗克"的视野十分广阔，对宇宙进行多次全景"扫描"。

到 2011 年完成了所有的观测任务。观测数据非常多，用了整整两年的时间才处理完毕。与 WMAP 的观测结果基本一致，但更精确了。暗物质的比例变为 26.8%，比 WMAP 的 22% 多了 4.8 个百分点。暗能量变少了一些，占 68.3%。哈勃常数为 67.3（千米/秒）/百万秒差距，也小了一些。

# 宇宙在加速膨胀

宇宙在膨胀，那么宇宙的未来究竟会变成什么样子？很多人认为，由于引力的作用，膨胀的速度会降下来，甚至会停止以至到某个时候变为收缩。然而，2011 年诺贝尔物理学奖的获奖项目的研究结果却认为，宇宙不仅在膨胀，还在加速膨胀之中。宇宙的尺度将越来越大，星系间的距离将越来越遥远，总有一天我们无法再看到其他星系。加速膨胀将意味着宇宙越来越冷，宇宙将变成冰冷的世界。

## 1. 宇宙未来什么样？

自从哈勃证明宇宙在膨胀的结论被公认之后，几十年来，天文学家一直在研究宇宙未来的演变。至少有两种可能性：一是永远膨胀下去，称为开放宇宙；二是膨胀到一定程度后收缩，称为封闭宇宙。

宇宙中有数以百亿计的星系，每个星系依靠引力吸引而形成一个天体集团，由几十到几千个星系组成的星系团也是由引力而形成的。各个星系之间或星系团之间的距离特别大，相互之间的引力已是十分微弱。彼此之间不会有足够大的吸引力以保持彼此之间的距离不变，速度比它快的远离它，速度比它慢的也相对地远离它。因此，从任何一个星系上看其他星系，都在远离自己。

星系之间引力不大，它虽不能阻止膨胀，但是将会使膨胀的速率越来越慢。如果最终膨胀的速率变为零，宇宙将停止膨胀。整个宇宙将在自己的引力作用下开始收缩，就像星云收缩为恒星的过程一样，宇宙在经过几百亿年后又变为大爆炸前的状况。这就是一些科学家提出的振荡宇宙，它是一个封闭的、有边界的宇宙。振荡宇宙是否成立取决于宇宙的平均密度，只有密度大于临界密度才会成立，否则宇宙将一直单调地膨胀下去，成为开放宇宙。有一个表征宇宙膨胀加速度的参数叫减速因子，它可以通过哈勃关系图来求得，但是很难测准确，各家的测量结果也不一样。

### 2．宇宙加速膨胀的发现

1978 年彭齐亚斯和威尔逊因发现宇宙微波背景辐射获得诺贝尔物理学奖，2006 年约翰·马瑟和乔治·斯穆特又因宇宙微波背景辐射的研究获得诺贝尔物理学奖。所有这些都属于宇宙学方面的研究。2011 年的诺贝尔物理学奖又一次授予在宇宙学的研究方面做出成就的三位天文学家：美国的萨尔·波尔马特（Saul Perlmutter）、美国/澳大利亚的布莱恩·施密特（Brian P. Schmidt）和美国的亚当·里斯（Adam G. Riess）。

他们的研究课题基本一致，但却分属两个不同团队。52 岁的波尔马特是美国加州大学伯克利分校"超新星宇宙学研究"项目的负责人。44 岁的施密特则是澳大利亚国立大学启动的"高红移超新星搜寻小组"的负责人。41 岁的里斯是美国约翰斯·霍普金斯大学的天文学教授，是施密特研究小组的主要成员。两个项目的题目稍有不同，其实际研究内容大体相同，都是要寻找遥远的 Ia 型超新星，把 Ia 型

图 10-16 2011 年度诺贝尔物理学奖获得者波尔马特（上）、施密特（中）和里斯（下）

超新星当作探测宇宙奥秘的"敲门砖"。因此两个团队在寻找遥远空间中的 Ia 型超新星展开了竞赛。为什么 Ia 型超新星能作为探测宇宙奥秘的"敲门砖"呢？

超新星爆发是宇宙中最壮观、最激烈的天体物理现象之一。由于前身星的质量不同，每个超新星爆发所释放的能量差别很大。唯独 Ia 型超新星不同，它们的前身星是白矮星。引起爆发的原因是处在双星系统中的白矮星因为吸积伴星吹过来的物质，超过了钱德拉塞卡质量上限后发生爆炸。这个质量上限是 1.4 个太阳质量。因此这类超新星爆发时的质量几乎相同，爆发时的最大光度几乎是一样的。因此，看起来亮一些的，距离就近一些。看起来暗一些的，距离就远一些。观测 Ia 型超新星的视亮度就可以确定它们的距离。

超新星非常亮，但是遥远处的超新星也只是微弱的一个光点，寻找它们很困难。如何寻找超新星？超新星是一种突然发生的现象，我们不知道什么时候会在什么地方发生。但是，每年在各个星系中总会发生一些超新星。经常地彻查整个天空，必然会找到一些超新星。通常是在某一天区小范围，相隔 3 星期左右拍摄两张照片。比较两张照片就可能从中发现两张照片细微的不同，如果能在后一张照片中找到前一张中所没有的小光点，很可能就是一个超新星爆发了。这个细致的比较工作可以由计算机去完成。

1998 年 1 月，两个小组几乎同时公布了 Ia 型超新星观测结果。1988 年开始的"超新星宇宙学"项目组有 42 颗超新星数据，1994 年启动的"高红移超新星"研究组发现的数目少一些，只有 16 颗，但每颗的测量误差要小一些。他们发现远处的 Ia 型超新星的视亮度比预期要暗 25%，也就是比预期的距离更为遥远，意味着宇宙正在加速膨胀。这两个团队的成员都不敢相信这个结果。他们是抱着寻找宇宙膨胀减速的观测证据的目的而开展研究工作的，却不料得到了相反的结果。他们都以为是搞错了。经历了几个月的挣扎，反复检查、思考才开始相信他们自己的研究结果。他们一致的结论是宇宙正在加速膨胀。这个结果当即轰动世界。

## 3. 暗能量推动宇宙加速膨胀

在哈勃发现宇宙膨胀和伽莫夫提出宇宙大爆炸理论以后，大家都认为宇宙膨胀的原因是这次宇宙大爆炸的冲力导致的。根据牛顿万有引力定律，宇宙大爆炸所产生的冲力在引力的作用和牵制下，膨胀的速度会减慢。

2001 年发射上天的 WMAP 的观测结果给出了宇宙物质的分布。其中暗能量占了 74%。暗能量具有斥力的作用，就像恒星中起斥力作用的辐射压力一样。而可见物质和不可见的暗物质则具有引力的作用。宇宙如何演化取决于究竟是引力大还是斥力大。宇宙加速膨胀观测证据的发现，表明暗能量在起着推波助澜的作用。

第十一讲

# 地外生命和文明的探索

人们热衷的地外生命和文明的探索是从传说和幻想中起步的。迷离神奇的科幻小说和科幻电影更为人类对外太空进行探索提供了无限热情和勇气。探索的愿望是那么的强烈，技术却需要一个发展的过程。现代科技的熊熊烈焰终于点燃了人类的理性之灯。探索地外生命和文明社会促进了空间探测技术和天文观测方法的发展，还促使了一门崭新的天体生物学的诞生和发展。这门新兴学科已经吸引了众多学科的学者一起研究，踏上了一条科学理论与科学实践相并行的征程。

## 太阳系地外生命大搜索

20 世纪 50 年代发展起来的空间技术，为探测太阳系天体上的生命现象提供了有力的工具和方法。宇宙飞船和空间探测器对行星、矮行星、行星的卫星以及一些小行星和彗星进行了空间探测。其中对月球、火星、金星、土星和木星的探测尤为仔细，反复进行。空间探测成果辉煌，可是在太阳系中的地外生命这个人们最为关心的课题方面，却总是让人失望。太阳系中地球是唯一的生命的家园，这就是事实和科学的结论。

### 1. 太阳系里的宜居区域和冰冻线

空间探测结果表明，地球是太阳系中唯一的一个生命乐园。科学家由此推出两个科学概念：行星系统的宜居区域和冰冻线。在太阳系中适宜生物居住的

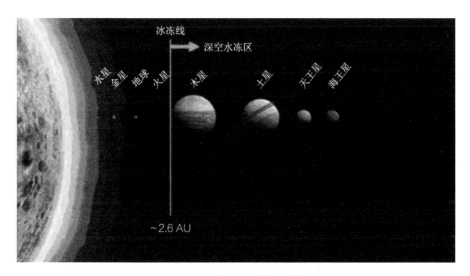

图 11-1　太阳系天体和冰冻线

区域就在地球所在的一个很小的区域，也即 1 个天文单位附近的区域。而冰冻线则在离太阳 2.6 个天文单位处，也就是木星以及木星以外的区域都处于冰冻状态。"万里冰封"使得木星、土星、天王星、海王星等大小天体都属于不适宜居住的地方。

### 2．冰冻线以内天体的空间探测

在太阳系中寻找生命，首先聚焦在月球上。1957 年，第一颗人造卫星上天以后，很快就开始了探月的科学活动。1969 年 7 月 21 日起，带着人类几千年的月亮情结，阿姆斯特朗等 12 位宇航员陆续登上月球表面。他们看到的是一个万籁俱寂、一片荒凉、没有水也没有空气的死寂的世界。没有传说中的宫殿和桂树，更没有嫦娥和玉兔，连一棵草、一只昆虫也没有。这是一个没有生命的地方。

紧接着，科学家把探索生命的目标锁定在地球的近邻：金星和火星。金星的个头与地球差不多，而且也有稠密的大气层，曾被认为是地球的孪生妹妹。人们曾经幻想它是浩瀚宇宙荒漠中的另一片"生命绿洲"。然而，空间探测发现，其表面极度干旱，温度更是高达 465℃～ 485℃，而且时时处处都是这样

图 11-2　一片荒凉的火星表面

的高温，如此极端恶劣的条件，早已将金星变成了"千山鸟飞绝，万径人踪灭"的不毛之地和生命禁区了。

　　火星更像地球，其大小、质量、自转周期、公转周期等各个方面都与地球非常相似。人们早就猜想火星上会有生命存在，甚至火星人开凿了运河，发射了两个卫星。从 20 世纪的 1964 年到 21 世纪的今天，对火星的空间探测从来没有停止过，或发射宇宙飞船绕火星飞行，或把火星车送到火星表面进行实地考察和采样实验。探测结果告诉我们，火星表面的环境是极其严酷的，没有发现任何生命活动的痕迹与证据。

　　水星因离太阳太近，一面炽热如火，另一面却冷若冰霜，生命无法生存。这是人们估计到的，没有奢求能在水星上发现生命的迹象。然而，科学家们还是发射了专门探测水星的飞船"信使号"，出乎意料地发现水星极地有生命必需的水。当然仅此一个条件并不能创造适宜生物居住的环境。

　　金星和火星过去可能不是现在这样，可能曾经有生命存在，后来金星变热了，热得生命无法容忍，火星冷下去了，冷得生命无法生存。

### 3．对冰冻线以外的天体的探测

在冰冻线以外的木星、土星、天王星、海王星，以及冥王星等众多的天体，用"冷酷"拒绝了一切生命。可是，科学家们却发现木星的卫星木卫二和土星的卫星土卫六情况特殊，被作为可能存在生命的卫星加以相当仔细地考察。

空间探测发现木卫二"欧罗巴"有不少情况有利于生命的存在，如有由氧原子组成的稀薄大气层，在表面厚厚的冰层的下面有一个拥有比地球海水还多的海洋，像地球一样具有磁场，而且磁场北极的位置频繁移动。还有巨大的潮汐现象，可提供一种持续不断的能源。有人推测，木卫二的冰层下面可能已经升温，为生物的生存创造了条件，也可能正在发生着地球上早期发生的产生生命的过程。水是生命的源泉，有人甚至猜想，木卫二上已经有了初级的生命。

图 11-3　"惠更斯"登陆土卫六（艺术画）

科学家们对土卫六的探测更是别具匠心。土卫六是太阳系中唯一有浓厚大气层的卫星，至少有 400 千米厚，密度比地球大气层还要高很多。稠密的大气使地球上的大型望远镜无法观测它的表面。土卫六离太阳很远，表面温度一定很低，并不适宜生命的形成、生存和发展。但是，天文学家仍然希望能在探测过程中发现有关生命的蛛丝马迹。

1997 年发射的土星探测器"卡西尼号"于 2004 年 7 月 1 日进入环绕土星运行的轨道，进行为期 13 年的观测。其间多次对土卫六进行了近距离的探测。还把一个取名为"惠更斯"的探测器送到土卫六表面，对它的大气层和表面进行深入的探测。探测发现土卫六的北极和南极地区存在若干充满甲烷或乙烷液态物质的湖泊，并测到土卫六南极表面特定高度的大气中存在甲烷液滴，形成了土卫六特有的零星雾层。这一发现可能说明土卫六也像地球一样存在着活跃的"水文循环"，只不过这个循环的主角不是水，而是碳氢化合物。"惠更斯"在土卫六大气中探测到苯以及众多复杂的碳氢化合物。碳氢化合物是生物分子的关键成分，甲烷又与生命活动有关，加上土卫六地面气压仅比地球的大气压高 1.5 倍，因此推测，这里可能有低级生命形成。图 11-3 是"惠更斯"探测器经过土卫六大气到其表面探测的艺术想象图。

# 地球是太阳系唯一的生命乐园

空间探测几乎遍及太阳系的各种天体，得出的结论是，地球是太阳系中唯一的生命乐园。大地母亲得天独厚的优越条件抚育了她怀抱中的万物和生灵，也造就了现代人类社会的高度文明。地球上的生命是怎样从无到有，从最低级的单细胞细菌到最高级的智慧的人类？为什么太阳系中，地球是唯一的生命乐园？

## 1．地球上生命现象的发生和发展

我们对地球古代生命的知识几乎都来自对化石的研究，从各个地质年代地层中挖掘出来的生物遗骸或遗迹提供了相当多的信息。地壳是由一层一层的岩石构成的，按地壳的发展历史划分的若干自然阶段，叫作地质年代。由于岩石的年龄可以用放射性物质的半衰期方法测定，因此我们已经知道了地质发展各个阶段的年龄。这一方法在上册第七讲介绍地球年龄时提到过。研究从各个地质层中挖掘出来的动植物遗骸的化石，得到了地球生物发生和发展的线索，并编成生物演化的各个阶段年表。

地球和月球的年龄都已经有 46 亿年了。我们能够清楚地识别的最古老的生物化石是寒武纪的。约开始于 5.7 亿年前，结束于 5.1 亿年前。在寒武纪的化石中，海洋生物很多，没有发现淡水生物和陆地生物的踪迹。发现的三叶虫有好几千种，大小不一，短的一厘米，长的则有一米。三叶虫属海生无脊椎动物，现在这些海底生物已经灭绝。

在寒武纪以前的地质层中，没有找到生物的骨头和甲壳的化石。但在很古老的岩石中找到了早期微小生命的痕迹，即碳的痕迹，它最早可以追溯到 32 亿年前。在地球 46 亿年的历史长河中，经过约 10 亿年的孕育才开始有很简单的单细胞生命出现。再经过 30 亿年的洗礼，才出现三叶虫这样的低级动物。仅仅在最近的几百万年以前，才开始了人类祖先进化为现代人类的进程。

地球上的生物种类繁多，多达几百万种。1859 年英国博物学家达尔文出版《物种起源》一书，提出了生物进化论，正确地回答了这个问题。他认为，生物之间存在着生存竞争，适应环境者生存下来，

图 11-4　三叶虫化石

不适应环境者被淘汰。生物通过遗传、变异和自然选择，从低级到高级，从简单到复杂，种类从少到多。对于达尔文的《物种起源》理论虽然有不同的看法，但最终还是被科学界接受。有了达尔文的理论，我们就不必逐一证明每个物种是怎样起源的。但有一个问题必须回答：地球上的生命是怎样从无生命的物质变为有生命的？为什么在当今地球上，我们看不到由无生命的物质演变为生命的现象？

### 2．原始地球大气和最初生命的形成

我们知道，生命是有机物质组成的，蛋白质是一切生命活动的体现者，没有蛋白质就没有生命。从物质结构来看，无机物和有机物都是由某些分子和原子组成的。构成蛋白质的氨基酸就是由碳、氢、氧、氮、硫等几种常见元素组成的。

地球刚刚诞生时是没有有机物的。如果能够形成生命，自然界中必须要有一个从无机物转变为有机物的机制和过程。有一种看法认为，在地球形成的初期，地球本身没有生命所需的化合物，是彗星和陨石把生命所需的元素和有机分子带到地球上来的。

另一种看法则认为，在地球刚刚形成时的原始大气和现在的大气很不一样，那时具备由无机物演变为有机物的物质和环境条件，生命所需的有机分子是地球上自发地产生的。20 世纪 20 年代，英国生物学家霍尔丹（J. B. S. Haldane）首先提出，原始大气层不是由氮和氧构成，而是氮和二氧化碳组成的。原始大气中没有氧气，大气层中没有臭氧层，因此太阳的紫外线畅通无阻地到达地面，紫外线能促使氮、二氧化碳和水的分子结合成复杂的化合物，这些化合物最终导了了生命。苏联生物学家奥巴林（A. I. Oparin）提出类似的看法，他在《生命的起源》一书中提出，原始地球大气的最大特点是氢气非常丰富，部分氢与碳化合

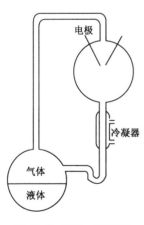

图 11-5　米勒—尤里关于
有机物产生的实验

电极

冷凝器

气体

液体

成为甲烷，部分氢与氮化合为氨，有的则与氧结合成水。奥巴林认为大气中的氨、甲烷和水蒸气开始了生命形成的历程。太阳紫外线辐射的作用使水分子分解，释放出氧，而氧又与氨和甲烷反应产生由氮、二氧化碳和水蒸气组成的大气。然后，藻类的光合作用产生了今天的由氮、氧、水蒸气组成的大气。1950年前后，美国化学家、诺贝尔化学奖得主尤里认为，地球的原始大气应当和现在的木星大气相似，主要成分是甲烷、氨和氢气。但是在太阳系形成初期，太阳驱散了地球的原始大气，后来的大气层来源于地球内部的排气过程，以及经过漫长的地球水体和生物界的协调演化过程。

初期生命的出现需要有稳定的有机分子来源。1950年前后，尤里提出可以由无机物生成有机物的理论。他和他的研究生米勒（S. L. Miller）共同设计了一套实验装置，创造了一个模仿生物出现以前地球上的由无机物变为有机物的化学反应的实验。他们用氨气、甲烷和氢气的混合物代表原始地球大气，用水代表原始海洋，把这些混合的物质装进一个大玻璃瓶中密闭起来，并让这些混合物不断地流动。同时还以强烈的电火花冲击这些混合物达一星期之久。第一天，原来无色的混合物变成了粉红色液体。到一周末，1/6的甲烷已变成了比较复杂的分子，其中有构成生命所必需的甘氨酸和丙氨酸。这个实验被称为米勒—尤里实验。这次实验以后，许多国家的科学家们又进行了多次类似的实验，只是改变了起始物质和能源方式。所有实验的结果都产生了比较复杂的有机分子。这一切是在短短的一星期中发生的，在地球发展的第一个十亿年，有足够的时间进行类似的化学反应。通过这个实验，人们相信，在原始地球上，生命的形成是不可避免的。

### 3. 为什么地球是太阳系中唯一的生命乐园？

地球上一片生机勃勃的景象在太阳系中独一无二。其原因是它的条件得天独厚。具备构造生命的各种元素虽然是首要条件，但仅有这个条件是不够的，地球还具有适宜生命形成、生存和发展的条件。

由于地球与太阳的距离适当，导致地球表面温度不太低也不太高。如果表面的温度低于零摄氏度，细胞中的生命化学反应无法进行。温度超过100摄氏度，细胞无法生存。温度再高，有机物就会土崩瓦解。其他行星表面温度不是太高就是太低，不适宜生物的生存和发展。

地球的质量适当，导致其引力能够维持海洋和大气层。地球大气的主要成分是氮气和氧气，还有少量的氦、氩、氖、二氧化碳、水蒸气等。如果地球的引力不足以维持住它的大气层，地球上的生命也就随之消亡。

水是生命孕育和发展的必要条件，液态水是生命化学反应过程的必要物质，是传送营养、排泄废物的载体。没有水，任何生物都不能生存。地球上的水资源十分丰富，由于地球引力阻止了水蒸气逃离地球，而通过水的蒸发—云彩—降水的循环过程，提供了充足的人类生活和发展所需要的水。

地球同时具备适宜的温度、恰到好处的引力和丰富的液态水三大条件，这是太阳系里其他行星和卫星所不具备的。尽管不少人认为地球最初的生命种子有可能是彗星或者是陨石带来的，但是谁也不会相信这些小天体上会存在生命。

### 4．在地球上的极端恶劣环境中寻找生物

太阳系其他行星和卫星上恶劣的自然环境并没有使科学家完全丧失探索太阳系中生命现象的信心，他们开始在地球上的极端恶劣环境中探索生命现象。地球上有些地方的自然环境是极端恶劣的，如智利最干燥的阿塔卡马沙漠、特立尼达和多巴哥的沥青湖、南极洲的千年冰架、几千米的海洋深处、几万米的高空等。直到 30 多年前，人们都认为在这些环境极端恶劣的地方是不可能有生命存在的。

现在，这些环境极端恶劣的地方已经成为地外生物学家进行生物学研究的宝地，新发现接踵而至。在格陵兰冰川下 3 千米处发现迄今为止体积最小的微生物；在深海火山口发现能够承受高压和高温的细菌；在阿塔卡马沙漠的土壤中发现能够经受住寒冷、真空、干旱和辐射考验的强悍细菌；在红海附近的盐滩发现耐盐的细菌；在美国加州金矿毒液中发现耐酸细菌；在南非矿井中发现能够从周围岩石和空气中获取所需的营养物质的微生物；在特立尼达和多巴哥的沥青湖的液体中发现每克含有 100 万～1000 万个不同种类的微生物。

除了微生物外，科学家们的探测还发现比较高级的生物。2010 年初，美国

图 11-6 海底热液喷口附近的管虫
（美国商务部国家海洋和大气管理局 图）

国家航空航天局的科学家在南极洲 180 米深的冰原深处用水下摄像机记录到一种虾状生物和一只水母。海洋深处有一些地方会喷出非常热的海水，水温在 110 至 350 摄氏度之间，周围环境的水温接近或等于冰点，没有一丝光线，压力极高。科学家在热液喷口的基部发现了成群的生机勃勃的有机生物群，其中有管虫、蠕虫、蛤类、贻贝类，还有蟹类、水母、藤壶等特殊的生物群落。

科学家还发现，地球上的微生物到了几近真空、充满宇宙射线的月球表面还能继续生存。1969 年降落在月球上的"阿波罗 12 号"太空船，收回了两年半前无人探测船"观察家 3 号"留在月球上的相机，发现其底部所携带的地球上的微生物"缓症链球菌"仍然存活。

在地球上极端恶劣的条件下发现生命，令人惊奇。火星、木卫二、土卫六等太阳系天体的环境莫过于此，有理由期望在其他行星和卫星上也能发现类似的生命现象。

## 太阳系外生命存在可能性的讨论

在太阳系中，人类是孤单的。不过，太阳系仅是银河系汪洋大海中的一叶扁舟，而银河系也仅仅是宇宙中的一个小岛。在银河系以及河外星系中，是否有生命存在？是否有智慧生命和文明社会存在？这些问题一直在探讨和摸索之中。

**1．类太阳恒星有多少？**

银河系中有约 2000 亿颗恒星，是不是每个恒星都有行星系统？是不是每个恒星的行星系统中都会有一颗与地球相当的适合生命生存发展的行星？

回答是否定的。恒星分为单星和聚星两大类。聚星包括双星、三星，以及更多恒星组成的天体系统。太阳系是单恒星系统，所有天体受太阳控制，因此行星、矮行星等的轨道十分稳定，温度等不会发生剧烈的变化，有利于生物的生存。聚星系统中的行星，由于受多个恒星的影响，轨道多半不稳定，自然条件也就捉摸不定了。

从地球上的生命发生、发展的过程来看，从孕育生命到发展成文明社会需要几十亿年的时间。如果太阳是一颗短命的恒星，譬如说一颗 10 个太阳质量的恒星，其寿命只有 3000 多万年。还没有等到行星上的生命萌芽，恒星就寿终正寝了。因此天文学家认为，质量比较大的恒星，在它的行星上不可能孕育出生命来。

恒星按光谱型分为 M、K、G、F、A、B、O 几类，太阳属于 G 类，图 11-7 给出另外几类的光谱情况，可以看出差别。天文学家认为，只有 F、G、K 型单星，才可能有适合生物生存的行星，它们的质量在 1 个太阳质量附近，寿命都比较长。由于 F、G、K 型单星的情况与太阳相近，因此统称类太阳恒星。在银

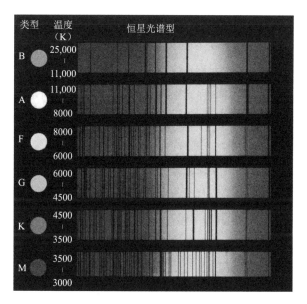

图 11-7　恒星光谱型（彩图见文前图 27）

河系中，大约有 5% 的恒星属于类太阳恒星。

M 型恒星的质量比太阳质量小很多，寿命将更长，但是太暗。为了获取像地球一样多的能量，行星必须离主星很近，这样就容易使行星的自转周期与公转周期逐渐接近，导致行星总是以一面对着恒星，就像月球始终以一面对着地球一样，这必然导致一面太热，另一面太冷。不适宜生命的孕育和成长。

只有在类似太阳大小的恒星的多行星系统中，才能找到适宜生命存在的类地行星。智慧生命和文明社会存在的条件更为苛刻。年轻的"类地行星"不会有文明社会存在，老年"类地行星"也可能因为类似"恐龙灭绝"的灾难出现而导致文明社会的毁灭。即使地球上的文明社会一直顺利地存在下去，大约 50 多亿年以后，当太阳演化为红巨星的时候，地球上的文明社会将可能遭到毁灭，那时的人类能不能迁移到其他适合智慧生物生存发展的"类地行星"上去，谁也回答不了。

## 2．宇宙中的有机分子

分子谱线已经在第六讲中介绍过，这里再就与生命有关的某些有机分子进一步加以讨论。生物进化研究表明，高级生物是由低级生物进化而来的。生命物质是由无生命物质转化而来的。星际分子的发现给宇宙生命起源提供了重要的依据和启发。自20世纪60年代以来，射电天文学家发现的星际分子共100多种，构成地球生物的基本元素在宇宙空间的各个方向都有。星际分子大多数由氢、氧、碳、氮、硫、硅6种元素组成。而前4种元素则是组成地球生命单元细胞的蛋白质和DNA的最基本的元素。在宇宙空间，构成生命的基本物质到处可见。但并不等于说，就一定能孕育出生命。

只有第二代恒星的行星系统上才存在孕育生命的可能性。恒星内部的核反应能够合成较重元素。但第一代恒星的行星仅有氢和氦，没有形成生命所必需的较重的元素。恒星经过超新星爆发把它产生的较重元素抛到太空，爆炸的过程中又产生了更重的元素，也一并注入到星云和星际物质里。由这些星云和星际物质形成的第二代恒星及其行星上，就有了合成生命的必备元素了。

### 3．两种针锋相对的观点

长期以来，关于地外生命是否存在的问题一直争论不休。一种看法认为，地球上的生命是独一无二的。生命在地球上的发展是一系列偶然事件的综合结果。偶然事件发生的机会本就很少，要碰上一系列的偶然事件，就几乎不可能发生了。生命对环境的苛刻要求，以及生命结构的极端复杂性和脆弱性等情况，都会使生命难以产生、容易夭折或者灭绝。地球史上曾发生近30次大规模的灾难，如导致恐龙灭绝这样后果的大灾难就有4次。他们认为，宇宙或者银河系再出现第二个地球一样的智慧生命是不可能的。

大多数天文学家认为，银河系大约有2000亿颗恒星，类地行星肯定不少。尽管出现生命的机会很少，但是宇宙中的恒星数目太多，以非常小的机会来计算，那也会有一些能适合生命诞生、生存和发展的行星存在。1961年，美国天文学家弗兰克·德雷克（Frank Drake）提出一个简单的公式来估计银河系中究竟有多少拥有文明社会的星球，被称为德雷克公式，其表达式为

$$N = R_s \times f_p \times n \times f_1 \times f_2 \times f_3 \times L$$

$N$为银河系中拥有文明社会的星球数；$R_s$为银河系中恒星的诞生率；$f_p$为有行星系统的恒星概率；$n$为恒星中适合生命居住的行星平均数目；$f_1$为可居住生

命的行星并出现生命的行星的概率；$f_2$ 为有生命的行星系统中出现智慧生命的概率；$f_3$ 为有智慧生命的行星系统中有能力进行星际通信能力的概率；$L$ 为文明社会存在的寿命。

图 11-8　SETI 研究先驱者之一的美国天文学家弗兰克·德雷克

这个公式引起天文学家的兴趣和关注，人们对出现在公式中的各个因素是赞同的，但如何估计它们的数值却难取得一致。乐观地估计，银河系中有智慧生命并有能力进行星际通信能力的行星系统可能有千万个，比较保守的估计也有 10 万个左右。

# 四

## 搜寻地外文明社会的努力

一些天文学家坚信，人类绝不是宇宙中唯一的智慧生物。人们对外星人的殷切期待可以从风靡一时的"飞碟"热潮看出，这种曾被认为是外星人造访地球的"飞碟"，一次又一次地轰动世界。现在，科学家们已经把"飞碟"请下了神坛，并认真考虑如何探索地外文明的存在。国际宇航科学院成立了"搜寻地外智慧生命"的专门委员会（SETI），把搜寻地外智慧生命有关的各种活动纳入了科学的轨道。

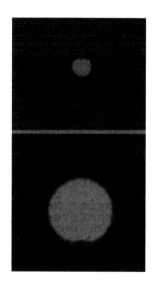

图 11-9　2002 年 6 月 30 日晚我国拍摄到的"不明飞行物"照片

### 1．"飞碟"是外星人造访地球的飞船吗？

在 20 世纪最能引起公众关注的天文问题是"飞碟"，被席卷进来的狂热公众数以亿计。有不少人把飞碟看成为外星人乘坐的宇宙飞船。这一猜想被当时新闻媒体炒作，传遍全世界。后来"飞碟"改名为"不明飞行物"，执迷者仍然把它们当作外星人来访的证据。研究飞碟的官方和民间机构纷纷成立，出版刊物、召开会议以及组织联合研究。

1977年美国曾进行了一次有关飞碟的民意测验，大约有1500万人说他们看到过飞碟。我国也有很多人关注飞碟，2002年更是形成高潮。这年7月全国各地许多媒体不约而同地报道：6月30日晚10点半左右，一个神秘的发光体变换着各种姿态掠过江苏、河南、陕西、四川、重庆等地的天空。目击者所描述的发光体外形、大小、持续时间、飞行方式非常相似。这个"不明飞行物"光临了从东到西的大半个中国。

研究表明，许多不明飞行物为气象气球、陨星、行星以及飞机着陆时的指示灯，或者某些气象现象。有些飞碟现象是由电离了的空气所形成的明亮的等离子体组成，它们是电晕放电造成的。所以称其为"不明飞行物"已经不恰当了，而应是"不明发光现象"。有些耸人听闻的关于飞碟的报道则是有意编造出来的骗局。

## 2．"奥兹玛"计划

1959年，美国康奈尔大学天文学家莫里森（Philip Morrison）和柯康尼（Guiseppe Cocconi）在英国《自然》杂志发表了一篇论文，提出搜寻地外文明的具体建议。几乎是同时，在美国国立射电天文台工作的德雷克已经开始筹备他的搜寻地外文明的"奥兹玛"计划，得到了热烈的响应。他们的计划很相似，都认为可以利用射电望远镜在1420兆赫频率上搜寻地外文明发出的电报。他们设想，银河系中存在一些与地球上的文明程度差不多的社会，也像我们人类一样很愿意与宇宙人联系。由于那里的无线电通信已很发达，因此会用电报的形式把他们的消息和愿望告诉其他地方的智慧生物。

奥兹玛是童话《绿野仙踪》故事中的公主，她住在十分遥远的名叫奥兹的地方。取名"奥兹玛"，就是要寻找遥远地方的文明世界。德雷克的研究小组利用美国格林班克25米口径射电望远镜对准距离地球10.8光年的波江座$\varepsilon$星和距离地球11.8光年的鲸鱼座$\gamma$星，累计监测达200小时，但没有检测到外星人发

来的任何信号。接着，在 1972 年到 1975 年把射电望远镜对准地球附近的 650
多个恒星进行了监测，还是一无所获。考虑到所使用的射电望远镜口径比较小，
他们改用世界上口径最大的美国阿雷西博 305 米巨型雷达射电望远镜，对 100
光年以内的 800 ～ 1000 颗类太阳恒星进行监测，结果还是一无所获。

　　天文学家并不灰心，准备建造灵敏度更高的射电望远镜。当时美国天文学
家提出的"星系际距离的星际通信相位阵"计划最为先进。这个阵由 1000 面百
米量级直径的天线组成，分布在几十千米的范围内，观测波段为 18 厘米至 21
厘米波长范围。这个雄心勃勃的计划需要的经费高达 60 亿美元，终因美国政府
未能给予资助而不得不搁置起来。当今，世界各国为广泛的天文研究目的正在
建造规模宏大的射电望远镜，探索地外文明也是他们的研究课题之一，如我国
2016 年建成的世界口径最大的贵州 500 米口径射电望远镜。

### 3．拜访太阳系外文明社会

　　由于距离的遥远、生命的有限和飞船的速度及燃料等原因，人类不可能亲
自到太阳系外去寻找智能生物。然而，不载人的飞船是可以离开太阳系到广阔

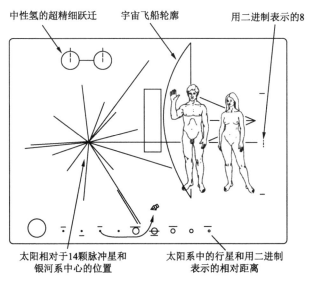

图 11-10 "先驱者号"飞船携带的表征人类文明的图形

无限的宇宙空间去的。或许它能被宇宙人所截获，那么他们就可以知道地球人类的存在了。20世纪70年代美国发射的"先驱者"10号、11号和"旅行者"1号、2号探测器，就富有想象力地作了这样的安排。

"先驱者"10号和11号探测器各携带一封内容相同的、向宇宙人致意的信件。信写在特殊处理过的铝板上，几亿年也不会变形和变质。既然外星人是高等智能生物，必然会有天文学的研究，对银河系中发出射电脉冲辐射的脉冲星是熟悉的。在这封信中，给出太阳系的图解和地球上一对男女的裸体图形；标上地球与14个脉冲星的相对位置，使外星人知道我们所居住的星球的位置；用二进制表示的14个脉冲星的脉冲周期，以及"先驱者"飞离地球的时间。

在"旅行者"1号和2号的"身上"，带着可以播放两个小时的关于"地球之音"的唱片。这种唱片是用喷金的铜制成的，经久不坏。唱片装在一个特制的铝盒中。铝盒用钛质的螺钉固定在探测器上。唱片录着地球上有典型意义的信息，包括116张图片、35种地球自然音响、27种世界名曲。这些信息包括太阳系概况及在银河系中的位置；地球的化学成分和地球上的江河湖海、沙漠、山脉、花鸟鱼虫和飞禽走兽；脱氧核糖核酸、染色体和人体图像；各国风土人情、科学和文明的成就，例如火箭、飞机、火车、纽约的联合国大厦、旧金山的金门桥、印度的泰姬陵和中国的长城。还录有近60种语言的问候词，包括我国广东话、厦门话和客家话等；成人的笑声、婴儿的哭声和动物的叫声；惊涛骇浪、狂风暴雨和火山爆发的轰鸣声；火车、飞机、火箭发动的巨响；还有一颗脉冲星产生的周期性宇宙噪声等。

科学家们也曾应用无线电技术向宇宙空间发送介绍地球上人类文明的电波信号。1974年，用阿雷西博305米射电望远镜向武仙座M13球状星团发射信息。电报是用二进制的系列脉冲写的。宇宙语言只能是数学语言，不管处在何种阶段的高等智能生物都会有数的概念。这份电报是要告诉"武仙座"的智能生物，关于太阳系，氢、碳、氮、氧、磷五种重要元素，人类生命、人体形状和高度、地球上的人口等。这份电报以每秒10个字的速度发出，它以光速传播，到达目的地要2.4万年，如果真的收到后立即给我们回电，地球人要在4.8万年以后才能收到。

# 搜寻太阳系外的行星

天文学家寻找太阳系外的行星系统是近几十年的事。当今，已成为重大的天文课题。其直接原因是受寻找"地外文明"的驱使，太阳系中搜寻地外生命的努力遭到挫折后，天文学家把重点转到寻找太阳系外的行星系统。发现太阳系外的类地行星是重中之重，由于地球的体积和质量都太小，搜寻异常困难。直到专门用来发现系外行星的开普勒空间望远镜发射上天，才突破性地发现了很多类地行星。1995 年马约尔和奎洛兹发现首颗主序星的行星飞马座 51b 成为标志性的事件，他们俩为此获得 2019 年诺贝尔物理学奖。

## 1．寻找太阳系外行星的起航

20 世纪 50 年代就有天文学家开始探索太阳系外的行星系统了。最初的摸索是创造性的，也是值得我们回味和总结的。

很显然，在太阳系附近寻找类太阳恒星及其行星系统比较容易，也便于今后更细致地观测，甚至进行空间探测和星际航行。最先的搜寻是在太阳系周围 17 光年以内范围展开的。在 1950 年代至 1960 年代，天文学家利用已有的观测资料仔细分析了 49 颗恒星的位置及其变化情况，来推测是否有行星系统的存在。如果某颗恒星有一颗行星，则行星的引力会令恒星围绕它们的质量中心运行。1963 年曾根据巴纳德星自行运动存在一些扰动的观测资料推论可能有一颗与木星大小的行星，后来又被否认。类似的声称发现又被否认的例子不下 10 例。问题不是他们所用的方法不对，而是所用的望远镜的观测精度不高所致。

人们始料未及的是，发现太阳系的行星系统最先成功的例子属于射电脉冲星的观测研究。1992 年沃斯赞和弗雷尔两位天文学家发现，毫秒脉冲星 PSR 1257+12 有三颗行星，行星 A 离脉冲星最近，平均距离为 0.19 天文单位，质量约为月球的两倍，公转周期为 25.262 天。行星 B 的平均距离为 0.36 天文单位，质量为地球的 4.3 倍，公转周期为 66.5419 天。行星 C 的平均距离为 0.46 天文单位，质量为地球 3.9 倍，公转周期为 98.2114 天。行星 B 和 C 是类地行星，但是它们是在超新星爆发后由脉冲星的伴星的碎裂而形成的，不可能有生命存在。发现毫秒脉冲星行星系统的方法可以称之为"晃动法"。中子星的自转十分稳定，因此脉冲周期非常稳定，但也有很小的起伏，这种起伏称为周期噪声。脉冲星如果有行星系统的话，它们将使脉冲星产生"晃动"，导致周期也发生非常微小的"晃动"。一般情况下，这种"晃动"比周期噪声小，我们不可能检测出来。毫秒脉冲星是一个特殊的品种，它们的自转极端稳定，周期噪声非常小，因此行星系统引起的周期"晃动"超过周期噪声，也就有可能被检测出来了。

### 2．发现首颗主序星的行星"飞马座51b"

1995 年瑞士天文学家米歇尔·马约尔（Michel Mayor）和迪迪埃·奎洛兹（Didier Queloz）发现的系外行星"飞马座51b"宣告了系外行星探索时代的到来。马约尔于 1971 年获得瑞士日内瓦大学天文学博士学位，后来成为瑞士日内瓦大学天文学教授。奎洛兹是马约尔教授的博士研究生。1995 年，师生两人一起发现了飞马座 51b 这颗太阳系外的行星。

那时的马约尔一直醉心于褐矮星的搜索。褐矮星被认为是"失败的恒星"，质量为木星的 20 ～ 70 倍，表面温度不会超过 3000℃。由于褐矮星"又冷又小"，很难被光学望远镜观测到，这个难题与搜索太阳系外行星的困难是相同的。他们是在搜索褐矮星的过程中偶然发现飞马座 51 的行星的。采用的方法是径向速度法。由于行星的存在，恒星也在绕恒星—行星系统的质量中心绕转，有时朝向观测者，有时远离观测者。因此观测到的恒星谱线的波长会发生周期性的变化，波长的变化反映恒星运行速度的变化，故称为径向速度法。

飞马座 51 是一颗类似太阳的恒星，距离约为 47.9 光年。它的行星飞马座 51b 公转周期为 4.2 天，距离恒星很近，约 700 万千米，质量约木星的一半，称为热木星。他们的发现曾受到责难，认为这颗行星离母恒星太近，有关的行星形成理论都不能解释。幸运的是，他们及时得到天文学家杰弗里·马西（Geoffrey Marcy）与保罗·巴特勒（Paul Butler）的支持。他们早在两年前就开始研究系外行星，当得知马约尔发现系外行星消息后立即把望远镜对准飞马座

图 11-11　2019 年诺贝尔物理学奖得主米歇尔·马约尔和
迪迪埃·奎洛兹

51，很快就证实了这一发现。马西和巴特勒让天文学家从反对、犹疑、承认到
欢呼仅仅用了几天的时间，这个贡献也是很大的。

2019 年米歇尔·马约尔和迪迪埃·奎洛兹因为发现飞马座 51 的行星而荣获
该年度的诺贝尔物理学奖。由他们开创的寻找系外行星的研究到 2019 年已经取
得巨大的进步和辉煌的成果。

### 3．直接拍摄系外行星的图像

长期以来，天文学家期望能拍摄到太阳系外行星的图像，以获得直接的证
据。由于行星只是反射其母星的光，其体积远比母星小，在可见光波段行星比
它的母星要暗 100 亿倍。但是，有些比较年轻的行星的红外辐射比较强，而它
们的母星的红外辐射又相对弱一些，所以行星与母星的红外辐射强度之比就不
像可见光波段那么悬殊。这意味着应用大型红外望远镜有可能直接拍摄到系外
行星的图像。

2004 年 4 月，天文学家应用在智利的欧南台 8.2 米口径甚大望远镜进行搜
寻，拍摄到长蛇座中一颗年龄为 800 万年的棕矮星 2M1207 的行星图像，取名
为 2M1207 b。它仅比这颗母星暗 100 倍，质量为木星的 8 倍。

2008 年，美国天文学家利用夏威夷的直径为 10 米的凯克望远镜和直径为 8
米的双子座北望远镜进行观测，在红外波段拍摄到 3 颗系外行星的图像。这 3 颗
气态行星环绕一颗距离地球约 130 光年的恒星 HR8799 运行。它的行星 b、c 和 d

的质量分别为木星的 7、10 和 10 倍，轨道周期分别为 460 年、190 年和 100 年。

天文学家至今发现的太阳系外的行星中，绝大多数是间接测量。就好像我们到丛林中去找大象，从听到某种声音、看到某种足迹或被撞倒的树来判断大象的存在。图 11-12 才是直接看到了"大象"。当然，还看不清楚它们的面容。

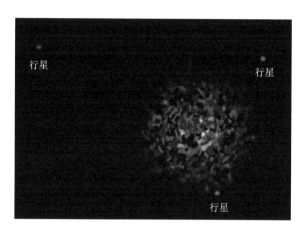

图 11-12　天文学家首次拍摄到恒星 HR8799 的 3 颗行星的红外光照片

# 空间望远镜搜索太阳系外行星

空间望远镜的观测具有地面望远镜所不具备的优越性，对太阳系外行星的搜寻来说也是这样。哈勃空间望远镜和斯皮策红外空间望远镜强大的观测能力，发现了不少系外行星，特别可贵的是能够探知行星的温度和化学成分。在搜寻发现系外行星方面，专用卫星能力更加强大。2006 年发射上天的柯洛特（COROT）卫星和 2009 年发射上天的开普勒空间望远镜发现一大批系外行星，硕果累累。

## 1．美国哈勃空间望远镜和斯皮策红外空间望远镜发现系外行星

2006 年，美国天文学家应用哈勃空间望远镜，采用"凌星法"发现了 16 颗太阳系外行星，全是类木行星。凌星法就是指利用行星从母星前面经过时对母

星的遮挡所导致的恒星光度的变化来发现行星。根据光变曲线可以推算出行星的遮挡面积，估计出行星的大小。这个方法对比较大的行星敏感，因为它们能遮挡的光线比较多一些。

"哈勃"最先获得系外行星北落师门 b 的图像。这是人类发现的第一颗可见光直接观测到的系外行星，也是自海王星被发现之后第一个有影像的行星。北落师门是一颗在我国古籍《晋书·天文志》有记载的恒星，作为南鱼座的主星（南鱼座 α 星），视星等 1.16 等，全天第 18 亮星。这颗非常年轻的白色主序星，距离约为 25 光年。它的行星北落师门 b 被称为"僵尸行星"，其原因是自 2008 年发现以来一直被视为一个尘云，2012 年才根据新的观测发现证明它的行星身份。后来又查到"哈勃"在 2004 年和 2006 年两次直接拍摄下的图像，证明确实是在围绕母星运行。北落师门 b 质量约为木星的 3 倍，与母星的距离是 115 天文单位，轨道周期长达 876 个地球年。

2009 年前后，"哈勃"陆续探测到系外行星 HD 189733b 的大气层中存在二氧化碳、水蒸气和甲烷，这一突破性发现为寻找地外生命"生物化学示踪剂"迈出了重要的一步。这颗行星大小与木星相当，温度较高，可能不适合生命存在。

斯皮策红外空间望远镜的性能可以与哈勃空间望远镜媲美。最初 5 年，"斯皮策"携带的"冷却剂"使观测设备处于低温条件下工作，灵敏度非常高，具有很强的发现系外行星的能力。2004 年发现系外行星巨蟹 55e，半径只有地球的两倍多，质量相当于 7.8 个地球的质量，密度比水大得多，是一颗岩石行星。它到母恒星的距离比水星和太阳的距离还近 26 倍，轨道周期小于 18 小时，是已知系外行星中公转周期最短的。巨蟹 55 系统内已经发现五颗行星，巨蟹 55e 是最靠里的一颗，由于太靠近母恒星，其表面温度至少有 1760℃，生命无法生存。巨蟹 55 距离地球只有 40 光年，足够近，也足够亮，肉眼在清澈的夜晚就可以观测到。

"斯皮策"还发现不少大质量气态行星，属于热类木星。它再次观测"哈勃"探测过的 HD 189733b，发现新的特征。这颗行星所发出的光主要在红外波段，"斯皮策"探测到它的温度和化学组成，以及这颗行星表面温度随着其经度的变化，查明 HD 189733b 朝向恒星一侧的温度为 927℃，而背向恒星一侧的温度为 649℃。

威力强大的哈勃空间望远镜和斯皮策红外空间望远镜的观测研究课题十分广泛，观测任务特别繁重，不可能投入很多时间搜寻系外行星，专门搜寻系外行星的空间探测器应运而生。

### 2．法国系外行星探测卫星柯洛特（COROT）

由法国主持和推动的欧洲 COROT 卫星于 2006 年 12 月上天。这是人类发射的首颗专门用于搜寻太阳系外行星的卫星，载有一台 30 厘米口径天文望远镜和两台照相机。最暗能观测 13 等星，将对大约 12 万颗恒星进行观测和研究，采用"凌星法"寻找系外行星。具有足够的灵敏度以发现体积仅为地球 1.5 倍大小的、岩石质类地行星星体，还能得到行星与母恒星的距离。此外，它还可以探测由恒星内部震波导致的恒星亮度变化，从而帮助天文学家精确计算恒星的质量、年龄和化学构成。

2007 年 COROT 最先发现的几个系外行星属于热木星类型，取名 COROT-1b、COROT-2a 和 COROT-2b。其中 COROT-2a 离母星非常近，只有 420 万千米，不足太阳和地球距离的 3%。全年处于恒星强大 X 射线辐射的控制之下，导致该

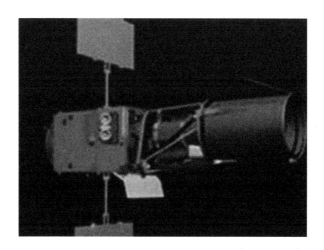

图 11-13　探测系外行星的 COROT 卫星

行星每秒失去大约 500 万吨物质，是一个不折不扣的死亡星球。COROT-3b 是一颗被欧洲航天局宣布为属于褐矮星和行星之间的状态的星体。3 年后，测得其质量小于 25 个木星质量，归属于行星。2008 年发现 COROT-4b 和 COROT-5b 具有木星般的大小。

2009 年发现的 COROT-7b 很有名，是当时发现的最小的系外行星，只有地球半径的 1.58 倍。后来，借助欧南台的"高精度径向速度行星搜索器"（HARPS）的光谱仪观测数据，才知道其质量是地球的 5 倍多，其密度和地球密度接近，可能是一颗岩石行星。轨道周期为 20 小时，十分靠近其母星，平均距离仅 250 万千米，只有地球到太阳距离的 1/60。非常炎热，堪称一个地狱。

2010 年发现 COROT-9b。2010 年还发现 6 个系外行星和 1 个褐矮星，这 6 个行星都是木星般的大小。2011 年又发现 10 个系外行星，发现的系外行星数目逐年增加，候选者更多，约 600 个。COROT-9b 很有名气，观测给出的信息比较丰富。它在巨蛇座，距离约为 1500 光年。行星距母恒星 0.36 天文单位，轨道椭率为 0.11。它环绕恒星运行一周相当于 95 个地球日，这比之前所发现的任何凌星行星至少长 10 倍。这颗行星由氢和氦构成，还可能包含 20 多种地球上存在的较重元素。岩石和水可能处于高压环境中。总体而言，它非常像太阳系的木星和土星。

### 3. 开普勒空间望远镜

以著名天文学家开普勒命名的太空望远镜搜索

图 11-14　开普勒空间望远镜

系外行星的能力远远超过以往的观测设备。它携带的相机拥有 9500 万像素的 CCD，其有效光圈达到 95 厘米。2009 年发射上天，选择了绕太阳运行的方式，处在日地空间的第二个拉格朗日点上。"开普勒"随着地球一起绕太阳运行，一直保持背向太阳的方位进行观测，从而可以有效避免太阳光直接照射，保持仪器设备的环境温度很低，这是红外天文观测求之不得的条件。"开普勒"的灵敏度达到了空前的高度。

由于灵敏度非常高，有能力采用"凌星法"来发现比地球还小的行星。地球这样大小的行星从母星前面经过所造成的亮度变化，相当于一只很小的跳蚤飞过汽车大灯时造成的影响。"开普勒"所携带的探测器可以把这种微小的亮度变化检测出来。图 11-15 是观测实例，两个行星从母星前面经过所造成的亮度变化非常明显。

开普勒空间望远镜观测锁定 105 平方度的位于天琴座和天鹅座的区域，将对这个区域中大约几十万个恒星系统展开观测，以寻找类地行星和生命存在的迹象。为什么选定这个区域？一是因为该区域内存在比较多的恒星及附属行星；二是这个区域远离黄道面，可以避开太阳光的干扰。

### 4．"开普勒"辉煌的探测成果

2009 年上天的开普勒空间望远镜，已经观测了 50 多万颗恒星，确认了 2662 颗系外行星。其中最引人入胜的是发现与太阳系相同的八大行星系统。就

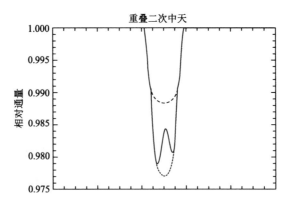

图 11-15 两个行星从母星前面经过所造成的亮度变化的光变曲线的观测实例

2011 年 2 月发布的 1200 个行星系统候选体的数据来说，有 115 个双行星系统、45 个 3 行星系统、8 个 4 行星系统、1 个 5 行星系统和 1 个 6 行星系统。有 68 颗的体积与地球相当，288 颗的体积比地球大，称超地球行星。有 662 颗的体积与海王星相当，185 颗与木星的大小差不多。还有 19 颗行星比木星大很多。天文学家根据开普勒空间望远镜的发现，估计银河系中至少有 170 亿颗体积与地球相当的系外行星。美国国家航空航天局和欧洲空间局正在分别研制"类地行星搜索者"和"达尔文"探测器，它们的探测任务是分析类地行星的大气光谱，观察是否存在氧气、水汽等能够支撑生命的物质。

开普勒空间望远镜探测系外行星成果丰富，无法一一列举，下面仅简要介绍示例。

（1）开普勒 -90 行星系统

开普勒 -90 是一个拥有八大行星的系统，简直是太阳系的翻版。母恒星是一颗与太阳相同的黄矮星，质量约为太阳的 1.13 倍，半径约为太阳的 1.2 倍，表面温度略比太阳表面温度高，而金属含量则比太阳低数倍。八颗行星距离母星都很近，有三颗大小与地球类似，个头最小的开普勒 -90i 只比地球大 30% 左右，围绕恒星公转一周仅需 14.4 天，其表面温度则高达 426 摄氏度。有三颗大小与海王星相似，剩下的两个与土星和木星大小差不多。

（2）开普勒 -11 行星系统

开普勒 -11 行星系统的母星是一颗黄矮星，离我们 2000 光年。环绕它的 6 颗行星的体积都大于地球，最大体积相当于天王星和海王星。距离恒星最近轨道的行星是开普勒 -11b，是地球至太阳距离的十分之一。其他 5 颗行星与恒星之间的距离小于金星的轨道距离。这 6 颗行星之间的距离非常近。最外的一颗行星的轨道周期为 118 天，其余 5 颗行星的轨道周期仅在 10 ～ 47 天之间。构成行星的主要物质是岩石，还有气体和水。观测到 3 颗行星同时凌星的现象，堪称一绝，如图 11-16 所示。

（3）开普勒 -20f 和开普勒 -20c

开普勒 -20f 和开普勒 -20c 酷似地球（见图 11-17）。它们的直径分别是地球的 1.03 倍和 0.87 倍，就好像是地球的"孪生兄弟"，都是岩石行星，主要成

图 11-16　开普勒 -11 的多颗行星凌星的景象

分是铁和硅酸盐类矿物质。其母星是类太阳恒星，距离地球约 945 光年。不过，公转周期太短，分别为 9 天和 16 天。太靠近母星，表面温度分别达到 426℃和 726℃，对于生命来说实在是太热了，都不可能有液态水存在，当然不属于宜居的行星。让天文学家空喜欢一场。

（4）开普勒 -22b

要说宜居，开普勒 -22b 可称为最优秀的候选者。它的母星是一颗比太阳稍暗、稍冷一些的恒星，位于天鹅座内，离我们 600 光年，直径是地球的 2.4 倍，公转周期是 290 个地球日，是已发现的太阳系外行星中最接近地球公转周期的了。初步分析表明，开普勒 -22b 是一颗温度适宜的行星，可能有海洋和降水过程。

（5）最小行星"开普勒 -37b"

目前探测到的系外行星中，最小的非行星开普勒 -37b 莫属。其母星与太阳类似，有 3 颗行星，它是最小的，体积略大于月球，大约是水星的 80%，这是首次发现体积小于太阳系中任何行星的"系外行星"。它的轨道周期非常短,仅13 个地球日就绕其母恒星转一周,离母星很近,表面温度超过 400℃,没有水和空气,当然也就不会有生命存在。

（6）开普勒 -452b

这颗行星的直径比地球大 60%,绕着一颗与太阳非常相似的恒星运行,公转周期为 385 天,与地球的公转周期相近。位于温度条件适宜、理论上可能保有液态水的恒星系统宜居带。曾被美国国家航空航天局形容为地球的"孪生兄弟"。有人猜测是一颗岩石行星,也有人认为不是岩石星球。很多细节都不清楚,还不能说是另一个地球。

图 11-17 系外行星开普勒 -20f 和开普勒 -20e 与地球和金星尺度对比

# 读者园地

虽然本书是第一次出版，但它是在十多年教学实践的基础上不断改进的成果。千余名学生选修现代天文学是因为向往星空，他们写出感情凝重的学习心得是因为热爱星空。这些学生以不同的切入点谈论星空，注重天文与人文、天文与美学的结合。同学们写学习心得是一种学习，一种提高，成为教学中重要的一环。我们很欣赏同学们写的心得体会，其独特的构思、恰当的切入点、高尚的情操和丰富的感情，还有流畅优美的文笔，使我们爱不释手。我们选择了 6 篇同学的作品作为本书的附录推荐给读者。

# 永恒的守候——月球对地球的自白

北京大学国际关系学院 庄发琦（2006级）

我是谁？从哪儿来？将到哪儿去？

这一切都不得而知，我只知道，那是一段长长的梦魇。但从我再一次睁开双眼的那一刻起，他就一直默默无语地存在于我的视线里。我们彼此相隔着384,400千米的距离，长度大约是绕着他赤道转9.6圈。彼此蹒跚学步的时光中我俩互相陪伴，直到有了各自的轨道，尽管我27天多一些的生活周期重复得无比单调，尽管我的理想和他的365天的使命比较起来是那么地悬殊。但体积比我大上将近49倍，重量比我大80倍的他，也从没有看不起我小鸟依人般的孱弱。在我眼中，他是比那遥不可及的太阳更加值得追随的存在。

对于我来说一切都那样的模糊不清。那飘渺的星云曾经是我的襁褓，那弥漫的尘埃与我有着相同的基因。或许我们原本素未相识，各自流荡在茫茫的宇宙之中，穿越千年只为遇见你。或许我们前世五百次的回眸才换来今生的偶然相遇，我无意间被他的智慧与灵动所深深吸引，便让我不舍离开而依依相恋。或许我们都曾被同一个星云所孕育，从诞生之日起就注定相伴相随。我们有着共同的母亲，有着相近的血统，以至于有着相互守护的责任。或许我曾经是他身体的一部分，正如那个伊甸园那个浪漫的传说。上帝在创造出亚当后，生怕他孤单寂寞，便从其身上取出一根肋骨造出了夏娃。我因他而生，从他身体中分离出来，也就将注定不离不弃地追随他一生。或许我们曾经连为一体，不分你我。一个偶然的机会遭受到严重的撞击，巨大的外力将你我分开。于是我们便一分为二，永远相隔着这 384,400 千米的距离。但只因有你在茫茫宇宙中相互为伴，才不会感到寂寞与孤单。

我更愿意相信，我们曾经是一体的。若不然，为何我体内有着和他相同的元素？为何他与我一样度过了 46 亿年的光阴？每当我看到他身上那个明显的伤痕，我就更加确定自己的想法：我们曾经是一体的。潮汐是我俩之间的感应，每当时涨时落的海水涌起，都使我在这茫茫无际的夜空中感受到他的心潮澎湃。

不可否认，跟他比起来，我的外表可是逊色得太多了。都说"女为悦己者容"，但是，既没有大气做外衣，又没有磁场作阳伞，大量来自太阳风的氢离子和紫外线日复一日年复一年地摧残着我脆弱的身体，就这样经历了近 46 亿年。爱美之心，人皆有之，但与一副华而不实的姣好面容比起来，我更愿意坚守在他的身旁，让他蓝色的海洋大衣保持着潮起潮落的花泽。从我身上反射的月光促进了植物幼苗的生长，花朵的润泽，枝叶的繁茂，轻抚阳光直射植物受伤的木质纤维而产生的伤疤，清除死亡组织，使伤口愈合。而为他所做的奉献，往往都因一句"万物生长靠太阳"而被简单而长久地忽视了，但是，对我来说，只要这样能让老实木讷的他有着充满生机勃勃的欢乐，默默无闻又有何妨。

太阳系并不是一个平静无扰的安身之地，行星际空间的尘粒和固体块算是最常见的不速之客了。对于这些骚扰，他有着厚厚的大气层作保护抵御着，尘粒和固体因为大气的阻挡在夜空中划出一道道光痕，因此而获得了一个动人的名字——流星。但我却没有那么幸运，不仅看不到流星划破夜空短暂的美丽，而且自己那羸弱的身体不得不承受着一次又一次的创伤，光滑无瑕的外表只是我的一个梦，坑坑洼洼才是我真实的表象。我会忘掉身上那时常在 130 度到零下 180 度之间波动的体温带来的不适，尽可能替他分担来自太空的骚扰。在我的表面布满了大大小小的撞击伤痕。我知道我只能把自己最好的一面对着他，一直对着他微笑。我不能转过身来，只因不愿让他看见我背后也有众多凹凸不平的伤痕。

我不知道，在一片蔚蓝的外衣下他已经养育出了一个怎么样的世界，我无时无刻地在期待着。几十亿年的沉寂被来自他的使者所打破，自此之后来访便频频不断。我的待客不周和不修边幅并没有让他们太过扫兴，他们对从我身上发现的那六种稀有元素情有独钟，而且还发现了藏在暗处的代表着自己羞涩少女情怀的眼泪。

我一直都觉得，他不是一个普通的星球，他抚育出的生命也证实了这一点。一种更加紧密的联系，正从此产生。不管最后的答案是什么，陪伴着他的将是我永恒的守候——相距着这 384,400 千米，在这可望而不可即的距离……

# 冥王星，你就做一颗勇敢的矮行星吧！

北京大学法学院　师瑾（2005 级）

2006 年 8 月 24 日，北京时间晚上 9 点 20 分，在捷克首都布拉格举行的国际天文学联合会大会上，经过激烈辩论，在太阳系边陲离群索居、性格孤僻的冥王星被降为"矮行星"，从那时起，太阳系家族便只剩下八大行星了。第九大行星没有了，大家心里盼望着的发现第十大行星的美梦也一并破灭了。这次大会成了冥王星的末日审判，冥王星不符合行星的新定义，一颗行星的命运结束了，一个常识性的事情改变了，一颗火热的心被冰封了……

1930 年，在茫茫星海中，我们终于找到了你这颗迟迟不肯露面的天体，此后，你就享有太阳系家庭第九颗行星的光荣桂冠，"九大行星"家喻户晓。但自从那一年开始，天文学家就一直对你说三道四，为了你的血缘问题争论不休。俗话说，无风不起浪。毕竟，你离地球太远了，也是唯一一颗没有任何探测船访问过的星星，留给我们太多的谜。关于你的一切，到现在还处在争议中，没想到这也成了你今日被迫离去的把柄，我们想你也能理解。

你是太阳家族最晚发现的一颗行星，和天王星、海王星的发现相比，你的发现可算得上"好事多磨"。要想在几十万颗星星中找到幼小的你，真好比是大海捞针。你的名字是那么神秘，你一直沉默在无尽的黑暗之中，驻守在太阳系的边陲，一层神秘的面纱一直笼罩着你。

行星委员会定义说："行星必须是在围绕太阳的轨道上运行的天体；行星的质量必须足够大，它自身的重力必须和构成行星物质的表面力平衡并使其形状呈圆球；它应该清空了轨道附近的物质成为运行轨道中唯一的天体。"这击中了你的要害，成为把你降为矮行星的重要理由。

冥王星，你太小了，无论质量还是半径，你都很难与其他八位兄长平起平坐，甚至比我们的月亮还小。

冥王星，你太暗了，在你的世界里，太阳也不再万丈光芒，只剩下你这个孤独的隐士。

冥王星，你太深藏自己的秘密了，你的"档案"上那一系列空白或被打上问号的数据，几乎都充满了不准确性。

冥王星，你太另类了，创造了很多例外，你的轨道与海王星的轨道是交叠的，也不像其他行星轨道基本上与地球轨道位于同一平面中。

70 多年了，太多的未知一直动摇着你那相当不稳定的地位。从被发现的那天起，你便与"争议"二字联系在了一起。也许是因为一个错误，太阳系误将你纳入到了大行星的行列。随着一些柯伊伯带天体的露面，为重新考虑你的地位提供了有力佐证。虽然在你被人们称为行星的 70 多年里，你非常谦虚地默默地游走于太阳系边缘，但是仍然改变不了出局的命运。

在感情上，我们不愿你离开行星的队伍，不能接受你被抛弃出局的命运。无论怎样，当年的九大行星永远在儿时的记忆里。不管你是什么，作为太阳系遥远边界上的一个天体，你的神秘和美丽始终吸引着我们。

亲爱的冥王星，你就做一颗勇敢的矮行星吧！这可能是一个更和睦的家庭，有你朝夕相处的"卡戎"弟弟，有比你大一些的"齐娜"姐姐，还有离你比较远的处于火星和木星之间的"谷神"小弟。我们相信，矮行星这个家庭还会不断扩大。因为有柯伊伯带和火木之间的小行星带这两个大家族作为你们的后盾，其中的矮行星还会陆续现身。你被贬的坏事将会转化为好事，与其在行星家族做一名被人说三道四的成员，倒不如与"齐娜"一起经营好矮行星这个新家。人们已经在关注矮行星和柯伊伯带天体了，"新视野"宇宙飞船将要访问你们这个神秘的家族，为了早一点抵达，曾经得到木星无私的帮助，使得飞船加快了前进的步伐。不要着急，2015 年 7 月就能到达。我们很乐意看到你在新的家庭里过得愉快，过得充实。在每个星光璀璨的晚上，我们依然会枕着你的名字入眠……

# 蓝天骑士
## ——我心中的极光之美

北京大学外国语学院 谢隽（2005 级）

极光一直是我的一个梦，总能让我的想象力在瞬间沸腾。当我望着那些极光的照片时，我的心和身体就好像来到了另外一重天地。在那里，绚烂的光斑在空中爆炸，柔滑的光条在空中升腾，色彩的交响乐奏着激动人心的乐曲，光的巨笔泼洒着惊天动地的篇章。极光的美，尽管只是一个不可触及的梦幻，也已经足以让我魂牵梦绕，不可自拔了。

我是那么渴望见到一次极光，就像童话里渴望见到天光的小人鱼，我希望看到大自然的盛大节日，看到未经人类雕琢的夜光壁画，看到万象皆虚的奇幻世界，但是极光总是选择远离烦嚣的文明城市，在地球两个磁极区域的荒远的角落尽情释放它们的艳丽。"莫非太阳在炫耀皇冠／抑或坚冰在喷射海火／这是冰冷的火焰遮覆环宇／这是黑夜的大地上百日复出"（罗蒙诺索夫《夜思上苍之伟大》）。极光的绚烂面容总在我的脑中盘旋，但它却更像是一段遥远的童年回忆，或是一个未来的梦。

在大学里，由于我从小对天文学的热爱，我毫不犹豫地选择了"现代天文学"这门课。如果说我以前对天文学的了解仅仅建立在凤毛麟角的阅读和天马行空的想象上面，那么"现代天文学"就像是为我打开了一个蕴藏着无尽宇宙奥秘的魔盒：神秘的月球，璀璨的行星，丰富的星系，还有科学家们孜孜不倦的探索……老师生动的讲解更是让短短的课时成了滋味无穷的时光。我常常陷在教科书里对某个天文现象的描述中不能自拔，或是对课堂上放的天文学录像不能忘怀，其实谁能够不为宇宙天体的神秘美丽所吸引呢！但是最令我心动的宇宙现象依然是极光，书中那些精彩美丽的极光插图总是让我忍不住欣赏一遍又一遍：一望无际的雪道旁边，缥缈的光焰像雨雾般蒙在摇曳的林海上，隐隐攒动的树梢在蒸腾的光雾中优雅地群舞，若隐若现仿佛是天光的倒影，美艳的极光在空中组成了一个巨大的漩涡，而闪烁的群星就如滴滴晶莹的水珠……

不仅是极光现象本身的美丽，还有其科学原理的神奇奥秘。这样鬼斧神工的自然现象背后隐藏着严密的天文规律，这本身就不是一个莫大的奇迹！太阳风的粒子源源不断地进入地球的磁尾，每当太阳活动发生剧烈变化，这些带电粒子被加速，从磁尾溢出，经由极区注入地球高层大气，与氧、氮、氩原子碰撞并把它们离子化，从而辐射出不同颜色的光。就像一个潇洒不羁的书法家挥毫泼墨那样，不同颜色的气体在空中自由组合，绿，红，紫，蓝……于是，如一道神奇的快门在瞬间释放，黝黑的林海化作斑驳的剪影；如一匹光亮的幕布在刹那掀开，平静的夜空化作翻腾的舞台。如一束朝日亲吻黑夜里嶙峋的礁石，如一抹月光游走清冷的湖面，如孩童的画布滴着鲜亮的色彩，如魔术师的双手打开光影的宝盒，如奔驰的烈马在草原上划出的千道蹄痕，如英武的骑士在掠过天际时闪烁的剑气。这所有壮丽的景色，所有用尽辞藻难尽其美的画面，都是宇宙规律操纵下的科学现象。如果说极光的美足以带走人类所有的想象力，那么科学的浩大和宇宙的神秘，却是我们永久膜拜和探索的力量了。

我期待能有一天亲眼目睹极光，亲眼看蓝色的天空被宇宙的光芒泼染。

我期待能有一天与蓝天骑士相逢，看他潇洒的步伐跨过森林的边界。

我期待能有一天亲临那"天淡银河垂地"的世界，感受来自太空的奇迹。

我希望人类文明的发展会帮助我们认识更多的宇宙奇观，也希望人类对宇宙的魅力永存一份敬仰之心。

（本文原载于《中国国家天文》2008 年第 5 期）

# 白矮星——燃烧后的永恒

北京外国语大学俄语学院　卢若曦（2007 级）

　　记得初中物理做过一道题，给出《西游记》中的一段描述："两头是两个金箍，中间乃一段乌铁；紧挨箍有镌成的一行字，唤做如意金箍棒，重一万三千五百斤"，要求我们用其中数据计算如意金箍棒的密度。题目不难，可计算出的密度大得惊人。当时老师随口解释，这么大密度的材料在地球上是不存在的，如果金箍棒真的存在，那么它可能取于宇宙中的白矮星，可能是一颗白矮星的残骸。

　　第一次，我接触到"白矮星"这个名词。那时我想："白矮星也许是白色的个头矮小的星星吧，而且偏胖了。"后来在天文馆里看到白矮星的图片，我完全被它的美艳征服了。据说美国科学家通过观察证实，银河系中有一颗白矮星的内核是一块晶体，它有月亮那么大。白矮星是什么？它周围为什么会有飘逸亮丽的迷雾？从此，白矮星这神秘的天体就在我心中占据了一席之地。

　　我没有想到的是，在一所语言学校里居然会开天文通选课。带着对白矮星的好奇，我来到了天文课堂上。原来，白矮星是一种很特殊的天体，是恒星演化到晚期的产物。它的体积很小，但质量却很大，密度极高，亮度低。比如天狼星伴星，直径只比地球大一点，但质量却和太阳差不多！也就是说，它的密度比 50 千克每立方厘米还高。

　　简单概括，当恒星内部的热核反应停止以后，辐射压大大降低，远远不能与引力抗衡，导致恒星坍缩，温度升高，密度加大，而高温使原子核外的电子全部电离成为自由电子，只剩下赤裸裸的原子核。这样，恒星就变得和行星差不多大小了，白矮星也就应运而生。

有人说，白矮星是死亡了的恒星，我却不能苟同。恒星，燃烧自己，让整个星空变得美丽迷人。但恒星并非燃烧殆尽后就逝去了，相反，相对来说成为永恒的白矮星或中子星或黑洞。我想，人生的长度无法由我们控制，但我们是否可以像白矮星那样，让有限的生命拥有无限的密度呢？我们是否可以让自己充分奉献燃烧，而后体味心灵的永恒呢？

不禁想起了发现白矮星质量上限的钱德拉塞卡。他不畏学术权威的封杀，坚信自己理论的正确性，积极向各个领域探索求证；他并不记恨封杀自己的爱丁顿，而是以一颗包容的心，在以后的学术交流中与之建立友好关系；他从不满足于现有的成就，而是豁达地放弃已驾轻就熟的课题，向全新的未知领域进军；他从不服老，63 岁高龄时毅然转换课题，一干就是八年！这就是"钱德拉塞卡风格"。靠着这种执着的精神，钱德拉塞卡，正如他研究的白矮星一样，无私地发出光芒照亮世界，展现给我们他惊人的生命密度。

钱德拉塞卡是否曾从白矮星身上受到过启发？不得而知。不过通过对白矮星的深入了解，我自己的确受益匪浅。在浩瀚的宇宙中，我们是如此渺小，然而有了燃烧自我的热情、不畏艰辛的执着，我们依旧可以探索无垠的太空世界，我们依旧可以让短暂的生命闪烁永恒的光耀！

# 天文——平凡生活的放大镜

北京外国语大学日语系 穆二敏（2005 级）

天文，一个让人遐想让人沉思的世界；天文，一个令无数学者为之痴狂、为之献身的世界；天文，也是一个创造奇迹与等待时间验证的世界。畅游在天文的世界里，我认为我收获的不只是科普知识，也不只是视野的拓展，我还从天文学的进程中懂得了很多人生哲理。这对于现在尚且平凡的我们来说犹如生活的一面放大镜，让我们以后的路走得更坦荡，更惬意。

但凡载入史册的天文学家，必定有其可贵之处。科学的精神，创新的精神，异于常人的毅力，这些都是为人所称道的。但在我看来，一个真正出色的科学家还应该不断地探索自信的含义，走具有自己特色的个性之路。

由此，我不禁想起了利用现代物理学最新观点解释白矮星的钱德拉塞卡，和当时已是著名天文学家、恒星结构理论的奠基人爱丁顿。还是在学博士生的钱德拉塞卡提出的"白矮星质量上限"的研究结果，后来成为恒星演化晚期阶段的重要理论。然而却受到爱丁顿的批判和否定。当年的爱丁顿，已是名满各界，他对于自己所取得的成就以及未来的研究相当自信。也许在他看来尚且年轻的钱德拉塞卡在白矮星的研究方面还不能和他匹敌。因此，他傲慢地批评钱德拉塞卡的相对论性简并"离奇古怪""全盘皆错"，当场把他的论文撕成两半。我认为爱丁顿做出如此举动可以全部归咎于"自信"，归咎于对自己权威的承认。但他却忽视了自己所从事的天文学有太多的东西是在假想中成熟和发展的。在面对新学说时，在新的学说中应用了他不熟悉的领域的理论时，自信的爱丁顿没有到物理学界去寻求答案。他在没有进行透彻的研究论证前就否定了新的天文学理论，扼杀了真理。当时的英国皇家天文学会也一味地相信权威，压制钱德拉塞卡的白矮星质量上限理论，进而推迟了建立在现代物理学基础上的"黑洞理论"的诞生。

当然，我这样说，并不是对爱丁顿个人的蔑视或者全面否定。我只是认为一位学者，当自己取得的成就越高时他就越需要重新审视自我，探索自信的背后自己是否真的具备足够的证据来评论他人。理智与谦虚地承认自己能力的不足也不失权威应有的风范，而且这会得到更多的人认可。

从另一方面，作为被评论者的钱德拉塞卡在面对权威的封杀时，他没有退缩，而是直迎其上，坚持自己的理论。他表现出了异常的自信。当然也正是由于这种自信的支撑，钱德拉塞卡才能冲出重重封锁，走到科学的黎明。

试想，如果当时钱德拉塞卡屈服于权威，轻易相信了爱丁顿的批判，后来的他又会是怎样的一种状况。钱德拉塞卡的"自信"是一种执着，不畏权威、不畏失败的探索。也许在他的理论没有被认可之前他会被认为是"执拗"是"不可救药"，但正是这种狂热的追求才使整个天文界有了耳目一新的可能。

当然，在新的理论没有被充分验证之前，一切都是未知的。等待钱德拉塞卡的也可能是极大的失败。但凡事都应该亲自去尝试，在没有任何证据的时候，我们无权首先否定自己。哪怕自己最终真的错了，失败的经验积累不也会成为我们继续前进的动力吗？从这个角度说，自信是证明自己付出会产生价值的唯一筹码，是贯穿自己一生的力量源泉。

由两位天文大师的自信，我似乎看到了现代社会中无数平凡版的"爱丁顿"和"钱德拉塞卡"。在如今这个众口铄金的社会，彷徨在他人的言论中，轻易地否定自我、放弃自我的人应该大有人在。

要活就要活得有思想，有个性。钱德拉塞卡的一生是独特的，他有自己独一无二的研究风格，这是因为他有自信，相信自己即使在不同的领域里，只要投入超出寻常的时间和精力就定会取得成功。现时代的我们也应该带着自信去追寻自我。一个人必须有自己的思想，并且要对自己有充分的自信。如果太容易就听信他人言论的话，那不是人格的不成熟就是思想的不健全。那样的人不是过分地自信就是过分地自卑。所以，不要在迷茫之中丢掉自己的人生与个性。

天文世界，还有很多的哲理等着我们去透视。平凡生活之中，我们品味着天文，走向成熟的自我。

（本文原载于《中国国家天文》2008 年第 5 期）

# 感性·道德·人文——撼人心灵

## ——学习《现代天文学》心得

北京大学中文系 王耐刚（2005级）

　　说实话，在上"现代天文学"这门课之前，我并不了解天文学，极少的印象来自中学课堂，觉得天文学是一门很高深的学问，需要极好的数学功底和物理学基础。学了"现代天文学"之后，我有更多的体会。天文学极强的理性逻辑思维中透析出极强的感性力量，天文学家的奋斗历程中折射出震撼心灵的道德韵致，天文学的科学精神中散发出意蕴悠长的人文精神。这种感性力量、道德韵致和人文精神，或许才是天文学呈现给所有人（不只是天文学家）的独特风貌，或许才是其经过历史的积淀所展现的历千年而犹远、经万古而长新的丰厚神韵。

　　天文学之感性力量，源自实地的、切身的天文观测。面对苍穹，感其博大与浩渺；目视星汉，体其灿烂与物华。初次通过望远镜体验此种感受是2007年4月25日观测木星之时。由于望远镜口径比较小，只能从整体上感受木星，木星显得很小，但依然可以看到其快速的自转，模糊地看到其赤道南部的"大红斑"。离开望远镜，仰头遥望星空，星汉依然灿烂。天文学之博大精深与之不断的延续发展，在很大程度上得益于天文观测手段和技术的发展。"天空立法者"开普勒的行星运动三定律当然伟大，而其基础却是第谷长达20年的观测；"恒星之父"赫歇尔与他的银河系结构图以及由此带来的天文学的巨大发展和里程碑的意义，而这一切的一切都源自他十年如一日的对十几万颗恒星的观测。天空中的恒星离我们遥远而神秘，但它们却见证了赫茨普龙与罗素的努力——赫罗图的诞生；脉冲星和脉冲双星的发现当然是偶然中的必然，但谁也无法否认其必然中的偶然，而这种偶然则来自于贝尔和赫尔斯在观测中的偶然发现。天文学之理性源于感性之资，感性之资得之于天文观测，此人类认识之一律而天文发展之大道也。感其事而缘其情，面对苍穹星汉，观天象而得自然之理，这正是天文学理性中透析出的感性。而这种感性足以撼人之神而动人之感，震人之心而缘人之情，这正如康德所说"世界上有两件东西能够深深地震撼人们的心灵，一件是我们心中崇高的道德准则，另一件就是我们头顶上灿烂的星空"。

清楚地记得，吴老师授课中曾两次引用了一段相同的文字，请允许我在这里再次引用它："接触到众多的天文学大师，最让我感动的是贝尔女士。这是一个并没有把自己的名字刻入诺贝尔奖得主史册的人，但她的名字被刻入了每一个人的心里。没有谁能否认她在发现脉冲星上的贡献，尽管最后获得诺贝尔奖的只有她的老师休伊什。……我们该问自己，如果与诺贝尔奖如此不公正地错过而不抱怨，甚至站出来替自己的老师打抱不平，你能做到吗？其实每一个致力于科学研究的人都应该这样问自己，看一看自己到底因为什么而献身科学。科学是属于全人类的，我们本不该在意一项成就被署上谁的名字。判断一个人的真正价值并不在于他拥有多少荣誉，而在于他曾放弃过多少荣誉。"

这段文字是数学系 99 级的学长杨光所写的。诚然如其所说，贝尔女士之举确实足以感天地而撼人心。这正是天文学所展现的震撼心灵的道德韵致。众多的天文学家如钱德拉塞卡、泰勒、贝尔等是无愧于天文大师的称号的。正所谓"大音希声，大象无形，道隐无名"（《老子》第四十一章），"淡泊以明志，宁静以致远"（诸葛亮《诫子书》），这些天文学家并不看重荣誉，或许他们的行为是很平常的，但是这平常的表象之下却透析出极为高尚的道德和人格，正所谓人间大德，他们以实际行动告诉世人：美妙的音乐没有声音，最大的形象而无形体，大道幽隐而没有名称，而做人则要淡泊寡欲，要有高尚的道德情操，加强自身修养，平心静气追求远大的理想。前日在作关于王勃的论文时，读《王子安集》的杨炯序，序文中有这样一句："大矣哉，文之时义也。有天文焉，查时以观其变；有人文焉，立言以重其范。"杨炯所言与这些天文学家并没有任何关系，但是从文中我们不难发现，天文是天运行之道，而人文则是人世之理、人之德化，二者有所差异，但却是统一的，而这种统一最好的表现是天文学家的高尚的言行。他们身上有天文学家的理论修养，但其言行又反映出人之大德，这无疑是人文和天文之合一。有感于古人所言，联天文而系之于人文和道德精神，我们在这些人身上看到的是科学与道德、自然与人文的完美结合。

　　其实，对于荣誉，无论或得或失，我们所做的都应该是平静地面对它，和众人分享它，因为它不只属于某一个人，不以得之为喜，不以失之为悲。居里夫人并没有放弃任何荣誉，但她依然伟大，没有一个人敢作出怀疑。原因很简单，居里夫人并没有看重它们，她不耽于形，不逐于利，不持于技，她静静地生活，淡淡地思考，执着地进取，平静地面对一切，直到智慧高地，而享有那份跨越百年的美丽。而失去诺贝尔奖的贝尔女士，面对这种不公正的待遇，她能够为自己的老师打抱不平，固然值得人敬佩，但是贝尔女士的伟大之处，更在于她对天文学的贡献，对于学术进步和人类社会的贡献。所以判断一个人的真正价值当然不在于他拥有多少荣誉，但也不在于他放弃过多少荣誉，而在于他为社会、为人类做了什么，仅此而已。因此，只有跳出荣誉的圈点，科学的精神才得以真正地体现，道德的力量才会得以彰显，这正合于人文之大道，天地之正理。

　　天文学撼人心灵之处，不仅在于它的感性力量和道德韵致，更在于融乎二者而升华之的人文精神，天文学的人文精神是对感性力量和道德韵致等众多因素的超越。天文学的人文力量在于：面对灿烂星汉，欲穷其理，而达于志情，是超越之超越；面对浩渺宇宙，欲感天地之变，而极乎人智，是永恒之永恒；面对无限苍穹，欲明天人之际，而郁郁乎于文，是大道之大道。天文之于人文，或许正是对无穷世界的无穷设想，对智慧高地的智慧超越，对永恒科学的永恒追求。

　　诚如《现代天文学十五讲》一书封面上所写的那样，"灿烂星空，浩瀚宇宙，最神秘，最引人入胜；从古至今，不断探索，最持久，最永无止境"。学习现代天文学，感受其感性观测基础上的深沉的理性思维，感受其科学精神背后的道德力量与人文精神，这是一种享受，一种收获。

（本文原载于《中国国家天文》2008 年第 5 期）

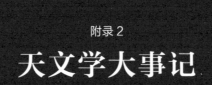

附录 2
# 天文学大事记

**前 2900—前 2230 年**，美索不达米亚（今伊拉克境内）的人们把星空中比较亮的恒星分为星座，并发现了水星、金星、火星、木星和土星。

**前 2686—前 2181 年**，埃及金字塔时代已把赤道附近的恒星等距离地分为 36 组，每组分管 10 天。其历法为一年 360 天，一年分三季。

**前 21 世纪**，世界最早的日食记录。据成书于战国时期的《书经》记载，夏朝仲康王时代，朝廷已设专职天文官，负责观测天象的羲和因酗酒未能报告当时发生的一次日食被处死。

**前 18 世纪**，埃及历法启用一年为 365 天，分为 12 个月，每月 30 天，第 12 个月尾额外加 5 天。

**前 1897—前 1595 年**，古巴比伦王国时期，已将太阳在天空的视运动的路径称为黄道，将黄道分为 12 等分，称为黄道十二宫。

**前 17 世纪—前 11 世纪**，商代将一年分为十二个月，每个月又被分为三旬。已经建立起一套较为完善的天文历法系统。

**前 16 世纪**，古希腊迈锡尼文明时期，已经出现观星象定农时的最原始的历法。那时特别重视观察昴星团。

**前 14 世纪**，中国殷朝甲骨文（河南安阳出土）中有日食和月食的常规记录，以及世界上最早的日珥记事。

**前 11 世纪**，中国古书记录了殷商末年武王伐纣时见到的彗星。

**前 613 年**，中国古书中有大量的彗星记录，自公元前 613 年到清末记录了哈雷彗星的 31 次回归。不过，中国古人没有证认出是颗周期彗星。

**前 5 世纪**，古希腊天文学家欧多克斯提出日月星辰绕地球做同心圆运动的主张。天文学家毕达哥拉斯、巴门尼德都主张大地是球形的，先后提出大同小异的以地球为中心的宇宙图像。

古希腊天文学家菲洛劳斯提出宇宙中央是永不熄灭的"中央火"，地球每天绕它转动一周。太阳和行星在离中央火较远的天球上缓慢地绕中央火转动，而恒星在最外层静止不动。

古希腊天文学家希色达和埃克方图斯提出地球自转的图像，认为恒星不动，地球每天自西向东绕轴自转一周，造成天体东升西落的周日运动。

古希腊天文学家阿那克萨哥拉提出月食的成因，并认为月球因反射太阳光而明亮。

**前 440 年**，古希腊天文学家默冬发现月球的位相以 19 年为周期重复出现在阳历的同一日期。

**前 4 世纪**，古希腊天文学家亚里士多德在《天论》一书中，提出地球中心说。

中国战国中期魏人石申著《天文》八卷，后来称《石氏星经》，记载有 121 颗恒星的坐标位置。这是世界上留存至今的最早的一份全天星表。

**前 380 年**，希腊哲学家柏拉图建立了地心学说。

**前 364 年**，中国甘德用肉眼发现木星有卫星存在，比伽利略用望远镜发现木星卫星要早约 2000 年。

**前 3 世纪**，古希腊天文学家埃拉托色尼第一次用天文观测推算地球的大小。

古希腊天文学家阿里斯塔克提出日心地动说，太阳位于中心不动，水星、金星、地球、火星、木星和土星依次在不同的轨道上绕太阳公转，地球每天自转一周，恒星则在遥远的天球上安然不动。他测算了日地距离为月地距离的 18 ～ 20 倍，太阳的直径是月球的 18 ～ 20 倍，是地球直径的 6.33 ～ 7.17 倍。

**前 2 世纪**，古希腊天文学家喜帕恰斯发现岁差。他开创性地把肉眼可见的恒星分为 6 个星等，最亮的为 1 等，勉强可见的为 6 等。还求得月地距离是 59 ～ 67.3 个地球半径，与当今的测量值 60 个地球半径吻合。

**前 2 世纪**，西汉《史记》中《天官书》是最早详细记载天象的著作。

**前 2 世纪**，古希腊天文学家喜帕恰斯测定了一年的长度，精度达 6.5 分钟。首次估计太阳和月球的距离。

**前 2 世纪**，汉朝采用农事二十四节气。

**前 140 年之前**，《淮南子》中有关于太阳黑子的观测记录。实际上，早在殷商甲骨文中就有太阳黑子的有关记载。

**前 134 年**，汉朝《汉书·天文志》有新星的第一次详细记载。

**前 104 年**，汉朝编造了《太初历》，载有节气、朔望、月食及五星的精确会合周期。

**前 1 世纪**，西汉时落下闳发明浑仪，用以测量天体的赤道坐标。

**前 48 年**，《汉书·天文志》有最早的客星（超新星）记载，2005 年现代天文学家发现它的遗留物脉冲星 PSR J1833-1034 和超新星遗迹 SNRG21.5-0.9。

**前 46 年**，罗马颁行《儒略历》（旧历）。

**前 28 年**，《汉书·五行志》记载被公认为世界上最早的太阳黑子记录，对黑子出现的日期、形状、大小和位置都有详细描述。

**150 年**，希腊天文学家托勒密在《天文学大成》一书中详细论证了地心体系。

**185 年**，《后汉书》记载了一颗"客星"的出现，20 世纪 60 年代发现其遗迹 RCW 86，并证明是属于 Ia 型超新星。

**330 年前后**，晋朝发现岁差，测定冬至点西移为每 50 年 1 度，比西方准确。

**4 世纪**，后秦时姜岌发现大气折射星光的现象，并给予正确解释。

**5 世纪**，南齐时，祖冲之编制了《大明历》，首次把岁差计算在内，并精确测定了交点月和木星一周天的时间。

**635 年**，唐代李淳风在《晋书·天文志》中写道："彗体无光，傅日而为光，故夕见而东指，晨见而西指，皆随日光而指。"他已经对彗星有了比较深刻的认识。

**710 年**，敦煌星图有 1350 颗恒星，这是保存至今星数最多的中国古星图，现藏于英国伦敦大英博物馆内。

**724 年**，唐代僧人一行主持大规模天文大地测量工作。获得北极高度差 1 度，南北两地相距 129.2 千米的结果。这是世界上第一次用科学方法进行的子午线实测。

**1006 年**，北宋真宗景德三年 5 月 1 日凌晨，观测到一颗很亮的客星，三年中仍然肉眼可见，记录了它的亮度变化情况。这是人类肉眼看到的最亮的一个超新星。1965 年现代天文学家使用澳大利亚帕克斯 64 米口径射电望远镜观测发现了 1006 超新星的遗迹。

**1054 年**，《宋史》中记录了一颗明亮的客星。现代天文学家证实金牛座蟹状星云和其中的脉冲星是这颗超新星的遗迹。国际上把 1054 年超新星称为中国超新星。

**1088 年**，宋朝苏颂制造水运仪象台，这是现代钟表的先驱。

**1247 年**，宋朝石刻天文图（现保存在苏州）是中国现存最古老的星图。全图刻有 1400 多颗恒星。

**1276 年**，郭守敬修订新历法《授时历》，这是我国古代最精确的历法，也是当时世界上最先进的一种历法。这部历法使用了 364 年。

**1276 年**，郭守敬创制简仪，相比以前的浑仪，既简单又精确。欧洲直到三百多年之后的 1598 年才由丹麦天文学家第谷发明与之类似的装置。

**1385 年**，明朝在南京建立观象台，是当时世界上最早的设备完善的天文台。

**1500—1911 年**，我国明清两代天文学停滞不前，而西方天文学则有哥白尼的"日心说"、伽利略发明天文望远镜和赫歇尔发现银河系三项划时代的成就，特别是在 1609 年天文望远镜诞生以后快速发展，把我国远远地抛在后面。我国这个时期最有名的天文学家是徐光启（1562—1633）。他与第谷、开普勒和伽利略是同一时代的人。他的功绩已经不是天文学的研究成果，而是在学习和介绍西方天文学方面。然而也没能引进西方先进的天文望远镜。

**1519 年**，葡萄牙航海探险家麦哲伦详细描述了麦哲伦云。他还证明地球是个圆球。

**1543 年**，波兰天文学家哥白尼的巨著《天体运行论》出版，创立了"日心说"。

**1572 年**，丹麦天文学家第谷发现仙后座超新星。

**1596 年**，德国天文学家法布里奇乌斯发现第一颗变星（蒭藁增二）。

**1600 年**，意大利天文学家布鲁诺由于反对"地心说"，拥护哥白尼的"地动说"，认为宇宙是无限的，在罗马被教会烧死。

**1604 年**，德国天文学家开普勒发现蛇夫座超新星。

**1609 年**，意大利天文学家伽利略发明天文望远镜。

**1609 年**，开普勒发表行星运动第一和第二定律。

**1610 年**，伽利略首次使用望远镜观测星空，得到许多发现。

**1619 年**，开普勒发表行星运动第三定律。

**1655 年**，荷兰天文学家惠更斯发现土星的最大卫星土卫六。

**1656 年**，惠更斯辨识土星光环的本质。

**1663 年**，苏格兰天文学家格雷果里推出反射望远镜的一种设计，后来称之为格雷果里望远镜。

**1668 年**，英国科学家牛顿发明反射式天文望远镜。

**1672 年**，牛顿发现白光的光谱。

**1675 年**，英国格林尼治天文台建立。法国天文学家卡西尼发现土星光环缝隙。

**1687 年**，牛顿著作《自然哲学的数学原理》出版，其中有力学三条基本定律。

**1705 年**，英国天文学家哈雷发现周期彗星。

**1729 年**，英国天文学家布拉德雷发现光行差。

**1755 年**，德国哲学家康德在《自然通史和天体论》一书中提出，行星是由原始物质云凝缩而成。

**1758 年**，哈雷彗星按照预言如期到来。

**1761 年**，俄国科学家罗蒙诺索夫发现金星有大气。

**1766 年**，德国天文学家提丢斯推出行星轨道的定理。

**1781 年**，英国天文学家威廉·赫歇尔发现天王星。

**1781 年**，法国天文学家梅西耶发表星云星团表。

**1785 年**，威廉·赫歇尔完成恒星计数并提出银河系的模型。

**1801 年**，意大利天文学家皮亚齐发现第一颗小行星——谷神星。

**1814 年**，德国天文学家夫琅和费发明分光镜，随后他又发现太阳光谱的吸收线。

**1843 年**，德国天文爱好者施瓦布发现太阳黑子活动周期。

**1844 年**，德国天文学家贝塞尔发现天狼星和南河三都是双星，各有一颗看不见的伴星。

**1845 年**，爱尔兰天文学家罗斯伯爵建成口径 1.84 米的巨型反射望远镜，并发现 M51 具有漩涡结构。

**1846 年**，德国天文学家伽勒根据法国勒威耶计算得到的海王星位置发现了海王星。英国亚当斯也由计算给出海王星位置。后人公认勒威耶和亚当斯同为海王星的发现者。

**1859 年**，德国物理学家基尔霍夫建立分光学的基本定律，成为天体物理学的基础之一。

**1859 年**，我国李善兰与英人伟烈亚力合译赫歇尔的《谈天》，通俗地介绍太阳系的结构和运动，以及有关恒星系统的一些内容。中国学者开始普及近代天文学。

**1873—1900 年**，帝国主义列强在中国建立近代天文研究和教育机构：（1）1873 年，法国天主教会在上海建立徐家汇天文台；（2）1880 年，山东济南齐鲁大学天算系成立，这是由美、英、加多个基督教教会联合开办一所综合性教会大学；（3）1900 年，法国天主教会在上海建立佘山天文台，配置了当时亚洲最大的 40 厘米折射望远镜；（4）1900 年，德国在青岛设立气象天测所。

**1887 年**，美国天文学家霍尔发现火星的两颗卫星。

**1897 年**，美国叶凯士天文台建成当时世界最大的口径为 1.02 米的折射望远镜。

**1911—1913 年**，丹麦天文学家赫茨普龙和美国天文学家罗素各自独立地得到恒星光度与光谱型之间关系图，简称赫罗图。

**1912 年**，美国女天文学家勒维特发现造父变星的周光关系，成为测量遥远天体距离的"量天尺"。

**1915 年**，美国科学家爱因斯坦发表广义相对论，预言光线在引力场中会发生偏转。

**1918 年**，美国天文学家沙普利发现太阳不在银河系的中心，并提出新的银河系模型。

**1922—1934 年**，中国现代天文学开始起步：（1）1922 年中国天文学会在北京正式成立。当时北京大学校长蔡元培曾考虑建天文系，未实现。但他本人及秦汾教授曾担任多届中国天文学会理事长或副理事长。（2）1924 年中国政府接管了青岛气象天测所，改名为青岛观象台。（3）1926 年广州中山大学数学系扩充为数学天文系，于 1929 年建立天文台。（4）1928 年成立天文研究所，首任所长高鲁。（5）1934 年紫金山天文台正式建成，成为第一个真正由中国人独立创建起来的有一定规模的天文台。

**1924 年**，美国天文学家哈勃确认仙女座大星云是银河系之外的与银河系一样的恒星系统，发现了河外星系。

**1926 年**，英国天文学家爱丁顿出版《恒星内部结构》专著，这本书成为恒星结构理论的经典著作。

**1929 年**，哈勃通过测定河外星系的谱线红移和距离，发现著名的哈勃定律。发现宇宙在膨胀。

**1931 年**，美国天文学家汤博发现冥王星。

**1931 年**，美国无线电工程师央斯基发现了来自银河系中心方向的射电辐射，开创了射电天文学。

**1931 年**，德国天文学家施密特发明施密特望远镜。

**1932 年**，朗道预言宇宙中可能有完全由中子组成的致密星。

**1934 年**，天文学家巴德和兹威基分别提出了中子星的概念。

**1934 年**，印度裔美国天文学家钱德拉塞卡利用简并电子气体的物态方程建立起白矮星模型。在这个模型中，白矮星的质量不会大于太阳质量的 1.44 倍，后来人们称这一质量上限为钱德拉塞卡极限。

**1936 年**，奥地利物理学家赫斯因发现宇宙线而荣获诺贝尔物理学奖。他于 1911—1912 年，亲乘气球携带"电离室"到离地面五千多米的高空，进行大气导电和电离的实验，发现了来自地球之外的宇宙线。

**1936 年**，美国核物理学家贝特提出了太阳内部氢聚变反应的"碳—氮—氧循环"，为恒星内部结构和恒星演化学的研究奠定了基础。

**1937 年**，美国天文学家兼无线电工程师雷伯研制成世界上第一架射电望远镜，抛物面天线的口径为 9.45 米。

**1939 年**，物理学家奥本海默和沃尔科夫通过计算建立了第一个中子星的模型。

**1942 年**，荷兰天文学家奥尔特论证蟹状星云是 1054 年超新星遗迹。

**1948 年**，美国帕洛玛山天文台口径 5 米反射望远镜建成，后来被命名为海耳望远镜。雄居世界第一达 40 年。

**1948 年**，俄裔美国天文学家伽莫夫提出宇宙大爆炸模型。他的研究生阿尔佛和赫尔曼根据这个模型计算得到宇宙背景中存在温度为 5K 的微波辐射。

**1948 年**，瑞典天体物理学家阿尔文出版《宇宙动力学》专著，创立了宇宙磁流体力学的基本原理。

**1950—1953 年**，新中国天文学起步：1950 年天文研究所更名为中科院紫金山天文台；1952 年由中山大学数学天文学和齐鲁大学天文算学系合并成为南京大学天文系；1952 年北大设立数学力学系，戴文赛先生在该系讲授天文学并开展天文知识普及教育；北京师范大学在普通物理学教研室设立天文学教学小组，开设天文选修课；北京天文学会成立。1953 年，戴文赛先生在北京大学开始指导我国天文界第一位研究生易照华；中科院成立中国自然科学史委员会，天文学史是该委员会首先开展的工作之一。

**1956 年**，伯比奇夫妇、福勒和霍伊尔四人发表了"星体元素的合成法"重要论文，简称 B2FH，提出在恒星内部的核反应中生成各种重元素的理论。

**1957 年**，苏联发射世界第一颗人造卫星。

**1957 年**，美国物理学家汤斯预言星际分子的存在，并列出 17 种可能存在的星际分子。

**1958 年**，英国口径为 76 米的洛弗尔射电望远镜投入观测。这是世界上第一台大型射电望远镜，至今仍然属于前三名之列。

**1959 年**，苏联"月球三号"卫星首次拍到月球背面的照片。

**1960 年**，剑桥大学建成了等效直径为 1.6 千米综合孔径射电望远镜。

**1961 年**，苏联发射第一颗载人卫星，宇航员尤里·加加林成为第一位太空人。

**1961 年**，澳大利亚国家射电天文台建成口径 64 米的大型射电望远镜。

**1963 年**，汤斯在实验室里测出羟基（OH）的两条处在射电频段的谱线。

**1963 年**，美国巴瑞特等应用射电望远镜首次发现了存在于星际空间的无机分子和有机分子。

**1963 年**，美国天文学家 M. 施米特发现了类星体。类星体的视角径很小，像恒星一样，但是谱线红移很大，是宇宙中最遥远的天体。

**1963 年**，世界最大的口径 305 米的射电望远镜在美国阿雷西博建成。

**1964 年**，汤斯因研制微波激射器获诺贝尔物理学奖。他利用氨分子的受激发射原理制成新的厘米波放大器，同时预言宇宙空间可能存在分子谱线，并亲自观测发现星际氨分子。

**1965 年**，美国天文学家彭齐亚斯和威尔逊发现了宇宙微波背景辐射。

**1967 年**，英国天文学家休伊什和贝尔发现了脉冲星，并且把脉冲星证认为自转的中子星。

**1967 年**，美国物理学家贝特因核反应理论的研究而获诺贝尔物理学奖。

**1969 年**，美国"阿波罗 11 号"宇宙飞船的 2 名宇航员首次登上月球。以后又有 5 艘"阿波罗号"宇宙飞船的共 10 名宇航员陆续登上月球，对月球进行了较全面的考察。

**1970 年**，中国第一颗人造卫星上天。

**1970 年**，瑞典天文学家阿尔文因创建太阳和宇宙磁流体力学而荣获诺贝尔物理学奖。

**1971 年**，苏联第一个空间站"礼炮 1 号"发射成功。

**1971 年**，剑桥大学建成了等效直径为 5 千米的综合孔径射电望远镜。

**1972 年**，德国埃费尔斯贝格 100 米口径射电望远镜建成，雄居世界第一近 30 年。

**1973 年**，美国"天空实验室"发射升空，拍摄了大量的天体照片。

**1974 年**，英国天文学家赖尔因发明综合孔径射电望远镜和英国天文学家休伊什因发现脉冲星同获该年度诺贝尔物理学奖。

**1974 年**，美国天文学家泰勒和赫尔斯发现第一个射电脉冲双星系统 PSR1913+16。

**1976 年**，中国吉林地区发生陨石雨，分布面积 5000 平方千米。我国曾组织现场考察和多学科研究，出版了研究结果的论文集。

**1976 年**，美国"海盗"1 号、2 号探测器在火星表面软着陆，对火星进行实地考察。

**1977 年**，美国发射"旅行者"1 号和 2 号宇宙飞船，对太阳系外部空间进行探测，并分别给它们携带了寻访地外文明的"唱片"。

**1978 年**，美国天文学家威尔逊和彭齐亚斯因发现宇宙微波背景辐射而荣获诺贝尔物理学奖。

**1950—1978 年**我国天文研究、教育等机构基本建成为：五台（紫金山天文台、上海天文台、北京天文台、云南天文台、陕西天文台），一厂（南京天文仪器厂），三系（南京大学天文系、北京师范大学天文系、北京大学地球物理系天文专业），三室（中国科技大学天体物理研究室、高能物理研究所高能天体物理研究室、自然科学史研究所数学天文学史研究室），四站（武昌时辰站、乌鲁木齐天文站、长春人造卫星观测站、广州人造卫星观测站），一馆（北京天文馆）和四刊 [《天文学报》《天体物理学报》《天文学进展》和 *Chinese Astronomy and Astrophysics* 爱尔兰华裔天文学家江涛出版的专门翻译国内刊物发表的部分天文学和空间科学方面的论文并向世界发行的英文刊物 ]。

**1980 年**，英国"多天线微波连接干涉仪网"（MERLIN）建成，由 7 台分别放置在各地的射电望远镜组成，最长基线达 217 千米。其最高分辨率比哈勃空间望远镜的分辨率高出 5 倍。

**1980 年**，欧洲甚长基线干涉网（EVN）建成，最初是由 5 个欧洲国家的射电望远镜组成。很快就扩展至更多欧洲国家以及中国、南非和美国，成为世界上分辨率和灵敏度最高的地面 VLBI 网。

**1981 年**，美国甚大阵综合口径射电望远镜 (VLA)，由 27 面直径 25 米的可移动的抛物面天线组成，在空间分辨率方面可以与大型光学望远镜比美。

**1981 年**，美国第一架航天飞机"哥伦比亚号"发射成功。

**1983 年**，美籍印度裔天文学家钱德拉塞卡因创建恒星结构和演化理论与美国天文学家福勒因创建恒星演化过程中的化学元素形成的理论同获该年度诺贝尔物理学奖。

**1986 年**，美国"挑战者号"航天飞机失事。

**1986 年**，哈雷彗星回归，欧洲空间局的"乔托号"等 5 架探测器对它进行了空间探测，"乔托号"穿越彗发，拍摄下彗核的照片。中国参加了哈雷彗星国际联测。

**1988 年**，澳大利亚综合孔径射电望远镜（ATCA）建成。成为目前国际上特有的主要用于毫米波观测的最大综合孔径望远镜，也是独霸南半球的射电望远镜。

**1989 年**，美国发射"麦哲伦号"金星探测器，它在 1990—1994 年对金星进行了近距离的考察。

**1989 年**，美国发射"伽利略号"木星探测器，1995 年到达木星附近对木星及其卫星进行近距离探测。2003 年在木星大气层中坠毁。

**20 世纪 90 年代初期**，我国已建成一批中型望远镜，分别是：口径 2.16 米天文望远镜（国家天文台兴隆）；1.26 米红外望远镜（国家天文台兴隆）；1.56 米红外望远镜（上海天文台佘山）；太阳多通道望远镜（国家天文台怀柔）；太阳塔（南京大学天文学系）；太阳精细望远镜（云南天文台和紫金山天文台赣榆站各一台）；米波综合孔径望远镜（北京天文台密云），由 28 面口径为 9 米的天线组成，东西方向一字排开，总长 1160 米，工作频率是 232MHz 和 327MHz；13.7 米口径毫米波射电望远镜（紫金山天文台青海德令哈）；25 米口径射电望远镜（上海天文台和新疆天文台各一台）；太阳射电频谱仪（北京天文台怀柔和云南天文台各一台）；长波授时台（陕西天文台）等。

**1990 年**，美国哈勃空间望远镜发射升空，设计寿命为 10 年，但到 2020 年仍在太空正常工作。

**1990 年**，德、美、英联合研制"伦琴 X 射线"天文卫星并发射上天。

**1991 年**，美国发射康普顿 $\gamma$ 射线天文台上天。

**1992 年**，美国在夏威夷建成口径 10 米、由 36 片小镜组成的"凯克 1 号"望远镜。1996 年又在那里建成与"凯克 1 号"完全一样的"凯克 2 号"望远镜。

**1993 年**，美国甚长基线干涉阵（VLBA）建成。由 10 台 25 米口径射电望远镜组成，跨度从东部美属维尔京群岛的圣克罗伊到西部夏威夷的莫纳克亚，距离长达 8600 千米。

**1993 年**，美国天文学家赫尔斯和泰勒因发现射电脉冲双星和间接验证爱因斯坦广义相对论中预言的引力辐射的存在荣获诺贝尔物理学奖。

**1993 年**，包括中国在内的十个国家提出"21 世纪的国际射电望远镜"项目，建造接收面积达 1 平方千米的新一代大型射电望远镜（SKA）。

**1994 年**，印度米波综合孔径射电望远镜（GMRT）建成，由 30 台可操纵的直径为 45 米的抛物线天线组成。是当今世界上米波段灵敏度最高的望远镜。

**1994 年**，苏梅克 - 利维彗星撞击木星，全世界许多天文台和空间望远镜都对它作了跟踪观测。

**1995 年**，欧洲空间局发射红外空间天文台（ISO）。

**1996 年**，美国发射"火星探路者号"和"火星环球勘测者号"探测器，1997 年到达火星进行考察。

**1997 年**，美国发射"卡西尼号"土星探测器，飞往土星。

**1997 年**，日本甚长基线干涉空间观测站（VSOP）建成。将口径 8 米的射电望远镜卫星发射到太空中，与地面大型射电望远镜组成干涉网，由于远地点达到 21,000 千米，分辨率比地面的系统要高出好几倍。

**1997 年**，中国的"大天区面积多目标光纤光谱天文望远镜"（LAMOST）正式立项，首次得到国家 2.3 亿元的经费支持，成为国家大科学工程的第一个天文项目。

**1998 年**，欧洲南方天文台甚大望远镜（VLT）4 架望远镜中的第一架建成，后面三架望远镜陆续在 1999 年和 2000 年建成。

**1998 年**，由美国牵头的七国合作的双子望远镜是两台口径 8 米的光学望远镜，一台放置在夏威夷，1998 年开始投入观测，另一台放置在智利，于 2000 年完成。双子望远镜虽然配备了可见光照相机和摄谱仪，但是它的主要功能还是用于红外波段的观测。

**1999 年**，日本的口径 8.3 米反射式望远镜"昴星团"建成。

**1999 年**，美国发射"钱德拉塞卡 X 射线"天文台和"星尘号"彗星探测器。

**2002 年**，美国天文学家里卡尔多·贾科尼因在发现宇宙 X 射线源方面取得的成就，美国天文学家雷蒙德·戴维斯和日本天文学家小柴昌俊因在探测宇宙中微子方面取得的成就同获该年度诺贝尔物理学奖。

**2003 年**，世界上第一个亚毫米波阵（SMA）建成。由 8 面口径为 6 米的天线组成。放置在夏威夷岛上的莫纳克亚，是世界上第一个亚毫米波成像的望远镜。

**2003 年**，中国"神舟五号"载人飞船发射成功，杨利伟成为中国第一位进入太空的宇航员。

**2004 年**，探测土星的"卡西尼号"飞船于 7 月 1 日进入绕土星运转的轨道，开始对土星进行探测。

**2005 年**，空间探测空前活跃："卡西尼号"土星探测器发射"惠更斯号"登陆土卫六；"旅行者 1 号"接近太阳系最终边境，并继续航向未知的星际介质空间；美国"深度撞击号"发射，成功撞击"坦普尔 1 号"彗星；美国"火星侦察轨道器"发射上天；欧洲空间局"金星快车探测器"成功发射升空；日本"隼鸟号"成功地从糸川小行星上面采集岩石样本。

**2006 年**，美国科学家约翰·马瑟和乔治·斯穆特，因为发现了宇宙微波背景辐射的黑体形式和各向异性，被授予诺贝尔物理学奖。

**2006 年**，国际天文联合大会重新定义了行星的概念，包括冥王星在内的 4 颗天体变成了矮行星。

**2006 年**，美国发射"新视野号"升空。

**2006 年**，美国"星尘号"飞越"维尔特二号"彗星，收集到彗星尘埃样品，拍摄了冰质彗核图片，其返回舱成功返回地球。

**2006 年**，中国"神舟六号"载人飞船升空，载有费俊龙和聂海胜两名宇航员，在预定轨道停留 5 天。

**2006 年**，国家天文台在新疆天山山脉的乌拉斯台山谷中建成"21 厘米天线阵"。

**2006 年**，中国甚长基线干涉观测系统建成，由上海天文台 25 米射电望远镜、新疆天文台 25 米射电望远镜、北京国家天文台的 50 米射电望远镜和云南天文台的 40 米射电望远镜组成。并在上海天文台建立数据资料中心。最长基线是上海与乌鲁木齐之间达 3249 千米。已经在多次"嫦娥"探月中出色地完成测轨任务和进行脉冲星观测。同年我国天文学家沈志强等人在英国《自然》杂志上发表论文，公布他们利用美国甚长基线干涉仪阵（VLBA）测量得出银河系中心的人马座 A* 射电源的直径大小仅为 1.5 亿千米，有力地支持了人马座 A* 存在超大质量黑洞的物理解释。

**2007 年**，联合国宣布 2009 年为国际天文年，以纪念天文望远镜诞生 400 周年。

**2007 年**，美国"凤凰号"火星探测器发射上天，于 2008 年 5 月到达火星。

**2007 年**，美国"黎明号"小行星探测器发射上天，于 2011 年首先探测小行星灶神星，进行 6 个月的观测后离开，再于 2015 年赶到谷神星继续观测。

**2007 年**，日本"月亮女神号"探月飞船发射升空。

**2007 年**，我国"嫦娥一号"探月飞船成功发射升空，到达月球绕月运行。

**2008 年**，我国新疆、甘肃等地区成功进行 2008 年日全食重大天象的观测活动。

**2008 年**，国家天文台在人民大会堂举行 6000 人大型公众报告会，纪念天文望远镜发明 400 周年。两位诺贝尔奖得主李政道和里卡尔多·贾科尼到会。

**2008 年**，郭守敬光学望远镜（即 LAMOST），在兴隆观测基地落成。该望远镜成为世界上最大的大视场望远镜和光谱获取率最高的望远镜。

**2008 年**，中法合作项目"空间变源监视器"（SVOM）启动。在微小卫星上装备口径为 30 厘米望远镜，以及口径为 5 厘米、视场为 20 度的巡视望远镜。还有一台视场为 40 度的高谱分辨率的 X 射线望远镜。

**2008 年**，我国"神舟七号"成功发射，宇航员翟志刚进行太空行走。

**2008 年**，我国"嫦娥一号"探测成果"全月图"公布。

**2009 年**，紫金山天文台盱眙观测台的 1 米口径施密特型近地天体望远镜投入观测。具有视场大和探测能力强的特点。能及时搜索出对地球存在潜在威胁的近地天体。

**2009 年**，7 月 22 日的日全食是中国境内可观测到的持续时间最长的一次日全食。我国长江流域一带有上亿公众参与观测活动。

**2009 年**，天文学家发现一个迄今为止最大的宇宙黑洞，质量是太阳质量的 640 亿倍。

**2009 年**，科学家在美国《科学》杂志上首次公开月球上可能有水存在的详细信息。

**2009 年**，美国开普勒空间望远镜发射，主要任务是探测太阳系外类地行星。

**2009 年**，欧洲空间局将赫歇尔空间望远镜发射上天，望远镜宽 4 米，高 7.5 米，成为迄今为止最大的远红外线望远镜。同年，又发射普朗克卫星上天，专为测量宇宙微波背景辐射各向异性，其灵敏度和空间分辨率超过以前的设备。

**2009 年**，美国"宽视野红外宇宙飞船"（WISE）被送入太空，一年多期间拍摄了超过 180 万张 4 种不同红外波长的照片，包括太阳系天体、银河系星云和遥远星系等天体。

**2010 年**，我国发射"嫦娥二号"，进行绕月探测。

**2010 年**，美国发射"太阳动力学观测台"（SDO）上天，能不间断地对太阳进行观测，每 0.75 秒钟获得一幅图像，不会放过太阳任何一次爆发现象。

**2011 年**，中科院与新疆维吾尔自治区政府会谈商定，计划在新疆奇台建设 110 米大口径全向可动的射电天文望远镜。将成为世界上最大全向可动射电望远镜。

**2011 年**，南京天文光学技术研究所为南京大学研制的"光学近红外太阳色球爆发探测仪"（ONSET）已安装于云南抚仙湖太阳观测基地。可对太阳进行多波段、高分辨率成像观测，具备白光耀斑的监视和观测以及各观测波段全日面像和局部像自由切换。

**2011 年**，天文学家萨尔·波尔马特、布莱恩·施密特和亚当·里斯因观测 Ia 型超新星和发现宇宙加速膨胀而获得当年诺贝尔物理学奖。

**2011 年**，"21 世纪平方千米阵列射电远镜"（SKA）获得进展，南非和澳大利亚两个候选点胜出。采用较小天线组成阵列。建成后，其灵敏度将比世界上现有的任何一台大型射电望远镜高出 50 倍，分辨率高出 100 倍。

**2011 年**，美国发射新一代火星车"好奇号"，这是迄今最大、设备最先进的装置，采用动力供电，从而摆脱了对太阳光照的依赖。

**2011 年**，多位科学家在降落在南极的多块陨石中检测出有机物质（腺嘌呤和鸟嘌呤）。

**2011 年**，美国"朱诺号"木星探测器发射升空。

**2011 年**，美国发射的"信使号"水星探测器，已经发回大量的探测数据，大大改变了我们先前对于水星的印象。

**2012 年**，第 28 届国际天文学联合大会于 8 月 20 日至 31 日在北京举行。

**2012 年**，我国是国际合作项目"一平方千米射电望远镜（SKA）"发起国之一和项目委员会 7 个成员国之一。国务院批复由科技部代表中方加入 SKA 建设准备阶段。

**2012 年**，我国第 28 次南极科考专家在南极冰盖制高点成功安装了一台巡天望远镜，利用那里得天独厚的环境进行自动观测。

**2012 年**，云南天文台抚仙湖的口径 1 米的"新真空太阳望远镜"（NVST）投入观测，这是世界上口径最大的真空太阳望远镜。

**2012 年**，国家天文台正在积极推进"深空太阳天文台"（DSO）计划，在原来"1 米口径空间太阳望远镜"（SST）的研制基础上进一步发展，将发射到第一拉格朗日点上，可以 24 小时监测太阳。

**2012 年**，上海天文台 65 米口径射电望远镜建成，这是我国当前口径最大的射电望远镜，采用主动反射面结构。

**2012 年**，口径 50 厘米的第二代中国南极巡天望远镜 AST3-1 已于 1 月安装在"冰穹A"冰盖上，它是当前南极洲最大的光学望远镜。我国将建南极天文台，包括第三代中国南极 2.5 米光学红外望远镜和 5 米太赫射电望远镜。

**2013 年**，阿塔卡马大型毫米波 / 亚毫米波阵（ALAM）开始观测工作。这个射电望远镜阵列由 66 面 12 米口径天线组成，观测波长从 1 厘米到 0.3 毫米。空间分辨率达到 10 毫角秒。2005 年在智利动工兴建。

**2013 年**，由美国和加拿大合作于 2004 年开始策划在夏威夷建造 30 米口径光学望远镜

（TMT）。日本和中国分别于 2008 年和 2013 年加入。

**2013 年**，欧洲空间局发布普朗克卫星的首幅迄今为止最精确的宇宙微波背景辐射图。

**2013 年**，中国的"神舟十号"发射成功，航天员为聂海胜、张晓光和王亚平（女）三人。这是中国第五次载人航天飞行任务。"神舟十号"与"天宫一号"成功进行手控交会对接。

**2013 年**，中国的月球探测器"嫦娥三号"成功发射，并实现月面软着陆。

**2013 年**，印度成功发射"曼加里安"火星轨道探测器，携带先进的传感器，希望能够探测到火星大气中甲烷存在的痕迹。

**2013 年**，美国国家航空航天局宣布"旅行者 1 号"探测器已离开太阳系了，成为第一颗离开太阳系的人造物体。

**2013 年**，欧洲空间局的空间探测器"盖亚"发射升空，将观测银河系中 10 亿颗恒星的位置和运动，绘制迄今最精确的银河系三维地图。

**2014 年**，中德合作的口径 3 米的亚毫米波望远镜（CCOSMA）在中国西藏海拔 4300 米的羊八井落户。这台望远镜是从瑞士阿尔卑斯山拆移来的，已成为北半球台址海拔最高的亚毫米波望远镜。

**2014 年**，发射火星探测器 50 周年。探测的重大进展之一是发现火星上的有机化学物质：氯苯、二氯乙烷、二氯丙烷，以及甲烷等。

**2014 年**，美国国家航空航天局"火星大气和挥发演进航天器"（MAVEN）到达火星。它的使命是调查火星大气失踪之谜，并寻找火星上早期拥有的水源及二氧化碳消失的原因。

**2014 年**，欧洲空间局的"莱菲"探测器首次降落彗星表面。但因着陆器落在彗星上的阴影区内，无法利用太阳能而被调整进入休眠状态。但最初的观测已发现了有机分子的信号。

**2014 年**，发现太阳系外行星开普勒 −186f，其体积比地球约小 10%，围绕着一颗红矮星公转。被认为处于恒星周围的可居住带上，这颗红矮星系统中还有五大行星，因此这是一个小规模的太阳系。

**2014 年**，欧洲空间局的 XMM 牛顿宇宙飞船数据发现在仙女座星系和英仙座星系团附近出现了一个神秘的 X 射线信号，科学家认为这可能是暗物质的信号。

**2014 年**，我国探测暗物质的"熊猫 X"合作项目（氙项目）启动，探测器放置在四川锦屏山 2500 米深的地下实验室中。该实验室是世界上同类中离地面最深的。

**2015 年**，加拿大阿瑟·麦克唐纳和日本梶田隆章分别因为发现太阳和大气中微子振荡，共同获得当年诺贝尔物理学奖。

**2015 年**，我国第一个天文卫星"悟空"暗物质卫星 12 月发射上天，要精确地测量高能电子能量分布，目前已采集了 150 万颗高能电子，绘制它们的能量分布曲线。同年我国天文学家吴学兵等人在《自然》期刊发表论文，宣布发现一个红移 6.3、有 120 亿倍太阳质量黑洞的超亮类星体。最初由云南 2.4 米光学望远镜发现，用国外大型观测望远镜进一步观测确认。

**2015 年**，美国引力波探测器 aLIGO 在 9 月 14 日直接探测到远在 13 亿光年的两个黑洞并合引起的引力波（GW150914）。这是人类第一次直接探测到引力波。

**2015 年**，美国"新视野号"探测器经过 9 年的飞行到达冥王星附近，传回史上最清晰的冥王星照片。

**2016 年**，中国贵州 500 米球面射电望远镜于 9 月 25 日建成启用，成为世界上口径最大的射电望远镜。同年国家天文台"新一代厘米—分米波射电日象仪"建成，成为世界上最先进的射电日象仪。

**2016 年**，欧南台于 8 月 24 日宣布，发现离地球最近的比邻星的一颗位于宜居带的类地行星。

**2016 年**，2011 年 8 月发射上天的美国"朱诺号"探测器成功进入木星轨道。

**2016 年**，我国"神舟十一号"10 月 17 日发射上天，航天员为景海鹏和陈冬。驻留 30 天，19 日"神舟十一号"飞船与"天宫二号"自动交会对接成功。两位航天员顺利进入"天宫二号"空间实验室。"天宫二号"携带上天的中国和瑞士合作的"伽马暴偏振探测仪"（POLAR）已探测到 55 个伽马暴。

**2016 年**，美国于 9 月 9 日发射"奥西里斯"卫星，奔赴小行星"贝努"，将对其表面进行测绘、探矿和取样，于 2023 年 9 月返回地球。

**2017 年**，我国"天舟一号"货运飞船于 4 月 20 日 19 时在文昌航天发射中心发射上天。货物运载量是俄罗斯"进步号"M 型无人货运飞船的 2.6 倍，处于国际先进水平。

**2017 年**，欧南台和智利政府于 5 月 26 日为欧南台 42 米口径的欧洲极大望远镜（E-ELT）举行盛大的奠基仪式，这将成为口径最大的光学红外望远镜。

**2017 年**，我国硬 X 射线调制望远镜（HXMT）于 6 月 15 日发射上天。包括了高能、中能和低能等三台 X 射线望远镜，在硬 X 射线波段具有国际领先水平，成为亮点。

**2017 年**，土星探测器"卡西尼号"在超期、超额完成探测任务后，于 9 月 15 日自杀式地纵身跃入土星大气，燃烧殆尽。

**2017 年**，12 米口径的光学红外望远镜项目被列入我国"十三五"规划。将是我国口径最大的光学红外望远镜。

**2017 年**，美国国家航空航天局和谷歌公司合作，发现开普勒-90 系统的第八颗行星开普勒-90i，成为太阳系外拥有大行星数量最多的天体系统。

**2017 年**，美国引力波探测器 aLIGO 和意大利 Virgo 探测器发现两颗中子星并合发出的引力波事件（GRB170817A）。费米卫星接收到伽马射线暴，地面望远镜观测到明亮的千新星。

**2017 年**，美国科学家雷纳·韦斯、巴里·巴里什和基普·索恩获得诺贝尔物理学奖，以表彰他们为"激光干涉引力波天文台"（LIGO）项目和发现引力波所作的贡献。

**2017 年**，美国国家航空航天局宣布，观测到第一颗太阳系外小天体造访太阳系，距离为 3000 万千米，被命名为"远方的信使"。

**2018 年**，日欧水星探测器于 10 月 23 日发射上天。日本探测器"澪（MIO）"与欧洲探测器"MPO"将保持结合的状态，用 7 年时间抵达水星。

**2018 年**，Gaia 卫星发表了包含超过 10 亿个源的星表，为全世界的天文学家提供了一个非常好的天体大样本数据。

**2018 年**，7 月南极"冰立方中微子天文台"首次报道了在 2017 年 9 月 22 日观测到来自耀变体 TXS0506+056 的中微子。

**2018 年**，美国亚利桑那州立大学的贾德·鲍曼等在《自然》期刊发表论文，宣布首次探测到宇宙早期的中性氢 21 厘米吸收线。

**2018 年**，8 月 12 日美国成功发射"帕克"太阳探测器，将在前所未有的近距离上对太阳进行观测，是首项穿越日冕的太阳观测任务。

**2018 年**，美国国家航空航天局"洞察号"探测器于 11 月 27 日在火星软着陆成功。

**2018 年**，国际合作大项目"平方公里射电阵"（SKA）先导阵列在南非揭幕。

**2018 年**，我国于 5 月 20 日发射"鹊桥"中继卫星，安置在月球与地球引力系统的第二拉格朗日点（L2）上，成功地解决了"嫦娥四号"的通信困难。

**2018 年**，我国"嫦娥四号"于 12 月 8 日发射上天，开始踏上奔向月球的旅程。

**2019 年**，"嫦娥四号"探测器于 1 月 3 日在月球背面南极—艾特肯盆地内的冯卡门撞击坑内软着陆。

**2019 年**，我国天文学家刘继峰等发现了一颗迄今为止质量最大的恒星级黑洞，这颗 70 倍太阳质量的超大恒星级黑洞远超理论预言的质量上限。

**2019 年**，天文学家获 2019 年度诺贝尔物理学奖。皮布尔斯因对物理宇宙学的贡献，麦耶与奎洛兹因发现系外行星飞马座 51 分获这一奖项。

**2019 年**，美国国家航空航天局 2 月 23 日公布了"新视野号"探测器发回的一组图片，揭开了人类迄今探测的最遥远太阳系天体——"天涯海角"的地貌特征。

**2019 年**，"事件视界望远镜"项目发布人类获得的首张位于 M87 星系中心的黑洞图片，震惊世界。

**2019 年**，日本"隼鸟 2 号"小行星探测器在采集了小行星"龙宫"的岩石与泥土后，已于 11 月 13 日起飞返回地球，预计于 2020 年 12 月回到地球。

**2020 年**，中国探月工程吴伟仁、于登云、孙泽洲等"嫦娥四号"任务团队优秀代表获国际宇航联合会 2020 "世界航天奖"。这是该奖项 70 年来首次授予中国航天科学家。

**2020 年**，7 月我国 "天问一号" 火星探测器、阿联酋 "希望号" 火星探测器和美国 "毅力号" 火星探测器均成功发射。预计 2021 年 2 月进入火星轨道。

**2020 年**，中国探月工程三期将完成最后一项任务，将发射 "嫦娥五号"，以执行月面采样返回任务。

**图书在版编目（CIP）数据**

现代天文纵横谈：上下册 / 吴鑫基，温学诗著. —北京：商务
印书馆，2021

（名师讲堂）

ISBN 978-7-100-19230-9

Ⅰ.①现…　Ⅱ.①吴…　②温…　Ⅲ.①天文学－普及读物
Ⅳ.①P1-49

中国版本图书馆 CIP 数据核字（2020）第 253598 号

名师讲堂

**现代天文纵横谈**

（上、下册）

吴鑫基　温学诗　著

商 务 印 书 馆 出 版

（北京王府井大街 36 号　邮政编码 100710）

商 务 印 书 馆 发 行

北京中科印刷有限公司印刷

ISBN　978-7-100-19230-9

2021 年 1 月第 1 版　　　开本 710×1000 1/16
2021 年 1 月北京第 1 次印刷　印张 43 插页 8

定价：158.00 元